AF377337

RECUEIL DE RAPPORTS

SUR

LES PROGRÈS DES SCIENCES ET DES LETTRES

EN FRANCE.

PARIS.

LIBRAIRIE DE L. HACHETTE ET Cie,

BOULEVARD SAINT-GERMAIN, N° 77.

RECUEIL DE RAPPORTS

LES PROGRÈS DES SCIENCES ET DES LETTRES

EN FRANCE.

RAPPORT

SUR

LES PROGRÈS DE LA CHIRURGIE,

PAR

MM. DENONVILLIERS, NÉLATON, VELPEAU, FÉLIX GUYON, LÉON LABBÉ.

PUBLICATION FAITE SOUS LES AUSPICES
DU MINISTÈRE DE L'INSTRUCTION PUBLIQUE.

PARIS.

IMPRIMÉ PAR AUTORISATION DE SON EXC. LE GARDE DES SCEAUX

A L'IMPRIMERIE IMPÉRIALE.

M DCCC LXVII.

Invités par Son Exc. le Ministre de l'Instruction publique à rendre compte des progrès accomplis par la chirurgie de notre pays pendant la période contemporaine, nous avons dû, par suite d'occupations multipliées, renoncer à exécuter nous-mêmes cet important travail, auquel il nous était impossible de consacrer un temps suffisant. Nous avons alors proposé à Son Excellence de confier cette œuvre à deux de nos élèves, MM. les docteurs Félix Guyon et Léon Labbé, agrégés de la Faculté de médecine et chirurgiens des hôpitaux de Paris. Après avoir pris connaissance des différentes parties de l'ouvrage qu'ils ont composé, nous avons, sur leur demande, joint en tête de ce volume nos noms aux leurs, voulant par là témoigner de l'estime que nous avons pour eux et de la parfaite communauté de vues qui nous unit à nos jeunes collaborateurs.

Paris, 1ᵉʳ juin 1867.

VELPEAU, NÉLATON, C. DENONVILLIERS.

AVANT-PROPOS.

La chirurgie de notre époque a signalé sa marche par de nombreux et rapides progrès.

L'observation rigoureuse et réitérée des faits lui a servi de guide, et le judicieux emploi de ce moyen d'étude lui a permis de faire les plus importantes acquisitions.

Nous aurons à montrer quelles ont été les méthodes et les moyens d'observation, à chercher quelle part la chirurgie française a pris à leur développement et à leur application, ce qui lui appartient dans les résultats obtenus. C'est en suivant la marche historique que nous ferons voir comment se sont développés, sous l'influence de méthodes sévères, les idées et les faits chirurgicaux.

Mais il convient avant tout de rappeler, et c'est un des traits caractéristiques de notre temps, que la chirurgie est cultivée avec le même soin chez la plupart des nations qui sont aujourd'hui à la tête de la civilisation. L'union dans les mêmes vues scientifiques a fait cesser l'isolement qui existait entre les divers pays; nous les voyons maintenant marcher de concert, se communiquer leurs découvertes et s'enrichir mutuellement par un échange continuel des produits de leur intelligence.

Nous ne pourrons étudier la marche de la chirurgie française sans rencontrer de grandes questions, des découvertes importantes, nées en dehors de nous. En indiquant la place qu'elles y occupent actuellement, nous aurons à rappeler leur origine; ce seront toujours pour nous d'heureuses occasions que celles qui nous permettront de dire ce que la chirurgie contemporaine doit aux nations étrangères.

Rien de plus utile, cependant, que de chercher à se rendre compte de l'influence particulière exercée par une nation. Dégager ainsi de l'ensemble auquel il appartient, l'apport intellectuel d'un pays, ne saurait avoir d'autre résultat que de fournir un nouvel élan à l'émulation scientifique.

Nous n'avons pu un seul instant nous dissimuler les nombreuses difficultés d'un semblable travail. Nous croyons qu'il nous est permis de ne nous attacher qu'aux points essentiels, et qu'on ne saurait nous reprocher de chercher à ne pas nous égarer dans les détails.

En nous bornant à suivre l'évolution des faits principaux, nous aurons cependant à tenir compte d'un nombre considérable de travaux et d'efforts individuels. Nous ne saurions en profiter sans donner à leurs auteurs le témoignage auquel ils ont droit.

La voie dans laquelle marche aujourd'hui la chirurgie française est ouverte depuis un demi-siècle environ. Des travaux importants sont venus alors engager la science dans le chemin qu'elle parcourt encore; de nouveaux moyens d'études, des découvertes inattendues, ont accéléré son mouvement sans en modifier la direction.

Sous ces influences multiples, l'on vit bientôt naître des idées, des tendances toutes nouvelles, et l'espace qui nous sépare du point de départ peut être mesuré par la révolution opérée dans la théorie et dans la pratique.

Un premier chapitre devait être consacré à l'exposé de ce grand mouvement, et le suivre dès son origine; mais il ne suffisait pas de montrer la chirurgie marchant d'un pas ferme dans sa voie nouvelle, laissant partout sur son passage des traces profondément empreintes sur le terrain de la réalité.

Ces étapes glorieuses, suffisantes peut-être pour faire comprendre le développement successif de la science chirurgicale, laissaient dans l'ombre les acquisitions de détail, les applications nouvelles et précieuses de cette science, dont la puissance n'a d'autre mesure que son utilité.

Il devenait donc nécessaire d'exposer, dans autant de chapitres spéciaux, quels ont été les résultats du mouvement scientifique que nous venions d'étudier dans son ensemble. C'est ce que nous avons fait dans quatre nouveaux chapitres qui comprennent :

1° L'exposé des progrès accomplis dans l'étude de la pathologie chirurgicale;

2° L'exposé des progrès accomplis dans l'application des méthodes d'exploration;

3° L'exposé des progrès accomplis en médecine opératoire;

4° L'exposé des progrès accomplis dans le traitement des blessés et des opérés.

Nous serions heureux d'arriver ainsi à donner la notion exacte des progrès de la chirurgie à notre époque, et à rendre justice à ceux qui l'ont aidée dans sa marche. Nous ne pouvons cependant méconnaître que, dans un semblable travail, il sera toujours possible de relever des omissions.

RAPPORT

SUR

LES PROGRÈS DE LA CHIRURGIE

EN FRANCE.

CHAPITRE PREMIER.

HISTORIQUE GÉNÉRAL.

TENDANCES ACTUELLES DU MOUVEMENT SCIENTIFIQUE

ET DE L'ENSEIGNEMENT CHIRURGICAL EN FRANCE.

L'héritage recueilli par la chirurgie française au commencement de ce siècle était surtout constitué par des richesses scientifiques dues au xviiie siècle. Cette époque avait été, il est vrai, la plus brillante et la plus féconde pour notre chirurgie; les travaux, les découvertes et les perfectionnements s'étaient succédé sans relâche, sous l'influence d'hommes éminents et d'institutions utiles dont le sort avait été prodigue envers cette période privilégiée. Les noms de J.-L. Petit, Antoine Louis, Desault, leurs travaux et ceux de l'Académie royale de chirurgie lui appartiennent. Tout cela pouvait déjà suffire pour constituer fortement la science chirurgicale dans beaucoup de ses parties, et pour donner de l'art une idée élevée.

Boyer devait être l'historien des progrès de la chirurgie du

xviiⁱ siècle. Il a tracé dans ses onze volumes le tableau des conquêtes chirurgicales, et consigné dans ce célèbre ouvrage les résultats de sa grande expérience. Cette œuvre embrassait toutes les
parties de la science, et les présentait avec des développements inconnus ou inusités jusqu'alors. C'est ainsi qu'il faisait, l'un des
premiers en France, rentrer dans le domaine général de la chirurgie les maladies des yeux, jusqu'alors décrites dans des traités
spéciaux.

La chirurgie était représentée dans cet ouvrage avec la rigueur,
la précision des classifications, la méthode exacte, qui avaient fait le
caractère de l'enseignement de Desault, l'un de ses premiers maîtres.
Tout ce qui a trait au diagnostic, tout ce qui est relatif aux indications du traitement, est exposé avec le soin le plus parfait; le
tableau de chaque maladie est toujours vrai et fidèle. L'ordre anatomique, déjà adopté, fut consacré par lui et dès lors accepté par
tous les pathologistes. Aussi, le *Traité des maladies chirurgicales*
fut-il accueilli, dès sa première apparition (1814), en pays étranger
comme en France, avec la plus grande faveur, et fit-il bientôt oublier les autres traités généraux du même genre qui l'avaient
précédé.

«Boyer, dit Ph. Roux dans son éloge, avait grandi avec cette
pensée, et était resté trop longtemps préoccupé de cette idée
qu'après Desault et les hommes qui avaient jeté tant d'éclat sur
l'Académie royale de chirurgie, il n'y avait presque plus qu'à glaner
dans le champ de la science, qu'elle n'avait plus que bien peu de
progrès à faire.» Il croyait, en effet, que la chirurgie avait atteint, ou
peu s'en fallait, le plus haut degré de perfection. Il n'hésite pas, en
tête de sa préface, à le déclarer avec toute la bonne foi dont il a
donné tant d'exemples. C'est pour cela, sans doute, qu'il n'a pas
été novateur, et qu'en élevant par un travail opiniâtre un véritable
monument à la chirurgie, Boyer n'a mis assez en évidence et en
relief ni les fruits de sa grande expérience, ni ceux d'une observation impatiente de découvertes. Cependant, alors même qu'il

écrivait, et surtout pendant que se succédaient plusieurs éditions de son livre, déjà commençait à se développer le mouvement scientifique moderne.

Historien fidèle d'une époque importante, chirurgien consommé, professeur illustre, écrivain correct, Boyer est le lien qui unit le temps de l'Académie de chirurgie et celui de Desault à l'époque présente. Parmi tant d'autres mérites, son livre aura celui de bien représenter l'état de la chirurgie au moment où, sous l'influence de nouveaux travaux et de nouvelles tendances, la reconstruction d'un édifice que l'on croyait achevé, allait être entreprise.

Le caractère de l'œuvre, aussi bien que son mérite, devait donc nous engager à la prendre comme point de départ.

Les causes qui ont déterminé le mouvement scientifique actuel sont multiples. L'observation rigoureuse et réitérée des faits lui a servi de guide. Mais de tout temps l'observation a été le point de départ nécessaire des études médicales; si l'observation moderne semble considérée comme un moyen nouveau, c'est que sa méthode et ses procédés se sont singulièrement perfectionnés.

Avant tout, nous devons montrer sous quelles influences elle a pu faire les acquisitions précieuses dont elle est justement fière.

La création d'une science nouvelle, l'anatomie pathologique, les perfectionnements apportés dans l'étude de l'anatomie normale et dans l'étude de la pathologie, l'immense développement de la physiologie normale, et la création ou tout au moins le perfectionnement de la physiologie pathologique sous l'influence de l'expérimentation : tels ont été les principaux moyens d'un progrès puissamment aidé par les ressources sans cesse offertes par les sciences physiques et chimiques.

La connaissance exacte du siége et des caractères essentiels des maladies fut longtemps ignorée, par suite des habitudes qui s'opposaient aux ouvertures de cadavres. On le sait, il n'a été réelle-

Anatomie
pathologiqu

ment élevé un monument à l'anatomie pathologique que le jour où Morgagni (1761) publia son célèbre traité *De sedibus et causis morborum*. Avant lui, l'histoire montre qu'un grand nombre d'observateurs célèbres avaient recueilli des faits et s'étaient préoccupés de l'importance des lésions pathologiques, et l'anatomie normale, déjà si brillamment cultivée au xviie siècle, n'avait pu se constituer sans que l'anatomie pathologique ne fût éclairée par des recherches partielles.

Mais Morgagni lui-même ne peut être considéré que comme le précurseur de Bichat, de Bayle, de Laennec, de Dupuytren, de Corvisart, de Portal, de Cruveilhier, d'Andral, de Lobstein, qui dans notre pays constituèrent, par l'éclat de leurs doctrines et de leurs travaux, cette médecine qui compte parmi ses éléments les plus essentiels, la comparaison sans cesse établie entre les lésions des organes et les symptômes qui trahissent pendant la vie leur état morbide.

Les travaux de Bichat en particulier (1800 et 1801), en donnant à la fois l'impulsion la plus féconde et la plus sûre à la physiologie et à l'anatomie morbide : à la physiologie par ses belles expériences, à l'anatomie morbide par l'application à cette science de sa lumineuse distinction des tissus, firent entrer définitivement la médecine et la chirurgie dans la voie où elles n'ont cessé de marcher jusqu'à ce jour. Leurs pas ont été d'autant plus assurés que l'anatomie et la physiologie ont elles-mêmes réalisé plus de progrès.

La mort prématurée de Bichat (1802) aurait pu arrêter l'élan qu'il venait d'imprimer ; mais ses principes avaient heureusement trouvé de l'écho dans la jeune génération qui l'entourait. Bayle et Laennec devaient surtout appliquer à la médecine proprement dite les résultats de leurs remarquables investigations anatomo-pathologiques, et bientôt la découverte de l'auscultation immortalisait Laennec. Dupuytren, non moins pénétré de la puissance des idées de Bichat, étudia avec autant d'ardeur l'anatomie pathologique, et

ne cessa de diriger toutes ses vues vers l'association intime de cette
science avec la chirurgie. Ce fut la préoccupation constante de sa
vie et l'un des caractères les plus remarquables de son célèbre
enseignement. Chacun sait qu'il voulut qu'après sa mort le sort
de la science qu'il avait tant contribué à fonder fût définitivement
assuré. Le musée scientifique qui porte son nom, la chaire d'anatomie pathologique de notre faculté sont d'éclatants témoignages
de sa libéralité. C'est donc à cet illustre chirurgien que revient
le mérite très-grand de l'application de l'anatomie pathologique
à la chirurgie, et il nous serait facile, si c'était ici le lieu de parler de
ses travaux, de prouver qu'en s'emparant de ce point de la science,
il a su l'agrandir et le féconder.

La physiologie pathologique, dont nous aurons l'occasion de
montrer plus loin les développements, avait déjà pris naissance;
le célèbre John Hunter peut certainement être considéré comme
son fondateur. Elle n'était pas encore constituée comme science, et
cependant elle se révélait chaque jour dans ses applications à la
chirurgie. Les travaux de Delpech sur le tissu inodulaire, l'étude de
son organisation, de ses propriétés et des effets pathologiques dus
à sa rétractilité presque indéfinie, n'étaient-ils pas une brillante
contribution à cette science? L'invention et l'application de l'entérotomie, par Dupuytren, n'étaient-elles pas tout entières basées sur
la connaissance exacte de la physiologie pathologique des men-
branes séreuses?

Au milieu de ces innovations, alors même que s'accumulaient
les notions les plus utiles, certaines erreurs, fruit d'exagérations sys-
tématiques, prenaient de jour en jour une plus large place dans les
idées médicales. Pinel avait combattu à outrance l'humorisme de
son époque, « ce jargon scientifique de médecine humorale et populaire, objet de dérision et de plaisanterie, » qu'il abandonnait dédai-
gneusement « au babil scientifique des gardes-malades. » Bichat,
moins exclusif, et bien que les principes de sa doctrine générale

Humorisme
moderne.

semblent au premier abord faire prévoir le contraire, n'hésita pas
à enseigner qu'une théorie exclusive de solidisme ou d'humorisme
est un contre-sens pathologique.

Mais les altérations des humeurs furent à peu près exclues de la
médecine physiologique; Broussais, sans les nier, déclare qu'elles se
traduisent toujours par une modification dans le jeu des solides, par
leur irritation, et ne veut pas que les altérations des humeurs servent de base à la thérapeutique : car, selon lui, les solides ressentent
les premiers, les effets des médicaments. Il n'hésite pas à déclarer
qu'un médecin purement humoriste est un fléau pour l'humanité,
« il brise les organes et extermine les malades sans s'en douter, sans
éprouver un remords qui puisse le ramener dans une voie meilleure. »

Après de semblables sarcasmes, après d'aussi vives récrimina-
tions, l'humorisme, on ne peut s'en étonner, avait succombé sous
le ridicule, et l'école était livrée au solidisme.

« Boyer lui-même, dit M. Denonvilliers dans son *Éloge de Blandin* (1849), le sage et prudent Boyer avait subi cette influence; la
chirurgie tout entière y avait cédé avec lui. Dans les amphithéâtres
les plus célèbres, dans les cliniques les plus suivies, les collections
purulentes que l'on retrouve si souvent après la mort dans les poumons et le foie des opérés, nous étaient présentées comme des
masses tuberculeuses préexistantes et ramollies; c'est là ce qu'on
nous enseignait. On en était presque arrivé à se consoler de la perte
des malades : car il ne s'agissait, après tout, que de pauvres phthisiques, dont le terme fatal avait été avancé de quelques jours, ou,
si l'on gémissait, c'était seulement sur la faiblesse et l'incertitude
du diagnostic médical, qui ne savait pas encore reconnaître l'existence de si redoutables altérations. »

Le retour à des idées médicales plus saines, la cessation d'un
aussi fâcheux état de choses allait être provoquée par des études,
hardiment entreprises, sur l'altération des liquides. Elles devaient
fournir une preuve nouvelle de la fécondité des applications de

l'anatomie et de la physiologie pathologique à la chirurgie, et puissamment contribuer à les perfectionner, en leur ouvrant de nouvelles voies.

Nous arrivons, en effet, à l'une des phases les plus importantes de l'histoire de la chirurgie contemporaine : car les notions pathologiques qui vont découler de cette étude, prendront dans la science chirurgicale une place de plus en plus étendue, et il n'est pas un chirurgien de nos jours qui ne soit sans cesse préoccupé des conséquences qui peuvent résulter des altérations, soit des liquides normaux, soit des sécrétions accidentelles.

Nous ne devrons, dans cette première partie de notre étude, qu'indiquer le point de départ des premiers essais qui ont servi à démontrer la part qu'il fallait faire à ces altérations.

Dans la seconde partie, nous indiquerons avec détails l'histoire des principales acquisitions faites par la pathologie sur ce sujet, en réalité si vaste, et nous serons obligé, tant ces lésions si longtemps inconnues ont aujourd'hui pris de place dans la pathologie chirurgicale, de montrer presque à chaque pas, dans les perfectionnements tentés au point de vue thérapeutique, une application directe de ces idées importantes.

Lorsque la réaction contre le solidisme exclusif commença à s'opérer, on revint à l'idée autrefois admise du mélange du pus avec le sang. Ribes, dès 1817, avait proposé quelques idées sur l'altération du sang veineux; M. Velpeau, dans sa thèse inaugurale (1823), posa nettement les termes du problème. Ainsi, l'on est sûr, à partir de ce moment, que les abcès qui surviennent dans les organes à la suite des opérations, sont dus à une altération du sang, par le fait de l'entrée du pus dans le torrent circulatoire. Bientôt d'accord sur le fait, les chirurgiens se divisèrent sur la question du mode de pénétration du pus dans le sang. Aux premiers travaux de M. Velpeau, développés par deux nouveaux mémoires publiés, en 1824, dans les *Archives générales de médecine*, et, en 1826, dans la *Revue médicale*, se joignirent successivement ceux de Blandin (1829), Maréchal (1828), Dance (1828-1829), Cruveilhier (1826).

Il était d'autant plus intéressant d'indiquer le point de départ de l'humorisme moderne, que l'on a souvent, à juste titre, qualifié de scientifique, que l'étude de l'altération des liquides devait aussi, sous l'influence des travaux de M. Bouillaud (1825), de MM. Andral et Gavarret (1840), prendre dans la médecine proprement dite une importance de premier ordre.

Ces questions que l'on peut dire fondamentales, offertes aux méditations des médecins et chirurgiens contemporains, appartiennent presque exclusivement dans leur point de départ, et même dans leur développement, à la science française.

Anatomie chirurgicale.

Il était naturel que, après cet effort qui, en définitive, les sortait de leur voie habituelle, les chirurgiens revinssent à l'étude des solides. Cela était d'autant plus facile à comprendre que l'incursion hardie tentée vers l'humorisme pouvait, à cette époque, être considérée comme l'élan irréfléchi de jeunes esprits en quête de nouveautés. Mais ceux-là même qui avaient été avertis par un instinct véritablement scientifique que leurs contemporains les plus brillants allaient voir se terminer leur règne, par le fait même de l'exagération de leurs doctrines, ne pouvaient tomber dans la même faute. Aussi ce fut avec une égale ardeur qu'on les vit chercher, dans une étude plus approfondie de l'anatomie, une base définitive et inébranlable sur laquelle pourraient être assises les notions chirurgicales nouvelles, qui devaient nécessairement naître de la secousse violente qu'allaient éprouver les esprits.

C'est de cette aspiration nouvelle à la science exacte, mais non exclusive, que devait naître l'anatomie chirurgicale.

Il serait injuste de dire que les chirurgiens en eurent à cette époque la première pensée; il serait également non équitable de ne pas reconnaître que, en dehors même de notre pays, un ou deux chirurgiens en avaient donné quelques aperçus; mais dans sa période embryonnaire, comme au moment de sa naissance, c'est à la chirurgie française, et par conséquent aux chirurgiens de notre pays, que l'anatomie ainsi envisagée dut d'entrer dans la science.

Le simple exposé des faits va nous démontrer de plus que c'est à la période contemporaine, que c'est à nos maîtres qu'appartient l'immortel honneur d'avoir donné à la chirurgie un nouvel instrument de progrès qui a reculé ses limites, et dont on peut dire que les services sont encore loin d'être épuisés.

Pour donner une idée de l'anatomie chirurgicale, nous rappellerons avec M. Velpeau quels sont les termes de l'important problème qu'elle se propose de résoudre. On peut ainsi le formuler avec cet auteur : « Expliquer par l'anatomie les nombreuses particularités, soit de pathologie, soit de chirurgie, soit de médecine opératoire, qui se rapportent à l'état appréciable des organes. »

Ou bien, avec M. Denonvilliers (*Éloge de Blandin*), nous pourrions dire « que son but est de préparer à la chirurgie, et surtout aux opérations par l'anatomie. Sa prétention est d'instituer une science qui apprenne au chirurgien à diriger le bistouri au sein des parties profondes, avec autant de certitude que si ces parties étaient transparentes. Pour cela il décompose le corps en régions, ou groupes naturels de parties, dont il étudie chacune à part comme un organe spécial, qui a sa forme, son étendue, ses limites, sa structure, son développement, ses variétés, ses fonctions. » On a peine à se figurer aujourd'hui que cette manière d'envisager l'anatomie n'ait pas toujours existé.

Ce que nous allons dire prouvera ce que nous avons déjà laissé pressentir sur son origine toute moderne.

L'anatomie chirurgicale est beaucoup moins vieille que son nom; c'est Palfin qui, en 1726, a eu l'honneur d'avoir introduit dans la science le nom d'anatomie chirurgicale. Nous pourrions, en empruntant aux divers auteurs, et en particulier à M. Velpeau, l'histoire de cette anatomie, montrer ce qu'elle a été dans sa période que nous avons qualifiée d'embryonnaire; mais nous devons arriver de suite au moment où elle s'est constituée, parce que, par les dates, seule elle appartient à notre étude.

Des essais partiels précédèrent d'une manière presque immédiate sa constitution définitive. La dissertation sur le périnée, soutenue en 1812 dans un concours célèbre par Dupuytren, en forme, pour ainsi dire, d'après M. Velpeau, le point de départ parmi nous. Le cours de Roux, ouvert en 1816, sur l'anatomie chirurgicale, fut le premier qui ait été fait à Paris. Dans ce cours, l'anatomie chirurgicale était déjà professée dans son ensemble, et quoiqu'il n'en ait été rien publié, nous savons par M. Velpeau que l'anatomie des régions et l'anatomie chirurgicale dans les systèmes généraux y étaient déjà traitées séparément. Roux se montrait ainsi le digne élève de Bichat.

Plus tard les leçons de Béclard lui donnèrent, en 1821, une nouvelle impulsion. L'importance de cette étude fut comprise par les élèves, et plusieurs s'en inspirèrent dans leurs dissertations inaugurales, mais elle le fut surtout par les prosecteurs de notre école qui se nommaient alors : Blandin, Bouvier, Gerdy, Velpeau. Nous aurons occasion de dire que ce n'est pas le seul service que l'enseignement de l'école pratique ait rendu à la chirurgie.

Mais, pour qu'il sortît de ce mouvement des esprits et de cet enseignement une science définitivement fondée, il fallait un livre qui rassemblât et fixât ces notions. Il était réservé à M. Velpeau de publier le premier traité d'anatomie chirurgicale. Ce livre important parut en 1825, mais dès 1826, moins d'une année après, Blandin publia le sien. D'ailleurs, lorsqu'on cherche à se rendre compte du mouvement des esprits à cette période, on voit que les noms des chirurgiens qui ont marqué dans l'époque contemporaine pourraient se rattacher pour la plupart à quelqu'une des parties du grand œuvre, auquel s'intéressait toute une brillante génération. C'est ainsi que M. Jules Cloquet avait conçu le plan d'une anatomie des régions, qu'il confia à M. Velpeau pour la rédaction de son traité; que Gerdy insérait dans sa dissertation inaugurale un abrégé du plan qu'il avait adopté pour l'enseignement de l'anatomie topographique, et qu'Amussat préludait par l'anatomie chirurgicale aux travaux qui allaient assurer sa réputation.

Bien que nés dans le même milieu et presque à la même époque, les traités de MM. Velpeau et Blandin différaient essentiellement. Celui de ce dernier, purement topographique, ainsi que l'indique son titre, ne renferme que des descriptions anatomiques, et reste toujours très-sobre de déductions chirurgicales. M. Velpeau, au contraire, a introduit dans son ouvrage autant de considérations pratiques que possible, tout en donnant une description minutieuse de chaque région. Cet ouvrage comprend en plus, dans sa seconde édition, l'anatomie générale étudiée au point de vue de ses applications à la chirurgie.

Nous devons dire que la manière dont M. Velpeau avait dès le début envisagé l'étude de l'anatomie chirurgicale, est celle qui a prévalu parmi nous.

Il était difficile, en effet, que les livres d'anatomie chirurgicale ne devinssent pas de véritables traités de chirurgie. Dans le parallèle, sans cesse établi, entre le fait anatomique et la conséquence pathologique, les déductions se présentent en foule à l'esprit, se classent et se comprennent facilement. Ainsi vivifiée, l'étude de l'anatomie est pleine d'attraits et de promesses, qu'elle tient pour la plupart. Ces rapprochements féconds permettent à la fois d'exposer et de discuter les questions, et font bientôt reconnaître, par cela même qu'ils font la part de sa puissance, que l'anatomie ainsi appliquée ne saurait répondre à toutes les aspirations du progrès.

Aussi, après s'être approprié l'anatomie de texture et l'étude du développement, l'anatomie chirurgicale veut-elle encore s'emparer, pour les utiliser à son profit, des connaissances que la physiologie verse avec tant de profusion dans le courant scientifique, depuis que, guidée par les Magendie, les Flourens, les Longet, les Bernard, les Brown-Séquard, elle s'est résolûment appuyée sur l'expérimentation.

L'excellent traité d'anatomie chirurgicale et de chirurgie expérimentale de Malgaigne (1838) fut une brillante affirmation de ces
hautes aspirations. Pour lui, d'ailleurs, la description des rapports
de contiguïté n'a qu'un intérêt secondaire; son objet principal, ainsi
qu'il l'écrit, « c'est l'étude des organes et des tissus en action, avec
toutes les ressources de l'expérimentation, soit sur le cadavre, soit
sur les animaux vivants, de manière à ne laisser en dehors aucune
des notions anatomiques et physiologiques propres à éclairer l'étiologie, les symptômes, la marche, le traitement des affections qui
relèvent de la pathologie externe. »

Un peu plus tard (1844), un chirurgien notable de Lyon, M. Pétrequin, a embrassé dans son ouvrage les notions applicables à la
médecine et à la chirurgie sous le titre d'anatomie médico-chirurgicale. A une époque plus rapprochée devaient paraître encore
d'importants traités : celui de M. Jarjavay (1852) et le livre de
M. Richet (1855), devenu rapidement classique et parvenu aujour-
d'hui à sa troisième édition. Tous ces ouvrages, auxquels nous
pourrions ajouter les atlas d'anatomie chirurgicale publiés par
MM. Bourgery, Legendre, Béraud, Paulet et Sarrazin, témoignent
à la fois de l'importance de cette science et de l'ardeur que notre
génération apporte à son étude.

L'anatomie chirurgicale, par les perfectionnements nouveaux
qu'elle allait introduire dans la médecine opératoire, dans la description et le diagnostic des maladies chirurgicales, devait heureusement compléter les ressources que l'anatomie et la physiologie
pathologiques offraient déjà aux chirurgiens.

Les progrès qu'elle a fait faire à la médecine opératoire pouvaient
être prévus. Il est de toute évidence que ce n'est que depuis qu'il a
été guidé par elle, que le bistouri a pu traverser avec sécurité les
régions les plus périlleuses; mais elle a surtout donné à l'art opératoire une précision nouvelle.

Il est peut-être plus difficile de se rendre compte *a priori* des
progrès imprimés à la description des maladies chirurgicales et à

leur diagnostic; cependant il suffit de quelques exemples pour s'en rendre compte. C'est ainsi que l'étude si rigoureuse des régions dans lesquelles se développent les hernies abdominales, a permis de tracer leur description d'une façon complète. Les dissections que nos chirurgiens ont répétées à l'envi depuis M. Jules Cloquet (1817), ont été la source évidente des perfectionnements considérables apportés, dans notre pays, à l'étude si importante de ces affections.

L'histoire d'affections en quelque sorte vulgaires, tant elles sont fréquemment observées, n'a pu être tracée d'une manière exacte et complète qu'avec l'aide de l'anatomie chirurgicale. Rien n'était plus embrouillé, par exemple, que la description des panaris et des flegmons de la main, avant que M. Velpeau ne montrât que c'est en se basant sur l'étude des dispositions anatomiques de la main et des doigts, qu'il fallait procéder à la distinction des diverses variétés de l'inflammation de ces parties. En procédant ainsi dans la description, il devient facile de comprendre comment l'inflammation d'un même organe peut être grave ou légère, selon la couche des tissus où elle se développe et selon la nature et la disposition de cette couche. On prévoit sa marche, sa durée; on saisit immédiatement les indications d'un traitement rationnel, et l'on juge du même coup les prétendus moyens qui, s'adressant aveuglé- -ment à toutes les variétés, n'ont en leur faveur d'autres chances de succès que celles d'en rencontrer de bénignes.

C'est encore à l'aide des notions fournies par l'anatomie chirurgicale, que l'on a pu indiquer à l'avance la marche des liquides normaux ou pathologiques épanchés dans nos tissus; prévoir, par exemple, la direction que doivent suivre certaines collections purulentes, les infiltrations sanguines et les infiltrations urineuses.

En présence d'applications aussi séduisantes, il est facile de comprendre que l'exagération ait eu quelquefois sa place; les critiques de ceux qui se sont élevés contre les prétentions trop exclusives de l'anatomie chirurgicale, sont fondées. On a eu raison de dire qu'elle devait bien plutôt chercher à éclairer l'observation qu'elle ne devait prétendre à la devancer ou à la suppléer. Mais, dans ces conditions mêmes, les grandes indications fournies par l'étude des régions n'en restent pas moins certaines.

Ce n'est pas seulement ainsi qu'ont été envisagées les applications de l'anatomie à la chirurgie. L'influence de la texture des organes, de l'arrangement des tissus qui les composent, a été bien souvent invoquée par M. Velpeau pour expliquer la forme et même la nature de certaines lésions; ce chirurgien insistait sur ce sujet dès le début de son enseignement. Il admettait, par exemple, dès 1833, que les différentes parties constituantes de la peau sont susceptibles de devenir malades isolément, que chacune doit imprimer des formes, des caractères spéciaux à ses maladies. Ce sont là des vues que le microscope seul permettait de confirmer, et il est juste de reconnaître qu'il a donné raison à plusieurs de ces prévisions.

Généralisant d'ailleurs, M. Velpeau professait que l'évolution des tumeurs en général est influencée et souvent modifiée par les milieux organiques où elle s'accomplit. Les tumeurs dites fibreuses de l'utérus, les tumeurs de la prostate qu'il prend pour exemple, prouvent en effet l'*analogie de développement*. Vogel devait plus tard démontrer que le blastème revêt une organisation analogue à celle des tissus avec lesquels il est en contact. *La loi d'analogie de formation*, découverte par l'auteur allemand, aussi admirable que simple, a singulièrement éclairé l'histoire de la régénération des tissus.

Personne ne conteste que le diagnostic n'ait acquis dans notre siècle et dans notre pays une précision jusqu'alors inconnue. C'est d'abord en l'assujettissant au contrôle de l'anatomie pathologique, que l'esprit exact et positif de Corvisart en avait reculé les limites dans ses applications à la médecine proprement dite. Dupuytren avait eu, en procédant de la même manière, une influence non moins grande sur la chirurgie.

Le diagnostic d'une affection chirurgicale doit être avant tout anatomique; il faut en effet déterminer la nature de la lésion et bien saisir ses rapports avec les diverses parties de l'organisme. Ainsi formulé, le diagnostic n'est pas encore complet, nous aurons occasion de le dire; mais, en l'absence de ces conditions, il ne saurait être précis.

Or la nature de la lésion ne peut être déterminée qu'à l'aide des connaissances anatomo-pathologiques, qui nous permettent de rechercher l'analogie qui peut exister entre ce que nous observons sur le vivant et ce que nous avons vu sur le cadavre. Les rapports de la lésion avec les diverses parties de l'organisme ne peuvent être précisés que par la connaissance exacte de la disposition, de l'arrangement des différentes parties qui composent une région déterminée.

L'anatomie pathologique et l'anatomie chirurgicale se prêtent donc, à ce point de vue, un mutuel et incessant concours. Tous les moyens d'exploration qui viendront à leur aide, doivent être acceptés; mais sans elles ils seraient stériles, car elles sont la base du diagnostic.

En se préoccupant de bonne heure d'appliquer ces deux sciences à l'étude des maladies chirurgicales, la chirurgie française n'a pas seulement perfectionné leur description et porté aussi loin que possible la précision de leur diagnostic : elle a créé, elle a constitué une méthode qui, seule, permet de continuer à enrichir la science de notions exactes et de découvertes utiles, et qui appelle toutes les améliorations.

La chirurgie devait bénéficier encore des nouveaux progrès que ne cessaient de faire l'anatomie et la physiologie; elle devait y trouver la source de la plupart de ses perfectionnements. *Embryologie.*

Il est une partie de l'anatomie qui, sous le nom d'embryologie, étudie les premiers développements de l'être humain, l'origine de ses différents systèmes, le mécanisme suivant lequel on voit se former, aux dépens d'un fonds primitivement commun, les groupes d'organes concourant à une même fonction, les diverses parties d'un même appareil, les éléments de chaque organe en particulier.

Cette étude, à laquelle, de 1823 à 1833, M. Velpeau avait consacré d'importants travaux, nous apprend que les différentes parties qui vont constituer un appareil ou un organe naissent souvent isolément, les unes précédant les autres, pour se réunir plus tard. De là la possibilité de vices de conformation lorsque, sous l'empire d'une perturbation dont on ne constate que les effets et dont la cause échappe le plus souvent, surviennent l'arrêt de développement et la non-réunion de l'une ou de l'autre des parties. C'est ainsi que les progrès des études embryogéniques ont jeté une vive lumière sur le mode de formation de plusieurs difformités congénitales.

Bien que l'on puisse faire remonter l'idée théorique de l'arrêt de développement à une époque bien antérieure à la nôtre; bien qu'à l'étranger des travaux très-importants aient été produits, il est juste de reconnaître que c'est aux recherches de M. Coste (1847) que la chirurgie est redevable de la précision et de la clarté apportées dans l'étude d'un certain nombre de déviations organiques.

Les causes prochaines des vices de conformation avaient d'ailleurs été singulièrement éclairées par les célèbres travaux d'Étienne et d'Isidore Geoffroy Saint-Hilaire. C'est en grande partie à ces savants que le xixe siècle est redevable des brillants progrès accomplis dans l'étude des vices de conformation et des monstruosités.

La théorie de l'arrêt de développement prend à notre époque une place de plus en plus importante; elle peut expliquer, dans beaucoup de cas, le mode de formation de la difformité; elle peut même faire comprendre comment certaines parties sont plus fréquemment arrêtées dans leur évolution. Il est, en effet, une loi formulée par M. Coste, et dont l'application nouss emble légitime et féconde dans beaucoup de cas : c'est l'influence du retard normal, ou mieux de l'époque relativement tardive de la formation d'une partie, sur les vices de conformation.

Les parties constituantes de la bouche apparaissent primitivement sous forme de bourgeons isolés. Les bourgeons maxillaires

inférieurs sont réunis de très-bonne heure; rien de plus rare que
la division congénitale de la lèvre inférieure; l'évolution des bourgeons maxillaires supérieurs est plus tardive : combien sont fréquents leurs arrêts de développement! C'est à cette cause qu'est
due la maladie si connue sous le nom de bec-de-lièvre.

Elle consiste dans la division congénitale de la lèvre supérieure,
lorsque le bec-de-lièvre est simple. Lorsqu'il est compliqué, il reproduit de la manière la plus complète, dans ses diverses variétés,
les différentes phases de développement des parties qui doivent former l'appareil buccal. C'est ainsi que la division de la lèvre peut
être double, s'accompagner de l'écartement des pièces osseuses qui
constituent, lorsqu'elles sont réunies, la voûte du palais ou de la
division du voile mobile qui la prolonge en arrière, c'est-à-dire
du voile du palais lui-même.

Quoi de plus facile à comprendre, quoi de plus séduisant que
cette théorie? Devant des démonstrations aussi simples et aussi
scientifiques, que deviennent les influences de toutes ces causes
bizarres si souvent invoquées autrefois? Quel crédit attacher aux
impressions ressenties par la mère, lorsque l'on sait qu'à des époques maintenant déterminées pour tous les appareils, la réunion
des parties est opérée, qu'elle s'opère dans un ordre déterminé? La
cause première nous échappe, il est vrai, comme pour tous les phénomènes de la vie et de la génération; mais, pour admettre des
causes mystérieuses ou étranges, encore est-il permis de demander qu'au moins elles se soient produites à propos, c'est-à-dire
avant le moment où les organes sur le développement desquels
elles sont censées agir, aient été complétés par la réunion, toujours
précoce d'ailleurs, de leurs parties constituantes.

Dans une autre région, l'on peut expliquer d'une manière aussi
précise les vices de conformation de l'appareil génito-urinaire. Les
très-curieuses malformations que l'on désigne sous le nom d'exstro-
phie de la vessie, d'épispadias, d'hypospadias, etc. sont toutes su-
perposables à un état transitoire de l'embryon. Nous aurons l'occa-

sion, en étudiant les progrès de la médecine opératoire, de montrer
ce que la chirurgie moderne a fait pour remédier à ces difformités.
Nous devons dès maintenant citer, en raison de leur nouveauté et
de leur importance, les opérations imaginées et appliquées par
M. Nélaton à l'épispadias. Cette difformité avait été jusqu'alors
laissée sans traitement.

Les maladies congénitales, chaque jour mieux étudiées, mieux
comprises, prennent une plus grande place dans la chirurgie.
MM. Bérard et Denonvilliers, en leur consacrant pour la première
fois dans le *Compendium de chirurgie* un chapitre général, ont bien
montré leur importance. Elles sont souvent, ainsi que nous venons
de l'indiquer, le résultat d'un arrêt de développement; mais elles
ne reconnaissent pas toutes, à beaucoup près, cette cause. Il en est
par exemple qui sont dues à une maladie qui atteint le fœtus dans
le sein maternel.

C'est, il est vrai, un ordre de faits bien différent de ceux que
nous avons indiqués; mais cette partie des affections congénitales a
encore été en France l'objet d'importants travaux, que nous signalerons plus tard. Les luxations congénitales, par exemple, reconnaissent souvent pour cause une maladie articulaire. Ce n'est pas
cette théorie qu'avait acceptée Dupuytren; cependant nous ne
saurions passer outre, sans rappeler son important mémoire sur
le déplacement originel de la tête des fémurs, car ce travail, publié en 1826, a ouvert la voie aux recherches entreprises depuis
sur ce sujet.

Physiologie.
La physiologie, dans ses applications à la chirurgie, nous offre
des exemples importants et nombreux; nous n'aurons encore ici
que l'embarras du choix.

Les maladies des os, si complétement étudiées à notre époque,
doivent leurs plus remarquables progrès à l'application des données
fournies par l'étude de la physiologie et du développement du système osseux. Duhamel (1739 à 1743) a fait sur ce sujet des

expériences remarquables, qui ont servi depuis le siècle dernier de point de départ à tous les travaux modernes.

Les os, comme quelques autres tissus, parmi lesquels on ne pouvait guère s'attendre à voir citer le tissu nerveux, dont la physiologie pathologique est de date toute récente, ont la remarquable propriété de se régénérer, alors même qu'ils ont été détruits ou qu'ils sont mortifiés dans une certaine étendue.

Les phénomènes qui accompagnent cette réparation, les parties qui y concourent, sont aujourd'hui bien étudiés. Nous sommes loin de l'époque où Léveillé déclarait que la réparation des os était due à l'hypertrophie d'une parcelle osseuse, et considérait comme entachée d'ignorance ou de mauvaise foi toute autre manière de voir. Les expériences de Duhamel ont été reprises, et les vertus ostéogéniques du périoste mises hors de doute. Mais en même temps, suivant en cela la féconde inspiration due aux expériences de Charmeil (1821), l'on a fait voir, d'une façon tout aussi incontestable, que le tissu osseux lui-même et le réseau médullaire sont aussi des agents de leur propre régénération.

Grâce à cette physiologie, qui n'a été bien faite que parce qu'elle a été appuyée sur de nombreuses expérimentations, non-seulement les maladies des os ont été bien étudiées, mais encore de nouvelles opérations ont été instituées.

A cette grande page de la chirurgie contemporaine, presque tout entière écrite par nos compatriotes, nous aurons à rattacher la plupart des noms de nos chirurgiens célèbres. Au point de vue des applications nouvelles de la physiologie expérimentale dont nous indiquons ici l'influence, nous avons à rappeler plus particulièrement les noms de MM. Flourens, Sédillot, Ollier, Marmy.

Ces belles études touchent d'ailleurs par beaucoup de points à la physiologie pathologique. L'on peut même considérer les travaux de Duhamel comme ayant ouvert la voie à des études qui préoccupent aujourd'hui tous les esprits, et prennent de jour en jour une place plus grande dans la science.

L'étude théorique des phénomènes organiques dans l'état de maladie est, en effet, différente de celle de ces mêmes phénomènes envisagés dans l'état normal. L'observation et l'expérimentation peuvent seules faire constater ces phénomènes. L'expérimentation a sur l'observation l'avantage de les provoquer dans des conditions et dans un but déterminés. Il est donc facile de prévoir ce que l'on peut en retirer pour arriver à résoudre des questions, qui, abandonnées au hasard de la seule observation, resteraient dans beaucoup de leurs points souvent insolubles.

Dans leur état normal, les membranes qui tapissent les cavités séreuses, sécrètent une quantité à peine appréciable d'un liquide destiné à lubrifier leur surface, à assurer le jeu régulier des mouvements des organes qu'elles revêtent. L'observation avait démontré que, sous l'influence de l'inflammation, elles sécrètent abondamment des liquides, ou se revêtent de productions de nouvelle formation, susceptibles de s'organiser, et que l'on appelle des fausses membranes. Les expériences ont fait voir que, sous l'influence d'irritations provoquées soit par des corps étrangers, soit par des injections de liquides irritants, l'on peut déterminer la formation des productions plastiques qui donnent naissance aux fausses membranes.

C'est en s'appuyant sur ces données que M. Jobert (de Lamballe) a formulé le premier la méthode d'adossement des séreuses, la seule rationnelle pour la suture des intestins; que M. Velpeau a généralisé la méthode des injections iodées dans les cavités closes. Déjà, nous l'avons dit, la connaissance de ces phénomènes avait amené Dupuytren à la brillante conception de l'entérotomie.

Dans les exemples que nous venons de citer, l'observateur semble avoir guidé l'expérimentateur; mais il est bien des circonstances où l'expérimentation a engagé l'observation dans de nouvelles voies, et lui a fourni les données que seule elle eût été à peu près inhabile à déterminer. Les plaies de l'intestin, celles des poumons, celles des artères, doivent aux expériences les points principaux, les points les plus essentiels de leur histoire. Le mécanisme de la guérison des plaies artérielles, le véritable mode d'action de la ligature, n'ont été bien connus que depuis les nombreuses expériences exécutées sur ces divers sujets. Celles que Jones fit en Angleterre au commencement du siècle doivent être comptées parmi les plus célèbres. Elles ont déterminé des progrès importants, en montrant d'une manière définitive quel était le meilleur mode de ligature. Les expériences de Béclard (1817), de Pécot d'Amussat (1836), de M. Manec (1832), de M. Notta (*Thèse*, 1850), ont à leur tour élucidé plusieurs points restés douteux. C'est, par exemple, aux recherches des chirurgiens français que l'on doit la démonstration du véritable mode de cicatrisation des plaies artérielles. Chose curieuse, notre illustre J.-L. Petit (1731) l'avait déjà découvert; les expériences d'ailleurs si utiles de Jones avaient substitué une théorie fausse à celle du chirurgien français, et il était réservé à M. Notta (1850) de ranger définitivement la chirurgie à l'opinion de J.-L. Petit.

Les expériences auxquelles nous faisons allusion avaient surtout éclairé l'action de la ligature sur les artères saines; mais des observations dues à Dupuytren avaient longtemps fait penser aux chirurgiens que les tuniques des artères malades étaient incapables de soutenir la striction de la ligature. L'observation avait déjà conduit M. Nélaton à douter de la réalité de ce fait. L'expérimentation instituée sur les animaux vivants et sur les artères des moignons chez les amputés qui avaient succombé aux suites de leur mutilation, lui démontra bientôt que les artères enflammées supportaient très-bien la ligature; ces faits furent consignés pour la première fois dans la thèse du docteur Courtin (1848). La pratique était ainsi délivrée de l'une de ses grandes préoccupations. Lier les artères au-dessus de la plaie, dans le cas d'hémorragie survenant pendant la période de suppuration, est une pratique insuffisante et dangereuse, qui conduisait souvent aux plus graves déterminations. L'expérience pouvait seule hâter sur ce point important la marche trop lente de l'observation, et redresser les erreurs dues à la généralisation de faits exceptionnels.

Souvent l'expérimentation est venue jeter le plus grand jour sur des questions jusque-là discutées; ainsi les injections de pus dans le sang pratiquées par MM. de Castelnau et Ducrest (1845) et par M. Sédillot (1849), ont dégagé la question de l'infection purulente de beaucoup de vues hypothétiques. Ces injections expérimentales ont même, entre les mains de M. Sedillot, permis de bien saisir l'origine, le développement et les conséquences de l'infection du sang par le pus.

Il nous est impossible, dans ce chapitre général, de citer toutes les expériences et tous les expérimentateurs; il faudrait, en effet, pour cela passer en revue toutes les questions importantes mises à l'étude par la chirurgie moderne. Nous ne pouvons cependant terminer ces généralités sans signaler encore les expériences multipliées d'Amussat, de Reybard (de Lyon), de Bonnet (de Lyon), de Jobert (de Lamballe), de Malgaigne.

La nécessité d'éclairer la pathologie humaine par l'expérimentation, affirmée par les travaux de Bichat, est donc de plus en plus reconnue; c'est l'une des tendances les plus accusées de notre chirurgie. Il était naturel, d'ailleurs, qu'en présence des rapides progrès qu'accomplissaient autour d'elle les sciences biologiques, sous l'influence de ce puissant moyen d'étude, la chirurgie voulût chercher dans l'expérimentation l'occasion de nouveaux perfectionnements.

Microscope.
Histologie.

Un nouveau moyen d'investigation, le microscope, allait créer, sous le nom d'*histologie,* une science nouvelle, ayant pour but de faire connaître la structure intime des tissus et des organes. L'histologie pathologique naissait bientôt à côté de l'histologie normale.

On comprend aisément, d'après ce que nous avons dit jusqu'à présent de l'influence de l'anatomie normale et pathologique sur la chirurgie, qu'elle dût vivement ressentir le contre-coup d'une extension si inattendue des sciences qu'elle avait hautement acceptées comme guides. Il était non moins présumable que le grand nombre de faits nouveaux qui venaient tout à coup envahir la science, en menaçant de la bouleverser, inspirerait de justes défiances à ceux-là mêmes qui l'avaient guidée dans des voies brillamment et tout nouvellement parcourues.

C'est en Allemagne que ces recherches avaient eu, sinon leur point de départ, du moins leurs premiers développements; mais on peut dire qu'elles y restèrent à l'état spéculatif, en ce qui concerne les applications à la pathologie. Les exagérations de la théorie cellulaire avaient créé une doctrine acceptable à la rigueur pour les botanistes, et déjà plus difficile à concilier avec les faits de l'anatomie normale des animaux; mais elle était surtout en désaccord complet avec l'anatomie pathologique, et jurait bien plus encore, si c'était possible, avec la pathologie et la clinique.

Nous pourrions ajouter, avec M. Broca, au livre duquel (*Traité des tumeurs*) nous empruntons ce jugement, que ce fut en France, sur les indications de M. Selligues, qui appliquait en 1824 au microscope les principes depuis longtemps connus de l'achromatisme, que M. Chevalier construisit le premier microscope achromatique. Il devenait dès lors possible d'augmenter considérablement le pouvoir amplifiant des lentilles, sans nuire à la précision des observations, et c'est de cette époque que datent les premières applications du microscope à la pathologie et les progrès de la micrographie.

Il serait possible, en effet, de montrer, avec le même auteur, que la conception de la théorie cellulaire naquit en 1824 dans notre pays, qu'elle n'est pas allemande, mais bien française, puisqu'elle appartient à M. Raspail, et que sa doctrine fut formulée de la manière la plus large, en 1826, par Hippolyte Royer-Collard, tandis que Schwann et Schleiden ne donnèrent leurs travaux qu'en 1837 et 1838.

Il est un point plus capital, que nous nous contenterons de

mettre en lumière. Cultivée sur le terrain classique où s'était déjà épanouie l'anatomie pathologique du scalpel, l'anatomie pathologique du microscope allait désormais devenir une des parties importantes de la science médicale. Le *Cours* et l'*Atlas de microscopie,* complémentaires des sciences médicales, que publiait M. Donné en 1844 et 1846, étaient la reproduction d'un enseignement qui déjà avait appelé l'attention sur l'importance des études microscopiques. Ce fut surtout des travaux de M. Lebert que. celles-ci reçurent, en chirurgie en particulier, leur plus vive impulsion.

M. Lebert avait reconnu et avait exprimé dans son livre de physiologie pathologique, publié à Paris en 1845, que «faire de la microscopie une spécialité serait une erreur dangereuse, qui témoignerait d'un esprit exclusif et peu philosophique. Le microscope, ajoutait-il, peut être d'un grand secours en pàthologie; mais son rôle ne commence qu'après celui des autres méthodes susceptibles de dévoiler la nature des maladies, l'observation clinique restant toujours la base de la pathologie.» En affirmant ainsi pour les micrographes la nécessité absolue d'observer les malades, M. Lebert avait le droit d'adjurer les cliniciens de se servir du microscope. Il fut immédiatement compris par la plupart des jeunes chirurgiens de Paris, et les observations et les travaux d'histologie pathologique se multiplièrent, grâce à l'ardeur de MM. Robin, Broca, Follin, Verneuil, en particulier.

Favorisées par les chefs de service des hôpitaux, ces investigations nouvelles devaient trouver à la fois dans la personne de la majorité de nos chirurgiens, et en particulier de M. Velpeau, des auxiliaires et des adversaires. C'est ainsi que l'on a pu envisager un rôle qui n'était en définitive que celui de modérateurs, et qui tout naturellement incombait à notre chirurgie.

De tous les chirurgiens français, M. Velpeau avait été celui qui s'était le plus appliqué à débrouiller le chaos des tumeurs, au risque de multiplier les difficultés du diagnostic. A l'aide de l'observation clinique basée sur la connaissance exacte de l'anatomie, il avait pu déjà porter une vive lumière dans l'histoire des tumeurs du sein, par lui choisies comme le terrain de ses nouvelles recherches. Des tumeurs considérées comme malignes avaient été définitivement rangées dans une autre catégorie, et leur bénignité démontrée.

Le microscope, quelles que fussent les révélations qu'il avait à faire sur la nature intime, c'est-à-dire sur les éléments constitutifs du tissu des tumeurs, ne pouvait modifier des résultats obtenus par la recherche de tous les caractères cliniques propres à fournir les éléments du diagnostic.

Mais alors même qu'elle se développait parmi nous, l'histologie pathologique, sans cesse mise en parallèle avec la clinique, qu'elle était admise à contrôler, fut bientôt discutée, non dans ses applications immédiatement et définitivement adoptées, mais dans ses tendances. Il est aujourd'hui reconnu, depuis la grande discussion académique de 1854 (discussion sur le cancer), que les classifications nouvelles qu'elle avait tentées, en particulier pour la famille des cancers, ne pouvaient être admises avec toutes les conséquences qu'elle avait cru pouvoir accepter.

M. Lebert, en transportant, comme il le dit lui-même, dans l'étude de la pathologie les procédés qui président à la détermination des caractères différentiels des êtres dont s'occupent les sciences naturelles, avait pensé que des tumeurs dont l'élément fondamental est différent ne peuvent être le résultat du même travail pathologique, et qu'elles ne sont pas de même espèce. Il admettait encore qu'il devait y avoir toujours une certaine corrélation entre les caractères cliniques et les caractères anatomiques.

Ces vues sont légitimes sans doute; mais elles ne devaient cependant pas être justifiées dans leur application rigoureuse. Il existe des différences dans l'évolution des diverses espèces de cancers, mais tous peuvent aboutir au même résultat, c'est-à-dire à l'envahissement progressif des organes ou des régions où ils se sont développés et à l'infection générale de l'économie. Cette triste vé-

rité est demeurée tout entière, alors que, sur la foi des différences
de texture montrées par le microscope, on avait cru pouvoir réserver à une seule d'entre elles, qui eût été caractérisée par une cellule spéciale dite *cancéreuse*, la terrible puissance dont nous par-
lions tout à l'heure. La vérité est que le cancer est constitué, non
pas seulement par les tumeurs, à l'examen microscopique desquelles on rencontre les éléments spéciaux dits *hétéromorphes* décrits
par M. Lebert, mais aussi par quelques-unes de celles qui contiennent des éléments homœomorphes. Depuis la discussion de l'Académie, déjà rappelée (1854), il est devenu de plus en plus évident
qu'il fallait demander, dans bien des cas, les caractères de la malignité et de la bénignité bien plus aux phénomènes cliniques
qu'aux détails anatomiques.

Cette thèse fut surtout soutenue par M. Velpeau avec un ensemble de preuves, avec une force logique qui lui donna gain de
cause. Il l'a depuis développée dans son livre sur les maladies du
sein en l'enrichissant de preuves nouvelles. Tous les chirurgiens
qui ont vérifié les résultats de l'observation microscopique par les
études cliniques ont été de son avis.

Le microscope cessait d'avoir la prétention de diriger la clinique;
mais il en demeurait un des plus utiles auxiliaires. La méthode
d'observation basée sur l'anatomie normale et pathologique restait
tout entière, mais elle était perfectionnée par les progrès nouveaux
imprimés à ces sciences.

Chimie.

L'utilité de l'application de tous les moyens d'analyse à la science
et à l'art chirurgical devient de plus en plus évidente.

La chimie a rendu de très-grands services, surtout à la physiologie;
mais elle est aussi tous les jours appliquée par les pathologistes à
l'analyse des humeurs normales et morbides. Elle rend, il est vrai,
de plus grands services à la médecine proprement dite qu'à la chirurgie; mais l'humorisme chirurgical devait nécessairement l'appeler à son aide. Elle n'a pu cependant nous apprendre pourquoi

le pus altéré, ou toute autre sécrétion viciée, peut devenir un agent toxique. Cette impuissance à fournir des explications que l'expérimentation est si habile à nous donner, quand les animaux vivants sont pris comme réactifs, a pu la discréditer dans l'esprit des chirurgiens; cependant des faits de la plus haute importance devaient nous montrer que, dans les maladies chirurgicales comme dans les maladies médicales, l'analyse des liquides ne saurait être négligée. L'inspection des urines ne doit pas seulement avoir pour but de reconnaître la présence du mucus, du pus ou du sang. Des travaux récents ont montré quel rôle jouait dans l'étiologie de certaines maladies chirurgicales la présence dans les urines de l'albumine ou du sucre.

L'histoire des cataractes, des amauroses, celle des gangrènes spontanées et de l'anthrax ont été, grâce à ces investigations, éclairées d'un jour nouveau. Le livre de M. Marchal (de Calvi) sur les gangrènes diabétiques (1862) met parfaitement en lumière ces points importants. Grâce à ces notions inattendues, bien des faits inexplicables deviennent compréhensibles; des indications nouvelles sont posées. Une récente discussion de la Société de chirurgie a montré la place importante que ces faits avaient prise dans l'esprit des chirurgiens. Nous ne pouvons encore apprécier ce que les indications chirurgicales proprement dites auront de modifications à recevoir, lorsque l'on reconnaîtra que le sujet auquel on doit inciser un phlegmon ou un anthrax, auquel on va pratiquer une amputation, est atteint du diabète; mais nous avons tous, dès maintenant, à nous préoccuper de cet élément nouveau dans les maladies chirurgicales. Ce sont des faits qui sont facilement acceptés, qui pourraient même entraîner à quelque exagération, mais qui n'en ont pas moins une grande signification. Ils témoignent, en particulier, de la nécessité de l'alliance intime, non-seulement de la médecine et de la chirurgie, mais de toutes les sciences qui, sous le titre de biologiques, viennent leur prêter aide, sans vouloir cependant leur donner des lois ou même une méthode.

C'est un élément nouveau à introduire dans le diagnostic, qui prend rang à côté de tous ceux qui sont fournis par les diathèses, par la spécificité, si bien comprise par Bretonneau (de Tours) et son école, représentée près de nous par MM. Trousseau et Velpeau, ses plus fervents adeptes; par la constitution, par l'âge du sujet : éléments d'une haute importance, que les brillants résultats auxquels on arrive à l'aide du diagnostic anatomique ont pu faire quelquefois négliger, mais que tous les esprits acceptent largement aujourd'hui. C'est la partie du diagnostic que M. Gosselin nommait tout récemment le diagnostic *étiologique*, heureuse expression qualifiant une saine tendance.

Mais le perfectionnement du diagnostic anatomique reste encore et devra toujours demeurer le but principal du chirurgien. S'il fallait démontrer son incontestable puissance, nous en trouverions la preuve dans l'extension subite que vient de prendre, sous l'influence d'un nouveau moyen d'exploration directe, toute une partie de la science chirurgicale. Nous voulons parler de l'ophthalmoscopie, appliquée à l'étude des maladies des yeux.

Le diagnostic et la description anatomique avaient été conduits à ce sujet bien loin déjà, et nous tiendrons à honneur de montrer à quel point les travaux de nos pathologistes avaient amené l'ophtalmologie. Ce qu'ils ont édifié demeure en son entier, au moins pour tout ce qui, visible à l'œil nu, pouvait être décrit. Rien de plus précis ne saurait être fait, et c'est là une des plus complètes applications de la méthode anatomique. Mais avec un merveilleux appareil, qui permettait d'apporter à la description les lésions du fond de l'œil la précision extrême de celle des maladies de sa partie antérieure et de ses annexes, les plus brillants résultats descriptifs devaient être obtenus.

La très-belle découverte de l'ophthalmoscope appartient à l'Allemagne, dans la personne d'un de ses savants les plus remarquables. L'ophthalmoscope, sorti avec toute sa perfection des mains d'Helmholtz (1851), fut bientôt popularisé en Allemagne, où toute la partie optique de l'ophthalmologie ne devait pas cesser de faire les plus rapides progrès et de fournir d'importantes et utiles acquisitions.

L'ophthalmoscopie allait être bientôt vulgarisée en France : c'est à M. Follin que revient l'honneur d'avoir, dès 1852, attiré l'attention de la Société de chirurgie sur cette importante méthode d'exploration, qui dès lors est entrée dans la pratique générale.

Un instrument des plus utiles, le laryngoscope, dont l'emploi dans l'examen du larynx ne remonte encore qu'à quelques années, appartient aussi à des savants allemands, MM. Turck et Czermak (1857).

La lumière est donc portée dans la plupart des cavités, et un ingénieux instrument, l'endoscope, est venu encore élargir le cercle de ces applications (1855). L'endoscope, d'abord créé pour l'examen de l'urètre et de la vessie, par M. Désormeaux, a permis depuis à son auteur de tenter de nouvelles explorations.

Pour un tout autre ordre de recherches, nous devons à un physiologiste français, M. Marey, un très-ingénieux appareil, le *sphygmographe* (1860). Grâce à ce nouveau mode d'exploration, les plus légères altérations dans la tension artérielle peuvent être facilement constatées; le tracé de la pulsation, instantanément recueilli par l'instrument enregistreur, en donne la mesure la plus exacte.

Les applications du sphygmographe sont des plus intéressantes; elles ont permis d'élucider bien des problèmes de physiologie. Elles ont, par exemple, définitivement jugé les questions relatives au choc du cœur, si longtemps et si vivement débattues. Il ne nous appartient pas d'insister sur les services rendus par le sphygmographe à la physiologie, et nous devons passer sous silence ceux qu'il rend à la pathologie interne; mais nous aurons à montrer comment les chirurgiens peuvent à son aide résoudre des questions très-délicates de diagnostic, relatives aux tumeurs anévrismales.

La tendance au perfectionnement du diagnostic anatomique, que nous signalions tout à l'heure, ne pouvait, on le voit, plus complétement s'affirmer.

Il est un agent que la physique met à notre disposition, et qui possède à la fois des propriétés physiques et chimiques : nous voulons parler de l'électricité. La chirurgie devait de nos jours mettre à contribution cette double puissance.

L'électricité a servi à l'exploration de la contractilité musculaire comme moyen de diagnostic, à l'excitation des tissus comme moyen thérapeutique, et l'on a enfin utilisé ses propriétés chimiques et calorifiques pour agir sur certains liquides, pour diviser les tissus et les détruire.

C'est à M. Duchenne (de Boulogne), dont nous devons citer le bel ouvrage sur l'électrisation localisée (1855), que sont dues les applications de l'électricité au diagnostic et à la thérapeutique d'un grand nombre de maladies des systèmes nerveux et musculaire. En démontrant que l'électrisation localisée des muscles permet, lorsqu'on l'applique avec les précautions convenables, à l'aide de conducteurs humides, de faire pénétrer dans les chairs jusqu'à une grande profondeur et dans une direction déterminée des courants électriques, M. Duchenne (de Boulogne) a engagé la thérapeutique dans une voie nouvelle et utile. C'est ainsi que l'électro-puncture, imaginée en 1825 par Sarlandière pour agir plus directement sur les nerfs dans les cas de névrose et de paralysie, est aujourd'hui abandonnée; si elle a été reprise, c'est dans un autre but.

L'acupuncture, ainsi que l'avait déjà montré M. Velpeau, peut déterminer la coagulation du sang; mais cette coagulation, qui s'opère au contact de l'aiguille introduite dans un vaisseau sanguin, est très-limitée, et cette intéressante découverte n'a pu être utilement appliquée dans un but thérapeutique.

Pravaz (de Lyon) et M. Alph. Guérard démontrèrent en 1831 qu'en faisant passer à travers une aiguille ainsi enfoncée dans une artère un courant électrique, on pouvait intercepter la circulation du sang, en déterminant sa coagulation : ce ne fut cependant qu'en 1845 que M. Pétrequin (de Lyon) eut le mérite de prouver pour la première fois l'efficacité de la nouvelle méthode, qui aujourd'hui, ainsi que le dit si justement M. Broca, a pris droit de domicile, sinon dans la pratique, du moins dans la science.

Ce n'est pas dans notre pays que la puissance destructive de l'électricité a été surtout utilisée.

Crussell (de Saint-Pétersbourg) a le premier songé à se servir, pour la destruction des tumeurs, de l'action chimique de l'électricité; il a même désigné la méthode du nom d'*ectrolytique*. Il consigna dans plusieurs publications, de 1841 à 1848, le résultat de ses recherches; mais Crussell lui-même n'avait pas tardé à renoncer à sa méthode. M. Ciniselli (de Crémone) a communiqué à la Société de chirurgie, en 1860, ses essais sur ce sujet et les a publiés, en 1862, dans un mémoire également présenté à cette société. C'est en 1864 que M. Nélaton présenta à l'Académie des sciences l'observation d'un polype naso-pharyngien guéri par cette méthode. Pour la première fois, l'*électrolyse,* appliquée jusque-là à des opérations de minime importance, servait à détruire une tumeur volumineuse, située dans une région très-difficilement accessible. Le perfectionnement des procédés et de nouvelles applications, également dues au chirurgien français, permettent d'espérer que cette méthode pourra efficacement être appliquée à la destruction des tumeurs et, en particulier, des polypes naso-pharyngiens. Elle aurait dans ce cas le grand avantage de se faire sans effusion de sang et sans ces mutilations préalables que les chirurgiens, ainsi que nous le dirons, ont été jusqu'à présent obligés de considérer comme une nécessité.

Les propriétés calorifiques de l'électricité ont été surtout utilisées par M. Middeldorpf, qui, après des essais partiels, publia, en 1854, son traité de galvano-caustique. Cette méthode, dont la généralisation est due aux travaux de ce chirurgien, avait cependant été employée avant lui, ainsi qu'il le reconnaît lui-même dans un historique très-complet. En France, nous devons signaler quelques

importantes applications de cette méthode faites, dès 1852, à l'hôpital des cliniques par M. Nélaton, avec le concours de M. Jules
Regnauld. Plusieurs tumeurs érectiles furent alors opérées par la
cautérisation galvanique.

Nous aurons, plus tard, à comparer cette méthode de diérèse avec
celle de l'*écrasement linéaire*, que M. Chassaignac a créée parmi nous,
et qui aujourd'hui est acceptée par les chirurgiens de tous les pays.

Érudition.
Études
historiques.

Nous venons de voir avec quelle ardeur les chirurgiens ont parcouru la voie qui leur avait été ouverte, dès le commencement de
ce siècle, par les travaux de Bichat et des hommes illustres qui ont
immédiatement recueilli son héritage. Dans ces recherches entreprises en anatomie normale ou pathologique, ils ont toujours eu
pour but d'appliquer au profit de l'observation clinique les données positives fournies par ces deux sciences fondamentales.

Les découvertes nombreuses, les perfectionnements multiples et
les faits innombrables dus à ces travaux ne devaient cependant pas
satisfaire les esprits. Bien différents des chirurgiens du xviiie siècle,
ceux de notre époque voulurent tenir compte de tous les enseignements du passé. Le culte de l'érudition et de l'histoire allait renaître.

Il semble que l'on ait voulu, en concentrant de plus en plus l'attention sur l'origine des idées et des systèmes, sur les obstacles qui
ont arrêté nos devanciers, sur les erreurs de méthode qui les ont
fourvoyés, se mettre désormais à l'abri de semblables égarements.

L'histoire du passé n'est pas le seul but de l'érudition. Le rapprochement des nations par la science s'affirme de jour en jour : il
suffit de jeter les yeux sur nos ouvrages contemporains pour s'assurer de la large place qu'y occupe la science étrangère.

Les livres les plus remarquables de la chirurgie étrangère, traduits dans notre langue, avaient de bonne heure mis les chirurgiens français au courant des doctrines professées dans les autres
pays. Dès 1809, Delpech avait publié la traduction du livre de
Scarpa sur les anévrismes.

En 1814, la relation donnée par Roux du voyage qu'il avait fait à Londres, avait déjà contribué à attirer l'attention sur les opérations et la pratique des chirurgiens anglais. Bientôt Breschet, en 1819, traduisit le livre d'Hogdson sur les maladies des artères et des veines. Il est juste de dire que ce chirurgien s'est, un des premiers, préoccupé de nous initier aux travaux étrangers et qu'il s'y est constamment appliqué.

Le rôle de traducteur fut aussi accepté par d'autres chirurgiens d'un véritable mérite : Béclard et M. J. Cloquet firent connaître l'ouvrage de Lawrence sur les hernies (1818); MM. Chassaignac et Richelot, le traité de A. Cooper, en 1837. En 1844, M. Laugier nous donna la traduction du livre de Mackensie sur les maladies des yeux, et, dans des notes nombreuses, il indiqua les principaux progrès accomplis en France dans cette branche de la chirurgie.

Depuis lors, la plupart des ouvrages importants publiés en Angleterre et en Allemagne furent traduits dans notre langue. Parmi les auteurs qui se sont surtout voués à ce genre de vulgarisation, il est juste de citer Jourdan et M. Richelot. Les revues et articles de journaux, des emprunts chaque jour renouvelés par tous ceux qui prennent part au mouvement de la science, naturalisent de plus en plus parmi nous tout ce qui se fait et s'écrit à l'étranger. Ce n'est pas rendre à la société un médiocre service que de faire cesser ainsi l'isolement qui existait entre les divers pays, et de les unir étroitement dans les mêmes vues scientifiques; il serait à désirer cependant que la part de plus en plus large, si libéralement faite à ce qui vient de loin, ne pût faire, même un moment, oublier ce qui s'accomplit sous nos yeux.

Nous pouvons à bon droit donner à la chirurgie contemporaine presque tout l'honneur d'aussi utiles tendances. Boyer, fidèle écho du xviiie siècle, ne croyait pas à l'utilité de l'érudition et n'hésitait pas à le déclarer. Seul, l'ouvrage de Sabatier faisait exception.

Les ouvrages modernes offrent, au contraire, sous ce rapport la plus grande richesse; partout on reconnaît que les efforts les plus consciencieux ont été faits pour exposer ce qui a été écrit sur le sujet dont ils traitent. Cette tendance s'est d'abord affirmée dans les ouvrages de M. Velpeau, et en particulier dans son grand traité de médecine opératoire. Il est juste de reconnaître que, le premier, il a remis l'érudition en honneur.

Elle n'a jamais été poussée plus loin que dans les livres de Malgaigne, qui peut être considéré comme le représentant le plus brillant de l'érudition chirurgicale; on doit dire qu'à cet égard ce chirurgien aura fait école parmi nous. Il faut citer comme modèle son édition d'A. Paré, dont l'introduction est regardée, à juste titre, comme une très-remarquable étude historique.

L'heureuse et féconde influence des études historiques sur les progrès de la chirurgie de notre temps ne saurait être niée. S'il est bien incontestable que la science moderne doit surtout s'édifier à l'aide des faits soumis au contrôle de l'observation rigoureuse de notre époque, il n'en est pas moins vrai qu'une étude attentive des faits passés, jointe à un sage esprit de critique, est capable de conduire à la vérité. C'est en détruisant des erreurs acceptées depuis des siècles que souvent on y est arrivé.

Les recherches dans le passé eussent été infructueuses, si elles n'avaient été soumises à une critique éclairée. La culture de l'érudition devait donc amener en chirurgie un besoin réel de critique, auquel, d'ailleurs, toutes les sciences se soumettent aujourd'hui. La critique est d'autant plus nécessaire que la science contemporaine s'édifie sur une masse plus surabondante de faits.

On a voulu davantage encore. Il n'a pas suffi au besoin de science exacte qui s'est emparé de notre génération, que dans tout sujet il fût tenu compte de ce qui avait été écrit ou dit avant nous, ou autour de nous; que les descriptions des maladies reposassent entièrement sur l'observation des faits, sur leur analyse et leur critique, pour cesser d'être l'expression individuelle des idées ou des impressions d'un seul. La statistique a été appelée au secours de la science chirurgicale.

Il ne suffit plus d'enseigner que dans telle maladie ou après telle opération on guérit ou l'on meurt le plus ordinairement. A cette formule, qui représente l'impression fournie par les résultats généraux de l'expérience, on veut substituer une formule exacte, mathématique.

Dans son livre de médecine opératoire, M. Velpeau, en réunissant sur plusieurs sujets, et en particulier à propos des ligatures d'artères, les observations connues, en les présentant sous forme de tableaux, avait déjà inauguré l'application de la statistique à l'étude de la chirurgie. Malgaigne est parmi nous le chirurgien qui s'est le plus efforcé de faire prévaloir en chirurgie le jugement par les chiffres. Mais on ne saurait méconnaître l'influence qu'a eue à cet égard l'école médicale dont M. Louis est le chef. C'est à lui que l'on doit la *méthode numérique.*

Les problèmes de statistique chirurgicale ne sont jamais simples, parce que la comparaison ne peut s'exercer sur des faits absolument semblables. La même opération peut donner une série heureuse, contre-balancée plus tard par une série malheureuse : ce qui dépend à la fois de ce que le milieu dans lequel on est appelé à agir peut être plus ou moins salubre, et de ce que chaque opéré est dans des conditions particulières de résistance ou de faiblesse; ce qui tient enfin à l'influence du chirurgien lui-même, c'est-à-dire à une application plus ou moins parfaite de l'art. Enfin, nous ne connaissons pas, à beaucoup près, et nous ne prévoyons pas toujours les causes cachées ou peu évidentes qui souvent influent sur le résultat définitif des opérations : c'est ainsi que nous montrions tout à l'heure l'influence longtemps méconnue, et cependant fort commune, qui naît de l'état diabétique.

D'ailleurs, il est naturel à chacun de présenter sous des faces bien diverses le même événement; le désir de démontrer la supériorité ou l'influence d'une opération, d'une méthode thérapeutique, peut amener à tirer d'une série heureuse ou malheureuse de faits chirurgicaux, des conclusions qui ne pourront être justifiées que par ceux qui ont voulu s'en servir comme preuves.

Pour parer à ces causes d'erreur que chacun a appréciées, l'on a proclamé la nécessité des grands nombres. C'est, en effet, une garantie nouvelle offerte par la statistique; mais il ne faut pas oublier que, par cela même que l'on opère sur une grande quantité de faits, l'on est exposé à réunir des éléments qui manquent de l'homogénéité absolue toujours nécessaire pour établir un résultat mathématique. Aussi la statistique appliquée à la chirurgie n'at-elle d'autre prétention, si ce n'est pour quelques esprits excessifs, que de fournir des moyennes, c'est-à-dire une vérité approximative qui approche d'une manière plus satisfaisante de la réalité. Personne, nous le croyons, ne voudrait nier que cette manière de procéder ne soit préférable au simple énoncé de souvenirs ou de notions approximatives; mais les partisans de la statistique ne sauraient s'étonner que la majorité des chirurgiens ne s'enrôlent sous leur bannière qu'avec l'intention bien arrêtée de contrôler, par l'analyse de toutes les influences que nous avons cherché à indiquer sommairement tout à l'heure, les résultats chiffrés qui leur sont présentés.

Il est à peine besoin de faire remarquer que la statistique des grands nombres pourrait devenir une arme dangereuse, si l'on était disposé à accepter de toutes les mains et de toutes les sources cette *ultima ratio* que l'on a souvent appelée la brutalité des faits. On a pu dire avec raison : « tant vaut l'homme, tant vaut la statistique, » nous ajouterons pour compléter cette idée : « tant valent les faits, tant vaut la statistique. »

C'est pour se prémunir contre les conclusions irréfléchies qui peuvent être le fait d'un auteur, ou contre des résultats inexacts qui peuvent découler du mauvais choix des faits, que beaucoup d'hommes autorisés ont souvent déclaré que les statistiques n'avaient de valeur qu'autant qu'elles représentaient les résultats individuellement obtenus par tel ou tel chirurgien. Ce que nous avons dit plus haut permet de pressentir que nous pensons que, même en dehors de ces conditions rigoureuses, la vérité peut être utilement éclairée par les chiffres.

Ces affirmations d'esprits distingués témoignent d'ailleurs d'une confiance au moins relative dans l'emploi de ce moyen de vérification. Ainsi, les dissidences ne portent encore ici que sur la portée absolue du moyen et non sur sa valeur que chacun accepte. Nous croyons devoir dire qu'il en résulte, pour chaque chirurgien de notre époque, l'obligation morale de compulser soigneusement les faits de sa pratique, et d'en donner à ses contemporains, ou aux générations à venir, le résultat intégral.

De nombreux travaux statistiques mériteraient d'être cités; nous indiquerons : les recherches de Malgaigne sur les résultats des amputations pratiquées dans les hôpitaux de Paris, publiées en 1842 dans les *Archives générales de médecine;* les statistiques du même auteur, sur les hernies; celles de MM. Legouest et Trélat relatives aux amputations; le très-beau travail de M. Chenu, publié en 1865 sous le titre de *Rapport au conseil de santé des armées,* sur les résultats du service médico-chirurgical aux ambulances de Crimée et aux hôpitaux militaires français en Turquie pendant la campagne d'Orient. Nous rappellerons, enfin, les statistiques fournies par MM. Tarnier, Husson, Lefort, sur les résultats des accouchements à domicile et dans les hôpitaux, et celles que M. Gosselin nous a données sur les hernies.

Il est un autre point qui préoccupe non moins l'esprit des chirurgiens, et qui est encore une des preuves de la rigueur, nous pourrions dire de la conscience, des savants de notre époque. Il est juste de reconnaître tous les efforts faits par Malgaigne pour engager de plus en plus la chirurgie dans cette voie. Ce chirurgien s'est, en effet, attaché à démontrer que, pour connaître la valeur réelle des opérations chirurgicales, il ne suffit pas, comme on l'a fait longtemps, de suivre l'opéré ou le blessé jusqu'à la cicatrisation des plaies, jusqu'à ce qu'on est convenu d'appeler la guérison. Il faut, en outre, savoir ce que deviennent dans l'avenir les malades, afin de bien connaître les inconvénients ou le résultat définitivement utile des opérations.

Cette manière de procéder est avant tout scientifique; il lui appartient de changer sur bien des points la physionomie de la science, et déjà elle a introduit dans certaines questions les plus profondes modifications.

Les amputations partielles du pied peuvent nous servir d'exemple: elles ont eu une grande vogue; mais ceux qui les prônaient ou les inventaient se laissaient seulement guider par ce très-louable motif, que le chirurgien devait se faire une loi de n'amputer que ce qui était inévitablement perdu et incapable d'être conservé.

L'étude des résultats éloignés de l'une d'elles, l'une des plus célèbres que l'on désigne en médecine opératoire sous le nom d'amputation de Chopart ou *médio-tarsienne,* lui a fait perdre la place importante qu'elle occupait. Dans cette amputation on conserve la moitié postérieure du pied: il était permis d'espérer que le blessé pourrait marcher sur le talon; mais il a été démontré que c'était sur l'extrémité antérieure et le côté externe du moignon que venait porter le poids du corps. C'est qu'il se produit, par suite du raccourcissement du levier, un renversement de la partie postérieure du pied en dedans et une élévation progressive du talon; la cicatrice tendue, contusionnée, déchirée par le fait de cette position vicieuse devient malade, et des ulcérations, des fistules et même des caries osseuses peuvent s'établir. Dans quelques cas on a été obligé d'amputer consécutivement la jambe à quelques malades, auxquels on avait cru rendre le plus grand service en conservant la moitié de leur pied. Il est vrai que ces accidents ne se sont pas produits dans tous les cas, mais le relevé des faits prouve que l'on peut assez souvent les redouter pour que le crédit de l'amputation médio-tarsienne en ait singulièrement souffert, et qu'elle soit presque délaissée, alors qu'à ses débuts elle avait été accueillie avec une faveur singulière.

Il semble que de tels jugements aient pu être portés à toutes les époques. Cela est vrai, sans doute; mais, nous le répétons, ce n'est que dans la nôtre que la vérification des résultats éloignés des opérations s'est élevée, en quelque sorte, à la hauteur d'une méthode scientifique.

La haute importance de ce genre de recherches n'est pas contestable; nous aurons souvent occasion de montrer l'influence qu'elles ont exercée sur des applications de certaines méthodes chirurgicales. Nous pouvons citer, comme exemple, la ténotomie, qui chercherait encore sa voie, si ce contrôle rigoureux n'était venu faire justice d'illusions ou d'exagérations souvent dangereuses.

Nous nous sommes efforcés jusqu'à présent de montrer quelles avaient été les grandes influences qui ont jeté la chirurgie dans des voies nouvelles; l'on a pu voir qu'une fois posés, les principes et la méthode qui l'ont guidée s'étaient affirmés par des découvertes ou des études, qui allaient servir de point de départ et de fondement à tous les travaux modernes.

La France, à qui la science restera toujours redevable d'être à jamais entrée dans la voie de l'observation positive et rigoureuse, doit réclamer pour elle les principes et la méthode même de l'observation.

L'influence de ses travaux et de son enseignement ne sauraient s'amoindrir : les racines de la science chirurgicale contemporaine sont à jamais implantées dans notre sol. Mais l'arbre de la science s'est rapidement couvert de rameaux abondants, et pour quelques esprits cette végétation puissante toucherait presque à l'exubérance. Quand on se rappelle combien sont puissants et avec quelle ardeur sont appliqués les procédés de l'étude scientifique, on ne saurait s'étonner de ces résultats. Ces procédés, nous l'avons déjà dit, ont

été plus largement appliqués à certains détails de l'analyse scientifique en dehors de nous, et en Allemagne en particulier, que dans
notre pays. Versés dans le courant scientifique que nous avions
dirigé, ils ont singulièrement accéléré sa marche; mais ils n'ont à
coup sûr pas détourné son cours.

La forêt de faits que réclamait Bacon existe dès à présent, et s'accroît sans cesse. Faut-il s'en effrayer? faut-il craindre que les efforts
de tant d'intelligences, que cette fusion des sciences de tous les
pays, crée une Babel scientifique, d'où naîtrait la confusion plutôt
que la lumière? Nous ne saurions le penser.

Si les faits sont nombreux, du moins ont-ils, pour la plupart, un
cachet d'exactitude et de vérité qui permet d'espérer qu'alors même
qu'ils ne pourraient tous être réunis en faisceau, chacun d'eux pris
isolément puisse porter son enseignement. Certes, il faut des mains
habiles, des intelligences élevées, pour mettre utilement en œuvre
ces matériaux, dont nous sommes fiers à juste titre, et en construire
des édifices dignes de la postérité. Nous pourrions citer dès à
présent un grand nombre de travaux partiels, de monographies,
qui suffisent pour démontrer que cette tâche n'a rien d'impossible.

En ne citant, dans ce chapitre général, que les traités dans
lesquels se trouve présenté l'ensemble du tableau de la science,
nous prouverons déjà que leurs auteurs ont fait les plus heureux
efforts pour arriver à satisfaire aux multiples exigences de la
science chirurgicale de nos jours. En les comparant aux ouvrages
du commencement de ce siècle, il est facile de voir s'y refléter le
mouvement scientifique que nous avons cherché à étudier dans son
ensemble.

Déjà nous avons signalé les principaux traités d'anatomie chirurgicale; indiquons actuellement les ouvrages qui ont embrassé
la chirurgie tout entière. Ce furent d'abord les livres de Delpech,
de Roche et Samson réédités plus tard avec la collaboration de
Lenoir, le traité de Vidal (de Cassis), le *Compendium de chirurgie* de

MM. A. Bérard, Denonvilliers et Gosselin, livre éminemment classique et cependant conçu sur les plus larges bases; les éléments de pathologie chirurgicale de M. Nélaton; le traité publié par Gerdy sous le titre de *Chirurgie pratique;* enfin, dans ces dernières années, le livre de M. Follin, qui, tout en s'appliquant comme ses devanciers, à donner le tableau fidèle de notre chirurgie, s'est particulièrement efforcé d'élargir le cadre ordinairement consacré à la chirurgie étrangère.

Le *Traité d'opérations* de M. Velpeau, celui de Malle, celui de M. Sédillot, le *Manuel* de Malgaigne, ont rassemblé ou résumé toutes les conquêtes de la médecine opératoire. Citons encore les ouvrages de MM. Chassaignac et Alph. Guérin.

La publication des cliniques de Pelletan, Dupuytren, Delpech, Larrey, Lisfranc, M. Velpeau, etc. et un très-grand nombre d'excellentes monographies ont aussi contribué à vulgariser l'enseignement chirurgical.

Les travaux de M. Cruveilhier ont eu une trop grande influence sur la chirurgie pour que nous ne rappelions pas ici que nous lui devons le grand *Traité d'anatomie pathologique.*

Notre littérature scientifique est donc riche de traités classiques généraux. C'est un des caractères de notre enseignement médical que la richesse d'un enseignement écrit, dont les qualités sont reconnues par tous. La méthode sévère, l'exactitude rigoureuse, la clarté se retrouvent dans toutes ces publications, et celle que nous venons de citer en dernier lieu est un modèle achevé du genre descriptif.

En n'étudiant que certaines parties de la chirurgie générale, d'importants ouvrages ont encore eu la plus heureuse influence sur ses progrès. Tel a été le rôle des traités sur les maladies articulaires, de Bonnet (de Lyon); du traité des fractures et des luxations, de Malgaigne; du traité des maladies du sein, de M. Velpeau; du traité des anévrismes, du traité des tumeurs, de M. Broca, etc.

Nous possédons un nombre plus considérable encore de livres

sur d'autres parties de la chirurgie, telles que les accouchements, les maladies de l'utérus, des voies urinaires, la syphilis, les maladies des yeux et des oreilles. Les citer serait nous exposer à faire une table bibliographique, ou à fournir dès à présent des indications que nous ne pourrons présenter que dans d'autres parties de ce travail [1].

Aussi, ne faisant que rappeler les belles collections de thèses fournies par les concours du professorat et de l'agrégation, composées de monographies précieuses dont plusieurs ont acquis dès leur apparition une notoriété qu'elles n'ont jamais perdue; les nombreux dictionnaires qui résument notre science et qui souvent renferment des articles qui ont pu à bon droit servir à l'instruction de tous et de modèles à beaucoup, nous renvoyons aux autres chapitres de cet ouvrage ceux de nos lecteurs désireux d'avoir une idée des travaux les plus importants qui ont eu la chirurgie pour objet.

Parmi les publications périodiques, *les Annales de la chirurgie française et étrangère*, dirigées par MM. Bégin, Velpeau, Vidal (de Cassis), Marchal (de Calvi); *le Bulletin chirurgical* de M. Laugier; *le Journal de chirurgie* de M. Malgaigne, ont été plus spécialement consacrés à notre science.

Sociétés savantes. Académie de médecine.

Il est nécessaire de signaler les services rendus à la chirurgie par diverses sociétés savantes. La fondation de l'Académie de médecine, par ordonnance royale du 20 décembre 1820, consacra définitivement l'alliance, désormais indissoluble, des diverses branches des sciences médicales, qui toutes y sont représentées.

Dans les grandes discussions qui ont à plusieurs reprises montré l'utile influence de l'Académie, ont été traitées les questions chirurgicales les plus importantes et les plus nouvelles. C'est ordinairement dans cette enceinte que se retrouve l'écho des préoccupations

---

[1] Nous aurions voulu, pour être complets, publier une bibliographie générale; nous n'avons pu donner place à un aussi vaste catalogue.

des esprits sur les points de doctrine ou de science actuellement agités.

Pour s'en faire une idée, il suffit de parcourir les bulletins depuis l'origine de leur publication; l'on comprend bientôt l'influence que peuvent avoir sur les progrès de l'art des discussions auxquelles ont pris part, à chaque époque, tous les maîtres de la science, et dont le retentissement a pour résultat d'éveiller l'attention de tous et de provoquer, dans l'Académie et en dehors d'elle, la critique et le contrôle de chacun.

On peut dire que les travaux de l'Académie fournissent à la chirurgie un tribut des plus importants. Mais les discussions que nous allons rappeler n'en sont pas le seul élément; les communications faites par des savants étrangers à cette compagnie y figurent pour une large part.

Dès les premières années de sa fondation, s'ouvrirent des discussions sur la lithotritie, sur l'emphysème, sur l'application de la statistique à la médecine, sur l'introduction de l'air dans les veines.

En 1842, M. Bouvier, venant lire à l'Académie une note sur les résultats de la section sous-cutanée des tendons, provoquait l'examen de ces questions, qui devait, à plusieurs reprises, se renouveler dans cette même enceinte.

En 1844, M. Cruveilhier, en donnant communication de son très-important mémoire sur les corps fibreux des mamelles, permettait d'aborder l'histoire si intéressante des tumeurs bénignes de cette région. Dix ans plus tard devait se produire la célèbre discussion sur le cancer (1854).

Sans vouloir suivre pas à pas les travaux de notre Académie de médecine, qu'il nous soit cependant encore permis de signaler les discussions sur la valeur comparative de la lithotritie et de la taille, auxquelles, en 1835, MM. Velpeau, Amussat, Roux, Sanson, Larrey, Lisfranc, Ségalas, et, en 1847, MM. Blandin, Roux, Amussat, Civiale, Velpeau, Ségalas, prirent une part si active.

Quelques années plus tard, à deux reprises différentes, les affections utérines devinrent l'objet des préoccupations de l'Académie, et tout le monde a conservé un utile souvenir de ces discussions.

Bientôt la question du traitement des kystes de l'ovaire (1855), celle de la trachéotomie (1858), la question si importante de l'hygiène des opérés (1861-1862), étaient traitées avec les plus grands détails. Les conclusions qui furent prises à la suite de cette dernière discussion permettent de juger de l'importance des idées qui y avaient été défendues.

Les discussions récentes sur la pustule maligne, sur la syphilis vaccinale, sur la thoracentèse, sur la méthode sous-cutanée, ont donné des preuves nouvelles de l'impulsion puissante que notre Académie est en mesure de donner aux progrès de la chirurgie.

Anesthésie.

C'est devant l'Académie de médecine que la question de l'éthérisation fut portée pour la première fois par Malgaigne, en 1847, le 12 janvier.

L'idée d'amortir la douleur pendant les opérations était venue, à toutes les époques, à la pensée des chirurgiens; mais l'anesthésie chirurgicale comme méthode scientifique, ne date que de la découverte des vertus stupéfiantes de l'éther et du chloroforme.

Comme la plupart des grandes découvertes, celle de l'éthérisation ne paraît pas avoir été l'œuvre d'un seul. Des tentatives faites isolément, mais dont la signification n'avait pas été saisie, montrent que depuis longtemps cette question préoccupait beaucoup les esprits.

A la fin du siècle dernier (1795), Beddoes, en Angleterre, vulgarisa l'usage de l'aspiration de certains gaz comme moyen de traitement. Humphry Davy, chargé de diriger les travaux du laboratoire de Beddoes, fit de nombreuses expériences avec le protoxyde d'azote (gaz hilarant), et dans un journal publié en 1799 il disait que « le protoxyde d'azote pur paraissait jouir, entre autres propriétés, de celle de détruire la douleur. On pourrait probablement, ajoutait-il, l'employer avec avantage dans les opérations chirurgicales qui ne s'accompagnent pas d'une grande effusion de sang. »

Les expériences avec le protoxyde d'azote furent répétées en France, en Allemagne, en Suède; mais des accidents survenus chez quelques personnes qui avaient fait usage de ce gaz, en firent abandonner l'emploi.

Les propriétés stupéfiantes d'une autre substance, l'éther, avaient été mises hors de doute, à plusieurs reprises, par Orfila, R.-C. Brodie, Giacomini; mais l'honneur de la première tentative d'anesthésie à l'aide de l'inhalation de l'éther pendant les opérations chirurgicales, revient au docteur W.-C. Long (d'Athènes), qui mit ce moyen en usage le 30 mars, le 3 juillet 1842 et le 9 septembre 1843. La priorité de M. Long a été reconnue récemment par Jackson lui-même, et, dans notre pays, c'est M. Maurice Perrin qui a élucidé ce point intéressant de l'histoire de l'éthérisation.

Les tentatives de M. Long n'eurent aucun retentissement, et ce fut en Amérique que, quelques années plus tard (1846), Jackson et Morton créèrent de nouveau la méthode de l'anesthésie chirurgicale.

En 1842 et 1843, Jackson, docteur de l'Université de Harwart, pour remédier à l'irritation qu'il éprouvait à la suite de l'aspiration d'une certaine quantité de chlore, imagina de respirer des vapeurs d'éther et d'ammoniaque, espérant être soulagé par suite des combinaisons chimiques qui devaient se produire. Il ressentit bientôt les phénomènes de l'anesthésie, et dès lors le problème de l'anesthésie chirurgicale fut résolu dans son esprit.

Mais ce fut seulement en 1846 que le dentiste Morton, de Boston, sur les indications de Jackson, se servit de l'éther pour obtenir l'insensibilité. Il étudia d'abord sur lui-même, puis sur quelques malades de sa clientèle les effets de l'éther; les résultats ayant été satisfaisants, poussé par Jackson, il s'adressa au docteur Warren, de Massachusets, et, le 17 octobre 1846, une opération fut pratiquée par ce chirurgien sur un malade soumis à l'influence des vapeurs de l'éther. Le malade, interrogé au réveil, déclara n'avoir rien ressenti.

Bientôt d'autres opérations furent faites au milieu des mêmes circonstances, et le succès couronna ces nouvelles tentatives.

Le 17 octobre 1846, un dentiste de Londres, Boots, recevait une lettre détaillée sur les événements qui venaient de se passer en Amérique, et, le 19 septembre, Liston, puis peu après Fergusson et d'autres chirurgiens anglais pratiquaient les opérations les plus graves sur des malades soumis préalablement à l'éthérisation.

Dès le commencement de décembre, M. Velpeau avait été informé par M. Warren (de Boston) de la nouvelle découverte, et, le 15 décembre, M. Willis Fischer, dentiste de Boston, proposait à M. Velpeau de faire quelques essais à l'hôpital de la Charité; mais sa demande ne fut point accueillie, parce qu'il voulut garder le secret sur la nature des substances employées.

C'est à M. Malgaigne que revient l'honneur d'avoir le premier, en France, vérifié et fait connaître les merveilleux résultats obtenus à l'aide de l'éthérisation. Le 12 janvier 1847, il présentait à l'Académie de médecine la relation de cinq opérations pratiquées dans son service à l'hôpital Saint-Louis, et pour lesquelles il avait fait usage de l'anesthésie à l'aide de l'éther. Quatre fois le succès avait couronné ses efforts; les malades n'avaient éprouvé aucune douleur.

Six jours après, le 18 janvier, M. Velpeau entretint l'Académie des sciences de cette découverte, et bientôt MM. Roux, Gerdy, Blandin, Jobert, Amussat, Laugier, Bonnet, Sédillot, Bouisson, apportaient des témoignages en faveur de la nouvelle méthode.

Bientôt l'Allemagne, l'Italie, l'Espagne, la Russie, la Suisse, accueillirent avec enthousiasme ce moyen nouveau et héroïque de supprimer la douleur; mais nous devons dire que c'est surtout en France que la question a été particulièrement posée, discutée, examinée, agrandie et résolue sous les rapports les plus divers. Si la découverte appartient à Jackson et à Morton, il est juste de reconnaître que c'est aux efforts et aux travaux des chirurgiens et des physiologistes français que l'anesthésie doit d'être rapidement passée de l'état d'une simple notion empirique à celui d'une véritable méthode scientifique.

Pendant que les chirurgiens étudiaient le degré plus ou moins grand d'activité de l'éther, qu'ils perfectionnaient tous les jours les appareils qui devaient rendre plus régulière et plus sûre son administration, et enregistraient avec soin l'ordre de succession et la valeur des troubles fonctionnels qui succèdent à son emploi, les physiologistes cherchaient à déterminer rigoureusement le mode d'action de l'éther sur l'économie. MM. Flourens et Longet démontrèrent que l'éther agissait directement et primitivement sur le système nerveux, et firent voir que les lobes cérébraux d'abord et le cervelet, puis la protubérance, la moelle épinière ensuite, enfin le bulbe rachidien, étaient successivement impressionnés, et que l'on pouvait ainsi observer la suspension des phénomènes de l'intelligence et la cessation de la coordination des mouvements, plus tard la disparition de la sensibilité perceptive et l'abolition des mouvements, plus tard encore l'abolition des mouvements réflexes, enfin les troubles les plus grands du côté de la respiration et de la circulation, et même la mort, lorsque l'action de l'éther se faisait sentir sur le bulbe rachidien.

Bientôt l'attention fut attirée sur un nouvel agent anesthésique, le chloroforme, liquide volatil, d'une odeur éthérée très-suave, qui avait été découvert en France par Soubeiran en 1831.

En 1847, M. Flourens, dans des expériences sur les animaux, avait employé l'éther chlorhydrique; puis lui avait substitué avec grand avantage le chloroforme. Il avait fait de ses recherches l'objet d'une communication à l'Académie des sciences, en 1847. M. Simpson (d'Édimbourg) pensa que, puisque chez les animaux on avait avec avantage substitué le chloroforme à l'éther chlorhydrique, il en serait de même chez l'homme. Il mit cette idée en pratique, et eut la gloire de faire chez l'homme la première application du chloroforme, et le 10 novembre 1847, dans un remarquable mémoire où étaient relatés avec détails cinquante faits de chloroformisation, il annonça devant la Société médico-chirurgicale d'Édimbourg la supériorité du chloroforme sur l'éther.

Cette nouvelle découverte fut partout accueillie avec enthousiasme, et, momentanément au moins, l'éther fut à peu près généralement abandonné.

Mais bientôt un certain nombre de morts subites furent observées à la suite de l'administration du chloroforme, et l'enthousiasme se refroidit. Dès lors, certains chirurgiens en revinrent à l'usage de l'éther, et en France toute une école de chirurgiens distingués, celle de Lyon, a renoncé à l'usage du chloroforme. Nos confrères de Lyon, et M. Pétrequin en tête, pensent éviter ainsi avec certitude les chances de mort à la suite de l'anesthésie chirurgicale. Les faits n'ont malheureusement pas encore complétement répondu à leur attente. Des cas de mort à la suite de l'éthérisation ont été observés, et, s'ils sont moins nombreux que ceux survenus après l'administration du chloroforme, il est juste de faire remarquer que la pratique de la chloroformisation est infiniment plus répandue que celle de l'éthérisation.

Toujours préoccupés de ces terribles accidents, les chirurgiens ont voulu employer un autre corps volatil, l'amylène, qu'ils croyaient devoir jouir de propriétés plus inoffensives. Découverte par M. Balard en 1844, cette substance a été expérimentée, en 1856, d'abord sur les animaux, puis sur l'homme par un chirurgien anglais, M. Snow, et en France par M. Giraldès, qui a le premier attiré l'attention sur ce nouvel agent anesthésique. Les premières tentatives parurent favorables à l'amylène; mais bientôt deux cas de mort, survenus entre les mains de M. Snow lui-même, démontrèrent que cette substance n'était exempte d'aucun des inconvénients que l'on reprochait à l'éther ou au chloroforme.

Aujourd'hui, presque tous les chirurgiens français font usage du chloroforme; son emploi a donné naissance à un grand nombre de travaux, tous destinés à mettre en lumière les moyens les plus propres à rendre son administration inoffensive et à bien établir les indications de son emploi; parmi les plus importants nous citerons les mémoires de M. Gosselin et de M. Chassaignac, et le rapport de A. Robert lu devant la Société de chirurgie en 1853.

Ses indications sont multiples : car le chloroforme n'a pas seulement transformé la pratique des opérations en supprimant la douleur. Il a souvent permis de modifier les procédés opératoires, de moins se préoccuper de la rapidité de l'exécution, de tenter de nouvelles opérations, d'éclairer le diagnostic ou d'agrandir les ressources de la thérapeutique chirurgicale. Nous aurons souvent occasion de montrer les modifications introduites dans la pratique pour la réduction des luxations, des hernies, le redressement des articulations, etc. Mais nous ne pouvions manquer d'indiquer combien l'étude de son mode d'action et des moyens à opposer à ses effets avaient préoccupé nos chirurgiens.

Les travaux de l'Académie de médecine ont beaucoup contribué sans doute à élucider toutes ces questions; mais il suffit de parcourir le livre si complet de MM. M. Perrin et Ludger Lallemand (*Traité d'anesthésie chirurgicale*, 1862), et celui que M. Bouisson (de Montpellier) avait publié en 1852, pour être bien édifié sur la valeur des efforts individuels d'un grand nombre de nos chirurgiens et reconnaître, en particulier, dans cette question le rôle d'une société qui rend à notre science des services justement appréciés : nous voulons parler de la Société de chirurgie.

L'Académie, tout en se préoccupant des grandes questions chirurgicales, ne pouvait régulièrement les suivre dans leur mouvement journalier. L'idée de créer une société ayant pour objet l'étude et le perfectionnement de la chirurgie était donc naturelle; elle naquit bientôt dans l'esprit de plusieurs chirurgiens des hôpitaux de Paris. Ils se décidèrent à l'exécuter, sans se laisser arrêter par la crainte d'être accusés de vouloir renouveler l'ancienne rivalité de la médecine et de la chirurgie. Le 23 août 1843, la Société de chirurgie fut fondée; tous ses actes ont démontré que l'esprit chirurgical moderne ne saurait s'abandonner à des tendances dont Desault a été l'un des derniers et le plus célèbre représentant.

En prenant pour devise de la société nouvelle: « Vérité dans la science, moralité dans l'art, » ses fondateurs ont prouvé qu'ils avaient l'intuition exacte des aspirations de la science, la notion juste de ce qui peut le mieux servir ses progrès.

La publication de dix-sept volumes de bulletins et de cinq volumes de mémoires constitue, dès aujourd'hui, l'apport scientifique de la Société de chirurgie. Bien des questions de pratique et de science ont été agitées devant elle. Les communications sur le chloroforme et l'éther, les discussions auxquelles a donné lieu la pratique de l'anesthésie, devaient vivement retentir dans son sein. Les questions de statistique, d'hygiène, les résultats des opérations, ont été étudiés dans cette compagnie avec autant d'ardeur que de soin.

Mais ce n'est pas aux discussions générales que la Société de chirurgie consacre surtout ses séances. Elle se préoccupe principalement de l'examen et de la critique des faits relatifs aux questions importantes ou nouvelles de notre art. On peut dire qu'elles y sont constamment à l'étude, et que l'histoire de leurs progrès se trouve retracée au jour le jour dans ses bulletins. Il suffit de citer comme exemple les questions relatives aux amputations partielles du membre inférieur, aux opérations nécessaires pour l'ablation des polypes naso-pharyngiens, à l'urétrotomie, à l'ankylose cicatricielle des mâchoires, au traitement des anévrismes par la compression indirecte, etc. etc.

Elle est ainsi devenue un centre scientifique vers lequel se dirigent naturellement les travaux importants ou les faits de détail. Les chirurgiens les plus célèbres de notre pays et de l'étranger se sont associés à ses travaux, qui pourront ainsi représenter dans l'avenir le mouvement de la chirurgie dans notre pays, et donner une idée de ce qu'il était à la même époque à l'étranger.

A côté de ces deux centres scientifiques, nous ne saurions sans injustice négliger de placer la Société anatomique de Paris. Il suffira de rappeler qu'elle fut fondée en 1803, au lendemain de la mort de Bichat, par Dupuytren, qui avait voulu grouper autour de lui, au bénéfice de l'anatomie pathologique, les hommes laborieux que la mort de Bichat laissait sans guide. Sa première période devait cependant être de peu de durée, car elle suspendit ses travaux en 1807; mais elle devait renaître et vivre. En 1826, M. Cruveilhier la réorganisait en s'adressant cette fois à la jeune génération; ce fut à l'École pratique qu'il recruta ses douze premiers collaborateurs.

Aujourd'hui, après quarante et un ans d'existence et de prospérité sans cesse croissante, la Société anatomique compte au nombre de ses membres toute la génération scientifique de cette longue période. Cependant, c'est encore à l'École pratique de la Faculté, c'est au milieu des internes des hôpitaux qu'elle trouve ses membres actifs. Par eux sont journellement rassemblées les pièces pathologiques et les observations importantes que permet de rencontrer en si grand nombre la fréquentation assidue des hôpitaux et des amphithéâtres. Ses bulletins, régulièrement publiés chaque année, constituent l'un des recueils les plus riches en faits bien observés : c'est dans cette mine féconde que puisent chaque jour tous ceux qui étudient. L'éminent anatomo-pathologiste qui dirige les travaux de la Société anatomique a plusieurs fois exposé devant elle les principaux résultats de ses études. C'est ainsi que la découverte du suc cancéreux, qui peut être considérée comme l'une des importantes acquisitions de l'anatomie pathologique, avait été, dès 1827, annoncée à la Société anatomique par M. Cruveilhier.

On le voit, à côté des sociétés officielles et sans amoindrir leur importance, sont nées et ont grandi des sociétés dues à l'initiative de quelques savants dévoués aux intérêts de la science, qui ont su bien comprendre tout ce que l'organisation de notre enseignement et de nos hôpitaux mettait de forces vives et parfaitement homogènes à sa disposition. De même, dans la période dont nous retraçons l'histoire, à côté de l'enseignement officiel, toujours fidèle à sa tâche, s'est développé un enseignement particulier auquel son utilité et ses services ont assuré pendant longtemps une réelle célébrité.

Ce qui a donné à l'enseignement particulier une force véritable, c'est que les hommes qui s'y sont voués ont tous compris que c'est le mode le plus sûr d'acquérir une instruction profonde, sans laquelle il n'est point de succès réels et durables. Nous pourrions retrouver dans presque tous nos chirurgiens les plus marquants les professeurs particuliers dont les leçons ont attiré les jeunes générations médicales depuis 1820.

Cet enseignement a eu pour théâtre principal les hôpitaux et l'École pratique de la Faculté. Il a été fait à toutes les époques par les chefs de service de nos hôpitaux, et à l'École pratique par les chefs des travaux anatomiques, les agrégés, les prosecteurs et aides d'anatomie, et plusieurs autres médecins sans fonctions officielles à la Faculté.

Plusieurs de ces cours ont laissé des souvenirs durables de leur utilité. Les leçons que Lisfranc fit pendant si longtemps à l'hôpital de la Pitié, ont eu une véritable influence sur l'enseignement de la médecine opératoire, qui a pris dans notre pays une si grande importance, que l'on peut dire, sans sortir de la vérité, qu'il s'est étendu à toutes les parties du monde par l'intermédiaire des élèves étrangers si nombreux qu'il a formés.

L'enseignement spécial de M. Ricord à l'hôpital du Midi n'a-t-il pas donné son nom à toute une école de syphiliographes dont il a inspiré les travaux? L'enseignement de l'hôpital Saint-Louis à Paris, celui de l'hôpital de l'Antiquaille à Lyon, n'ont-ils pas eu aussi sur ce sujet spécial une influence que des travaux récents ont bien mise en lumière?

A l'École pratique, l'enseignement de l'anatomie chirurgicale que nous y avons vu inaugurer s'est sans cesse développé à côté de l'enseignement de l'anatomie descriptive. M. Denonvilliers, qui attribue à Blandin l'honneur d'avoir fait librement le premier, comme chef des travaux anatomiques, le cours d'anatomie qui depuis est devenu officiel, a professé à l'École pratique, de 1836 à 1846, des cours d'anatomie chirurgicale dont plusieurs parties, reproduites dans les thèses de la Faculté ou dans divers ouvrages, montrent l'importance et l'utilité; et, dans cette même période, les cours de médecine opératoire de Michon, Robert, Lenoir, de M. Chassaignac, etc. sont restés comme des exemples non encore oubliés de l'enseignement particulier.

L'art de faire des opérations fut même pendant longtemps l'une des préoccupations principales des chirurgiens. Aujourd'hui, sans répudier aucune des belles acquisitions de la médecine opératoire, la chirurgie obéit à d'autres aspirations. Il existe, à l'heure actuelle, des tendances qui peut-être ne sont pas toutes parfaitement définies, qui à coup sûr ne représentent pas un corps de doctrine, mais qui se trahissent dans tous les actes de la pratique et dans les écrits les plus récents.

Nous croirions être incomplets si nous n'essayions en terminant d'indiquer cet état de choses, duquel devront ultérieurement sortir d'importants progrès, si les résultats répondent aux aspirations actuellement poursuivies.

Il n'est pas aujourd'hui un chirurgien qui ne se préoccupe davantage des suites de l'opération que de l'opération elle-même. De nombreux essais thérapeutiques, l'application de la plus infinie variété de procédés chirurgicaux, ont montré que médicaments et opérations étaient le plus souvent impuissants à arrêter la marche des redoutables complications qui, comme l'infection purulente et l'érysipèle, prélèvent un si lourd tribut sur nos opérés. Aussi veut-on prévenir la naissance de ces maladies, que l'on se sent incapable d'arrêter dans leur évolution, et leur prophylaxie est-elle à l'ordre du jour de tous les esprits.

L'hygiène semble surtout être appelée à résoudre ces problèmes, et les chirurgiens se sont appliqués à lui restituer dans la pratique hospitalière le rang qu'elle mérite. La pratique de la ville, celle de la campagne, celle des camps même, s'exerçant en plein air sur un petit nombre de blessés, toutes plus heureuses que celle des hôpitaux, ne doivent leur succès, de l'aveu de tous les chirurgiens, qu'à la supériorité des conditions hygiéniques au milieu desquelles se trouvent placés les opérés. La savante discussion sur la salubrité des hôpitaux, soulevée à l'Académie de médecine en 1862 par M. Gosselin, celle qui a eu lieu deux ans plus tard à la Société de chirurgie, ont ramené l'attention sur ces importants sujets et ont rappelé à tous l'impérieuse nécessité de l'observance des lois de l'hygiène.

Après de semblables débats, chacun est demeuré convaincu qu'il faut avant tout assurer aux blessés et aux opérés une ample quantité d'air dont le renouvellement et la qualité ne laissent rien à désirer, et qu'il faut les soustraire aux dangers bien démontrés de l'agglomération. Mais il n'en est pas moins resté évident que toute la question n'était pas ainsi résolue.

Les tendances humorales, dont nous avons vu la première origine, devaient prendre une place de plus en plus importante dans l'esprit des chirurgiens. La possibilité de l'absorption des divers liquides sécrétés par les plaies leur a été bientôt démontrée. L'infection putride a pris place auprès de l'infection purulente, et elle n'est plus méconnue, depuis que Bérard aîné en a nettement tracé l'histoire en 1846.

Mais il était naturel que l'on ne se préoccupât pas seulement des qualités nuisibles que la viciation de l'air pourrait donner à ces liquides; le régime de l'opéré, le mode de pansement mis en usage pouvaient avoir aussi leur influence.

La crainte de la fièvre traumatique avait longtemps rendu les chirurgiens partisans exclusifs de la doctrine hippocratique, et la diète sévère était, à quelques exceptions près, prescrite aux

opérés. Nous sommes aujourd'hui bien loin de cette pratique;
on pourrait même dire que nous sommes prêts à toucher à l'extrême
opposé : les aliments, le vin, voire même les alcooliques, sont
prescrits aux blessés et aux opérés. Cette manière d'agir, si largement entrée dans la pratique actuelle, y avait été intronisée dès
1842 par Malgaigne. Ce chirurgien, comparant la mortalité des
blessés des différentes armées qui occupaient la France en 1815,
conclut de ses recherches statistiques que le régime des Russes,
composé à la fois d'aliments solides et d'alcooliques, avait diminué la proportion des morts; toujours est-il que les Allemands
et les Français, soumis à un régime sévère, comptèrent deux, trois
et quatre fois plus de morts.

Aujourd'hui l'alimentation des opérés est passée dans la pratique
générale, et tous les chirurgiens contemporains sont d'accord sur
l'excellence de cette manière de faire.

Les expériences des physiologistes qui, avec Chossat, ont si
bien démontré l'influence de la privation d'aliments sur la production de la chaleur animale et sur la résistance vitale, auraient dû engager dans cette voie en quelque sorte ouverte par le
hasard.

La proportion de la mortalité, à la suite des grandes opérations,
a singulièrement diminué depuis vingt ans dans les hôpitaux de
Paris, et nous devons dire que, de tous les chirurgiens de notre
époque, Philippe Boyer était celui qui avait le plus insisté sur la
nécessité de nourrir les opérés, et les résultats de sa pratique no-
socomiale n'ont pas été sans influence sur la propagation de cette
méthode si utile.

Les pansements sont de plus en plus simplifiés. Ces appareils
artistiques, si chers aux écoles de Desault et de Boyer, dans lesquels étaient amoncelés, selon des règles précises, plumasseaux
de charpie, compresses de toute espèce et de toutes grandeurs,
tours de bandes interminables, sont aujourd'hui presque délaissés.
M. Sédillot en est même arrivé à proposer leur suppression radicale;

mais, hâtons-nous de le dire, il ne faut pas ici tomber dans l'exagération. Beaucoup de chirurgiens se sont inspirés des méthodes anglaises et recouvrent les plaies d'un linge humecté, et la guerre la plus vive a été déclarée aux enduits gras, si longtemps classiques. Enfin, de toutes parts nous voyons renaître et s'étendre la pratique si longtemps abandonnée de l'usage des alcooliques appliqués au pansement des plaies. On ne les considère plus aujourd'hui comme seulement capables de favoriser la cicatrisation; on leur demande bien davantage : on espère qu'à leur aide, on pourra neutraliser l'influence délétère des liquides déjà modifiés, ou s'opposer à ces modifications dangereuses. On croit enfin que les changements imprimés à la plaie par le contact de l'alcool peuvent annihiler son pouvoir absorbant.

C'est encore à ces préoccupations qu'obéissent, en grande partie, les chirurgiens qui veulent substituer à l'emploi du bistouri celui des caustiques, de ceux en particulier qui exercent sur les liquides une action coagulante. On ne saurait encore juger ces questions; mais on peut prévoir qu'elles seront de plus en plus étudiées; car, nous le répétons, c'est bien à ces mobiles qu'obéit la pratique chirurgicale du plus grand nombre.

Nous venons de voir, d'ailleurs, que ces pratiques étaient plutôt renouvelées que nouvelles; nous pourrions faire les mêmes réflexions à propos des tendances conservatrices, qui peuvent encore être rangées parmi les plus accusées, à notre époque.

Nous montrions à l'instant que l'on cherchait à éviter, pour pratiquer les opérations, l'emploi du bistouri; on cherche avec tout autant de soin à éviter ces opérations elles-mêmes ou à diminuer l'étendue des pertes de substance.

Les résections, c'est-à-dire l'ablation des portions d'os malades ou brisés, sont autant que possible substituées à l'amputation, et la conservation du membre lui-même est tentée dans des cas que l'on considérait, il n'y a pas longtemps encore, comme devant entraîner nécessairement sa perte. En voici un exemple : la comparaison établie entre les résultats donnés par les fractures du fémur dues à des coups de feu, traitées sans amputation ou par amputation, pendant la guerre de Crimée, a permis à M. Legouest (1859) de conclure que les blessés traités pour fracture de cuisse par la conservation des membres ont guéri dans une proportion cinq ou six fois plus grande que les hommes chez lesquels l'amputation avait été pratiquée.

L'histoire des nouvelles méthodes appliquées au traitement des anévrismes donnera encore la mesure des tendances que nous signalons. La ligature de l'artère sur le trajet de laquelle s'était développée une tumeur anévrismale, a eu pendant de longues années la faveur des chirurgiens. Aujourd'hui on a multiplié les méthodes afin de s'éviter de lier le vaisseau. Et cependant il n'est peut-être aucun point en médecine opératoire où l'art soit arrivé à une perfection, à une précision plus admirable ; aucune opération n'est plus propre à faire briller un opérateur.

La méthode de la compression indirecte, au contraire, qui agit sans le secours de l'instrument tranchant, au lieu de pouvoir être appliquée par le maître, dans un court instant, sous les yeux d'une assistance d'autant plus émerveillée que l'opération a été plus rapide, demande le concours dévoué de tous. Elle est employée pendant de longues heures, ayant pour seuls témoins le malade et les aides qui en surveillent ou qui en font l'application. Pourtant, elle a été accueillie avec empressement, et est rangée aujourd'hui au nombre des plus belles découvertes de la thérapeutique chirurgicale.

Créée en France par Desault, et par lui appliquée avec succès, le 2 juin 1785, la méthode de la compression indirecte est encore mise en usage parmi nous par Eschards, Boyer, Dupuytren, Dubois, Viricel. Elle devient l'objet d'un travail important présenté, en 1825, devant la Faculté de Strasbourg, par Guillier-Latouche, travail consacré à l'exposé de l'invention d'une nouvelle méthode : la compression multiple et alternative, méthode précieuse et féconde en progrès, que les patientes recherches de M. Broca ont rattachée au nom de Belmas, son véritable inventeur.

Et cependant de 1825 à 1843, la science resta stationnaire, ou plutôt recula réellement. La méthode de la compression indirecte devait à cette époque renaître en Irlande, et elle se propageait en Écosse, en Angleterre, avant de nous revenir. Les mémoires de M. Giraldès en 1845, de M. Follin en 1851, n'avaient pas encore réussi à faire cesser notre fâcheuse indifférence, lorsque parurent les travaux de M. Broca (1854). Depuis lors, au contraire, cette importante méthode qui avait eu dans notre pays ses inventeurs, et qui venait y inspirer le travail le mieux fait pour en faire ressortir les grands avantages, prenait enfin la place qui lui était due.

Il est vrai que nous étions devenus à la fois plus conservateurs et plus éclairés. Des notions erronées d'anatomie et de physiologie pathologique étaient définitivement rejetées, et celles qui les ont remplacées n'ont pas médiocrement contribué à assurer la prééminence de cette méthode de traitement, qui, mieux que toutes les autres, imite les procédés de la guérison naturelle.

Depuis bien plus longtemps, d'ailleurs, une autre méthode opératoire, qui figurera toujours parmi les plus belles conquêtes de la chirurgie, avait bien démontré que toutes les fois que la voie sanglante qui conduit au siége du mal pouvait être évitée, les chirurgiens étaient prêts à l'accepter.

La lithotritie, qui permet d'aller à la recherche des calculs de la vessie par les voies naturelles, de les broyer, et de rendre ainsi leur expulsion possible par l'urètre, devait apparaître au moment où les recherches et les opérations célèbres de Dupuytren venaient de jeter un nouvel éclat sur l'opération de la taille, sans cesse perfectionnée dans notre pays. Mais, à la différence de la compression indirecte, l'art de broyer les calculs, né en France sous l'impulsion des travaux d'Amussat, Leroy d'Étioles, Civiale, Heurteloup, y a été perfectionné dans toutes ses parties.

Au sage esprit de nos chirurgiens a encore été due la réaction contre l'opération du trépan. Depuis Desault, ses indications ont été suffisamment restreintes; elle a même été proscrite. Restée cependant une ressource précieuse, mais bien limitée, elle ne sera jamais appliquée désormais avec cette effrayante facilité qui permettait aux chirurgiens du siècle dernier, surtout en Angleterre, d'y recourir pour presque toutes les complications du traumatisme du crâne.

Les résultats de la chirurgie américaine pendant la dernière guerre de la sécession, feront sans doute discuter quelques-unes de ses indications; mais le règne exclusif de la trépanation ne saurait se rétablir de nos jours.

La temporisation jointe à l'emploi de l'immobilité, de la compression, etc. a transformé de fond en comble la thérapeutique des tumeurs blanches; de l'aveu de tous les chirurgiens contemporains, la proportion des amputations pratiquées pour remédier à ces lésions a diminué d'une façon très-notable, et tend à diminuer tous les jours.

Il est presque inutile de dire qu'en présence de semblables préoccupations et de pareilles tendances, les indications des opérations sont plus que jamais soumises au plus scrupuleux examen. Un diagnostic exact est avant tout nécessaire pour porter ce jugement; aussi, grâce aux progrès déjà indiqués de ce point de nos connaissances, beaucoup de tumeurs autrefois opérées sont aujourd'hui guéries par un traitement plus approprié à leur nature. Ainsi, c'est à des agents médicamenteux, et non à l'opération, qu'est demandée la guérison de beaucoup de tumeurs dues au vice syphilitique ou au vice scrofuleux.

Ce sont là les grands triomphes de l'art, et il n'est pas douteux qu'à cette noble ambition l'avenir ne réserve d'autres satisfactions. Mais de quel poids ne serions-nous pas délivrés, s'il nous était jamais donné de voir disparaître les fléaux qui déjouent jusqu'à présent tous les perfectionnements de la chirurgie! Peut-être un semblable bonheur nous sera-t-il toujours refusé.

Quand on désire ardemment, on n'ose s'abandonner à l'espoir; mais c'est au moins une consolation pour ceux qui luttent chaque jour contre les difficultés de la pratique, de sentir que la chirurgie, arrivée à sa période de virilité, demeure toujours inquiète et cherche sans cesse de nouveaux perfectionnements. Elle n'a pu résoudre encore les problèmes qui se dressent après l'opération; elle ne veut cependant se déclarer satisfaite qu'après avoir assuré les résultats de l'art qu'elle a conduit à un si haut degré de puissance.

Le sentiment de ce qui lui reste à faire domine, jusqu'à l'amoindrir, le légitime orgueil de ce qu'il lui a été permis d'accomplir. Mais, pleine de foi dans les méthodes qui la gouvernent, rassurée sur l'avenir par les découvertes du présent, merveilleusement aidée par le mouvement des sciences dont elle emprunte si largement le concours, il lui sera donné de reculer encore les limites de ses progrès, et peut-être de résoudre les redoutables problèmes dont les recherches de ses plus éminents adeptes lui ont dévoilé la nature.

CHAPITRE II.

PROGRÈS RÉALISÉS DANS L'ÉTUDE DE LA PATHOLOGIE EXTERNE.

L'histoire de la pathologie externe, ou étude de la description des maladies chirurgicales, a pris un développement considérable depuis le commencement de ce siècle; non-seulement les caractères de chaque maladie ont été indiqués avec plus de précision, mais encore des maladies nouvelles, ou plutôt inconnues jusqu'alors, ont été signalées.

La première édition du livre de Boyer, qui, comme nous l'avons dit, représente l'état exact de la science dans les premières années du xixᵉ siècle, est sans nul doute un modèle dans lequel on pourra longtemps encore puiser les plus précieux enseignements; cependant aujourd'hui, malgré les descriptions complètes qu'il renferme sur quelques points, il ne pourrait donner qu'une faible idée des progrès de la science.

Depuis l'époque où fut publiée cette œuvre magistrale, l'observation des maladies chirurgicales, favorisée par les progrès incessants de l'anatomie normale, de l'anatomie et de la physiologie pathologiques, a pris un caractère de précision jusqu'alors inconnu.

Le respect de la tradition, le raisonnement *a priori* de plus en plus délaissés, permettent de retrancher du cadre de la pathologie nombre de théories, produit de l'imagination. Les faits bien observés s'accumulent de jour en jour, et, soumis à une saine et rigoureuse critique, ils laissent apparaître la vérité là où, depuis des siècles, dominait l'erreur.

Les ouvertures de cadavres, multipliées à l'infini, nous éclairent sur la cause précise de la mort dans bien des cas où tout était incertitude; ainsi ont été dévoilées les causes de la mort subite par embolie de l'artère pulmonaire, à la suite de certaines lésions traumatiques des membres. Enfin, l'application des moyens d'exploration physique, de plus en plus perfectionnée, permet de décrire comme affections distinctes une foule de lésions qui, comme celles qui ont leur siége dans les parties profondes de l'œil, étaient jusque-là englobées dans une description unique.

Nous n'insisterons pas plus longtemps sur ces considérations, déjà en partie exposées, et dont la vérité recevra à chaque pas confirmation par l'exposé particulier des faits.

MALADIES COMMUNES À TOUS LES TISSUS ORGANIQUES.

Plaies. — Les phénomènes qui accompagnent la production *des plaies exposées*, et leurs différents modes de guérison depuis longtemps connus, n'ont donné lieu à notre époque qu'à un bien petit nombre de remarques nouvelles. Cependant M. Laugier (1850), désireux de déterminer d'une façon rigoureuse le mode de formation de ces petites saillies rouges et vasculaires qui recouvrent toutes les plaies en voie de réparation, et que l'on désigne sous le nom de *bourgeons charnus*, a établi, par une expérience ingénieuse, que la membrane des bourgeons charnus est formée par le dépôt successif de couches stratifiées de lymphe plastique (matière glutineuse et transparente, sorte de colle organique) déposée incessamment à sa surface. Pour arriver à cette démonstration, il place à la surface, et dans l'intervalle des bourgeons charnus, un peu de charbon porphyrisé et recouvre la plaie d'un morceau de baudruche, collé à l'aide d'une solution de gomme. Le lendemain, une même pellicule transparente recouvre les grains de charbon; cette pellicule augmente d'épaisseur les jours suivants, se remplit de vaisseaux, et bientôt tous les grains de charbon finissent par être ensevelis sous la membrane granuleuse. Cette expérience a démontré sans réplique que la réparation des plaies s'opérait de la profondeur vers la superficie.

La discussion récente de l'Académie de médecine (1866), sur la méthode sous-cutanée, a été l'occasion d'un exposé fidèle et précis des phénomènes de la cicatrisation des plaies.

M. Ch. Robin s'est efforcé de faire voir qu'aucune formule générale ne pouvait s'appliquer aux divers modes de réunion des plaies; mais qu'il fallait bien distinguer trois ordres de conditions très-distinctes, dans lesquelles la réunion peut avoir lieu. Dans un cas il y a *réunion immédiate*, c'est-à-dire réparation des éléments anatomiques existants, qui ont été réappliqués, coaptés après division; il y a réunion sans génération d'éléments anatomiques nouveaux. Dans le second cas, il y a *génération d'éléments anatomiques* qui, s'étendant des interstices des éléments de l'une des parois jusque entre les éléments de l'autre paroi appliquée à celle-ci, établissent une *adhérence;* c'est ce qui a lieu lors de la réunion dite par *seconde intention*, et lors de la réunion *immédiate* de certains tissus, comme le tissu adipeux. Dans le troisième cas, la réunion consiste en une *régénération d'éléments anatomiques* à la place de ceux qui ont été enlevés, ou entre ceux qui, divisés, ont été écartés, et les éléments anatomiques de production nouvelle constituent la *cicatrice*.

M. Robin n'admet pas de colle de *medium unissant* des deux bouts des éléments anatomiques divisés, puis coaptés. Il pense que l'*adhésion* mutuelle des éléments anatomiques dans les tissus est le résultat du fait physique de leur juxtaposition immédiate, par contact réciproque, et que nulle part les substances amorphes ne jouent le rôle de *matière unissante*.

La cicatrisation d'une plaie peut s'opérer plus ou moins régulièrement : de là les aspects très-variables que présentent les cicatrices, tant sous le rapport de leur coloration, de leur épaisseur, que de leurs connexions plus ou moins intimes avec les parties sousjacentes.

Dans quelques cas, il se produit au-dessous de la peau des déchirures, des érosions qui se guérissent par du tissu cicatriciel, sans communication de la plaie avec l'extérieur ; M. Laugier a étudié avec soin ces cicatrices sous-cutanées.

La propriété par excellence du tissu cicatriciel, la rétractilité, peut souvent donner lieu à des déformations considérables, sur lesquelles Delpech a longuement attiré l'attention des chirurgiens ; mais alors même que la cicatrisation a marché régulièrement, la cicatrice peut devenir le siége de lésions plus ou moins graves. A sa surface peuvent apparaître des tumeurs de volume variable, désignées souvent sous le nom de chéloïdes cicatricielles, mais auxquelles plusieurs auteurs, et M. Follin entre autres, veulent réserver le nom d'hypertrophies des cicatrices. L'examen microscopique a révélé la nature intime de ces productions, qui sont principalement composées de tissu fibro-plastique.

Dans quelques cas, les éléments épidermiques qui recouvrent les cicatrices prennent seuls un développement exagéré, et M. Hutin (1855) a rapporté, dans son Mémoire à l'Académie, l'observation d'une femme qui portait au bras droit, implantée sur la cicatrice d'un kyste, une corne de 10 centimètres de longueur.

Dans ces dernières années, M. Verneuil a fait connaître une variété de névrômes douloureux qui, à la suite des plaies d'amputation, se développent sur les extrémités des troncs nerveux coupés, au voisinage de la cicatrice, et peuvent donner lieu à des phénomènes de douleur très-intense.

Plaies par armes à feu. — Les plaies par armes à feu ont malheureusement pu, à toutes les époques, être l'objet de nombreuses recherches ; leur histoire, déjà profondément modifiée par A. Paré, a reçu successivement des modifications plus grandes, à mesure que la cause qui les produit se modifiait elle-même ; mais c'est vers la fin du dernier siècle, et surtout à notre époque que leur étude a reçu une impulsion véritablement scientifique. Percy, Lombard, Larrey père, au commencement de ce siècle ; Hippolyte Larrey, Baudens, Sédillot, à une époque plus rapprochée, nous ont fait connaître le résultat de ce qu'ils avaient observé sur les champs de bataille. Nos discordes civiles fournissaient des matériaux aux livres de Dupuytren, de Roux, de Jobert; aux discussions académiques, dont la plus récente (1848) donnait occasion à Roux, Baudens, Malgaigne, Blandin, Velpeau, Huguier, Jobert, Bégin, d'envisager cette question sous ses faces les plus diverses. La guerre de Crimée, celle d'Italie, ont fait naître de nombreux travaux, la plupart insérés dans le *Recueil des mémoires de médecine, de chirurgie et de pharmacie militaires;* enfin, tout récemment a été publié un ouvrage important sur la chirurgie d'armée, dû à la plume de M. Legouest (1863). La chirurgie militaire a décidé en dernier ressort une foule de questions que la pratique civile était inhabile à résoudre; aussi pourrait-on dire, avec Briot, que les circonstances qui contribuent le plus à la destruction des hommes sont aussi celles qui font découvrir et développent le plus de moyens propres à leur conservation. '

Longtemps les chirurgiens ont discuté, et ils sont loin de s'accorder encore sur la disposition d'entrée et de sortie des plaies produites par les balles. En lisant la discussion de 1848, l'on peut juger de l'incertitude des chirurgiens français à cet égard. Jusqu'à cette époque, l'opinion de Dupuytren, soutenant que l'orifice d'entrée était plus net, plus étroit que l'orifice de sortie, avait été généralement professée; les chirurgiens contemporains n'ont pas complétement accepté la doctrine de Dupuytren; mais l'entente ne règne pas non plus entre eux, Blandin pensant que l'ouverture d'entrée est toujours plus grande que celle de sortie, MM. Velpeau et Jobert soutenant que l'on ne peut rien affirmer à cet égard, et Bégin venant prêter l'appui de sa vaste expérience à l'opinion avancée par Blandin.

En résumé, cette question renferme beaucoup d'éléments contradictoires et d'éléments complexes, et la distance, la direction du projectile, la nature des tissus qu'il rencontre, peuvent faire varier à l'infini les effets produits.

Les balles cylindro-coniques que lancent les fusils rayés ont-elles sur nos tissus des effets particuliers? les plaies qu'elles produisent offrent-elles des caractères spéciaux? Quelques chirurgiens militaires, entre autres MM. Scrive, Quesnoy, ont dit qu'elles pouvaient donner naissance à des plaies très-différentes de celles dues à l'action des balles sphériques; mais d'autres chirurgiens, et M. Legouest, entre autres, pensent qu'il n'y a pas là de différences bien tranchées; seulement les variétés des plaies sont plus nombreuses.

La pratique du *débridement préventif* dans les plaies par armes à feu, généralement adoptée par nos chirurgiens militaires au commencement du siècle, et surtout défendue par Larrey père, avait été dès longtemps combattue par les chirurgiens anglais; mais en France ce fut Baudens qui s'éleva avec le plus de vigueur contre cette manière de faire, et ce chirurgien doit être considéré comme le représentant dans notre pays de la pratique du non-débridement préventif. L'ancien chirurgien du Val-de-Grâce s'était efforcé de montrer qu'il n'y a aucun bénéfice à agrandir une plaie, lorsqu'il n'y a pas de complication qui nécessite le débridement. La voix de Baudens a été écoutée, et la grande majorité des chirurgiens militaires s'abstient aujourd'hui de débrider préventivement les plaies d'armes à feu.

Entre ces deux pratiques extrêmes se place une doctrine mixte, soutenue par Boyer, Dupuytren, Bégin, et récemment par M. Lustreman, à la suite de la campagne d'Orient. Pour ces chirurgiens, la question du débridement préventif se réduit à distinguer quelles sont les plaies d'armes à feu menacées d'étranglement : or, dans les régions où existent de fortes aponévroses, cet étranglement étant très-probable, ils conseillent de débrider les plaies de ces régions. Dans ses articles de revue critique sur la chirurgie d'armée (*Archives de médecine*, 1859), M. Legouest, discutant ces diverses opinions, arrive à cette conclusion, « qu'au point de vue de l'étranglement à éviter, il importe peu de suivre la pratique de Baudens, *ne débrider jamais*, ou celle des éclectiques, *débrider quelquefois;* mais que souvent le débridement sera utile, en permettant d'établir un diagnostic plus précis et en prévenant ainsi de préjudiciables erreurs. »

Nous devons signaler ici les travaux publiés dans le *Recueil des mémoires de médecine, de chirurgie et de pharmacie militaires,* tels que l'importante relation du siége d'Anvers, par M. H. Larrey; celle de la campagne de Constantine, par M. Hutin, etc. Après la campagne d'Orient, MM. Valette, Bonnard, Lustreman, Maupin, Quesnoy, Salleron, Legouest, ont enrichi cette publication de précieux mémoires sur divers points de la chirurgie d'armée.

Enfin, nous devons citer avec le plus grand honneur le magnifique travail de M. Chenu, sur les résultats médicaux de la guerre d'Orient (*Rapport au conseil de santé des armées sur le service médico-chirurgical pendant la campagne d'Orient.*) Ce rapport, fruit d'un travail opiniâtre, a jeté une lumière inattendue sur certaines questions jusque-là fort obscures. M. Chenu a fourni avec soin les éléments de comparaison entre les résultats de la chirurgie conservatrice et ceux des opérations immédiates : la chirurgie conservatrice étant mise en pratique par les chirurgiens anglais, les chirurgiens français étant obligés de recourir aux opérations immédiates, par suite de la nécessité où se trouvaient leurs blessés de subir plusieurs transports successifs. Sur les blessés français reçus aux ambulances, les opérations pratiquées l'ont été dans la proportion de 19,5 p. o/o, tandis que ces opérations sur les blessés anglais, dans les mêmes conditions, n'ont atteint que le chiffre de 4,6 p. o/o. Les amputations pratiquées sur les Français ont donné lieu à une mortalité de 60 p. o/o, tandis que les Anglais n'ont perdu que 27,5 p. o/o de leurs opérés. Ces seuls chiffres sont bien propres à montrer la supériorité de la chirurgie conservatrice, et peuvent être considérés comme la condamnation du système des évacuations en campagne pour les blessés.

Nous ne pouvons entrer dans une analyse plus complète de ce remarquable ouvrage; mais nous voulons ajouter que tous les faits, tous les calculs, fruits de cet immense labeur, tendent au même but : le développement de la chirurgie conservatrice.

Complications des plaies. — Quel que soit leur mode de production, dans quelque région qu'elles siégent, les plaies peuvent présenter certaines complications, telles que la *pourriture d'hôpital, l'infection purulente, l'infection putride,* etc. celles qui sont produites, au contraire, dans certains points d'élection, près de la poitrine et du cou, peuvent être suivies d'accidents formidables et rapidement mortels, *l'introduction de l'air dans les veines,* par exemple. Ces complications diverses ont été bien étudiées et, surtout, bien interprétées à notre époque et dans notre pays.

La *pourriture d'hôpital,* accident qui se développe sous l'influence de causes insalubres, épidémiquement ou par contagion, et qui est caractérisée par l'apparition de fausses membranes à la surface des plaies ou des cicatrices et par le ramollissement gangréneux et l'altération des parties sous-jacentes à cette production nouvelle, paraît avoir été connue des anciens; mais elle ne fut bien signalée que vers la fin du siècle dernier, et à Delpech (1815) revient la gloire d'en avoir donné le premier une remarquable description. Ollivier, en 1822, publia un fort bon traité sur ce sujet.

L'on a eu peu à ajouter à la description anatomique de la maladie; mais les conditions étiologiques dans lesquelles elle se produit ont été mieux étudiées : ainsi l'influence sur son développement de l'encombrement des blessés dans un endroit obscur, bas, humide; du voisinage de salles de malades atteints de certaines affections épidémiques, de l'aération insuffisante, etc. etc., a été de plus en plus mise au jour.

La contagion de cette maladie, malgré de nombreuses expériences négatives, malgré l'opinion des chirurgiens qui voudraient admettre que la pourriture d'hôpital, lorsqu'elle sévit sur plusieurs malades agglomérés, ne fait que se développer spontanément chez

des blessés placés également au milieu des mêmes mauvaises conditions, ne peut plus être niée aujourd'hui..Les faits d'inoculation
sur des personnes en parfaite santé répondent à toutes ces objections, et, entre tous, le plus probant et le plus digne de mériter à
son auteur les plus grands éloges, est celui observé sur lui-même
par Ollivier, chirurgien attaché à l'armée d'Espagne pendant les
guerres de l'Empire.

A toutes les époques, les chirurgiens ont constaté qu'une plaie
dont l'aspect est bon, qui sécrète du pus louable, peut tout à coup
se sécher, devenir blafarde, en même temps que des phénomènes
généraux graves : frissons violents et répétés, anxiété, délire, surviennent et ne font le plus souvent que précéder la mort. Lorsqu'on ouvre le corps des individus qui ont succombé dans ces conditions, on trouve habituellement des collections purulentes dans
les parenchymes (poumon, foie, rate), les cavités synoviales ou
séreuses, etc. Cette terrible complication des plaies, quelquefois
même des plus simples en apparence, que l'on désigne sous le nom
d'*infection purulente*, est un sujet de préoccupation incessante pour
le chirurgien, et s'observe principalement à la suite des grandes
opérations, telles que les amputations, l'extirpation de tumeurs volumineuses, etc.

La question grave de l'empoisonnement du sang par le pus a
été, dans notre pays, l'objet de nombreux et importants travaux.
Boerhaave, Morgagni, J.-L. Petit, Quesnay, avaient été conduits
par le raisonnement seul, et non par l'observation directe, à en-
trevoir une portion de la vérité sur ce point ; mais, le solidisme
détournant les esprits du fait de l'infection du sang par le pus,
les chirurgiens s'éloignèrent de plus en plus de l'interprétation
véritable des faits. Le retour aux idées humorales devait les faire
s'engager dans une voie plus féconde ; en 1823, M. Velpeau,
revenant franchement à ces idées, dont le courant se rétablissait
déjà, se mit à la tête de l'immense mouvement qu'allaient produire

Infection
purulente.

tant de travaux. Il admit que le pus était absorbé à la surface de la plaie; mais les travaux de Ribes et de Dance, sur l'inflammation des veines, rattachèrent un certain nombre de chirurgiens à cette opinion, que le pus qui produisait l'infection purulente n'était pas repris par les vaisseaux à la surface des plaies, mais produit de toutes pièces, dans l'intérieur d'une veine au voisinage de la blessure. Cette théorie rallia de nombreux partisans, et Bérard et Blandin allèrent jusqu'à admettre l'existence de la phlébite, alors même que l'examen cadavérique le plus minutieux ne permettait pas de la constater.

En tout état de choses, l'accord sur le mélange du pus au sang existait, et, aujourd'hui, on peut dire qu'assurément l'un et l'autre des deux mécanismes indiqués peuvent présider au développement de l'infection purulente. Mais comment se forment les abcès si nombreux que l'on retrouve dans les principaux organes? Dance et Blandin pensent que là où se développera un abcès, il existe préalablement un épanchement sanguin qui lui servira de noyau. Maréchal et M. Velpeau admettent le transport du pus en nature. Quant à M. Cruveilhier, il croit que le pus joue le rôle d'un corps étranger, capable de donner naissance autour de lui à une phlébite capillaire.

Nous l'avons déjà dit: à ce moment, le mélange du pus avec le sang était admis par tout le monde, lorsque Tessier vint soutenir (1838) qu'il n'y avait qu'une fièvre purulente, une maladie avec altération profonde du sang, une inflammation du sang, une tendance du sang à se transformer en pus, sous l'influence de conditions générales mauvaises. Cette idée de la génération directe et spontanée du pus dans le sang a été soutenue avec talent par Tessier; mais elle ne peut être considérée que comme une hypothèse ingénieuse, et ne s'appuie sur aucune preuve sérieuse.

Quelques années plus tard, la méthode de l'expérimentation, de plus en plus mise en honneur, devait faire avancer la question de l'infection purulente, et lui donner un cachet de certitude jusque-là inconnu. Les expériences de MM. Castelnau et Ducrest (1845), celles de M. Sédillot (1849), vinrent prêter un nouvel et solide appui à la doctrine du mélange du pus avec le sang, et, dans divers passages de son livre, M. Sédillot a donné la démonstration positive de ce mélange.

Malgré l'importance de ces derniers travaux, nous devons dire que, dans l'état actuel de la science, on ne peut regarder la doctrine de l'infection purulente comme applicable à tous les cas dans lesquels on observe l'ensemble symptomatique dont nous avons parlé, et la production des abcès multiples dans les principaux viscères (abcès métastatiques). Quelques observateurs admettent aujourd'hui que, dans certaines circonstances, l'intoxication a lieu par des éléments anatomiques qui ne sont pas du pus : par des parcelles de fibrine altérées, par exemple, ainsi que l'a soutenu Virchow.

Chez certains blessés, à une époque beaucoup plus éloignée du début de leur mal, on voit survenir des accidents généraux qui menacent leur vie, tels que fièvre continue, affaiblissement, diarrhée, suppuration modifiée, quelquefois fétide. Longtemps ces accidents, qui constituent l'*infection putride*, ont, à tort, été rattachés à l'infection purulente. C'est à Bérard aîné (1846) que revient l'honneur d'avoir nettement séparé ces deux états morbides, en réalité si différents, l'infection putride étant un accident tardif des plaies, ne s'accompagnant jamais des frissons caractéristiques de l'infection purulente, et l'examen cadavérique ne révélant aucune des lésions qui succèdent au développement de cette redoutable complication.

Cet état morbide, différent de la pyohémie, paraît résulter de l'absorption des principes solubles d'un pus vicié et fétide.

Il s'agit là, vraisemblablement, d'un empoisonnement très-complexe du sang; mais beaucoup de termes du problème qu'il s'agit de résoudre sont restés jusqu'à ce jour insolubles.

M. Sédillot, invoquant ses expériences faites sur les animaux, a voulu nier les résorptions putrides; mais les observations sur les-

quelles il s'appuie ne prouvent nullement que chez l'homme la sérosité purulente et fétide des plaies anfractueuses ne puisse donner
lieu à une infection putride.

M. Sédillot admet difficilement l'existence de cette fétidité, attribuée par Bérard au sang des individus atteints d'infection putride. Cependant cette question mérite un nouvel et sérieux examen,
depuis surtout que certaines observations d'A. Bonnet ont prouvé
l'absorption de l'hydrosulfate d'ammoniaque contenu dans le pus
fétide et son passage dans l'urine.

Chez les blessés, au moment où le chirurgien constate pour la
première fois l'apparition de frissons plus ou moins violents, un
doute peut s'élever dans son esprit: aura-t-il à combattre une infection purulente ou un *érysipèle*. Cette dernière complication,
moins grave relativement que la première, prélève cependant un
lourd tribut sur nos opérés.

La description de l'érysipèle, bien faite au siècle dernier, a été
encore perfectionnée à notre époque. Des relevés faits dans les cliniques de M. Louis et de M. Velpeau ont permis de fixer, sinon la
marche et la durée de l'érysipèle, du moins celles d'une plaque érysipélateuse. Ces observateurs ont bien fait voir que chaque plaque
érysipélateuse atteignait son maximum d'intensité au bout de trois
jours; elle tend alors à disparaître; une autre plaque, à côté, subit
la même évolution, et si l'érysipèle est étendu, on peut voir ainsi,
sur divers points, des plaques érysipélateuses à tous leurs degrés
d'évolution.

L'attention a été appelée sur certaines formes de cette maladie,
débutant sur les muqueuses, par les observations de MM. Gubler,
Goupil, Aubrée, E. Labbé, Dechambre, Cornil, etc.

Quelques auteurs ont voulu préciser le siége anatomique de la
maladie, Ribes et Cruveilher le plaçant dans les capillaires veineux,
Blandin dans le réseau lymphatique; mais rien, jusqu'à ce jour, ne
peut confirmer ces hypothèses.

Érysipèle.

Une opinion très-importante, celle relative à la contagion de l'érysipèle, admise d'abord par les chirurgiens anglais, a gagné des partisans dans notre pays, et aujourd'hui elle est partagée par la plupart des chirurgiens français. Dans ces dernières années, M. Fenestre (*Thèse*, 1860), sous la direction de M. Gosselin, et M. Charles Martin (*Thèse*, 1865) ont publié sur ce point particulier des travaux dignes d'être signalés, et bien propres à porter la conviction dans les esprits. Nous devons dire cependant que, parmi nous, M. Després soutient avec ardeur l'opinion de la non-contagion.

Chez un certain nombre d'individus, à l'occasion des violences extérieures qui ont déterminé une blessure, une certaine quantité de gaz peut pénétrer dans le tissu cellulaire, et la pression des doigts donne lieu alors à une crépitation particulière : cette complication a reçu des chirurgiens le nom d'*emphysème traumatique*.

L'emphysème traumatique peut être dû à l'entrée de l'air atmosphérique au milieu de nos tissus, à l'issue des gaz contenus dans différents organes (poumons, intestins), enfin à la formation spontanée d'un fluide dans l'organisme vivant.

En 1816, Delpech niait la possibilité de la production de l'emphysème dans les cas de plaies non pénétrantes de la poitrine. Cette opinion exclusive ne paraît plus pouvoir être acceptée aujourd'hui, et, dès 1837, Goffres fit voir, sur des chevaux, qu'une plaie non pénétrante de la poitrine pouvait s'accompagner d'emphysème lorsque l'animal avait couru après avoir été blessé. Depuis, des observations recueillies sur l'homme, et l'une des plus probantes par Morel-Lavallée, ont confirmé cette dernière manière de voir.

Tous les chirurgiens admettent qu'un emphysème plus ou moins étendu peut se montrer lorsqu'il existe une plaie pénétrante de poitrine, et Dupuytren, en 1832, attira spécialement l'attention sur l'emphysème des médiastins à la suite des blessures du thorax. Lorsque la violence extérieure n'a produit qu'une déchirure des deux feuillets de la plèvre et du poumon, sans lésion des téguments, l'emphysème peut encore se produire; mais par quel mécanisme se produira-t-il ?

Relativement à ce point, deux théories se trouvent en présence. Dans la plus ancienne, proposée par J.-L. Petit et acceptée par la plupart des chirurgiens et par Malgaigne, auquel nous devons deux excellents mémoires sur l'emphysème (1842 et 1845), on admet que l'air s'épanche dans la plèvre, s'y accumule; puis, qu'il est chassé dans le tissu cellulaire, au travers de la plaie pariétale, au moment de l'expiration. Alors un certain degré de pneumothorax précède toujours l'emphysème. Dans la plus récente, qui fut pour la première fois formulée par Roux (1807), et que M. Richet (1855) s'est en quelque sorte appropriée par les développements qu'il lui a donnés, on pense qu'un parallélisme complet entre la plaie du poumon et la plaie pariétale, parallélisme que des adhérences entre le poumon et la plèvre peuvent seules maintenir, est nécessaire pour la production de l'emphysème. Dans ce cas le pneumothorax ne précéderait pas l'emphysème. Un examen judicieux de ces deux opinions a été fait par M. Dolbeau (*Thèse d'agrégation*, 1860), et ce chirurgien a lui-même pratiqué sur les animaux un certain nombre d'expériences propres à jeter la lumière sur cette question. Or, les expériences sur les animaux et l'observation clinique démontrent que dans les emphysèmes survenant à la suite des blessures du poumon, ces deux mécanismes peuvent intervenir; mais les faits de grands emphysèmes, ceux qui exigent que l'air sorte incessamment, sont plus favorables à la théorie des adhérences préalables du poumon et avec plèvre pariétale. Nous devons dire que dans ces derniers temps plusieurs observations importantes favorables à cette doctrine ont été publiées.

Les blessures graves que l'on observe sur les membres s'accompagnent aussi quelquefois d'emphysème. Signalés par M. Velpeau (1829), ces faits se sont multipliés, et Roux, Martin de Bazas, Malgaigne, MM. Huguier, Nélaton, Denonvilliers, en ont fait connaître de nouveaux cas. M. Boureau (*Thèse*, 1855) a publié un travail dans lequel les idées de M. Velpeau, sur la production des gaz à la suite des fractures graves, sont très-fidèlement reproduites.

Les blessures du membre inférieur, et spécialement les fractures compliquées de la jambe, paraissent jouir du triste privilége de présenter cette grave complication. L'opinion de M. Velpeau, qui pense que dans ces cas l'air pénètre par la plaie, si petite qu'elle soit, au moment où le malade fait des efforts soit pour se relever, soit pour marcher, n'a pas rallié à elle tous les chirurgiens; plusieurs d'entre eux, jugeant que, cliniquement, la gravité de cette complication cadre peu avec l'innocuité reconnue des injections d'air atmosphérique dans le tissu cellulaire, rattachent ces faits à ceux dans lesquels la production des gaz n'a été que la conséquence d'un certain degré d'attrition et de décomposition des tissus, et pensent que l'on a, dans ces cas, sous les yeux ce que l'on peut observer dans d'autres circonstances, où l'emphysème succède à de vastes contusions, alors même qu'il n'existe pas la moindre déchirure de l'enveloppe extérieure. Quelquefois, en effet, à la suite d'un violent traumatisme, on voit apparaître presque subitement, ou au plus tard au deuxième ou troisième jour, dans la région siége de la blessure, un emphysème considérable le plus souvent suivi de gangrène; une mort foudroyante peut en être la conséquence, comme dans le fait remarquable publié par M. Maisonneuve. Mais quelle est, dans ce cas, la nature des gaz exhalés? En 1845, Malgaigne communiqua à la Société de chirurgie un fait dans lequel l'analyse chimique démontra l'existence de l'hydrogène carboné. Depuis cette époque, rien de précis n'a été indiqué sur ce point. L'opinion soutenue par M. Demarquay (*Traité de pneumatologie*, 1866), que par le seul fait de l'ébranlement du système nerveux les gaz du sang s'exhalent et passent dans le tissu cellulaire, ne repose jusqu'à ce jour que sur une hypothèse qu'il est difficile d'admettre, en songeant que les gaz sont dans le liquide sanguin à un état de combinaison ou de fixité telles que l'on est encore à la recherche d'un procédé qui permette de les séparer pour l'analyse.

Introduction
de l'air
dans les veines.

Quelquefois, au milieu d'une opération pratiquée dans le voisinage de la poitrine, un bruit particulier de sifflement se fait entendre, et l'opéré succombe brusquement ou après quelques convulsions. La cause de la mort, invoquée dans ces cas, a été l'*introduction de l'air dans les veines* et sa pénétration dans le cœur droit et le poumon.

De tous les accidents qui peuvent survenir au moment d'une opération, celui-ci a paru l'un des plus graves et a vivement préoccupé l'esprit des chirurgiens ; ceux de notre pays ont particulièrement fixé leur attention sur cette intéressante question.

Les expériences de Bichat et de Nysten avaient démontré que l'injection d'une certaine quantité d'air atmosphérique dans le système veineux produit des désordres fort graves, et qui peuvent devenir promptement mortels. Mais la possibilité de l'introduction de l'air dans le système veineux, durant les grandes opérations pratiquées sur l'homme, ne fut établie que depuis le moment où un accident de ce genre arriva entre les mains de Beauchêne, alors chirurgien de l'hôpital Saint-Antoine (1818). Barry, Poiseuille, avaient bien démontré qu'à chaque mouvement d'inspiration de la poitrine, la pression atmosphérique agit sur le sang qui remplit les veines, et a pour effet de le précipiter dans la poitrine. M. Poiseuille s'approcha davantage de la vérité, en reconnaissant que cette influence ne s'étendait qu'aux veines situées à peu de distance des ouvertures thoraciques, et Bérard aîné contribua encore à éclairer la question, en démontrant que la plupart des veines situées aux environs des ouvertures de la poitrine ont leurs parois toujours maintenues écartées par suite de leur intime connexion avec les parties osseuses ou fibreuses environnantes.

Ainsi, dans les veines placées dans les conditions anatomiques que nous venons de rappeler, le sang est poussé vers la cavité de

la poitrine, pendant chaque inspiration, par la pression atmosphérique : voilà ce que la théorie indiquait bien, et ce qui fut confirmé
par les expériences faites sur les animaux, et principalement par
celles d'Amussat (1839).

A l'observation de Beauchêne, déjà rappelée, et dans laquelle on
voit le patient s'écrier : *Mon sang tombe dans mon cœur, je suis
mort !* au moment où se fit entendre un bruit particulier analogue à celui que fait l'air en entrant, par une petite ouverture,
dans la poitrine d'un animal vivant, vinrent bientôt s'ajouter des
observations nouvelles, dues à Dupuytren, à Delpech, à M. Cas-
tara, à Roux, à Mirault d'Angers, à Malgaigne, à Rigaud, à Bégin, etc. L'entrée de l'air fut presque toujours signalée par une
sorte de sifflement qui se fit entendre à une ou plusieurs reprises,
et la plupart des malades ressentirent à l'instant même une impression profonde et jetèrent un cri de détresse. Dans la plupart des
cas, la mort survint presque immédiatement; dans quelques-uns,
ceux de Malgaigne, de Rigaud, etc. les malades recouvrèrent la
santé. Les autopsies nombreuses qui furent pratiquées, montrèrent
de l'air et du sang écumeux dans le ventricule droit, l'artère pulmonaire, les poumons et même dans le cœur gauche et la grande
circulation.

La conclusion que l'on tira de ces faits, conclusion généralement
admise, fut que la mort arrivait parce que l'air distendait les cavités
droites du cœur et immobilisait leurs fibres musculaires.

Tout récemment (1863), M. Oré (de Bordeaux) a tenté de
démontrer qu'il ne s'agissait pas là d'une simple action mécanique,
que la mort n'était pas due à la distension des cavités droites du
cœur et à l'immobilité de leurs fibres musculaires, mais bien à une
action sédative et paralysante que l'air aurait sur la fibre musculaire du cœur. Ainsi M. Oré a pu injecter à des animaux (chiens de
taille moyenne) 300 centigrammes cubes d'azote ou d'oxygène sans
produire le moindre accident, tandis qu'un chien de même taille
est tué rapidement par l'introduction, dans son système veineux,

de 60 à 80 centigrammes cubes d'air atmosphérique. Dans plusieurs expériences sur les animaux, il a été conduit à employer l'électricité pour réveiller l'action du cœur et empêcher la mort, et les résultats favorables de cette méthode ont été constatés par une commission de la Société de chirurgie.

Contusion.

Contusion. — Dans tous les cas où une violence agit sur les parties molles extérieures, elle ne produit pas de déchirure de la peau ; les parties plus profondes peuvent être divisées, écrasées, mais la peau être intacte : alors *il y a contusion*, mais non pas plaie contuse. Voilà l'idée la plus générale que l'on puisse donner de la contusion.

Peu de travaux ont été entrepris sur ce sujet ; le plus important est dû à M. Velpeau (*Thèse de concours*, 1833). Dupuytren admettait quatre degrés dans la contusion, et en établissait une classification anatomique qui rappelait beaucoup celle de la brûlure. M. Velpeau signala de plus, entre ces deux lésions, plusieurs autres points de rapprochement, tels que l'existence à côté l'un de l'autre des divers degrés de la contusion.

Dans cette thèse importante et souvent citée, M. Velpeau étudia la contusion dans les divers tissus et dans les divers organes, et reprit la doctrine de Hunter relative à l'organisation du sang épanché, doctrine à laquelle il devait donner les plus grands développements. Dès 1833, il disait : « Un noyau, un flocon de fibrine, un caillot de sang, peut rester isolé au milieu du tissu cellulaire, d'un tissu quelconque, du corps thyroïde, de la substance de l'utérus et s'y transformer peu à peu en masses fibro-celluleuses, y subir la dégénérescence calcaire, etc. Parmi plusieurs pierres de la matrice que j'examinai en 1824, j'en trouvai une du volume d'un petit œuf qui offrait çà et là, soit à la surface, soit à l'intérieur, des plaques pétrifiées et dans laquelle on distinguait aussi d'anciens grumeaux de sang et de fibrine très-reconnaissables. Le tissu de l'utérus l'entourait de toutes parts et y adhérait avec force. »

M. Velpeau présumait que les polypes fibreux de l'utérus pourraient
bien n'être que le développement d'une masse de fibrine épanchée
et organisée dans l'épaisseur de l'organe. Il pensait que les corps
fibreux de la prostate avaient la même origine.

Plus tard, M. Velpeau tendit à rapporter à une semblable origine un nombre de tumeurs plus considérable encore. Cette doctrine, qu'il serait aujourd'hui difficile de défendre, a été soutenue
avec un grand talent par ce chirurgien.

L'ecchymose, qui succède aux contusions qui accompagnent les
fractures, a été étudiée avec grand soin comme élément de diagnostic par Malgaigne.

Enfin, dans ces dernières années, Morel-Lavallée, dans deux
mémoires (*Archives de médecine*, 1853 et 1863), a réuni et commenté avec soin des observations nombreuses, dans lesquelles, à la
suite d'une violence considérable, il s'était répandu dans le tissu cellulaire de la sérosité, qui s'y était accumulée et avait quelquefois
donné naissance à des épanchements d'un volume assez considérable.
Déjà Lamotte, Pelletan, MM. J. Cloquet, Velpeau, avaient rapporté
des faits isolés de ce genre; mais, nous le répétons, c'est à Morel-
Lavallée qu'est due la connaissance exacte de cette lésion, qu'il a
désignée sous le nom d'*épanchement traumatique de sérosité*.

Nous venons de voir que les chirurgiens, Dupuytren et M. Velpeau en particulier, avaient cru pouvoir établir une grande analogie entre les lésions résultant d'une violence extérieure et celles
qui survenaient après l'action prolongée du calorique sur nos tissus.
Cette analogie est en effet justifiable, surtout lorsqu'il s'agit du
degré le plus prononcé de la lésion : car alors, dans les deux cas,
contusion ou brûlure, les tissus sont désorganisés.

Les *brûlures* sont des lésions déterminées soit par l'action trop
concentrée du calorique sur nos tissus, soit par le contact de
quelques agents chimiques capables également d'en altérer les propriétés et d'en détruire l'organisation.

L'action de ces divers agents peut désorganiser les tissus à une plus ou moins grande profondeur, et les chirurgiens ont cherché à déterminer avec précision les degrés divers de la lésion.

Boyer, à l'exemple de Fabrice de Hilden, admettait trois degrés de la brûlure. Bichat, le premier, eut l'heureuse idée de dédoubler les lésions dues à la *désorganisation de la peau*, et il admit quatre degrés. Enfin Dupuytren, qui traita le même sujet, créa sa division en six degrés, encore plus complète et qui depuis lors, malgré les efforts de Gerdy, est restée classique et paraît en effet la plus propre à bien fixer dans l'esprit tous les détails de cette lésion. Dupuytren eut le mérite de mieux définir anatomiquement le troisième degré, et surtout de faire ressortir les caractères propres à chacun d'eux et les conséquences qui en découlent pour la cicatrisation et le traitement.

L'importance et la fréquence des lésions viscérales que l'on observe lorsque les individus succombent par suite des effets combinés de la douleur et de l'inflammation, avaient été indiquées avant Dupuytren, mais ce chirurgien eut une tendance à exagérer leur fréquence et leur intensité.

Ces altérations viscérales ont été surtout bien étudiées à notre époque par les chirurgiens anglais, et les travaux de Long, de Curling (1842) et d'Érichsen (1844) ont contribué à éclaircir ce point de la science. Chez les individus qui succombent dans la première période (deux premiers jours) on observe des congestions des centres nerveux, des viscères thoraciques et, à un degré moindre, des viscères abdominaux.

Dans la deuxième période (du deuxième jour à la fin de la deuxième semaine) l'on trouve surtout des lésions marquées de la muqueuse intestinale et surtout de celle du duodénum, qui devient le siége d'ulcérations au voisinage du pylore, ulcérations capables de perforer le duodénum.

Récemment, M. Leroy de Méricourt et M. Broca (1855) ont appelé l'attention sur les brûlures de la *muqueuse pulmonaire* par un jet de vapeur. Dans ces cas les blessés succombent promptement, et les autopsies ont démontré que cette asphyxie rapide dépendait de la brûlure de la muqueuse pulmonaire.

Les lésions produites par la *congélation* (*froidures de Gerdy*) présentent souvent une grande analogie avec les altérations de la brûlure. Peu de travaux relatifs à ce sujet ont été publiés dans notre pays; mais, parmi eux, les plus importants sont dus aux chirurgiens militaires. Nous devons citer ici les articles insérés dans les mémoires de Larrey et les écrits sur le même sujet qui sont dus à la plume de M. Legouest et de M. Valette (*Mémoires de médecine et de chirurgie militaires*).

Quant à l'histoire médico-chirurgicale de la foudre, elle est de date toute récente, et les principaux travaux publiés sur ce point sont dus à Benj. Brodie en Angleterre (1846) et, en France, à M. Boudin (1857). Le nombre des décès occasionnés par la foudre est considérable; en France, de 1835 à 1852 inclusivement, 1,308 personnes ont été tuées roides par la foudre. Le cadavre des foudroyés ressemble beaucoup à celui des individus congelés; il en présente souvent la rigidité excessive. Les lésions constatées le plus souvent consistent en brûlures plus ou moins étendues; mais quelquefois on a pu observer des mutilations assez graves.

Mais l'un des effets assurément les plus curieux que peut produire la foudre en agissant sur le corps de l'homme, c'est la formation d'images photo-électriques représentant des objets du voisinage. Dans l'*Annuaire du Cosmos* (1861) M. Andres Poey a publié sur ce sujet un intéressant mémoire.

Dans les pages qui précèdent, nous avons vu qu'un grand nombre de lésions chirurgicales se terminaient par la *gangrène* plus ou moins étendue des tissus. Sous ce nom de *gangrène* on entend généralement la mortification d'une partie circonscrite du corps, c'est-à-dire l'abolition parfaite du sentiment, du mouvement et de toute action organique dans cette partie. Nous n'avons pas à revenir ici sur les gangrènes qui peuvent succéder aux contusions, aux brûlures; nous chercherons seulement à donner une idée des principaux travaux publiés sur *les gangrènes* dites *spontanées*.

Les causes qui peuvent donner lieu à un semblable résultat sont si nombreuses que l'on comprend sans peine que la recherche exacte de leur essence ait souvent préoccupé les chirurgiens.

Des travaux importants sur la gangrène ont pris naissance dans notre pays; mais nous devons reconnaître qu'en traçant si complétement l'histoire des embolies (1847 et 1856), Virchow, le professeur de l'école de Berlin, a jeté une vive lumière sur certains points de l'histoire des gangrènes spontanées. Disons immédiatement que M. Schutzemberger (1857), en France, a largement contribué à l'édification de la doctrine de Virchow.

C'est lorsqu'il s'est agi de gangrènes survenues en dehors du traumatisme, chez des sujets en apparence dans un état de santé plus ou moins complet, que la cause de cette lésion est devenue difficile à déterminer d'une manière rigoureuse. La doctrine qui a le plus longtemps régné presque sans partage, fut celle qui attribuait à l'artérite l'oblitération des artères et, par suite, la suspension de la circulation artérielle et les phénomènes consécutifs de la gangrène. Vulgarisée par Dupuytren, cette idée fut reprise par M. Cruveilhier, qui regarde comme inséparables l'inflammation et l'oblitération de l'artère. D'autres auteurs, parmi lesquels on peut citer MM. François (de Mons), Avizard, Victor Andry, soutinrent avec talent la même opinion. M. François (Paris, 1832), dans son importante monographie publiée sur les gangrènes spontanées, a surtout donné à cette théorie les plus grands développements.

Malgré les efforts de Bérard aîné, l'artérite était considérée comme jouant le rôle presque unique dans la production des gangrènes spontanées, lorsque Virchow, en Allemagne, vint combattre la doctrine de l'artérite et, par suite, l'influence de cette inflam-

mation sur la coagulation du sang dans les vaisseaux. Faut-il, avec
le professeur de Berlin, rejeter l'artérite du cadre nosologique et vouloir expliquer toutes les gangrènes spontanées par le mécanisme de
l'embolie? Si les expériences de Virchow, de M. Notta et d'autres
expérimentateurs démontrent qu'il n'existe pas d'inflammation
proprement dite de la membrane interne des artères, on ne peut
nier l'existence de l'artérite parenchymateuse, et cette artérite
peut produire la coagulation du sang, ainsi que l'ont vu MM. Ollier,
Ch. Robin, Broca, Laboulbène. L'athérôme, la dégénérescence
calcaire, qui n'est qu'un degré plus avancé de l'athérôme, en ra-
lentissant le cours du sang, peuvent aussi favoriser sa coagulation.
Ainsi ces deux causes, artérite et athérôme, peuvent, par le fait
d'un travail morbide développé sur place, produire des concrétions
sanguines autochtones ou thromboses. Mais il est incontestable
que, dans un très-grand nombre de circonstances, l'obstruction
vasculaire, qui deviendra ultérieurement le point de départ de la
gangrène, est produite par un corps détaché (*embolus*) de la surface interne du cœur ou d'un vaisseau. Cette doctrine, d'abord
acceptée parmi nous avec quelques difficultés, a pris désormais
racine dans notre pays, et les cas de gangrène par suite d'embolie
se multiplient à mesure que l'attention des observateurs est plus
éveillée sur ce point.

Nous devons rappeler ici les efforts qui avaient été tentés par un
jeune chirurgien trop tôt enlevé à la science, M. Godin (1836),
pour déterminer par la nature de la gangrène le siége primitif
(artères ou veines) de l'obstacle apporté à la circulation. Suivant
cet observateur, dans la gangrène spontanée, l'interruption de la
circulation artérielle déterminerait la dessiccation des parties sphacélées, tandis que la gangrène humide succéderait aux oblitérations
veineuses; mais les faits rassemblés par Godin ne sont pas assez
probants pour entraîner la conviction.

Dans ces dernières années (1857), M. Henri Demme (de Berne),
par des recherches micrographiques multipliées, a tenté de faire

*6.

connaître les modifications qui se produisent dans les parties mortifiées, depuis le moment où elles cessent de participer à la vie
jusqu'à celui de leur élimination définitive.

D'après cet auteur, dans les parties sphacélées on rencontrerait
trois genres d'éléments : 1° des éléments de nouvelle formation
qu'on ne rencontre jamais dans les tissus vivants, tels que les dépôts pigmentaires de différentes sortes, des cristaux d'hématoïdine,
des algues, des infusoires : les parties mortifiées contiennent une
très-grande quantité de matière grasse; 2° des parties qui ont conservé plus ou moins distinctement leur structure physiologique,
mais qui ont subi des modifications dans leur consistance : ainsi les
fibres de la vie organique et de la vie animale s'altèrent et se dé-
truisent très-rapidement; 3° des substances dont le microscope ne
peut servir à déterminer la nature, et qui sont du ressort de la
chimie organique.

A la suite de recherches thermométriques entreprises dans le
but de déterminer l'action, sur la température des membres, des
ligatures placées sur les gros troncs artériels, M. Broca est arrivé à
des résultats d'une grande importance qui permettent de déterminer
rigoureusement le siége d'une oblitération artérielle.

Ainsi il a établi (*Bulletins de la Société de chirurgie,* 1861) que,
lorsque l'oblitération date de quelques jours, on constate avec le
thermomètre une *température normale* au-dessus du point oblitéré,
une *exagération de la température* au niveau de ce point et *une diminution* au-dessous. Ces phénomènes ne s'observent que lorsque le
vaisseau n'est oblitéré que dans une petite étendue, soit par une
embolie, soit par une ligature. Si la fémorale, par exemple, est
oblitérée en même temps que les artères de la jambe, la température est partout abaissée.

Appliquant ces résultats au diagnostic des gangrènes spontanées,
M. Broca a fait voir que l'on pouvait à l'aide des recherches thermométriques distinguer la gangrène par embolie de celle qui est due
à l'artérite générale du membre, reconnaître jusqu'à quelle hauteur

remonte l'oblitération des artères et, par conséquent, déterminer rigoureusement le siége de l'amputation dans les cas où celle-ci paraît nécessaire.

Une autre cause de gangrène, sur laquelle M. Marchal (de Calvi) a particulièrement appelé l'attention, est le diabète. Nous devons faire remarquer que dans ces cas l'on observe surtout la tendance à la terminaison par gangrène d'affections d'origine inflammatoire, telles que le phlegmon.

Signalons, en terminant, l'intéressante relation faite par M. Barrier (de Lyon) (1854-1855), d'une épidémie d'ergotisme, dans laquelle les accidents gangréneux ont dû fixer l'attention par leur extrême prédominance.

Remarquons enfin que si, au point de vue théorique, la question semble nous échapper, c'est à nos compatriotes que l'on est redevable des règles si précises qui doivent guider le chirurgien dans les cas où la question d'amputation peut être posée. Personne mieux que les auteurs du *Compendium de chirurgie*, A. Bérard et M. Denonvilliers, n'a jusqu'à ce jour discuté les indications et les contre-indications de l'amputation dans les cas de gangrène spontanée, et l'opinion émise par ces chirurgiens, il y a plus de vingt ans, est encore aujourd'hui classique.

Ces auteurs admettent que les raisons les plus puissantes s'élèvent contre l'amputation prématurée. La lésion organique qui entraîne la gangrène siégeant souvent très-haut, on a souvent à craindre, outre les dangers de l'amputation, la récidive de la gangrène. Le danger de l'amputation pratiquée prématurément est lui-même très-grand : car on menace prochainement les jours du malade en sacrifiant en un instant des chairs vives que la gangrène aurait mis un certain temps à envahir, et, d'un autre côté, lorsque la gangrène s'empare du moignon, elle fait des progrès très-rapides et n'a aucune tendance à se limiter.

Les *affections charbonneuses* forment un groupe de maladies dont le caractère principal est de déterminer l'apparition, sur un ou plusieurs points du corps, de tumeurs inflammatoires et gangréneuses. Ces maladies sont beaucoup plus fréquentes chez les animaux que chez l'homme. Nous n'avons l'intention que de rappeler ici très-rapidement les principaux travaux qui, à notre époque, ont eu pour but d'éclairer l'étude des maladies charbonneuses chez l'homme.

Le livre d'Enaux et de Chaussier (1785), dans lequel la pustule maligne fut nettement séparée du charbon, est resté jusque dans ces dernières années le livre le plus complet sur cette matière. En 1843 parut, dans les *Archives de médecine*, un travail considérable de M. Bourgeois (d'Étampes), puis M. Maunoury (de Chartres) (1855); MM. Salmon et Maunoury (1857), M. Raimbert (1859), M. Bourgeois fils (1861), MM. Davaine et Raimbert (1864), MM. Mauvezin (1864), MM. Devers, M. Gallard, M. Debrou (1865), sont venus successivement éclairer par leurs recherches différents points de l'histoire de ces maladies.

Les travaux de M. Bourgeois, de MM. Maunoury et Salmon, de M. Raimbert, de M. Bourgeois fils, etc. ont eu pour principal résultat de prouver que chez l'homme la pustule maligne était de toutes les affections charbonneuses la plus commune.

Il est généralement admis que la pustule maligne est plus souvent transmise à l'homme par les animaux atteints de maladies charbonneuses (*sang-de-rate* du mouton; *maladie de sang* du bœuf; *fièvre charbonneuse* du cheval); mais on l'a vue se développer aussi à la suite du contact de l'homme avec des animaux simplement surmenés.

Les liquides des tumeurs charbonneuses et le sang paraissent être les matériaux les plus actifs de la contagion; mais tous les produits des animaux charbonneux peuvent transmettre la maladie, et le virus ne perd pas de sa force en vieillissant. C'est par inoculation que la pustule maligne se transmet le plus souvent des animaux à l'homme, et il n'est pas prouvé qu'elle puisse être transmise à la suite de l'alimentation avec des viandes provenant d'animaux malades.

Dans ces derniers temps (1864), MM. Davaine et Raimbert ont tenté d'établir à l'aide de l'examen microscopique et de l'inoculation pra-

tiquée chez les animaux, que la pustule maligne contenait des *bactéridies* en tout semblables à celles que l'on observe après l'inoculation
du sang-de-rate. Depuis cette époque, M. Davaine a produit de nouvelles observations, faites sur des pustules malignes enlevées par
M. Mauvezin, et il a cherché à en tirer des conclusions fort importantes pour l'histoire de cette maladie. D'après cet observateur, les
bactéridies se développeraient dans les couches épidermiques là où il
n'existe pas de vaisseaux; elles seraient alors isolées du reste de l'organisme, et si la pustule est enlevée ou détruite à cette période, il
n'y aurait aucun motif pour qu'elles se propagent ultérieurement.
Dans le cas, au contraire, où leur développement n'est pas entravé,
elles rencontrent les couches superficielles du derme abondamment
pourvues de vaisseaux lymphatiques et sanguins, et elles vont infecter
tout le reste de l'économie.

Ces résultats ont besoin d'être confirmés.

La transmission de la pustule maligne de l'homme à l'homme,
malgré le résultat négatif de plusieurs inoculations, a été mise hors
de doute par des faits cliniques observés par M. Maucourt en 1829,
et à une époque rapprochée de nous par M. Raimbert.

La pustule maligne peut-elle naître spontanément? Cette opinion,
soutenue par Bayle (1801), par Bidault (1828), a trouvé des partisans dans MM. Bourgeois et Raimbert; mais elle a surtout été défendue récemment dans un long mémoire, lu par M. Gallard (1864)
devant l'Académie de médecine. M. Gallard prit pour point de départ
de son travail des faits observés pendant une longue période par
MM. Devers, dans le département de la Charente-Inférieure. Ces
médecins, de 1820 à 1830, à la Benate (Charente-Inférieure),
avaient observé cinq cas de pustule maligne, alors qu'il existait de
nombreuses affections charbonneuses chez les animaux; de 1830 à
1863, tandis qu'il fut impossible de constater l'existence d'aucune
affection charbonneuse sur les animaux, ils eurent à traiter quinze
cas de pustule maligne, et ces faits scrupuleusement observés les
amenèrent à admettre la *génération spontanée de la pustule maligne*.

M. Gallard, après avoir vérifié les faits de MM. Devers, a rapporté de nouvelles observations à l'appui de la *spontanéité de la pustule maligne*. Il a interrogé les pays voisins de la Benate, afin de savoir s'il n'y avait pas eu d'affections charbonneuses dans les pays limitrophes du département de la Charente-Inférieure. Médecins et vétérinaires, tous ont répondu qu'ils n'en avaient pas vu.

Restait l'hypothèse de la translation du virus des contrées éloignées, par des mouches. M. Gallard avec M. le docteur Meschinet, qui a soulevé la question entomologique, met en doute la possibilité de la transmission du virus par l'aiguillon des mouches, qui est incessamment nettoyé par les pattes de l'insecte.

M. Gosselin, rapporteur d'une commission composée de MM. Roche, Raynal et Gosselin, et chargée d'examiner le travail de M. Gallard, conclut, dans la séance du 12 juillet 1864, que l'on ne pouvait encore admettre l'idée de M. Gallard. La commission émit l'opinion que, dans un certain nombre de cas, il pouvait y avoir eu une erreur de diagnostic, et que, d'un autre côté, il se pouvait, comme l'ont dit Énaux et Chaussier et comme l'a répété Boyer, que la viande et la peau des bêtes surmenées puissent, en l'absence de tout charbon, causer la pustule maligne par le contact; dans ces cas, alors, le sang des animaux surmenés contiendrait peut-être, ainsi qu'on l'a dit depuis, comme celui des animaux atteints de charbon, des bactéries.

Enfin, le rapporteur conclut que « la spontanéité de la pustule maligne n'est pas impossible, mais qu'elle nécessite de nouvelles démonstrations et de nouvelles expériences. »

Une forme du mal, beaucoup plus rare que la *pustule maligne*, a été, dès 1843, indiquée par M. Bourgeois (d'Étampes), qui d'emblée admit l'identité de l'*œdème malin* avec la pustule maligne. Cette identité, acceptée par MM. Raimbert et Jules Bourgeois, a été de nouveau mise en lumière (1865) par M. Debrou (d'Orléans).

TUMEURS. — PRODUCTIONS ACCIDENTELLES.

Il est toute une classe nombreuse de maladies chirurgicales pour
la dénomination desquelles on éprouve, dès l'abord, un certain
embarras. Les expressions suivantes : *productions accidentelles, lésions
organiques, tumeurs, productions organisées de formation morbide*, pseudo-
plasmes (de ψεῦδος, faux, et πλάσμα, formation), ont tour à tour
servi à désigner *les tissus pathologiques qui se développent au milieu des
organes ou les envahissent.* Aucun de ces termes n'est à l'abri de la
critique, et nous conserverons la dénomination de *tumeurs*, adoptée
dernièrement encore dans son ouvrage par M. Broca. Dans ce livre
(*Traité des tumeurs*, 1866), l'histoire de cette question a été présentée avec les plus grands détails, et, dès à présent, nous devons
déclarer qu'à cette source nous puiserons les documents les plus
importants pour la rédaction de cette partie de notre travail.

A la fin du siècle dernier J. Hunter, en Angleterre, avait entrevu
la nécessité de séparer les diverses maladies comprises sous le nom
de *cancer*, mais ni lui ni aucun de ses élèves, de son vivant, ne
réalisèrent ce désir. En France, Bichat, qui venait de publier ses
immortels travaux sur l'anatomie générale, mourut à trente ans, au
moment où il allait mettre au jour ses recherches sur l'anatomie
pathologique. Cependant le fruit de ses travaux ne devait pas
complétement être perdu avec lui; ses élèves, qui se nommaient
Bayle, Laennec, Dupuytren, allaient transmettre à leurs contemporains une partie de l'héritage de leur illustre maître.

Bayle et Dupuytren publièrent leurs recherches sur les productions fibreuses et les productions tuberculeuses, et en 1804 Laennec lut à la Société de la Faculté de médecine un travail intitulé
Note sur l'anatomie pathologique. Dans ce travail on trouve la première
trace de l'anatomie pathologique générale. Les productions accidentelles sont classées d'après leur ordre anatomique. Laennec
divise les tissus accidentels : 1° en ceux qui ont des analogues parmi

les tissus naturels de l'économie (tumeurs *analogues* ou *homologues*) ; 2° en ceux qui n'ont pas d'analogue parmi les tissus normaux (tumeurs *hétérologues*).

Laennec admettait à peu près autant de tumeurs homologues qu'il y a de tissus dans l'économie, et le microscope est venu sur ce point confirmer l'ensemble de sa théorie.

Dans sa deuxième classe il range : les *tubercules*, le *squirrhe*, l'*encéphaloïde*, la *mélanose* qu'il décrit le premier.

Il accorde des caractères différentiels au squirrhe et à l'encéphaloïde, et nie la dégénérescence de l'un dans l'autre. En niant la doctrine de la dégénérescence il accomplit un véritable progrès, mais tombe dans l'erreur en attribuant à ces deux espèces pathologiques un tissu différent.

Ainsi, au nom de l'anatomie pathologique, Laennec séparait le squirrhe de l'encéphaloïde, et cependant la clinique ne pouvait permettre d'adopter cette distinction. Pour remédier à cette contradiction, on considéra l'affection cancéreuse comme unique, mais caractérisée tantôt par le squirrhe, tantôt par l'encéphaloïde, voire même par la mélanose ; mais on arriva à une nouvelle contradiction, en niant ainsi toute relation entre la lésion et les symptômes. Il eût fallu trouver un caractère commun à ces diverses formes, mais ce ne fut que plus tard que le microscope put le faire.

A ce moment, placée au milieu des hésitations les plus grandes, la science adopta volontiers l'opinion de Broussais, qui voulait que toutes les tumeurs, tous les produits accidentels, fussent *de nature inflammatoire*. Il les ramenait ainsi tous à une origine commune, et l'on pouvait alors comprendre comment, quoique de formes différentes, le squirrhe, l'encéphaloïde, la mélanose, avaient les mêmes tendances et une expression symptomatique commune.

Avec Broussais, la question se trouvait reculée de deux cents ans.

Tandis qu'en France les partisans de Broussais voulaient revenir au système de l'unité des tumeurs, en Angleterre, les élèves de

Hunter s'attachaient à établir des distinctions, mais ils manquaient de vues d'ensemble.

En 1826, lorsqu'il fonda la Société anatomique, M. Cruveilhier signala la question des productions accidentelles comme devant particulièrement attirer l'attention des travailleurs.

On reprit alors la classification de Laennec; mais on retrouva la contradiction à laquelle avait déjà donné lieu l'histoire du squirrhe et de l'encéphaloïde. Comment concilier des lésions différentes avec l'identité de maladie? Pour cela, on en revint à l'hypothèse de la dégénérescence. Ce fut alors qu'en 1827 M. Cruveilhier fit la découverte du *suc cancéreux,* « la plus importante, peut-être, qui ait été faite dans l'étude des tumeurs avant la période micrographique. » (BROCA, *Traité des tumeurs,* p. 25.)

M. Cruveilhier chercha, dès lors, à établir qu'il n'existait entre le squirrhe et l'encéphaloïde d'autre différence que celle qui tenait à la proportion plus ou moins grande du suc cancéreux qu'ils contenaient. Il pensa que la nature des tumeurs ne tenait pas à leur forme extérieure grossière, mais, en quelque sorte, à leur composition moléculaire.

A partir de cette époque, à la Société anatomique, on refusa le nom de *cancers* à beaucoup de tumeurs présentées comme telles, mais qui ne renfermaient pas le *suc cancéreux.* Les chirurgiens virent alors le diagnostic des productions accidentelles devenir de plus en plus difficile, et les dissentiments entre les anatomo-pathologistes et les cliniciens prirent naissance.

« Seul de tous les chirurgiens français, M. Velpeau comprit la nécessité de débrouiller le chaos des tumeurs, au risque de multiplier les difficultés du diagnostic. Sans repousser aussi catégoriquement que M. Cruveilhier le phénomène de la dégénérescence, il le considérait du moins comme exceptionnel et reconnaissait, dès lors, la possibilité de distinguer, dans la pratique, des productions accidentelles différentes par leur nature et par leur évolution. » (BROCA, *Traité des tumeurs,* p. 27.)

Ce chirurgien s'appliqua alors à rechercher les caractères cliniques propres à faciliter le diagnostic : il prit plus spécialement pour sujet de ses recherches les maladies de la mamelle, et vint à l'aide d'A. Cooper et de M. Cruveilhier pour faire accepter la classe des tumeurs fibrineuses de la mamelle, auxquelles il donna plus tard le nom de *tumeurs adénoïdes*.

Mais déjà, depuis un certain temps, des études nouvelles, dues à l'emploi du microscope, étaient poursuivies avec ardeur.

La théorie cellulaire, née en France[1] avec les travaux de Raspail (1825), étendue par Hippolyte Royer-Collard à l'étude des tissus pathologiques (1828), fut reprise en Allemagne par Schleidein, Schawn et Muller, qui la complétèrent. Schleiden, en 1838, décrivit l'origine, le développement et les transformations des cellules végétales, et les considéra comme le point de départ de tous les tissus végétaux. Schawn, quelques semaines après, arriva aux mêmes conclusions en ce qui concernait les cellules et les tissus des animaux, et, la même année, Muller fit rentrer dans le même cadre les tissus pathologiques.

La théorie cellulaire provoqua des recherches utiles ; mais elle établissait que les tissus normaux et accidentels avaient la même origine ; elle ne permettait plus de diviser les seconds en homologues et hétérologues, et elle amenait Muller à dire que, « sous le point de vue des éléments microscopiques et de la formation, la structure des tumeurs de bonne nature ne diffère pas du tout de celle du cancer. »

Muller arriva à cette conclusion « que l'anatomie pathologique ne pouvait servir à la classification des tumeurs, » et il chercha à trouver, à l'aide de la chimie, des caractères différentiels plus acceptables. Ses efforts n'étant pas couronnés de succès, il voulut emprunter à la clinique de nouvelles données, et mit ainsi au monde une classification hybride, qui devait bientôt être abandonnée.

[1] C'est à M. Broca que l'on doit d'avoir bien mis en lumière ce point de l'histoire de la théorie cellulaire.

Nous voulons ajouter, dès à présent, que Muller a rendu un véritable service en traçant avec une grande exactitude l'histoire des chondrômes.

En 1845, M. Lebert ouvrit une voie nouvelle, où le suivirent la plupart des jeunes chirurgiens de Paris. MM. Robin, Broca, Follin, Verneuil, apportèrent à l'œuvre commune leur concours dévoué. Aujourd'hui, sur certains points de doctrine, ces savants ont pu se séparer; mais nous devons dire qu'on a dû à leurs efforts communs une grande partie des progrès accomplis dans notre pays depuis l'application du microscope aux recherches anatomo-pathologiques.

M. Lebert proposa une doctrine *naturelle*, basée sur l'ensemble des caractères anatomiques et microscopiques.

Il divisa les productions accidentelles en *homœomorphes*, constituées par des éléments analogues aux éléments transitoires ou définitifs de l'organisme normal, et *hétéromorphes*, formées d'éléments sans analogue dans l'économie.

Cette classification rappelle celle de Laennec; mais, cependant, il faut bien remarquer que Laennec classait ainsi les *tissus*, tandis que M. Lebert classe les *éléments* : or cette classification ne se correspond pas de point en point, puisque nous savons que les mêmes éléments, agencés de diverses façons, peuvent donner lieu à des tissus différents. Ainsi l'épithéliome est une tumeur à la fois *hétérologue* et *homœomorphe;* il est constitué par un tissu sans analogue dans l'économie; mais l'élément qui sert de base à ce tissu, la cellule épithéliale, existe à l'état normal.

Vogel, en 1845, a employé les mots *homologue* et *hétérologue* dans le sens où M. Lebert employait ceux d'*homœomorphe* et d'*hétéromorphe*, et, pour Vogel comme pour Laennec, les tumeurs homologues sont généralement bénignes, les tumeurs hétérologues sont malignes.

M. Lebert nia que l'on pût accepter une pareille doctrine; cependant on doit reconnaître qu'il a eu souvent une tendance marquée à exagérer la nature bénigne des tumeurs homœomorphes.

L'étude plus approfondie de ces questions a malheureusement démontré qu'en effet un grand nombre de tumeurs que l'on serait tenté de ranger parmi les productions accidentelles bénignes, si l'on ne tenait compte que de l'examen microscopique, sont susceptibles de généralisation, et offrent assez souvent des caractères cliniques qui les rapprochent des tumeurs de nature maligne.

Les recherches entreprises en France par M. Lebert, par M. Robin, par MM. Broca, Follin, Verneuil, contribuèrent à établir la spécificité des éléments cellulaires des tumeurs, spécificité que la théorie cellulaire avait complétement méconnue. MM. Lebert, Broca, Follin, Verneuil, admirent que la cellule cancéreuse avait des caractères distinctifs, toujours les mêmes; nous avons déjà eu occasion de dire qu'aujourd'hui la spécificité de la cellule cancéreuse n'est plus généralement admise. Il n'en est pas moins vrai que pour un grand nombre de tumeurs, à quelque période que le microscope intervienne, on trouve toujours des éléments corpusculaires différents, suivant la variété de tumeur dont il s'agit.

L'école micrographique française, dont MM. Lebert et Robin ont été les chefs, admet la spécificité des éléments cellulaires des tumeurs; elle rejette les doctrines qui font naître les éléments des tumeurs de la prolifération des cellules normales, et pense que ces éléments se montrent dans un blastème d'abord amorphe, bientôt granuleux, qui sort à travers les parois des capillaires et se dépose dans les interstices des tissus normaux.

Sans vouloir entrer dans une discussion qui serait ici hors de propos, nous devons indiquer en peu de mots quelles sont les tendances d'une école micrographique célèbre, celle du professeur Virchow, école qui possède en France un certain nombre de partisans.

Virchow nie l'existence des exsudations pathologiques où viennent se développer les éléments cellulaires, spécifiques ou non. Il n'admet pas l'existence d'un blastème amorphe.

Il explique la formation des tumeurs par un accroissement cellulaire continu ; toutes les cellules pathologiques proviendraient de cellules préexistantes. Ce seraient principalement les corpuscules du tissu cellulaire ou ceux du cartilage et du tissu osseux qui se prêteraient à ce développement, et les tumeurs s'accroîtraient surtout par suite de la segmentation des éléments normaux.

Cette théorie, séduisante par sa simplicité, a rallié aujourd'hui beaucoup de partisans en Allemagne, mais il lui manque d'être facilement confirmée par l'observation. Il est difficile de saisir le moment si court pendant lequel, par exemple, le corpuscule de tissu cellulaire se divise et se multiplie pour former les éléments cancéreux ; et l'observation de tous les jours montre qu'à quelque période du développement d'une tumeur que le micrographe intervienne, il trouve toujours des éléments différents, qu'il s'agisse d'enchondrôme, de cancer, de fibro-plastique.

Ne voulant pas insister plus longtemps sur ces questions de doctrine, nous allons indiquer rapidement les principaux travaux publiés en France sur chaque espèce de productions accidentelles, considérées d'une façon très-générale. En étudiant les maladies de chaque région, de chaque organe, nous aurons l'occasion de compléter ces indications. Nous n'avons pas cru que dans ce chapitre, à l'occasion d'une espèce de tumeurs, des fibrômes, par exemple, il y ait opportunité à parler des tumeurs de cette nature qui se développent dans les parties du corps les plus variées ; nous avons rejeté cette méthode, pensant qu'elle nous amènerait nécessairement à faire des rapprochements forcés.

Kystes. — Il existe une série nombreuse de *tumeurs dues à la formation, dans nos tissus, de sacs membraneux renfermant des matières variées*, et que l'on désigne sous le nom de *kystes* (de κύστις, sac, vessie).

Des travaux importants ont été publiés sur les kystes en particulier, et nous verrons, chemin faisant, qu'à notre époque on a décrit un assez grand nombre de ces tumeurs, dont naguère on méconnaissait la nature.

Indiquons dès à présent, comme renfermant les notions les plus utiles et les plus complètes sur beaucoup de points de l'histoire des kystes, les articles d'anatomie pathologique dus aux plumes de MM. Cruveilhier et Lebert. Les recherches de M. Velpeau sur *les cavités closes naturelles ou accidentelles de l'économie animale* (1843), le *Traité des hydropisies et des kystes ou collections séreuses*, de M. Abeille (1852), seront aussi consultés avec fruit.

Kystes séreux, glandulaires, etc. — Les kystes *séreux* et *glandulaires* ont été observés dans les points les plus divers du corps, et on ne peut faire de ces tumeurs une étude complète que dans la chirurgie des régions. Les kystes *vasculaires*, plus rares, ont surtout été étudiés à l'occasion des transformations des tumeurs érectiles.

Kystes dermoïdes. — Les kystes *dermoïdes* sont constitués par des poches dont la surface interne présente une organisation qui se rapproche beaucoup de celle de la peau; ils renferment de l'épiderme, du derme, des glandes sébacées et sudoripares, de la graisse, des poils, quelquefois des os et des dents. Le siége de prédilection de ces kystes est la tête et surtout le crâne; mais ils se développent dans bien d'autres régions du corps. M. Cruveilhier, dans son *Anatomie pathologique*, a consacré à leur description un article important. Dans les *Mémoires de la Société de biologie*, M. Lebert a publié sous ce titre : *Des kystes dermoïdes et de l'hétérotopie plastique en général*, un travail dans lequel se trouvent réunies les indications les plus complètes sur ce sujet. Le mémoire de M. Verneuil *sur l'inclusion scrotale et testiculaire* (1855), la thèse de M. Derocque *sur les kystes pileux de l'ovaire* (1858), renferment également des détails intéressants.

Quelle est l'origine de ces sortes de kystes? Trois hypothèses sont seules discutables : elles se rapportent à l'idée d'une *inclusion*, d'une *grossesse extra-utérine*, ou de *formations spontanées* que M. Lebert désigne sous le nom d'*hétérotopie plastique*.

On a observé quelquefois l'inclusion scrotale, comme dans les cas de M. Velpeau (1841), de M. Verneuil (1855), etc. mais ce sont là des faits exceptionnels.

La grossesse extra-utérine ne pourrait rendre compte que des kystes placés dans la sphère d'action de l'ovaire ; mais cette théorie ne pourrait s'appliquer aux kystes sous-cutanés, à ceux qui sont contenus dans la poitrine, l'épiploon, le mésentère. Ajoutons que, dans les grossesses extra-utérines, les produits de conception sont entourés de membranes que l'on ne retrouve pas dans les kystes dermoïdes.

En voyant l'insuffisance des deux théories précédentes, on a été conduit à admettre que certains tissus pouvaient se former spontanément, en vertu de lois inconnues, dans des régions du corps où on ne les rencontre pas à l'état normal. Cette théorie de l'*hétérotopie plastique* est due à M. Lebert.

Indiquons enfin que l'on a cru pouvoir expliquer l'origine des dents que l'on trouve dans quelques kystes placés au voisinage des mâchoires, en admettant qu'ils provenaient de follicules dentaires anomalement situés.

Aucune de ces hypothèses n'est applicable à tous les cas de kystes dermoïdes, et c'est un travail encore à faire que celui qui consisterait à préciser les diverses variétés de ces kystes, dont on doit expliquer l'origine par l'une ou l'autre de ces hypothèses.

Kystes à entozoaires. — Le tissu cellulaire et l'intérieur de divers organes sont quelquefois le siége de kystes renfermant des vers vésiculaires aujourd'hui bien déterminés. En France, les recherches de Laënnec (1804), celles de Livois sur les échinocoques (1843), de MM. Robin et Follin, d'Achille Richard, de Dujardin (1843), et surtout celles plus récentes de Davaine (1855 et 1866), ont fourni des documents importants à l'histoire de cette intéressante question. Ce dernier observateur a complété les recherches entreprises avant lui pour déterminer exactement les parties qui composent l'hydatide.

Les plus récentes études sur les kystes hydatiques permettent d'y reconnaître quatre parties essentielles : 1° le kyste adventif; 2° la membrane acéphalocyste; 3° la membrane germinale décrite par Goodsir et par Davaine; 4° l'échinocoque. L'échinocoque naît de la membrane germinale par bourgeonnement, et finit par s'en détacher et par tomber vivant dans la cavité de l'hydatide.

Nous ne pouvons nous dispenser de rappeler ici les travaux si importants de Van Beneden, qui, par des expériences multiples, a prouvé sans réplique la transformation des espèces d'entozoaires l'une dans l'autre, à la suite de leur migration dans nos tissus.

Ces tumeurs, qui peuvent se rencontrer dans les différentes régions du corps, mais plus particulièrement dans le foie, peuvent se rompre et communiquer avec les organes voisins. La thèse de M. Dolbeau (1856), celle de G. Cadet de Gassicourt (1856), renferment d'utiles documents relativement à plusieurs points de l'histoire des kystes hydatiques du foie.

M. Piorry d'abord, puis M. Tarral, ont les premiers signalé un bruit particulier, que l'on connaît sous le nom de *frémissement hydatique*, et qui se produit lorsqu'on vient à presser la tumeur. Ce signe important fait malheureusement défaut dans un grand nombre de cas. On a voulu expliquer la production de ce bruit particulier en admettant la présence de plusieurs hydatides secondaires dans une hydatide mère; mais cette explication ne s'accorde pas avec de récentes expériences de M. Davaine (*Société de biologie*, 1859). Ce médecin a fait voir que le frémissement hydatique peut très-bien être perçu lorsque l'on presse une poche membraneuse très-mince, distendue par un liquide, et que son intensité augmente avec la densité du liquide.

Ces recherches expérimentales confirmeraient l'opinion de quelques observateurs, qui ont avancé que l'on pouvait percevoir ce phénomène dans des tumeurs liquides, à parois minces, autres que les kystes hydatiques.

Le traitement de ces tumeurs a donné lieu aux tentatives les plus nombreuses; mais ce n'est pas ici le lieu de nous occuper de cette intéressante partie de la question.

Tumeurs fibreuses. — L'histoire dogmatique des tumeurs fibreuses, en général, est tracée d'une façon très-satisfaisante dans les traités d'anatomie pathologique de MM. Cruveilhier et Lebert; mais, dès à présent, nous devons rappeler qu'au commencement de ce siècle les travaux de Bayle et de Dupuytren donnèrent à l'étude de ces productions accidentelles une vive impulsion. Depuis cette époque, des travaux nombreux, mais se rattachant à l'étude de ces tumeurs, dans quelque région en particulier, ont été publiés; nous les signalerons plus tard.

Ces tumeurs, qui ont pour élément anatomique la fibre que l'on rencontre dans le tissu fibreux normal, peuvent être observées dans toutes les parties du corps humain. En étudiant la chirurgie des régions, nous aurons à les signaler dans presque tous les tissus et presque tous les organes. Nous devons dire, dès à présent, que dans la texture des tumeurs fibreuses de la matrice, les fibres-cellules musculaires entrent pour une part notable, ainsi que M. Lebert, le premier, l'a démontré en France (*Société de biologie*, 1852), ainsi que l'ont confirmé les recherches de M. Robin (1854, *Thèse de M. Ferrier*).

Nous devons encore citer un mémoire sur les fibrômes, lu par M. Verneuil à la Société de biologie (1855). Dans ce travail, l'auteur s'est efforcé d'établir les relations intimes qui existent entre toutes les productions constituées par l'élément conjonctif à ses diverses phases.

Ces lésions sont généralement considérées comme essentiellement locales, et la récidive sur place semblait loin d'être appuyée sur des preuves solides, lorsque M. Broca (*Société de chirurgie*, 1855) a appelé l'attention des chirurgiens français sur ce point spécial de l'histoire des fibrômes. Ainsi que le fait remarquer cet auteur, l'opinion de la bénignité des fibrômes est surtout fondée sur les résultats fournis par l'étude des tumeurs fibreuses de l'utérus (tumeurs hystéroïdes de Broca); mais celles-ci, nous venons de le dire, forment un groupe à part, puisqu'elles sont constituées en grande partie par des fibres-cellules.

A côté de ces tumeurs, il reste une catégorie de fibrômes qui présente des caractères de bénignité relative très-prononcés, mais dans laquelle, cependant, les exceptions de malignité ne sont pas excessivement rares.

M. Broca, après avoir fait remarquer qu'abstraction faite des tumeurs fibreuses de l'utérus, le fibrôme est généralement unique, rappela certains faits de fibrômes multiples, entre autres celui de M. Houel (*Mémoires de la Société de chirurgie*, 1853). Il s'agissait d'un cas de névrômes multiples, et toutes les tumeurs, étudiées avec le plus grand soin, furent trouvées exclusivement composées par du tissu fibreux. Dans un autre cas de Smith, plus de douze cents névrômes, purement fibreux, se trouvaient réunis sur la même personne. Déjà, dans ces faits, on peut voir une diathèse, limitée, il est vrai, à un tissu ou à un système anatomique; mais il existe des faits, comme celui de M. Azam (de Bordeaux) (*Société de biologie*), dans lesquels les fibrômes multiples occupent des organes très-divers (les mamelles, les ovaires, l'utérus); alors on est bien obligé de reconnaître l'existence d'une diathèse plus générale.

Des observations de Lawrence, de Paget, de M. Broca, ont démontré la possibilité de la récidive sur place; mais, bien plus, une observation de Paget a mis hors de doute la généralisation possible de ces sortes de tumeurs. Il s'agissait d'une femme de quarante-sept ans, à laquelle M. Paget enleva une tumeur purement fibreuse de la mamelle; au bout de trois mois, la récidive sur place se montra, la nouvelle tumeur s'ulcéra, et la malade mourut deux mois après. A l'autopsie, on trouva dans les deux poumons une *trentaine* de tumeurs, *complétement fibreuses*, comme la tumeur primitive.

Il est bien certain que, dans la plupart des cas, lorsqu'il s'agira d'un fibrôme, on n'aura à redouter ni récidive ni infection générale, mais on n'en peut dire davantage, attendu que cette récidive et cette infection sont dans l'ordre des choses possibles.

Tumeurs hypertrophiques. — L'hypertrophie d'un tissu, d'un organe, consiste dans le développement, au delà des limites normales, des éléments anatomiques de ce tissu ou de cet organe.

M. Lebert a rapporté à quatre groupes les types des tumeurs qui peuvent être formées par une hypertrophie :

1° Hypertrophies locales des tissus homologues (épiderme, etc.) ;

2° Hypertrophie des tissus composés, des papilles de la peau et des membranes muqueuses ;

3° Hypertrophie atteignant tout un organe, comme l'utérus ;

4° Hypertrophies glandulaires (adénômes). C'est là le groupe le plus important, et nous allons entrer dans quelques détails relativement à l'histoire toute récente des adénômes.

Les *adénômes* sont des productions accidentelles homœomorphes et homologues, dont les éléments autogènes ou essentiels sont des tubes ou des culs-de-sac glandulaires. (BROCA.)

Confondus autrefois avec les tumeurs malignes, ils n'en ont été séparés qu'à notre époque. A. Cooper, en Angleterre, est le premier chirurgien qui ait (1825) décrit à part l'une de ces hypertrophies glandulaires les plus communes, celle qui a son siége dans la glande mammaire. Il désigna sous le nom de *tumeur mammaire chronique* une affection bénigne, observée principalement chez les femmes de dix-sept à trente ans. Il constata que cette tumeur naissait du tissu glandulaire, lui était unie par un prolongement et était composée de petits lobes semblables à ceux de la mamelle.

En France, les travaux de M. Velpeau sur les *tumeurs fibri-*

neuses de la mamelle, ceux de M. Cruveilhier sur les *corps fibreux* du même organe, démontrèrent aux chirurgiens que dans le groupe des tumeurs de la mamelle il en était d'essentiellement bénignes; mais ces observateurs, qui étudièrent avec une grande perfection le côté clinique de la question, ne déterminèrent pas exactement la nature de ces productions accidentelles. M. Velpeau admettait que ces tumeurs étaient dues à l'organisation du sang ou de toute autre espèce de matière épanchée dans la mamelle; M. Cruveilhier les regardait comme composées essentiellement de tissu fibreux.

En 1845, M. Lebert publia ses premières recherches sur ces sortes de tumeurs de la mamelle, les considéra comme des hyper-. trophies, et donna, à l'aide du microscope, la démonstration rigou-reuse de ce fait, qui avait été entrevu par A. Cooper. Il montra qu'il existait plusieurs variétés d'adénômes du sein, et que toutes se rapportaient aux diverses tumeurs décrites par A. Cooper sous le nom de *tumeurs mammaires chroniques*, de *tumeurs fibrineuses* par M. Velpeau, de *corps fibreux de la mamelle* par M. Cruveilhier.

A la suite des premiers travaux de M. Lebert, lorsqu'il fut re-connu que ces tumeurs renfermaient partout des culs-de-sac glan-dulaires, M. Velpeau cessa de leur donner le nom de *fibrineuses;* mais il continua à les considérer comme indépendantes de la glande, et dues à une exsudation plastique qui, en s'organisant, revêtait les caractères de la glande adjacente, et il les appela *tu-meurs adénoïdes*. Il est juste de dire que l'examen du plus grand nombre des pièces anatomiques est favorable à l'opinion soutenue par l'école micrographique, qui admet dans ce cas l'hypertrophie d'une portion des éléments normaux de la glande mammaire.

Nous avons insisté un peu sur l'historique des adénômes mam-maires, parce que seuls ils ont donné lieu à des discussions, et parce qu'ils ont été connus les premiers. Depuis cette époque, des productions analogues siégeant dans la plupart des autres glandes furent décrites. Celles de la parotide, de la prostate, des glandes labiales, de la glande lacrymale, des glandes du voile du palais, de la glande thyroïde, des amygdales, etc. furent successivement étudiées. En France, M. Robin a pris la plus large part à la découverte des cas particuliers de l'adénôme, et le premier (1852) il a eu le mérite de publier un travail dans lequel cette question était embrassée dans tout son ensemble.

Tumeurs hétéradéniques. — C'est encore à M. Robin (*Gazette hebdomadaire*, 1856) que l'on doit la découverte des singulières productions morbides qu'il a désignées sous le nom de *tumeurs hétéradéniques.* Souvent développées dans des régions dépourvues de glandes, elles offrent cependant les caractères des parenchymes glandulaires. MM. Laboulbène, Lorain, Marcé, ont contribué avec M. Robin à tracer l'histoire de ces pseudo-plasmes.

Tumeurs graisseuses, lipômes. — On donne le nom de *lipômes* à des tumeurs formées par le développement anomal et circonscrit du tissu adipeux.

Ces tumeurs, aujourd'hui bien délimitées anatomiquement, doivent être nettement séparées des kystes dermoïdes et de ces productions désignées autrefois sous le nom de *loupes*, de *mélicéris*, de *stéatômes, etc.* M. Verneuil, dans un travail publié en 1854 (*Note sur la structure intime du lipôme. — Société de biologie*), s'est efforcé d'élucider plusieurs points intéressants de la structure de ces tumeurs. Il a nettement constaté que les vésicules adipeuses de ces tumeurs étaient plus volumineuses que les vésicules adipeuses de la graisse normale.

En 1834, M. Pautrier a publié sur ce sujet une monographie importante, utile encore à consulter aujourd'hui, et, en 1849, M. Hébert dans sa thèse a appelé particulièrement l'attention sur l'inflammation qui peut envahir les tumeurs graisseuses.

Ces productions accidentelles siégent de préférence dans les régions du corps abondamment pourvues de graisse, telles que le tronc, les fesses, etc.; mais on les rencontre dans bien d'autres régions, et on les a vues prendre naissance dans l'épaisseur des os. MM. Nélaton et Jobert (de Lamballe) ont observé des faits de ce genre.

Généralement, le lipôme est unique; cependant on observe quelquefois sur le même sujet un très-grand nombre de tumeurs graisseuses. Aux faits rapportés par S. Cooper, Marjolin, Alibert, Pautrier, l'on peut ajouter le fait relaté à la Société de chirurgie par M. Broca, en 1862; il y avait sur le malade, sujet de l'observation, deux mille quatre-vingts lipômes externes. Dans ce cas, il semble exister une véritable *diathèse lipomateuse*.

Tumeurs
érectiles.

Tumeurs érectiles, angionômes. — Le nom de *tumeurs érectiles*, créé par Dupuytren et généralement adopté aujourd'hui, sert à désigner un groupe de tumeurs dans lesquelles « la dilatation vasculaire, qui est le phénomène initial de leur développement, est bientôt suivie de la production accidentelle de vaisseaux qui ne sont pas, comme ceux des autres néoplasmes, destinés à la nutrition des éléments pathologiques, mais qui sont eux-mêmes les éléments de la tumeur, et qui revêtent souvent la forme toute spéciale de *granulations vasculaires*. (BROCA, *Traité des tumeurs*, t. II, p. 160.)

Dupuytren, qui avait choisi la dénomination de *tumeurs érectiles*, croyait que le tissu de ces tumeurs était toujours aréolaire et semblable au tissu des corps caverneux. Bien que M. Ch. Robin (1854) ait démontré l'existence de lacunes (tissu aréolaire de Dupuytren) dans les tissus érectiles, on peut dire, avec Luigi Porta (*Dell' angestaria*, Milano, 1861), que dans la plupart des cas, au début du moins, sinon pendant toute la durée du mal, on ne trouve dans les tumeurs érectiles que des lacis de vaisseaux, sans aucune trace de tissu spongieux.

En 1861, M. Porta a découvert et le premier décrit les granulations vasculaires qui entrent pour une partie importante dans la constitution du tissu des tumeurs érectiles. L'existence de ces granulations vasculaires a été confirmée chez nous par les recherches de MM. Broca et Follin.

Dupuytren, Delpech, Lobstein, Roux, Cruveilhier, Breschet, Lallemand (de Montpellier), Tarral et Bérard, Costilhes, ont publié des travaux importants sur cette question; mais presque tous se sont principalement préoccupés de la thérapeutique de ces tumeurs.

M. Laboulbène, en 1854, dans sa thèse inaugurale, aborda plusieurs points de l'histoire anatomo-pathologique de ces productions accidentelles, et il contribua avec deux chirurgiens anglais, MM. Holmes Coote et Bickersteth, à attirer l'attention sur une modification intéressante des tumeurs érectiles, la production à leur intérieur de kystes séreux; mais tandis que les auteurs anglais pensent que ces kystes ont pour origine certaines portions limitées des vaisseaux qui se sont séparées graduellement du courant circulatoire, M. Laboulbène n'a pas cru devoir rattacher leur production au système circulatoire, et il pense qu'ils résultent de la dilatation du tissu cellulaire.

Nous devons ajouter que les faits cités par les auteurs anglais et l'interprétation qu'ils en ont donnée, viendraient à l'appui d'une théorie depuis longtemps formulée par M. Cruveilhier, théorie dans laquelle on suppose que des oblitérations partielles dans le système vasculaire peuvent donner naissance à des kystes.

Tumeurs cartilagineuses. — Les tumeurs cartilagineuses ont long-temps été confondues avec le cancer et d'autres produits morbides. Muller, en Allemagne, en 1838, a publié un remarquable travail sur ce sujet, et sans nul doute c'est à partir de ce moment que l'attention des chirurgiens a été particulièrement éveillée sur ce point, et qu'une grande impulsion a été donnée à l'étude de ces productions morbides; cependant, dès 1828, M. Cruveilhier avait déjà distingué les tumeurs cartilagineuses, qu'il désignait sous le nom d'*ostéochondrophytes.*

Les enchondrômes des os seuls furent d'abord connus; mais aujourd'hui ceux des parties molles ont été bien étudiés. La parotide, la glande sous-maxillaire, la mamelle, le testicule, les poumons, mais surtout le testicule et la parotide, sont de préférence le siége de ces tumeurs.

Ces productions accidentelles sont généralement considérées comme une affection locale qui n'a pas de tendance à récidiver; cependant les cas de généralisation de l'enchondrôme sont aujourd'hui assez nombreux. Parmi ceux-ci, quelques-uns très-remarquables sont dus à Paget et à M. Richet. Dans un des faits de Paget et dans celui de M. Richet (*Bulletins de la Société de chirurgie*, 1855), les poumons des malades étaient remplis de tumeurs cartilagineuses; chez le premier, le testicule avait été enlevé, et chez le second, l'omoplate reséquée partiellement.

Ainsi, il est bien établi que les enchondrômes n'échappent pas aux lois qui régissent les pseudo-plasmes infectants; mais ces faits sont d'une extrême rareté, comparativement à ce qui se passe dans l'évolution du cancer.

En France, les travaux de M. Nélaton (*Bulletins de l'Académie de médecine*, 1855), de MM. Lebert (1855) et Cruveilhier (1856), de M. Dolbeau, qui a publié sur ce sujet plusieurs monographies importantes (enchondrômes de la parotide, 1858; des doigts et des métacarpiens, 1858; des mâchoires, 1859; du bassin, 1860), ont surtout servi à élucider cette question. Nous devons mentionner également les thèses de M. Olivier Fayau (1856) et de M. Émilien Favenc (1857); celle de M. Fayau a servi à nous faire connaître le travail de Muller, et contient en outre de nombreux et utiles documents bibliographiques.

Tumeurs osseuses, ostéômes. (BROCA.) — Les tumeurs qui ont pour siége le tissu osseux sont nombreuses et appartiennent aux espèces les plus diverses; mais nous ne voulons signaler ici que les tumeurs caractérisées par la présence des corpuscules et des canalicules qu'on rencontre dans l'os normal, productions bien différentes de celles qui, composées de granulations calcaires, ont été désignées sous le nom d'*ostéoïdes*. Ces pseudo-plasmes peuvent se développer dans les os mêmes ou en dehors des os; ainsi l'on a pu observer l'ossification de certaines tumeurs fibreuses de quelques fausses membranes anciennes.

Nous aurons occasion, en nous occupant des maladies des os, de parler des exostoses, et nous indiquerons ce que présente, dans quelques régions en particulier, l'évolution de ces productions morbides.

Tumeurs mélaniques, mélanômes. — Le développement exagéré de la matière pigmentaire normale peut donner lieu à la formation de tumeurs que l'on a désignées sous le nom de *tumeurs mélaniques;* mais nous devons dire que la mélanose est le plus souvent mélangée au cancer, et que la mélanose vraie est très-rare chez l'homme (chez celui-ci, la matière colorante se développe presque toujours dans une trame cancéreuse), tandis qu'elle est très-commune chez les chevaux à peau blanche. Quelques exemples de cette affection ont été cependant publiés, et dans les *Bulletins de la Société anatomique* (1858), l'on trouve une observation fort complète se rapportant à un malade opéré par M. Voillemier. Dans le même recueil a été insérée, en 1866, une observation de M. Peulevé, sur laquelle M. Cornil a fait un fort intéressant rapport.

Tumeurs épithéliales. — Depuis longtemps les chirurgiens avaient remarqué que certaines tumeurs réputées cancéreuses, ayant pour siége principal la peau du visage, ne présentaient pas la même marche, et offraient un degré de gravité moindre que les cancers proprement dits.

Ledran, un des premiers, avait été bien frappé de cette différence, et, dans un mémoire important (*Mémoires de l'Académie de chirurgie,* 1757), il reconnaissait que le cancer du visage était bien souvent susceptible d'une guérison radicale, lorsqu'il avait été largement opéré.

Laennec, dans sa classification des cancers, tenta de rattacher ceux des téguments au squirrhe et à l'encéphaloïde.

Dans le *Dictionnaire des sciences médicales* (t. III, page 561), Bayle et Cayol arrivèrent à conclure que les *noli me tangere* devaient être rattachés au cancer, mais qu'ils formaient un groupe bien distinct, au milieu des maladies de même nature.

Tous les chirurgiens étaient pénétrés de cette vérité, lorsqu'un élément nouveau, l'étude à l'aide du microscope, vint éclairer cette question d'un jour tout nouveau.

C'est à M. Lebert que revient l'honneur d'avoir décrit le premier avec exactitude la structure des tumeurs épithéliales. Sans nul doute, M. Lebert (1846) a exagéré la bénignité de ces tumeurs, puisque, en effet, non-seulement elles récidivent sur place, mais se propagent aux ganglions et sont aussi susceptibles de généralisation.

« Ces tumeurs sont formées par un dépôt successif de cellules qui ont avec les cellules de l'épithélium pavimenteux une très-grande analogie. Ces corpuscules infiltrent progressivement les tissus normaux, se substituent peu à peu à eux, gagnent les ganglions voisins et entraînent la mort le plus souvent par cachexie et quelquefois par diffusion des éléments morbides dans les viscères. » (FOLLIN, *Traité de pathologie externe*, t. Ier, 1861.)

Le mot *cancroïde*, déjà employé par Peyrhille au siècle dernier, fut adopté par M. Lebert pour caractériser cette production morbide à laquelle Hannover donna le nom d'*épithéliona* (1852).

Bientôt après la publication de M. Lebert, M. Isaac Mayor fit paraître sa thèse inaugurale (1846), où il tenta d'établir que le cancer de la peau revêt une forme spéciale, celle des cellules épidermiques.

M. Lebert, dans sa *Physiologie pathologique* (1846), voulut séparer complétement les tumeurs épidermiques des autres productions cancéreuses; d'après lui, les différences anatomo-pathologiques capitales existaient entre ces deux ordres de produits morbides et rendaient compte des différences cliniques qui depuis longtemps avaient frappé les praticiens. Depuis cette époque jusqu'en 1857, dans quatre publications successives, M. Lebert a fait connaître le résultat de ses recherches sur le cancroïde et a persisté à le regarder comme distinct du cancer, tout en modifiant la gravité relative de son pronostic. Dans son premier travail il avait admis que la récidive ne pouvait s'opérer que sur place, mais il vit bientôt qu'elle pouvait également se montrer dans les ganglions voisins.

Ces idées trouvèrent parmi les chirurgiens français un certain nombre de partisans; cependant quelques cliniciens, tout en reconnaissant qu'il existait certaines différences entre le cancroïde et le cancer, ne voulurent pas séparer aussi nettement ces affections.

Parmi ces derniers se place Michon, qui, en 1848, dans une thèse de concours pour le professorat, soutint, à l'aide des données cliniques, que les cancroïdes devaient être rangés dans la catégorie des cancers.

De son côté M. Velpeau, dès le début des recherches micrographiques, s'éleva avec force contre ceux qui voulaient voir dans le cancroïde une affection bénigne; dès 1846 il admettait que le cancroïde pouvait repulluler comme les autres tumeurs cancéreuses, avec un moindre degré de fréquence, il est vrai. Lors de la discussion sur le cancer en 1854 (*Académie de médecine*), l'opinion de ce professeur fut partagée par MM. J. Cloquet, Barth, etc.; et quelques micrographes, MM. Bruch et Vogel en Allemagne, M. Mandl en France, n'hésitèrent pas à ranger les cancroïdes dans la classe des cancers.

A cette même époque, Virchow adressa à M. Velpeau trois faits de généralisation de tumeurs épithéliales, et ce chirurgien put en outre citer un cas qu'il avait observé lui-même en 1849, deux autres appartenant à Paget, un à Rokitansky. Depuis ce moment d'autres cas de généralisation ont été publiés par MM. Ollier, Topinard, etc.

Paget, en 1853, dans son ouvrage publié sur les tumeurs, reconnaît entre le cancroïde et le cancer une différence de degré et de malignité, mais non de nature.

La vérité est que si, dans cette affection, on peut observer certaines variétés qui, tantôt par leur marche, tantôt par quelques symptômes spéciaux, se rapprochent du cancer, il existe entre ces deux maladies des différences capitales acceptées aujourd'hui par tous les cliniciens, non moins que par tous les anatomistes.

Des travaux qui ont jeté une vive lumière sur plusieurs points particuliers de l'histoire du cancroïde, ont été publiés dans notre pays ; parmi eux, les plus importants sont les recherches de M. Ch. Robin sur les hypertrophies glandulaires, les articles de M. Verneuil sur les hypertrophies des glandes sudoripares. La thèse de M. Dupuy, en 1855, celle surtout soutenue par M. Heurtaux (de Nantes), en 1860, les articles de critique publiés par M. Follin dans les *Archives* (1854), ont permis d'apporter de nouveaux développements dans la description de cette maladie. Le mémoire de M. Broca sur l'anatomie pathologique du cancer (*Académie de médecine*, 1850) renferme aussi des données importantes sur ce point de pathologie. Nous devons enfin citer le mémoire de M. Cornil sur les tumeurs épithéliales du col de l'utérus (*Journal d'anatomie*, 1864) et le travail de M. Bouisson (de Montpellier) sur le cancer buccal chez les fumeurs (*Tribut à la chirurgie*, 1861).

Tumeurs fibro-plastiques. — A côté des tumeurs épithéliales viennent se ranger une autre espèce de tumeurs, dont la place exacte, dans une classification, est bien difficile à déterminer. Les tumeurs *fibro-plastiques*, formées par des éléments analogues à certains de ceux que l'on rencontre en grande abondance dans les tissus de l'embryon, par les corps fibro-plastiques, présentent un aspect fort différent suivant la quantité plus ou moins grande de matière amorphe interposée aux éléments principaux. Lorsque la matière amorphe est très-abondante, ces tumeurs présentent un aspect gélatineux, et on les a désignées alors sous les noms de *colloïde*, de *myxôme :* ce sont là simplement des variétés d'une même espèce, et non des espèces différentes.

Trois variétés d'éléments microscopiques peuvent se rencontrer dans ces tumeurs : 1° les *noyaux fibro-plastiques ;* 2° les *cellules* ou *corps fibro-plastiques fusiformes ;* 3° les *cellules proprement dites.* Ces trois variétés d'éléments anatomiques ne sont pas toujours combinées dans les mêmes proportions. Quelques tumeurs ne renferment presque que des noyaux ; elles constituent les tumeurs *fibro-plastiques nucléaires*, et cette forme correspond en clinique à la marche rapide et à la récidive fréquente. Dans les tumeurs formées par les corps fusiformes, les vaisseaux sont moins nombreux et le tissu fibreux domine. Quant à celles dans lesquelles entrent plus particulièrement les cellules fibro-plastiques, elles ressemblent beaucoup aux précédentes.

C'est à M. Lebert que l'on doit la première description des tumeurs fibro-plastiques (1844). Cet auteur fit tous ses efforts pour détacher de la classe des cancers cette nouvelle espèce de tumeurs, et les considéra comme étant relativement très-bénignes et comme n'ayant aucune tendance à se généraliser dans l'économie. En clinique, bien que l'on observe, dans un certain nombre de cas, une tendance moins grande à la récidive, l'on est bien obligé de reconnaître à ces productions accidentelles quelques-uns des caractères ordinairement attribués aux tumeurs cancéreuses. Cependant, ainsi que le fait remarquer M. Broca, dans ces cas on ne constate pas les signes généraux du cancer.

Il est certain que les micrographes, séduits par la théorie, ont voulu accorder à ces tumeurs une bénignité beaucoup trop grande, et M. Velpeau, en se plaçant au point de vue exclusif de la marche de la maladie, est venu jouer le rôle de modérateur, et montrer combien l'on était loin de la vérité en les considérant comme des affections essentiellement locales.

En effet, la récidive sur place de ces tumeurs est très-fréquente, et leur généralisation même s'observe assez souvent. Dès 1849, M. Émile Godard publia, dans les *Bulletins de la Société anatomique*, un cas remarquable de généralisation de tumeur fibro-plastique. Depuis cette époque, les faits cités par M. Woillez (*Archives*, 1852), ceux que MM. Hippolyte Larrey et Chassaignac, etc. ont fait connaître à la Société de chirurgie, permettent d'admettre que la généralisation de ces productions accidentelles est loin d'être rare.

Les tumeurs constituées par les éléments embryo-plastiques et fibro-plastiques sont si loin d'être bénignes, que la majorité des tumeurs mélaniques de l'homme doivent être rangées dans cette classe. C'est un fait que Virchow a bien démontré et que M. Cornil a appuyé, en rapportant plusieurs faits confirmatifs, dans un rapport lu à la Société anatomique en 1866. Or on sait que, de toutes les néoplasies, les mélanômes doivent être classés parmi celles qui présentent incontestablement la plus grande tendance à envahir les tissus où ils se sont développés primitivement, et à se généraliser à tous les tissus et à tous les organes de l'économie.

Tumeurs
à
médullocèles
et à
myéloplaxes.

Tumeurs à médullocèles, tumeurs à myéloplaxes. — A côté des tumeurs fibro-plastiques et embryo-plastiques viennent se ranger celles qui renferment, comme éléments prédominants, les éléments du tissu médullaire : les *médullocèles* et les *myéloplaxes.*

Les tumeurs décrites par M. Ch. Robin sous le nom de *tumeurs à médullocèles et à myéloplaxes* (1849) sont constituées par un tissu qui a cela de commun avec celui des tumeurs fibro-plastiques, de renfermer des éléments placés les uns près des autres, unis généralement en faisceaux par une masse amorphe ou fibrillaire, parcourue par des vaisseaux à parois minces. Ce qui les distingue du carcinôme, c'est de n'avoir pas une trame aréolaire, ni d'éléments libres pouvant s'échapper sur une surface de section sous forme d'un suc lactescent. Si dans certains cas ces tumeurs peuvent offrir un suc trouble, cela provient d'un ramollissement de la substance intercel-

lulaire, ramollissement que produisent presque toujours la putréfaction et les modifications cadavériques.

Les tumeurs à fibro-plastiques et à myéloplaxes ont ceci de
commun, que ces dernières renferment toujours des éléments fusiformes, et que les premières contiennent très-souvent des cellules
mères volumineuses, qu'il est impossible de distinguer des éléments
appelés myéloplaxes.

Entre les tumeurs embryo-plastiques et les tumeurs à médullocèles, la différence est encore moins tranchée. Ces tumeurs présentent souvent, dans leur masse, des aiguilles calcifiées, ou quelquefois formées par de véritables ostéoplastes, et leur point de
départ le plus habituel est le tissu médullaire ou le périoste. Quelquefois elles renferment des parties enchondromateuses.

Les caractères communs qu'offrent ces diverses tumeurs et que
nous venons d'indiquer brièvement, surtout le caractère de leur
tissu, les ont fait ranger dans une seule classe par les anatomo-pathologistes allemands, sous le nom de *sarcôme*. Ils en admettent
alors deux variétés principales : *A*, les sarcômes à petites cellules
rondes (tumeurs embryo-plastiques et tumeurs à médullocèles), et
B, le sarcôme à cellules fusiformes et à grandes cellules (tumeurs
fibro-plastiques et tumeurs à myéloplaxes).

Cependant, si l'on veut tenir compte des résultats fournis par
l'observation clinique, on reconnaît bientôt que de grandes différences existent, au point de vue de la gravité relative, entre les tumeurs à médullocèles et les tumeurs à myéloplaxes. Les premières
égalent en gravité les tumeurs fibro-plastiques, elles récidivent sur
place et se généralisent. Quant aux secondes, elles sont relativement très-inoffensives; dans la plupart des cas, elles restent locales.
Wilks a fait cependant connaître une observation de récidive à distance, et un fait de généralisation a été recueilli à Lyon. Mais dans
la très-grande majorité des cas, l'opération amène une guérison
radicale, et M. Eugène Nélaton, qui a publié sur ce sujet un travail
remarquable (*Thèse* de Paris, 1860), après cinq ans d'observation

rigoureuse, a pu affirmer l'absence de récidive chez tous les opérés cités dans son mémoire.

Tumeurs à myélocytes.

Tumeurs à myélocytes. — Les myélocytes sont des éléments anatomiques de la substance grise du système nerveux encéphalo-rachidien, dont l'accroissement numérique exagéré peut donner naissance à des tumeurs que l'on a longtemps considérées comme hétéromorphes, et qui ne sont en réalité dues qu'à une simple hypergénèse d'éléments nerveux normaux.

Ces tumeurs ont été étudiées par M. Robin dans l'encéphale; là on les rencontre surtout au voisinage de la couche corticale.

Dans l'orbite elles se présentent sous la forme de tumeurs molles, grises, rougeâtres, qui n'affectent que la rétine et respectent les autres membranes de l'œil. Jusque dans ces dernières années, elles ont été décrites sous le nom de *cancer de la rétine*. L'ophthalmologie iconographique de M. Sichel en renferme un bel exemple : le diagnostic de cancer des deux rétines avait été indiqué. Les pièces anatomiques furent soumises à l'examen de M. Robin, qui constata qu'il ne s'agissait, dans ce cas, que d'une hypergénèse des éléments normaux de cette membrane.

MM. Schweigger et de Graëff ont publié des faits analogues.

Enfin, en 1854 (*Bulletins de la Société de biologie*, 3ᵉ série, t. V), MM. Rayer et Ball ont présenté à la Société de biologie une tumeur développée chez un enfant nouveau-né, au niveau de la région sacro-périnéale. Cette tumeur a été examinée par M. Robin, elle était constituée uniquement par l'hypergénèse de la substance grise de la moelle.

La même année M. Depaul a publié, dans les *Bulletins* de cette Société, un nouvel exemple de tumeur du périnée due à l'hypergénèse des myélocytes de la moelle épinière.

Tumeurs cancéreuses.

Tumeurs cancéreuses. — Avant l'impulsion donnée à l'anatomie pathologique par les travaux de Laennec, il était impossible de définir le cancer d'une manière satisfaisante, la physionomie clinique de cette maladie étant essentiellement variable.

Laennec, comme nous avons eu déjà l'occasion de le dire, établit sa distinction, encore acceptée aujourd'hui, des tissus qui ont ou qui n'ont pas leurs analogues dans l'économie, et tenta de définir le cancer à l'aide des notions fournies par l'anatomie pathologique, et le caractérisa par « le développement et l'évolution de deux tissus accidentels sans analogues dans l'économie, le *tissu encéphaloïde* et le *tissu squirrheux.* »

Depuis cette époque les recherches histologiques sont venues nous donner une connaissance plus exacte des tissus qui composent le cancer.

Le cancer proprement dit, ou carcinôme, est caractérisé par des cellules généralement volumineuses, libres les unes par rapport aux autres, polymorphes, sphériques, en raquette, etc. contenues dans des mailles alvéolaires constituées elles-mêmes par du tissu conjonctif servant de soutien à un système vasculaire. Les cellules que leur volume parfois considérable, que leurs noyaux et leurs nucléocles, également volumineux, avaient fait d'abord regarder par M. Lebert comme sans analogues et *tout à fait spécifiques*, sont maintenant reconnues par presque tous les histologistes comme pouvant se présenter à l'état physiologique sur certaines muqueuses. MM. Lebert, Broca et Follin sont aujourd'hui à peu près les seuls anatomo-pathologistes qui soutiennent la *spécificité de la cellule cancéreuse.*

Dans le cancer, ce sont ces cellules qui constituent le *suc* dit *cancéreux*, qu'on obtient en raclant la surface de section de la tumeur. Nous avons déjà eu l'occasion de dire que ce suc fut découvert par M. Cruveilhier en 1826. Incontestablement, cette découverte accomplit un véritable progrès; mais aujourd'hui beaucoup de micrographes sont d'accord pour reconnaître que la présence de ce suc et même son examen microscopique sont insuffisants pour spécifier la nature de la tumeur. Il faut encore étudier le tissu nouveau sur des sections minces, et déterminer la relation des cellules avec les cloisons de tissu conjonctif qui constituent la trame de la production morbide. Ainsi le carcinôme est caractérisé essentiellement par deux portions, sa trame fibreuse et ses cellules.

Les variétés du carcinôme sont déterminées par les variations relatives de la trame et des cellules, par les modifications particulières que peuvent subir ces deux parties constituantes de la tumeur. Ainsi, l'épaisseur des cloisons et la petitesse des alvéoles où sont contenues les cellules, caractérisent le carcinôme à trame épaisse, *cancer fibreux* ou *squirrhe*. On aura comme sous-variétés du squirrhe : le *squirrhe commun*, le *squirrhe ossifiant* dans lequel la trame est ossifiée, et le *squirrhe colloïde* par places.

Le cancer médullaire ou *encéphaloïde* est, au contraire, caractérisé par sa mollesse, par sa richesse en suc, c'est-à-dire par la prédominance de ses cellules sur sa trame toujours mince et parfois même réduite aux vaisseaux. Les alvéoles sont plus grandes et la tumeur plus friable. Les sous-variétés du carcinôme médullaire seront : l'*encéphaloïde commun*, le *carcinôme hématode* ou *télangiectode*, dont les vaisseaux présentent des dilatations multiples, le *carcinôme mélanique*, le *chloroma* (tumeur de coloration verte observée dans le cerveau) et l'*encéphaloïde* dont une partie est en transformation *colloïde*.

Enfin, on admet une troisième variété : le *carcinôme colloïde primitif*, dans lequel la tumeur primitive et ses généralisations secondaires revêtent un aspect gélatineux. Cette apparence colloïde est due à une modification des cellules de la tumeur qui se distendent, deviennent sphériques ou vésiculeuses en se remplissant d'une substance gélatineuse. La trame de la tumeur subit une altération analogue. Cette division a été acceptée par M. V. Cornil, dans son mémoire couronné par l'Académie de médecine (*Mémoires de l'Académie*, 1866).

Parmi les travaux les plus importants publiés en France sur les affections cancéreuses, nous devons citer ceux de MM. Velpeau (*Revue médicale*, 1825), le très-important mémoire de M. Broca à l'Académie de médecine (1849), l'ouvrage de M. Lebert (*Traité pratique des maladies cancéreuses, etc.* 1851); les recherches anatomo-pathologiques de M. Ollier (1856), diverses publications de M. Ch. Robin, le mémoire de M. Luys, celui de M. Cornil, les articles de M. Follin, etc. En 1854, a eu lieu à l'Académie de médecine une discussion sur le cancer, restée depuis lors célèbre. A l'étranger, Walshe, Bennett, Lawrence, Virchow, Frerichs, Gerlach, Wagner, Schroeder van der Kolk, ont jeté une vive lumière sur plusieurs points controversés de l'histoire des tumeurs cancéreuses. Malgré cet ensemble imposant de travaux, bien des points sont encore le sujet des plus vifs dissentiments entre les anatomo-pathologistes actuels.

Nous avons déjà eu l'occasion, à propos de l'étude générale des tumeurs, de parler des diverses théories qui sont en présence, pour expliquer aux dépens de quels éléments prennent naissance les tumeurs cancéreuses; nous n'avons pas à y revenir.

Dans son mémoire de 1849, M. Broca a bien indiqué l'*évolulution du cancer* : c'est dans son travail que la physiologie pathologique du cancer a été faite pour la première fois d'une manière complète. Ce chirurgien a étudié avec le plus grand soin les phénomènes qui accompagnent l'*ulcération* des tumeurs cancéreuses et leur propagation aux divers systèmes de l'économie.

Leur propagation *aux artères* présente deux degrés. Il faut d'abord que le vaisseau soit entouré de toutes parts par la masse morbide, sans quoi il fuirait devant elle. Dans le premier degré, la tunique celluleuse est envahie et fait corps avec la tumeur; dans le second, la membrane moyenne est envahie à son tour; puis à un moment la résistance du vaisseau devient inférieure à la force qui pousse le sang : la paroi cède, et dans la tumeur, si elle n'est pas ulcérée, prennent naissance des cavités sanguines plus ou moins nombreuses, dans lesquelles se fait une sorte de circulation, pou vant donner naissance pendant la vie à des pulsations, à un bruit de souffle, etc. Cet état, que l'on a désigné sous le nom d'*hématode*, n'est pas propre au cancer; on peut le rencontrer dans des tumeurs fibro-plastiques, dans les enchondrômes; mais le plus souvent on l'observe dans les cas de cancer ou de tumeur fibro-plastique des os. Ce sont les faits de ce genre qui ont été décrits à tort sous le nom de *tumeurs érectiles des os, d'anévrismes des os.*

. Si la tumeur est ulcérée, et que l'artère dont la paroi se rompt soit située superficiellement, une hémorragie très-grave peut être le résultat immédiat de cette rupture.

Si c'est *une veine*, au contraire, qui est en rapport avec la tumeur, lorsque la paroi veineuse aura été détruite, au lieu que le sang fasse irruption dans la masse morbide, ce sera la tumeur qui envahira la cavité de la veine, si celle-ci est un peu volumineuse. Quant aux petites veines, elles sont souvent oblitérées avant d'être détruites.

C'est Pierre Bérard qui a découvert le phénomène de l'introduction du cancer dans les veines. Il pensa dès lors que les injections veineuses ne pouvaient pénétrer dans l'encéphaloïde, et, s'appuyant sur ce fait, M. Schroeder van der Kolk avait voulu édifier une théorie nouvelle de la circulation dans les tumeurs cancéreuses; mais, par des expériences multipliées, M. Broca a fait voir que, lorsqu'elles étaient faites avec un soin suffisant, les injections veineuses pénétraient toujours jusqu'au centre des encéphaloïdes les plus mous, et les recherches analogues de MM. Lebert, Follin, Ch. Robin, sont venues confirmer l'assertion de M. Broca.

D'après M. Broca, voici quelle succession de phénomènes l'on observe dans le cas d'envahissement des veines par le cancer. La veine devient d'abord adhérente à la tumeur, et, si on la coupe, elle reste béante. Plus tard le mal se propage à la paroi de la veine. La tunique externe est d'abord détruite par substitution; la tunique interne, encore intacte, se laisse distendre par la masse morbide, qui, encore recouverte par cette tunique interne, fait saillie à l'intérieur du vaisseau.

Au second degré, la tunique interne est détruite, et la substance de la tumeur mise en contact direct avec le courant sanguin. De petits caillots se déposent à la surface de cette saillie, et si la veine est peu volumineuse, elle ne tarde pas à s'oblitérer. Si, au contraire, il s'agit d'un vaisseau de fort calibre, la surface de l'ulcération intra-veineuse devient le siége d'une végétation semblable à celle que l'on observe au niveau des cancers ulcérés de la peau; il en résulte une sorte de champignon, qui grandit rapidement et se prolonge quelquefois assez loin dans la cavité de la veine. Ces portions cancéreuses, le plus souvent très-molles, sont quelquefois détachées par le courant sanguin et emportées plus ou moins loin. Telle est pour M. Broca l'origine de ces masses flottantes que l'on a décrites sous le nom de *cancers du sang;* dans tous les cas qu'il a pu analyser, les cancers du sang existaient dans des conditions telles qu'on pouvait attribuer leur formation à une tumeur extra-veineuse et à la pénétration du cancer dans les veines.

On trouve au milieu des tumeurs cancéreuses des troncs nerveux plus ou moins volumineux; ils peuvent être sains ou déjà cancéreux. Les fins ramuscules de la région malade n'ont point été rencontrés par la dissection; il est probable qu'ils sont très-promptement détruits.

Les *membranes séreuses* opposent à la propagation du cancer une assez grande résistance; mais il arrive un moment où le derme de la séreuse, formé par un tissu conjonctif *condensé,* est détruit. A ce moment-là, la tumeur, au lieu de s'ulcérer comme elle le fait lorsqu'elle est parvenue à la surface libre de la peau, d'une muqueuse ou dans la cavité d'une veine, se trouve mise au contact de la partie correspondante du feuillet séreux opposé, par suite d'une adhérence des deux feuillets, adhérence qui n'est ni fibreuse, ni celluleuse, ni même pseudo-membraneuse, mais due à la présence d'une espèce de suc amorphe, demi-transparent, sorte de colle décrite par M. Cruveilhier sous le nom d'*adhérence glutineuse*. Alors elle attaque à son tour ce nouveau feuillet séreux.

Le *tissu osseux*, qui semblerait par suite de sa dureté devoir résister mieux à la propagation du cancer, est souvent envahi et détruit par les tumeurs voisines, soit qu'elles aient pris naissance dans le canal médullaire, soit qu'elles viennent de l'extérieur et qu'elles aient préalablement détruit le périoste. Cette propagation a lieu par les nombreux canaux ou canalicules dont sont creusés les os pour laisser passer les vaisseaux. Cet envahissement a lieu d'ailleurs beaucoup plus facilement à la surface des os plats, et au niveau des épiphyses des os longs, parce que dans ces points les orifices destinés aux vaisseaux sont beaucoup plus considérables. D'autres tumeurs que celles constituées par le cancer proprement dit, les productions épithéliales par exemple, se propagent ainsi, et c'est là un point important de physiologie pathologique, sur lequel l'attention du chirurgien doit toujours être éveillée.

Dans l'infection cancéreuse, on a pensé qu'il existait une certaine *fragilité des os*. Les recherches de M. Broca tendent à faire admettre que cette fragilité n'existe pas en dehors des points atteints directement par le cancer. Dans un cas, cette fragilité aurait été bien établie; mais la plupart des os voisins de celui dont la fragilité était si grande, étaient atteints par le cancer.

Le *tissu fibreux* résiste beaucoup mieux que le tissu osseux à la propagation; aussi, des tumeurs développées dans le canal médullaire peuvent-elles, après avoir détruit le tissu de la diaphyse, donner naissance à des masses fusiformes, susceptibles d'atteindre un très-grand volume, sans que le périoste soit traversé.

Quant aux cartilages, seuls ils conservent, au milieu des parties désorganisées, sinon leur intégrité absolue, du moins leur apparence normale.

Les tumeurs cancéreuses sont le type des productions accidentelles susceptibles d'envahir les tissus placés à distance, et de se généraliser.

L'*infection ganglionnaire* est des plus communes dans les tumeurs cancéreuses, et elle est la source de grandes préoccupations pour le chirurgien. Toute une chaîne de ganglions est quelquefois envahie, et l'on peut voir ainsi superposés une série de cancers ganglionnaires : ce sont là les cancers que M. Broca a appelé *successifs*. Le cancer pénètre probablement dans les vaisseaux lymphatiques par le même mécanisme que dans les veines; puis les ganglions envahis par le cancer deviennent des foyers d'irradiation nouvelle.

Dans quelques cas, les engorgements ganglionnaires voisins d'un cancer ne sont pas cancéreux. Dupuytren a surtout appelé l'attention sur ces engorgements inflammatoires des ganglions dans des cas de cancer; mais il faut bien avouer que ni lui ni ses successeurs n'ont jamais pu donner des signes cliniques suffisants pour permettre de distinguer les ganglions cancéreux des ganglions subinflammés.

Quant à la *généralisation du cancer*, elle est essentiellement constituée par la reproduction du mal dans des points éloignés de son siége primitif, et par une altération notable de toutes les fonctions de l'économie.

On a voulu rechercher dans le sang une caractéristique de l'affection cancéreuse; mais jusqu'à présent on n'a pas obtenu de résultats satisfaisants. Au moins, cette étude a-t-elle permis de constater que dans l'infection cancéreuse, lorsque ces lésions veineuses dont nous avons parlé plus haut n'existent pas, le sang ne renferme pas les éléments globulaires du cancer, et que les *cancers du sang* n'existent réellement que lorsqu'un champignon cancéreux s'est développé dans une veine, après avoir détruit sa paroi. L'existence de ces cancers avait été observée avant que l'on connût le mécanisme de destruction des veines par le cancer, aussi l'on comprend que l'on ait pu, à cette époque, considérer ces productions, quelquefois libres de toute adhérence, comme ayant pris naissance dans le sang. Telle avait été l'opinion de M. Velpeau, qui, en

1824, avait présenté à l'Académie une des premières observations de cancer intra-veineux. Breschet, Chomel, M. Andral, constatèrent que la tumeur intra-veineuse se continuait avec une tumeur extérieure. M. Andral, tout en se séparant de M. Velpeau, ne rejeta pas d'une façon absolue la théorie des cancers du sang; il admit que la fibrine se transformait en cancer, hypothèse reprise par Carswell (1834) et érigée par lui en doctrine. Selon l'auteur anglais, les éléments du cancer existeraient toujours dans le sang avant l'apparition de la première tumeur; mais Carswell n'a pas entouré de preuves suffisantes l'opinion qu'il soutenait.

Le dernier terme de l'infection cancéreuse, c'est l'apparition dans divers points de l'économie de cancers multiples, que l'on a désignés sous le nom de *cancers par infection*. Ces cancers ont à peu près la même structure que les cancers primitifs, et sont susceptibles comme eux de se propager aux parties voisines, de gagner les ganglions, etc. Généralement, leur vascularité est beaucoup moins marquée que celle des cancers primitifs.

La question d'infection et de généralisation de l'affection cancéreuse a donné lieu à de nombreuses discussions, que l'étendue de ce travail ne nous permet pas de passer toutes en revue, et nous ne saurions renvoyer, sous ce rapport, à une source plus riche qu'en signalant tout particulièrement les chapitres du livre de M. Broca sur les tumeurs en général (*Traité des tumeurs*, 1866), chapitres dans lesquels ces questions ont reçu les plus larges développements.

SYPHILIS.

La syphiliographie est une des branches des sciences médico-chirurgicales dont les progrès ont été les plus marqués depuis le commencement du siècle, et surtout dans ces dernières années. La France peut revendiquer à juste titre la plus grande et la meilleure part de ces progrès, dus presque tous à l'influence féconde de la méthode expérimentale.

A la fin du siècle dernier, les nombreux auteurs qui écrivirent sur ce sujet s'inspirèrent de l'esprit de leur temps, ils érigèrent une hypothèse en doctrine; en revanche, ils négligèrent fort l'observation clinique, reléguée par eux au dernier plan. Dans leur trop volumineux bagage, on ne trouve guère de recherches intéressantes que sur les points historiques touchant à l'origine de la syphilis, sur laquelle les travaux d'Astruc ont jeté un grand jour; mais tout ce qui touche à l'étude étiologique et symptomatique des diverses maladies vénériennes est l'objet de la plus déplorable confusion. Les syphiliographes français professaient alors que les diverses lésions constitutionnelles que nous rattachons aujourd'hui exclusivement à la syphilis; pouvaient être la conséquence de la gonorrhée, ainsi que du chancre (la notion moderne des deux chancres n'existait pas). Le système était certes bien simple; ses auteurs sentaient néanmoins qu'il était trop absolu. Leur expérience quotidienne protestait contre cette théorie, qu'ils cherchèrent à mitiger sans en ébranler le principe. A l'exemple de l'illustre Hunter ils notèrent que la gonorrhée était rarement suivie d'infection constitutionnelle; quelques-uns d'entre eux soutinrent même que la gonorrhée n'était suivie d'accidents généraux que dans le cas où elle se compliquait d'érosions de la membrane muqueuse du canal de l'urètre. Ils voulurent expliquer aussi pourquoi le virus syphilitique ne produisait pas toujours les mêmes effets sur le sujet contaminé, et ils arrivèrent aux hypothèses les plus tourmentées et les plus invraisemblables. En somme, la croyance générale attribuait aux diverses maladies vénériennes une nature unique; mais cette théorie, basée sur les vues les plus abstraites, ne répondait à aucun fait d'observation; elle était dès lors fatalement destinée à disparaître.

Déjà, en 1777, à Copenhague, le professeur Tode avait émis l'idée que la gonorrhée et la syphilis étaient de nature différente; en 1793, Benjamin Bell reprit, en Angleterre, la même thèse, basée surtout, à ses yeux, sur ce que la syphilis est une maladie générale, tandis que la gonorrhée est une affection toujours locale.

Bosquillon, qui traduisit en français l'ouvrage de Bell et le commenta en 1802, renchérit encore sur ses idées, en prétendant que la vérole est d'origine américaine, que la gonorrhée au contraire est connue de toute antiquité; il insista aussi sur ce fait que ces deux affections étaient séparées en vertu de l'axiome *Naturam morborum curationes ostendunt*, puisque le mercure, nécessaire à la guérison de la vérole, était sans action sur la gonorrhée.

Cette idée de la non-identité de la syphilis et de la blennorrhagie, une fois lancée, ne devait plus être arrêtée avant d'avoir reçu sa formule scientifique et sa consécration définitive.

En 1808, la Société de médecine de Besançon, préoccupée de cette question qui attirait en ce moment l'attention du public médical tout entier, la mit au concours sous la forme suivante, qui condensait en quelques mots les idées de Bell et de Bosquillon, et les soumettait au contrôle expérimental :

« Déterminer, par des expériences et des observations concluantes, s'il y a identité de nature entre le virus de la gonorrhée virulente et celui de la vérole; si l'une peut donner l'autre, et si le traitement qui convient à l'une peut être applicable à l'autre. »

Le 3 juillet 1810, la Société de Besançon décerna le prix au mémoire de J.-F. Hernandez, professeur de pathologie interne à l'École de médecine navale de Toulon, qui concluait à la séparation complète des deux entités morbides, et qui s'appuyait pour le prouver sur trois ordres de preuves.

L'auteur s'attachait à démontrer :

1° Au point de vue historique, que la syphilis et la gonorrhée n'avaient pas apparu à la même époque;

2° Au point de vue expérimental, que les inoculations du virus de la gonorrhée ne peuvent donner lieu qu'à la gonorrhée; mais qu'elles ne produisent jamais de chancres ou d'autres accidents quelconques pouvant être rattachés à la syphilis;

3° Au point de vue clinique, que la gonorrhée n'est jamais suivie d'infection constitutionnelle.

Ce livre est, sans contredit, l'un des plus remarquables qui aient été écrits sur les maladies vénériennes; les quelques lignes qui forment le début de l'introduction, et que nous allons citer, montreront l'esprit vraiment élevé dans lequel il a été conçu.

« Une révolution salutaire, écrit Hernandez, s'est opérée dans les sciences pendant le siècle dernier; les vues sublimes de Bacon trouvèrent enfin dans Newton le grand homme qui devait les réaliser, et donner un mémorable exemple de ce que l'on pouvait attendre de leur entière application. Les faits dès lors remplacèrent les hypothèses : le raisonnement le plus conséquent, le plus suivi, le plus délié, les conceptions les plus ingénieuses et les plus transcendantes n'eurent plus aucun prix, si des prémisses bien établies, bien avérées, ne portaient la vérité de l'observation dans les élans du génie. »

Nos médecins et nos physiologistes modernes pourraient-ils mieux dire?

Comme le fit plus tard Laennec pour l'auscultation, Hernandez, en créant la doctrine de la non-identité, en déduisait sur-le-champ toutes les conséquences; il n'a laissé à ses successeurs aucun point obscur à élucider; il n'est pas jusqu'à l'hypothèse du chancre larvé urétral, depuis démontrée vraie par M. Ricord, qu'on ne trouve formulée dans son remarquable ouvrage (p. 49).

Après la publication du travail d'Hernandez, il semble que tout le public médical aurait dû se rallier à sa doctrine, si péremptoirement démontrée. Il n'en fut point ainsi cependant; la lutte entre les identistes et les non-identistes, qui avait pris naissance à l'époque de l'apparition du traité de Bell, commenté par Bosquillon, ne devint que plus acharnée; elle dura encore plus d'un demi-siècle, et, en prêtant l'oreille, nous pourrions en entendre aujourd'hui les derniers échos.

Dans les livres qui furent publiés après 1810 sur les maladies vénériennes, on trouve, à défaut d'une franche adhésion à la doctrine d'Hernandez, un compromis entre l'idée ancienne de l'identité absolue et la théorie nouvelle. M. Lagneau, dont l'ouvrage longtemps classique a eu six éditions successives, admit, comme l'avait fait, quelques années avant lui, Swediaur son maître, une blennorrhagie syphilitique et une blennorrhagie non syphilitique de nature bénigne et n'étant jamais suivie d'accidents généraux. Cette doctrine, qui est encore celle de deux ou trois médecins fort distingués de l'hôpital Saint-Louis, et entre autres de MM. Cazenave et Bazin, paraissait *a priori* plus admissible que la séparation complète de la syphilis et de la blennorrhagie. On voit, en effet, souvent des individus affectés d'accidents constitutionnels de la vérole, qui ne se souviennent pas d'avoir eu un accident primitif (chancre infectant), et qui ne peuvent retrouver dans leur passé, pour expliquer leur état présent, qu'une blennorrhagie. Rien de plus naturel, en apparence, que d'attribuer à cette blennorrhagie qui souvent date de vingt ou trente ans, les accidents dont le malade est porteur! Rien de plus faux en réalité. Le chancre infectant est une lésion, le plus ordinairement sans réaction inflammatoire; il ne creuse pas les tissus, il est peu ou pas douloureux, il a souvent un siége extragénital, il ne préoccupe pas le malade, et, dans les classes inférieures de la société qui fournissent principalement le personnel des hôpitaux, il passe bien souvent inaperçu. La blennorrhagie est, au contraire, une affection douloureuse, désagréable, qui force le malade à changer son genre de vie ordinaire, s'il veut obtenir la guérison et dont, par conséquent, il gardera toujours le souvenir. En outre, il est bien peu d'individus (surtout dans la classe dont nous parlons) qui n'aient été atteints de blennorrhagie; on comprend, dès lors, combien les causes d'erreur sont faciles, si l'on s'en rapporte, pour édifier une théorie, aux allégations des malades!

L'hôpital Saint-Louis était fatalement destiné à être le dernier refuge de l'*identité* plus ou moins mitigée. Cet hôpital reçoit presque exclusivement des malades atteints d'affections de la peau soit ordinaires, soit syphilitiques. Le chef de service, interrogeant un individu atteint de syphilides symptomatiques d'une vérole datant quelquefois de dix, de quinze ans ou de plus encore, avait grande chance de tomber dans l'erreur que nous signalions. Cette erreur était plus difficile à commettre à l'hôpital du Midi, où l'on reçoit surtout des malades atteints d'affections syphilitiques ou vénériennes à leur début. Assistant à l'éclosion de la maladie, le médecin de cet hôpital était bien placé pour observer quels étaient les accidents qui étaient suivis d'infection, et quels étaient, au contraire, ceux qui restaient des lésions locales. Ce fut, en effet, à l'hôpital du Midi que les idées d'Hernandez furent pour la première fois adoptées sans réserve et ouvertement professées par Cullerier neveu. On pourra juger de quelle façon nette et précise ce médecin distingué séparait les deux affections, par cet extrait de ses *Recherches pratiques sur la syphilis*, publiées par son élève Lucas Championnière, avec son approbation, en 1836 (p. 384).

« L'inflammation des muqueuses urétrales ou vaginales est-elle de nature syphilitique, c'est-à-dire est-elle le résultat du dépôt de ce virus dont nous avons admis et prouvé l'existence dans la syphilis, sur les parties qui deviennent le siége de cette affection ? De nombreuses observations, des recherches suivies depuis plus de vingt années, ont porté M. Cullerier à croire que la blennorrhagie avait un caractère tout différent de celui de l'ulcère primitif; que le pus de la première de ces lésions n'avait jamais produit la seconde, et réciproquement; enfin, que ce symptôme était bien vénérien, en ce sens qu'il résulte ordinairement du contact intime entre les sexes, mais non syphilitique. »

L'adhésion de Cullerier neveu à la non-identité devait être le signal du triomphe de cette doctrine. M. Ricord venait d'entrer à l'hôpital du Midi; son grand sens pratique lui fit bien vite discerner la vérité, et il la soutint avec cette verve et cet esprit qui ont rendu son enseignement si populaire. Afin d'expliquer les quelques cas dans lesquels la blennorrhagie avait donné lieu à un chancre par la contagion et ceux où elle avait été suivie d'accidents généraux, il reprit l'hypothèse du chancre larvé d'Hernandez, et, par les développements qu'il lui donna, par les preuves anatomiques dont il l'entoura, il la fit sienne. Pendant près de trente années, l'illustre chirurgien professa la même idée, qu'il étayait chaque jour de preuves nouvelles; plusieurs générations médicales vinrent puiser à ses leçons cette notion, qui se répandit bientôt dans la France tout entière. A partir de 1850, la théorie de la non-identité était définitivement adoptée par tous, sauf par le petit noyau de l'hôpital Saint-Louis, qui cessa dès lors de faire de nouveaux prosélytes.

L'opinion de la plus grande partie du public médical français, à cette date de 1850, peut se résumer dans les termes suivants, qui formaient le fond de la doctrine de M. Ricord.

A. La blennorrhagie est une maladie contagieuse vénérienne n'ayant rien de commun avec la syphilis et restant toujours une affection locale.

B. La syphilis commence toujours par un chancre.

C. Le chancre qui reste mou n'est jamais suivi de syphilis constitutionnelle; pour donner lieu à l'infection syphilitique de l'économie, il faut que le chancre devienne le siége d'une induration.

D. Tout chancre peut s'indurer, selon l'idiosyncrasie de l'individu qui en est atteint. L'induration n'est qu'un phénomène consécutif qui peut être évité par la destruction du chancre à son début.

E. Le chancre seul est contagieux, et seulement *pendant sa période* dite *d'état;* les accidents consécutifs ne sont jamais contagieux.

F. Le sang d'un sujet syphilitique n'est jamais contagieux.

Nous allons étudier les modifications que l'expérience a fait subir à quelques-unes de ces propositions.

La première, la proposition *A*, est restée l'expression scientifique de l'opinion de nos contemporains. Elle résume les recherches d'Hernandez, auxquelles les expériences et l'observation clinique depuis cinquante ans ont donné une consécration définitive.

La proposition *B* a reçu aussi une confirmation nouvelle par des travaux récents dont nous parlerons plus loin.

Quant aux propositions *C* et *D*, elles constituent un corps de doctrine spéciale, *la théorie de l'unicité*. C'est surtout sur ce point que l'opinion des syphiliographes a subi une complète transformation, dont nous allons résumer les phases.

Les premiers auteurs qui se sont occupés de la syphilis avaient remarqué que le chancre n'était pas toujours suivi d'infection constitutionnelle et ils avaient noté que le chancre accompagné d'une induration était surtout grave au point de vue de son pronostic. Un vieil auteur français, Thierry de Héry, écrivait en 1569 : « Ces ulcères sont le plus souvent avec dureté assez profonde, et d'autant plus qu'il y aura plus de cette dureté, ils seront plus malins, tardifs et difficiles à curer, et en sera le prognostique plus douteux. » Un de nos plus illustres chirurgiens, Ambroise Paré, disait à la même époque : « S'il y a ulcère à la verge et s'il demeure dureté au lieu, telle chose infailliblement montre le malade avoir la vérole. » Hunter insista aussi sur la valeur et la signification de l'induration; mais c'est surtout à M. Ricord qu'on doit la détermination précise et la preuve expérimentale de ce fait, que l'induration du chancre est un indice certain de syphilis.

M. Ricord, ainsi que nous le disions plus haut, regardait l'induration comme un phénomène consécutif, dont l'apparition était subordonnée à l'idiosyncrasie de l'individu qui en était porteur: il professait que la destruction du chancre à son début, avant la production de l'induration, empêchait le développement des symptômes constitutionnels. Cette théorie n'était soutenable que grâce au talent de l'homme qui la défendait : car, ainsi que le font remarquer dans un livre aujourd'hui classique MM. Belhomme et Aimé Martin (*Traité de pathologie syphilitique et vénérienne*, 1864), « comment, avec cette théorie, se rendre compte de la coexistence du chancre infectant et du chancre simple sur le même sujet? Comment comprendre même que certains malades puissent changer assez rapidement d'idiosyncrasie pour contracter à une courte distance ces deux différentes espèces de chancres? »

Doctrine dualiste.

Ce fut en 1852 seulement que M. Bassereau, savant aussi modeste que distingué, émit pour la première fois en France l'idée de la *théorie dualiste* vaguement indiquée en 1789 par Hunter. Cette théorie est basée sur la complète séparation des deux chancres : d'après M. Bassereau, le chancre simple est un accident local qui n'a aucun rapport avec la syphilis et qui était connu des anciens; le chancre infectant, au contraire, est d'origine moderne, c'est le premier accident de la vérole; ces deux chancres se transmettent toujours dans leur espèce. Nous ne pouvons malheureusement suivre l'auteur de la dualité dans tous les développements qu'il a donnés à la démonstration de son hypothèse; mais nous dirons en quelques mots sur quel ordre de preuves il s'est basé.

Au point de vue historique, il a établi, par des textes nombreux empruntés aux auteurs de l'antiquité, que les anciens connaissaient une ulcération contagieuse des organes génitaux qui avait tous les caractères du chancre simple. Il s'est aussi attaché à prouver que la syphilis est d'origine moderne, qu'elle date vraisemblablement de la découverte de l'Amérique, et que les divers passages des auteurs antérieurs à 1493, dans lesquels on avait cru reconnaître la description d'accidents secondaires ou tertiaires, avaient été mal interprétés, et qu'ils s'appliquaient à d'autres lésions de nature non syphilitique. On trouvera, à ce sujet, d'abord dans le livre de M. Bassereau, puis dans ceux de M. Rollet et de MM. Belhomme et Aimé Martin, ainsi que dans une excellente thèse soutenue en 1860

devant la Faculté de Paris par M. Chabalier, un très-grand nombre
de détails historiques et bibliographiques qui nous semblent de
nature à entraîner la conviction sur ce point.

La clinique et l'expérimentation ont aussi apporté leur contin-
gent à la théorie dualiste : la clinique, par les confrontations faites
par un grand nombre de médecins, et surtout par MM. Dron, Alfred Fournier et Caby (*Union médicale*, 1857), d'individus infectés
l'un par l'autre : on retrouve toujours chez chacun d'eux une lésion
de même nature; l'expérimentation, par ce fait vérifié par tous les
syphiliographes et découvert par M. Clerc (*Union médicale*, 27 janvier 1857), que le chancre infectant ne s'inocule ni à l'individu qui
le porte ni à un individu atteint de syphilis constitutionnelle, tandis
que le chancre simple peut s'inoculer à l'infini au porteur ou à
un individu quelconque.

Aucune objection sérieuse n'a été faite contre l'ensemble de la
théorie dualiste, qui explique tous les faits et qui a reçu une nouvelle confirmation par la description récente du *chancre mixte*. Ce
chancre, qu'on peut produire expérimentalement en déposant du
pus de chancre simple à la surface d'un chancre infectant a été décrit pour la première fois par M. Laroyenne, alors interne de
M. Rollet à l'Antiquaille, hôpital des vénériens de Lyon. Le chancre
mixte est inoculable au sujet qui en est porteur; mais cette inoculation positive n'est en réalité qu'une inoculation de chancre
simple; les deux principes, le virus syphilitique et le *contagium*
vénérien, coexistant au même point restent indépendants l'un de
l'autre. Le chancre mixte qu'on produit artificiellement, résulte souvent aussi de la contagion; il a alors l'aspect d'un chancre simple
qui s'indure et est suivi de syphilis. Ce chancre, étant inoculable
au porteur, a donné lieu à un certain nombre d'erreurs expérimentales contre lesquelles on doit être prémuni.

La doctrine de la dualité chancreuse est aujourd'hui adoptée
par presque tous les médecins; quelques rares opinions divergentes,
que nous signalerons tout à l'heure, se sont seules produites; mais

elles n'ont pu empêcher le triomphe de la doctrine de M. Bassereau. Les propositions *C* et *D* de l'école dite *du Midi*, dont M. Ricord était le chef, sont actuellement remplacées par les suivantes :

C. Le chancre infectant est l'accident primitif de la syphilis constitutionnelle.

D. Le chancre simple est une lésion locale, qui ne donne jamais lieu à une infection consécutive de l'économie et qui n'est jamais le siége de l'induration caractéristique du chancre infectant.

Dans ces dernières années, on a étudié avec beaucoup de soin les caractères différentiels des deux chancres, et on est arrivé à les séparer d'une façon plus nette encore que ne l'avait fait le créateur de la dualité. Le chancre simple n'a pas d'incubation; le chancre infectant, au contraire, a une période d'incubation qu'on peut évaluer à vingt jours en moyenne, et qui atteint quelquefois une durée beaucoup plus longue ainsi que le prouvent les faits cités par M. Alfred Fournier dans un mémoire récent (1866). Ce laps de temps plus ou moins considérable qui s'écoule entre l'insertion du pus syphilitique dans les tissus et la production du premier accident a été considéré, par plusieurs médecins de l'ancienne école de Saint-Louis, et surtout par M. Cazenave, comme une période pendant laquelle l'infection générale de l'économie avait lieu. La plupart des syphiliographes modernes, et entre autres MM. Clerc, Rollet, Diday; le plus grand nombre des chirurgiens qui ont écrit sur la vérole, MM. Follin, Cusco, se sont ralliés à cette idée, qui a été soutenue dans sa thèse inaugurale (Paris, 1863) par M. Aimé Martin. Ce médecin a étudié expérimentalement et comparativement l'action des différents virus, et, éclairé par les données que lui fournissait la pathologie générale, il a pu conclure que le chancre infectant n'est que la première manifestation locale de l'infection générale de l'économie.

Le chancre simple s'accompagne de bubons phlegmoneux suppurant souvent; le chancre infectant ne s'accompagne ordinairement que d'adénopathies chondroïdes, indolentes, n'ayant aucune tendance à la suppuration. Les anciens auteurs avaient déjà remarqué ce fait, et ne connaissant pas les deux espèces de chancres, ils croyaient que le bubon suppuré était une espèce d'émonctoire qui rejetait le virus et empêchait l'infection consécutive. Cette hypothèse, émise d'abord par Thierry de Héry et par Ambroise Paré, fut rééditée au commencement de ce siècle par Vacca Berlinghieri, qui prétendit que les ganglions ont la propriété d'arrêter la pénétration du virus qui est éliminé par la suppuration, conséquence de l'inflammation qu'il provoque. Cette théorie, rajeunie en 1865 par M. Langlebert, tombe devant les preuves si nombreuses et si concluantes de la dualité; nous la citons pour montrer combien les différences dans l'aspect et les conséquences des deux chancres préoccupaient depuis longtemps les cliniciens. Les derniers représentants de la doctrine de l'unicité avaient aussi prétendu, pour expliquer ce phénomène si frappant de la non-inoculabilité du chancre infectant au porteur, que le chancre infectant devenait inoculable si on avait préalablement irrité sa surface en la rendant purulente, et que cette inoculation donnait lieu à un chancre mou. M. Bidenkap (de Christiania), élève de M. Boeck, avait, disait-il, répété un nombre considérable de fois et toujours avec succès ces expériences, qui auraient porté, en admettant qu'elles eussent été confirmées, un coup irrémédiable à la théorie dualiste. Malheureusement pour la cause qu'il soutenait, M. Bidenkap ayant recommencé ces inoculations en 1864 à l'hôpital du Midi, dans le service alors dirigé par M. Follin, sur des malades choisis par lui, n'a obtenu aucun résultat. Cet échec a consolidé encore la théorie de M. Bassereau, aujourd'hui presque universellement adoptée.

Arrivons maintenant à la question si importante de la *contagion*. M. Ricord a soutenu pendant plus de vingt ans, avec un grand talent, que le chancre seul est contagieux, mais que les accidents

Contagion.

secondaires ne le sont jamais, non plus que le sang d'un sujet syphilitique. Cette opinion est résumée dans les deux propositions *E* et *F*, citées plus haut.

Pendant tout le temps que dura le prestige de l'école du Midi, ces questions furent difficilement élucidées. M. Ricord trouvait toujours de bonnes raisons pour rejeter les expériences venues de l'étranger qui lui étaient opposées, et ses adversaires de l'hôpital Saint-Louis étaient en trop petit nombre pour lutter avec avantage contre des idées dont il avait su faire des articles de foi pour le public médical presque tout entier.

Ce fut donc vainement que Wallace (de Dublin) pratiqua, en 1835 et 1836, deux inoculations positives avec du pus d'accidents secondaires; vainement encore qu'en 1850 Waller (de Prague), Rinecker en 1852, inoculèrent avec un résultat positif du pus de plaques muqueuses. A l'hôpital du Midi même, dans les salles voisines de celles de M. Ricord, Vidal (de Cassis) avait inoculé, en 1849, du pus d'accidents secondaires à un interne en pharmacie de son service, toujours avec un résultat positif; mais aucune de ces expériences n'avait pu prévaloir contre la doctrine de la non-contagiosité. Ce ne fut qu'en 1859, après les inoculations irréfutables de M. Guyénot à l'Antiquaille de Lyon, de M. Gibert à Saint-Louis et de M. Galligo à Florence, que la question, traduite à la barre de l'Académie de médecine pour la seconde fois, fut enfin résolue en faveur du principe de la contagiosité des accidents secondaires, qui ne fait plus aujourd'hui de doute pour personne.

A propos de la contagion des accidents secondaires, nous ne devons pas oublier un des faits les plus importants qui s'y rattachent : c'est que le résultat de cette contagion est toujours un chancre. M. Rollet (de Lyon) et M. Langlebert ont attaché leur nom à cette découverte. Nous trouverons là encore une analogie entre les autres maladies virulentes et la syphilis, que l'on a voulu à tort isoler dans le cadre nosologique. La syphilis est *une;* elle doit commencer toujours par les mêmes symptômes. Dans sa thèse inaugurale, M. Aimé Martin fait ressortir cette idée, en donnant l'explication d'une erreur commise par l'école du Midi. « Pendant longtemps, écrit-il, ce fut un article de foi de cette doctrine, de croire que cet accident (le chancre) était seul contagieux. M. Ricord étayait son opinion de cette raison, plus spécieuse que probante, que jamais la vérole ne débute autrement que par un chancre; il ne réfléchissait pas qu'une maladie virulente quelconque ne peut pas se dédoubler. Si, par exemple, un individu sain contracte la variole en s'exposant au contact d'un varioleux qui a atteint la période pustuleuse de la maladie, croit-on que l'affection débutera immédiatement chez le contaminé par des pustules? Non, sans doute : elle commencera par les prodromes ordinaires; puis viendront successivement l'érythème, les papules, etc. Elle suivra, en un mot, toutes ses phases régulières. Il en sera évidemment de même pour la syphilis, quelle que soit la source à laquelle elle ait été puisée. »

Cette notion si importante et si utile de l'immuabilité du début de la syphilis, a permis d'élucider ces cas jadis si obscurs de transmission de la maladie de la nourrice au nourrisson, et *vice versa*. M. Rollet a traité cette question si grave au point de vue médico-légal, et il a posé certaines règles qui doivent rendre désormais les erreurs à peu près impossibles.

La possibilité de la contagion de la syphilis par le sang, longtemps regardée comme impossible, a été démontrée expérimentalement en 1850 par Waller (de Prague), et en 1856 par un médecin du Palatinat qui a gardé l'anonyme et qui avait inoculé du sang provenant d'un syphilitique à la période secondaire à neuf individus, avec un résultat positif sur trois d'entre eux. En 1860, M. Pellizzari (de Florence) fit une inoculation analogue à trois de ses élèves, qui s'étaient proposés comme sujets d'expériences. L'inoculation eut un résultat positif sur M. Bargioni, qui, après vingt-cinq jours d'incubation, vit apparaître sur son bras, au niveau du

point de l'insertion du sang, un chancre induré accompagné d'adénopathie axillaire et suivi d'accidents constitutionnels.

Une nouvelle preuve, qui est invoquée par quelques auteurs en
faveur de la possibilité de la contagion de la syphilis par le sang, et
sur laquelle nous insisterions si elle n'était déjà surabondamment
démontrée par les faits que nous venons de citer, c'est la transmission de la syphilis par la vaccination. M. Viennois a appelé l'un des
premiers l'attention sur cette question (*Thèse* de Paris, 1860), mise
depuis à l'ordre du jour par les faits malheureux de Rivalta et plus
récemment par ceux qui se sont présentés dans les Côtes-du-Nord.
Le syphiliographe lyonnais conclut de l'analyse sévère de presque
tous les cas de ce genre dont on possède l'observation détaillée, que
le vaccin pur est parfaitement innocent de cette transmission, qui
n'est possible qu'à la condition que du sang se soit trouvé mélangé
au vaccin, afin de servir de véhicule au virus. L'Académie de médecine s'est occupée pendant dix longues séances de la question
soulevée par M. Viennois. De nouveaux faits observés en France
depuis 1861 (époque de l'épidémie de Rivalta) par MM. Trousseau,
Devergie, Hérard, Chassaignac, Morax, Auzias-Turenne, Sébastian
(de Béziers), Laroyenne, Laugier (de Vienne), Rodet, etc. sont venus
entretenir les craintes du public médical au sujet de la transmission
possible de la vérole par ce moyen, et ont donné lieu aux tentatives
de vaccination animale importée de Naples par M. Lanoix. Quoi qu'il
en soit, et qu'on adopte ou non la conclusion absolue de M. Viennois, il est incontestable qu'il y a là encore une possibilité de contagion qu'on ne soupçonnait pas, ou, du moins, qu'on niait formellement il y a une quinzaine d'années.

Au temps d'expérimentation dans lequel nous vivons, il serait,
sans doute, imprudent à nous de dire que la transmission de la
syphilis par des liquides pathologiques ou normaux autres que le
pus et la sérosité des lésions primitives ou secondaires, le sang d'un
syphilitique à la période initiale ou secondaire, et enfin par le vaccin (vraisemblablement alors qu'il est mélangé de sang), est im-

possible; ce que nous pouvons affirmer seulement, c'est que les inoculations tentées avec d'autres liquides, tels que les larmes, la sueur, la salive, etc. ont constamment échoué, ainsi que les inoculations de sang emprunté à un syphilitique à la période tertiaire, qui ont été pratiquées nombre de fois par M. Diday sans jamais amener un résultat positif.

Dans l'état actuel de nos connaissances en syphiliographie, les propositions *E* et *F* de l'école du Midi peuvent donc être aussi profondément modifiées et être remplacées par les trois suivantes :

E. Le chancre infectant et les accidents secondaires à forme suppurative sont contagieux.

F. Le sang d'un sujet syphilitique est contagieux lorsque ce sujet syphilitique est à la période initiale ou secondaire de la maladie; il perd son pouvoir contagieux lorsqu'il est arrivé à la période tertiaire. Les autres secrétions normales ou pathologiques d'un sujet syphilitique n'ont pas été démontrées contagieuses.

G. La syphilis peut être transmise par la vaccination opérée sur un sujet sain avec du vaccin emprunté à un sujet syphilitique. Il faut vraisemblablement, pour que la contagion soit possible, que le vaccin soit mélangé d'une petite quantité de sang.

Il semblerait cependant ressortir d'une toute récente discussion à l'Académie de médecine, que le vaccin lui seul, non mélangé de sang, peut transmettre la syphilis. (Depaul.)

Le mode de la contagion a aussi vivement préoccupé les syphiliographes. La contagion peut être *immédiate*, c'est-à-dire résulter du contact direct, ou *médiate*, c'est-à-dire se faire par l'interposition d'un objet quelconque qui sert de véhicule au virus syphilitique. Nous ne dirons rien de la contagion *immédiate*, si ce n'est que l'opinion généralement admise veut qu'elle n'ait lieu que lorsque le dépôt du pus ou de la sérosité virulente se fait sur un point de la peau ou de la muqueuse préalablement excorié; on sait, du reste, combien ces excoriations se produisent facilement au moment des rapports sexuels. Il faut aussi, pour qu'un individu puisse être infecté par la contagion *immédiate*, qu'il n'ait pas eu déjà une fois la syphilis, qui, comme toutes les maladies constitutionnelles, n'atteint que bien rarement une seconde fois la même personne.

La contagion *médiate* a été surtout l'objet des observations et des études dans ces dernières années. M. Rollet a été à même de découvrir et de décrire un exemple frappant de ce mode de contagion à propos de cas de syphilis transmis entre les ouvriers verriers par l'intermédiaire de la *canne* (tube de fer dans lequel chaque ouvrier vient souffler à son tour). MM. Chassagny, Rollet, Viennois, Diday, ont proposé, pour empêcher cette propagation de la syphilis, divers moyens plus ou moins efficaces qui ne sont malheureusement pas mis à exécution. On a observé aussi la transmission de la vérole par l'intermédiaire d'instruments de chirurgie, d'un coup de rasoir (M. Carre, d'Avignon), d'une dragée (M. Hardy), d'un vêtement d'origine suspecte (M. Clerc), etc. mais surtout, depuis quelques années, par le cathétérisme de la trompe d'Eustache qui était pratiqué au moyen d'instruments non essuyés, par un spécialiste bien connu.

Nous avons suivi, depuis le commencement de ce siècle, les diverses théories qui se sont succédé sur la syphilis, et nous avons indiqué les faits dont l'édification de la doctrine de la dualité avait été la conséquence logique. A côté de ces théories principales, un certain nombre d'hypothèses plus ou moins ingénieuses ont été émises par plusieurs médecins. Nous ne pouvons les passer complétement sous silence, quoiqu'elles n'aient eu ou n'aient encore d'autres partisans que leurs inventeurs. C'est d'abord, par rang d'ancienneté, le non-virulisme ou négation de l'existence d'un virus syphilitique; cette théorie, qu'il n'est pas nécessaire de réfuter après tout ce que nous venons de dire, est née en 1789 dans un livre de

Bru; elle fut de nouveau soutenue en 1811 par Caron; mais elle n'arriva à son apogée qu'en 1826, époque à laquelle deux hommes d'une valeur incontestable, Jourdan et Richond des Brus, mirent à son service leur talent d'écrivains, qui ne put la faire triompher contre toute logique et tout bon sens. Pour ces élèves quand même de Broussais, la syphilis n'existait pas, et ce qu'on avait décrit sous ce nom n'était qu'une irritation n'ayant rien de particulier. Jourdan et Richond des Brus n'ont eu ni continuateurs ni élèves.

En 1854, M. Clerc mit en avant sa théorie dite du *chancroïde*. Pour cet auteur, le chancre simple, qu'il nomme chancroïde, serait à la vérole ce que la varioloïde est à la variole, ce que la vaccinoïde est au vaccin : ce serait un dérivé, un *hybride*. Ce chancroïde résulterait de « l'inoculation *itérative, positive,* du virus de la syphilis aux individus ayant ou ayant eu la syphilis constitutionnelle. » Cette théorie ne s'éloigne de la dualité qu'au seul point de vue de l'origine du chancre simple : car son auteur constate, comme les dualistes, que jamais le chancre simple n'a reproduit le chancre infectant. Séparé de la dualité au sujet de la pathogénie, M. Clerc s'en rapproche sur le terrain de la clinique. C'est là le point important.

M. Langlebert a rajeuni une idée émise au commencement de notre siècle par Vacca Berlinghieri; il prétend, contre toute vraisemblance, que les deux produits virulents de la syphilis étant le pus et la sérosité, le pus ne peut transmettre la syphilis, parce qu'il n'est pas susceptible d'être absorbé. Selon M. Langlebert, le chancre simple est bien de nature syphilitique; mais comme il secrète du pus en abondance, il ne peut transmettre qu'un accident local. Ces assertions purement hypothétiques sont en contradiction flagrante avec l'observation. Un syphiliographe italien dont la valeur est incontestable, M. Spérino, a édifié, il y a trois ans, une théorie analogue ou du moins se rapprochant beaucoup de la précédente. Tous ces tâtonnements des partisans de l'unicité prouvent combien ils sont embarrassés pour expliquer les faits cliniques dont leur théorie est impuissante à rendre compte. Nous ne ferons que signaler (car nous en avons parlé déjà) la théorie apportée de Norwége en France, il y a deux ou trois ans, par M. Bidenkap, élève de M. Boeck. Les expériences entreprises par ce médecin lui-même à l'hôpital du Midi ont été suivies d'un insuccès absolu. Nous ne nous arrêterons pas non plus sur certaines questions aujourd'hui tombées dans l'oubli, et qui ont passionné plusieurs générations médicales. C'est d'abord la possibilité du *bubon d'emblée*, défendue avec talent par M. de Castelnau, en 1842 et en 1845. Tout ce qu'on a écrit sur cette question avant l'adoption de la théorie dualiste n'a plus grande valeur aujourd'hui, puisque la base en était une confusion absolue entre les deux chancres. Dans l'état actuel de nos connaissances, et en partant du principe que le chancre n'est que la première manifestation locale d'un état diathésique, on peut admettre que dans certains cas ce chancre peut manquer, et l'absence de cet accident local n'empêchera pas la production de l'adénopathie, qui pourra être considérée comme un bubon d'emblée. La possibilité de ce bubon dit *d'emblée* n'est admissible que dans ces conditions.

La *syphilisation*, qui a provoqué tant de discussions il y a quelques années et dont personne ne parle plus aujourd'hui, était basée aussi sur une idée erronée. Vers 1850, à l'époque où M. Auzias-Turenne fit ses premiers essais de syphilisation, il arrivait forcément, disent MM. Belhomme et Aimé Martin : « ou bien 1° que l'individu soumis aux expériences était syphilitique, auquel cas les inoculations de chancres infectants n'avaient pas de résultat ; les inoculations de chancres simples pouvaient, en revanche, être indéfiniment multipliées ; 2° ou bien encore l'individu était indemne de syphilis : dans ce cas, la première inoculation pratiquée avec du virus provenant d'un chancre infectant lui donnait la vérole, et il rentrait dans le cas précédent ; il n'en était pas de même pour les chancres simples, qui étaient inoculables à l'infini. »

Les syphilisateurs inoculèrent jusqu'à près de *trois mille* chancres simples à la même personne, sans obtenir d'autre résultat thérapeutique que celui que leur aurait donné l'application de révulsifs quelconques. M. Cullerier a prouvé qu'on arrivait à des résultats plus satisfaisants par l'emploi des *vésicatoires*. La théorie de la dualité a porté le coup de grâce à la syphilisation, dont on n'entend plus prononcer le nom que de loin en loin à propos des expériences de M. Boeck, qui seul espère encore trouver dans cette idée, condamnée par le bon sens et la science moderne, le meilleur spécifique contre la vérole.

On a cru pendant de nombreuses années, et ce fut un des points longtemps soutenus par M. Ricord, que la région céphalique était réfractaire au *chancre simple* et on a édifié sur ce fait plusieurs théories plus ou moins ingénieuses. Malheureusement pour les théories et pour leurs auteurs, cette immunité n'a jamais existé que dans l'imagination de certains syphiliographes, ainsi que l'ont prouvé les nombreuses inoculations de chancres simples pratiquées avec succès à la région céphalique par MM. Rollet (1857), Nadau des Islets et Buzenet (1858) et par un grand nombre de médecins.

La transmission de la syphilis aux animaux n'a jamais été obtenue; mais on a pu leur inoculer avec succès le pus du chancre simple, ainsi que l'ont prouvé expérimentalement MM. Rollet et Basset.

Nous allons maintenant sortir des questions générales, qui sont de beaucoup les plus importantes, et passer rapidement en revue, à propos de la syphilis et des maladies vénériennes, les progrès accomplis en France depuis un demi-siècle.

Nous avons abandonné, dans la marche que nous allons suivre, la division de l'école du Midi en accidents primitifs, secondaires et tertiaires pour la division plus rationnelle des accidents que produit la syphilis suivant les différents tissus qu'ils affectent.

Chancre
infectant.

Syphilis : *Chancre infectant.* — Nous avons, dans les généralités, fait l'histoire presque entière du chancre infectant. Il ne nous reste que peu de chose à en dire.

La nature de l'induration et sa composition histologique ont été très-bien étudiées en 1864 par MM. Marchal (de Calvi) et Ch. Robin, et en 1862 par M. Ordönez, dont les recherches ont été relatées par M. Aimé Martin, dans sa thèse inaugurale.

L'induration volumineuse serait, selon M. Diday, le cortége obligé du chancre qui résulte de la contagion de l'accident primitif. L'induration mal formulée ou parcheminée accompagnerait, au contraire, l'érosion chancreuse qui provient d'un accident secondaire. M. Diday attache aussi beaucoup d'importance à la forme du chancre au point de vue de la gravité plus ou moins grande des accidents consécutifs.

Le début du chancre infectant, la durée de son incubation, les différents caractères qui le différencient du chancre simple, ont été étudiés avec soin, dans ces dernières années surtout, par MM. Clerc, Rollet, Alfred Fournier et Aimé Martin.

Lésions
des
muqueuses.

Lésions des muqueuses. — La plaque muqueuse proprement dite a été décrite très-complétement par M. Alfred Fournier dans sa thèse inaugurale (1860). M. Bassereau a le premier appelé l'attention sur la plaque muqueuse opaline.

La transformation *in situ* du chancre infectant en plaque muqueuse est un phénomène qui se produit assez fréquemment. Cette métamorphose morbide a été observée pour la première fois par MM. Davasse et Deville, alors internes de l'hôpital de Lourcine, qui en ont rendu compte dans un mémoire publié dans les *Archives générales de médecine*, en 1845.

M. Bazin a décrit une forme particulière de plaque muqueuse, la plaque muqueuse de la peau, qui a des caractères spéciaux bien tranchés.

M. Aimé Martin, en 1861, a séparé de la classe des plaques

muqueuses avec lesquelles elle avait été jusqu'alors confondue, une affection syphilitique secondaire, la diphthérite, consistant dans une fausse membrane se développant sur les membranes muqueuses sous l'influence de la vérole. Les différentes ulcérations causées par la syphilis dans la cavité buccale ont été l'objet d'une description spéciale de la part de M. Martellière en 1854.

M. Follin, en 1853, a publié quelques faits de rétrécissements syphilitiques de l'œsophage. L'année suivante, M. Gosselin et M. Leudet, en 1860, ont étudié les rétrécissements du rectum, qui sont causés ou entretenus par la diathèse syphilitique.

Nous signalerons encore, à propos des lésions des muqueuses, l'entérite spécifique dont M. Cullerier et M. Pillon, en 1854 et 1857, ont rapporté des observations concluantes.

Lésions de la peau (syphilides). — La description et la classification des syphilides appartiennent à notre siècle. La plupart des syphiliographes et des dermatologues y ont contribué; mais c'est surtout à Trappe, Cullerier l'ancien, Alibert, Biett, Gibert, Legendre, et à MM. Lagneau père, Martins, Cazenave et Chausit, Bazin, Hardy, Pillon, Bassereau, Rollet, que revient l'honneur d'avoir élucidé ce point de pathologie spéciale, si confus il y a soixante ans.

A propos de quelques faits particuliers que nous devons noter, nous dirons que Biett a attaché son nom à la découverte et à la description de la *syphilide cornée;* que M. Pillon a appelé l'attention sur une syphilide qui avait passé jusqu'alors inaperçue, la *syphilide pigmentaire* ou *maculeuse;* et enfin que M. Bazin et son élève, M. Dubuc, ont étudié, les premiers, certaines formes de *syphilides malignes* se produisant dès le début de la période secondaire.

Lésions du tissu cellulaire. — Le tissu cellulaire est surtout le siége d'un accident syphilitique spécial qui a reçu le nom de *gomme,* et que M. Ricord a le premier bien décrit. L'étude micrographique de cette lésion a été faite par MM. Lebert, Robin, Cornil; sa symptomatologie et son diagnostic ont été précisés dans les thèses inaugurales de MM. Thévenet et Van Ordt, en 1858. Les tumeurs gommeuses ne sont pas observées seulement dans le tissu cellulaire; elles se produisent aussi fort souvent dans les muscles et dans le parenchyme des différents viscères.

Lésions des organes génito-urinaires. — Une des lésions que la syphilis produit le plus fréquemment dans ces organes, c'est l'épaississement du tissu fibreux et l'épanchement plastique dans le parenchyme du testicule. Cette affection, désignée sous le nom de *testicule syphilitique* ou d'*albuginite syphilitique* (RICORD), à peine entrevue par les chirurgiens du siècle dernier, a été décrite pour la première fois d'une façon précise par Dupuytren; elle a été étudiée depuis par MM. Ricord, Nélaton, Gosselin, Hélot et Rollet. Ce dernier a surtout, en 1858, appelé l'attention sur une forme de cette maladie qu'il désigne sous le nom de *sarcocèle fongueux syphilitique*.

Lésions du foie et des viscères. — L'étude de ces lésions est de date toute moderne. MM. Ricord, Rayer, Gubler, Leudet, Quélet, Lecontour et Lancereaux ont noté, avec beaucoup de soin, les diverses altérations que peut subir le foie sous l'influence de la vérole. Deux lésions ont été surtout observées; ce sont : 1° l'hépatite interstitielle ou cirrhose syphilitique; 2° la production de tumeurs gommeuses dans le parenchyme hépatique.

L'ictère, qui accompagne quelquefois les éruptions syphilitiques précoces et qui a été décrit pour la première fois par M. Gubler, en 1854, est une affection relativement peu grave et fort rare.

Chez les nouveau-nés, les lésions syphilitiques du foie sont caractérisées surtout par une induration fibro-plastique; c'est aussi M. Gubler qui, en 1852, a fait connaître cette affection.

M. Paul Dubois a découvert que la mort des enfants nouveau-nés provenant de parents atteints de la syphilis, avait le plus souvent pour cause une dégénérescence du thymus qu'on trouvait, à l'autopsie, infiltré de pus ; il a fait de cette découverte intéressante l'objet d'un mémoire publié en 1856. Les lésions des autres viscères qu'on peut attribuer à la diathèse syphilitique sont d'une nature analogue aux altérations que cette diathèse détermine dans le foie ; ce sont surtout les tumeurs gommeuses qu'on voit s'y développer. On a noté aussi l'hypertrophie de certains organes. M. Lancereaux dit avoir constaté dix fois l'augmentation de volume de la rate sous l'influence de la syphilis tertiaire.

Lésion des organes respiratoires. — L'emploi du laryngoscope a permis, dans ces dernières années, de reconnaître certaines lésions syphilitiques du larynx qui, autrefois, auraient passé inaperçues. Ce sont presque toujours des ulcérations de même nature que celles qu'on observe dans la cavité buccale. Lorsque ces ulcérations occupent la trachée, elles peuvent donner lieu, en se cicatrisant, à un rétrécissement de ce canal. Les tumeurs gommeuses qui se développent dans la même région peuvent avoir une conséquence analogue. MM. Moissenet et Verneuil ont rapporté, dans ces derniers temps, des cas de ce genre.

Le poumon est souvent le siége de tumeurs gommeuses qui peuvent simuler les tubercules. On a aussi noté une induration fibroplastique du tissu pulmonaire sous l'influence syphilitique. MM. Lagneau fils, Depaul, Cornil, ont publié à ce sujet des recherches remarquables.

Lésions de l'appareil circulatoire. — L'appareil circulatoire est rarement le siége de lésions syphilitiques. On n'a pu, jusqu'à ce jour, constater d'altérations causées par la vérole que sur l'organe central de cet appareil, sur le cœur. MM. Ricord, Gubler et Lancereaux ont décrit une lésion qui paraît être la seule qu'on ait observée, c'est la myocardite gommeuse interstitielle.

Lésions des muscles et des tendons. — Les douleurs qu'on observe au début de la syphilis, et qui ont reçu le nom de *douleurs rhumatoïdes*, résident dans le tissu musculaire. A un âge plus avancé de la maladie, elles deviennent plus persistantes. M. Bouisson (de Montpellier) a parfaitement décrit ces douleurs, ainsi que les contractures et les tumeurs de nature spéciale dont les muscles et les tendons sont le siége fréquent chez les individus atteints de syphilis.

Lésions du périoste, des os et des articulations. — La périostose est une des lésions syphilitiques qu'on a le plus souvent l'occasion d'observer. M. Follin en décrit trois formes : la périostose gommeuse, la périostose phlegmoneuse et la périostose plastique. L'ostéite, la carie et la nécrose sont plus rares. En revanche, l'exostose a une fréquence presque aussi grande que celle de la périostose. M. Ricord a parfaitement décrit cette lésion; il a aussi le mérite d'avoir éveillé l'attention sur ces douleurs de forme si particulière, qui semblent résider dans le tissu osseux, et auxquelles il a donné le nom de *douleurs ostéocopes.*

L'action de la syphilis sur les articulations se borne à la production d'arthrites, à forme essentiellement chronique, que M. Richet a décrites avec une grande précision dans le mémoire qu'il a présenté à l'Académie de médecine en 1853. L'arthrite syphilitique a été observée depuis par M. Follin et M. Lancereaux; elle est fort rare.

Lésions de l'œil. — La syphilis produit sur les diverses parties de l'appareil de la vision des lésions dont un certain nombre, tel que l'*iritis*, étaient connues; d'autres, telles que la choroïdite, seulement soupçonnées avant le commencement du siècle. Quant aux lésions des parties les plus profondes de l'œil, elles n'ont pu être étudiées et décrites que depuis l'invention de l'ophthalmoscope, c'est-à-dire depuis peu d'années. L'atrophie de la papille, les corps flottants du corps vitré, le décollement de la rétine, ainsi que la rétinite syphilitique, ont été l'objet de nombreux travaux en France. MM. Follin, Sichel, Desmarres, Metaxas, Galezowski, ont publié des recherches sur ces différentes altérations, qui ne se distinguent, du reste, des lésions non syphilitiques analogues des mêmes organes par aucun signe bien précis. Le traitement est le meilleur et le dernier juge de la nature de l'affection.

Lésions du système nerveux. — Certaines altérations du système nerveux qui sont causées par la syphilis, ont été bien étudiées et sont aujourd'hui parfaitement connues. On a observé des lésions de la sensibilité de diverses espèces, et surtout des troubles de la motilité et particulièrement des paralysies partielles (Ladreit de la Charrière, Beyran, Constantin Paul). Les troubles de l'intelligence sont aussi très-fréquents. Vidal (de Cassis), MM. Ricord, Cazenave, Melchior Robert, Hildebrandt, Schutzemberger, Briquet, Arthaud, Siredey, en ont rapporté des cas ; mais c'est surtout depuis le concours ouvert en 1859 par l'Académie de médecine, et qui donna lieu aux remarquables travaux de MM. Gros et Lancereaux, Lagneau fils et Zambaco, que cette question a été élucidée.

Lésions du système nerveux.

Syphilis héréditaire. — Aucun point de l'histoire de la syphilis n'a donné lieu à plus de discussions. Voici quelles sont à peu près les conclusions qui ont été adoptées par le plus grand nombre des syphiliographes modernes.

Syphilis héréditaire.

A. Un enfant *peut* être atteint de syphilis héréditaire lorsqu'il est né :

1° D'un père et d'une mère syphilitiques ;
2° D'un père syphilitique et d'une mère saine ;
3° D'une mère syphilitique et d'un père sain.

B. Le fœtus provenant d'un père syphilitique peut infecter directement la mère.

C. La syphilis se transmet par hérédité à toutes ses périodes.

D. Il n'est pas nécessaire que les parents aient des accidents au moment de la conception pour que l'infection du fœtus ait lieu ; il suffit qu'ils soient diathésés.

E. La syphilis, chez une femme enceinte, est une cause fréquente d'avortement.

Les lésions qu'on observe chez les nouveau-nés atteints de syphilis sont, pour la plupart, analogues à celles qu'on voit chez les adultes. On peut noter, cependant, comme spéciales à la vérole chez les enfants, certaines affections, et surtout le coryza, le pemphygus et les lésions, dont nous avons parlé déjà, du foie et du thymus. Nous devons citer, comme les plus importants parmi les travaux publiés sur la syphilis héréditaire, ceux de Bertin, Gilibert, et de MM. Trousseau, Paul Dubois, Depaul, Gubler, Diday et Notta.

A la syphilis infantile se rattache la grave question médico-légale de la transmission de la vérole du nourrisson à la nourrice et de la nourrice au nourrisson. La preuve de la contagiosité des accidents secondaires, et surtout la loi qui fait du chancre le début obligé de la maladie, ont bien simplifié l'interprétation de ces faits autrefois si obscurs. C'est à M. Rollet que revient surtout l'honneur d'avoir établi des règles précises, qui peuvent, dans presque tous les cas, guider l'action de la justice.

MALADIES VÉNÉRIENNES.

Chancre simple. — Nous avons peu de chose à dire de cette lésion, dont l'histoire a été faite dans les généralités sur la syphilis. Le chancre simple est aujourd'hui regardé, par le plus grand nombre des syphiliographes, comme une affection contagieuse, restant toujours locale et s'inoculant à l'infini à l'individu qui en est porteur ou à tout autre individu. Nous devons citer certaines variétés du chancre simple, et notamment l'*ulcère* ou *chancre chronique* des prostituées, décrit par MM. Boys de Loury et Costilhes en 1845; le *chancre folliculaire*, et enfin, à la suite de diverses complications, le *chancre gangréneux pultacé* et le *chancre phagédénique*, parfaitement étudié, en 1862, par M. L. Belhomme. Le chancre simple peut, selon l'heureuse expression de M. Ricord, être tué sur place par la cautérisation. Une fois détruit, le chancre a disparu sans laisser aucune infection consécutive.

Bubon vénérien. — Le bubon vénérien accompagne souvent le chancre simple : c'est un engorgement inflammatoire des ganglions dans lesquels se rendent les vaisseaux lymphatiques de la région qui est le siége du chancre. L'école dualiste a fait ressortir toute la différence qui existe entre le bubon et l'adénopathie qui accompagne le chancre infectant. Le bubon devient parfois chancreux et inoculable après son ouverture. C'est surtout le traitement de cette affection, connue depuis bien longtemps et parfaitement décrite par les vieux auteurs, qui a préoccupé les chirurgiens contemporains. MM. Pirondi, Cullerier, Jules Guérin, Broca, Reynaud, ont proposé divers procédés. Le plus employé est celui de M. Pirondi, qui consiste dans l'application de vésicatoires dont on badigeonne la surface avec la teinture d'iode.

Affections blennorrhagiques. — *De la blennorrhagie chez l'homme.* — Comme pour le chancre simple, nous renverrons aux généralités pour tout ce qui touche à la pathogénie de la blennorrhagie.

A propos de la nature de cette affection, nous signalerons l'hypothèse de M. Thiry et de M. Désormeaux, qui regardent comme le principe de cette affection le développement de granulations sur la muqueuse urétrale. M. Jousseaume croit avoir découvert ce principe dans le végétal parasite qu'il nomme *genitalia*. M. Cullerier a trouvé, à l'autopsie, une injection de la muqueuse et quelques

Bubon vénérien.

Affections blennorrhagiques.

granulations. Ces granulations, selon toute apparence, augmentent en nombre dans la blennorrhagie chronique, et en rendent la guérison très-difficile. M. Baumès a prouvé que le siége de la maladie dans le cas de chronicité était surtout la partie profonde de l'urètre.

Les complications de la blennorrhagie chez l'homme sont nombreuses ; trois d'entre elles seulement, l'orchite, l'ophthalmie et l'arthrite blennorrhagiques, ont été l'objet de recherches de la part des contemporains. M. Velpeau, dans le *Dictionnaire des sciences médicales* en trente volumes, a consacré à l'orchite une description que personne, depuis, n'a fait plus complète. L'histoire de l'ophthalmie blennorrhagique a été éclairée par les études si multipliées sur les maladies de l'œil faites dans ces dernières années ; quant à l'arthrite, après avoir servi de texte aux mémoires remarquables de Foucart et de M. Rollet, elle vient de provoquer, à la Société de médecine des hôpitaux de Paris, une longue discussion dans laquelle MM. Pidoux, Alfred Fournier, Lorain, Péter, Guéneau de Mussy, Cadet de Gassicourt, etc. ont successivement émis les idées les plus opposées sur la nature de cette affection, qui, quelle que soit la façon dont on la comprenne, n'en est pas moins une complication fréquente de la blennorrhagie chez les deux sexes.

Blennorrhagie chez la femme. — Le siége de la blennorrhagie chez la femme est multiple. On a décrit séparément la vulvite, l'urétrite, la vaginite, la métrite et la blennorrhagie de la glande vulvo-vaginale et celle de l'ovaire. MM. Cullerier, Deville, Ricord, Bernutz, Huguier, Alphonse Guérin, Aimé Martin et Léger ont donné de bonnes descriptions de ces différentes variétés de la même affection.

Les végétations auxquelles on a longtemps attribué une nature syphilitique, sont aujourd'hui regardées comme tout à fait indépendantes de la vérole. On admet que tout écoulement un peu abondant et durant longtemps peut leur donner naissance ; elles se trouvent ainsi considérées comme une conséquence fréquente de la blennorrhagie.

Le mercure, qui est encore de nos jours la suprême ressource contre les accidents de la vérole, est employé depuis plus de trois siècles, et les médecins modernes n'ont pas modifié beaucoup, en ce qui concerne ce médicament, la thérapeutique de nos pères.

Les frictions mercurielles, les fumigations, les bains, sont encore employés dans les cas graves; mais pour les cas ordinaires, l'administration du mercure à l'intérieur, selon la méthode préconisée par Van-Swieten, est préférée. La liqueur à base de sublimé qui porte son nom, est encore très-usitée. Le proto-iodure forme la base des pilules que M. Ricord a préconisées; le bi-iodure a été vanté par Gibert. On a aujourd'hui complétement renoncé à la vieille méthode dite *de Boerhaave*, qui consistait à donner le sel mercuriel jusqu'à ce que la salivation se produisît; on évite au contraire maintenant, avec le plus grand soin, de provoquer cet accident.

L'influence fâcheuse de l'administration du mercure sur l'économie a été fort exagérée.

Il est admis aujourd'hui que l'action des sels mercuriels est souveraine contre les accidents des muqueuses et de la peau, contre les lésions que M. Ricord nomme *secondaires*. Contre les accidents dits *tertiaires*, on fait usage généralement de l'iodure de potassium que Wallace (de Dublin) a fait connaître en 1836, et dont M. Ricord a depuis cette époque vulgarisé l'emploi en France. L'action de ce sel est merveilleuse surtout contre les accidents les plus tardifs de la syphilis.

Un grand nombre de substances médicamenteuses ont été proposées depuis soixante ans pour remplacer le mercure, ou, du moins, pour lui être associées. Ce sont d'abord les préparations d'or vantées par Chrestien (de Montpellier), en 1811, et par Legrand, en 1832; puis les sels d'argent et de platine préconisés par Serre, en 1836, et par Hœfer, en 1840; le bichromate de potasse et le sulfate d'oxyde de cadmium expérimentés en 1856 par M. Arrastia et plus récemment par M. Leroux (de Versailles). Aucune de ces substances n'a joui d'une vogue soutenue et méritée.

On triomphe de presque tous, pour ne pas dire de tous les accidents syphilitiques par l'usage du mercure ou de l'iodure de potassium employés séparément, ou concurremment, ce qui constitue le traitement mixte.

Une voie toute nouvelle a été ouverte depuis quelques années par M. Diday, qui a développé son opinion dans son *Histoire naturelle de la syphilis*, qui a paru en 1863. M. Diday croit qu'un très-grand nombre de cas de syphilis sont bénins et qu'ils peuvent être guéris sans l'intervention du mercure. On doit, selon lui, réserver ce puissant agent médicamenteux pour les cas plus graves, et ne pas l'employer pour les syphilis faibles. A quels signes reconnaîtra-t-on la syphilis faible? M. Diday a énuméré l'ensemble des symptômes qui, pour lui, constituent cette variété de la syphilis. Il a été, depuis la publication de son traité, suivi dans la voie qu'il a ouverte par une foule de syphiliographes et particulièrement par un certain nombre de médecins anglais. Il y a évidemment là une idée, mais elle n'est point encore arrivée à maturité. Quant à l'opinion de certains médecins qui repoussent d'une façon absolue, et dans tous les cas, l'emploi du traitement mercuriel, cette opinion ne nous paraît en aucune manière acceptable. Pourquoi se priver d'un des seuls médicaments héroïques que nous possédions? En admettant même que ce médicament ne guérisse que les accidents, sans influer sur la diathèse, n'a-t-il pas l'avantage de débarrasser le malade, pour un temps, de lésions douloureuses et de supprimer pendant ce temps un foyer de contagion?

Le traitement du chancre simple est tout à fait local. Celui de la blennorrhagie a fait quelques progrès depuis une vingtaine d'années, par l'emploi des injections abortives, application de la méthode substitutive.

MALADIES DES DIVERS TISSUS ET SYSTÈMES ORGANIQUES.

MALADIES DE LA PEAU ET DU TISSU CELLULAIRE.

Les maladies chirurgicales de la peau et du tissu cellulaire dont la description a été modifiée à notre époque, sont peu nombreuses. Quelques points de leur histoire ont cependant reçu des développements intéressants que nous allons signaler rapidement.

En étudiant les complications des plaies, nous avons parlé de l'érysipèle; nous n'avons pas à nous en occuper ici de nouveau.

Anthrax. — Les auteurs de notre époque sont loin de s'entendre sur le siége anatomique de l'*anthrax;* Dupuytren pensait que cette tumeur inflammatoire avait son point de départ dans les paquets adipeux des aréoles du derme et la face profonde de la peau, tandis qu'aujourd'hui un grand nombre de chirurgiens, et parmi eux MM. Richet, Broca, Denucé, Trélat, placent son siége primitif dans l'appareil glandulaire pilo-sébacé. Cette manière de voir, qui s'appuie sur le siége habituel de l'anthrax, sur l'examen plus complet qui a été fait des éléments constituants du bourbillon, n'entraîne nullement cette idée qu'à toutes les périodes de la maladie l'appareil glandulaire pilo-sébacé soit seul atteint; il est bien évident que, par suite de sa marche envahissante, l'anthrax fait participer à l'inflammation qui se développe autour de lui tous les tissus qui constituent la peau ou se trouvent au-dessous d'elle, mais l'inflammation de ces parties est seulement consécutive.

Quelle est la nature du bourbillon? Depuis Dupuytren, tous les chirurgiens pensaient que le bourbillon était une petite escarre du tissu cellulaire. Cette doctrine fut vigoureusement attaquée, et M. Nélaton, et plus tard M. Denonvilliers, émirent cette opinion que le bourbillon n'était autre chose qu'un produit de secrétion pseudo-membraneux, analogue aux fausses membranes des séreuses. Cette nouvelle doctrine, passible également de nombreuses objections, paraît, aujourd'hui que le siége primitif de l'anthrax est mieux déterminé, devoir être abandonnée à son tour. Il est vraisemblable que c'est la glande sébacée, premier siége de l'inflammation, qui se mortifie et devient le point de départ du travail d'élimination. Quelle que soit d'ailleurs la théorie admise, tous les chirurgiens sont d'accord avec Dupuytren sur ce point que la douleur qui accompagne généralement l'anthrax, ne cède que sous l'influence du débridement. Opposé un instant à cette pratique, M. Nélaton a fini aussi par l'accepter.

Une complication importante du furoncle et de l'anthrax, surtout de celui qui siége à la face ou au cou, a été indiquée, dans ces dernières années. Des cas de phlébite faciale ont été publiés par Trüde, Wagner, Dubrueil, Cazin, Cavasse, par Denucé. Dans sa thèse soutenue en 1864, M. Nadaud a réuni la plupart de ces faits. Dans ces cas la mort survient presque constamment, et lorsqu'on a pratiqué l'ouverture des cadavres, on a trouvé du pus dans les veines ophtalmiques et les sinus caverneux, une arachnitis purulente, mais pas d'abcès métastatiques. Au contraire, l'infection purulente, lorsqu'elle se développe à la suite d'anthrax volumineux situés dans d'autres régions du corps, suit sa marche habituelle et s'accompagne de ses lésions caractéristiques. Ces faits sont bien dignes d'attirer l'attention des chirurgiens; ils doivent faire attribuer à des affections en apparence bénignes un degré de gravité que l'on n'avait pas soupçonné jusqu'à ce jour.

Les travaux de Marchal (de Calvi) en France, de Wagner en Allemagne, ont jeté dernièrement sur l'étiologie de l'anthrax une vive lumière. Prout, avant ces auteurs, et depuis eux un grand nombre de chirurgiens ont noté la coexistence du furoncle et de l'anthrax avec le diabète; aujourd'hui, ces faits se multiplient rapidement, et tous les observateurs s'accordent à reconnaître que fréquemment chez le même individu existent ensemble anthrax et diabète, et que le diabète précède très-souvent l'apparition de l'anthrax. Mais un malade non diabétique peut-il le devenir du moment où il est atteint d'anthrax? Cette question, beaucoup plus difficile à juger que la précédente, semble cependant devoir être résolue par l'affirmative; telle est du moins l'opinion de M. Trélat, qui a analysé avec soin les observations fournies sur ce point par Prout, Wagner, MM. Charcot, Vulpian, Philippeaux et Denucé.

Des tumeurs, non plus inflammatoires, mais dues les unes à une simple hypertrophie des éléments constituants de la peau, les autres à l'apparition d'un tissu hétéromorphe, peuvent se développer dans la peau.

MM. Vésignié (d'Abbeville) et Leplat ont attiré l'attention sur certaines *hypertrophies épidermiques et papillaires* suppurantes, qui peuvent à la longue amener des désordres s'étendant jusqu'aux tissus profondément situés. Dans la région plantaire, où siégent le plus souvent ces hypertrophies, elles peuvent donner naissance à des ulcérations anfractueuses quelquefois très-profondes, auxquelles M. Leplat a donné le nom de *mal perforant*. Un fait observé par M. Nélàton (1852), et décrit sous le nom d'*affection singulière des os du pied*, avait été le point de départ de ces recherches. M. Ollier, en 1858, a publié un intéressant travail sur les tumeurs hypertrophiques de la peau, et en particulier sur les hypertrophies papillaires (1858).

L'hypertrophie des glandes sudoripares avait été entrevue en Allemagne par Simon et Furher; mais cette lésion n'a pris rang dans la science que depuis la publication du travail de M. Verneuil (1854). Les recherches de ce chirurgien ont révélé toute une classe de tumeurs hyperthophiques jusque-là méconnues. M. Verneuil a décrit deux variétés de cette lésion : l'*hypertrophie kystique* et l'*hypertrophie générale;* la première consiste dans la dilatation des tubes glandulaires avec accumulation de liquide dans leur cavité; la seconde est caractérisée par l'existence de petites tumeurs solides formées par des circonvolutions de cylindres remplis d'épithélium pavimenteux.

L'*hypertrophie des glandes sébacées* s'observe à des degrés divers; bien étudiée à notre époque, elle a permis d'indiquer d'une façon précise le siége anatomique des tumeurs cutanées désignées sous le nom de *tannes* et de *loupes*. Les loupes du cuir chevelu ont toujours pour point de départ l'hypertrophie d'une glande sébacée, et la matière qu'elles renferment est le résultat d'une sécrétion exagérée de la face interne de l'organe glandulaire malade. Ces tumeurs, désignées jadis sous les noms divers d'*athérôme*, de *stéatôme*, de *mélicéris*, ont toutes une origine commune, et leur contenu ne varie que par la quantité relative des éléments, toujours les mêmes, qu'elles renferment. Quel que soit l'aspect de leur contenu, on y trouve à peu près les mêmes éléments microscopiques : des cellules d'épithélium réunies à des granulations graisseuses ou calcaires et à de la cholestérine. M. Lutz a donné une analyse très-complète de la substance renfermée dans ces glandes sébacées hypertrophiées.

Les éléments fibreux du derme peuvent aussi augmenter en nombre et en volume. Cette hypertrophie peut donner lieu à des lésions variées, dont les plus importantes sont la *chéloïde spontanée* et le *sclérème des adultes*.

Chéloïde
spontanée.

La chéloïde spontanée offre, par sa nature, une analogie complète avec la chéloïde cicatricielle; mais elle en diffère en ce qu'elle n'a pas été précédée d'une cicatrice. C'est Alibert (1832) qui l'a décrite et bien figurée le premier; elle est constituée par une tumeur dure, en général aplatie, ronde ou ovale, peu ou point douloureuse, à marche lente, et ne présente aucune tendance à la généralisation.

M. Firmin en 1850, M. Lhonneur en 1856, ont publié sur ce sujet d'intéressantes monographies.

La chéloïde est ordinairement unique; mais quelquefois sur un même individu on peut observer un grand nombre de ces tumeurs. Dans une observation de M. Firmin le nombre des tumeurs était considérable; le même auteur a fait connaître un fait dans lequel les chéloïdes se recouvraient de sueur, et l'observation à l'aide de la loupe a, en effet, permis de constater quelquefois à la surface de ces tumeurs des ouvertures normales destinées à donner passage aux différents produits de sécrétion.

Ces productions sont essentiellement composées par les éléments fibreux à divers degrés de développement. A leur début, on y trouve des éléments cellulaires et des corps fusiformes en assez grande abondance; mais plus tard ce sont les éléments fibreux qui dominent.

Dans ces dernières années, et surtout depuis une publication faite en 1845 par Thirial, on a décrit sous le nom de *sclérème des adultes, sclérodermie, sclérôme cutané*, une affection caractérisée par l'induration et le retrait de la peau sur un grand nombre de points du corps.

Forget (de Strasbourg) (1847), M. Putégnat (de Lunéville) (1847), M. Gintrac (1847), M. Gillette (1854), M. Follin (1863), M. Paul Horteloup (1864), ont publié sur cette singulière maladie des mémoires ou articles très-utiles à consulter. Addisson en Angleterre, Arning et Forster en Allemagne, ont aussi apporté le tribut de leurs recherches à la description de cette affection.

Lorsque la maladie est à son début, elle se présente sous la forme d'une petite tache blanche plus dure que les parties voisines; plus tard, la peau paraît immobile, tendue, comme adhérente aux os; d'abord décolorée, elle prend plus tard une teinte plus foncée. La sensibilité et la perspiration parfois plus ou moins abolies sont chez quelques malades dans un état d'intégrité parfaite. Cette induration de la peau ne s'accompagne d'aucune douleur et ne produit qu'une gêne mécanique.

La marche de cette lésion est ordinairement chronique et envahissante et la terminaison est très-mal connue.

L'examen micrographique ne permet de constater que l'épaississement des faisceaux cellulaires du derme, et la polifération très-abondante des éléments du tissu conjonctif.

Phlegmon.

L'inflammation du tissu cellulaire peut se montrer sous deux formes principales : ou bien la phlegmasie occupe un point circonscrit et n'a aucune tendance à envahir les parties voisines, et l'on a affaire alors au *phlegmon simple;* ou bien l'inflammation, non circonscrite, a une tendance à envahir rapidement de proche en proche les couches celluleuses voisines et à en produire la mortification, et il s'agit alors d'une maladie infiniment plus grave, le *phlegmon diffus.*

Cette maladie, que l'on a encore désignée sous les noms d'*érysipèle phlegmoneux*, de *phlegmon érysipélateux* ou *gangréneux*, n'a véritablement commencé à prendre rang dans la science que depuis le commencement de ce siècle.

En 1814, Hutchinson, dans les *Mediço-chirurgical transactions*, en traça la description; et d'autres chirurgiens anglais, Colles, Duncan, Lawrence, publièrent sur ce sujet des travaux importants. La description donnée par Duncan, en 1824, présente un cachet remarquable d'exactitude.

En France, ce fut dans l'enseignement de Dupuytren et de Béclard que l'on put recueillir les premières notions exactes sur cette maladie, et en 1827 M. Charles Fournier, s'inspirant des leçons de ces maîtres, publia un très-bon exposé de leurs doctrines.

Cette maladie est-elle contagieuse? Soutenue par quelques chirurgiens, la contagion du phlegmon diffus n'est pas admise par le plus grand nombre d'entre eux; cette question a été discutée avec détails et résolue par la négative par les auteurs du *Compendium de chirurgie*, MM. A. Bérard et Denonvilliers.

Sous le nom de *tubercules sous-cutanés douloureux*, de *ganglions* ou *tubercules nerveux*, de *tumeurs squirrheuses enkystées* (DUPUYTREN), enfin de *fibrômes sous-cutanés*, l'on a décrit de petites tumeurs sous-cutanées, remarquables surtout par les irradiations de douleur très-vive auxquelles elles donnent lieu.

Les noms divers sous lesquels elles ont été désignées expriment les opinions principales des chirurgiens sur leur nature.

C'est encore à un chirurgien anglais, à Wood, que revient l'honneur d'avoir le premier, en 1812, tracé avec exactitude l'histoire de ces tumeurs.

Dupuytren, dans ses leçons cliniques, donna la description de cette lésion, qu'il désigna sous le nom de *tumeurs squirrheuses enkystées*, mais il rapprocha à tort des véritables tubercules sous-cutanés douloureux de petits cancers de la peau.

L'examen anatomique de ces petites tumeurs, fait un grand nombre de fois à notre époque par les micrographes, a démontré qu'elles étaient toujours constituées par des éléments fibreux et sans rapport nécessaire avec les nerfs. MM. Lebert, Robin, Broca, Verneuil, etc. ont tous examiné un certain nombre de ces tumeurs, et tous les considèrent comme des fibrômes. Ces petites tumeurs, déposées dans le tissu cellulaire, ne doivent pas être confondues avec les fibrômes qui se développent dans l'épaisseur des nerfs; et un certain nombre de dissections, anciennes ou récentes et accompagnées même de l'examen micrographique, ont démontré qu'un bon nombre de ces petites productions n'ont aucun rapport avec des filets nerveux.

Dans le tissu cellulaire des régions superficielles du corps et surtout des extrémités, l'on rencontre quelquefois un helminthe désigné sous le nom de *dragonneau*, de *ver de médine*, de *filaire de médine*.

La filaire de médine est un ver nématoïde qui subit son développement dans le corps de l'homme. La plupart des observateurs sont d'accord pour admettre que la filaire à l'état de larve pénètre dans nos tissus par la peau et non par les voies digestives.

La présence de la filaire dans le tissu cellulaire sous-cutané donne lieu à la production d'une tuméfaction qui, d'abord indolente, prend bientôt les caractères du furoncle. Au bout d'un certain temps, généralement la partie s'enflamme, un abcès se forme et s'ouvre de lui-même, et si le dragonneau est expulsé, la plaie se cicatrise promptement.

Quoique la connaissance de la filaire remonte à des temps fort reculés, quoique son histoire eût suscité les travaux de Kœmpfer, de Dampier et de Lind, Richerand, dans sa *Nosologie*, niait leur existence; mais depuis cette époque quelques observations ont pu être faites en France, et ont donné lieu à des publications de la part de M. Maisonneuve (1844), de MM. Robin et Malgaigne, de M. Benoît (de Montpellier) (1857); enfin, le livre de M. Davaine (1860), sur les entozoaires, renferme sur ce sujet des renseignements précieux.

MALADIES DES BOURSES SÉREUSES.

Les maladies des *bourses séreuses* n'ont été bien étudiées qu'à l'époque moderne; comme celle d'un grand nombre d'affections chirurgicales, leur histoire n'a pu être tracée avec précision que lorsque les progrès de l'anatomie normale ont permis de déterminer avec exactitude leur siége et leurs rapports.

Ces affections étaient assurément connues des auteurs anciens; mais leur siége primitif ayant échappé à leur observation, ils ne purent ni remonter à leur origine ni les suivre dans la filiation des phénomènes qu'elles présentent, et furent conduits à scinder les différentes phases d'une même évolution pathologique, et à faire de chacune d'elles autant de maladies différentes.

A la fin du siècle dernier, quelques observations de Ledran, de de Lamothe, de Saviard, de Camper, en France; d'A. Monro, d'Herwig, jetèrent quelque jour sur cette question; mais la littérature chirurgicale française contemporaine est surtout riche en travaux publiés sur ce sujet, et les chirurgiens de notre pays ont pris de beaucoup la plus large part dans les progrès accomplis sur ce point de la science.

On distingue deux espèces de bourses séreuses : 1° les bourses séreuses sous-cutanées; 2° les bourses séreuses des tendons et des aponévroses.

La connaissance, presque toute moderne, des bourses séreuses sous-cutanées normales ou accidentelles a été due principalement à M. Velpeau, puis à Béclard, Bourgery, Lenoir, Bérard, MM. Cruveilhier, Padieu, Verneuil, etc.

Déjà, à la fin du siècle dernier, Camper avait décrit les bourses pré-rotulienne et post-olécranienne, et, en Angleterre, Brodie avait signalé l'existence de plusieurs bourses séreuses accidentelles.

Les bourses séreuses sous-cutanées normales sont presque toutes placées du côté de l'extension des membres ; quelques-unes cependant siégent sur leur partie latérale ou plus rarement encore du côté de la flexion.

Quant aux bourses accidentelles, elles apparaissent sur toutes les parties du corps, et elles se développent à la suite de pressions exercées sur la peau de l'extérieur à l'intérieur.

La thèse soutenue en 1833 par M. Velpeau sur la contusion en général, le grand travail publié par le même auteur en 1843 sur *l'anatomie, la physiologie et la pathologie des cavités closes*, renferment les documents les plus nombreux sur l'histoire de ces affections. En 1837, Lenoir dans un article de la *Presse médicale*; en 1839, M. Padieu dans son importante thèse inaugurale, firent connaître le résultat de leurs recherches sur ce sujet. Des observations de ces maladies éparses dans divers recueils et dues à un grand nombre d'auteurs ont été publiées depuis cette époque; mais un travail qui mérite encore une mention spéciale, est celui de

M. Massot (1854), sur les kystes profonds ou hygromas qui compliquent les tumeurs.

L'inflammation aiguë (*hygrona aigu*) pouvant s'accompagner d'un épanchement séreux ou purulent, l'inflammation chronique (*hygroma chronique*) avec épanchement de sérosité, épaississement des parois de la poche, présence de corps étrangers, etc. constituent les lésions spontanées, dont les bourses séreuses sous-cutanées sont le plus souvent le siége.

A la suite du traumatisme, elles peuvent être ouvertes ou simplement contuses. Leurs plaies présentent un degré de gravité relatif assez grand, l'inflammation qui naît à leur suite quittant facilement son point de départ pour s'étendre aux parties voisines. Quant à leurs contusions, elles peuvent s'observer sous deux formes bien différentes : à la suite d'une violence brusque, un épanchement sanguin considérable peut s'opérer rapidement dans leur intérieur; mais dans quelques cas c'est à la suite d'une véritable contusion chronique que le sang est lentement versé dans leur cavité.

Maladies
des
bourses séreuses
tendineuses.Les bourses séreuses des tendons et des muscles se voient partout où ces organes frottent contre des parties dures ou contre d'autres muscles, tendons ou ligaments. Les unes, simples petits sacs sans ouverture, de forme arrondie, sont analogues aux bourses séreuses sous-cutanées; les autres, que l'on désigne sous le nom de *gaînes synoviales tendineuses*, semblent former deux cylindres creux emboîtés l'un dans l'autre, de manière à donner naissance à une cavité à parois contiguës.

Les travaux les plus importants sur la pathologie des bourses tendineuses sont dus aussi aux chirurgiens français.

Crépitation
douloureuse
des
tendons.Les gaînes tendineuses peuvent être le siége d'une inflammation aiguë, et celle-ci se présente sous des formes diverses. L'on a décrit sous le nom de *crépitation douloureuse des tendons*, de *ténalgie crépitante*, d'*aï*, une phlegmasie habituellement sèche de ces bourses séreuses, ayant pour siége le plus fréquent certaines gaînes des tendons des muscles de l'avant-bras. Cette inflammation s'accompagne d'une crépitation assez caractéristique, et son développement succède le plus souvent aux contractions musculaires répétées que l'on observe dans l'exercice de certaines professions. Desault et Boyer avaient déjà fait connaître cette affection; mais M. Velpeau, dans ses leçons, en donna une description des plus complètes, et plusieurs mémoires, parmi lesquels celui de M. Poulain (*Mémoire sur la crépitation des gaînes tendineuses*, 1835) mérite une place à part, furent publiés sous son impulsion. Enfin, en 1851, Michon, dans sa thèse, sur les tumeurs synoviales de la partie inférieure de l'avant-bras, ajouta encore de nouveaux détails à cette description.

Le plus souvent, la synovite tendineuse crépitante disparaît rapidement; mais une inflammation plus vive des gaînes synoviales peut succéder à des contusions, à des plaies, à celles surtout qui sont produites à la suite de certaines désarticulations, celles des doigts et des orteils en particulier, et dans ces derniers cas surtout l'inflammation peut produire avec une grande rapidité des désordres considérables. Ces sortes de complications n'ont été connues, ou au moins bien appréciées par les chirurgiens, que depuis l'époque où l'anatomie chirurgicale est venue jeter une vive lumière sur la disposition des parties si complexes qui entrent dans la composition de la main et du pied.

Quelquefois, soit à la suite d'une plaie, soit spontanément, les synoviales tendineuses s'enflamment lentement, leur surface interne se vascularise et donne naissance à des fongosités qui finissent par oblitérer leur cavité. La description exacte de cette maladie, à laquelle on a donné le nom de *synovite tendineuse chronique*, est de date toute récente; elle appartient à M. Bidart, qui, en 1858, soutint sur ce sujet sa dissertation inaugurale. Quelques efforts avaient cependant été faits avant lui, et il est juste de rappeler une

Synovite
tendineuse
chronique.

11.

communication faite sur ce sujet par Deville à la Société anatomique en 1851, et la thèse de M. Legouest (*Thèse d'agrégation*, 1857), qui essaya d'en donner une description plus complète que ne l'avait fait Michon quelques années auparavant (1851).

Cette affection s'observe surtout dans les gaînes des fléchisseurs et des extenseurs des doigts, dans celles des péroniers latéraux, etc. etc. Elle commence par le dépoli de la synoviale dépouillée de son épithélium; puis celle-ci s'épaissit, devient granuleuse et vasculaire; elle se couvre de végétations qui finissent par oblitérer sa cavité, et forment des masses dont l'aspect rappelle celui de certaines tumeurs colloïdes; aussi est-il facile de comprendre comment autrefois certains chirurgiens ont pu confondre cette maladie avec des dégénérescences cancéreuses.

Les fongosités tendineuses quelquefois se continuent avec des fongosités articulaires, et peuvent n'être que le premier phénomène dans l'évolution d'une tumeur blanche. M. Verneuil, en 1856, a communiqué à la Société de chirurgie un fait de cette nature.

Les *collections séreuses des synoviales tendineuses* sont fréquentes; leur histoire a été tracée avec un grand soin par plusieurs de nos chirurgiens, et nous allons entrer dans quelques détails sur ce point. La face palmaire du poignet, de la main et des doigts, est la région où ces tumeurs s'observent le plus souvent avec leurs caractères pathognomoniques.

Dupuytren est un des premiers chirurgiens qui paraissent avoir appelé l'attention sur cette espèce d'affection; il a décrit ces tumeurs sous le nom de *kystes séreux hydatiques du poignet*. M. Velpeau les a désignées sous le nom de *kystes tendineux*; M. Gosselin les appela *kystes hydropiques* (*Mémoire sur les kystes synoviaux de la main et du poignet*, 1851), et Michon conserva la dénomination donnée par M. Velpeau.

La disposition de ces tumeurs synoviales n'a été bien comprise, et leur description n'est devenue bien nette, que depuis le moment où les recherches de MM. Malieusrat-Lagémard, Leguey (1837), Gosselin, ont fait connaître la disposition précise des gaînes synoviales du poignet et de la main, à l'état normal.

Ces tumeurs, formées par la distension des synoviales tendineuses, renferment de la *sérosité*, et assez souvent aussi de petits corps étrangers que l'on a désignés sous le nom de *grains riziformes*. La paroi du kyste est constituée par un tissu fibroïde plus ou moins épais dans les divers points, et variablement adhérent aux parties voisines ; le liquide contenu est le plus souvent une sérosité claire, transparente, un peu jaunâtre. De petits corps solides peuvent flotter dans cette sérosité, et leur origine a beaucoup occupé l'esprit des chirurgiens. Dupuytren, et avec lui Laennec et M. Raspail, les ont considérés comme des espèces d'hydatides. Personne ne croit plus à cette opinion depuis longtemps ; mais ce n'est guère qu'à notre époque que l'on a été fixé sur la véritable nature de ces petits corps. Bosc les croyait formés par des concrétions graisseuses, et M. Velpeau avait admis que c'étaient des concrétions d'albumine, de lymphe plastique, de fibrine ou même de pus, qui, soumises à des mouvements continuels, devenaient lisses et arrondies ; mais cette théorie ne répond pas à l'exacte observation des faits. Aujourd'hui l'opinion avancée par M. Cruveilhier, par Hyrth, et qui consiste à les considérer comme de simples végétations détachées de la surface interne du kyste, est généralement adoptée, surtout depuis que Michon l'a entourée des preuves les plus complètes. L'aspect et la constitution histologique de ces petits corps étrangers sont, en effet, identiques avec ceux des végétations que l'on rencontre assez souvent encore adhérentes à la surface interne de la gaîne tendineuse.

Ces sortes de tumeurs s'observent beaucoup plus rarement à la face dorsale de la main ; cependant M. Michon en avait déjà rapporté deux exemples. MM. Velpeau et Nélaton en ont cité chacun un cas ; et dans sa thèse (1857) M. Legouest a tracé l'histoire de trois nouveaux faits de ce genre, observés à l'hôpital du Val-de-

Grâce par M. Hippolyte Larrey. Elles peuvent aussi prendre naissance dans la gaîne de péroniers, celle de la face dorsale du tarse, etc.

Les bourses séreuses musculaires et tendineuses, qui ne tapissent qu'un seul côté du tendon et qui présentent sous le rapport de leur conformation une grande analogie avec les bourses séreuses sous-cutanées, peuvent, elles aussi, être distendues par un liquide séreux plus ou moins abondant, et donner ainsi naissance, dans quelques régions, à des tumeurs dont la connaissance précise importe au plus haut point au chirurgien. Parmi elles, celles dont l'hydropisie a été étudiée avec le plus de soin, sont les bourses séreuses de la région poplitée. M. Beaudoin, en 1855, avait publié un travail sur ce sujet; mais c'est à M. Foucher que nous devons la description la plus complète de ces lésions. En 1856, ce chirurgien a inséré, dans les *Archives*, un mémoire important dans lequel il a étudié avec détail les principales variétés de tumeurs séreuses que l'on peut rencontrer dans cette région. La connaissance exacte du siége précis et des rapports anatomiques de quelques-unes de ces tumeurs peut avoir la plus grande influence sur la conduite à tenir par le chirurgien, dans les cas par exemple où, comme l'a démontré M. Foucher pour les kystes développés dans la synoviale du jumeau interne, la cavité du kyste communique, par une fente plus ou moins large, avec l'intérieur même de l'articulation du genou.

Nous devons enfin signaler certaines tumeurs arrondies, à contenu synovial, qui se développent principalement autour des articulations du pied et de la main, les *kystes synoviaux folliculaires*. Ces tumeurs, longtemps décrites sous le nom de *ganglions*, ne doivent plus être désignées par une dénomination aussi vague, aujourd'hui que leur origine paraît nettement établie.

Adoptée par Richerand et Boyer, l'opinion que ces kystes prenaient naissance dans le tissu cellulaire avait été combattue par Bégin et quelques autres chirurgiens, qui soutenaient qu'ils étaient

dus à une hernie de la synoviale, à travers une éraillure aponé-
vrotique, lorsque M. Gosselin, en se fondant sur des recherches
d'anatomie normale, puis sur quelques faits d'anatomie pathologique, est venu indiquer avec une grande exactitude quelle était
leur origine.

M. Gosselin soutint que ces *ganglions* prenaient naissance dans
des espèces de follicules des synoviales articulaires. Ces follicules
ou culs-de-sac ne présentent rien de glandulaire, ils sont tantôt dus
à une dépression de la synoviale pourvue d'une large ouverture,
tantôt à une dépression plus profonde communiquant avec la synoviale par un orifice étroit. Ces dépressions ou culs-de-sac, déjà signalés par M. Velpeau et les frères Weber, furent surtout bien
étudiés par M. Gosselin, qui décrivit de semblables follicules dans
les synoviales de la hanche, du genou, du tarse, des orteils, de
l'épaule, du coude, du poignet, etc. Ce chirurgien pensa que, lorsque l'orifice étroit de ces follicules venait à s'oblitérer, les petits
corpuscules sous-synoviaux qu'on rencontre souvent autour des
articulations prenaient naissance, et devenaient dans certains cas,
par suite d'un développement plus considérable, le point de départ
de ces kystes désignés sous le nom de *ganglions*.

Les faits annoncés par M. Gosselin ont été depuis lors souvent
vérifiés par différents anatomistes et anatomo-pathologistes, et
M. Foucher a pu même, en se fondant sur des observations d'anatomie normale et pathologique, étendre la doctrine de M. Gosselin,
et par elle expliquer la production de certains petits kystes qui
naissent également aux dépens de follicules synoviaux, que l'on
rencontre dans les synoviales tendineuses, et plus spécialement dans
celles des doigts et des orteils.

MALADIES DES MUSCLES ET DES TENDONS.

Quoique, envisagés au point de vue de l'anatomie générale, les
muscles et les tendons n'aient entre eux qu'une faible analogie, on

a l'habitude de décrire leurs maladies dans un même chapitre, leur union donnant naissance à un seul organe et entraînant la plus étroite connexité entre ces deux parties de structure différente.

Inflammation
des
muscles.

L'inflammation des muscles, relativement très-rare, a été longtemps méconnue, et M. Gendrin, le premier, dans son *Histoire anatomique des inflammations* (1826), a tracé de cette lésion un tableau véritable. Il fonda sa description sur des observations prises sur les animaux, dont il irritait mécaniquement la fibre musculaire, et put ainsi faire connaître les lésions de l'inflammation *traumatique* des muscles; mais aujourd'hui encore les lésions anatomiques de l'inflammation *spontanée* du système musculaire sont incomplétement étudiées.

Depuis cette époque, M. Dionis (des Carrières) dans sa thèse inaugurale (*De la myosite*, 1851), M. Schnepf (1856) et M. Fischer dans un mémoire publié en 1859, se sont efforcés d'élucider plusieurs points de cette obscure question.

A peu près à la même époque se produisaient en Allemagne des travaux dans lesquels Friedberg et O. Weber cherchaient à faire connaître plus spécialement les caractères anatomiques de l'inflammation des muscles.

Au début, le tissu cellulaire qui sépare les fibrilles est rouge, et la fibre musculaire, qui ne paraît pas participer à cette teinte, augmente de densité et entre dans un état de demi-contraction, qui persiste jusqu'au moment où la fibre musculaire elle-même, emprisonnée dans un exsudat rouge sombre, perd sa coloration et devient friable; lorsque la suppuration a lieu, la fibre musculaire disparaît dans une étendue plus ou moins grande; enfin, une étude attentive des lésions micrographiques de la myosite permet, ainsi que l'a bien fait voir Friedberg, de suivre les diverses transformations graisseuses de la fibre musculaire.

Ces observations ont surtout été faites à la suite de l'inflammation provoquée des muscles chez des animaux; il est probable que dans la myosite spontanée les altérations sont très-analogues, mais la science appelle de nouveaux travaux sur ce point.

Des *tumeurs* de nature diverse peuvent se développer dans les muscles; des observations nombreuses étaient éparses dans la science, et M. Desprès, dans une thèse récente (*Thèse d'agrégation*, 1866), a cherché à grouper ces différents faits, et, parvenu à la fin de son travail, il a posé cette conclusion, « que, sauf les tumeurs syphilitiques des muscles, ce qui touche les tumeurs musculaires présente encore beaucoup d'incertitude. »

La vérité est qu'il existe un petit nombre de cas bien observés; nous essayerons cependant de donner un rapide aperçu des faits les plus importants qui ont été signalés.

Des épanchements sanguins récents et plus ou moins considérables peuvent siéger dans l'épaisseur d'un muscle; des faits de cette nature ont été signalés par Richerand, Larrey, M. Legouest, etc. Dans quelques cas on a vu des tumeurs dont l'origine est fort ancienne, et qui cependant ont eu pour point de départ un épanchement sanguin, dans lequel se sont opérées des modifications profondes. Ces tumeurs, désignées par Virchow sous le nom d'*hématômes*, ont été observées plusieurs fois. L'un des faits de ce genre les plus remarquables a été recueilli par Edmond Simon, dans le service de M. Velpeau, en 1860. La tumeur avait son siége au niveau du triceps huméral; elle fût enlevée, et l'examen microscopique, fait par M. Ch. Robin, montra qu'elle était essentiellement constituée par de la fibrine, offrant toutes les modifications qu'on observe dans les couches des poches anévrismatiques anciennes.

Les *tumeurs érectiles* des muscles ne sont pas très-rares; mais souvent elles n'ont été diagnostiquées que la pièce anatomique en main. MM. Liston, Birkett, Legros, Clark, en Angleterre; MM. Demarquay (*Union médicale*, 1861), Nélaton (*Société anatomique*, 1861), Richet et Denonvilliers, en France, ont fait connaître plusieurs cas de cette nature.

Tumeurs
des muscles.

Les muscles renferment quelquefois des *tumeurs fibreuses*. MM. Lebert et Denonvilliers en ont observé une qui occupait une portion notable du vaste interne (*Société anatomique*, 1844); M. Adolphe Richard (*Gazette des hôpitaux*, 1855), Notta (*ibid.* 1856), ont publié plusieurs cas de tumeurs fibreuses de la langue.

Nous devons à M. Laugier et à M. Follin (*Société anatomique*, 1866) deux observations de *lipômes* contenus dans l'épaisseur de cet organe.

Quant aux *tumeurs syphilitiques*, elles sont assez fréquentes. MM. Boyer et Ricord, en 1842, avaient signalé des faits d'induration avec contracture des muscles chez les syphilitiques, et en 1845, Salomon publia, dans un recueil allemand, un article dans lequel il étudiait les tumeurs syphilitiques des muscles; mais c'est à M. Bouisson (de Montpellier) (*Gazette médicale*, 1846) que nous devons le premier travail important sur ce sujet. Depuis cette époque, M. Nélaton publia une leçon clinique dans laquelle ce sujet était traité avec le plus grand soin (*Gazette des hôpitaux*, 1851), et en 1858, dans le même recueil, il fit connaître un cas fort intéressant de tumeur syphilitique du sterno-mastoïdien. Ce chirurgien a observé les tumeurs syphilitiques dans un grand nombre de muscles, dans le sterno-mastoïdien, les pectoraux, le grand droit de l'abdomen, les muscles de la cuisse, du mollet, de la plante du pied, dans les muscles du bras et de l'avant-bras, dans l'épaisseur de la langue. En 1855, M. Lagneau fils étudiait les tumeurs syphilitiques de la langue (*Gazette hebdomadaire*), et, dans ses conférences cliniques (Paris, 1860), Robert relatait l'observation très-intéressante d'une gomme musculaire ayant son siége dans le muscle soléaire. Dans deux des cas rapportés par M. Bouisson, les tumeurs occupaient le muscle grand fessier et le trapèze.

Au point de vue histologique, les tumeurs syphilitiques des muscles ressemblent aux autres tumeurs gommeuses.

On voit très-rarement le *cancer* développé primitivement dans le tissu musculaire; celui-ci, en général, n'est atteint que par propagation d'une tumeur voisine.

Les *kystes hydatiques* des muscles ont été observés un grand nombre de fois, et leur histoire pourrait aujourd'hui être tracée avec assez de détails. Dans sa thèse, M. Desprès a rassemblé tous les faits publiés jusqu'à ce jour. Dupuytren, Blandin, M. Velpeau, M. Nélaton, Soulé (de Bordeaux), A. Legrand, Liégeois, ont publié des observations très-probantes de kystes hydatiques des muscles; mais dans la plupart des cas le diagnostic n'a pu être porté qu'avec le secours de la ponction exploratrice. Dans un cas de kyste de la région lombaire, M. Nélaton put sentir le frémissement hydatique. (Desprès, *Thèse citée.*)

Enfin l'on a signalé quelques cas dans lesquels la tumeur était formée par des cysticerques, et, en 1852, M. Follin a fait voir à la Société de biologie un kyste contenant des cysticerques et qui était intimement uni à la face postérieure du muscle droit de l'abdomen.

L'histoire des *paralysies* et des *contractures musculaires* a reçu des développements considérables à notre époque; cependant cette étude est encore loin d'être faite d'une manière complète.

Les travaux de Landry (*Maladies nerveuses*, 1859), de Remack (traduction par Morpain, 1860), de Duchenne (de Boulogne) (*Électrisation localisée*, etc. 1855-1861), ont surtout contribué à élucider plusieurs points de la question si difficile des paralysies musculaires. Les leçons de M. Bouvier (1855-1856-1857), l'importante thèse de M. Laborde (*De la paralysie* dite *essentielle de l'enfance*, 1864), renferment également les documents les plus précieux relatifs à cette question.

Le tissu musculaire paralysé peut subir deux altérations bien distinctes : l'*atrophie simple* et la *métamorphose graisseuse;* mais cette dernière lésion est de beaucoup la plus fréquente. Dans ce cas les stries transversales des faisceaux primitifs s'effacent peu à peu, des granulations graisseuses se montrent au centre des faisceaux, et, lorsque la lésion est arrivée à son dernier degré de développement, les faisceaux musculaires peuvent s'effacer tout à fait et être remplacés par des vésicules adipeuses.

Les *contractures musculaires*, considérées pendant longtemps comme étant toujours le résultat de lésions des parties voisines, ont été mieux comprises par Delpech (*Chirurgie clinique*, 1823), qui, développant une idée déjà émise en Allemagne par Joerg, essaya de prouver que la plupart des lésions de voisinage portant sur les os, les articulations, ne jouaient pas le rôle de cause par rapport aux contractures musculaires, mais au contraire étaient des phénomènes consécutifs aux troubles de l'action musculaire normale. Ces idées, défendues aussi par Rudolphi (1821 à 1828), ont, surtout dans notre pays, reçu tous leurs développements dans les mémoires de M. Jules Guérin (1838-1839). Ce chirurgien a mieux que ses devanciers étudié le mécanisme des rétractions musculaires primitives.

Des modifications fort importantes surviennent dans les muscles lorsqu'ils sont rétractés depuis longtemps : ils prennent l'apparence fibreuse, et cependant il ne se produit pas une transformation de la fibre musculaire en tissu fibreux, mais l'élément musculaire se résorbant peu à peu, il ne reste plus que les gaînes celluleuses des fibres musculaires.

Lésions
traumatiques
des muscles.

Les *lésions traumatiques* des muscles dignes de fixer l'attention sont leurs *ruptures sous-cutanées* et leurs déplacements connus sous le nom de *hernies musculaires*.

La rupture des tendons était déjà admise par tous les chirurgiens depuis longtemps, que celle des muscles, si elle était considérée comme possible, n'avait été démontrée par aucun fait probant. A la fin du siècle dernier (1781) Roussille-Chamseru lut un mémoire inédit que Jean Sédillot a fait connaître dans ses publications. Dans ce travail il rapporta plusieurs exemples de ruptures et de luxations des muscles. L'année suivante, Fayer l'aîné communiqua à l'Académie royale de chirurgie quelques faits analogues; mais J. Sédillot est celui dont les travaux ont le plus contribué à éclairer ce point de chirurgie, qu'il étudia dans sa dissertation inaugurale (1786), et qu'il traita avec les plus grands développements dans un mémoire lu devant la Société de médecine de Paris en 1817. Aujourd'hui encore, ce travail est le plus complet qui ait été publié sur la matière. Cependant, il est juste de signaler aussi les publications faites sur ce sujet par M. Roulin en 1821, et par M. J. Bouquet en 1847.

Le p us souvent la rupture a lieu à la réunion des fibres musculaires aux fibres tendineuses, plus rarement dans le corps même du muscle. Cette opinion, soutenue par M. J. Sédillot, a été vérifiée par M. Nélaton (*Pathologie chirurgicale*, t. Ier), qui a réuni quarante-neuf faits de ruptures musculaires ou tendineuses; sur ce nombre quatorze fois seulement la rupture avait pour siége le corps du muscle.

La rupture siége dans le plus grand nombre des cas sur les muscles fléchisseurs, et ce sont principalement les muscles dont les fibres sont longues et les tendons très-courts qui se rompent dans la continuité des fibres musculaires. Ainsi Larrey, S. Cooper, Boyer, Richerand, ont observé la rupture du muscle droit de l'abdomen, et chaque fois la lésion avait son siége au niveau des fibres charnues. Quant au mode de réparation, de cicatrisation des muscles, il est encore peu connu, et il y aurait lieu de recourir à l'expérimentation pour établir ce point intéressant de physiologie pathologique.

Sous le nom de *hernie musculaire*, on a décrit le déplacement d'un muscle à travers une aponévrose déchirée ou incisée. Quelques observations avaient été publiées sur ce sujet, et, dans le *Journal hebdomadaire* de 1829, Dupuytren en avait fait connaître un cas dans lequel les muscles de la partie postérieure et interne de la jambe étaient le siége du déplacement. M. Rouillois (*Thèse* de Paris, 1829) en publia une observation bien caractérisée; ce fait a été reproduit dans la thèse de concours de A. Bérard, sur le diagnostic des maladies chirurgicales (1836). La tumeur avait été prise pour un lipôme, et l'ablation résolue; ce ne fut que dans le courant de l'opération que l'on reconnut à quelle espèce de tumeur on avait affaire. Mais c'est tout récemment, en 1861, que M. Mourlon (*Bibliothèque de médecine, de chirurgie et de pharmacie militaires*) a tracé une description fort intéressante de cette lésion. Ce chirurgien a réuni cinq observations de tumeurs qu'il considère comme des hernies musculaires.

Dans presque tous les faits publiés, le diagnostic a présenté certaines difficultés, difficultés que l'on pourrait surmonter, aujour d'hui que l'attention est éveillée sur cette lésion.

Si la hernie se fait brusquement, on entend un craquement suivi d'une douleur et de la perte de fonctions du muscle déplacé, tandis qu'une gêne progressive des mouvements est le seul signe qui traduise d'abord la hernie musculaire consécutive à une rupture lente de l'aponévrose. Au niveau de la partie douloureuse on constate l'existence d'une tumeur de volume variable, molle, fluctuante, diminuant de volume lorsque le muscle se relâche, et devenant plus grosse et plus dure lorsqu'il se contracte. Quelquefois, ainsi que l'a indiqué M. Larrey, pendant le relâchement du muscle, on sent autour de la tumeur un rebord dur formé par l'aponévrose. Malgré ces signes importants, dans un certain nombre de cas, dans ceux par exemple où il existerait quelques adhérences entre le muscle et les parties herniées, une erreur de diagnostic serait encore fort difficile à éviter.

<h3 style="text-align:center">MALADIES DES TENDONS.</h3>

Les lésions spontanées des tendons sont rares. La syphilis peut donner lieu à un épaississement plus ou moins considérable de ces parties. Sur les tendons fléchisseurs des doigts on a observé quelquefois des indurations fibreuses décrites par M. Notta (*Archives,*

1850) d'après les leçons de M. Nélaton. Ces nodosités, qui tiennent à un engorgement du cul-de-sac de la synoviale, sont analogues aux indurations observées dans les hydarthroses anciennes du genou au niveau du point où la synoviale se replie pour passer de la surface de l'os à la face interne de la capsule.

Dans la flexion, les mouvements sont arrêtés, le cul-de-sac tuméfié de la synoviale ne peut franchir l'orifice inférieur de l'arcade fibreuse; mais l'effort continuant, l'obstacle est franchi brusquement. Il en est de même dans l'extension, et il se produit alors un soubresaut, qui a fait donner à cette lésion par M. Nélaton le nom de *doigts à ressort.* Ces quelques faits eux-mêmes présentent encore une certaine obscurité; l'histoire des lésions traumatiques des tendons est, au contraire, riche de données cliniques.

Les plaies exposées des tendons ont donné lieu à quelques recherches publiées par Rognetta (*Archives*, 1834) et Mondière (*Archives*, 1837). Les conséquences de ces plaies sont très-variables suivant leur étendue et le point qu'elles occupent; mais surtout suivant que ces plaies suppurent ou qu'elles se réunissent par première intention; dans le premier cas, on doit redouter l'exfoliation du tendon, et cependant il n'est pas exact d'admettre, comme on l'a cru pendant longtemps, qu'un tendon exposé à l'air s'exfolie nécessairement. Dans certains cas, en effet, après quelques jours de suppuration, on voit les tendons se recouvrir de bourgeons charnus, et se cicatriser dans une situation plus ou moins vicieuse.

Plaies
des tendons.

S'il n'y a pas de suppuration, et si les deux bouts ont été convenablement rapprochés, il peut se faire une sorte de réunion immédiate. La réunion des deux bouts peut avoir lieu aussi à l'aide d'un tissu intermédiaire, dont l'évolution a surtout été bien étudiée à l'occasion des plaies sous-cutanées, produites dans un but opératoire. Nous ne voulons pas nous occuper ici de la *ténotomie,* en tant que méthode opératoire : cette question sera traitée dans un autre chapitre; nous devons cependant dire quelques mots de la physiologie pathologique des plaies tendineuses sous-cutanées.

Stromeyer n'avait que des notions fort incomplètes sur la régénération des tendons, et c'est surtout aux travaux d'Ammon (1837), de MM. Vincent Duval, Bouvier (*Mémoires de l'Académie de médecine*, 1838), Jules Guérin (1838-1839, etc.), que nous devons de bien connaître les phénomènes de cette régénération tendineuse. Les autopsies chez l'homme, mais surtout les expériences sur les animaux ont permis d'établir, d'une façon assez nette, plusieurs points de l'histoire de la cicatrisation des tendons. Les recherches de M. Phillips (*Ténotomie sous-cutanée*, 1841), de Bonnet (de Lyon) (*Sections tendineuses*, 1841), de W. Adams (London, 1860), de Jobert (de Lamballe) (*Académie des sciences* et *Traité de la réunion en chirurgie*, 1865), méritent également d'être signalées, comme ayant contribué à éclairer cette question.

Voici les résultats principaux aujourd'hui à peu près généralement admis. Après la section, les deux bouts du tendon se rétractent dans la gaîne que l'instrument tranchant respecte presque toujours en grande partie. Il se produit dans la gaîne un épanchement de sang plus ou moins considérable, quelquefois presque nul. La présence du sang, considérée autrefois par M. Vincent Duval, plus tard par M. Pirogoff (1840) comme pouvant favoriser la régénération tendineuse, doit au contraire être regardée comme essentiellement nuisible à cette réparation. Dans son dernier travail Jobert (de Lamballe) a voulu remettre, au moins en partie, en honneur cette manière de voir; mais ce qui a été vu par l'ensemble des observateurs de notre époque ne s'accorde pas avec une semblable opinion.

Les parties voisines de l'opération deviennent plus vasculaires, et particulièrement la gaîne du tendon; celle-ci s'infiltre d'une matière plastique et s'épaissit. M. Follin a bien nettement exposé l'évolution de cette réparation. Le blastème qui infiltre la gaîne est, dit-il, constitué par le dépôt d'un très-grand nombre de noyaux

ovalaires et de granulations amorphes, comme on en voit dans les
tissus qui se régénèrent ; il se développe bientôt aussi dans ce blastème des vaisseaux capillaires. Ces noyaux s'allongent peu à peu
et donnent au niveau tissu une apparence fibroïde. Dans la gaîne,
il se forme ainsi, par une polifération de noyaux, un faisceau
fibreux qui réunit les deux bouts du tendon divisé. Ce nouveau
tendon a d'abord une consistance molle, homogène ; mais plus
tard il perd de sa vascularité et devient grisâtre, translucide, facile
en tout cas à distinguer des portions anciennes du tendon, pendant
un temps assez long. Les bouts du tendon divisé n'exercent pas
d'abord d'influence sur cette regénération, mais plus tard ces bouts
se gonflent, et on voit dans leur épaisseur des stries fines d'un gris
transparent qui les ont pénétrés et qui font suite au tendon de formation nouvelle. Plus tard ce renflement des bouts disparaît, et
tendons nouveau et ancien reviennent au même calibre. Enfin la
vascularité du tendon nouveau continue à diminuer, sa densité
augmente, et le dernier terme de cette réparation est la formation
à la surface du tendon nouveau d'une gaîne celluleuse plus ou
moins séparable.

Cette réparation se fait au moyen d'une inflammation adhésive,
qui, très-exceptionnellement, il est vrai, peut passer à l'inflammation suppurative, quoi qu'on en ait pu dire.

Dans les cas où les tendons, au lieu d'être compris dans une
gaîne celluleuse lâche, sont entourés par des coulisses séreuses
denses, la réparation tendineuse se fait d'une façon beaucoup moins
régulière, et dans un grand nombre de ces cas, les bouts du tendon contractent des adhérences avec la gaîne séreuse qui les enveloppe.

Les *ruptures sous-cutanées des tendons*, nous l'avons déjà dit, sont
beaucoup plus fréquentes que les ruptures musculaires.

Cette lésion a été presque toujours observée sur les tendons des
muscles extenseurs du pied et de la jambe ; il est rare qu'elle affecte

les tendons des autres muscles; cependant, en 1838, M. Picard a présenté à la Société anatomique un cas de rupture du tendon du biceps huméral, à un travers de doigt au-dessus du commencement de la coulisse bicipitale. Plusieurs auteurs ont rapporté des faits tendant à établir la fréquence de la rupture du tendon du plantaire grêle. Ces ruptures seraient caractérisées par un ensemble de signes peu en rapport avec le rôle minime que remplit ce petit muscle, et M. Nélaton (*Pathologie chirurgicale*, t. Ier) a fait remarquer que dans ces cas il s'agissait bien plutôt de ruptures musculaires partielles du jumeau interne.

Le tendon d'Achille, celui du crural antérieur et le ligament rotulien ont la plupart du temps fourni le sujet des observations qui ont été recueillies.

Les ruptures du tendon du triceps fémoral ont été étudiées avec soin, en 1842, par M. Demarquay, qui a analysé quatorze faits dans le mémoire qu'il publia dans la *Gazette médicale*. Depuis lors, Baudens étudia la rupture du ligament rotulien (*Gazette médicale*, 1851); mais ce fut en 1858 que parut le travail le plus complet sur ce sujet. Le mémoire que M. Binet (de Genève) a inséré dans les *Archives de médecine*, repose sur l'analyse de quarante-sept cas de rupture. dont vingt-quatre ont porté sur le tendon du triceps fémoral et vingt-trois sur le ligament rotulien. Ces ruptures ont lieu le plus souvent pendant une contraction musculaire énergique, destinée à prévenir une chute. Presque toujours la contraction musculaire dans ce cas est instinctive : cependant la rupture peut se produire à la suite d'une contraction volontaire, ainsi que cela a été observé par J.-L. Petit et Sédillot.

La rupture du tendon rotulien est habituellement simple; elle peut être double, comme dans le fait de Saucerotte (*Mélanges de chirurgie*, 1801).

La rupture du tendon du crural antérieur se ferait, d'après l'analyse des faits réunis par M. Binet, le plus souvent au voisinage de la rotule. Quant au ligament rotulien, il se romprait habituellement près de l'une de ses deux insertions. Enfin, M. Binet a cru pouvoir établir que les ruptures sous-rotuliennes s'observent surtout chez les jeunes sujets, et les ruptures sus-rotuliennes chez les individus déjà parvenus à un âge assez avancé.

MALADIES DES NERFS.

Les lésions chirurgicales des nerfs sont rares; elles ont pour siége principal les nerfs rachidiens, et parmi ceux-ci plus particulièrement les nerfs des membres. Peu connues des chirurgiens anciens, elles ont été à notre époque, à l'étranger comme en France, l'objet d'importantes études, et les progrès de la physiologie du système nerveux ont permis de mettre en lumière certains points de l'histoire de ces intéressantes lésions, jusque-là restés sans explication. Aucune autre partie de l'étude des maladies chirurgicales n'est capable de faire mieux saisir les rapports intimes qui peuvent unir les connaissances de physiologie et de pathologie; en ce qui concerne le système nerveux, ces deux sciences s'éclairent mutuellement, à ce point que la vérité ne peut être que là où l'une confirme les résultats de l'autre.

Les *lésions traumatiques* des nerfs présentent des degrés fort divers, depuis le plus simple ébranlement jusqu'au broiement le plus complet. Les nerfs sont exposés à toutes les lésions qui affectent les autres tissus de l'économie; mais, en raison de leur texture, ils peuvent être altérés par la cause souvent la plus légère en apparence.

La commotion, la contusion, la compression, la distension, les plaies plus ou moins complètes, peuvent entraîner des troubles dans le fonctionnement régulier des nerfs.

La *commotion* des nerfs, c'est-à-dire une altération moléculaire survenant à la suite d'un ébranlement plus ou moins violent, et se traduisant par un trouble fonctionnel, sans désordres anatomiques

Lésions
traumatiques
des nerfs.

appréciables à nos sens, existe-t-elle? Quelques faits, dans lesquels les troubles ont été fort passagers, conduisent à admettre l'existence de la commotion des nerfs; cependant il est probable que dans la plupart des cas il existe un certain degré de contusion.

La *contusion* des cordons nerveux peut être produite par un choc direct sur un nerf longeant un plan résistant; souvent aussi par des corps étrangers, qui ont été introduits dans les parties molles. Tout le monde connaît l'observation citée par Dupuytren d'un individu mort du tétanos, et dans le cubital duquel on trouva une mèche de fouet. Mais quelles sont les lésions anatomiques qui déterminent les troubles que l'on observe après la contusion? Vraisemblablement, il existe un certain degré de dérangement dans la continuité des tubes nerveux; mais nous savons peu de chose sur ce point. M. Tillaux, à l'occasion de sa thèse d'agrégation (1866), a tenté quelques expériences sur ce point et a obtenu des résultats qui méritent d'être signalés. Il a produit des contusions plus ou moins violentes, soit sur des nerfs mis à nu, soit sur des nerfs protégés par les parties molles extérieures, et M. le docteur Legros s'est chargé de faire l'examen microscopique de ces lésions. A la suite de presque toutes ces expériences, on a constaté des hémorragies dans l'intérieur de la gaîne. Dans quelques points les tubes nerveux étaient complétement rompus, et après trois ou quatre jours on ne voyait aucune trace d'un effort de réparation, et il existait déjà au-dessous des points contus et dans tout le bout périphérique du nerf un certain degré de dégénérescence graisseuse.

La *compression* des nerfs, bien constatée de tout temps, n'a été bien étudiée que dans ces dernières années par MM. Bastien et Vulpian (*Sur les effets de la compression des nerfs. — Gazette médicale*, 1855). Ces observateurs ont bien analysé ce qui se passe durant la compression des nerfs. Au début on éprouve des fourmillements, des picotements, des fausses crampes; ce stade dure environ dix minutes, et il n'existe encore aucune altération nette de la sensibilité ou de la motilité; mais si la compression continue, on arrive à un stade d'hyperesthésie. La sensibilité du tact, du chatouillement, de la température, s'exalte, etc. mais il n'y a encore rien dans les muscles. Enfin, dans un dernier stade, l'hyperesthésie disparaît des parties superficielles aux parties profondes, et est remplacée par l'anesthésie et la paralysie musculaire. Si l'on cesse la compression, ces phénomènes persistent encore quelque temps, puis successivement le mouvement et les diverses espèces de sensibilité reviennent à l'état normal, et à la fin du dernier stade de la période de retour, d'après MM. Bastien et Vulpian, il se produit une invasion rapide et centrifuge de froid.

La compression peut agir d'une manière permanente, et alors elle donne lieu à des phénomènes de paralysie, quelquefois aussi à des névralgies les plus intenses, comme dans le cas très-remarquable publié par M. Ollier en 1865 (*Académie de médecine*). Le nerf radial était emprisonné dans un canal osseux accidentel, à la suite d'une fracture de l'humérus. Le diagnostic fut établi à l'aide des caractères fournis par la douleur et la paralysie des muscles, puis M. Ollier ouvrit le cal à l'aide de la gouge et du maillet dans l'étendue de 5 centimètres, dégagea le nerf radial, et les accidents ne tardèrent pas à disparaître.

Les cordons nerveux peuvent être *distendus*, et même *déchirés* et *arrachés*, si la traction continue à agir pendant un temps suffisant. M. Tillaux a rapporté dans sa thèse quelques expériences qu'il a entreprises, de concert avec M. Lannelongue, pour se rendre compte de la résistance des nerfs à la traction. Sur des cadavres frais il a dénudé les nerfs sciatiques au niveau du creux poplité; puis il a coupé toutes les parties du membre, de façon que la jambe ne soit plus rattachée à la cuisse que par le tronc nerveux. Des tractions ont alors été faites sur la jambe et parallèlement à l'axe du membre. La force de traction nécessaire pour amener la rupture, mesurée au dynamomètre, a varié entre 54 et 58 kilogrammes. Des tractions analogues ont été exercées au bras, sur le médian et le cubital; pour rompre chacun d'eux, la force déployée a varié entre

20 et 25 kilogrammes; pour les rompre tous deux à la fois, une traction de 39 kilogrammes a été nécessaire.

Un autre fait intéressant a été mis en lumière par ces expériences : il semblerait bien évident que chaque nerf a un lieu d'élection pour sa rupture. Ainsi les expériences montrent que le nerf sciatique se déchire dans un point plus élevé que les autres parties molles; le lieu d'élection de sa rupture est à la sortie du bassin. Des faits cliniques, dont l'un appartient à M. Jarjavay, l'autre à M. Tillaux, confirment ces données de l'expérimentation.

Dans un grand nombre de cas, la rupture des nerfs s'observe en même temps que de grands délabrements des téguments et des autres parties molles; mais quelquefois ces parties sont tout à fait intactes. Des faits de ce genre ont été surtout observés à la suite des réductions des luxations de l'épaule, et M. Empis, dans sa thèse, en a réuni plusieurs qui appartiennent à Flaubert (de Rouen). Dans l'un deux, les nerfs du plexus brachial furent trouvés arrachés à leur implantation à la moelle.

Les *plaies des nerfs* sont fréquentes. Les simples piqûres peuvent produire des accidents fort graves; quant à leurs sections, elles sont quelquefois très-nettes, d'autres fois les bouts sont plus ou moins contusionnés.

M. Charles Londe, dans une thèse importante publiée en 1861 (*Recherches sur les névralgies consécutives aux lésions des nerfs*), a dressé un tableau intéressant de l'ordre de fréquence dans lequel sont atteints par ces lésions les différents nerfs du corps.

Dans toutes les lésions que nous venons de passer en revue, la continuité du tube nerveux peut être interrompue d'une façon plus ou moins complète, et des troubles variés en sont la conséquence; mais ces divers troubles peuvent disparaître, ce qui a conduit à penser qu'il devait se produire dans ces cas un certain travail de réparation. La connaissance exacte des phénomènes qui se succèdent dans ces circonstances, est du plus haut intérêt, et

elle est de date toute récente. C'est à l'occasion des divisions complètes des nerfs que ces phénomènes ont été surtout bien étudiés.

Que se passe-t-il donc lorsqu'un nerf a été complétement divisé?

Ici se place la question de la *régénération* du tissu nerveux. Des
tubes nerveux peuvent-ils rétablir la continuité entre les deux
bouts d'un nerf divisé? Oui, quel que soit le nerf, moteur sensitif,
ou dépendant du grand sympathique.

La régénération des nerfs était complétement niée par les physiologistes et les chirurgiens jusque vers la fin du siècle dernier,
et Louis avait composé un long mémoire pour combattre l'opinion
de Boerhaave, qui, dans ses *aphorismes,* avait émis l'opinion de la
possibilité de la régénération des nerfs.

En 1776, Cruikshank posa la question et fournit des preuves
anatomiques à l'appui de la régénération du tissu nerveux ;
Haigton (1795) chercha dans la physiologie de nouvelles raisons
d'appuyer cette opinion. Il coupa les deux pneumo-gastriques à un
chien, et l'animal succomba rapidement; sur un second chien, il
coupa un seul nerf pneumo-gastrique, l'animal se rétablit; six semaines après il coupa l'autre nerf pneumo-gastrique, et l'animal
recouvra encore la santé. Puis, pour démontrer que l'innervation
ne s'était pas rétablie par des anastomoses périphériques du premier nerf coupé, il coupa sur le même chien les deux pneumo-
gastriques, et l'animal mourut : la démonstration était évidente.

Depuis cette époque, Meyer, M. Descot (*Thèse,* 1825), qui
reproduisit principalement les idées de Béclard, firent connaître
des résultats à peu près analogues.

Mais il faut arriver au travail de C. Steinrueck (Berlin, 1838),
qui résuma la question, et l'entoura d'un ensemble considérable
de preuves. Depuis lors, la régénération des nerfs ne fut plus niée ;
mais avant cette époque elle l'avait été par Richerand, Breschet,
Delpech, Magendie. Boyer admettait bien le rétablissement de la

continuité des nerfs, mais par l'intermédiaire d'un tissu de cicatrice, et non par la substance nerveuse.

Steinrueck a bien étudié les phénomènes de la cicatrisation d'un nerf sectionné. De la lymphe plastique s'épanche entre les deux bouts et les agglutine; le bout supérieur, en continuité avec la moelle, s'hypertrophie sous forme de nodosité; des vaisseaux apparaissent dans cette lymphe plastique et gagnent le bout inférieur, qui s'hypertrophie, mais à un moindre degré que le bout supérieur.

Le névrilème se reconstitue rapidement, et c'est dans cette lymphe plastique qu'apparaissent les tubes nerveux qui vont rétablir la continuité du nerf. Récemment, M. Vulpian a décrit avec soin le développement du faisceau nerveux qui va réunir le bout central au bout périphérique; il pense que les tubes nerveux, qui vont le constituer naissent du bout central. M. Follin admet qu'ils tirent leur origine des deux bouts. Quant à M. Ch. Robin, il professe qu'il se fait une genèse spontanée de tubes nerveux dans le tissu cicatriciel, et que de ce point intermédiaire les tubes nerveux se prolongent vers l'un et l'autre bout.

Après combien de temps se fait cette régénération? Elle a lieu très-rapidement sur les jeunes sujets, mais est beaucoup plus lente chez les sujets adultes. Elle se produit dans une étendue considérable, et MM. Philippeaux et Vulpian (1855) ont vu des pertes de substance de 4 et 5 centimètres être comblées.

Dans quelques cas on observe la réunion par un tissu cicatriciel, sans régénération nerveuse, et, sans nul doute, c'étaient des faits de ce genre qu'avaient rencontrés les contradicteurs de Cruikshank, d'Haigton, de Descot, etc.

Non-seulement les expériences sur les animaux, mais encore la clinique avaient démontré la régénération nerveuse, et les travaux de Steinrueck avaient porté la conviction dans tous les esprits, lorsqu'en 1850 un physiologiste anglais, Waller, fit paraître ses premiers travaux.

On entra dès lors, relativement à l'étude des sections et de la réparation des nerfs, dans une période toute nouvelle.

Jusqu'à Waller on avait examiné ce qui se passait entre les deux
bouts d'un nerf divisé; mais on n'avait pas recherché dans quel
état étaient les bouts eux-mêmes; on ne s'était pas demandé s'ils
étaient modifiés *anatomiquement*.

Quoique, en 1839, Nasse eût observé et décrit les altérations consécutives à la section des grosses branches du sciatique,
M. Cl. Bernard pense qu'à Waller on doit accorder tout le mérite
de la découverte: car, dit-il, « M. Waller a donné le premier une
signification à ce fait que, lorsqu'on coupe un nerf, qu'on le sépare de son centre, il s'altère chez les animaux supérieurs suivant
une direction déterminée. »

Indiquons d'abord rapidement quelles sont les modifications
anatomiques qui surviennent dans les bouts nerveux à la suite de
la section ou de l'excision des nerfs mixtes. « La transparence des
fibres nerveuses diminue; vers le dixième jour, la substance médullaire est comme divisée en segments de longueur variable ; plus
tard, chaque tube nerveux renferme des gouttes d'aspect graisseux,
et après six semaines la matière médullaire est réduite en globules
de faibles dimensions. Après deux ou trois mois, on ne voit plus
dans la fibre nerveuse que des granulations si fines qu'elles ressemblent à une poussière; puis elles finissent par disparaître. Enfin,
la gaîne de Schawn revient sur elle-même, et, en examinant un faisceau de fibres nerveuses primitives, on croirait voir un faisceau de
tissu conjonctif filamenteux. » (VULPIAN.)

M. Waller pense que le cylindre d'axe disparaît constamment;
mais MM. Schiff et Vulpian l'ont retrouvé cinq et six mois après la
section.

Si l'on ne tenait compte que des expériences physiologiques,
cette altération semblerait devoir se produire du centre à la périphérie. En effet, dès 1840, M. Longet en France, MM. Gunther
et Schön en Allemagne, avaient démontré que sur un mammifère

l'excitabilité du bout périphérique d'un nerf mixte commence à diminuer au bout de douze heures environ, et disparaît du centre à la périphérie. L'examen direct a fait voir que l'altération apparaît en même temps dans toute l'étendue du bout périphérique du nerf coupé : ce sont MM. Philippeaux et Vulpian qui ont bien mis ce fait en lumière. M. Waller avait fait remarquer que l'altération portait sur les plus petites ramifications du nerf, résultat qui a été confirmé par les recherches de MM. Krause et Vulpian.

Toutes les fois qu'*une section est pratiquée* sur un cordon nerveux, qu'il soit moteur, sensitif ou mixte, *la dégénération s'empare du bout périphérique*, et tend fatalement à la destruction des tubes nerveux.

Rien de semblable ne se passe dans le bout central.

Mais après la destruction vient la *réparation*. Les tubes dégénérés *se régénèrent*. Sont-ce les anciens tubes qui se régénèrent? sont-ce de nouveaux tubes qui servent à la régénération? La dernière opinion est celle de Waller; d'après ce physiologiste, on ne trouve jamais une fibre nouvelle située dans l'intérieur d'un tuyau ancien. Schiff, qui admet que, pendant la période de dégénération, la membrane limitante et le *cylinder axis* sont conservés, pense que la régénération est marquée par l'apparition d'une substance médullaire nouvelle dans la gaîne de Schawn, autour du *cylinder axis*. M. Vulpian adopte pleinement cette manière de voir, et selon lui il vaudrait mieux appeler ce travail *restauration* que *régénération* des tubes nerveux.

A quel moment, dans quelles conditions commence la *restauration* dans le bout périphérique?

Ce point de physiologie pathologique des sections nerveuses a été complétement étudié par MM. Vulpian et Philippeaux en 1859.

Pour Waller et M. Schiff, la restauration commence dans le bout périphérique, lorsque les tubes nerveux se sont développés dans la cicatrice qui relie les deux bouts. «Avant que la réunion ait eu lieu, dit Waller, et qu'il existe des fibres nouvelles dans la cicatrice, on n'en aperçoit pas parmi les fibres désorganisées. » Ces observations s'accorderaient avec la théorie de Waller, qui considère la substance grise et les ganglions rachidiens comme les centres trophiques ou nutritifs des racines rachidiennes et par conséquent des nerfs mixtes.

Les expériences très-nombreuses de MM. Vulpian et Philippeaux ont démontré que cette réunion n'était pas nécessaire, et qu'un nerf mixte, moteur ou sensitif, complétement séparé des centres nerveux peut se régénérer. Quelquefois, il est vrai, la régénération se fait attendre pendant quatre, cinq, six, sept, dix, douze mois; mais enfin elle a lieu. C'est ce que M. Vulpian a appelé la *restauration autogénique*.

Ces expérimentateurs ont même transplanté des portions d'un nerf sous la peau, et ils ont vu celui-ci subir toutes les phases de la transformation wallérienne. Malgré quelques objections adressées à ces auteurs, ce fait paraît bien établi chez les animaux; mais, jusqu'à ce jour, la restauration autogénique n'a pas été vue chez l'homme.

Nous avons longuement insisté sur les intéressants résultats obtenus par les physiologistes, parce qu'il nous semble qu'il nous était difficile de montrer par un exemple plus saisissant de quelle vive lumière la physiologie peut éclairer la pathologie.

Nous avons vu, en effet, que tout tube nerveux contusionné ou rompu subit fatalement la transformation dégénératrice, après laquelle commence la période de réparation ; or, depuis longtemps, M. Duchenne (de Boulogne) avait observé que, dans les paralysies traumatiques anciennes, les résultats favorables dus à la faradisation s'obtiennent plus rapidement que dans les paralysies récentes. Ce fait, qui dut d'abord paraître paradoxal, est merveilleusement expliqué par les travaux physiologiques modernes. En pareille circonstance, les chirurgiens ne devront donc pas s'étonner de n'obtenir, au début, aucun résultat par ce mode de traitement, s'ils se rappellent surtout que des expériences répétées bien des fois par

M. Waller, M. Brown-Séquard, etc. ont démontré que l'emploi de l'électricité, après la section d'un nerf, n'a aucune influence sur la dégénération du bout périphérique; mais, aussi, ils ne devront pas pour cela considérer comme impossible le rétablissement de la fonction.

La question de la réunion immédiate des nerfs n'a pas été éclairée d'une lumière moins vive par les résultats des vivisections.

Les expériences de MM. Vulpian, Schiff, Eulenberg et Landois, Magnien (*Thèse*, 1866), ont toutes donné des résultats identiques. Malgré le rapprochement exact des deux bouts d'un nerf divisé, ils n'ont jamais vu la fonction se rétablir immédiatement; le plus court espace nécessaire a été de sept jours chez les jeunes animaux. En outre, M. Vulpian affirme n'avoir jamais vu de section nerveuse ne pas s'accompagner de l'altération wallérienne dans le bout périphérique; aussi, la conclusion à laquelle arrivent tous ces physiologistes est « que la réunion immédiate ne se fait jamais entre les deux bouts d'un nerf, si complet que soit l'affrontement. »

Les observations cliniques devraient donner des résultats identiques; cependant, dans ces dernières années surtout, on a cru que la clinique était en désaccord avec la physiologie, et des observations tendant à faire admettre la *réunion immédiate* des nerfs ont été publiées. Deux sont dues à Paget; mais l'examen le plus rapide suffit à démontrer qu'elles ne prouvent rien de ce qu'elles voudraient prouver.

En France, M. Nélaton, qui, le premier (1863), pratiqua la suture d'un nerf sur l'homme, et M. Laugier (1864) ont fait connaître deux cas de suture du nerf médian, dans lesquels ils pensent avoir obtenu la réunion immédiate de ce cordon nerveux et, en même temps, le rétablissement très-rapide de la fonction. Malgré le grand intérêt qu'elles présentent, ces deux observations, qui ont été très-longuement discutées par M. Tillaux, dans sa thèse d'agrégation, ne viennent nullement contredire ce que nous avait appris la physiologie, et, avec ce chirurgien, nous pouvons dire « que chez l'homme la réunion *immédiate* des nerfs n'a, jusqu'à présent, jamais été obtenue. »

Nous devons cependant ajouter qu'au point de vue clinique, les observations de MM. Nélaton et Laugier ont une réelle importance, et les chirurgiens sauront, désormais, qu'avec le secours de la suture nerveuse on peut même faire subir aux nerfs une perte de substance considérable (cas de M. Nélaton : 4 centimètres du médian avaient été réséqués) sans abolir définitivement la fonction.

Des progrès considérables ont été aussi, grâce encore à ceux de la physiologie, accomplis dans l'étude symptomatologique des lésions traumatiques des nerfs. Les troubles de la sensibilité sont des plus variables : elle peut être abolie, diminuée, augmentée ou pervertie. La sensibilité est augmentée surtout à la suite des piqûres et des sections incomplètes ; les névralgies qui sont la conséquence de cette perturbation ont été bien étudiées dans la thèse de M. Charles Londe.

Les troubles de la motilité, ceux des fonctions de nutrition, ont aussi donné lieu à des recherches intéressantes. Les effets de ces derniers se traduisent du côté du système musculaire : la fibre musculaire s'altère, passe à l'état graisseux, et perd son excitabilité ; ou du côté de la peau, sous forme d'éruptions, d'ulcérations, etc. A la suite d'une section du médian, M. Gosselin a observé chez l'un de ses malades des ulcérations très-tenaces à la face palmaire du médius et à la face dorsale de l'index. Ces faits de la clinique viennent encore confirmer le résultat des expériences physiologiques : car, il y a déjà bien longtemps, M. Longet avait vu, plusieurs mois après la résection du nerf sciatique, la patte d'un chien se couvrir de plaques gangréneuses.

La connaissance des lésions organiques des nerfs est de date récente. Odier (de Genève), en 1803, créa le nom de *névrômes* pour désigner des tumeurs qui avaient des rapports avec les troncs nerveux. Jusqu'à une époque très-rapprochée de nous, on a cru que

Lésions organiques des nerfs.

ces tumeurs étaient une forme de cancer, et Descot (1826), dans sa thèse, a reproduit cette idée.

Aujourd'hui, on doit désigner sous le nom de *névrôme* toute tumeur située sur le trajet d'un nerf et constituée soit par du tissu fibreux, soit par un tissu nerveux de formation nouvelle. Les premières ne sont réellement que des fibrômes des nerfs, les secondes mériteraient seules le nom de *névrômes*. Ce sont les *névrômes hyperplasiques* de Virchow.

Les principaux travaux publiés sur les névrômes sont, en France, ceux de Aronhson (1822), Descot (1826). M. Houel (*Mémoires de la Société de chirurgie*, t. III), en 1856, décrivit un cas fort remarquable de névrômes multiples, sur lequel M. Lebert fit un intéressant rapport. M. Verneuil, dans les *Archives* (1861), a inséré plusieurs observations propres à servir à l'histoire des altérations locales des nerfs, et les *Bulletins de la Société anatomique* renferment aussi plusieurs faits dignes d'attirer l'attention.

A l'étranger, les travaux de Smith (1849), Furher (1856), Wolkmann (1857), Weissmann (1859), Virchow (1863), ont contribué à élucider plusieurs points importants de cette question.

Les fibrômes des nerfs se développent aux dépens du tissu conjonctif du nerf. Tantôt la tumeur prend naissance sur le névrilème (névrôme *périphérique* de Lebert), d'autres fois aux dépens des cloisons émanant du névrilème (névrôme *interfibrillaire* de Lebert). Dans ce dernier cas, le nerf s'éparpille à la surface de la tumeur fibreuse.

MM. Lebert, Robin, Broca, Verneuil, ont souvent fait l'analyse micrographique de ces tumeurs. Elles sont formées par du tissu lamineux condensé, mélangées à de fines granulations moléculaires. Habituellement, les tubes nerveux sont épars ou disséminés à la surface de la tumeur ou la traversent par faisceaux isolés.

Dans le cas de névrômes multiples, entre les diverses tumeurs, selon Smith, les nerfs décriraient des flexuosités serpentines.

En France, c'est M. Serres (*Académie des sciences*, 1845) qui, le

premier, a attiré l'attention sur les cas de névrômes multiples;
seulement, cet auteur commit une erreur d'interprétation, en considérant ces tumeurs comme une transformation ganglionnaire générale du système nerveux. Déjà, en Allemagne, Schiffner avait
publié des faits de cette nature, et, depuis lors, Bischoff, Smith,
Morel-Lavallée, M. Houel, Bauchet, etc. en ont fait connaître plusieurs exemples remarquables. Le nombre de ces tumeurs a pu
quelquefois dépasser deux mille.

Les *névrômes nerveux*, qui sont constitués par une hyperplasie
des éléments nerveux du nerf, existeraient, selon Virchow, non-
seulement sur le trajet des cordons nerveux, mais encore dans le
système nerveux central.

C'est principalement dans les névrômes d'amputation que l'on a
vu se développer un tissu nerveux de nouvelle formation ; mais on
peut aussi observer cette production dans la continuité des nerfs
céphalo-rachidiens et sur les branches du grand sympathique,
d'après Virchow.

Les dernières extrémités des nerfs sont aussi sujettes à cette hyperplasie, et MM. Depaul et Verneuil en ont publié deux observations importantes. Dans ces deux cas, les derniers filets nerveux de
la région (nuque et prépuce) étaient allongés, contournés sur eux-
mêmes, comme des pelotons variqueux. Ils présentaient à leurs
extrémités beaucoup d'anastomoses, et offraient sur leur trajet des
renflements analogues à des ganglions. M. Verneuil a donné le nom
de *plexiformes* à ces névrômes.

Les névrômes d'amputation donnent parfois lieu à des accidents
terribles: aussi la possibilité de leur apparition est-elle devenue un
sujet de préoccupation pour les chirurgiens. Beaucoup d'explications ont été proposées pour donner la raison des douleurs si vives
que provoquent parfois ces productions accidentelles; la plus vraisemblable, et celle qui repose sur les faits les mieux observés, appartient à M. Verneuil. Dans l'opinion de ce chirurgien, le départ
de tous ces accidents se trouverait dans la compression du névrôme

entre le lambeau et les extrémités osseuses; aussi a-t-il cru pouvoir formuler les deux propositions suivantes, relativement au mode d'amputation à mettre en usage pour éviter cette complication tardive : « Toutes les fois que l'extrémité d'un moignon sera destinée à supporter une pression continue, il faudra rejeter les procédés à lambeaux, lorsque l'inflexion de ces derniers placera de gros troncs nerveux dans une situation telle que leur renflement terminal aura à supporter cette pression... Les procédés opératoires pourront être conservés, à la condition qu'on reséquera, dans une certaine étendue, les gros troncs nerveux dont la conservation pourrait amener les accidents précités. »

Le *cancer* ne se développe pas primitivement dans les nerfs : c'est sous la forme de cancer secondaire qu'il se montre dans ces organes. A peine, aujourd'hui, pourrait-on opposer une ou deux exceptions à cette règle.

Le cancer secondaire gagne les nerfs tantôt par contiguïté de tissu, tantôt sous l'influence de la généralisation de la maladie cancéreuse. Toutes les variétés du cancer ont pu être rencontrées sur les nerfs. Dans un mémoire publié en 1863 (*Mémoires de la Société de biologie*) sur la production des tumeurs épithéliales dans les nerfs, M. Cornil a décrit, avec beaucoup de soin, les altérations des névrômes cancéreux.

Tétanos traumatique.

Les publications sur le *tétanos traumatique* sont très-nombreuses; mais, malgré ce nombre de travaux, l'histoire du tétanos est fort peu avancée.

Depuis longtemps on a recherché avec soin les lésions anatomiques du tétanos, et l'on n'est arrivé jusqu'à ce jour à aucun résultat satisfaisant. On a cru que l'on pouvait rattacher le tétanos à une lésion des nerfs, et l'on s'est appuyé sur un fait observé par Dupuytren, dans lequel ce chirurgien avait trouvé engagée dans le nerf cubital d'un individu mort du tétanos une mèche de fouet, et sur une autopsie d'un autre tétanique, dans laquelle M. Jobert (de Lamballe) avait constaté une rougeur et une injection insolites de tous les nerfs.

Dans le tétanos, les lésions des muscles consistent dans des ruptures et des épanchements sanguins.

En 1859, M. Demme a signalé quelques lésions histologiques du tissu nerveux, observées à la suite du tétanos. Les éléments de la substance blanche de la moelle avaient subi une abondante prolifération, et il existait, en outre, une hypérémie très-marquée des vaisseaux.

Tous ces résultats des autopsies demandent à être confirmés par de nouvelles recherches.

Nous voulons mentionner ici une expérience fort curieuse de M. Brown-Séquard, expérience dont le résultat pourrait peut-être fournir aux chirurgiens des indications pour le traitement du tétanos traumatique. Ce physiologiste enfonce un clou dans le pied d'un animal sur le trajet connu d'un nerf, et détermine ainsi des accidents tétaniques ; il coupe alors le tronc du nerf au-dessus de la plaie, et tous les accidents disparaissent. Cette expérience démontre bien que le tétanos appartient à l'espèce des *contractures réflexes*, la contracture ne limitant plus son effet à un seul groupe de nerfs, mais envahissant alors presque tous les muscles du corps.

MALADIES DES ARTÈRES.

La plus petite incision pratiquée sur nos tissus donne lieu à une hémorragie plus ou moins abondante; mais les plaies des grosses artères, dont l'histoire nous importe ici, sont assez rares : ce qui peut s'expliquer par la situation profonde des gros troncs artériels, et aussi par la résistance qu'ils sont susceptibles d'opposer aux violences venues du dehors, en raison de l'élasticité et de la solidité de leurs parois.

C'est à notre illustre J.-L. Petit (*Mémoires de l'Académie des sciences,* 1731, 1732, 1735) que revient l'honneur d'avoir démontré par quel mécanisme la nature suspend les hémorragies, dans les cas de blessures soit partielles, soit complètes des artères. Quoique les travaux de Morand, de Pouteau, de Jones, de Béclard, de M. Manec, aient pu modifier, dans certains points, la théorie qu'il avait émise, elle n'en subsiste pas moins aujourd'hui dans tout ce qu'elle a d'essentiel.

L'histoire des plaies artérielles est d'une très-haute importance pratique, aussi ce point de science a-t-il fixé l'attention d'un grand nombre de chirurgiens. J.-L. Petit, Morand, Pouteau, Callisen, White, Goock, Kirkland, J. Bell, Jones, Béclard, Guthrie, Travers, Hogdson, Sanson, Bérard aîné, Amussat, Kock (de Munich), MM. Cruveilhier, Velpeau, Manec, Notta, Nélaton, etc. ont contribué à résoudre et à éclairer plusieurs points de cette intéressante question.

Les piqûres des artères peuvent varier de gravité suivant le volume de l'instrument. Si la piqûre est grosse et qu'il s'agisse d'une artère volumineuse, il peut survenir une hémorragie promptement mortelle.

Si l'instrument est très-délié, on peut l'enfoncer impunément dans une artère de gros calibre, et M. Maisonneuve, ayant plongé des aiguilles à acupuncture dans la poplitée de plusieurs animaux, n'a vu survenir aucun accident. Chez les animaux encore, M. Velpeau a constaté qu'en traversant les artères avec des aiguilles fines qu'on laisse à demeure, on détermine un travail de coagulation dans le vaisseau.

Les plaies en travers des artères peuvent intéresser toute l'épaisseur du vaisseau, ou seulement le quart, le tiers, la moitié de son diamètre.

Dans les cas de division complète, quels sont les moyens employés par la nature pour faire obstacle à l'écoulement du sang? J.-L. Petit, nous l'avons déjà dit, a, le premier, saisi tout le mécanisme du fait hémostatique. J.-L. Petit fit jouer le rôle capital à la formation du caillot, et il donna le nom de *couvercle* à la partie du *coagulum* qui entoure les bouts du vaisseau, et celui de *bouchon* à celle qui occupe sa cavité.

Morand admit que les fibres circulaires du vaisseau se resserraient et servaient à emprisonner le caillot et à le fixer.

Pouteau rejeta ces idées, et professa que l'arrêt du sang était dû à la tuméfaction des parties environnantes. Pour lui, la rétraction vasculaire n'existait pas, et le caillot ne jouait aucun rôle dans l'hémostase.

Goock, Kirkland, Withe, John Bell, n'admirent pas l'influence du caillot intérieur, et la doctrine de J.-L. Petit fut grossièrement et injustement attaquée par ce dernier.

Jones déduisit de ses expériences une théorie à laquelle se rangèrent, en France, Béclard et Sanson. Les expériences de Béclard présentaient, d'ailleurs, une précision beaucoup plus grande que celles du chirurgien anglais. Ils admirent que le sang qui jaillit s'infiltre dans la gaîne, et que sa coagulation est encore favorisée par la formation d'un autre caillot dans le tissu cellulaire extérieur. C'est là le premier obstacle à l'hémorragie. Il se forme ensuite un autre caillot interne, qui ne contracte d'adhérence qu'au voisinage de l'orifice ; puis l'extrémité coupée de l'artère s'enflamme, sécrète une lymphe plastique, dont le caillot externe empêche l'effusion au dehors. Cette lymphe remplit l'extrémité du vaisseau, et adhère intérieurement à la tunique interne : ce qui constitue un nouvel et bien plus puissant obstacle à l'hémorragie. Enfin, à l'extérieur de l'artère et même entre ses tuniques, il s'épanche encore de la lymphe plastique ; toutes ces parties s'épaississent, se confondent, l'artère se trouve oblitérée et finit par être réduite à un cordon fibreux qui, lui-même, se résout en tissu cellulaire et ne peut plus être distingué des parties environnantes.

Aujourd'hui, grâce aux travaux de Porta (1845), de M. Notta (de Lisieux) (1850), nous savons que le caillot est le principal agent de l'hémostase, et nous sommes ramenés, après plus d'un siècle, à l'opinion professée par J.-L. Petit ; mais il faut ajouter que, comme l'avaient démontré les expériences de Jones et de Béclard, d'Amussat et de M. Manec, la sécrétion d'une lymphe plastique oblitérante prend part aussi à la cicatrisation de l'artère.

Nous n'insisterons pas plus longtemps sur ces phénomènes, qui seront étudiés à l'occasion de l'histoire de la méthode de la ligature appliquée aux maladies des artères.

Dans les cas de sections incomplètes, l'écoulement sanguin ne rencontre plus d'obstacles comme il en rencontrait lorsque l'artère, complétement divisée, se rétractait dans sa gaîne celluleuse. Un caillot peut se former sans oblitérer le vaisseau par un prolongement intérieur ; s'il résiste d'abord, il peut s'entourer d'une couche de lymphe plastique, et la plaie peut se cicatriser ; mais cette cicatrice, longtemps après sa production, peut céder et donner naissance à un anévrisme faux consécutif.

Varices artérielles.

On désigne sous le nom de *varices artérielles* l'ampliation considérable des artères en largeur, en longueur, et quelquefois dans une étendue assez grande.

C'est au cuir chevelu que l'on observe le plus souvent ces dilatations serpentines des artères, et il n'a pas été possible, jusqu'ici, de trouver une raison anatomique de cette fréquence. Les artères radiale et cubitale, celles du membre inférieur, ont quelquefois été le siége de cette lésion.

Les artères deviennent grosses comme un tuyau de plume ; puis, s'allongeant, elles sont obligées de devenir flexueuses.

Les parois artérielles sont à peu près normales, et l'on n'a pas pu trouver, dans la disposition anatomique, les raisons de cette ampliation.

Cette maladie a été décrite avec beaucoup de soin par Pelletan (*Clinique chirurgicale*, 1810) ; Dupuytren créa le nom de *varice artérielle*, désignation qui exprime mieux le caractère flexueux de cette singulière forme de dilatation des artères que celle d'*anévrisme cirsoïde*, employée par Breschet, qui a publié sur ce sujet un mémoire dans lequel il a réuni un certain nombre de faits intéressants (*Mémoire sur les anévrismes*, 1834).

En 1851, M. Robert fit paraître sur les varices artérielles un travail qui mérite d'être consulté. En 1858, ce même chirurgien communiqua à la Société de chirurgie l'observation d'un malade auquel il donnait des soins pour des varices du cuir chevelu ; dans ce point il existait des ulcères qui fournissaient incessamment du sang. Ce malade avait été opéré, quarante ans auparavant, par Dupuytren, qui, en 1818, lui avait lié la carotide primitive droite. A la suite de cette première opération, les hémorragies graves avaient disparu, et les ulcérations, à la surface de la tumeur, s'étaient cicatrisées. M. Robert pratiqua la ligature de la carotide gauche en 1858 : aucun accident immédiat ne survint, les accidents locaux disparurent ; mais, peu de temps après, le malade mourut subitement. Cette présentation de M. Robert donna alors lieu à une discussion importante, dans laquelle la question du traitement des varices artérielles fut surtout envisagée avec grand soin.

En 1851, à Montpellier, M. F.-M. Verneuil soutint une bonne thèse sur ce sujet. Robert et M. F.-M. Verneuil ont cité des cas dans lesquels les varices, se développant au voisinage d'os sous-jacents, comme au crâne, ceux-ci étaient creusés de sillons et d'anfractuosités très-profonds. Dans un cas dû à M. F.-M. Verneuil, il existait même une perforation des os du crâne. Enfin, en 1857, M. Decès (de Reims), dans sa dissertation inaugurale, a étudié avec soin plusieurs des indications du traitement de cette maladie. Quelques-unes des observations contenues dans ce travail ont bien établi ce fait intéressant que, lorsque la tumeur centrale, formée par un amas plus ou moins considérable de petites varices artérielles a disparu, les artères flexueuses et dilatées qui en partent peuvent reprendre peu à peu leur volume primitif. Signalons encore le mémoire sur les *varices artérielles des membres.* publié par M. Cocteau dans les *Archives de médecine* (1866).

ANÉVRISMES.

Les premières notions sur les anévrismes chirurgicaux remontent à l'antiquité la plus reculée; mais ce n'est qu'à la fin du siècle dernier, et dans les vingt premières années de ce siècle, que de nombreux et importants travaux dus aux chirurgiens anglais, italiens et français nous ont appris à distinguer les différentes formes d'anévrismes et le mode de rétablissement de la circulation après la ligature des artères. Les travaux de W. Hunter (1757 à 1762) forment, pour ainsi dire, le point de départ de cette période; puis Armiger (1771), E. Home (1793), Travers (1813-1818), Lawrence (1814), Hogdson (1815), Crampton (1816), Turner (1826), Wardrop (1828), payent en Angleterre un large tribut à l'histoire des anévrismes. En Italie, le livre de Scarpa (Pavie, 1804) fut un véritable monument élevé à la science; cet illustre chirurgien, dans des mémoires publiés plus tard, fit connaître de nouveaux résultats de ses recherches. En France, Lauth (1785), Deschamps (1797), Deguise (1802), Maunoir (1802), Pelletan, (*Clinique chirurgicale*, 1810), Roux (*Médecine opératoire*, 1813), Ribes (1816), Delpech (1823), Casamayor (1825), Dupuytren (1828), Ph. Bérard (1826-1830), Velpeau (1831), Breschet (1833), publièrent des travaux qui ont contribué à élucider divers points de l'importante question des anévrismes.

Tous ces travaux n'étaient que partiels; mais, il y a dix ans à peine, la littérature française s'est enrichie d'un livre remarquable, le plus complet qui ait jamais été publié sur la matière. (Broca, *Traité des anévrismes*, 1856.)

A côté de cet important ouvrage, nous devons encore citer quelques travaux parus dans ces vingt dernières années, tels que la thèse de M. Morvan (1847), le mémoire de M. Chassaignac (*Archives*, 1851), les articles de Roux (*Quarante années de pratique chirurgicale*, 1855), l'excellente thèse de M. Henry (de Nantes)

(1856), dans laquelle sont reproduites les principales idées de
M. Nélaton sur l'anévrisme artérioso-veineux, les articles de M. Follin
(*Pathologie externe*, t. II), de M. Richet (*Dictionnaire de médecine et
de chirurgie pratiques*, 1865), celui de M. Lefort (*Dictionnaire encyclopédique*, 1866).

A notre époque, les chirurgiens français ont restreint le nombre
des tumeurs qui devaient être classées parmi les anévrismes. Ils
ont surtout cherché à donner à ce mot une précision plus grande,
qui seule permettait d'établir une classification plus correcte. Dans
son livre, M. Broca donne de l'anévrisme la définition suivante :
« *une tumeur circonscrite, pleine de sang liquide ou concrété, communi-*
« *quant directement avec le canal d'une artère et limitée par une mem-*
« *brane qui porte le nom de* sac. » Il élimine ainsi les anévrismes
diffus dépourvus de sac formé par une membrane propre.

Basée presque uniquement sur les résultats fournis par l'anatomie pathologique de ces tumeurs, tout en tenant compte des
diverses circonstances étiologiques qui les ont produites, cette
classification, si elle offre encore quelques points en litige, s'a-
dapte cependant assez bien à la thérapeutique des anévrismes.
On admet aujourd'hui deux grandes classes principales d'anévrismes, les *artériels* et les *artérioso-veineux*. Chacune d'elles se
subdivise à son tour en anévrismes spontanés et anévrismes traumatiques.

La distinction entre les anévrismes artériels et artérioso-veineux
est ancienne, puisqu'en 1762 W. Hunter avait su deux fois reconnaître les caractères de la communication de l'artère avec la
veine; mais l'histoire de ces derniers était aussi incomplète que
leur thérapeutique incertaine.

Bientôt de nombreux faits, dus à Boyer, Dupuytren, A. Bérard,
Rodriguez, M. Nélaton, viennent enrichir la science. La physionomie
toute spéciale de ces tumeurs se dessine mieux, et la physiologie
pathologique qui leur est appliquée se charge d'expliquer la résistance qu'offraient ces anévrismes aux divers traitements employés.

Lorsqu'on jette un coup d'œil sur l'histoire symptomatique des anévrismes, telle que nous l'a léguée Scarpa (1804), et qu'on lit encore aujourd'hui l'ouvrage de Boyer à ce sujet, on ne tarde pas à reconnaître combien a été précieuse l'application de la découverte de Laennec à l'étude clinique des anévrismes.

L'auscultation pratiquée sur une de ces tumeurs permet à l'oreille de percevoir un bruit de souffle, vaguement indiqué par quelques chirurgiens anciens, mais dont les caractères d'intensité, de timbre, de continuité ou d'intermittence sont parfaitement connus et raisonnés aujourd'hui.

Unique dans les anévrismes ayant pour siége les artères des membres, il serait, au dire de M. Gendrin, double dans les poches occupant les grosses artères. Il coïncide avec la diastole artérielle avec le passage du sang du vaisseau dans la cavité de la poche, et il est dû aux vibrations que détermine ce passage sur l'orifice de communication.

Enfin, il est à double courant ou continu-intermittent dans les anévrismes artério-veineux.

La présence du bruit de souffle dans une tumeur pulsatile, située sur le trajet connu d'une artère, permet presque d'affirmer le diagnostic d'anévrisme; et c'est peut-être pour n'avoir pas eu à leur disposition un moyen si précieux que d'illustres chirurgiens, à une époque encore rapprochée de nous, ont pu commettre des erreurs, dont l'aveu qu'ils nous en ont fait ne fait d'ailleurs qu'ajouter à leurs titres de noblesse.

A côté de ces phénomènes locaux, nous devons placer les résultats fournis par l'étude de la circulation périphérique. M. Marey (*Physiologie médicale*, 1863), appliquant le sphygmographe à la recherche des signes de l'anévrisme, a reconnu que la circulation anévrismale déterminait un changement dans la circulation artérielle au-dessous de la tumeur. Il existe en effet une diminution des battements artériels au-dessous de l'anévrisme. Cette diminution de la pulsation dans la portion périphérique de l'artère est due, suivant M. Marey, à l'élasticité de la poche anévrismale; la force qui est perdue pour distendre le sac anévrismal, cause l'affaiblissement de la tension et de la pulsation au-dessous de la tumeur.

Dans les cas où il s'agit de déterminer s'il est question d'une tumeur anévrismale ou d'une tumeur d'une autre nature placée au-devant d'un anévrisme, l'emploi du sphygmographe peut encore singulièrement éclairer le diagnostic. M. Marey a, en effet, démontré que si l'on place le sphygmographe directement sur une poche anévrismale, on obtient un tracé d'une amplitude énorme; si on l'applique, au contraire, sur une tumeur soulevée par un anévrisme, on constate des pulsations même moins fortes que celles obtenues par l'application de l'instrument sur une artère ordinaire.

Une étude méthodique et minutieuse des diverses parties qui constituent anatomiquement un anévrisme, a conduit tout naturellement l'esprit des chirurgiens à suivre pas à pas les changements qui s'opèrent dans ces tumeurs pendant la vie des malades. Cette étude féconde devait éclairer la thérapeutique actuellement employée.

Anatomie
pathologique
générale
des anévrismes.

La plupart des travaux ont porté sur le sac d'abord; puis on a mieux étudié les parties contenues, le sang et les modifications qu'il subit. Le sac ne communique habituellement avec l'artère que par un orifice; toutefois, Laennec a décrit une variété d'anévrismes qu'il a appelés *disséquants*, où la cavité de la poche s'ouvrait dans l'intérieur de l'aorte par deux orifices. Le sac peut devenir le point d'implantation de branches vasculaires collatérales, et P. Bérard (*Archives de médecine*, 1830) a insisté sur ce fait que le plus souvent ces branches sont oblitérées. Enfin, le sac peut subir diverses transformations.

Dans une première période d'évolution de la maladie, le sac contient seulement du sang liquide, qui baigne constamment sa paroi interne ; mais, à un âge plus avancé de la tumeur, cette paroi se trouve tapissée par des couches nouvelles, résistantes, s'emboî-tant les unes dans les autres, adhérant entre elles, tandis qu'au centre de la poche on ne rencontre, au lieu de sang liquide, que des caillots mous, demi-solides, semblables à du sang épanché dans un point quelconque de nos tissus. Ces couches de formation nouvelle qui adhèrent à la paroi du sac, et qui ont augmenté son épaisseur en même temps qu'elles ont diminué la cavité de la poche, sont probablement formées par la fibrine du sang, qui s'est dépo-sée lentement, et finalement s'est constituée en membranes stra-tifiées.

M. Broca a donné à ces couches superposées le nom de *caillots actifs*. Il réserve celui de *caillots passifs* pour les masses plus molles, noirâtres, qui occupent tantôt la cavité centrale, et ailleurs rem-plissent complétement la poche, à défaut des caillots actifs dont on ne constate plus la présence.

Les *caillots actifs* font partie intégrante de l'organisme, et si leur vitalité propre n'est pas absolument démontrée, ils n'en cons-tituent pas moins une tendance réelle, un effort de la nature vers la guérison spontanée de l'anévrisme.

Les *caillots passifs* sont des masses inertes faisant office de corps étrangers dans la cavité de la poche; à ce titre, ils peuvent occasion-ner des accidents inflammatoires redoutables; ils constituent donc parfois une entrave à la guérison de la tumeur.

Si l'on interrompt brusquement la circulation, on favorise la formation des caillots passifs. Si l'on diminue seulement cette cir-culation de façon à modérer l'abord du sang, on peut espérer la production de caillots actifs.

Ces conclusions, formulées par M. Broca dans son *Traité des ané-vrismes* avec une conviction profonde, montrent déjà toute l'im-portance qui se rattache à l'étude de la circulation anévrismale. Les phénomènes dont elle se compose ont été analysés avec un grand soin dans les diverses espèces d'anévrismes par le chirurgien dont nous venons de rappeler le nom, et leur appréciation minutieuse lui a permis de mieux préciser les conditions physiques qui favorisent la formation de l'une ou de l'autre espèce de caillots. La distinction entre ces deux états, *caillots actifs* et *passifs*, et la théorie qui en est la conséquence n'appartiennent pas à M. Broca. C'est Bellingham, chirurgien irlandais, qui, dans des travaux publiés en 1843 et en 1847, établit cette division des caillots et chercha à en tirer des conséquences pour le traitement des anévrismes; mais notre compatriote a donné de tels développements à cette théorie qu'il se l'est en quelque sorte appropriée.

Cette théorie des caillots actifs et passifs, si satisfaisante au premier abord, n'a pu cependant tenir complétement devant l'examen rigoureux des faits. Elle semble faite pour expliquer le mode de guérison par la compression indirecte, et précisément un certain nombre de résultats favorables obtenus par cette méthode fournissent des armes pour la combattre. Plusieurs chirurgiens ont en effet obtenu la guérison complète de tumeurs anévrismales, même volumineuses, après un très-petit nombre d'heures d'emploi de la compression (douze heures, Gosselin; trois heures et demie, Ternin-Fontan; deux heures et demie, Denucé, etc.). Eh bien! dans ces cas il est de toute évidence que l'on ne peut pas admettre qu'il se soit fait des dépôts successifs de fibrine pure.

En se basant sur ces faits, M. Richet (*Dictionnaire de médecine et de chirurgie pratiques*, 1865) a combattu la théorie un peu trop absolue de M. Broca, et a émis l'opinion que les caillots fibrineux étaient primitivement fibrino-globulaires, qu'en un mot les caillots dits *actifs* résultent de la *transformation* des caillots *passifs;* il a admis, de plus, que cette *transformation* pouvait avoir lieu alors même que ces caillots étaient complétement séparés de la circulation artérielle, et qu'alors elle était due à un *travail inflammatoire* qui se passerait dans l'anévrisme.

La transformation des caillots fibrino-globulaires en caillots fibrineux est très-probable; quant à la seconde partie de la théorie de M. Richet, elle ne nous paraît pas devoir être acceptée sans une étude ultérieure des faits.

L'histoire des anévrismes *artérioso-veineux* n'a été complétée que par les travaux des chirurgiens français contemporains. La thèse de M. Morvan (1847), celle de M. Henry (de Nantes) (1856), déjà signalés; celle de Goupil (*sur l'anévrisme artérioso-veineux spontané de l'aorte et de la veine cave supérieure*) (1855), renferment des faits d'une haute importance.

Il existe diverses variétés de l'anévrisme artérioso-veineux. Il peut y avoir communication artérioso-veineuse avec une dilatation variqueuse plus ou moins étendue des veines, *sans tumeur anévrismale circonscrite*; c'est la *varice anévrismale* (*anévrisme artérioso-veineux simple*, A. Bérard; *phlébarterie simple*, Broca). Ou bien, avec la varice anévrismale, il existe une tumeur dans laquelle pénètre le sang artériel (*anévrisme variqueux faux consécutif*, A. Bérard). C'est là l'anévrisme artérioso-veineux proprement dit.

M. Broca a, avec raison, établi de nouvelles divisions dans cette deuxième espèce d'anévrismes artérioso-veineux. Quelquefois la tumeur est formée par la dilatation de la veine (*anévrisme variqueux par dilatation, simple* ou *double*, suivant que l'artère communique avec une ou avec deux veines). Dans d'autres cas c'est une membrane de formation nouvelle qui forme le sac (*anévrisme variqueux enkysté*). Celui-ci peut être *intermédiaire, artériel* ou *veineux,* suivant que le sac est situé entre l'artère et la veine, sur l'artère du côté opposé à la veine, ou enfin sur la veine du côté opposé à l'artère.

Les phénomènes de coagulation spontanée dont nous avons parlé à propos des anévrismes artériels, ne s'observent presque jamais dans les anévrismes variqueux. Dans cette variété importante de tumeurs anévrismales, la circulation est librement entretenue de l'artère dans la veine, et assez souvent même du sang veineux pénètre dans la poche. La tendance à la formation des caillots actifs n'existe plus; il semblerait même que le sang veineux soit contraire à la formation de ces caillots. Aussi, les anévrismes artérioso-veineux ne guérissent-ils jamais spontanément : ils doivent fatalement rester stationnaires, si toutefois leur accroissement s'arrête. On peut observer cependant une transformation très-singulière, qui a été pour la première fois signalée par M. Nélaton : c'est celle de l'anévrisme artérioso-veineux en anévrisme artériel consécutif, par suite de la *cicatrisation* de l'ouverture veineuse. Les thèses de MM. Morvan et Henry renferment des faits probants à l'appui de cette idée. La disparition du frémissement vibratoire, la transformation du bruit de souffle continu en bruit de souffle intermittent, indiquent cette métamorphose, et on comprend qu'à partir de ce moment il soit possible d'observer la guérison spontanée, par suite de la coagulation dans l'intérieur de la poche anévrismale, placée dès lors dans de nouvelles conditions. Dans le chapitre consacré à la médecine opératoire, nous verrons avec quel bonheur M. Vanzetti (de Padoue) a imité ce procédé de la nature.

Les signes de l'anévrisme artérioso-veineux ont été étudiés à notre époque avec le plus grand soin.

Si l'anévrisme est situé dans une région superficielle, on pourra apprécier son volume, qui en général est assez peu considérable. Outre les pulsations artérielles isochrones à la diastole artérielle, le doigt placé au niveau de la tumeur perçoit un *frémissement vibratoire continu*, mais avec redoublement au moment de la diastole du cœur, s'affaiblissant quand on s'éloigne de la tumeur, mais se sentant quelquefois sur toute la longueur d'un membre. L'oreille distingue un *bruit de souffle à double courant*. M. Monneret (*Observations d'anévrismes artérioso-veineux. — Mémoires de la Société de chirurgie*), a insisté sur la différence de *timbre* de ce bruit pendant la diastole et la systole : son aigu et sibilant pendant la diastole, plus grave et plus sourd pendant la systole.

M. Henry a fait remarquer que le bruit de souffle continu au niveau de la tumeur devenait intermittent lorsqu'on s'en éloignait.

Le même chirurgien a aussi bien étudié les troubles qu'entraîne la modification profonde qui existe dans la circulation. Il les a rattachés à quatre chefs : la sensibilité, la motilité, la colorification, la nutrition; engourdissement d'un membre, quelquefois anesthésie, d'autres fois douleurs vives, crampes, diminution fréquente, parfois augmentation de la température, affaiblissement notable de la force musculaire.

Dans ces dernières années, on a signalé une modification bien remarquable de la nutrition dans les membres atteints d'anévrismes artérioso-veineux : c'est l'hypertrophie de ces parties, accompagnée quelquefois, au bout d'un temps assez long, d'un développement exagéré du système pileux.

Le siége le plus habituel de l'anévrisme artérioso-veineux est le pli du bras, et Boyer disait que c'était là le seul point où il eût été bien observé. Aujourd'hui on l'a constaté sur les artères aorte, carotide primitive, carotide interne, sous-clavière, axillaire, temporale, iliaque primitive, iliaque externe, crurale, poplitée, tibiale postérieure. Enfin M. Nélaton a fait connaître un cas très-extraordinaire d'anévrisme artérioso-veineux, dans lequel la communication avait lieu entre la carotide interne du côté droit et le sinus caverneux. L'histoire détaillée de ce fait se trouve dans la thèse de M. Henry (de Nantes) (1856). Le choc de l'extrémité de la canne d'un parapluie, qui avait frappé la partie externe de la paupière inférieure gauche, avait traversé l'orbite gauche de dehors en dedans et d'avant en arrière, en respectant l'œil, et avait perforé le corps du sphénoïde, pour atteindre les vaisseaux, était la cause de cette curieuse lésion. M. Nélaton avait diagnostiqué sur le vivant cette communication artérioso-veineuse; depuis cette époque, ce chirurgien a observé un cas à peu près en tout semblable au premier, et dans des expériences répétées sur le cadavre il a reproduit très-facilement cette lésion, en enfonçant dans l'orbite une tige de bois dans la direction du trajet que nous avons indiqué.

MALADIES DES VEINES.

Plaies des veines. — Les plaies des veines de médiocre calibre se cicatrisent très-bien et très-vite, comme on le voit tous les jours, après la saignée; mais le mécanisme de cette cicatrisation était resté à peu près inconnu jusqu'aux expériences de Travers (1818). (A. Cooper et Travers, *Surgical essays*, 1818.)

D'après Travers, les plaies des veines peuvent se réunir immédiatement, si le sang ne les a pas traversées. Dans le cas contraire, l'ouverture est fermée par un *caillot sanguin*, adhérent aux lèvres de la section et remplacé plus tard par une membrane cicatricielle de nouvelle formation. Jamais, dans les deux cas, la plaie de la veine ne présenterait le moindre vestige d'inflammation, le moindre épanchement de lymphe coagulable.

En 1827, MM. Trousseau et Rigot ont répété également sur la veine jugulaire des chevaux les expériences des chirurgiens anglais, et ils ont obtenu des résultats tout à fait semblables.

Blandin (*Notes à l'anatomie générale de Bichat*) dit qu'il survient un véritable épaississement des parois de la veine dans le voisinage de la plaie; que celle-ci est bouchée par un caillot à deux têtes, l'une intérieure, l'autre extérieure; que ce caillot s'amincit et disparaît au bout de dix ou douze jours, et qu'à ce moment les bords de la plaie sont réunis immédiatement. Quant à M. Ollier (*Des plaies des veines*, 1857), en disséquant des veines de sujets saignés trois ou quatre jours auparavant, il n'a jamais trouvé de caillot interposé entre les lèvres de la plaie; dans la plupart des cas, celles-ci étaient notablement écartées et réunies par un bouchon toujours décoloré, lequel, examiné au microscope par M. Ch. Robin, laissa, sous l'influence de l'acide acétique, apparaître des noyaux fibro-plastiques. La conséquence de ces dernières observations est qu'ici pas plus qu'ailleurs, ce n'est pas le sang qui fait la base de la cicatrice, mais bien une *exsudation de lymphe plastique.* Il peut se faire que sur de

Plaies
des veines.

grands animaux, entre les lèvres d'une plaie veineuse très-étendue, il se dépose un caillot; mais ce caillot, qui finit d'ailleurs par disparaître, n'empêche pas la sécrétion de la lymphe plastique.

M. Ollier a aussi, contrairement à une opinion émise par MM. Trousseau et Rigot, établi que l'on retrouvait assez souvent des dilatations en ampoule dans les points correspondants à d'anciennes plaies veineuses.

Varices. — Sous ce nom on désigne des dilatations permanentes et morbides des veines.

Cette maladie a servi de texte à beaucoup de travaux; nous indiquerons ici les plus complets, parmi lesquels doivent être placés hors ligne ceux de M. Briquet (1824) et les divers mémoires de M. Verneuil (*Gazette médicale*, 1855; *Revue médicale et chirurgicale*, 1855; *Gazette hebdomadaire*, 1861). M. Davat en 1833 et en 1836, Bonnet de Lyon (*Archives*, 1839), A. Bérard (1842), M. Laugier (1842), M. Desgranges (*Mémoires de la Société de chirurgie*, t. IV), ont aussi publié sur ce sujet des mémoires importants.

Que deviennent les tuniques des veines dans les varices? Les recherches de M. Briquet ont fourni sur ce point d'intéressants détails. On peut observer une simple dilatation, sans déformation ni altération des parois. Dans un second degré il y a *dilatation uniforme avec épaississement;* c'est une véritable hypertrophie des parois de la veine, et cette hypertrophie porte surtout sur les fibres dont dépend le calibre du vaisseau. Dans ces cas, si l'on vient à couper la veine, elle reste béante : aussi l'on conçoit que les valvules ne doivent plus fonctionner normalement, et cette disposition explique la possibilité du reflux du sang vers la terminaison et l'origine de la veine, sous l'influence d'une percussion plus ou moins forte. Ce phénomène, auquel Bonnet (de Lyon) avait donné le nom d'*ondulation,* peut quelquefois être utilisé, lorsqu'on veut juger du degré de l'oblitération d'une veine variqueuse.

A un degré plus avancé on peut observer une *dilatation inégale*

avec épaississement ou amincissement. La tunique moyenne est amincie
dans certains points, et la tunique interne fait, pour ainsi dire,
hernie. Au dernier degré de cette forme de varices, les hernies
de la membrane interne sont tellement nombreuses que la veine
en paraît sinueuse; dans la veine ainsi déformée il existe des *renfle-*
ments variqueux jusqu'à un certain point comparables à des anévrismes.

Bonnet (de Lyon) (1839) a appelé l'attention sur une forme de
dilatation veineuse analogue aux anévrismes, qui ne doit être considérée peut-être que comme une exagération de la disposition précédente. Chez un jeune homme qui avait des varices, ce chirurgien
enleva une tumeur fluctuante, du volume d'un œuf de poule. Elle
siégeait au niveau de la partie moyenne de la cuisse, et on la
croyait parfaitement libre de connexions avec les parties voisines.
Lorsque le chirurgien termina sa dissection, une hémorragie abondante lui fit reconnaître qu'il avait ouvert la saphène interne, avec
laquelle la tumeur communiquait par un orifice de 3 ou 4 lignes
de diamètre.

Dans le premier et le deuxième degré le sang reste à l'état normal; mais plus tard il peut se coaguler, et alors quelquefois le
caillot se dessèche, se durcit et oblitère en partie ou en totalité,
définitivement ou transitoirement, le calibre du vaisseau.

Les varices siégent le plus souvent sur les veines des membres
inférieurs, et jusqu'aux recherches de M. Verneuil, qui ont jeté sur
ce sujet une lumière inattendue, on admettait que les varices atta-
quaient uniquement le réseau veineux sous-cutané. Or M. Verneuil
a démontré que les varices profondes sont les plus communes, et il
a même émis l'opinion que le *siége primitif réel* de la phlébectasie
était dans *les veines profondes.*

On admettait que la saphène interne était le plus souvent affectée,
et d'après une théorie dont J.-L. Petit était l'auteur, on professait
que les varices se développaient de proche en proche du tronc de
la saphène vers les capillaires. On avait préalablement admis, pour

justifier cette explication, qu'un caillot volumineux bouchait le tronc de cette veine. Cependant, en contradiction avec sa théorie, J -L. Petit avait observé que les varices débutent habituellement au niveau du pied; mais la théorie subsistait néanmoins. M. Briquet, tout en s'efforçant de démontrer que les varices commencent habituellement par les veines de deuxième et même de troisième ordre, accordait toujours une grande importance aux varices du tronc de la saphène, lorsque M. Verneuil, à la suite de dissections répétées et très-minutieuses, put, en limitant ses conclusions aux varices spontanées, annoncer que les varices *ne débutent jamais par le tronc de la saphène interne*, mais bien par ses branches anastomotiques et secondaires. *La saphène elle-même reste souvent normale, plus souvent encore elle s'atrophie à la jambe, quand le membre tout entier est couvert de dilatations veineuses.* (Verneuil, *Gazette hebdomadaire*, 1855.)

La pesanteur a été regardée pendant longtemps comme la cause physique qui jouait le rôle capital dans la production des varices; on expliquait volontiers son action sur les veines superficielles qui ne sont pas soutenues par les aponévroses; mais depuis qu'il est démontré que la maladie a son point de départ dans les vaisseaux profonds, l'on peut difficilement accepter tous les développements de cette hypothèse.

Concrétions sanguines des veines.

Concrétions sanguines des veines. — Les coagulations sanguines dans le système veineux général se forment sur place et reconnaissent des conditions différentes pour leur développement, suivant qu'elles sont liées ou non à l'existence de la phlébite. Il y a des *thromboses* proprement dites et des concrétions *inflammatoires*. Les concrétions qui reconnaissent pour cause le traumatisme doivent être rapportées au développement d'un travail inflammatoire dans la veine elle-même (phlébite oblitérante, phlébite adhésive); et, à un certain moment de leur évolution, ces concrétions peuvent devenir mobiles. Depuis que l'histoire des embolies de l'artère pulmonaire a été tracée, les chirurgiens ont eu plus particulièrement l'attention attirée sur certains cas de *mort subite*, qui surviennent à une époque assez éloignée, après les fractures ou les grandes contusions des membres, et ils ont pu constater que, dans un certain nombre de faits, cette *mort subite* était due *au déplacement et à la migration*, jusque dans l'artère pulmonaire, d'un caillot veineux, qui avait pris naissance dans les veines voisines du point soumis au traumatisme. Dans un mémoire publié en 1864, M. Azam a réuni un assez grand nombre d'observations de ce genre; l'une d'elles avait fait, en 1862, l'objet d'une communication de M. Velpeau à l'Académie des sciences.

MALADIES DES VAISSEAUX ET DES GANGLIONS LYMPHATIQUES.

Les progrès accomplis dans la pathologie du système lymphatique est de date récente. A la fin du siècle dernier, à la suite des travaux remarquables de Hewson, de Cruikshank, de Mascagni, sur l'anatomie des lymphatiques, il parut un nombre considérable de publications sur les maladies de ce système; mais dans tous ces ouvrages l'hypothèse tient la plus large place.

Un demi-siècle plus tard, les travaux des médecins français devaient constituer définitivement l'histoire pathologique de ces vaisseaux. Allard (1824), M. Andral (1824), M. Cruveilhier (*Anatomie pathologique*, 11e livr.), M. Velpeau, dont le travail important, inséré dans les *Archives* de 1835, a été reproduit depuis par tous ceux qui ont traité la même question, Breschet (1836), ont surtout contribué à faire connaître les affections inflammatoires des lymphatiques. Depuis lors on a peu ajouté à leurs recherches; il est juste, cependant, de citer encore quelques articles de M. J. Roux (*Gazette médicale*, 1843), la thèse de M. Turrel (1844), le mémoire de M. Bouisson (de Montpellier) sur les altérations de la lymphe dans les inflammations (*Gazette médicale*, 1845). Nous voulons, en passant, rappeler les savantes recherches de MM. Nonat, Duplay et Botrel sur la lymphangite utérine et puerpérale.

14.

L'inflammation des vaisseaux lymphatiques (lymphangite, angio-leucite) peut occuper les divers réseaux de ce système; elle peut siéger dans les lymphatiques qui rampent sous l'épiderme, dans les vaisseaux intra-dermiques et sous-dermiques, enfin dans les lym-phatiques profonds; mais les lésions des troncs lymphatiques sous-dermiques sont les seules bien connues. La membrane interne des lymphatiques enflammés est rouge, villeuse, épaisse, friable; quel-quefois cette membrane, quoique en contact avec un liquide puru-lent, présente son aspect normal. Ces vaisseaux renferment des pro-duits variables suivant l'époque de leur inflammation; M. Bouisson pense que dans les premiers temps la lymphe se charge de ma-tière colorante rouge et d'une plus grande quantité de fibrine; plus tard apparaissent dans l'intérieur de ces canaux des dépôts plas-tiques et purulents, et les lymphatiques peuvent être quelquefois oblitérés.

La présence du pus dans les lymphatiques a été constatée par Breschet au voisinage d'une fracture, par MM. Andral et Gendrin, dans le canal thoracique; par Tonnelé, Dance, MM. Cruveilhier, Nonat, Duplay, Botrel, dans les lymphatiques de l'utérus, etc.

On sait peu de chose sur la lymphangite chronique; Allard avait pensé que l'éléphantiasis était le résultat de cette affection, mais cette opinion a été vigoureusement combattue par MM. Rayer et Gaide (*Archives*, 1828).

L'infection purulente est une terminaison rare de la lymphan-gite, et elle a même été révoquée en doute. Il n'y a guère que M. Velpeau qui ait signalé dans ces cas la présence d'abcès paren-chymateux, et ses observations laissent à désirer, parce que l'état des veines n'a pas été indiqué. MM. Cruveilhier et P. Bérard (*Dic-tionnaire des sciences médicales*, en trente volumes), ont même voulu faire admettre que les ganglions formaient un obstacle qui s'op-posait au mélange du pus avec le sang, opinion qui sans doute se rapproche beaucoup de la vérité, mais qui ne pourrait cependant être acceptée sans restriction.

Dilatation des vaisseaux lymphatiques, varices des vaisseaux lympha-
tiques et lymphorragie. — Les varices des vaisseaux lymphatiques
ont été depuis longtemps signalées; mais elles n'ont été bien étudiées que dans ces dernières années. Un des faits les plus remarquables que possède la science sur ce sujet, est celui observé par
Amussat et que Breschet a fait représenter dans sa thèse (1836).
Dans ce cas, la dilatation portait sur le canal thoracique, tous les
vaisseaux lombaires, iliaques, et les lymphatiques profonds de
chaque cuisse. Depuis cette époque, Fetzer (1849), Beau (*Revue
médicale et chirurgicale*, 1851), M. Demarquay (*Mémoires de la Société de chirurgie*, t. III), M. Michel (de Strasbourg) (*Gazette médicale de Strasbourg*, 1853), C. Desjardins (*Société de biologie*, 1854),
M. Binet, dans sa thèse inaugurale (1858) sur *les varices et les
plaies des lymphatiques superficiels*, ont fourni des éléments précieux
pour la description de ces maladies.

Ces dilatations apparaissent de préférence dans les régions
riches en vaisseaux lymphatiques, comme l'aine, la partie interne
de la cuisse, le prépuce, la verge, etc. La dilatation peut porter
sur les réseaux superficiels ou sur des troncs plus volumineux, et
entre ces deux états il existe des différences dignes d'être signalées.

Les varices des réseaux apparaissent d'abord sous la forme
de petites élevures, qui, à une période avancée de leur développement, deviennent de petites vésicules translucides. Leur siége de
prédilection paraît être la face interne de la cuisse; elles sont dépressibles et laissent refluer la lymphe de l'une à l'autre lorsqu'elles
sont placées par groupes.

Les injections pratiquées par M. Michel (de Strasbourg) semblent démontrer que ces petites vésicules seraient constituées par
de petites dilatations en doigt de gant, situées sur la longueur des
vaisseaux formant le réseau superficiel.

Avec les varices des réseaux, on rencontre le plus souvent la dilatation de troncs plus volumineux. Ces varices des troncs peuvent
être *ampullaires* et circonscrites, ou *cylindroïdes* et non circonscrites,

Varices
des
vaisseaux
lymphatiques
et lymphorragie.

Dans le premier cas il existe une tumeur molle, fluctuante, dont la ponction exploratrice peut seule, assez souvent, révéler la nature. Les varices cylindroïdes présentent une exagération de l'aspect moniliforme des vaisseaux lymphatiques, et dans quelques cas ces varices peuvent acquérir un volume considérable.

La *lymphorragie* ne s'observe guère spontanément que dans les varices des réseaux; dans les cas de varices des troncs, une plaie est nécessaire pour provoquer l'écoulement de la lymphe. Le liquide qui s'écoule dans ces circonstances est alcalin, sans couleur au début; il devient ensuite blanchâtre et laiteux; il se coagule au contact de l'air. Dans le cas de C. Desjardins, les lymphorragies durèrent de huit à vingt heures, et il s'écoulait environ 125 grammes de lymphe par heure; un jour, le malade perdit environ 11 livres de lymphe. M. Lebert a rapporté l'histoire d'un homme chez lequel la perte de ce liquide, en vingt-quatre heures, avait encore été plus abondante. On comprend que des déperditions semblables ne peuvent avoir lieu sans amener des troubles généraux assez graves.

Les *plaies* des vaisseaux lymphatiques sont en quelque sorte innombrables ; mais il est excessivement rare à leur suite de voir sortir la lymphe par une bouche vasculaire. Que deviennent ces vaisseaux après leur blessure? On avait pensé qu'ils devenaient le siége d'une inflammation oblitérante, mais M. Nélaton, ayant eu l'occasion d'observer plusieurs fois les lymphatiques correspondants aux cicatrices des saignées du bras, n'a jamais rencontré d'oblitération dans ces points; trois fois, au contraire, il a constaté une dilatation variqueuse longue de 1 à 2 centimètres, avec un diamètre de 3 à 4 millimètres (*Pathologie externe*, t. Ier).

Ces plaies ont surtout été observées au pli du coude et au niveau des malléoles. Chez un malade de M. Monod, observé par M. Binet (*Thèse*, 1858), la plaie siégeait au bas de la malléole interne et l'écoulement de la lymphe était continu. Ces plaies se cicatrisent quelquefois difficilement, et peuvent donner naissance à une fistule, et même à un ulcère très-rebelle à la guérison. M. Sappey (*Anatomie*, p. 650), auquel ses importants travaux sur le système lymphatique donnent en pareille circo nstanceune véritable autorité, admet l'existence d'*ulcères variqueux lymphatiques*.

Les *ganglions lymphatiques* sont très-souvent le siége d'inflamma-tions. Leur nombre infini, le rôle essentiel qu'ils jouent dans l'éco-nomie, montrent tout d'abord que l'*adénite* doit être extrêmement fréquente. Elle est beaucoup plus fréquente que la lymphangite, et telle cause qui sera trop légère pour enflammer les troncs vas-culaires, suffira pour déterminer un engorgement inflammatoire plus ou moins passager des ganglions.

M. Velpeau, dans son mémoire des *Archives* et dans sa *Clinique* (t. III), a longuement insisté sur l'étiologie de l'adénite ; il a voulu montrer que l'on devait toujours retrouver dans une lésion appré-ciable, plus ou moins éloignée des ganglions engorgés, la source, l'origine de la maladie. A toutes les époques de sa carrière, il est revenu sur ce point de doctrine avec insistance. Aujourd'hui ces idées sont généralement admises ; elles le seront probablement plus encore, à mesure que l'observation des faits de cette nature de-viendra plus rigoureuse.

M. Bégin a défendu ces idées en 1833, en ce qui concerne les adénites aiguës du cou chez les soldats, et M. Hippolyte Larrey (Mémoire lu à l'Académie de médecine, 1849) leur a consacré un travail important, un long mémoire, le plus complet de tous, dans lequel il établit que, loin d'appartenir à la scrofule chez les jeunes soldats, chez les militaires en général, l'adénite cervicale est presque toujours due à des lésions locales et plus ou moins éloignées du crâne, des oreilles, des yeux, de la bouche et du cou.

Née dans le ganglion, l'inflammation se propage facilement au tissu cellulaire ambiant, et dans quelques cas très-rares la pro-pagation de cette phlegmasie peut entraîner les conséquences les

Adénite.

plus graves. M. L. Labbé, dans un mémoire sur *la propagation de l'inflammation au péritoine, à la suite des adénites inguinales* (*Mémoires de la Société de chirurgie*, t. VI, 1865), a appelé l'attention sur les faits de ce genre.

Dans la fonte ganglionnaire chronique, la membrane fibreuse des ganglions s'épaissit et constitue une enveloppe kystique très-solide, dans laquelle la suppuration peut rester longtemps enfermée. Quelquefois, au lieu de pus, c'est de la sérosité qui s'accumule dans ces ganglions, et M. Adolphe Richard a prouvé que telle était l'origine d'un grand nombre des hydrocèles du cou (*Mémoires de la Société de chirurgie*, t. III).

Tumeurs variqueuses des ganglions lymphatiques. — Nous avons vu que l'on connaissait la dilatation des réseaux et des troncs vasculaires lymphatiques; mais on ignorait que les ganglions fussent parfois atteints de la même altération. M. Nélaton, en 1860, eut l'occasion d'observer un malade atteint de tumeurs formées par la *dilatation variqueuse des ganglions lymphatiques*. Ces tumeurs occupaient les deux régions inguinales, présentaient le volume du poing, étaient recouvertes par une peau blanche, souple, exempte d'adhérences; la plus légère pression faisait céder le point comprimé, qui s'affaissait et se vidait comme le font certaines tumeurs veineuses sous-cutanées. Cependant on ne pouvait obtenir une réduction complète.

Le malade souffrait et sollicitait une opération. M. Nélaton céda à son désir; aussitôt la première incision pratiquée, il s'écoula une quantité considérable d'un liquide tout à fait semblable à *du lait*, pour l'aspect et pour la consistance. Une partie de ce liquide, équivalente à un quart de verre, fut recueillie. Il présentait une teinte légèrement rose, ce qui tenait à la présence de quelques globules sanguins; en se refroidissant, il se prit en une masse coagulée. La tumeur fut extirpée incomplétement à cause de son extension dans les régions inguinale et crurale. Cette opération fut suivie d'une angioleucite phlegmoneuse diffuse, et le malade succomba en quelques jours.

L'autopsie fut faite ; la tumeur du côté droit, qui n'avait pas été touchée, fut enlevée avec le plus grand soin, et M. Sappey se joignit à M. Nélaton pour faire l'analyse anatomique de cette production morbide. Il la remplit avec une injection de mercure. La pièce, parfaitement conservée au Musée Dupuytren, est cataloguée sous le n° 268.

L'examen de cette pièce a montré que la tumeur est formée par la dilatation variqueuse des vaisseaux qui entrent dans la composition des ganglions lymphatiques. Ces vaisseaux sont flexueux, repliés plusieurs fois sur eux-mêmes ; ils ont de 2 à 3 millimètres de diamètre ; quelques-uns (vaisseaux afférents) entrent dans la masse ganglionnaire, d'autres (vaisseaux efférents) en sortent pour aller se perdre dans la chaîne des ganglions supérieurs. C'est là une tumeur qui n'avait jamais été décrite et dont on ne soupçonnait pas même l'existence. Depuis cette époque, M. Nélaton a observé plusieurs faits du même genre, et aujourd'hui la dilatation variqueuse des ganglions lymphatiques est diagnostiquée par tous les chirurgiens. Elle donne lieu à des tumeurs auxquelles il n'est pas permis au chirurgien de toucher, sans exposer le malade aux dangers les plus sérieux.

En 1865, M. U. Trélat a montré à la Société de chirurgie un malade en tout comparable à celui de M. Nélaton. Comme celui-ci, il habitait les pays chauds (île de la Réunion). On ne fit aucune opération pour guérir les tumeurs ganglionnaires, mais le malade ayant réclamé l'incision d'une très-petite fistule borgne externe de l'anus, fut rapidement enlevé à la suite de phénomènes généraux des plus graves. L'autopsie démontra que les lymphatiques profonds intra-abdominaux étaient dilatés. Ce fait confirme, non-seulement le danger de l'opération tentée contre ces tumeurs, mais est de nature à faire présumer que toute opération est redoutable chez les sujets atteints de cette singulière affection.

MALADIES DES OS.

Depuis le commencement de ce siècle, d'incontestables progrès ont été réalisés dans la connaissance des lésions nombreuses dont les os sont le siége.

Fractures.

Parmi ces lésions, les fractures tiennent le premier rang, et par leur fréquence et par la facilité avec laquelle on les reconnaît le plus souvent; aussi ont-elles attiré l'attention des chirurgiens de toutes les époques. Cependant des points importants de leur histoire sont restés jusqu'à nous, les uns complétement ignorés, d'autres imparfaitement élucidés.

Boyer, dans son livre sur les maladies chirurgicales, avait attribué une grande part à l'étude des fractures; mais on lui reproche avec raison de s'être laissé entraîner par des vues théoriques et d'avoir laissé trop peu de place à l'observation des faits.

Malgaigne, dans son important *Traité des fractures* (Paris, 1847), et antérieurement dans ses nombreux mémoires, s'est particulièrement attaché à subordonner strictement la théorie aux enseignements de l'observation et de l'expérience. Les chirurgiens français ont suivi son exemple, et l'on peut considérer aujourd'hui l'histoire des fractures comme arrivée, grâce à tous ces efforts, à un grand degré de perfection.

Nous sommes toutefois obligés de reconnaître que les avis sont encore partagés sur certaines questions, et particulièrement sur la thérapeutique des fractures. D'ailleurs, sur ce point il n'y a pas eu, à vrai dire, d'innovation fondamentale propre à notre époque; les appareils nombreux parmi lesquels le praticien est appelé à faire un choix ont tous été imaginés déjà de longue date; mais beaucoup ont été perfectionnés, les appareils inamovibles, les appareils hyponarthéciques, par exemple. La thérapeutique a plus gagné encore par les progrès accomplis dans les connaissances d'anatomie et de physiologie pathologiques, sans lesquelles il est impossible de saisir les véritables indications du traitement.

Malgaigne a rendu un grand service en démontrant, contrairement à une opinion qui tendait à se généraliser, que les déplacements n'étaient pas, autant qu'on le croyait, le résultat de l'action musculaire, et qu'il fallait tenir compte et de la cause fracturante et du poids du membre, ainsi que de la forme des surfaces brisées. C'est aussi par une critique rigoureuse de tous les faits mis en avant pour expliquer la roideur articulaire qui succède aux fractures, que le même auteur est arrivé à cette conclusion que l'immobilité n'entraîne l'ankylose que quand elle est jointe à l'extension du membre; d'où il conclut que jamais les membres fracturés ne doivent être maintenus dans l'extension complète, assertion dont il démontra la justesse en instituant des expériences qui prouvent que de toutes les positions la demi-flexion est celle qui prévient le mieux cet accident.

A côté de ces faits importants, nous devons citer, comme imaginée en France, l'application de la ténotomie sous-cutanée aux fractures irréductibles. C'est à M. Meynier (d'Ornans) (1840) qu'est due la priorité à ce sujet (et non à M. Campbell, de Morgan). L'expérience a démontré que cette méthode était bien supérieure à celle qui consiste à essayer de réduire à tout prix, par des tractions, ces fractures où des parties molles interposées entre les fragments ont rendu trop souvent les efforts les plus violents inutiles à la réduction, et fort nuisibles quant aux conséquences inflammatoires qu'ils entraînent. Au siècle dernier, on avait imaginé la ligature des fragments dans les fractures irréductibles compliquées de plaies. M. Flaubert (de Rouen), en 1838, la remplaça avantageusement par la simple suture, après perforation de la paroi du canal médullaire.

C'est aussi vers cette époque (1834) que parurent les mémoires de Rognetta[1] et de Guérétin sur les disjonctions épiphysaires. Ils en

Disjonctions épiphysaires.

____

[1] Rognetta, bien que docteur italien, vécut et écrivit en France depuis 1832 jusqu'en 1857, année où se termina son exil.

démontraient l'existence, niée absolument par Delpech et fort contestée antérieurement. Ces fractures ne présentent en réalité qu'un intérêt scientifique : car les travaux ultérieurs ont démontré que rarement la disjonction était simple, mais souvent accompagnée de fracture, sans qu'il soit possible d'établir la distinction autrement qu'à l'autopsie. Cette distinction ne serait pas non plus très-utile à faire sur le vivant, les travaux modernes ayant prouvé que le traitement est le même, qu'il y ait fracture ou simple disjonction, et que la guérison demande le même temps pour s'effectuer.

Fractures incomplètes. — L'existence des fractures *incomplètes* a été mise hors de doute par les recherches de Malgaigne, qui, dans son *Traité des fractures*, cite des faits nombreux, dus à Glaser, à Camper, à Bonn, à Chevalier, à Campaignac, etc. et en outre nous fait savoir qu'il a reproduit ces lésions très-facilement sur le cadavre. Avec des barres de fer, il a pu produire, par un choc direct, des fractures incomplètes sur les os des membres, non-seulement chez les enfants, mais aussi chez les vieillards.

Fissures longitudinales des os. — L'existence des *fissures longitudinales* des os, admise par Duverney, niée résolûment par A. Louis, est aujourd'hui bien constatée. Malgaigne (*Traité des fractures*) et M. Bouisson (de Montpellier) (*Union médicale*, 1850) ont publié sur ce point des travaux fort importants. Les fractures longitudinales ont été vues sur presque tous les os longs. Chez une malade de M. Campaignac, une fissure du tibia succéda à une chute, et M. Debrou (d'Orléans) a vu une fracture longitudinale du fémur produite par un coup de bâton.

Fractures par pénétration. — C'est encore à notre époque qu'ont été bien étudiées les *fractures* dites *par pénétration*. Cette variété, dans laquelle on voit la diaphyse pénétrer dans l'épiphyse, est un résultat de l'inégalité de consistance des deux substances compacte et spongieuse, la première occupant dans les os, plus particulièrement, la diaphyse, la deuxième consti-

tuant presque à elle seule les renflements articulaires. MM. Voillemier, Velpeau, Robert, Smith, etc. ont démontré que dans les
chutes sur la paume de la main ou sur le grand trochanter, la diaphyse du radius et le col fémoral pouvaient s'enfoncer et s'enclaver
dans la substance spongieuse de l'extrémité inférieure du radius ou
dans le grand trochanter.

En 1855, dans la *Gazette des hôpitaux*, M. Gosselin a décrit pour Fractures en V.
la première fois une variété de fracture qu'il a désignée sous le
nom de *fracture en V*. La même année, M. Bourcy (de Saint-Jean-
d'Angély), l'un de ses internes, a reproduit dans sa thèse inaugurale les idées de son maître. Cette fracture existe le plus souvent sur le tibia ; mais on peut l'observer aussi sur d'autres os, le
fémur par exemple. Elle n'est qu'un dérivé de la fracture dentelée
et oblique, et peut offrir des variétés assez nombreuses; elle est essentiellement caractérisée par la présence, au niveau du fragment
supérieur, d'une ou deux saillies osseuses en forme de V, capables
de déterminer, par suite de la pression qu'exerce la pointe de ces
saillies, des désordres graves dans le fragment inférieur. Cette pointe
du fragment supérieur contusionne et broie d'abord le tissu spongieux; puis, continuant à agir à la manière d'un coin sur le tissu
compacte plus résistant, elle détermine dans le fragment inférieur
des fractures verticales multiples, qui peuvent pénétrer jusque dans
l'articulation placée au-dessous. M. H. Larrey, tenant compte du mécanisme d'après lequel se produisent les fractures, leur a donné le
nom de *fractures en coin*.

D'après M. Gosselin, ces fractures présenteraient un degré de
gravité tout à fait exceptionnel et tel que ce chirurgien a proposé
de recourir dans ces cas à l'amputation du membre. Depuis l'époque
de la publication du travail de M. Gosselin, l'examen d'un grand
nombre de ces lésions a fait, dans une certaine limite, modifier
favorablement leur pronostic; néanmoins on doit reconnaître, avec
cet observateur, que le broiement du tissu spongieux et l'attrition

de la substance médullaire prédisposent les malades atteints de ces fractures à la résorption purulente, en même temps que la pénétration de l'un des traits de la fracture dans l'intérieur d'une articulation les expose aux conséquences de l'inflammation de la jointure.

Cal.

Les phénomènes qui accompagnent la consolidation des fractures ont de tout temps éveillé l'attention des chirurgiens, et l'histoire du *cal* est assez riche en théories. Les recherches de Dupuytren, Breschet (1819), Lambron (1842), sont restées célèbres. Duhamel avait été tenté de regarder le périoste comme le seul organe de réparation des os. Bichat admettait que le cal se forme par des bourgeons charnus qui se développent sur le bout des fragments, et se transforment en cartilage d'abord, puis en os; il rejetait avec Scarpa toute participation du périoste. C'est en 1812 que Dupuytren fit paraître son travail; il émit une théorie mixte qui voulait concilier la théorie de Duhamel et celle de Bichat.

Il admit deux périodes dans la formation du cal; dans la première, le péroiste s'ossifiait et entourait les fragments d'une virole osseuse, et, s'il s'agissait d'un os long, il se formait un bouchon à l'intérieur du canal médullaire, véritable virole interne. Ces deux parties constituaient le *cal provisoire*. Dans une seconde période, le *cal définitif* apparaissait à la suite d'un travail de consolidation qui s'effectuait aux bouts des fragments eux-mêmes, et le *cal provisoire* était résorbé. Il s'en faut de beaucoup que les choses se passent ainsi habituellement, et la virole périphérique ne s'observe que très-rarement. Quant au bouchon central provisoire, qui disparaîtrait au moment de l'apparition du cal définitif, rien ne prouve son existence. D'après la théorie de Dupuytren, lorsque la consolidation d'un os long serait complète, le canal médullaire serait redevenu libre, et précisément M. Lambron, dans sa thèse (1842), a établi, pièces en main, qu'au niveau de la fracture d'un os long, le canal médullaire est toujours interrompu par des lames de tissu compacte ou de tissu spongieux.

Breschet et Villermé et M. Lambron ont soigneusement décrit
tous les phénomènes de la formation du cal; mais il manquait à
leurs travaux l'examen microscopique. Ce puissant moyen d'investigation a élucidé aujourd'hui la question de la manière la plus
complète.

La consolidation des fractures a lieu aux dépens du périoste et
des parties molles voisines. Quelquefois le périoste seul peut suffire
à la formation du cal, s'il n'y a pas de déplacement. Le véritable
moyen d'ossification consiste dans la sécrétion d'une lymphe plastique ossifiable.

Le cal passe-t-il par une période cartilagineuse? Telle est l'opinion de M. Cruveilhier. André Bonn et M. Malgaigne, sans nier
positivement la transformation cartilagineuse, tendent à admettre
que, charnu d'abord, le tissu du cal deviendrait fibreux, puis directement osseux. En réalité, la période cartilagineuse existe, mais
non en même temps dans toutes les parties du cal, parce que,
comme l'a démontré M. Ch. Robin, dans l'ossification accidentelle
les phénomènes ne sont pas les mêmes que dans l'ossification normale. Dans le premier cas, aussitôt qu'un point devient cartilagineux, il est envahi par l'ossification, et l'état cartilagineux peut
facilement échapper à l'observation. M. Robin a donné à ce mode
de développement le nom d'*ossification par envahissement*.

Les maladies du cal et ses difformités, les fausses articulations
qui résultent de la non-consolidation des fractures, ont été l'objet de
nombreux travaux, parmi lesquels ceux des chirurgiens français occupent une large place.

Si maintenant nous quittons les généralités pour envisager les
fractures en particulier, nous verrons que des résultats non moins
importants ont été obtenus dans notre pays. Mais ne pouvant entrer ici dans une infinité de détails, nous insisterons seulement
sur l'histoire de certaines fractures, là où l'initiative des chirurgiens
français est incontestable.

Les fractures du crâne ont été l'objet de recherches fort inté-ressantes.

Les fractures *de la voûte du crâne* présentent de nombreuses va-riétés, qui ont été rattachées à cinq espèces principales par M. De-nonvilliers dans son catalogue du Musée Dupuytren (n° 184). *A,* les fractures linéaires; *B,* les fractures par instrument tranchant; *C,* les fractures par instrument contondant ou piquant; *D,* les fractures avec grand fracas; *E,* l'écartement des sutures.

Les fractures *de la base du crâne* ont donné lieu en France à des travaux importants au point de vue de l'anatomie pathologique et de la symptomatologie.

Ces fractures peuvent être produites : 1° par des causes directes, comme dans les cas de coups violents sur l'occipital, d'introduc-tion d'un instrument vulnérant au niveau de l'orbite ou des fosses nasales; 2° par cause indirecte, à la suite d'une chute d'un lieu élevé, sur les genoux, comme dans le fait du duc d'Orléans, le choc étant transmis de bas en haut par l'intermédiaire de la colonne ver-tébrale; 3° par cause indirecte, le choc étant transmis de haut en bas après avoir été reçu par la voûte du crâne.

C'est à la suite d'un choc reçu dans ces dernières conditions que s'observent le plus souvent les fractures du crâne; mais s'agit-il là véritablement d'une fracture par contre-coup? La théorie physique de ces solutions de continuité a reçu les plus grands développements dans un article du *Compendium de chi-rurgie,* dû à M. Denonvilliers, et ce chirurgien regarde comme fréquentes les fractures par contre-coup de la base du crâne. Dans ces cas, le choc ne produirait pas de lésion au niveau du point contus, et la fracture siégerait sur un point diamétralement opposé.

Or, malgré les exemples incontestables de fractures indirectes de la base du crâne qui existent dans la science, ce n'est pas ainsi que les choses se passent habituellement; presque toujours les fractures de la base ne sont que l'extension des fractures du sommet. C'est le très-regrettable Aran qui le premier (*Archives de médecine*, 1844) a démontré que le plus grand nombre des fractures de la base du crâne étaient le résultat de l'irradiation dans ce point d'une fracture du sommet. Dans son mémoire, Aran rejette, à tort, les fractures indirectes, rares il est vrai, mais démontrées aujourd'hui par des faits irrécusables. En 1852, M. Trélat (*Société anatomique*) s'est complétement rallié à la doctrine soutenue par Aran. M. Houel (*Anatomie pathologique*, 1862) qui a examiné un très-grand nombre de pièces anatomiques relatives à cette question, sans être aussi absolu que ces auteurs, considère la propagation des fractures de la voûte à la base comme le fait le plus ordinaire. Aran a établi, et tous les chirurgiens qui ont partagé son opinion ont admis, que les fractures par propagation arrivent de la voûte à la base par le plus court chemin.

On s'est préoccupé de savoir quelle était la direction exacte des fractures de la base du crâne, et les recherches ont porté surtout sur les fractures du rocher. Or on peut dire que ces solutions de continuité sont toujours ou perpendiculaires à l'axe du rocher ou parallèles à cet axe. M. Houel dans son livre a étudié avec soin ces dispositions anatomiques et les conséquences qui peuvent en être déduites pour le diagnostic. Les fractures parallèles à l'axe du rocher ont leur point de départ dans une fracture de la voûte située dans la région temporale. Elles divisent le rocher en deux parties: l'une antérieure qui comprend une portion de l'oreille moyenne et le conduit auditif externe, l'autre postérieure renfermant le canal de Fallope, le conduit auditif interne, l'oreille interne en entier et une partie de l'oreille moyenne.

Les fractures perpendiculaires à l'axe du rocher offrent deux variétés. Dans l'une, la fracture intéresse le vestibule et le limaçon et est située immédiatement en dehors du trou auditif interne, près du sommet du rocher. Dans l'autre, la fracture se rapproche de la base de cet os, elle n'est pas rigoureusement verticale, mais parallèle à la direction de la membrane du tympan, c'est-à-dire oblique de haut en bas et de dehors en dedans; elle divise l'oreille moyenne.

M. Laugier (*Gazette des hôpitaux*, 1854) a signalé une variété de fracture dont on a depuis présenté un nouvel exemple à la Société anatomique. Dans ce cas, le trait de fracture était parallèle à l'axe du bord antérieur du rocher dans ses deux tiers externes; arrivé à ce niveau, le trait se déviait et divisait perpendiculairement l'os en dehors du conduit auditif interne.

Enfin en 1858 M. Morvan (*Archives de médecine*) a montré que dans certains cas la solution de continuité porte principalement sur la cavité glénoïde. Dans ce cas, presque toujours la fracture est comminutive et est la conséquence d'une chute sur le menton.

M. Houel, par l'analyse d'un grand nombre d'observations, a cherché à utiliser pour le diagnostic ces notions si précises fournies par l'anatomie pathologique. Il pense que sauf des cas très-exceptionnels, les fractures parallèles à l'axe du rocher sont le résultat d'un choc sur la région temporale, en avant de l'apophyse mastoïde, et il rappelle un fait dans lequel M. Gosselin a pu, d'après l'endroit frappé et la nature séro-sanguinolente du liquide écoulé, diagnostiquer une fracture parallèle à l'axe du rocher. L'autopsie est venue justifier ce diagnostic. Dans la fracture perpendiculaire à l'axe du rocher, ce serait au contraire dans la région occipitale que porterait la violence.

Il est trois signes des fractures de la base du crâne qui ont une importance de premier ordre, et dont les recherches d'anatomie pathologique dues aux chirurgiens français ont largement et presque uniquement contribué à établir la valeur. Ces signes sont: *A*, l'ecchymose; *B*, l'écoulement de sang; *C*, l'écoulement d'un liquide aqueux.

<table><tr><td>Ecchymose
sous-
conjonctivale.</td><td>*L'ecchymose sous-conjonctivale*, que M. Velpeau, un des premiers, a bien étudiée, indique une fracture de l'étage antérieur de la base du crâne. Elle manque souvent à la suite des fractures par</td></tr></table>

cause directe. Pour qu'elle ait toute sa valeur, il faut qu'elle commence par la conjonctive oculaire et qu'elle ne gagne la paupière inférieure qu'environ quarante heures après la production de la fracture.

L'ecchymose peut encore être observée dans la région mastoïdienne; elle est alors un signe de la fracture du rocher, et succède à la rupture des cellules mastoïdiennes. En 1862 M. Dolbeau a signalé devant la Société de chirurgie un signe nouveau de quelques fractures de la base du crâne et consistant dans l'apparition d'une ecchymose rétro-pharyngienne.

L'écoulement de sang peut s'observer abondant et prolongé, au niveau de la cavité bucco-pharyngienne ou des fosses nasales : dans le premier cas, c'est que la fracture s'étend jusqu'à la selle turcique; dans le second, elle a porté sur la lame criblée de l'ethmoïde.

Bien plus fréquemment l'écoulement a lieu par le conduit auditif externe, et dans ce cas, il doit être le plus souvent considéré comme un signe de la fracture du rocher, et principalement de la fracture parallèle à l'axe de cet os. (GOSSELIN, HOUEL.) Mais toutes les fois qu'un malade, à la suite d'une chute sur la tête, perd du sang par l'oreille externe, a-t-il nécessairement une fracture du rocher? Non. Si l'écoulement est peu abondant et dure une demi-heure ou une heure seulement, il n'y a probablement pas de fracture du rocher; s'il est abondant et s'il dure vingt-quatre, trente-six, quarante-huit heures, il existe vraisemblablement une fracture de cet os.

Cet écoulement de sang a une valeur beaucoup plus grande s'il est accompagné d'une perforation de la membrane du tympan ou d'une diminution notable de l'ouïe. (DERONSARD, 1850, *Académie de médecine.*)

M. Morvan, dans son mémoire, dit que l'enfoncement de la cavité glénoïde s'accompagne d'écoulement de sang par l'oreille, de la perforation de la membrane du tympan et de la diminution de l'ouïe. Entre ces fractures et celle du rocher le diagnostic se fera à l'aide des commémoratifs. Si la chute a eu lieu sur le menton, et en outre si dans les mouvements de l'articulation il existe une douleur notable à la pression, la fracture doit avoir pour siége la cavité glénoïde.

L'écoulement d'un liquide aqueux a une bien autre importance que l'écoulement sanguin; ordinairement un peu coloré, il ressemble à un mélange de sang et d'eau; un peu plus tard il présente une teinte rosée; après trois ou quatre jours c'est un liquide limpide, transparent, ressemblant à de l'eau.

M. Laugier le premier, en 1839 (*Bulletin chirurgical*), a bien appelé l'attention des chirurgiens sur ce symptôme important, et le premier il a démontré que ces écoulements de sérosité par l'oreille se rattachaient à l'existence des fractures du rocher.

Ce liquide peut s'écouler en d'autres points de la base du crâne. Robert (*Archives médicales*, 1845) a signalé deux cas dans lesquels cet écoulement a eu lieu pendant trois ou quatre jours dans les fosses nasales; il s'agissait dans ces cas de fractures de la lame criblée de l'ethmoïde ou de la petite aile du sphénoïde.

L'écoulement de ce liquide par le conduit auditif indique-t-il inévitablement une fracture de la base du crâne? Quelques malades ont guéri, d'autres ont succombé, et dans tous les cas où l'autopsie a été faite en France, il y avait une fracture du rocher. M. Léopold de Ferri a publié (*Gazette hebdomadaire*, t. Ier, 1854) une observation qui serait contraire à cette manière de voir. Chez le sujet de l'observation, il y avait eu écoulement de liquide aqueux, et le diagnostic d'une fracture du rocher avait été porté. Le malade guérit, mais trois années après il mourut, et l'on put faire son autopsie. On ne trouva aucune trace de la fracture que l'on avait diagnostiquée. Le 6 décembre 1854, M. Prescott-Hewett a présenté à la Société de chirurgie un fait qui paraît avoir beaucoup d'analogie avec celui de M. de Ferri.

Dans un rapport fait à la Société de chirurgie, à l'occasion d'une communication de M. Fleury (de Clermont), M. Gosselin ne voulut pas se prononcer sur la valeur absolue de l'écoulement séreux, ébranlé qu'il était par l'observation de M. de Ferri. Depuis (*Leçons orales*, 1862) ce chirurgien a émis l'opinion que, dans le cas de M. de Ferri, on pouvait très-bien comprendre qu'une fracture du rocher ait guéri, de manière à ne laisser aucune trace trois ans après.

Cet écoulement séreux autorise-t-il à préciser le siége de la fracture? Les auteurs du *Compendium de chirurgie*, adoptant complétement sur ce point l'opinion d'A. Bérard, s'expriment ainsi : « On peut donc se tenir pour assuré qu'il existe une fracture transversale du rocher, toutes les fois qu'on a constaté un écoulement séreux abondant par l'oreille. » Cette opinion est combattue par M. Houel. Quant à M. Gosselin, il pensait (*Rapport à la Société de chirurgie*) que dans ces cas la fracture portait nécessairement sur le conduit auditif interne. Depuis lors, deux faits observés par MM. Chassaignac et Richet, dans lesquels l'écoulement avait eu lieu, la fracture ne passant pas par le conduit auditif interne, l'ont empêché de professer une opinion aussi absolue.

Quelle est la source de ce liquide séreux? Marjolin pensa que c'était le liquide de Cotugno, mais il ne l'avait pas démontré. M. Richet (*Bulletin de la Société de chirurgie*, t. IV) a, pièces en main, établi la possibilité de cette origine de l'écoulement séreux.

M. Laugier, ayant dans ses autopsies trouvé la dure-mère intacte, le faisait dériver d'un épanchement sanguin situé sous cette membrane et reposant sur la fêlure du rocher.

M. Chassaignac émit l'idée que cet écoulement de liquide séreux avait surtout lieu lorsqu'un sinus de la dure-mère était ouvert.

Habituellement, on ne trouve pas d'épanchement de sang entre la dure-mère et les os, ou bien, s'il existe, il est si peu abondant que l'on comprend difficilement la quantité de sérosité qui s'écoule.

M. Laugier a dit aussi que ce pouvaient être les vaisseaux sanguins de l'os qui fournissaient cet écoulement. Il partait de ce principe qu'à la suite de toutes les solutions de continuité (os ou parties molles) il y a un écoulement d'un liquide séreux.

Robert ayant rapporté une nouvelle observation où le liquide était fortement salé, A. Bérard pensa que ce devait être du liquide céphalo-rachidien, et cette opinion est aujourd'hui la plus accréditée. Cette origine s'accorde parfaitement avec la quantité de liquide qui s'écoule; en outre, l'analyse chimique démontre beaucoup plus d'analogie entre le liquide écoulé et le liquide céphalo-rachidien, qu'entre le premier et le sérum du sang.

Cette théorie se trouva dès l'abord en opposition avec la plupart des faits connus. MM. Laugier, Chassaignac, Nélaton, Robert, dans leurs observations, n'avaient pu constater la déchirure des méninges. En 1854, M. Richet a encore fait connaître un fait d'écoulement très-abondant, par l'oreille, chez un individu chez lequel la fracture ne passait pas au niveau du conduit auditif interne; et cependant, a-t-on dit, l'on doit toujours trouver la voie qui permet au liquide sous-arachnoïdien de pénétrer dans l'oreille interne moyenne et dans l'oreille externe.

Il faut remarquer qu'à mesure que les observations se multiplient, la déchirure des méninges est plus souvent signalée; de plus, il se peut que la déchirure de la dure-mère n'ait pas été constatée, faute de recherches suffisantes, ou bien que cette déchirure ait été cicatrisée. Mais surtout il est possible que l'on n'ait pas examiné assez tous les prolongements de l'espace sous-arachnoïdien qui peuvent subir une déchirure; ainsi, par exemple, comme l'ont observé MM. Gosselin et Delaunay en 1860, au niveau du trou déchiré postérieur, le prolongement sous-arachnoïdien, qui entoure la huitième paire, peut donner lieu à un écoulement séreux. Dans les cas douteux, on devra faire une recherche minutieuse au niveau de ces prolongements de l'espace sous-arachnoïdien.

Il serait impossible aujourd'hui d'affirmer que le liquide céphalo-rachidien est la source unique des écoulements séreux qui ont lieu par l'oreille, dans les cas de fracture de la base du crâne; mais vraisemblablement telle est leur origine la plus fréquente.

On a pu très-exceptionnellement voir sortir par l'oreille quelques petites portions de substance cérébrale; M. Gislain (de Montargis) a publié un fait de ce genre.

L'hémiplégie faciale qui accompagne assez souvent les fractures du rocher peut-elle guérir? Dans beaucoup de cas elle persiste indéfiniment; cependant dans sa thèse inaugurale (1850) M. Jourdan a cité plusieurs exemples de guérison.

Fractures de la face. — Dans ces derniers temps, M. Alphonse Guérin (*Académie de médecine,* 1866) a appelé l'attention sur un nouveau signe de fracture du maxillaire supérieur; il consiste dans l'apparition d'une douleur vive, et toujours facilement appréciable, lorsqu'on porte le doigt sur l'aileron interne de l'apophyse ptérygoïde. L'anatomie pathologique est venue confirmer l'opinion avancée par ce chirurgien; il a pu faire voir une pièce dans laquelle il existait une fracture des deux maxillaires coïncidant avec celle des deux apophyses ptérygoïdes, et les expériences sur le cadavre ont donné des résultats identiques. Ce signe est important dans les cas où on ne constate pas d'une manière évidente la mobilité du fragment inférieur.

Pour les fractures du *maxillaire inférieur,* on a imaginé d'ingénieux appareils, dont cependant l'idée première remonte à la fin du siècle dernier.

Ces appareils, construits à la fois en France, en Angleterre et en Allemagne, n'ont pas répondu en général à ce qu'on en pouvait espérer.

Les fractures des *côtes,* qui sont des plus fréquentes, ont été l'objet de recherches suivies de la part de Malgaigne. Ce chirurgien, à l'aide d'observations précises, a démontré combien étaient fausses les théories de J.-L. Petit et de Vacca-Berlinghieri, qui avaient cours avant lui dans la science, en prouvant contre le premier que les déplacements, lorsqu'ils existent, ne sont pas invariablement liés à la cause fracturante, et contre le second, que les muscles intercostaux n'empêchent en rien les déplacements de se produire.

La fracture des *cartilages* sterno-costaux, que Lobstein à Strasbourg et Magendie à Paris, en 1805, ont introduite dans la science, ne nous offre qu'un intérêt restreint, en raison de son excessive rareté.

Parmi toutes les autres fractures des os, la plupart ont été l'objet de travaux nombreux, dont les plus modernes ont simplement ajouté des faits à ceux qui remontent à une époque antérieure au commencement de ce siècle. Cependant il en est, comme la fracture de *l'extrémité inférieure du radius*, dont l'histoire n'a été véritablement faite que de notre temps.

Les anciens avaient à peine entrevu ces fractures, que sans aucun doute ils avaient prises pour des luxations de l'articulation radio-carpienne. Bien que Pouteau et Desault aient donné une description de ces fractures, Dupuytren, le premier, vers 1819, affirma que toutes les prétendues luxations radio-carpiennes n'étaient que des fractures de l'extrémité inférieure du radius; en un mot, que la luxation radio-carpienne n'existait pas. Cependant des observations ultérieures, au sujet desquelles le doute n'était plus permis, démontrèrent qu'il était allé trop loin.

Après Dupuytren, les travaux de MM. Goyrand, Bouchet, Malgaigne, Diday, Voillemier, Velpeau, Laugier, Nélaton, O. Lecomte, Jarjavay, Foucher, firent connaître avec précision les rapports qu'affectent les fragments de l'os fracturé. M. Voillemier (1842), le premier, a bien décrit le mode de pénétration des fragments l'un dans l'autre, le siége et la direction de la fracture, et surtout le mécanisme suivant lequel elle s'opère. A ce sujet, M. Nélaton institua des expériences très-démonstratives; cependant, la conclusion qu'il en tira ne fut pas admise par M. O. Lecomte. Le premier de ces chirurgiens pense que la pression subie par le radius entre la voûte osseuse du poignet qui sert de point d'appui et le poids du corps représentant la puissance, suffit pour briser l'os en son point le plus faible. Pour M. Lecomte, au contraire, les ligaments tendus outre mesure par le mouvement exagéré qui s'accomplit dans l'articulation, arracheraient la partie inférieure de l'os, et la cause invoquée par M. Nélaton n'agirait qu'en second lieu, et son effet se bornerait à faire pénétrer plus ou moins profondément les fragments l'un dans l'autre, en écrasant quelquefois l'inférieur.

Les recherches modernes ont fait connaître tous les signes de cette fracture avec une telle précision que, selon les propres expressions de Malgaigne, il n'est plus permis à aucun chirurgien de les méconnaître. Leur influence sur le traitement a été également heureuse, en démontrant qu'il était inutile de songer à rétablir l'espace interosseux, puisque cet espace est nul au niveau du point où siége la lésion.

On doit à Malgaigne et à M. Voillemier d'avoir fait une espèce à part *des doubles fractures verticales du bassin*, qui étaient avant eux confondues sans ordre dans la description générale des fractures de cette portion du squelette.

Les *fractures du fémur*, par l'importance de l'os qu'elles atteignent, ont suscité de nombreux et importants travaux, parmi lesquels les chirurgiens français de ce siècle peuvent revendiquer une grande part. Les fractures de l'extrémité supérieure de cet os, et en particulier de son col, ont donné lieu à de vives discussions, dont le résultat fut de préciser mieux le degré de fréquence relative des fractures qui se font dans l'articulation et de celles qui se font en dehors. L'étude des causes et du mécanisme, fondée sur l'observation et sur l'expérimentation, a été entreprise avec succès par M. Rodet (de Lyon), dont la thèse inaugurale (1844) sur les moyens propres à distinguer les différentes espèces de fractures du col du fémur, inspirée par son maître Bonnet, eut un retentissement mérité.

De ses observations et de ses expériences M. Rodet concluait qu'*en général les fractures du col du fémur offrent une situation et une direction en rapport avec le sens dans lequel a agi la violence qui les produites.*

La théorie de M. Rodet a été critiquée par Malgaigne, qui a parfaitement fait comprendre comment les fractures intra-capsulaires étaient produites par le mécanisme qui, chez l'adulte, produirait des luxations; chez le vieillard, le col de l'os étant moins résistant que les ligaments qui l'unissent au bassin, ceux-ci ne cèdent point et l'os se brise.

Il y a dans les auteurs quelques dissidences sur l'ordre de fréquence des fractures intra et extra-capsulaires. A. Cooper admettait qu'après cinquante ans elles étaient presque toutes intra-capsulaires. MM. Nélaton et Bonnet ont soutenu l'opinion contraire; mais ils ont été réfutés par Malgaigne, qui admet que les fractures intra-capsulaires sont d'un tiers plus fréquentes.

Les signes de ces diverses fractures ont été étudiés avec le plus grand soin par Malgaigne, Robert, Bonnet (de Lyon), M. Nélaton, etc. qui se sont efforcés d'en déterminer rigoureusement la valeur diagnostique. Les changements de position du grand trochanter et les moyens de les déterminer, les différences de raccourcissement et la manière de les apprécier, ont surtout attiré leur attention. Leurs observations et les expériences de M. Rodet ont réfuté complétement l'erreur grave commise par Astley Cooper, ce chirurgien ayant attribué au raccourcissement dans les deux fractures une valeur complétement opposée à celle qu'il a en réalité dans chacune d'elles.

Parmi les autres fractures du fémur, celles de l'*extrémité inférieure*, si graves en raison de leur rapport avec l'articulation du genou, ont été bien étudiées par M. Trélat, qui a exposé complétement leur histoire dans sa thèse inaugurale (1854).

Les *fractures de la rotule* sont difficiles à traiter, en raison des obstacles qu'il faut vaincre pour maintenir les fragments dans un parfait contact et obtenir une consolidation osseuse. Si l'écartement est un peu considérable, le cal est purement fibreux; aussi les méthodes et les appareils propres à remédier à ce résultat souvent nuisible se sont-ils multipliés. Parmi ce grand nombre de nouveaux moyens, citons l'innovation de Malgaigne, qui arriva à maintenir les fragments à l'aide de griffes métalliques implantées dans les tendons au-dessus et au-dessous de la rotule, et obtint le résultat désiré, c'est-à-dire la réunion des fragments par du tissu osseux. Cet appareil présente quelques difficultés dans son application: c'est peut-être une des raisons qui expliquent pourquoi il ne s'est pas plus généralisé. Nous devons dire en outre que sa complète innocuité n'est pas rigoureusement démontrée.

Les *fractures de l'extrémité inférieure du péroné* succèdent très-souvent à l'action de causes indirectes qui ont été bien étudiées par Dupuytren (1813), MM. Maisonneuve (*Archives*, 1840), et Malgaigne (*Traité des fractures*). Boyer professait que ces fractures étaient produites par adduction ou abduction. Dupuytren emprunta une partie de la doctrine de Boyer qu'il développa, et depuis lors ses idées furent généralement acceptées; mais M. Maisonneuve, dans son mémoire, a posé d'une façon bien plus nette la différence qui existe entre les diverses espèces de fractures du péroné, envisagées sous le rapport de leur mécanisme, de la disposition anatomique et des symptômes qu'elles présentent. Il a établi que, eu égard au mécanisme suivant lequel elles se produisent, ces fractures peuvent être divisées en trois variétés principales : 1° fracture succédant à un mouvement d'abduction; 2° à un mouvement d'adduction; 3° à la déviation du pied en dehors. Suivant MM. Maisonneuve et Nélaton, cette dernière cause agirait bien plus fréquemment que les deux autres. M. Maisonneuve a décrit une *fracture par arrachement* située à 3 centimètres au-dessus du sommet de la malléole externe, et succédant au mouvement forcé d'adduction du pied; une *fracture par divulsion*, succédant au mouvement forcé de déviation du pied en dehors ; cette fracture siégerait toujours à 5 ou 6 centimètres au-dessus du sommet de la malléole ; et enfin une *fracture par diastase*, qui serait produite, comme la précédente par la déviation du pied en dehors; seulement, les ligaments qui unissent en bas le tibia au péroné cédant avant que l'os ne soit rompu, la fracture ne se produirait que consécutivement à l'écartement des deux os, et siégerait toujours au niveau du tiers supérieur du péroné.

M. Malgaigne n'admet pas cette variété, et il a cherché à prouver que dans le fait cité par M. Maisonneuve il s'agissait d'une fracture des deux os de la jambe.

M. Malgaigne a décrit à part *des fractures sus-malléolaires*. Cette variété de solution de continuité des deux os de la jambe mérite, en effet, un description particulière. Elles siégent à 2 ou 3 centimètres de l'articulation tibio-tarsienne. Les os sont presque toujours rompus dans une direction transversale ; M. Ph. Boyer en a observé un cas, dans lequel le trait de la fracture passait aussi près que possible de l'articulation.

Fractures du calcanéum.

Signalons, enfin, la *fracture par écrasement du calcanéum*, que Malgaigne a décrite le premier. Avant ses travaux, dans tous les traités il n'était question que de la fracture par arrachement. Ces fractures par écrasement étaient comprises par Dupuytren et Sanson dans la description des fractures par écrasement de tous les os du tarse. Malgaigne a bien démontré qu'elles peuvent, au contraire, exister isolément, et lorsque les faits publiés par lui ont eu donné l'éveil, P. Bérard, Bonnet (de Lyon), A. Bérard, M. Voillemier, etc. ont bientôt fait connaître des cas semblables.

Les os sont facilement atteints par l'*inflammation*, qui y revêt des formes particulières. Elle y présente des modes de terminaison qui diffèrent souvent, au moins en apparence, de ceux qu'on est habitué à observer dans l'inflammation des autres tissus de l'économie. L'ostéite, la carie, la nécrose, peuvent être considérées aujourd'hui comme présentant encore de nombreux desiderata dans leur histoire, bien qu'elles aient été étudiées avec le plus grand soin par les chirurgiens des siècles précédents.

Les travaux de Gerdy (*Archives de médecine*, 1839, et *Traité des maladies des os*) ont incontestablement fait mieux connaître l'ostéite. Ce chirurgien a démontré que, dans la plupart des affections du tissu osseux, on trouvait toujours une ostéite, comme cause ou comme conséquence de la lésion. Aussi aujourd'hui les os sont-ils regardés comme le système qui a le plus de tendance à l'inflammation.

Dans le tissu osseux, comme dans les autres tissus, le premier effet de l'inflammation est de produire une augmentation de vascularité; mais ici ce développement des vaisseaux est suivi de l'absorption du tissu qui entoure les vaisseaux ainsi dilatés. A cette période, si on pratique une coupe de l'os, celle-ci ressemble à la coupe d'un jonc. (GERDY.) L'ostéite, suivant son degré d'intensité, etc. peut se terminer par résolution, par suppuration, par la carie, par la nécrose. Si l'ostéite dure un certain temps, il se forme bientôt des dépôts osseux disposés en couches plus ou moins régulières; c'est à ces dépôts qu'est dû l'accroissement du volume de l'os, et non à une tuméfaction dépendant de la dissociation des lamelles qui le composent. Si le tissu compacte se raréfie, c'est par soustraction de substance osseuse. (GERDY.) A la suite d'expériences nombreuses, pratiquées sur les animaux, M. Nélaton (*Pathologie externe*, 1844) a établi que le tissu spongieux qui a été envahi par une inflammation aiguë, présente très-rapidement une raréfaction évidente; il a constaté, de plus, qu'au moins expérimentalement il était très-difficile de déterminer l'inflammation de ce tissu.

Suivant les cas, l'ostéite amènera des modifications bien différentes dans le tissu osseux, et Gerdy a décrit à juste titre des formes diverses de l'ostéite, sous les noms d'*ostéite raréfiante, d'ostéite condensante, d'ostéite ulcérante.*

M. Gerdy a encore appelé, avec juste raison, l'attention sur un des principaux caractères de l'inflammation osseuse : la tendance continuelle aux recrudescences.

Périostite.   La *périostite,* séparée nettement pour la première fois de l'ostéite par Crampton, en 1818, présente des caractères très-voisins de ceux qui appartiennent à l'ostéite. Les seuls qui paraissent lui être propres sont une vascularisation plus considérable du périoste, un épaississement plus considérable et le dépôt plus rapide de produits plastiques.

Ostéo-myélite.   L'*ostéo-myélite,* à peine connue dans les vingt premières années de ce siècle, a donné lieu aux travaux les plus importants. En 1831 (*Archives de médecine*), Reynaud en fit l'objet d'un mémoire spécial, et depuis elle a été souvent observée. Avant cette époque, Blandin et M. Cruveilhier avaient, dans le *Dictionnaire de médecine et de chirurgie pratiques,* fait allusion à l'ostéo-myélite des amputés; mais jusqu'au mémoire de M. Reynaud ces faits étaient restés épars. M. Flourens, dans un travail lu à l'Académie des sciences (1841), avait essayé de tracer des caractères différentiels entre l'ostéo-myélite des os qui ont été ouverts et celle des os dont le canal médullaire est resté entier. En 1855, MM. Valette et Salleron publièrent un important mémoire sur l'ostéo-myélite des amputés (*Recueil de mémoires de chirurgie militaire*), et les *Mémoires de l'Académie de médecine* (1860) renferment le travail dans lequel M. J. Roux (de Toulon) a particulièrement attiré l'attention sur l'ostéo-myélite succédant aux fractures par coup de feu.

Nous devons signaler particulièrement les travaux de M. Chassaignac sur l'ostéo-myélite (*Gazette médicale,* 1854, et *Traité de la suppuration,* 1859). Ce chirurgien a principalement étudié l'ostéo-myélite spontanée, celle qui se développe dans les os entiers, et ne s'est occupé que très-secondairement de l'ostéo-myélite des amputés.

Le même chirurgien lut, en 1853, devant la Société de chirurgie un important mémoire (*Mémoires de la Société de chirurgie,* t. IV) sur les *abcès sous-périostiques aigus.* Sous ce nom il a décrit ces collections purulentes, quelquefois considérables, qui, s'accompagnant de symptômes généralement graves, se forment entre l'os et le périoste dans l'espace de quelques jours, ou, au plus, dans l'espace de quelques septenaires. M. Chassaignac pense que cette dénomination a le mérite de ne rien préjuger sur la nature et le mode de formation de la collection purulente.

Mais cet état clinique, si grave par la rapidité de sa marche, par l'intensité des phénomènes généraux et par sa terminaison presque invariablement fatale, et que l'on a aussi désigné sous le nom de *typhus des membres,* a été rattaché par d'autres chirurgiens à des lésions primitivement différentes.

M. Klose (de Berlin) (*Archives de médecine,* 1858) a décrit, sous le nom d'*ostéite épiphysaire,* la forme d'ostéite aiguë qu'il considère comme susceptible d'engendrer cet état si grave.

M. Chassaignac a lui-même mis, dans plusieurs cas, sur le compte de l'ostéo-myélite cet ensemble symptomatique si redoutable.

Enfin, M. Gosselin pense que ces graves accidents, que l'on observe surtout chez les jeunes gens et les adolescents, ont leur point de départ dans l'inflammation du cartilage épiphysaire, et, dans les *Archives de médecine* (1858), il a décrit cette affection sous le nom d'*ostéite* ou *ostéo-arthrite épiphysaire des adolescents.*

M. Gosselin a aussi fait connaître, sous le nom d'*ostéite épiphysaire lente et non suppurée,* un ensemble d'accidents dont le phénomène le plus saillant consiste dans l'apparition de douleurs intermittentes assez vives, pouvant empêcher la marche. Ces douleurs disparaîtraient généralement après la seizième ou dix-septième année, et M. Gosselin est tenté de les attribuer « à une inflammation légère du parenchyme osseux activé dans sa nutrition par la soudure prochaine de l'épiphyse. »

Abcès des os. La *présence du pus* dans les os est un fait assez commun; les travaux de Gerdy, de MM. Nélaton, Chassaignac, Broca (*Osteitis* in *the Cyclopedia of pratical surgery*), J. Roux, Gosselin, etc. l'ont surabondamment démontré. Mais les collections purulentes, les abcès, sont beaucoup plus rares que les suppurations diffuses. Enfin, on doit établir encore des différences entre les collections du canal médullaire et celles du tissu osseux proprement dit, entre les abcès aigus et les abcès chroniques.

M. E. Cruveilhier fils (1865) a soutenu sous ce titre : *Sur une forme spéciale d'abcès des os ou des abcès douloureux des épiphyses,* sa thèse inaugurale. Ce chirurgien a eu pour but principal d'étudier les collections purulentes spontanées à marche chronique et idiopathique, siégeant dans le tissu osseux.

Cette affection pourrait être appelée du nom de Brodie, le chirurgien qui le premier l'a bien décrite.

Pour le chirurgien anglais, ce sont des abcès des os semblables à ceux des parties molles. M. Broca s'est efforcé, au contraire, de les rattacher aux abcès chroniques simples du canal médullaire; mais les recherches de M. E. Cruveilhier tendent à prouver qu'ils ont pour siége l'épiphyse.

Le siége de ces abcès est presque toujours l'extrémité des os longs, et c'est le tibia qui paraît atteint le plus souvent, surtout au niveau de sa partie supérieure. Ordinairement, ces abcès forment une collection unique; à leur pourtour l'os a subi des modifications de nutrition importantes et présente tous les caractères de l'ostéite condensante. Ils annoncent leur présence par une douleur d'abord intermittente, plus tard continue, mais avec exacerbation, un certain gonflement bien net et très-circonscrit de l'os, etc. Leur guérison par ouverture spontanée est tout à fait exceptionnelle, leur marche ordinairement croissante, et leur durée très-longue, de dix ans en moyenne. (E. CRUVEILHIER.) Le seul traitement curatif est un traitement chirurgical : c'est la trépanation.

Ce sont d'abord les chirurgiens anglais qui, depuis Benj. Brodie, ont étudié cette intéressante affection ; depuis lors les observations de M. Voillemier (1841), de Mouland (de Marseille) (1844), de MM. Pétrequin et Socquet (1845), de M. Michon, le travail publié par M. Broca, en 1856, dans *the Cyclopedia, etc.* sur les abcès des os, ont fourni, en France, d'utiles documents sur cette question. Dans ces dernières années surtout, les observations de cette nature se sont multipliées et sont devenues plus rigoureuses ; c'est à leur aide que M. E. Cruveilhier a édifié son travail. Les plus importantes étaient dues à M. Broca (1859), à M. Azam (de Bordeaux); à M. Richet (1864), à M. Gosselin (1864), à M. Nélaton (1864); enfin, dans deux leçons cliniques, ce dernier chirurgien avait déjà (1864) tracé, d'une manière dogmatique, l'histoire de ces intéressantes lésions.

La *carie des os* est encore à l'état de problème. Les chirurgiens du siècle dernier, Louis en particulier, ont dégagé de cette maladie d'autres, telles que le cancer et la nécrose, qui étaient toutes rangées pêle-mêle sous cette commune dénomination. Les chirurgiens modernes ont été plus loin : ils en ont encore séparé l'ostéite suppurée, l'affection tuberculeuse des os. C'est là, évidemment, un progrès ; mais, pour ce qui concerne la carie en elle-même, les opinions restent partagées sur la question de savoir si elle constitue un état pathologique spécial, ou si, comme le soutenaient Malgaigne et Michon, on doit la confondre complétement avec l'inflammation. Peut-être des études ultérieures parviendront-elles à fixer les idées sur cette difficile question.

Gerdy, qui a fait les plus louables efforts (*Chirurgie pratique*) pour élucider l'histoire de cette affection, décrit trois espèces de carie, *A,* la *molle; B,* la *dure,* forme dans laquelle l'os atteint une grande densité, et qui, selon cet auteur, serait habituellement confondue par les pathologistes avec la nécrose; *C*, la *bulleuse*, que l'on rencontrerait surtout chez les sujets scrofuleux.

Delpech et Bérard (de Montpellier), Sanson, plus tard, avaient dit que dans la carie la trame inorganique seule persistait, la matière animale disparaissant des os; mais cette opinion a été controuvée par les recherches de Gerdy et de Barruel, et, plus tard, par les analyses de M. Mouret.

Nécrose. La *nécrose* est mieux définie, et de remarquables travaux ont été entrepris pour bien déterminer les conditions dans lesquelles un os peut réparer les pertes de substance qui résultent pour lui de cette mortification.

Les recherches de Tenon et celles de Troja, au siècle dernier, sont restées justement célèbres; et, bien que les mémoires du premier de ces auteurs aient été composés au milieu du xviiie siècle (1758-1759), il est bon de rappeler qu'il les reproduisit en 1806 (il était alors octogénaire), après les avoir revus et corrigés.

Depuis, les recherches de MM. Cruveilhier, Jobert (de Lamballe) (1836), ont attiré l'attention du monde savant. Celles de MM. Gosselin et Regnauld sur la substance médullaire des os, continuées avec tant de persévérance sur les usages du périoste, par M. Ollier (de Lyon), ont fait faire de nouveaux pas à cette question. Tous ces travaux ont été féconds en applications à la pratique chirurgicale.

Tumeurs des os. *Tumeurs des os.* —— Les os sont fréquemment le siége de tumeurs qui, de même que l'inflammation, y revêtent un caractère tout spécial. L'étude de ces tumeurs est, sans contredit, l'une des plus intéressantes de la chirurgie, et depuis quelques années des recherches ont été poursuivies avec ardeur dans cette direction. Malgré des progrès incontestables, qui ont eu surtout pour résultat d'isoler les unes des autres des espèces pathologiques jusque-là coufondues, quoique en réalité parfaitement distinctes, ce point de la science appelle encore de nouveaux travaux.

Nous allons faire connaître rapidement l'état actuel de nos connaissances sur ce sujet si important.

Exostoses. — Pendant longtemps on a confondu sous le nom d'*exostoses* des affections des os essentiellement différentes; on ne doit rigoureusement ainsi désigner que des tumeurs formées par l'hypertrophie du tissu osseux. Cette hypertrophie, connue sous le nom d'*exostose* lorsqu'elle est bornée à un point circonscrit d'un os, porte le nom d'*hypérostose* lorsqu'elle occupe toute l'étendue d'un os long ou la surface d'un os plat.

La structure des exostoses n'est pas toujours identique; elles sont quelquefois formées par du tissu spongieux; mais dans le plus grand nombre de cas par un tissu compacte très-dense, comme éburné.

Généralement limitées à un seul point du squelette, elles se montrent exceptionnellement sur plusieurs os à la fois; c'est cette disposition qui a été désignée par Gerdy sous le nom de *diathèse ostéogène.* M. Rognetta a rassemblé plusieurs faits de ce genre dans un mémoire publié en 1835 (*Gazette médicale*).

M. Broca a fait connaître l'origine spéciale de certaines exostoses qui se développent au niveau des cartilages épiphysaires, et qui sont quelquefois remarquables par leur multiplicité et par leur siége dans des points parfaitement déterminés. Il leur a donné le nom d'*exostoses de croissance,* parce qu'on peut en effet les considérer comme une aberration du travail d'accroissement des os longs. Un de ses élèves, M. Soulié (de Lyon), a soutenu sur ce sujet sa dissertation inaugurale en 1864.

Ces exostoses ont une grande tendance à se développer d'une façon indéfinie; elles peuvent envahir les articulations au voisinage desquelles elles sont souvent placées : aussi doivent-elles être attaquées de bonne heure.

On a aussi décrit, sous le nom d'*exostoses*, des tumeurs qui sont toujours indépendantes du squelette, que l'on observe principalement dans les cavités dont sont creusés les os du crâne et de la face, et qui sont essentiellement constituées par les canalicules et les corpuscules que l'on rencontre dans l'os normal.

Tout récemment (*Académie de médecine*, sept. 1866), M. Dolbeau a essayé de réunir dans un même groupe toutes les tumeurs décrites sous le nom d'*exostoses des sinus*, d'*exostoses des fosses nasales*, d'*exostoses de l'ethmoïde*.

Cet auteur a démontré que toutes ces productions osseuses sont formées aux dépens du périoste fibro-muqueux qui tapisse les différentes cavités de la face, et a bien mis en lumière combien leur indépendance du squelette rendait leur extirpation facile, pourvu toutefois que l'on ouvrît une large voie préliminaire.

Dans le courant de la même année 1866, M. Pamard fils avait présenté à la Société de chirurgie un bel exemple d'une tumeur de ce genre, qui avait pris naissance dans les fosses nasales.

Tumeurs
fibreuses des os.

Tumeurs fibreuses des os. — Les *tumeurs fibreuses des os* ont été longtemps confondues avec les exostoses et l'ostéo-sarcôme. Dupuytren est le chirurgien qui en a parlé le premier. Dans le chapitre de sa clinique chirurgicale consacré à l'étude des kystes osseux, on trouve deux observations de tumeurs fibreuses; l'une de ces tumeurs est comparée par lui aux tumeurs fibreuses de l'utérus, avec lesquelles, dit-il, elle a la plus grande analogie.

Lisfranc a vu et publié des exemples incontestables de tumeurs fibreuses de la mâchoire, et c'est d'après les observations recueillies dans son service que M. A. Forget en a donné la description dans sa thèse inaugurale (1840), sous la dénomination de *kystes solides du maxillaire inférieur*.

Dans l'article *Kystes osseux*, de sa *Pathologie chirurgicale* (1848), M. Nélaton a décrit ces tumeurs avec soin. Enfin, en 1854, il a paru sur ce sujet une excellente thèse de Bauchet.

Ces tumeurs peuvent siéger dans tous les os du squelette; mais le maxillaire inférieur paraît en être le plus souvent atteint. Elles peuvent prendre naissance à la surface des os, ou au contraire dans l'intérieur même du tissu osseux. Lorsqu'elles se sont développées dans le centre même de l'os, elles forment quelquefois une seule masse, entourée par les os très-amincis et simulant la paroi d'un kyste. C'est cette disposition qui explique comment Dupuytren et M. Nélaton les ont classées parmi les kystes osseux. M. Chassaignac (*Société de chirurgie*, 1864), MM. Velpeau et Follin (*Société de biologie*, 1849), ont vu le premier dans le maxillaire supérieur, les seconds dans l'épaisseur du calcanéum, des tumeurs fibreuses nettement limitées, et qui ont pu être facilement énucléées.

Dans d'autres circonstances, le tissu fibreux est disséminé et infiltre les cellules osseuses; Bauchet a déposé au Musée Dupuytren une pièce dans laquelle cette disposition est des plus manifestes.

Enfin, dans des cas plus fréquents, on observe des tumeurs placées à la surface des os; mais celles-ci évidemment appartiennent plutôt au périoste qu'aux os eux-mêmes. On les observe dans les points les plus divers; M. Denonvilliers en a opéré une placée au-devant du maxillaire supérieur, et, dans un cas rapporté par M. Huguier, le siége d'implantation était la face postérieure du calcanéum. M. Lebert, M. Maisonneuve (*Gazette des hôpitaux*, 1854), ont fait connaître des faits dans lesquels ces tumeurs avaient pris naissance sur les apophyses transverses des vertèbres cervicales.

Les tumeurs fibreuses considérables qui remplissent l'arrièregorge et que l'on désigne sous le nom de *polypes naso-pharyngiens*, appartiennent à cette classe de productions accidentelles. Nous traiterons de cette intéressante question dans une autre partie de ce rapport.

Kystes osseux. — C'est encore à Dupuytren que revient l'honneur d'avoir bien indiqué cette variété de tumeur des os. Ses premières observations remontent à 1813; il saisit le véritable carac-

Kystes des os.

tère de la maladie, donna les moyens de la reconnaître et en fixa le traitement.

Ces kystes sont de dimensions variables; ils ont 1 ou 2, et jusqu'à 7 et 8 centimètres, lorsqu'ils sont uniloculaires; mais quelquefois leur cavité est divisée en plusieurs loges par des espèces de cloisons osseuses; alors ils peuvent atteindre des dimensions considérables. En 1844, M. Nélaton a présenté à la Société de chirurgie un bel exemple de ces kystes multiloculaires contenant de la sérosité sanguinolente. La tumeur, qui occupait le fémur gauche, était étendue depuis la base du grand trochanter jusqu'à 2 centimètres des condyles fémoraux.

Dupuytren divisa ces kystes en kystes à contenu liquide et kystes à contenu solide, et nous avons eu l'occasion de dire que sous ce titre il comprenait les tumeurs fibreuses développées dans l'épaisseur des os.

Ces kystes ont pour siége de prédilection le maxillaire inférieur.

Tumeurs hydatiques des os.

Tumeurs hydatiques. — Les hydatides se développent rarement dans les os. On a pu cependant les observer dans divers points du squelette, et le plus souvent dans l'épaisseur du tibia. Dupuytren (*Clinique*, t. Ier) et A. Cooper en ont trouvé dans l'humérus. MM. Mazet et Dariste ont fait voir à la Société anatomique une vertèbre et un os iliaque qui présentaient cette altération. Les hydatides que l'on a trouvées dans les os appartiennent au genre acéphalocyste.

A. Bérard qui, dans le *Journal de médecine*, t. XXII, a donné une bonne description de cette altération des os, dit que la maladie n'a jamais été reconnue qu'après l'ouverture du kyste.

Cancer des os.

Cancer des os. — Le véritable cancer des os s'observe assez souvent; cependant les progrès accomplis dans l'étude anatomo-pathologique ont permis de séparer du cancer des os un nombre assez considérable de tumeurs qui étaient autrefois comprises sous cette dénomination générique, telles que des *tumeurs fibro-plastiques*, des *enchondrômes*, des tumeurs *à médullocèles* et *à myéloplaxes*.

Le cancer des os est ordinairement remarquable par sa grande vascularisation. Celle-ci peut être portée assez loin pour que la tumeur présente une certaine analogie avec les tissus érectiles. C'est à cette forme très-vasculaire du *cancer* des os que les Anglais avaient donné le nom de *cancer hématode*.

La forme *colloïde* enkystée très-régulièrement s'observe assez souvent au pourtour des os.

Les cancers secondaires de la colonne vertébrale sont très-fré-quents; cette vérité a d'abord été surtout mise en lumière par les re-cherches de M. Cazalis. Dernièrement M. Tripier (de Lyon) (1867) a soutenu sur ce sujet une thèse intéressante. La constatation de ces cancers secondaires rend compte d'un grand nombre de troubles nerveux jusque-là mal expliqués.

Tumeurs fibro-plastiques. — Les *tumeurs fibro-plastiques des os* présentent un degré de gravité relative assez grand, ce que l'on peut expliquer par la variété anatomique à laquelle elles appar-tiennent. Ce sont en effet des tumeurs fibro-plastiques *nucléaires,* et l'on sait que, dans cette variété, la récidive rapide est beaucoup plus à craindre que dans les autres.

Au voisinage des tumeurs fibro-plastiques, les os sont quelque-fois usés, détruits; mais dans quelques cas ils subissent une hy-pertrophie condensante, et acquièrent une telle densité que la scie ne peut les diviser. Ils présentent alors l'aspect éburné.

Enchondrômes. — Les *enchondrômes* des os sont très-fréquents. Sur cent vingt-cinq cas d'enchondrômes réunis par M. Lebert, cent quatre fois la maladie siégeait dans le squelette. C'est dans les os de la main et des doigts que l'on rencontre le plus souvent ces productions accidentelles.

L'enchondrôme des os forme des tumeurs dures, arrondies,

Tumeurs
fibro-plastiques
des os.

Enchondrômes
des os.

quelquefois très-volumineuses. Il offre deux variétés principales :
il prend naissance dans l'intérieur des os (*enchondrômes* proprement
dits), ou bien naît du périoste ou au-dessous du périoste (*chondro-
phytes* ou *périchondrômes*).

Lorsqu'il se développe dans l'intérieur des os, il est toujours en-
veloppé par une coque osseuse d'une épaisseur variable, et qui
quelquefois est réduite à une lamelle osseuse très-mince. Cette
disposition se voit bien surtout au niveau de la main et du pied, et
la plupart des tumeurs en fuseau que l'on observe si souvent au
niveau des os de cette région, et que l'on désignait autrefois sous
le nom de *spina ventosa*, doivent être rattachées à l'enchondrôme.

Tumeurs
à médullocèles
et
à myéloplaxes.

Tumeurs à médullocèles et à myélophaxes. — Les *tumeurs à médullocèles* et les *tumeurs à myéloplaxes* qui se développent aux dépens
des éléments normaux de la moelle des os ont été bien décrites au
point de vue anatomique par M. Robin en France (1849).

En Angleterre, M. Paget a écrit, sous le titre de *tumeurs myéloïdes*,
un chapitre qui se rapporte en réalité aux tumeurs fibro-plastiques, que l'auteur, mal renseigné, confondait avec les tumeurs
myéloïdes. En 1859, M. Broca publia dans le *Bulletin de la
Société de chirurgie* un travail didactique et critique sur les tumeurs
myéloïdes.

Nous avons déjà eu occasion, dans le chapitre général des tumeurs, d'indiquer la structure anatomique de ces productions accidentelles, et nous avons vu que ces deux variétés de tumeurs
méritaient parfaitement d'être séparées.

Les tumeurs *à myéloplaxes*, composées d'éléments particuliers
découverts par M. Robin, sont remarquables par leur aspect et
surtout par la manière dont elles se terminent. En effet, presque
toutes, arrivées à une certaine période, sont le siége d'un développement vasculaire tel qu'on les a confondues jusqu'à ce jour avec
les anévrismes des os.

Nous avons déjà eu occasion de dire que M. Eugène Nélaton

avait publié sur ce sujet un travail des plus importants (1860); dès 1856 cet observateur avait fait insérer un très-bel exemple de tumeur à myéloplaxes dans les *Bulletins de la Société anatomique*. Ce fut le premier fait clinique relaté en France à titre de tumeur à myéloplaxe. A ce moment il n'était nullement question de ces sortes de tumeurs, et, quoique M. Robin les eût signalées sept ans auparavant (1849), elles n'en étaient pas moins restées dans un oubli à peu près complet.

Les éléments anatomiques fondamentaux qui les constituent, les myéloplaxes, sont ordinairement reliés entre eux par une certaine quantité d'éléments fibreux ou fibro-plastiques, de matière amorphe, et de granulations moléculaires.

A cette constitution histologique correspond presque toujours une coloration spéciale du tissu morbide, coloration qui se rapproche plus ou moins de la teinte *rouge brun* ou *cramoisie*, mais qui dans certains cas peut être atténuée ou même tout à fait masquée, soit par la complication d'une infiltration graisseuse, soit par la présence d'une gangue fibroïde ou granuleuse très-développée.

En conséquence de ce qui précède et en considération de la rareté excessive, ou pour mieux dire de l'existence très-problématique des tumeurs purement sanguines des os, on peut établir en thèse générale que toute tumeur charnue ou pulpeuse qui s'est developpée primitivement dans le système osseux, et dont le tissu conserve après l'ablation une couleur d'un rouge cramoisi ou brunâtre, est à coup sûr composée de myéloplaxes.

Ces tumeurs sont essentiellement bénignes.

Voilà en quels termes sont formulées plusieurs des conclusions de M. Eugène Nélaton.

Nous avons vu ailleurs que la généralisation de ces tumeurs, très-exceptionnelle il est vrai, avait cependant été observée.

Quant à l'affirmation presque absolue donnée par M. E. Nélaton de la non-existence des tumeurs purement sanguines des os, elle n'a pas été acceptée par tous les chirurgiens, et M. Richet a publié dernièrement un travail pour combattre cette opinion trop exclusive.

Tumeurs purement vasculaires des os. — Dans les numéros de décembre 1864, de janvier et février 1865 des *Archives*, M. Richet a inséré un mémoire, sous ce titre : *Recherches sur les tumeurs vasculaires des os*, dites *tumeurs fongueuses sanguines des os ou anévrismes des os ;* ce chirurgien a essayé de jeter quelque jour sur l'histoire des tumeurs décrites sous les noms d'*anévrismes des os*, de *tumeurs fongueuses sanguines*, ou *pulsatiles* ou *érectiles*, du tissu osseux, en séparant les tumeurs *purement* et *nettement vasculaires* de celles qui ne le sont qu'*accessoirement* et dans lesquelles prédominent d'autres éléments, le cancer, par exemple, ou les myéloplaxes, ou tout autre.

Il a montré que les tumeurs vasculaires avec prédominance de l'élément cancéreux se comportent comme des cancers, alors même qu'on parvient à se rendre maître de l'élément vasculaire ; tandis que les tumeurs à myéloplaxes, dont la nature est beaucoup moins maligne et le tissu beaucoup moins sujet à se généraliser et à envahir de proche en proche, se trouvent simplement retardées dans leur marche par la neutralisation des vaisseaux qui les alimentent.

Au contraire, les tumeurs purement vasculaires, lorsqu'on les prive brusquement de leur circulation artérielle, sont aussi brusquement arrêtées dans leur développement et finissent par disparaître totalement.

M. Richet a rassemblé trois observations où la ligature de l'artère principale du membre a guéri définitivement la maladie, comme s'il se fût agi d'un anévrisme.

Ces tumeurs vasculaires sont essentiellement constituées par une paroi mince ostéo-périostique ; les artères, d'où émanent les plexus artériels périostiques très-développés, sont elles-mêmes plus volumineuses que dans l'état normal. La cavité de la tumeur est toujours unique, sans loges ni cloisons ; elle est quelquefois très-grande et peut renfermer plusieurs litres de liquide. Le contenu est en effet en partie liquide ; mais il existe aussi une partie solide, qui varie probablement suivant la plasticité du sang et l'ancienneté de la tumeur.

Ces tumeurs purement vasculaires ont été jusqu'ici principalement observées dans les condyles du tibia.

La *fluctuation*, mais la fluctuation véritable, *bien tranchée*, *bien nette*, unie aux battements et au bruit de souffle, constitue le meilleur caractère pour établir le diagnostic différentiel des *tumeurs vasculaires pures*.

Tubercules des os. — L'affection tuberculeuse, si commune dans quelques autres tissus, envahit aussi les os. Signalée par les anciens, l'affection tuberculeuse des os était tombée dans l'oubli. Les chirurgiens français l'en tirèrent. D'abord Delpech (*Traité des maladies réputées chirurgicales*, t. III, 1816), puis Serres (de Montpellier) (*Gazette médicale*, 1830) et plus tard Nichet (de Lyon) (1835) la rappelèrent à l'attention des chirurgiens, en signalant le développement des tubercules dans le tissu des vertèbres comme une des causes les plus communes et les plus efficaces du mal de Pott ; mais en 1836, dans sa thèse inaugurale, M. Nélaton donna l'histoire complète de l'évolution tuberculeuse dans le tissu osseux. Ce travail était bien supérieur à celui de ses devanciers, qui s'étaient occupés seulement du tubercule développé dans la colonne vertébrale. Dans cette thèse, la question était embrassée dans sa généralité et présentée sous une face nouvelle. Le tubercule est poursuivi, étudié, reconnu dans tous les points du squelette : dans les os plats, les os courts, dans les os des membres aussi bien que dans ceux du tronc, et l'histoire de l'évolution tuberculeuse dans le système osseux est tracée avec le plus grand soin.

Depuis lors, M. Reid (d'Erlangen) (1843), M. Parise (de Lille) (1843), M. Tavignot (1844), ont publié sur ce sujet des articles intéressants.

M. Nélaton admit deux formes principales de l'affection tuberculeuse du système osseux ; la matière tuberculeuse est réunie en foyer, *tubercules enkystés ;* elle est infiltrée dans les cellules du tissu spongieux, *infiltration tuberculeuse.* Cette dernière forme, entrevue par quelques auteurs, n'avait été décrite par aucun ; elle peut se présenter seule ou unie à la première, mais elle ne lui succède jamais. Elle se montre sous deux états différents, qui peuvent être considérés comme deux degrés de la même forme : l'*infiltration transparente* et l'*infiltration puriforme* ou *opaque.* A la seconde période, lorsque l'infiltration puriforme existe, la trame osseuse est modifiée notablement. Elle a subi une hypertrophie *interstitielle.* L'os n'est pas augmenté de volume ; mais les lamelles du tissu spongieux sont hypertrophiées, et les cavités qu'elles circonscrivent presque oblitérées.

La plupart des auteurs ont admis les tubercules enkystés ; mais de nombreuses objections ont été faites à la doctrine de l'infiltration tuberculeuse. Tous les phénomènes attribués par M. Nélaton à cette dernière affection ne seraient que la conséquence d'une inflammation de l'os terminée par suppuration, et l'ostéite chronique donnant lieu à l'hypertrophie interstitielle du tissu osseux (ostéite condensante de Gerdy) rendrait compte de la présence de séquestres éburnés, que l'on rencontre souvent dans les abcès par congestion venant de la colonne vertébrale, etc.

M. Malespine, en 1842 (*Revue médicale*), soutint que les deux formes de l'affection tuberculeuse n'étaient que des degrés différents de l'inflammation du tissu osseux, et depuis lors d'autres chirurgiens ont renouvelé contre cette doctrine des attaques quelquefois vives.

M. Nélaton a répondu qu'à aucune période de l'inflammation du tissu osseux on n'observait cette infiltration grise qui apparaît au début de l'affection tuberculeuse. Lorsqu'il s'agit de l'affection tuberculeuse au milieu du tissu spongieux, on voit une tache bien circonscrite, jaune opaque, sans aucune trace de vaisseaux, tandis

que dans l'ostéite il existe une coloration jaune verdâtre produite
par quelques gouttes de pus, et entre ces points les cellules sont
remplies par la substance médullaire fortement injectée, rouge ou
violacée. Enfin, la matière prise dans les os au niveau d'une tache
résultant de l'infiltration tuberculeuse, examinée par M. Lebert, a
présenté tous les caractères de la matière tuberculeuse sans aucun
mélange de globules purulents.

Il faut reconnaître que M. Nélaton a eu une tendance à exagérer l'importance de la tuberculisation des os; mais en définitive ce
n'est là qu'une question de fréquence relative. Nous devons ajouter
qu'aujourd'hui, les travaux de Virchow ayant démontré qu'il
n'y avait aucune différence appréciable entre le pus devenu concret
et le tubercule, la question de l'origine tuberculeuse de l'infiltration, dite *puriforme*, des os, est devenue plus difficile à juger.

Abcès par congestion. — A la suite de plusieurs maladies des os,
ostéite, carie, etc. et des tubercules en particulier, on voit se
développer des collections purulentes, qui viennent se montrer
dans un point plus ou moins éloigné de leur source : c'est ce que
l'on a désigné sous le nom d'*abcès par congestion*.

Ces abcès suivent un trajet très-varié depuis leur origine jusqu'au lieu où ils viennent faire saillie au dehors. MM. Bourjot
Saint-Hilaire, Tavignot, Nélaton, ont étudié avec soin cette partie
de leur histoire. Le plus souvent le pus s'engage dans la gaîne
d'un muscle, d'un vaisseau, ou suit le trajet d'un cordon nerveux
(Bourjot Saint-Hilaire), ou il s'insinue dans un canal osseux ou
ostéo-fibreux.

Toutefois, il faut dire que la pathologie ne se soumet pas servi-
lement à ces données anatomiques.

En 1857, dans les *Archives de médecine*, M. Bouvier a publié un
intéressant mémoire *sur la guérison par absorption des abcès symptomatiques du mal vertébral*, et a pu démontrer, en s'appuyant sur
plusieurs faits qui lui étaient personnels et sur quelques autres

empruntés à Dupuytren, à Hourmann, à F. Martin, à Aran, à M. A. Forget, que cette disparition des abcès symptomatiques était réelle, et même relativement assez fréquente. De cette étude il a tiré cette importante conclusion que le chirurgien ne devait rien négliger pour obtenir cette résorption, avant d'en venir à l'évacuation du pus.

Mal vertébral. — Dans le plus grand nombre de cas, les abcès par congestion ont pour origine des lésions de la colonne vertébrale, appelées *mal vertébral,* communément *mal de Pott,* du nom de l'illustre chirurgien anglais. Aujourd'hui l'opinion la plus généralement répandue sur la nature de la lésion primitive qui constitue le mal vertébral et qui amène la destruction des disques osseux et fibreux du rachis, est celle de Delpech, qui attribuait la destruction des vertèbres à une affection tuberculeuse.

C'est là, en effet, suivant M. Bouvier, une forme très-commune, chez les enfants surtout (*Leçons cliniques,* 1855). Cependant on ne rencontre pas toujours des tubercules; et bien évidemment, de toutes les recherches modernes il résulte que le mal vertébral n'est pas toujours de même nature; c'est tantôt une ostéite, tantôt une maladie tuberculeuse, d'autres fois une arthrite, ou même la réunion de plusieurs de ces lésions.

Les troubles de l'innervation qui accompagnent si fréquemment le mal de Pott ont été surtout bien analysés à notre époque. L'on peut observer une diminution ou une exagération de la sensibilité, ou bien une paralysie complète du sentiment et du mouvement. La paralysie isolée du mouvement se voit souvent, celle du sentiment seul est tout à fait exceptionnelle. La connaissance exacte des mouvements réflexes, due aux investigations des physiologistes, a permis aussi de bien apprécier les phénomènes de cette nature que l'on constate souvent chez les individus atteints du mal vertébral, et M. Tavignot a été l'un des premiers à les signaler. M. Bouvier affirme que les troubles de l'action réflexe, qui avaient d'abord été considérés comme exceptionnels, s'observent chez tous les malades à des degrés divers. En outre, l'analyse d'un très-grand nombre de faits a conduit M. Bouvier à admettre que, dans la paralysie dépendante du mal de Pott, *le mouvement réflexe est en raison directe de la sensibilité et en raison inverse du mouvement volontaire.*

En 1858, la question du mal vertébral a été l'occasion de longues et savantes discussions devant la Société de chirurgie.

M. Gosselin ayant lu, dans la séance du 3 février 1858, un rapport sur un mémoire de M. Gillebert d'Hercourt, intitulé : *De l'immobilité prolongée et du redressement lent et gradué de l'incurvation vertébrale dans la maladie de Pott*, la discussion s'engagea d'abord sur le traitement, puis bientôt tous les autres points importants de la maladie furent abordés. Un grand nombre de membres de la Société de chirurgie prirent la parole; mais la lutte se concentra en quelque sorte entre MM. Broca et Bouvier. M. Broca s'efforça de prouver qu'il y avait *deux maladies vertébrales différentes :* l'une plus grave, qui serait suivie d'abcès par congestion; l'autre qui serait le mal de Pott, dans laquelle les abcès seraient *très-rares*, qui guérirait facilement *d'elle-même*, et dont la curabilité serait depuis longtemps démontrée. Les cas de mal de Pott sans abcès, disait-il, sont tellement communs, que Pott, dans ses deux mémoires, n'a pas signalé la possibilité de la formation d'une collection purulente. La forme la moins grave correspondrait aux tubercules vertébraux, la plus grave à la carie ou à toute autre forme de l'ostéite suppurative.

L'ensemble de ces propositions développées avec un grand talent ont été combattues par M. Bouvier, qui, après avoir analysé à propos de cette discussion un grand nombre d'observations, est arrivé aux conclusions suivantes :

1° Les tubercules vertébraux ne sont pas plus communs (M. Bouvier croyait à cette plus grande fréquence en 1855), la carie vertébrale n'est pas plus rare chez les enfants que chez les adultes;

2° La région dorsale n'est pas le siége de prédilection des tubercules, la carie n'est pas plus fréquente dans la région lombaire;

3° La gibbosité n'est pas plus constante dans les tubercules que
dans la carie, elle ne fait pas plus souvent défaut dans ce genre de
lésions que dans le premier;

4° Les tubercules débutent un peu plus souvent par l'intérieur
des corps vertébraux, l'ostéite et la carie par leur surface; mais
ces lésions peuvent affecter l'un ou l'autre siége à leur début;

5° L'étendue du mal, le nombre des vertèbres détruites ne diffèrent pas notablement dans les deux groupes de lésions;

6° La paralysie n'est pas beaucoup plus rare dans la carie que
dans les tubercules;

7° Les abcès par congestion ne sont pas constants dans la carie,
ils ne manquent pas *très-souvent* dans l'affection tuberculeuse;

8° La mortalité causée par les tubercules n'est pas moindre que
celle qui est produite par la carie; il n'est nullement démontré que
la carie soit moins curable que les tubercules.

Ces questions demandent assurément à être encore soumises à
de nouvelles investigations; aussi M. Broca, après avoir fait les
plus louables efforts pour justifier sa division du mal vertébral en
deux variétés bien différentes sous le rapport de leur gravité, écri-
vait-il : « Je serais fort embarassé, je l'avoue, si j'étais obligé d'écrire
un chapitre complet, pratique et précis sur le diagnostic de toutes
les lésions qui peuvent altérer la continuité de la colonne vertébrale. *Ce travail ne me paraît pas possible dans l'état actuel de la science.* Il
ne pourra le devenir qu'à la faveur d'observations ultérieures, etc. »

Rachitisme.   Enfin, le système osseux tout entier peut être frappé dans
son développement; le tissu des os n'acquiert pas la consistance
qu'il doit avoir : l'individu est rachitique. Le *rachitisme*, bien connu
dans les résultats qu'il entraîne, l'était fort peu dans son essence.
MM. Rufz, Bouvier et J. Guérin avaient dejà beaucoup fait pour
combler cette lacune; ils avaient décrit le *tissu spongoïde* flexible

qui occupe les extrémités de la diaphyse des os longs. M. J. Guérin avait rattaché à trois périodes la marche de cette affection : 1° période d'*incubation*; 2° période de *déformation*; 3° période de *terminaison*; mais M. Broca, dans un mémoire publié dans les *Bulletins de la Société anatomique* (1852), fit le mieux voir de quelle manière le travail d'ossification se trouvait perverti dans un os rachitique. M. Broca a suivi ces modifications dans les différentes périodes du rachitisme, montrant : comment dans la première période le cartilage épiphysaire, qui préside à l'accroissement de l'os en longueur, était séparé du tissu osseux par des *couches épaisses* (couches rachitiques), où le travail de formation, analogue à celui de l'état normal, indiquait un retard considérable dans la déposition de la substance calcaire autour des corpuscules du cartilage; comment, dans la seconde, la substance calcaire déjà déposée semble disparaître, pour ne laisser à sa place qu'une substance d'aspect fibroïde, et comment, enfin, dans la troisième période, l'ossification se produisant, saisit l'os dans la forme qu'il a nouvellement acquise, en lui laissant la marque indélébile des altérations dont il a été le siége.

Après avoir établi que les couches rachitiques sont le résultat d'un travail d'ossification inachevé, M. Broca a pu expliquer l'inégale répartition des lésions du rachitisme sur les divers points du squelette. Ces lésions débutent simultanément partout; mais elles deviennent d'autant plus promptement apparentes que la partie du squelette que l'on considère est normalement le siége d'un accroissement plus rapide, et leur degré d'activité est proportionnel à l'activité de ce travail d'accroissement.

Dans une publication récente (*Maladies de l'appareil locomoteur*, 1858) M. Bouvier a tracé dogmatiquement l'histoire du rachitisme.

Dans un mémoire lu devant l'Académie de médecine (1851), M. Depaul s'est efforcé de prouver qu'il n'existait pas de rachitisme congénital. L'opinion de ce chirurgien ne paraît pas, d'après M. Houel, pouvoir être acceptée dans toute sa rigueur; il existerait quelques pièces, et une entre autres, déposée au Musée Dupuytren par M. Notta, qui ne pourraient laisser de doute sur la réalité de l'altération rachitique congénitale.

L'*ostéomalacie* a été, à notre époque, l'objet de quelques recherches. M. Stanski (1839), M. Dechambre, A. Bérard et, à une époque plus rapprochée de nous, M. Beylard (1852), Collineau (1859) ont fait sur ce sujet des publications intéressantes. MM. Stanski et Beylard se sont efforcés de faire admettre une analogie complète entre le rachitisme et l'ostéomalacie, opinion que ne peut pas encore partager M. Bouvier.

MALADIES DES CARTILAGES.

L'histoire pathologique des cartilages est de date toute récente. Dans un travail publié dans les *Annales de la chirurgie française et étrangère* (1844), M. Richet exposait le résultat d'une série d'expériences, par lui entreprises, pour rechercher quel était le mode de réparation et de nutrition des cartilages, et arrivait aux conclusions suivantes : *Les cartilages vivent par imbibition, aux dépens des liquides charriés par les vaisseaux des tissus qui les avoisinent, c'est-à-dire d'une part les os, d'autre part la synoviale;* et, par suite, il admettait qu'il ne pouvait se déclarer dans leur tissu propre aucune altération primitive, du genre de celles que l'on observe dans les autres tissus vasculaires, et que toutes les altérations de tissu qu'on y rencontrait étaient consécutives aux troubles apportés dans leur nutrition par les maladies de la synoviale et des os.

Des recherches dues principalement à M. Redfern (Édimbourg, 1849) et à M. Broca (*Bulletins de la Société anatomique*, 1848 à 1852) ont jeté une vive lumière sur l'histoire de la pathologie des cartilages.

M. Broca, en 1848, fit voir que l'*amincissement* des cartilages n'était pas le résultat d'une usure, mais d'une atrophie véritable, et que leur épaississement, qui d'ailleurs était accompagné d'une altération de tissu, succédait évidemment à un travail vital. Il fit voir en effet sur un grand nombre de pièces que, dans les cas où les mouvements d'une articulation perdent une partie de leur étendue, les cartilages s'amincissent dans les points où ils ne sont plus soumis à des pressions réciproques, et s'épaississent, au contraire, fréquemment dans les points où les surfaces opposées continuent à se toucher.

A partir de ce moment, ce chirurgien étudia avec le microscope la structure des cartilages altérés, et montra qu'ils pouvaient devenir le siége d'affections très-diverses. A la même époque, M. Redfern (d'Aberdeen) étudia le même sujet et publia en 1849, dans le *Monthly Journal*, d'Édimbourg, sur la *nutrition anomale des cartilages articulaires*, un mémoire qui enleva à M. Broca la priorité de quelques-unes de ses recherches. Ainsi la description de l'*altération velvétique*, de l'agrandissement des cartilages avec multiplication des noyaux et de la formation du tissu fibreux dans la gangue cartilagineuse, appartient à M. Redfern (Broca, *Exp. de tit.* 1863); mais M. Broca a démontré le premier que les plaies des cartilages articulaires peuvent *se cicatriser*, que les cartilages peuvent être le siége d'une *nécrose idiopathique*, suivie de l'élimination des séquestres cartilagineux, qu'ils peuvent *s'ossifier*, qu'ils peuvent devenir le siége d'un mode particulier d'ulcération, désigné par lui sous le nom d'*absorption ulcéroïde*, qu'enfin leur tissu peut donner implantation à des adhérences fibreuses qui s'étendent d'un cartilage à l'autre et constituent une variété d'ankylose.

Tous ces résultats ne sont pas complétement admis par M. Richet qui, dans son *Anatomie médico-chirurgicale*, a combattu une partie des conclusions de M. Broca, et notamment celles relatives à la cicatrisation et à l'ossification des cartilages, en s'appuyant principalement sur les recherches qu'il avait faites en 1844.

M. Richet a fait voir qu'à la suite d'une chute sur une articulation, une portion de cartilage pouvait se détacher et devenir l'origine de *corps étrangers articulaires*. Il a montré à la Société anatomique (1843) une pièce qui ne pouvait laisser de doute à ce sujet, et, depuis lors, un fait dû à M. Parise (de Lille) est venu confirmer son opinion.

MALADIES DES ARTICULATIONS.

La pathologie des maladies articulaires a été, à notre époque et dans notre pays, l'objet de travaux importants; la thérapeutique, surtout, de ces graves et si fréquentes affections a éveillé la sollicitude de tous les chirurgiens contemporains; mais, parmi eux, Bonnet (de Lyon) mérite d'être placé au premier rang. Dès 1845 ce chirurgien faisait paraître son *Traité des maladies des articulations* (Paris et Lyon, 1845) et, dans son Introduction, après avoir cité, parmi les auteurs dont les recherches avaient le plus enrichi ce point de la science, les noms de Rust et Brodie à l'étranger, de Delpech, de M. Velpeau, de Lisfranc, de M. J. Guérin, de M. Gendrin, de M. Cruveilhier, de M. Bouillaud, de Malgaigne, de M. Nélaton, d'Humbert de Morley, et des chirurgiens et médecins lyonnais Viricel, Martin, Gensoul, Pravaz, Nichet, Teissier, il exposa les points principaux de ses recherches personnelles. En 1853, il publiait un ouvrage sous le titre de *Traité de thérapeutique des maladies articulaires*, et en 1858 paraissait une première édition d'un nouveau livre intitulé : *Nouvelles méthodes de traitement des maladies des articulations*.

Dans d'autres parties de ce travail, nous aurons à rappeler les conquêtes de thérapeutique que la science doit à Bonnet; mais dès à présent nous avons voulu consacrer tous les droits de ce chirurgien qui, avec une persévérance digne des plus grands éloges, a consacré plus de vingt ans de sa vie à perfectionner nos connaissances sur ce point important de la chirurgie.

Nous devons également mentionner, comme ayant marqué un grand progrès dans l'histoire des maladies articulaires, le mémoire déjà cité de M. Velpeau, publié en 1843 dans les *Annales de la*

chirurgie française et étrangère, sous le titre de : *Recherches anatomiques, physiologiques et pathologiques sur les cavités closes naturelles
ou accidentelles de l'économie animale.*

Nous allons maintenant, dans une revue très-rapide, indiquer
les principaux progrès accomplis dans l'étude de la pathologie des
maladies articulaires.

Bonnet (de Lyon) a entrepris un nombre considérable d'expériences pour tenter d'établir sur des bases réelles l'anatomie pathologique de l'*entorse*. Après avoir constaté les lésions admises par
tous les auteurs, c'est-à-dire la déchirure des ligaments, la rupture et
quelquefois la sortie de leur gaîne des tendons voisins, les épanchements sanguins plus ou moins considérables, il a vu que, dans certains cas, les surfaces articulaires étaient comme écrasées dans le point
où les os avaient dû prendre point d'appui pour basculer. Il a vu
aussi que, lorsque les mouvements forcés étaient portés à leur
summum, les muscles dont les tendons croisaient les articulations
se déchiraient à la jonction des fibres tendineuses et musculaires,
et il a ainsi tenté d'expliquer les douleurs éprouvées par quelques
malades dans le milieu du membre correspondant à l'entorse.

Un autre fait bien digne d'attention, et qui a été signalé par
M. Nélaton (*Pathologie chirurgicale*, t. II), c'est que toutes les articulations qui tendent à suppléer celle à laquelle est imprimé le mouvement forcé, éprouvent plus ou moins l'effet de cette violence.

Sans que les ligaments aient été déchirés, une articulation peut
avoir subi un degré considérable de *contusion;* dans ces cas, la jointure peut renfermer une grande quantité de sang, dont la résorption sera très-difficilement obtenue.

Dans ces derniers temps, M. Jarjavay a recommandé d'avoir
recours dans ces circonstances à la ponction de l'articulation faite
dès le début. Il regarde ce moyen comme inoffensif et très-efficace
pour faire disparaître, en peu de jours, les épanchements séro-san-
guinolents des articulations,

Plaies
des articulations.

Les *plaies des articulations* ont été étudiées avec soin par un très-grand nombre de chirurgiens, et tous nos ouvrages classiques renferment, sur ce point, les plus grands détails ; malgré ces louables efforts, beaucoup de points restent obscurs dans cette grave question, et, ainsi qu'on l'a pu voir dans une discussion récente, engagée en 1866 à la Société de chirurgie, aujourd'hui encore les éléments nous font à peu près défaut pour juger, dès le début, la gravité relative d'une plaie pénétrante d'une articulation. Ces plaies présentent, en effet, les plus grandes différences dans leurs suites. Quelquefois elles restent à l'état de simplicité et guérissent avec rapidité ; mais dans un plus grand nombre de cas leur marche est entravée par des inflammations dont l'intensité, l'étendue et le mode de terminaison sont fort variables.

Le seul fait que les recherches modernes, et surtout celles de M. Jules Guérin, ont bien établi, c'est l'innocuité presque absolue des plaies qui ne communiquent avec l'articulation que par un trajet sous-cutané. C'est, on le sait, en s'appuyant sur ces données que M. Goyrand (d'Aix) a eu l'idée d'appliquer la méthode sous-cutanée à l'extraction des corps étrangers des articulations.

Les recherches de M. Jules Guérin sur l'intervention de la pression atmosphérique dans les exhalations séreuses (1840); celles de Bonnet (de Lyon) sur les injections forcées des articulations, ont bien fait voir que les cavités articulaires ont une capacité différente suivant telle ou telle position, que les mouvements qu'elles exécutent y déterminent des alternatives de rétrécissement et d'ampliation, et que si la cavité communique avec l'extérieur, il s'exécute une véritable succion sur l'air environnant, au moment de la plus grande ampliation de la jointure ; d'où la nécessité d'une immobilisation absolue du membre, à la suite des plaies articulaires.

Hydarthrose.

On a pu, dans un très-petit nombre de cas examiner les articulations des individus affectés d'*hydarthrose ;* cependant, Dupuy-

tren avait eu l'occasion d'ouvrir les deux genoux d'un supplicié
atteint d'hydarthrose double au moment où il subit son supplice ;
d'un autre côté, l'état antérieur de la jointure et les complications
diverses qui peuvent se développer pendant la durée d'une hydarthrose pouvant modifier l'aspect des parties, on comprend les dissidences d'opinion qui existent parmi les chirurgiens relativement
à la nature des lésions anatomiques de cette maladie. Dupuytren,
Blandin et Bonnet admettent qu'il existe toujours une injection plus
ou moins vive de la synoviale. Quant à M. Richet, qui a pu examiner, sur le cadavre, plusieurs cas d'hydarthrose, il a toujours
trouvé la synoviale aussi blanche et même plus blanche que de
coutume, et comme *lavée*.

Blandin avait indiqué, comme appartenant aux hydarthroses anciennes, des lésions profondes portant sur les cartilages, les os, etc.
mais, évidemment, il avait eu affaire à des affections dont l'hydarthrose n'était que l'un des éléments anatomiques, peut-être à des
arthrites sèches, qui, malgré ce qu'il peut y avoir de contradictoire
avec leur nom, s'accompagnent quelquefois, comme nous le verrons, d'épanchements séreux considérables.

La première bonne description de l'hydarthrose est due à Boyer.
Cette maladie peut s'observer dans toutes les articulations ; mais
à la hanche, par exemple, l'articulation est trop profonde pour que
l'on puisse apprécier la présence du liquide : aussi avait-on nié son
existence dans ce point ; mais les observations de Lesauvage (de
Caen) (*Archives*, 1825) et de M. Parise (*Archives*, 1842) ne
laissent plus de doute à cet égard.

Bonnet (de Lyon) s'est efforcé de montrer que chaque articulation affectait une position toujours semblable, lorsqu'elle était distendue au maximum par le liquide. C'est à l'aide d'injections forcées, poussées dans les articulations, qu'il est arrivé à ce résultat ;
ainsi, pour l'articulation du genou, il a très-bien fait voir que
lorsque l'injection a distendu la capsule, la jambe se fléchit bientôt
sur la cuisse, et c'est, en effet, cette position que prend le membre

dans les hydarthroses aiguës du genou. Ces résultats ne sont, d'ailleurs, applicables qu'aux cas où la distension a lieu très-rapidement. Si elle se fait lentement, les ligaments articulaires sont tiraillés, allongés, et permettent des mouvements qui n'existent pas à l'état physiologique.

Arthrite sèche. Il est une maladie articulaire, l'*arthrite sèche*, dont la connaissance est de date récente, et pour laquelle la Société anatomique de Paris peut, à juste titre, réclamer la priorité de description. C'est, en effet, au sein de cette société que cette affection a été dénommée, classée, étudiée sous toutes ses faces.

C'est une affection chronique des articulations qui doit son nom à l'un de ses caractères les plus constants, *la sécheresse relative de l'articulation malade*.

Dans quelques cas il existe cependant un épanchement concomitant. Le nom d'*arthrite sèche* a néanmoins été conservé.

Nos livres classiques, le *Compendium de chirurgie*, le *Traité* de M. Nélaton, mentionnent à peine l'arthrite sèche. Au moment où ils ont été publiés, les premières recherches sur cette maladie avaient lieu à la Société anatomique, mais la connaissance de cette affection n'était pas encore vulgarisée.

William Smith en 1834, M. Cruveilhier en 1823 et 1826 (M. Cruveilhier avait désigné cette affection sous le nom d'*usure des cartilages*), Adams en 1839, Roser, Stromeyer en 1842, Engel en 1846, ont entrevu quelques côtés de la question et ont parlé de la maladie sous des noms divers.

M. Deville, en 1846, décrivit cette maladie sous le nom d'*arthrite sèche*, et, en 1848, il groupa en trois périodes les caractères anatomo-pathologiques de cette affection.

De 1846 à 1857, les *Bulletins de la Société anatomique* renferment un nombre imposant d'observations propres à démontrer l'existence de l'arthrite sèche dans les diverses articulations. MM. Deville, Broca, Cruveilhier, Barth, Follin, Verneuil, Foucher, Houel, contribuèrent particulièrement à élucider cette question devant cette société savante, et, en 1850, M. Broca fit un rapport dans lequel ont été analysés la plupart des faits connus ; dans ce travail, M. Broca établit les propositions suivantes : « L'arthrite sèche se montre généralement après quarante ans, quelquefois avant ; elle siége habituellement dans plusieurs articulations, est indolente, etc. »

En 1853, M. Charcot soutint sa thèse sur la goutte asthénique, et trouva, au point de vue anatomo-pathologique, des rapprochements à faire avec l'arthrite sèche. La même année, M. Trastour tentait de démontrer la similitude du rhumatisme goutteux et de l'arthrite sèche.

En 1859, M. Gosselin, M. Legendre, M. Bastien, appelèrent l'attention sur quelques parties intéressantes de l'histoire de cette affection.

En 1861, M. Dolbeau lut devant la Société de chirurgie un travail sur l'*arthrite sèche accompagnée d'hydarthroses considérables,* travail qui donna lieu, peu de temps après, à un rapport de M. Houel.

Enfin, en 1862, dans sa thèse inaugurale, M. Colombel a réuni et discuté la plupart des travaux de ses prédécesseurs.

M. Deville a groupé en trois périodes les caractères anatomo-pathologiques de cette affection.

Dans la *première période,* on observe une injection générale de la synoviale et un certain degré d'altération des cartilages.

Dans la *seconde,* des franges synoviales, des filaments flottent libres dans la cavité articulaire ; la capsule n'est plus lisse, elle présente des saillies analogues aux colonnes du cœur.

Dans la *troisième,* apparaît la *déformation* des surfaces articulaires, soit par la formation d'un os nouveau, soit par la destruction de l'os ancien ; des ossifications nombreuses ont lieu et donnent naissance à des corps étrangers, la déformation de la cavité articulaire augmente, et il peut se produire une luxation spontanée, plus souvent une simple subluxation.

M. Deville admit que le point de départ de la maladie pouvait être dans les os; survenaient ensuite l'usure des cartilages et la destruction de la synoviale.

Aujourd'hui, il est généralement admis que l'évolution des lésions anatomiques a lieu de la manière qui suit: c'est habituellement la synoviale qui est d'abord malade; puis les cartilages s'usent, les surfaces osseuses s'éburnent; il y a production de corps étrangers, soit dans l'articulation, soit au dehors, déformation très-marquée de la jointure, etc. Ces corps étrangers ont été observés à peu près dans toutes les articulations, même dans les arthrodies assez serrées.

Les lésions des cartilages diarthrodiaux paraissent avoir lieu par une sorte de ramollissement du cartilage, par l'altération velvétique.

Les ligaments et les cartilages interarticulaires sont détruits complétement de très-bonne heure.

Les surfaces osseuses présentent quelquefois le poli de l'ivoire; autour de l'os et sur les surfaces articulaires, il se forme fréquemment de véritables stalagmites osseuses, et ces productions fort variables dans leur forme, leur nombre, leur situation, contribuent largement à donner naissance aux déformations articulaires.

L'arthrite sèche est primitive ou consécutive, et dans ce dernier cas elle s'observe principalement à la suite de fractures ou de luxations.

Les signes de cette affection sont les mêmes, qu'elle soit primitive ou consécutive. C'est une affection apyrétique et qui n'entraîne aucun trouble général, quelles que soient sa période et son étendue. Tout à fait au début, les malades éprouvent une douleur spontanée très-vague, qui disparaît rapidement après les premiers mouvements. Il existe presque toujours, de bonne heure, un certain degré de déformation; mais celle-ci met un temps très-long à arriver à son terme extrême. Fait capital : avec la déformation et malgré elle, les mouvements sont conservés, malgré un certain degré de roideur et d'engourdissement dont se plaignent les malades. Lorsqu'on imprime des mouvements à l'articulation, on donne naissance à des bruits particuliers, variables suivant la période de la maladie. Ils sont quelquefois très-doux (bruit de boule de neige que l'on presse), puis plus rudes, plus râpeux; plus tard, on perçoit le bruit d'un sac de noix que l'on agite. Un caractère important de ce bruit, même peu prononcé, c'est sa constance et son étendue.

Le plus souvent, l'arthrite sèche envahit plusieurs articulations et suit la loi de symétrie.

L'hydarthrose et l'arthrite aiguë sont les complications les plus fréquentes de l'arthrite sèche, et quelquefois, à une période avancée de la maladie, l'articulation devient le siége d'épanchements énormes, et si la maladie siége au genou, par exemple, on observe bientôt la *jambe de polichinelle*.

La maladie a une marche lente, régulière, sans paroxysmes, et elle n'amène pas la mort.

Quant aux ressources de la thérapeutique, elles sont bien limitées; mais il est un point cependant bien capital: à moins de lésions extrêmes, il ne faut pas prescrire l'immobilité aux malades, car alors il se formerait de fausses ankyloses qui leur enlèveraient les mouvements qu'ils auraient pu conserver.

Nous avons vu que l'arthrite sèche s'accompagnait habituellement de la présence d'un nombre plus ou moins considérable de corps étrangers; en dehors de cette affection, les articulations peuvent renfermer des *corps mobiles et flottants*, qui, par leur seule présence, entraînent quelquefois les troubles les plus graves dans le jeu de l'articulation.

Les anatomo-pathologistes de notre siècle ont cherché à se rendre un compte exact de l'origine et du mode de formation de ces productions pathologiques.

Hunter pensait que ces corps étaient le plus souvent le résultat de la transformation du sang, épanché dans les articulations. Cette opinion de Hunter avait été complétement abandonnée, lorsque M. Velpeau la fit revivre en lui donnant de plus grands développements ; mais aujourd'hui cette explication est généralement abandonnée.

Les corps étrangers des séreuses, loin d'être de petites masses fibrineuses rendues lisses par le frottement, présentent une organisation et les caractères morphologiques les mieux accentués.

En réalité, les corps étrangers articulaires reconnaissent deux causes principales. Ils sont formés par des *parcelles de tissus normaux, qui ont été détachées*, ou bien ils sont de *formation nouvelle*.

MM. Cruveilhier, Richet, Parise ont observé des corps étrangers formés par des *fragments de cartilage* détachés des surfaces articulaires du genou. Leurs observations étaient déjà bien propres à porter la conviction dans les esprits ; cependant on pouvait leur objecter que, dans l'intervalle de l'accident et au moment où l'autopsie avait été pratiquée, l'articulation avait pu devenir malade, et, dès lors, la production du corps étranger pouvait être rapportée à une autre cause qu'au traumatisme. Un fait publié par MM. Gendrin et Tarnier, dans les *Bulletins de la Société anatomique* (1855), ne peut laisser de doute sur cette étiologie. Il s'agissait d'un malade de la Pitié qui se jeta par la fenêtre : la mort fut immédiate, et, à l'autopsie, on trouva sur la partie antérieure du condyle interne du fémur une fracture très-nette du cartilage sans lésion de l'os. La portion du cartilage qui avait été ainsi détachée, était libre dans l'articulation.

D'après les recherches de M. Broca, les corps étrangers articulaires cartilagineux pourraient reconnaître une autre origine, ils pourraient être la conséquence de la *nécrose des cartilages* d'encroûtement.

Dans un bien plus grand nombre de cas, les corps étrangers articulaires sont de *formation nouvelle ;* ils peuvent provenir de la *membrane synoviale* ou du *périoste*. Dans une thèse soutenue pour l'agrégation, en 1853, M. Morel-Lavallée a bien exposé leur mode de production.

Laennec, le premier, proposa l'explication qui rend le mieux compte de la formation du plus grand nombre des corps articulaires. Il pensa qu'ils prenaient leur origine dans le tissu cellulaire sous-synovial, à la suite d'une inflammation de la membrane séreuse; puis, repoussant peu à peu cette enveloppe, ils se pédiculisaient et finissaient, sous l'influence d'un choc plus ou moins violent, par se détacher et devenir libres dans l'articulation.

Cette origine a été vérifiée par A. Cooper, Béclard, A. Bérard, Robert, etc.

Quelquefois c'est le périoste péri-articulaire qui est le point de départ des corps étrangers articulaires. Il se forme alors des végétations, véritables *ostéophytes*, qui se pédiculisent, se coiffent de la synoviale et finissent par tomber dans l'articulation.

Dans ces derniers temps, M. Panas (*Dictionnaire de médecine et de chirurgie pratiques*, t. III) a émis l'opinion que la théorie de Laennec, satisfaisante pour les cas d'ostéo-condrophytes ou d'ostéophytes périostaux et pour un certain nombre de faits dans lesquels les corps étrangers proviennent de la synoviale, ne pouvait cependant recevoir une application générale. Il pense que les *franges synoviales*, visibles à la loupe, qui hérissent les synoviales articulaires, et qui, selon la remarque de Kölliker, sont normalement pourvues de cellules de cartilage, peuvent être, sous l'influence d'une irritation, le siége d'un développement anormal de tissu conjonctif et de cellules de cartilage, et devenir le point de départ d'un certain nombre de corps étrangers articulaires.

Sous le nom générique de *tumeurs blanches*, on a décrit des affections complexes des articulations, dans lesquelles la plupart des tissus constituant l'articulation peuvent être intéressés, et dont le dernier terme correspond à une désorganisation à peu près complète des parties fondamentales de la jointure. Tumeurs
blanches.

Les pathologistes, sentant tout le vague qui existait dans la description des maladies comprises sous le nom de *tumeurs blanches*, ont essayé de débrouiller ce chaos, et une division toute naturelle s'est présentée à leur esprit. Ils ont admis des tumeurs blanches dont les os sont le point de départ et d'autres qui débutent par les parties molles ; mais bientôt les divisions se sont multipliées à l'infini, comme dans les travaux de Lloyd et de Brodie, ou bien, au contraire, une généralisation non justifiée a fait admettre une origine presque unique, à l'exclusion des autres. Ainsi Rust (de Vienne) ne voulait voir le point de départ de ces maladies que dans le tissu osseux, et Bonnet (de Lyon) avait une grande tendance à limiter à la synoviale l'origine de ces lésions, qui finissent par intéresser tous les tissus articulaires. Pour ce chirurgien, la *synovite fongueuse* domine toute l'histoire des tumeurs blanches.

M. Richet, développant d'abord les idées professées par son maître, M. Velpeau, avait, dès 1843 et 1844, publié des recherches importantes sur l'histoire des tumeurs blanches. En 1851, dans un mémoire très-important, il chercha à établir que les affections décrites et englobées sous le nom de *tumeurs blanches* n'étaient autres, au début, que des maladies des os ou de la synoviale, se propageant plus tard et secondairement aux tissus fibreux, aux parties molles environnant l'articulation et aux cartilages.

Ce chirurgien a divisé toutes les tumeurs blanches en *synovites*, *ostéites* ou *ostéo-synovites*, selon que la maladie a débuté par les tissus fibro-synoviaux, les os, ou qu'elle a atteint ces deux tissus simultanément. Il a ensuite divisé les fibro-synovites en *synovites pseudo-membraneuses* et *synovites fongueuses*, selon leur tendance à produire des pseudo-membranes albuminoïdes ou des fongosités, de même qu'il a distingué deux sortes d'ostéites articulaires, l'*ostéite primitive* et l'*ostéite secondaire*.

La plupart des idées exposées dans le mémoire de M. Richet ont été acceptées par M. Nélaton dans son *Traité de pathologie externe*.

Lorsque la maladie commence par les os, l'altération primitive de ces parties est variable : tantôt c'est une ostéite fongueuse, tantôt une ostéite suppurée simple ou compliquée d'infiltration tuberculeuse ; ailleurs une nécrose, ou bien l'altération décrite par M. Nichet (de Lyon), puis Bonnet et M. Tavignot, et tout récemment par un élève de M. Ch. Robin, M. Gonzalez Echeverria (1860), sous le nom d'*infiltration lie de vin*. M. Richet avait, dès 1844, voulu faire jouer un rôle très-important à l'infiltration ou dégénérescence graisseuse des extrémités articulaires. Cette opinion a été vivement combattue par M. Panas (*Dictionnaire de médecine et de chirurgie pratiques*, t. III).

En 1853, M. Crocq (de Bruxelles) a fait paraître sur les tumeurs blanches un livre dans lequel se trouvent réunis les documents les plus complets sur ce point de la science.

Nous voulons enfin signaler un fait très-curieux, indiqué en 1850 (*Bulletins de la Société anatomique*) par M. Broca. Ce chirurgien a appelé l'attention sur un état de *ramollissement des os dans la partie du squelette qui est située au-dessous des tumeurs blanches*. On peut facilement constater ce ramollissement sur les os du pied dans le cas de tumeur blanche du genou. M. Broca s'était d'abord demandé si ce résultat n'était pas dû à une inflammation propagée d'os en os ; mais il a reconnu que c'était un effet de l'immobilité prolongée.

Le même auteur (*Bulletins de la Société anatomique*, 1854 et 1855) a fait voir que chez les enfants les épiphyses, dans les articulations atteintes de tumeur blanche, étaient le siége d'une ossification prématurée.

M. Bouvier a démontré d'une façon irréfutable (*Société de chirurgie*, 1858) que les tumeurs blanches pouvaient atteindre, non-seulement les articulations normales, mais aussi celles qui sont formées accidentellement.

Quelques tumeurs blanches, en particulier, ont été l'objet de travaux importants que nous allons rapidement signaler. Celle des articulations, *occipito-atloïdienne* et *atloïdo-axoïdienne*, a été d'abord

bien étudiée par A. Bérard (1829). C'était la première monographie publiée en France sur cette affection; depuis ont paru sur
ce sujet : un article d'Ollivier (d'Angers) (1833), la thèse de
M. Teissier (de Lyon) (1841); un mémoire de M. Schœnfeld (1841),
l'article du livre de M. Crocq, et surtout celui contenu dans
les leçons sur les maladies du système locomoteur de M. Bouvier
(1858).

Sacro-coxalgie. La tumeur blanche de l'articulation sacro-fémorale, ou *sacro-
coxalgie*, passée sous silence par un grand nombre d'auteurs, et
même par Bonnet (de Lyon) dans son ouvrage d'ailleurs si complet,
avait cependant été décrite par Boyer. M. Laugier en donna la description dans le Dictionnaire en trente volumes (1833), et la même
année, Hahn, en Allemagne, publiait sur ce sujet un article intéressant. En 1862, M. Boissarie a étudié cette affection dans sa
thèse inaugurale; elle mérite toute l'attention des chirurgiens,
qui ne devront pas la confondre avec la tumeur blanche de l'articulation coxo-fémorale. On la distinguera de cette dernière, avec
laquelle elle offre au point de vue des symptômes une grande
analogie, principalement par le siége de la douleur; celle-ci, qui
dans la coxalgie est surtout prononcée au pli de l'aine et en arrière
du grand trochanter, se fait sentir dans la sacro-coxalgie au niveau
de l'épine iliaque postéro-supérieure, et de plus, la pression latérale exercée simultanément sur les deux épines iliaques la développe.

Scapulalgie. La tumeur blanche de l'articulation scapulo-humérale, ou *scapulalgie*, a été étudiée par Rust, par Bonnet (de Lyon) et a donné
lieu récemment à un bon travail de M. Péan (*Thèse inaugurale,
1860*).

Coxalgie. De toutes les tumeurs blanches, celle qui a attiré le plus l'attention des chirurgiens, est celle de *l'articulation coxo-fémorale*. La

coxalgie, par sa fréquence, par les troubles profonds qu'elle apporte dans les fonctions du membre, par la gravité qu'elle offre dans un grand nombre de cas, devait, en effet, nécessairement éveiller la plus grande sollicitude des chirurgiens et devenir l'objet de nombreux travaux. Dans ces dernières années, la question de la thérapeutique de la coxalgie a pris une extension inespérée, et la voie glorieusement ouverte par Bonnet (de Lyon) a été brillamment parcourue. De grands perfectionnements ont été apportés au traitement de cette grave maladie; mais ce n'est pas ici le lieu de traiter ce point de la question.

Dans ses leçons sur les maladies des os, publiées en 1803, Boyer écrivit sur la coxalgie un fort bon article. Déjà, depuis longtemps, au siècle dernier, J.-L. Petit (1722) avait réuni les faits épars dans la science et indiqué dans quel ordre les symptômes se succédaient, douteux au début, puis caractérisés par la perte des fonctions du membre, par la douleur et enfin par la suppuration osseuse et la luxation.

Malgré des erreurs théoriques sur les causes de ces accidents, qui, d'ailleurs, furent l'objet des justes critiques des membres de l'Académie de chirurgie, tous les travaux qui suivirent sont les développements de ce mémoire important.

Brodie, en 1818, introduisit dans la question un autre élément, et, par un nouveau procédé, la mensuration, fut conduit à cette conclusion que l'allongement et le raccourcissement du membre ne sont jamais qu'apparents.

L'étude des symptômes et du diagnostic était alors l'objet des préoccupations de tous les chirurgiens.

Le caractère de notre époque est tout différent, et les travaux de Bonnet (de Lyon) signalent particulièrement cette nouvelle période; depuis vingt ans, chacun cherche, dans l'exposé de la marche et des terminaisons de la maladie, quels sont les modes de guérison et les indications thérapeutiques que l'on doit formuler.

Les ouvrages de Brodie (1819), de Paletta (1820), celui de MM. Humbert et Jacquier (1835), le mémoire de Lesauvage (de Caen) (*Archives*, 1835) les lettres de MM. Bouvier, Malgaigne et Guérin (*Gazette des hôpitaux*, 1838), la thèse de M. Vicherat (1840), le mémoire de Bonnet (de Lyon) (1846), ceux très-remarquables de M. Parise (*Archives*, 1842, et *Archives*, 1843), la thèse d'agrégation de M. Maisonneuve (1844), la thèse de M. Gibert (1858), la thèse d'agrégation de M. L. Labbé (1863), le travail de MM. Martin et Collineau (1865), contiennent les documents les plus précieux sur cette affection. Le *Bulletin de la Société de chirurgie* (1865) renferme l'exposé d'une longue discussion, à laquelle a donné lieu au sein de cette société la question de la coxalgie.

M. Parise a cherché à établir qu'un des phénomènes initiaux de la coxalgie consistait dans l'épanchement d'une quantité notable de sérosité; mais cet épanchement ne paraît pas constant.

A une période plus avancée on peut rencontrer tous les degrés d'altération que l'on observe dans les autres tumeurs blanches, mais il en est quelques-unes qui appartiennent en propre à la coxalgie. Ainsi, Bonnet (de Lyon) a attiré l'attention sur les lésions du rebord cotyloïdien et bien démontré que la luxation spontanée est exceptionnelle, car la tête, bien que déplacée, n'abandonne pas complétement le cotyle, il y a *pseudo-luxation*.

M. Nélaton (*Bulletins de la Société anatomique*, 3e série, t. Ier) a signalé un arrêt de développement du fémur, une sorte d'atrophie chez les individus depuis longtemps affectés de coxalgie.

La question relative aux *altérations de longueur du membre,* déjà étudiée par Brodie (1810), qui le premier soutint que l'inclinaison du bassin devait être véritablement considérée comme cause productrice d'allongement et de raccourcissement, devint à l'ordre du jour de tous les esprits.

Malgaigne, en 1838 (*Gazette des hôpitaux*), fixa l'attention des observateurs en formulant cette vérité, « que dans un grand nombre de cas, par le fait de la déviation du bassin, le membre raccourci à la mesure est allongé à l'œil, et que le membre raccourci à l'œil est allongé à la mesure. »

Puis, MM. Parise et Bonnet (de Lyon) s'engagèrent dans cette voie et donnèrent à la question de l'allongement et du raccourcissement apparents les plus longs développements, et, grâce principalement aux travaux de ces deux chirurgiens, on peut formuler relativement aux altérations de longueur des membres plusieurs propositions dont la plus importante est celle-ci : « L'*allongement* et le *raccourcissement apparents* du membre sont intimement liés *aux déviations* du bassin.

L'explication des attitudes prises par les membres des coxalgiques a aussi sollicité la sagacité des chirurgiens. Les causes de ces attitudes sont évidemment multiples; mais quelques chirurgiens ont voulu attacher une importance particulière à quelques-unes de ces causes. Bonnet faisait jouer un rôle capital à la nécessité instinctive qu'il y aurait pour les malades à diminuer la distension douloureuse de la capsule dans le cas d'épanchement intra-articulaire. M. J. Guérin avait invoqué l'action réflexe involontaire de certains muscles, excités plus que d'autres à se contracter, par suite de l'irritation plus spéciale des nerfs qui leur correspondent.

M. Ferdinand Martin a voulu faire jouer le rôle prédominant à la rétraction des parties fibreuses cette action est réelle; mais M. Martin l'a considérée à tort comme primitive; car, ainsi que l'a fait remarquer M. Bouvier, elle est seulement consécutive.

Ce qui est le plus exact, c'est que *la douleur, l'état de sensibilité morbide, est la cause la plus générale de l'attitude.* (L. LABBÉ, *Thèse d'agrégation*, 1863, p. 57.) Cependant il y a une exception : c'est au moment où la luxation va se faire, et dans ce cas MM. Crocq et Bonnet ont raison, en soutenant que la douleur ne détermine pas l'attitude.

Dans un très-grand nombre de cas, à une période avancée de la maladie, il peut survenir un déplacement des os, un changement de rapport entre la tête du fémur et la cavité cotyloïde.

Autrefois l'on croyait que le déplacement arrivait nécessairement, et Larrey, le premier (1817), a démontré qu'un certain nombre de coxalgies parcourent toutes leurs périodes sans qu'il se produise de luxation spontanée.

Mais lorsque celle-ci survient, sous quelles influences et d'après quel mécanisme se produit-elle ?

Il existe à ce sujet trois théories principales ainsi que le fait remarquer M. Parise, qui s'est rallié à la première et lui a donné de longs développements.

1° La luxation consécutive du fémur serait due à l'accumulation de la synovie, qui distend la capsule de l'articulation coxo-fémorale. Cette opinion, émise d'abord par J.-L. Petit, a été admise par Brodie, Lesauvage (de Caen), A. Bérard, M. Denonvilliers, etc. MM. J. Cloquet et Jolly ont rapporté des autopsies concluantes, et, en 1842, M. Parise a publié un fait intéressant et fort complet, qui établit qu'une accumulation de synovie dans l'article a pour conséquence immédiate l'expulsion ou la tendance à l'expulsion de la tête du fémur hors de la cavité cotyloïde. Bonnet en a également cité des exemples irrécusables. Des expériences entreprises par M. Parise sur le cadavre l'ont confirmé dans son opinion.

2° La luxation serait due au développement d'une tumeur remplissant le fond de la cavité cotyloïde. Les faits sur lesquels on a voulu appuyer cette manière de voir sont très-discutables.

3° La luxation succéderait à la destruction par carie des bords de la cavité cotyloïde, de la tête, ou de l'une et de l'autre. Cette opinion s'appuie sur des recherches anatomiques nombreuses. A la période où existent ces désordres, tous les moyens d'union sont détruits, et l'on comprend que sous l'influence de positions vicieuses la luxation puisse se produire avec facilité.

Dès 1842 (*Archives de médecine*), M. Parise avait publié des observations de *coxalgie chez le fœtus*, et à ces faits il a rattaché la production des luxations congénitales. Depuis cette époque, M. Morel-Lavallée (*Académie de médecine*, 1854), MM. Broca (*So-*

ciété anatomique, 1852), Verneuil (*Union médicale*), ont fait connaître de nouveaux cas de cette affection.

L'*ankylose* a été depuis vingt ans l'objet de publications qui
se sont succédé sans relâche, mais presque tous ces travaux
ont eu pour but d'indiquer les meilleurs moyens de traitement
applicables à cette complication tardive des maladies articulaires.
Bonnet (de Lyon) et tous les chirurgiens de son école ont surtout
pris part à ce mouvement, qu'il y aura lieu de rappeler dans une
autre partie de cet ouvrage.

En 1841, M. Teissier (de Lyon) a fait connaître (*Gazette médicale*)
les lésions que peut entraîner l'immobilité prolongée à la suite des
fractures, même dans les articulations éloignées du siége de la
lésion. Les lésions que M. Teissier attribue à l'immobilité sont :
1° l'épanchement du sang et de la sérosité dans les cavités articulaires; 2° l'injection des synoviales et la formation des fausses
membranes; 3° l'altération des cartilages; 4° comme terme ultime,
l'*ankylose*.

MM. Cloquet et Sanson avaient décrit un scorbut local, qui
pouvait être le résultat de l'immobilité prolongée à laquelle sont
soumis les membres atteints de fracture; mais c'est M. Teissier qui
a parlé, le premier, de l'exhalation séro-sanguinolente dans les
articulations soumises à l'influence d'un repos prolongé.

La manière de voir de M. Teissier a été complétement acceptée
par Bonnet dans son *Traité des maladies des articulations;* mais
Malgaigne a combattu en partie ces idées : il n'attribue pas ces
lésions à l'immobilité seule, il les rapporte en partie à l'extension
exercée sur les ligaments, qui jouerait le rôle de cause irritante
efficace.

En réalité, l'immobilité d'une articulation saine, prolongée même
pendant quelque mois, s'il ne s'y joint pas d'inflammation, ne
produit habituellement qu'une simple roideur articulaire. Les résultats obtenus à la suite de la section du maxillaire, pour remé-

dier aux ankyloses de l'articulation temporo-maxillaire, montrent combien, ainsi que l'a soutenu M. Cruveilhier, l'immobilité seule est une cause peu efficace d'ankylose.

En 1843, M. Lacroix, dans un mémoire publié dans les *Annales de la chirurgie française et étrangère*, a fait connaître les modifications que les os subissent après leur soudure, et Bonnet (1845), M. Cruveilhier, dans son *Anatomie pathologique* (t. Ier, 1849), ont étudié avec les plus grands détails l'anatomie pathologique de cette lésion.

On a divisé l'ankylose en ankylose *fausse* et *vraie*. Pour Malgaigne, l'ankylose fausse ne serait que la simple roideur articulaire, et l'ankylose vraie serait ou fibro-celluleuse ou osseuse.

Ces deux variétés ne sont que des divers degrés d'une même maladie.

En 1850, dans une thèse de concours, M. Richet a bien fait voir que, dans un assez grand nombre de cas, la soudure qui paraît osseuse à cause de l'impossibilité où l'on est de faire exécuter le moindre mouvement, n'est encore que fibreuse; dans ces cas, en faisant macérer les pièces anatomiques, on aperçoit une couche de tissu fibreux mince et serré qui unit les os.

Nous devons signaler, enfin, deux bons articles écrits récemment sur l'ankylose, par MM. Ollier (de Lyon) (*Dictionnaire des sciences médicales*, 1866) et Denucé (de Bordeaux) (*Dictionnaire de médecine et chirurgie pratiques*, 1865).

Le diagnostic d'une ankylose est chose facile; mais il est souvent très-délicat de préciser le degré des adhérences, de déterminer rigoureusement si une ankylose complète est formée par la soudure des os ou par la présence d'adhérences fibreuses très-serrées. Malgaigne a insisté à plusieurs reprises, sur un signe qu'il considère comme pathognomonique pour reconnaître le degré de soudure. Il consiste dans la constatation du siége précis de la *douleur* que l'on détermine, lorsqu'on veut étendre ou fléchir de force une articulation ankylosée. Si l'ankylose est osseuse, la douleur sera nulle au niveau de l'interligne articulaire, et ne se fera sentir que sur les segments du membre, qui supportent la pression des mains de l'opérateur. Dans le cas contraire, il existera une douleur très-marquée au niveau de l'articulation, dans le point même où les adhérences fibreuses sont soumises à un tiraillement excessif.

Lorsque deux os ont éprouvé un dérangement dans les rapports réciproques de leurs parties articulaires, c'est-à-dire lorsqu'il existe une *luxation*, les phénomènes qui en résultent sont d'ordinaire tellement prononcés qu'il est facile de reconnaître cet accident. Aussi l'histoire des luxations, comme celle des fractures, remonte-t-elle au début même de l'histoire de la médecine.

Cependant, nos connaissances sur ce sujet se sont accrues depuis soixante ans, et nous devons dire immédiatement que la plus grande partie des progrès accomplis dans la période contemporaine est incontestablement due à Malgaigne.

Ce chirurgien, dans son important *Traité des luxations*, paru en 1855, a réuni toutes les notions acquises avant lui, et, les passant au crible de sa puissante critique, il en a fait jaillir des idées de la plus haute portée pratique.

Avec MM. Velpeau et Gerdy, il a proposé de substituer, dans les classifications des déplacements osseux, aux mots vagues de *luxations en haut, en bas, etc.* des épithètes qui rappelassent les nouveaux rapports de la saillie osseuse, ou le muscle sous lequel siége l'extrémité luxée.

Le premier, il a tranché d'une manière nette et précise la question jusque-là pendante des luxations *incomplètes*. On admettait bien des luxations incomplètes pour certaines classes d'articulations; mais pour les énarthroses, nombre d'auteurs professaient que, leurs surfaces venant à se disjoindre, elles ne devaient conserver de rapports par aucun de leurs points, et que, par conséquent, les luxations de ces articulations étaient toujours complètes.

Malgaigne, rejetant toute idée conçue *a priori*, invoqua l'observation et l'expérience; ses expériences sur le cadavre et surtout l'anatomie pathologique lui démontrèrent qu'ici, comme ailleurs, on était bien forcé de reconnaître des luxations incomplètes. Bien plus, il affirma que celles-ci étaient les plus fréquentes, et que la plupart des luxations complètes n'étaient devenues telles que sous l'influence de causes autres que celles qui avaient agi tout d'abord pour séparer les surfaces articulaires.

Il fit voir que ses adversaires avaient raisonné sans tenir aucun compte et de la résistance des ligaments qui n'étaient pas rompus en totalité et de l'action des muscles environnants; en un mot, il semblerait que pour eux, lorsqu'il y a luxation, les deux os disjoints ont perdu toute connexion ligamenteuse ou musculaire.

Le premier encore, il a fait une classe spéciale des luxations *complexes*, c'est-à-dire de celles qui s'accompagnent de fractures articulaires, et que les uns rangeaient parmi les luxations, les autres parmi les fractures. Et parmi ces luxations, il a particulièrement appelé l'attention sur celle du fémur avec fracture de la cavité cotyloïde et sur celle de l'humérus avec fracture de sa grosse tubérosité.

Il a fait voir que certaines variétés de luxations, décrites par des chirurgiens d'une grande valeur, n'existaient pas, et qu'une précaution, cependant bien élémentaire, avait été négligée dans ces cas. En effet pour établir à l'autopsie l'existence d'une luxation dans les conditions où elle se trouvait sur le vivant, il faut avoir soin de mettre les os dans des rapports tels qu'ils soient sur le cadavre dans la direction exacte qu'ils avaient pendant la vie. En montrant comment cette précaution avait été négligée, nous le répétons, par des hommes d'un mérite incontesté, Malgaigne a rendu toute erreur de ce genre impossible à l'avenir.

Mais il faudrait suivre pas à pas tous les détails de l'histoire des luxations, pour montrer qu'il n'y a pas un point de la question auquel Malgaigne ne se soit attaqué, et presque toujours avec bonheur.

Analysant toutes les méthodes mises en pratique pour obtenir

la réduction des luxations, il les a comparées et a posé des règles
que l'on fera toujours bien de suivre. Le premier, il a démontré
expérimentalement combien la force développée par des aides pendant les efforts de traction était irrégulière et difficile à évaluer,
et combien les machines pourvues d'un dynamomètre étaient préférables.

En indiquant les signes qui annoncent le retour des os à leur
situation normale, il a fait voir le premier, en en donnant l'explication, que dans certains cas, après la réduction, l'articulation apparaît plutôt déformée qu'avant, fait qui s'observe surtout à l'épaule,
lorsqu'elle est tuméfiée. Mais lorsqu'on se guide sur les rapports
réciproques des saillies osseuses, on évite une semblable erreur,
car le seul signe certain de la réduction est le rétablissement des
rapports entre les saillies osseuses.

Avant de dire ce qui a été fait au sujet des luxations en particulier, citons une loi qui a été posée par M. Laugier. On a remarqué de tout temps que si, dans une luxation, l'os luxé sort à
travers les téguments, il survient une suppuration abondante.
M. Laugier a fait remarquer que dans ces cas l'os est surtout décollé des parties molles du côté opposé à celui par où il sort; il
en résulte la formation de ce côté d'une cavité plus ou moins vaste,
où le sang s'accumule et qui est le siége de la suppuration au
début. D'où cette loi, que les abcès se font du côté opposé à la plaie
des téguments, et que c'est de ce côté que devront se porter tous
les efforts du traitement, et que l'on devra se tenir prêt à faire
une contre-ouverture.

Parmi les diverses luxations dans l'histoire desquelles nous avons
à signaler quelques perfectionnements, se présente tout d'abord la
luxation de l'articulation de la mâchoire inférieure.

Cette luxation est *unilatérale* ou *bilatérale*. Boyer et A. Bérard
professaient que la luxation d'un seul condyle est la plus rare, opi-

nion qui fut, à l'aide d'une statistique opérée sur vingt-huit cas, contredite par M. Giraldès (*Thèse d'agrégation,* 1844). Mais depuis lors Malgaigne, analysant un plus grand nombre de faits, est arrivé aux mêmes conclusions que Boyer.

Plusieurs déplacements admis autrefois ont été aujourd'hui reconnus impossibles. La luxation *en dehors* a été vue une fois par Robert : elle était au côté gauche; mais à droite il existait une fracture à l'union du corps de l'os de la mâchoire avec la branche verticale, et on constatait un écartement latéral assez marqué, qui avait permis le déplacement en dehors du condyle gauche.

Les chirurgiens se sont efforcés de déterminer la cause anatomique qui, dans cette luxation, empêche l'os déplacé de reprendre sa position normale, et plusieurs opinions ont été mises en avant.

Les recherches de M. Nélaton ont ramené les idées vers une opinion émise au siècle dernier, et qui avait divisé les chirurgiens de cette époque. D'après M. Nélaton, l'os ne pourrait revenir à sa situation normale, parce que les sommets des apophyses coronoïdes, projetées fort en avant, viendraient arc-bouter contre l'angle externe de l'articulation du maxillaire supérieur, contre l'os molaire. M. Nélaton a déposé au Musée Dupuytren, et Malgaigne a reproduit dans son Atlas une pièce dans laquelle cette disposition est très-évidente.

En 1862 (*Abeille médicale*), M. Maisonneuve a essayé de combattre cette manière de voir, et à la suite de nombreuses expériences il a cru pouvoir conclure : 1° que la luxation de la mâchoire inférieure résulte du glissement anomal des condyles de cet os au-devant de la racine transverse de l'arcade zygomatique; 2° que la fixité de la luxation résulte de ce que le condyle est maintenu comme engrené au-devant de cette racine transverse par la combinaison de deux forces, l'une passive due principalement à la résistance des ligaments stylo et sphéno-maxillaires, l'autre active due à la contraction des muscles temporaux, masséters et ptérygoïdiens.

On doit à M. Maisonneuve un bon *Mémoire sur la luxation du*
sternum (lu à l'Académie de médecine, 1842). C'est toujours entre
la première pièce du sternum, ou poignée, et la seconde pièce que
se produit la luxation. Dans la luxation par refoulement, qui est
la plus commune, c'est toujours la première pièce qui, après avoir
décollé les tissus fibreux, passe en arrière de la seconde.

En 1843, Morel-Lavallée a inséré dans les *Annales de la chi-*
rurgie française et étrangère un important *Mémoire sur les luxations*
de la clavicule, et Malgaigne, dans son *Traité*, a donné de grands
développements à l'histoire de ces luxations.

Les luxations de l'articulation scapulo-humérale, qui sont à elles
seules plus fréquentes que toutes les autres prises ensemble, ont
été l'objet de très-nombreux travaux. Leur existence n'a offert aucun
doute à l'esprit, mais quand on a dû étudier leurs variétés, les
discussions ont pris naissance, et des volumes entiers ont été écrits
sur ce point d'anatomie pathologique. MM. Velpeau, Sédillot, Pétrequin, Goyrand, Nélaton, Malgaigne, ont proposé des classifications différentes pour les diverses variétés de ces déplacements
qu'il a été donné d'observer.

Les classifications de Malgaigne et de M. Nélaton offrent de
grandes analogies; tous deux ont pris pour règle d'indiquer le rapport de la tête de l'humérus avec un seul ordre d'organes, les os.
Les luxations artéro-internes de M. Nélaton renferment, à la fois,
les luxations dans l'aisselle et la luxation en dedans de Malgaigne.
M. Nélaton n'a décrit en arrière qu'une luxation, à laquelle il donne
le nom de *sous-épineuse incomplète;* elle correspond à la sous-acromiale de Malgaigne. Ainsi, la luxation sous-épineuse ferait défaut;
mais si elle est rare, il semble, d'après les faits admis par Malgaigne et par M. Houel (*Anatomie pathologique*), qu'elle existe cependant en réalité.

La luxation *sous-glénoïdienne*, signalée pour la première fois par

J.-L. Petit, a été surtout bien étudiée par Goyrand (d'Aix) (*Mémoires de la Société de chirurgie*, t. Iᵉʳ); elle est rare, et le déplacement de la tête humérale, qui la caractérise, assez variable. La tête correspond au bord axillaire de l'omoplate, quelquefois à la deuxième côte (Robert), à la troisième (Bourguet d'Aix), au troisième espace intercostal (Malgaigne).

Dans ces dernières années, M. Nélaton a entrepris de nombreuses recherches, et a fait sur le cadavre des expériences multipliées pour déterminer rigoureusement la nature du déplacement dans la *luxation en arrière* : luxation sous-acromiale de Malgaigne, luxation sous-épineuse incomplète de M. Nélaton.

La description classique, remontant à A. Cooper, indique un déplacement tel que la tête est portée dans la fosse sous-épineuse, ayant abandonné complétement la cavité glénoïde. M. Nélaton a fait voir que ce déplacement, accepté par tous les chirurgiens, n'existait pas en réalité, ou tout au moins exceptionnellement. Sans nier que ce déplacement puisse se produire, il affirme que, dans toutes les luxations postérieures qu'il a pu observer, le changement de rapport des surfaces articulaires se réduisait à une exagération du mouvement de rotation en dedans, uni à une très-légère rétrocession (quelques millimètres) de la tête humérale en arrière, de telle sorte que le bord postérieur de la cavité glénoïde de l'omoplate vient se loger dans la dépression que l'on remarque à l'union de la surface cartilagineuse de la tête avec le col anatomique.

Un semblable déplacement n'entraîne qu'une déformation peu prononcée de l'épaule, ce qui explique comment ces luxations ont été souvent méconnues.

La notion d'une pareille disposition met sur la voie de la réduction, qui consiste essentiellement en deux manœuvres : rotation de l'humérus en dehors, à laquelle on est obligé, dans certains cas, d'ajouter la propulsion directe de la tête humérale en avant.

Quant à la luxation *sous-épineuse* proprement dite, la science n'en possède encore qu'un exemple dû à M. Denonvilliers (*Bulletins de la Société anatomique,* 1853). Cette luxation était accompagnée des désordres les plus considérables.

Les luxations *du coude* étaient mal connues, ou plutôt mal appré-ciées par les chirurgiens du siècle précédent. Astley Cooper, le premier, établit une meilleure division de ces luxations; mais Mal-gaigne donna sur cette question les notions les plus exactes, et fit voir nettement qu'il existait pour cette articulation des luxations en arrière incomplètes, et même que celles-ci étaient plus fré-quentes que les luxations complètes dans le même sens. Il renversa par des faits authentiques l'opinion de Boyer, qui n'était basée que sur le raisonnement et s'appuyait seulement sur des données ana-tomiques incomplètes. Il ne tenait, en effet, aucun compte des muscles ni des ligaments.

Malgaigne a encore très-bien exposé le mécanisme des diverses luxations du coude, mécanisme que la conformation des surfaces articulaires rendait difficile à bien saisir.

A côté du livre de Malgaigne, un travail qui doit être cité avec le plus grand honneur est la thèse inaugurale soutenue, en 1854, par M. Denucé (de Bordeaux). Dans ce consciencieux mémoire, la question des luxations du coude a été étudiée avec les plus grands développements.

Les luxations en avant, surtout sans complication de fracture, avaient été niées d'une manière absolue, avant que MM. Colson, Monin, Guyot, Velpeau, etc. en eussent démontré l'existence.

Cette luxation peut être incomplète ou complète. Deux observa-tions seules permettent d'établir l'existence de la luxation complète en avant avec fracture. M. Velpeau en a publié une dans le *Jour-nal des connaissances médico-chirurgicales* (1835), et M. Richet, une autre, dans les *Archives* (3ᵉ série, t. VI); dans ces deux cas l'olé-crane fracturé était resté en place.

Des observations de luxation complète en avant sans fracture de l'olécrane sont dues à MM. Monin, Velpeau, James Prior, Flaubert fils.

Les luxations latérales n'ont été bien étudiées que dans notre siècle. Delpech en avait déjà donné une description remarquable en 1816; M. Nélaton, Debruyn, Malgaigne, ont contribué aussi à élucider ce sujet; mais M. Denucé surtout a traité cette partie de la question des luxations du coude avec le plus grand soin.

Il nous serait impossible d'entrer ici dans plus de développements, et nous ne pouvons mieux faire que de renvoyer au travail du chirurgien de Bordeaux.

La luxation isolée du *cubitus* a été l'occasion d'excellents mémoires publiés par M. Sédillot (*Gazette médicale*, 1839) et Brun (*Gazette médicale*, 1844).

Une singulière luxation est celle où l'un des deux os de l'avant-bras, le *cubitus*, se luxe en arrière, tandis que l'autre, le *radius*, se luxe en avant. Les deux premiers exemples de ce genre ont été observés en 1841, l'un par M. Michaux en France, l'autre par M. Bulley en Angleterre.

En parlant des fractures de l'extrémité inférieure du radius, nous avons déjà eu occasion de dire que les luxations du *poignet*, après avoir été admises comme fréquentes, avaient été ensuite rejetées par Dupuytren. C'est à Malgaigne, qui, dès 1834, put en réunir trois exemples, que l'on doit d'avoir démontré que ces luxations existent réellement, tout en étant fort rares.

Les luxations en arrière sont les plus communes; des exemples non douteux ont été publiés par M. Réné Marjolin (*Thèse*, 1839) Lenoir et M. Voillemier.

M. Maisonneuve a fait connaître (*Mémoires de la Société de chirurgie*, t. II) un curieux exemple de luxation du poignet, dans lequel le déplacement avait lieu, non dans l'articulation radiocarpienne, mais entre les deux rangées du carpe.

De toutes les luxations qui peuvent affecter les os de la main, la plus intéressante au point de vue pratique est la *luxation du pouce*. Les obstacles parfois insurmontables qu'elle oppose aux tentatives de réduction, n'ont appelé l'attention qu'au commencement de ce siècle. C'est, il est vrai, un chirurgien anglais, Hey (1803), qui le premier insista sur ces difficultés, mais les mémoires de MM. Pailloux (*Bulletins de la Société anatomique*, 1826, et *Thèse*, 1829) et Michel (*Gazette médicale de Strasbourg*, 1850), en France, occupent dans la science une place très-honorable. M. Pailloux a fait des expériences sur le cadavre, il a démontré le premier la possibilité de luxations incomplètes; depuis, M. Bourguet (d'Aix) (*Revue médicale et chirurgicale*, t. XIV) a pu en constater deux exemples sur le vivant. MM. Pailloux et Michel ont cherché la cause de l'irréductibilité fréquente des luxations du pouce. Hey avait cru trouver une explication en disant que les ligaments jouaient le rôle d'une boutonnière, dans laquelle la tête osseuse déplacée serait engagée sans qu'on pût l'en faire ressortir. Dupuytren avait modifié un peu cette hypothèse, mais en raisonnant encore comme si les ligaments restaient intacts. Or l'un au moins des deux ligaments est rompu. Un autre chirurgien anglais, Ballingall (1815), reconnut que l'os luxé était retenu par les muscles auxquels il donne insertion par ses bords latéraux. Mais à cette cause efficace, il est vrai, il faut ajouter, d'après les recherches de M. Pailloux, l'interposition, entre les deux surfaces articulaires au moment où on les rapproche, du bourrelet fibreux qui constitue le ligament antérieur de l'articulation. Pour M. Michel, ce serait même la seule cause de l'irréductibilité.

Comme tous les cas ne sont pas identiques, il est utile d'avoir ces diverses données présentes à l'esprit pour modifier le sens et le mode de traction suivant la nature présumée de l'obstacle.

Dans les luxations de la phalangette du pouce, en arrière, la phalangette est souvent renversée fortement en arrière. Dans ce déplacement, le ligament antérieur est rompu, et le plus souvent les ligaments latéraux résistent, et c'est en partie à leur persistance qu'est dû le renversement de la phalangette. D'après M. Jarjavay (*Archives de médecine*, 1849), le ligament latéral externe est souvent tordu; cette torsion s'exagère lorsqu'on ramène la phalangette dans l'extension; sa résistance est augmentée, et alors il peut devenir un obstacle à la réduction.

Luxations de l'articulation de la hanche.

Les luxations de l'*articulation de la hanche* peuvent se rapprocher de celles de l'épaule, non par leur fréquence, car elles sont rares, mais par leurs caractères anatomo-pathologiques. Aussi les auteurs de traités didactiques ont-ils, à peu près chacun, proposé une classification de ces luxations; nous avons celles de Boyer, de Gerdy, de Vidal, de Malgaigne, de M. Nélaton. C'est surtout à propos de ces luxations que se sont produites ces polémiques dont nous avons parlé à propos des luxations complètes et incomplètes.

L'articulation étant profondément située au milieu des parties molles qui l'entourent, il est souvent très-difficile d'apprécier par le toucher les nouveaux rapports affectés par les surfaces articulaires qui se sont abandonnées. D'autre part, suivant que les deux membres inférieurs sont dirigés dans un sens ou dans l'autre, comme leur longueur relative semble tantôt égale, tantôt très-différente à l'état parfaitement normal, on peut à simple vue se tromper étrangement sur l'existence d'un allongement ou d'un raccourcissement en cas de luxation. Aussi, le moindre signe qui peut mettre sur la voie de la vérité prend-il ici une importance capitale. Des procédés rigoureux de mensuration sont également d'une absolue nécessité. Les chirurgiens se sont à l'envi appliqués à donner à ces signes et à ces moyens une perfection presque mathématique. Les luxations qui surviennent à la suite de coxalgies étant de beaucoup plus fréquentes que les luxations traumatiques, c'est sur les premières qu'ont porté les principaux efforts en ce sens. On ne peut nier que les chirurgiens français aient contribué pour une large part aux succès obtenus dans cette voie.

Dans le tome III, 3ᵉ série, du *Bulletin de la Société de chirurgie*, M. Richet a publié un mémoire intéressant sur la fracture du sourcil cotyloïdien, compliquée de luxation du fémur. Dans un seul cas, dû à M. Maisonneuve, la lésion avait été diagnostiquée. M. Richet a fait voir que la fracture du rebord cotyloïdien ouvrait une large brèche, par laquelle la tête pouvait se porter tantôt en avant, tantôt en dehors, quelquefois en arrière, suivant que le fragment était antérieur, externe ou postérieur. Le symptôme pathognomonique de cette lésion est la reproduction du déplacement peu de temps après la réduction, sauf peut-être dans le cas de fracture de la partie antérieure du sourcil cotyloïdien.

L'histoire des luxations de la *rotule* était fort obscure. Malgaigne a étudié ces lésions avec un très-grand soin.

Luxations
de la rotule.

Les luxations des os de la jambe sur le fémur méritent encore de nouvelles recherches. Les travaux de Dubrueil, Martellière, Malgaigne, de M. Velpeau, ont cependant permis d'en faire une bonne classification. M. Velpeau, le premier, indiqua la luxation par rotation du tibia. Nous devons mentionner ici le mémoire, inséré dans ceux de la Société de chirurgie (t. III), par M. Désormeaux, sur la *luxation incomplète du tibia en avant*.

Luxation
des
os de la jambe
sur le fémur.

Les luxations du *pied* sur la jambe, ou *des os du pied* les uns par rapport aux autres, n'ont pas été comprises de même par tous les auteurs, ceux-ci ne s'accordant pas toujours sur la dénomination à attribuer à une même variété de luxation. Le travail le plus remarquable qui ait été fait à notre époque sur ces luxations, est le mémoire de M. Broca sur les *luxations de l'astragale*.

Luxations
du pied.

Dans la région du cou-de-pied, il existe quatre espèces de luxations :

1° Les luxations *tibio-tarsiennes;*

2° Les luxations *sous-astragaliennes* (l'astragale conservant ses rapports avec les os de la jambe); cette espèce de luxation, indiquée par M. Nélaton, a surtout été mise en lumière par M. Broca;

3° Les luxations *médio-tarsiennes partielles* ou *totales* (la rangée postérieure des os du tarse conservant ses rapports avec le pied);

4° Les luxations de *l'astragale proprement dites* : c'est la *luxation double* de Boyer et de Malgaigne.

Jusqu'à ces dernières années, le chaos le plus complet régnait dans l'histoire des luxations de l'astragale, et ce n'est qu'à notre époque qu'une distinction précise a été établie entre les diverses espèces de déplacements de cet os. Le signal fut donné en 1835 par M. Nélaton, qui montra à la Société anatomique une pièce dans laquelle le déplacement sous-astragalien était parfaitement caractérisé, et qui donna à cette lésion le nom de *luxation incomplète de l'astragale*, pour la distinguer de la luxation proprement dite.

Arnott, Macdonal, Hancook, publièrent plus tard des observations très-complètes de ce déplacement. Mais il faut arriver au mémoire de M. Broca (*Mémoires de la Société de chirurgie*, t. III, 1853) pour voir la question nettement posée et résolue. C'est en réalité à M. Broca que revient l'honneur d'avoir bien justifié une classe de luxations dites *sous-astragaliennes*, dans lesquelles évidemment l'astragale peut être considéré comme n'étant pas luxé, puisqu'il a conservé ses rapports avec les os de la jambe.

Dans ce mémoire, M. Broca, analysant avec le plus grand soin les observations à l'aide desquelles on avait admis plusieurs espèces de déplacements ayant pour siége les articulations péri-astragaliennes, nia l'existence justifiée des luxations du *calcanéum*, de la luxation *médio-tarsienne totale*, de la luxation du *scaphoïde seul*. Il en appela à l'avenir, pour établir la réalité de ces déplacements. Depuis cette époque, MM. Denonvilliers et Thomas (de Tours) ont observé un cas de *luxation médio-tarsienne totale* révélée par l'autopsie, et M. Chassaignac a publié une observation de luxation de l'articulation *astragalo-scaphoïdienne* qui ne peut laisser de prise au doute.

Dans ce rapide exposé, nous avons dû nous borner à mentionner les faits les plus importants. L'ensemble des luxations comporte un nombre infini de variétés, et pour beaucoup de ces variétés on ne connaît qu'un fort petit nombre de cas.

L'occasion d'observer ces lésions étant purement fortuite, le nombre des observateurs est nécessairement considérable. Aussi, pour rendre à chacun ce qui lui est dû, il faudrait entrer dans des détails tels que nous serions entraînés à faire une sorte de traité des luxations, ce qui concorderait peu avec le cadre que nous nous sommes imposé. Mais nous pouvons répéter que Malgaigne, en analysant et commentant tous les faits connus jusqu'à lui, a rendu à la science un service inappréciable.

Le déplacement des os n'est pas toujours opéré par une vio-lence extérieure capable de rompre brusquement leurs moyens d'union; il peut être le résultat de *lésions articulaires chroniques*, et nous avons indiqué comment les choses se passaient dans les cas de cette nature, lorsqu'il s'agissait de l'articulation coxo-fémorale. Une *position vicieuse* des membres longtemps continuée peut donner lieu également à une luxation; enfin la *paralysie, l'atrophie des muscles* qui environnent une articulation peuvent également donner naissance à des déplacements articulaires.

Luxations
spontanées.

Mais, indépendamment de ces luxations consécutives, les articu-lations sont sujettes à des déplacements *congénitaux*, qui présentent tous les caractères des luxations traumatiques postérieures à la naissance.

Luxations
congénitales.

L'existence des *luxations congénitales*, établie de la manière la plus positive quant à l'articulation coxo-fémorale, ne saurait plus être révoquée en doute pour un grand nombre d'autres articula-tions, et M. Jules Guérin, dans son mémoire de 1841 sur les *luxa-tions congénitales*, a donc jusqu'à un certain point été fondé à dire : « Les luxations congénitales peuvent occuper successivement et simultanément toutes les articulations du squelette, depuis celle de la mâchoire inférieure jusqu'à celle des os du pied. »

La luxation congénitale de l'articulation coxo-fémorale a été le point de départ de toutes les études modernes; c'est autour d'elle que se rallient toutes les recherches qui ont été faites sur les luxations congénitales ou sur le mécanisme et la théorie de ces luxations.

Cette luxation congénitale avait été très-nettement indiquée par Hippocrate; mais c'est à Paletta qu'est dû le premier fait anatomo-pathologique relatif à cette affection. L'observation avait été recueillie (en 1785) sur un enfant mort le quatorzième jour après sa naissance, avec une luxation congénitale double des fémurs. Les cavités cotyloïdes étaient entièrement remplies de graisse, et les têtes du fémur, qui étaient sphériques, n'étaient reçues dans aucune cavité nouvelle.

Ce fait ne fut publié qu'en 1820, et il était passé inaperçu, lorsque, en 1826, Dupuytren lut devant l'Académie des sciences un mémoire sur la *claudication congénitale par déplacement originel des fémurs*. Il n'a pas décrit, le premier, ces luxations; mais il a le grand mérite d'avoir indiqué avec une rare perfection les signes cliniques de ce vice de conformation, et d'avoir généralisé et fait passer dans le domaine de la pratique cette découverte importante.

Le fait publié en 1820 assure la priorité de Paletta sur Dupuytren; mais lorsque celui-ci présenta son mémoire à l'Institut, il possédait déjà un grand nombre de faits, et, selon M. Cruveilhier, il est constant que les premières observations qu'il fit connaître dans ses leçons cliniques remontent à une époque antérieure à 1820. Nous dirions volontiers avec M. Pravaz (*Traité théorique et pratique des luxations congénitales du fémur*, Lyon, 1847) : « On a dit qu'il *n'y avait de nouveau que ce qui avait été oublié*. Sous ce point de vue, du moins, Dupuytren a bien réellement découvert une malformation nouvelle. Son immense renommée, le retentissement de sa parole au milieu de la première société savante de l'Europe, ont en effet remis en lumière une question dont l'importance était méconnue, et qui était restée jusqu'alors ensevelie, pour ainsi dire, dans la poussière des bibliothèques. »

Est-il possible d'arriver à la détermination des causes des luxations congénitales du fémur?

Le déplacement étant déjà opéré à la naissance, il n'est pas facile de savoir ce qui s'est passé dans l'utérus, d'autant plus que la luxation est encore imparfaitement connue sous le rapport anatomique.

On a pu observer avec détails la deuxième période de la maladie; mais la période initiale des pseudarthroses congénitales de la hanche laisse encore prise à bien des doutes, et les suppositions varient suivant l'opinion étiologique qu'on se forme de la maladie.

1° *La luxation est due à un vice de conformation originel, à l'absence d'articulation normale.*

Dupuytren regarda cette hypothèse comme la plus probable, et rattacha l'absence de l'articulation *à un défaut dans l'organisation primitive des germes.*

Breschet invoqua l'*arrêt de développement.*

Dans l'état actuel de la science, on ne peut accepter ces explications. Cependant M. Alph. Robert, dans sa thèse de concours (1851), a fait valoir en faveur de l'hypothèse de Dupuytren un argument tiré de l'*hérédité*. On voit, en effet, plusieurs enfants hériter de ce vice de conformation, et des faits très-curieux de ce genre sont consignés dans les leçons de Dupuytren.

L'hérédité des vices de conformation est aujourd'hui un fait bien démontré; mais dans le cas actuel elle ne suffit pas pour faire admettre l'hypothèse de Dupuytren.

2° *La luxation est due à des pressions extérieures.*

Cette opinion, qui est généralement rejetée, a été défendue par M. Cruveilhier (*Anatomie pathologique*, t. Ier). Dans le fait qu'il cite, ce professeur a cherché à démontrer que la position du fœtus dans l'utérus expliquait la double pseudarthrose qui s'était produite.

3° *La luxation est due à l'action musculaire.*

Émise par Chaussier, cette théorie a surtout été développée par M. Jules Guérin, qui l'a étendue et l'a appliquée à toutes les luxations congénitales. Quoique plausible, cette opinion ne peut être justifiée dans tous les cas. Elle a contre elle : qu'après la naissance on ne retrouve ni rigidité des muscles, ni rien dans leur état qui indique ces contractions énergiques qui ordinairement laissent des traces, lorsqu'elles ont duré longtemps.

4° *La luxation est due à une maladie de l'articulation, à une coxalgie.*

Cette opinion possède un certain nombre de faits en sa faveur. Présentée d'abord par M. Parise, elle a été confirmée depuis par des observations dues à MM. Broca, Verneuil, Morel-Lavallée. M. Parise a appliqué également à la luxation congénitale l'opinion de J.-L. Petit sur l'hydarthrose, considérée comme cause de luxation spontanée.

On a encore fait quelques hypothèses de moins d'importance. Ainsi l'on a invoqué le *gonflement du tissu graisseux* du fond de la cavité cotyloïde. M. Sédillot a parlé du *relâchement, du ramollissement de la capsule* permettant à la tête de s'éloigner peu à peu de l'os coxal. On a aussi attribué la luxation congénitale à un déplacement du fémur pendant les *manœuvres de l'accouchement.*

M. Bouvier, qui dans ses leçons sur les *maladies de l'appareil locomoteur* a longuement discuté toutes ces questions, a réservé sa manière de voir, en disant que «les pseudarthroses congénitales ne sont pas le produit d'une cause unique, qu'elles peuvent être la suite, tantôt d'un vice de développement originel, tantôt d'une maladie embryonnaire, d'autres fois d'une influence mécanique combinée avec des contractions musculaires anomales. »

Quoi qu'il en soit de ces théories, on a constaté des lésions, qui sont exposées avec grande netteté dans le livre de M. Bouvier et dans les *leçons* de Malgaigne *sur l'orthopédie*, publiées en 1862, par MM. F. Guyon et Panas. La capsule fibreuse présente deux états bien distincts : l'*état d'allongement* et l'*état de perforation*. L'état d'allongement se voit dans les deux phases de la luxation, l'état imparfait et l'état parfait. A l'état parfait de la luxation, la capsule peut être allongée, sans déplacement de ses insertions normales, ou bien présenter à la fois un allongement et un déplacement des attaches. Quant à la *perforation de la capsule,* elle n'existe pas à la naissance; mais elle se produit souvent dans un âge plus avancé.

A quelle époque la capsule est-elle revenue sur elle-même et assez resserrée pour empêcher la tête du fémur de pouvoir rentrer dans le cotyle? M. Malgaigne a indiqué la vingtième année, comme limite à la possibilité de la réduction; mais M. Bouvier fait remarquer que, chez quelques sujets, dès l'âge de douze ans la tête fémorale est déjà invariablement fixée dans ses nouveaux rapports.

Dans quelques cas, ni l'extrémité supérieure du fémur ni la cavité cotyloïde n'existent, et on ne peut établir qu'il y ait luxation; ce sont des *pseudo-luxations.* Dans d'autres, la tête et la cavité existent; mais elles sont déformées, augmentées de volume ou atrophiées. Enfin, dans une dernière série de faits, la tête s'est créé une nouvelle cavité, soit par usure de l'os coxal, soit par développement de productions osseuses nouvelles.

Les muscles, souvent atrophiés, deviennent en partie graisseux avec l'âge. Quelquefois ils ont subi une rétraction, qui les a accommodés à une position vicieuse, qu'ils tendent sans cesse à reproduire.

Dupuytren le premier a tracé, et de main de maître, les signes de la luxation congénitale du fémur. Les livres de Pravaz et de M. Bouvier renferment sur ce point les plus grands développements.

La réductibilité des luxations congénitales n'avait pas d'abord été mise en question, lorsque MM. V. Duval et Jalade-Lafond firent, les premiers, quelques tentatives dans cette direction, à l'aide de l'extension continue. En 1835, M. Humbert de Morley annonça qu'il avait obtenu des réductions; mais il a été reconnu qu'il n'y avait rien de réel dans les guérisons par lui annoncées.

Pravaz est celui, de tous les chirurgiens contemporains, qui a poursuivi avec le plus d'ardeur la réalisation de la guérison radicale des luxations congénitales du fémur. Dans son ouvrage, il cite un grand nombre de faits de guérison (dix-neuf). M. Bouvier a sérieusement critiqué tous ces faits; il n'admet pas que Pravaz ait réduit une seule luxation. Malgaigne, après avoir analysé toutes ces observations, ne nia pas la réduction, mais il affirma, et c'est là le point capital, « qu'il n'existe pas dans la science de cas de luxation congénitale du fémur où, la réduction ayant été obtenue, on ait, même après six mois de marche libre, constaté la persistance de cette réduction. »

MM. Gaillard (de Poitiers) (*Académie de médecine*, 1841), M. V. Duval (*Journal des spécialités*, 1841), M. J. Guérin, ont fait connaître des exemples intéressants de luxations congénitales de l'humérus.

Nous nous bornerons à mentionner les luxations de la mâchoire observées par Smith et M. Guérin, celles du coude indiquées par Dupuytren, celles de la clavicule et du genou, etc.

Pied bot.
On désigne sous le nom de *pied bot* tout vice de direction permanent, toute déviation permanente des pieds.

Cette difformité, signalée de tout temps à l'attention des médecins, n'a été sérieusement étudiée que dans notre siècle.

Les travaux de Delpech (1816), ceux de MM. Bouvier, Duval, J. Guérin, Scoutetten, Bonnet, ont surtout jeté sur cette question la plus vive lumière. Ceux de M. Duchenne (de Boulogne) ont apporté dans cette étude des éléments tout nouveaux. Dans le chapitre de la médecine opératoire, la question de la ténotomie sera traitée avec tous les détails nécessaires. Ici nous ne voulons donner que quelques courtes indications sur les lésions qui accompagnent le pied bot.

A la division généralement acceptée de pied bot en : 1° *pied équin*, 2° *talus*, 3° *varus*, 4° *valgus*, Bonnet (de Lyon) a substitué une classification basée sur la distribution des nerfs aux muscles qui sont le siége de la rétraction. Il admet deux espèces de *pied bot* : le *poplité interne* et le *poplité externe,* suivant qu'ils sont dus à la rétraction des muscles auxquels vont se rendre les filets du nerf sciatique poplité interne, ou sciatique poplité externe. Dans chacune de ces espèces il a distingué cinq degrés.

Le pied bot peut être accidentel, *acquis,* ou natif, *congénital.*

Le siége de la déviation qui constitue le pied bot réside surtout dans les articulations médio-tarsiennes; mais M. Bouvier fait remarquer que les nouveaux rapports de ces articulations ne constitueraient pas encore le pied bot complet, s'il ne venait s'y ajouter l'extension forcée de l'articulation tibio-astragalienne. Les os placés au-devant du scaphoïde et du cuboïde suivent généralement les mouvements de ces derniers; mais quelquefois ils peuvent être attirés par leurs propres muscles, et donner ainsi naissance à de nouvelles variétés de pied bot.

M. Cruveilhier (*Anatomie pathologique,* t. Ier) a invoqué comme cause du pied bot congénital la mauvaise position du fœtus dans le sein de sa mère, et Ferd. Martin (1839) a également soutenu cette opinion, que l'on trouve déjà dans Hippocrate. Suivant M. Bouvier, on ne peut nier que, dans certains cas, la pression des membres du fœtus paraisse réellement donner lieu à des inclinaisons permanentes des os et à des raccourcissements musculaires consécutifs.

On a signalé des cas de pieds bots natifs déterminés par l'absence congénitale de certains os, de certains muscles du pied. M. Danyau a présenté à la Société de chirurgie (*Bulletin,* t. IV) un enfant atteint de déviation considérable du pied, dont le siége était l'articulation tibio-tarsienne même; le pied était tourné en dehors, et la moitié inférieure du péroné manquait.

M. Guérin (1838-1839) a longuement développé une doctrine qu'il a étendue à toutes les rétractions musculaires primitives. Dans cette doctrine les déformations osseuses se trouvent subordonnées à l'action fonctionnelle des muscles, troublée elle-même par une altération du système nerveux cérébro-spinal.

M. Bouvier (*Leçons citées*, 1858) admet qu'il peut y avoir deux modes principaux de formation du pied bot congénital. D'une part, il pourrait être la suite de divers états pathologiques, surtout d'affections du système nerveux; d'autre part, selon cet auteur, il pourrait dépendre d'une anomalie de développement primitive, dont la cause réside dans le germe lui-même après sa fécondation.

Le pied bot accidentel survient quelquefois à la suite de certaines affections nerveuses, de rétractions des tissus fibreux, mais surtout de paralysies musculaires. Il peut succéder à l'*altération graisseuse* primitive des muscles, dont M. Broca (*Société anatomique*, 1851) a bien fait voir l'importance relativement à la production des pieds bots. L'affection décrite par MM. Duchenne (de Boulogne) et Laborde sous le nom *paralysie atrophique de l'enfance* peut encore donner naissance à des déviations du pied.

En 1866, sous l'inspiration de son maître M. Gosselin, M. Cabot a pris pour sujet de sa thèse inaugurale la *tarsalgie* ou *arthralgie tarsienne des adolescents*, généralement désignée sous le nom de *valgus douloureux*.

C'est une maladie douloureuse du pied, survenant spécialement chez les adolescents, accompagnée de claudication, de gêne ou d'impossibilité des mouvements du pied, de contracture de certains muscles et de déviation du pied en dehors.

M. Guérin considère cette maladie comme un valgus ordinaire et lui donne le nom de *valgus pied plat douloureux*. Bonnet a conservé cette dénomination. M. Duchenne (de Boulogne) a rattaché son origine tantôt à la contracture du long péronier latéral, tantôt à l'affaiblissement du même muscle. En réalité il existe dans cette maladie des lésions articulaires importantes que Bonnet avait soupçonnées, mais qui n'ont été mises hors de doute que par M. Gosselin. Ces lésions portent principalement sur la synoviale et les cartilages. On doit vraissemblablement leur accorder un rôle de premier ordre dans la pathogénie du *valgus pied plat douloureux*.

Nous ne pouvons qu'indiquer ici combien les changements de rapports des os sont nombreux et avec quel soin ils doivent être étudiés dans chaque espèce de pied bot. Lorsque la lésion remonte à une époque éloignée, les os changent quelquefois de forme et d'aspect. Tous les auteurs sont d'accord sur ces faits; mais il est un point qui les divise, c'est celui relatif à l'*état des muscles* dans le pied bot. Ceux-ci subissent-ils une *transformation fibreuse*, comme le veut M. Jules Guérin, ou deviennent-ils *graisseux?*

M. Guérin a admis que lorsqu'il y avait paralysie, le muscle s'infiltrait *de graisse*, tandis que sa *transformation fibreuse* était inévitable lorsqu'il y avait rétraction musculaire.

M. Bouvier s'est élevé avec force contre cette dernière partie de la théorie de M. Guérin. Aujourd'hui tout le monde reconnaît que cette prétendue *transformation fibreuse* des muscles consiste dans une atrophie de la fibre musculaire, avec prépondérance du tissu fibreux intermusculaire. M. Broca a, en outre, démontré que l'*infiltration graisseuse* des muscles s'empare aussi bien d'un muscle distendu que d'un muscle relâché.

Les *déviations du rachis* ont donné lieu en France à des travaux importants. Delpech, dans son *Orthomorphie* (1828), donna le signal de ces recherches, auxquelles Pravaz, MM. Jules Guérin, Bouvier, V. Duval, Malgaigne, Maisonabe, Duchenne (de Boulogne), ont pris une si large part.

MALADIES DES RÉGIONS, ORGANES ET APPAREILS.

MALADIES DU CRÂNE ET DU RACHIS.

Dans le chapitre consacré à l'étude des fractures, nous avons indiqué, avec détails, les progrès accomplis dans l'étude de ces importantes lésions, lorsqu'elles atteignent le crâne ; nous n'avons pas à y revenir.

Lésions traumatiques des parties contenues dans la boîte crânienne, spécialement de l'encéphale. — Ces lésions sont très-communes, mais elles sont restées encore obscures, parce que l'on a eu beaucoup de peine à établir une relation satisfaisante entre la lésion matérielle et les troubles fonctionnels que l'on observe. Ces lésions traumatiques sont quelquefois si peu appréciables matériellement qu'on n'en a pas tenu compte.

Dans une première période jusqu'à J.-L. Petit, on ne s'occupe pas des lésions traumatiques de l'encéphale. On ne se préoccupe que des fractures du crâne et des *épanchements de sang* qui peuvent en résulter, et alors le *trépan est employé avec fureur.*

J.-L. Petit a fait faire un grand pas à la question des lésions traumatiques de l'encéphale, en prononçant avec insistance le mot de *commotion de l'encéphale.* A partir de ce moment, on pense qu'il y a des malades qu'il ne faut pas trépaner, ceux, par exemple, chez lesquels l'assoupissement n'est dû qu'à un ébranlement du cerveau et non à un épanchement sanguin.

Il manquait encore bien des choses, mais surtout une très-importante, qui nous a été donnée par Dupuytren : c'est la *contusion cérébrale.*

De sorte qu'aujourd'hui on admet trois lésions distinctes :

1° Épanchement de sang ;

2° Simple ébranlement du cerveau;

3° Contusion du cerveau.

On a décrit ces lésions séparément, toujours un peu en vue de l'opération du trépan.

Leur étude a donné lieu à un grand nombre de travaux, parmi lesquels nous devons mentionner : la thèse de M. Velpeau (1834); le livre de Gama (1835); la thèse de M. Denonvilliers (1839); les thèses de MM. Ricord, Rollet, Mounier; la thèse de M. Chassaignac, sur les *plaies de tête* (1842); l'article du *Compendium de chirurgie* dans lequel M. Denonvilliers décrit avec le plus grand soin les lésions traumatiques de l'encéphale; le mémoire de M. Fano (1852), la thèse de Bauchet (1860). Les articles des *Traités d'anatomie chirurgicale* de Malgaigne et de M. Richet renferment aussi sur ce point d'utiles documents.

M. Gosselin (*Leçons inédites professées à la Faculté*, 1862) a modifié un peu au point de vue clinique les descriptions classiques.

Les lésions dont le cerveau et ses membranes peuvent être atteints présentent des caractères cliniques manifestement différents, suivant le mécanisme qui les a produites.

A ce point de vue, on doit, pour les étudier, les diviser en : *A, lésions traumatiques indirectes*, produites à la suite du mécanisme de l'ébranlement; *B, lésions traumatiques directes* (corps vulnérant ou os venant à la rencontre de l'encéphale).

Lésions traumatiques par ébranlement ou indirectes. — On peut dire qu'il y a *lésion cérébrale par ébranlement* toutes les fois que le malade a des accidents cérébraux, alors qu'il n'y a pas de fracture du crâne ou que cette fracture est fissurique ou comminutive, mais sans enfoncement; toutes les fois enfin qu'il y a plaie du crâne sans fracture.

Lésions traumatiques par ébranlement ou indirectes.

Quel est le mécanisme de l'ébranlement? Il se produit vraisemblablement dans ce cas comme tout ébranlement qui a lieu dans des parties assez molles, auxquelles la boîte qui les contient transmet les vibrations qui lui ont été communiquées (*Expériences de* GAMA).

Quelles sont les lésions que l'on constate après l'ébranlement?

Elles doivent être nettement séparées, selon qu'elles ont été observées après une *mort rapide* ou *éloignée* du début des accidents. (GOSSELIN.)

Lésions constatées après la mort rapide (mort instantanée, ou après un ou deux jours). — On a dit n'avoir rien trouvé dans quelques cas; cependant, si l'on analyse bien les observations, on voit qu'il y a toujours eu quelque petite lésion signalée. Littre prétendait avoir trouvé le cerveau remplissant moins la boîte crânienne, probablement à la suite d'*un tassement* de la substance cérébrale. Un fait semblable paraîtrait avoir été observé par Sabatier; mais, malgré toute l'attention que cette lésion a excitée, les chirurgiens de notre époque n'ont pu retrouver ce *prétendu tassement de la substance cérébrale.*

Après la mort rapide, on ne voit quelquefois qu'un léger *piqueté rouge* du cerveau, et on n'a pas pensé que de pareilles lésions fussent susceptibles d'expliquer la mort; mais ces cas sont rares; presque toujours on rencontre quelques lésions, soit à la *surface du cerveau*, soit au *niveau de la pie-mère.*

Du côté du cerveau, on trouve une coloration rouge par places, due à un mélange de sang et de substance grise ramollie. Ce sont de petites contusions, limitées quelquefois à la substance grise, pouvant atteindre la substance blanche, et que l'on observe surtout à la face inférieure de l'encéphale.

Du côté de la pie-mère, on constate des infiltrations sanguines, parfois des épanchements de sang entre la pie-mère et le cerveau, et l'épanchement se trouve habituellement dans les anfractuosités qui séparent les circonvolutions.

Presque toujours, il y a une certaine lésion de la substance grise au même niveau. Les lésions qui paraissent les plus graves sont celles qui occupent la base du cerveau.

Dans la plupart des cas, ces lésions ne donnent pas une explication suffisante de la mort. Il y a évidemment quelque chose qui nous manque ; peut-être existe-t-il un dérangement moléculaire quelconque que nous n'avons pu encore apprécier.

Lésions observées après la mort consécutive aux symptômes secondaires. — Ce qu'on trouve alors, ce sont les caractères combinés de la méningite et de l'encéphalite.

Quand les malades ont succombé à la méningo-encéphalite, trouve-t-on quelques traces des lésions primitives ? Cela arrive assez souvent ; mais généralement les lésions sont tout à fait superficielles. Dans des cas très-rares, il est vrai, on n'a trouvé aucune trace de lésion primitive.

Lésions observées chez les malades qui succombent plus tard, vingt-cinq ou trente jours après l'accident. — A cette époque, on peut trouver quelquefois encore les lésions de la méningo-encéphalite ; mais le plus souvent on constate des *abcès* dans la substance cérébrale.

Quelles sont les lésions matérielles chez ceux qui ne meurent pas ? — Il faut insister sur ce point, car c'est ce qui a autorisé la description de la *commotion cérébrale.*

Beaucoup d'auteurs regardent cet état comme un simple trouble fonctionnel, sans lésions matérielles (au moins dans un certain nombre de cas : Mounier, Denonvilliers, Nélaton, Bauchet, Chassaignac, etc.). Ces auteurs s'appuient sur des autopsies faites après la mort rapide, et dans lesquelles on n'aurait trouvé aucune lésion, ou bien sur des cas de mort après la méningo-encéphalite, et dans lesquelles on ne retrouverait pas de lésions primitives ; mais ces cas sont très-rares, et on peut admettre que les lésions ont disparu.

La plupart des auteurs admettent qu'il y a (au moins dans le plus grand nombre des cas) un piqueté, une apoplexie capillaire, lorsque les symptômes de la commotion cérébrale ont été observés. En 1855, M. Alfred Fournier a présenté à la Société anatomique un bel exemple de ce genre. Chez ce blessé on constata des symptômes graves de commotion cérébrale, et il succomba assez promptement. A l'autopsie, on trouva les lésions de l'*apoplexie capillaire* décrite par M. Cruveilhier.

Dans le tome III des *Mémoires de la Société de chirurgie*, M. Fano a inséré un mémoire dans lequel, à l'aide d'expériences sur les animaux, il s'est élevé contre l'existence de la commotion.

Vraisemblablement, dans les observations où les lésions semblent faire défaut, il y a *quelque lésion* encore *inappréciable*, dépendant de la secousse de l'ébranlement nerveux.

Dans beaucoup de cas, peut-être, n'a-t-on pas trouvé de lésions, parce qu'on ne les a pas assez recherchées. Dans un fait de M. Deville, cité par M. Fano, un homme succomba rapidement à un coup violent porté sur la tête ; on ne trouva rien au niveau de l'encéphale, mais il existait un épanchement sanguin considérable au niveau du bulbe rachidien.

Les symptômes des *lésions cérébrales par ébranlement* doivent être étudiés *immédiatement* après l'accident, *symptômes primitifs ;* quelques jours après l'accident, *symptômes secondaires ;* à une époque éloignée, *symptômes tardifs*.

En laissant de côté les malades qui n'ont qu'une légère perte de connaissance, on trouve pour les symptômes primitifs deux tableaux bien différents. Première variété : tous les phénomènes attribués dans les livres classiques à la *commotion cérébrale pure et simple ;* deuxième variété : perte de connaissance, etc. *contracture ;* cris, grognements, agitation, quelquefois convulsions arrivant brusquement. Les symptômes vont continuellement en s'aggravant, et si les malades *recouvrent la connaissance*, elle est bientôt suivie de *délire, etc.*

Le premier groupe de symptômes correspond aux cas où nous ne trouvons pas de lésion appréciable, à ceux peut-être où il existe du piqueté ou quelques lésions analogues à celles du second groupe, mais moins prononcées. Le deuxième groupe correspond à des contusions plus ou moins nombreuses, étendues et profondes, surtout de la base de l'encéphale. (GOSSELIN.)

À quelles variétés admises par les auteurs classiques se rapportent ces variétés de symptômes?

En ouvrant les auteurs modernes, on trouve la description de la commotion, de la contusion du cerveau et de la compression au niveau des épanchements sanguins de la boîte crânienne.

Le premier groupe se rapporte parfaitement à la description qui est donnée de la commotion cérébrale. ·

Quant au deuxième, quand on en cherche la description dans les auteurs, on en trouve le détail aussi bien dans les symptômes rapportés à la contusion que dans ceux attribués à la compression par épanchement sanguin.

Si l'on analyse des observations, on voit des cas dans lesquels il y avait un épanchement sanguin, et d'autres dans lesquels existaient principalement les désordres rapportés habituellement à la contusion, et si alors on veut analyser les symptômes correspondants, pour savoir si l'on a affaire à une contusion du cerveau ou à un épanchement sanguin, il est impossible d'arriver à une solution.

Ce qui fait l'obscurité dans les descriptions et les faits cliniques, c'est que souvent il y a en même temps des symptômes de compression et de contusion, et aussi souvent ceux de la commotion.

En réalité, aujourd'hui on peut seulement dire : Il y a un ensemble de symptômes *peu graves* ou bien : Il y a un ensemble de symptômes *très-graves* qui entraîneront presque nécessairement la mort.

Dans nos livres classiques, on dit : S'il y a compression, il y a hémiplégie du côté opposé. Au lit du malade, les faits démentent des assertions aussi tranchées. En réalité, il y a des cas d'épanchement sanguin où l'on ne voit pas d'hémiplégie, et des cas d'hémiplégie où l'on n'a pas trouvé d'épanchement sanguin.

En résumé, avec M. Gosselin, nous dirons: Pour les besoins de la clinique, il est bon de conserver une dénomination particulière *pour l'ensemble des symptômes qui ne doivent pas entraîner la mort;* ce sera la *commotion simple* (en ne donnant à ce mot qu'une signification clinique).

Quant à l'*ensemble des symptômes graves qui doivent entraîner la mort,* on devra les rapporter à la *contusion par ébranlement,* et non pas directe, ou mieux à la *commotion* avec *contusion* ou même *épanchement.*

En réalité, dans l'état actuel de la science, il n'est plus possible de décrire ces trois degrés des lésions traumatiques de l'encéphale en les isolant aussi nettement qu'on l'avait fait autrefois.

Abcès
du cerveau.

Parmi les lésions tardives, l'une de celles qui ont le plus justement préoccupé les chirurgiens consiste dans la formation d'*abcès dans la substance cérébrale.*

Certains malades ont un mal de tête persistant, de la mauvaise humeur, de l'inappétence pendant des semaines, des mois, puis il se déclare une *hémiplégie.* Ou bien, sans que l'hémiplégie survienne, on voit apparaître du délire, de la contracture, des convulsions, et le malade meurt.

On trouve alors habituellement *un abcès du cerveau.*

Quand il n'y a pas de plaie extérieure, le diagnostic peut être des plus difficiles, car les *douleurs de tête persistantes* peuvent tenir à une névralgie, à une méningo-encéphalite chronique.

Quelquefois les troubles cérébraux sont à peine marqués (faits de BLANDIN, VELPEAU, BINET (de Genève), *Société médicale d'observ.* 1857).

Si le malade est pris tout à coup d'hémiplégie, *il y a un abcès;* mais *où siége cet abcès?*

On ne peut être guidé que par la *douleur fixe* dans un point donné. Dans la thèse de M. Salomon (1842), l'on trouve rapporté un fait bien instructif sous ce rapport. Blandin donnait des soins à l'Hôtel-Dieu à une malade qui, deux mois auparavant, avait reçu un coup dans une des régions pariétales et *qui avait une douleur dans un point très-fixe.* La malade était épuisée, et Blandin se décida à faire l'opération au niveau du point douloureux. On ne trouva pas de pus après l'ablation d'une couronne osseuse; pas davantage sous la dure-mère incisée. On incisa alors le cerveau; mais on s'arrêta à 3 ou 4 millimètres de profondeur, et il ne sortit pas de pus; la malade mourut, et à l'autopsie, à 3 millimètres plus loin, on trouva un foyer purulent.

S'il y a une plaie de tête, le diagnostic peut être beaucoup plus facile. Tout le monde connaît le cas célèbre de Dupuytren dans lequel l'opération du trépan fut pratiquée et le cerveau incisé. Le pus sortit, et le malade guérit. Un pareil cas autorise à chercher par des moyens analogues à soustraire les malades à la mort.

A notre époque encore, l'on a bien étudié certains troubles éloignés, soit des fonctions de relations, soit des fonctions de nutrition, succédant aux lésions traumatiques de l'encéphale.

Parfois on voit persister pendant assez longtemps des troubles intellectuels. Beaucoup de sujets, après un ébranlement du cerveau, ont perdu la mémoire, quelquefois la mémoire des mots, d'autres la mémoire des mots et des choses. Quelques sujets conservent la perte de la mémoire des mots pendant toute leur vie. Quelques-uns ont beaucoup de peine à se rappeler certains événements, surtout ceux rapprochés de leur accident, et plus encore l'événement à l'occasion duquel l'accident est arrivé.

Troubles dans les fonctions de relation.

En général cette perte de mémoire n'est que momentanée.

Quelques malades conservent une espèce d'hébétude. Ils ont une grande difficulté à se livrer aux travaux de l'intelligence; il en est qui sont restés tout à fait idiots.

M. Follin a rapporté l'observation d'un individu qui avait des hallucinations : il était constamment poursuivi par des voix. (*Thèse* de BAUCHET.)

Il peut exister des *troubles sensoriaux* avec ou sans troubles intellectuels. On a vu survenir la surdité sans que l'on ait pu constater de lésion d'aucune sorte. M. Ollier a observé un cas de surdi-mutité.

Quelques malades ont eu un affaiblissement ou une *perte de la vue*. M. Moutard-Martin a publié l'observation d'un malade qui était devenu *amaurotique* d'un seul côté. M. Gosselin en a observé un autre chez lequel il existait de la *diplopie* et un peu de *faiblesse* d'un des muscles *droits externes*.

Souvent il reste chez ces malades un certain degré de *faiblesse musculaire*, ou un *tremblement* des mains comme dans l'alcoolisme.

Certains sujets restent *hémiplégiques*, mais ces cas sont rares.

A la suite de ces lésions on observe quelquefois l'*épilepsie* ou des névralgies plus ou moins intenses.

Troubles dans les fonctions de nutrition.

Polyurie et glycosurie. — Les malades peuvent devenir *polyuriques* ou *glycosuriques*. Ce trouble singulier est parfaitement en accord avec certaines données physiologiques modernes établies par M. Cl. Bernard. MM. Baudin, Moutard-Martin, Debrou (d'Orléans), Rayer, Bernard, Charcot, Fischer, et Bauchet, qui dans sa thèse a pu en réunir dix-huit, ont publié d'intéressantes observations de cette nature, et le regrettable Fritz, dans la *Gazette hebdomadaire* (1859), a inséré un article fort intéressant intitulé : *Du diabète dans ses rapports avec les lésions cérébrales.* Les malades chez lesquels on a observé ces curieux accidents ont guéri pour la plupart.

Dans ces cas faut-il attribuer, avec M. Szokalski, la *glycosurie* à la commotion par contre-coup du quatrième ventricule? croire, avec M. Reynoso, que le sucre se produit par le défaut d'oxygénation du sang et la destruction insuffisante de la matière sucrée sous l'influence de la commotion cérébrale et du ralentissement de la respiration et de la circulation? ou bien enfin admettre, avec M. Cl. Bernard, que la lésion du bulbe près de l'origine des pneumo-gastriques augmente la circulation abdominale, et que l'excès de sucre versé dans le sang par le foie surexcité passe dans les urines? Les phénomènes cliniques observés ne sont pas suffisamment expliqués par ces théories, et la glycosurie traumatique appelle de nouvelles recherches.

Les *lésions traumatiques de l'encéphale par cause directe* sont fort importantes à connaître; mais à notre époque elles n'ont pas donné lieu à des travaux qui méritent d'attirer longtemps notre attention. Nous voulons seulement rappeler que la *Clinique* de Larrey renferme les exemples les plus curieux de ce genre de lésions.

Les connaissances que nous possédons sur l'anatomie et la physiologie de la protubérance, nous servent à expliquer certains cas de paralysie croisée que l'on peut observer après une lésion de cette partie de l'encéphale; et les travaux de MM. Flourens et Longet sur le *nœud* vital nous permettent de comprendre la mort subite qui peut succéder à la blessure du bulbe rachidien.

Lésions traumatiques de la moelle épinière. — Des analogies existent entre les lésions de la moelle épinière et celles de l'encéphale; mais tandis que les lésions de l'encéphale par cause indirecte sont très-fréquentes, celles de la moelle dans l'immense majorité des cas sont dues à un traumatisme direct (plaies, contusion, compression par suite de luxation, de fracture des vertèbres, etc.).

Dans sa thèse de concours (1848), M. Laugier a réuni et discuté tous les documents relatifs au traumatisme de la moelle épinière. Le livre d'Ollivier (d'Angers), qui eut trois éditions de 1823 à 1837, renfermait déjà sur ce sujet de précieux renseignements; mais c'est surtout depuis les progrès accomplis par la physiologie que l'on a pu analyser avec une grande précision les symptômes fournis par ces lésions diverses. Aujourd'hui, grâce aux notions précises d'anatomie et de physiologie que nous possédons, l'on peut remonter facilement des symptômes au siége exact de la lésion, et même, dans un certain nombre de cas, indiquer dans quelle épaisseur la moelle a été atteinte.

La proposition la plus générale que l'on puisse formuler à cet égard est la suivante :

« Toute division de la moelle entraîne l'abolition du sentiment et du mouvement dans toutes les parties auxquelles se distribuent les filets nerveux qui tirent leur point d'origine au-dessous de la solution de continuité. »

Plaies des parties molles de la région cervicale postérieure.

Dans certains cas de plaie en travers des parties molles de la région cervicale postérieure, on peut voir survenir chez les animaux des phénomènes très-singuliers, tels que titubation, flexion de la tête en avant et incertitude des mouvements musculaires. C'est à M. Longet que revient le mérite d'avoir fait connaître ces particularités. Magendie avait attribué ces modifications fonctionnelles à la soustraction du liquide céphalo-rachidien ; mais M. Longet a établi : que cette incertitude dans la station et dans la marche offrait la plus grande analogie avec celle qui résulte des lésions directes du cervelet, et qu'elle paraissait avoir pour cause (par suite de l'insuffisance des muscles post-cervicaux) la compression et le tiraillement, au niveau et au-dessus de l'atlas, des portions de l'axe cérébro-spinal, auxquelles sont liés les pédoncules cérébelleux, et que la *soustraction du liquide cérébro-spinal n'avait aucune influence sur l'exercice régulier des organes locomoteurs.* Cette conclusion a été confirmée par une observation recueillie, par Jobert (de Lamballe), sur un homme atteint d'une plaie pénétrante du rachis (au cou), avec issue du liquide céphalo-rachidien. (*Comptes rendus de l'Académie des sciences*, 11 juillet 1859.)

Maladies spontanées du crâne.

L'histoire pathologique de plusieurs maladies spontanées du crâne a reçu des perfectionnements assez grands dans ces dernières années ; l'attention a été attirée sur quelques maladies siégeant dans cette région, qui jusqu'à ce jour avaient été méconnues, ou dont la nature avait été mal comprise.

Fongus de la dure-mère.

Le fongus de la dure-mère était une maladie à peine connue

avant la fin du siècle dernier. Les célèbres travaux de Louis attirèrent vivement l'attention sur cette affection, et sous l'influence des idées qu'il défendit l'on rapporta à cette maladie bon nombre de cas qui n'étaient pas des fongus de la dure-mère.

Aujourd'hui, on sait qu'il est rare que le fongus du crâne naisse de la dure-mère.

En 1820, Walther soutint que les tumeurs fongueuses de la dure-mère ne proviennent jamais exclusivement de cette membrane; mais en 1838, M. Chélius (de Heidelberg) prouva que Louis avait parfaitement pu observer de véritables fongus de la dure-mère, et rétablit la distinction établie par Lassus entre les tumeurs qui prennent naissance dans les enveloppes du cerveau, et celles qui se développent dans l'épaisseur des os du crâne. Les observations de MM. Velpeau, Cruveilhier, Jobert, Malespine, A. Bérard, ont confirmé les vues de Chélius.

Les *Bulletins de la Société anatomique* renferment un certain nombre d'observations intéressantes de ces tumeurs. Dans le Dictionnaire en trente volumes (1835), M. Velpeau donna une description de cette affection qu'il considéra comme toujours constituée par un *tissu cancéreux*. Les recherches micrographiques modernes ont en grande partie confirmé cette manière de voir. Ces tumeurs peuvent, en effet, être constituées par de l'encéphaloïde, par du squirrhe, et M. Lebert, dans son *Atlas d'anatomie pathologique*, a représenté un cas de fongus constitué par le chloroma ou cancer vert. Dans un grand nombre de cas, quoique les caractères à l'œil nu fassent songer à l'encéphaloïde, l'examen micrographique révèle la nature *fibro-plastique* de ces tumeurs (Lebert, *Physiologie pathologique*, t. II); peut-être cette variété présente-t-elle un certain degré d'importance au point de vue du pronostic, qui serait alors moins grave. Ces tumeurs ne font pas toujours saillie au dehors du crâne; un certain nombre d'entre elles restent enfermées dans la boîte crânienne.

Comment à l'époque de l'Académie de chirurgie a-t-on cru rencontrer un aussi grand nombre de fongus de la dure-mère? C'est parce que les productions morbides développées dans le diploé des os du crâne se comportent quelquefois comme le font certains fongus de la dure-mère; la table interne disparaît en partie, et des adhérences se forment consécutivement entre la tumeur et cette membrane fibreuse. Dans tous ces cas on rapportait à tort l'origine de ces tumeurs à la dure-mère.

Ces tumeurs sont pulsatiles et non réductibles; mais les pulsations manquent quelquefois, et MM. Jobert et Velpeau, dans plusieurs cas, les ont cherchées inutilement. L'on peut dire que pour les trouver il faut souvent les chercher *longtemps* et *à plusieurs reprises*.

L'encéphalocèle congénitale est rare. On doit en distinguer deux variétés bien distinctes : 1° les *encéphalocèles volumineuses;* celles-ci sont généralement *pulsatiles* et *irréductibles*, et on pourrait les confondre avec les fongus de la dure-mère; mais, point important, la tumeur est *congénitale*. Ces encéphalocèles congénitales occupent la région occipitale.

Les *encéphalocèles de petit volume* sont aussi *pulsatiles*, mais elles sont de plus *réductibles*.

Ces petites tumeurs sont constituées par les enveloppes du cerveau, par une petite portion de cerveau et une quantité notable de liquide : ce qui leur donne le caractère de la dépressibilité. Elles sont rares et ont donné lieu à de nombreuses erreurs de diagnostic. M. Paul Guersant a présenté à la Société de chirurgie (1858) un petit malade chez lequel existait, au niveau du grand angle de l'œil, une tumeur grosse comme une noisette, violacée, offrant quelques petites pulsations et réductible. A l'autopsie on trouva une tumeur érectile veineuse recouvrant une petite encéphalocèle.

Spring a cherché a établir le diagnostic entre la *méningocèle* et *l'encéphalocèle;* ce diagnostic a peu d'importance au point de vue clinique, et d'ailleurs la méningocèle pure, admise par Spring, est niée par M. Houel, qui a publié sur ce sujet un travail intéressant. (*Sur l'encéphalocèle congénitale. — Archives de médecine,* 1859).

Tumeur veineuse communiquant avec les sinus de la dure-mère. — En 1858, M. le docteur Émile Dupont a donné, dans sa thèse inaugurale, la description d'une nouvelle espèce de tumeur du crâne *réductible* et *non pulsatile*.

Ces tumeurs sont formées par du *sang veineux* qui vient d'un des sinus de la dure-mère, et qui trouve issue, pour arriver sous la peau, à travers une perforation plus ou moins étendue des os du crâne, perforation traumatique quelquefois, mais plus souvent congénitale.

Les principaux chirurgiens auxquels M. Dupont a emprunté une grande partie des observations qui font la base de son travail sont : M. Foucher, M. Azam (de Bordeaux), qui avait donné la description de deux faits de cette nature ; puis MM. Verneuil, Adolphe Richard, H. Larrey, Hutin.

Généralement ces tumeurs ont été rencontrées, au voisinage du sinus longitudinal supérieur. Quelquefois la poche sous-cutanée dans laquelle le sang s'accumule était unique, dans d'autres cas elle était cloisonnée et aréolaire.

Ces tumeurs sont arrondies, mollasses, violacées, en général incomplétement remplies. La fluctuation est difficile à constater par suite du reflux du sang dans la cavité crânienne. Quand on presse sur la tumeur on la sent diminuer sous le doigt ; elle disparaît presque complétement, puis reparaît rapidement, et d'autant plus que le malade prend une position plus favorable à l'arrivée du sang dans la poche. Les troubles fonctionnels sont généralement nuls.

Dans la séance du 12 décembre 1862, M. Marjolin a présenté à la Société de chirurgie un enfant atteint d'une tumeur très-singulière de la voûte crânienne. Il s'agissait d'un enfant qui, venu au monde bien constitué, était âgé de seize mois. Il avait fait une chute à l'âge d'un an, et s'était fracturé le fémur. Trois mois après cet accident se manifestèrent des convulsions qui durèrent trois heures environ et laissèrent après elles un strabisme intermittent.

Tumeur veineuse communiquant avec les sinus de la dure-mère.

Tumeur due probablement à l'épanchement du liquide céphalo-rachidien.

Les mêmes accidents se reproduisirent trois semaines après. Vers le 2 décembre, on vit apparaître à la surface du crâne une petite tumeur occupant la région pariétale gauche. Elle avait acquis rapidement le volume d'un œuf de pigeon, lorsque, d'après l'affirmation des parents, elle vint à disparaître en laissant après elle une simple ecchymose. Au moment où M. Marjolin montra ce petit malade à la Société, la tumeur présentait des battements énergiques et un mouvement de soulèvement visible à l'œil et très-sensible sous les doigts. M. Marjolin crut percevoir un bruit de souffle, qui ne put être constaté par plusieurs autres chirurgiens. Une discussion s'engagea sur la nature de cette tumeur. Plus tard on constata sa transparence, et enfin une ponction fut pratiquée; la tumeur s'affaissa alors et M. Marjolin reconnut l'existence d'une fracture avec enfoncement des fragments; le liquide se reproduisit très-rapidement, M. Marjolin admit que la tumeur était due à un *épanchement de liquide céphalo-rachidien* qui avait succédé à la fracture et à la déchirure de la dure-mère.

Céphalœmatômes. — On désigne sous le nom de céphalœmatômes certaines tumeurs sanguines qui se forment sur la tête de quelques enfants nouveau-nés.

Cette affection a d'abord été bien étudiée en Allemagne par Nœgelé, Hew, Zeller, etc. En 1833, M. Pigné fit connaître le résultat de ces divers travaux, dans un mémoire publié dans le *Journal hebdomadaire*.

Depuis lors les travaux de M. Velpeau, de Baron, de M. Dubois (*Dictionnaire* en trente volumes), de M. Bell (*Dictionnaire des études médicales pratiques*), ont contribué à élucider plusieurs points de cette question; mais c'est surtout aux travaux de Valleix (*Gazette médicale*, 1836) que l'on doit les principaux documents qui composent aujourd'hui l'histoire du céphalœmatôme.

On a décrit des céphalœmatômes *sous-aponévrotiques, sous-épicrâniens* et *sous-méningiens*. Nœgelé et la plupart des auteurs français ré-

servent exclusivement le nom de *céphalœmatôme* aux collections
sanguines qui siégent entre le péricrâne et l'os.

Cette tumeur se développe habituellement sur un des pariétaux;
mais elle peut aussi être observée au niveau de l'occipital et du
frontal. (Nœgelé, Valleix.) Quand on dissèque l'une de ces tumeurs
on trouve successivement la peau, le tissu cellullaire et l'aponévrose
du crâne quelquefois colorés en rouge, le périoste habituellement
épaissi et plus ou moins éloigné de l'os qu'il recouvrait primitivement, enfin une fausse membrane que M. Bell a très-bien décrite
et dont l'existence a été mise hors de doute par les pièces présentées en 1843 à la Société anatomique par MM. Depaul et Hersent,
et en 1848 par M. Chassaignac à la Société de chirurgie. Cette
fausse membrane double le périoste dont elle tapisse la surface
interne, se réfléchit en outre sur l'os et représente ainsi dans son
ensemble un sac sans ouverture : elle semble être le résultat d'une
exsudation plastique.

Autour de la base de la tumeur on trouve une saillie plus ou
moins considérable, étroite et dure, que Valleix a désignée sous
le nom de *bourrelet osseux*. Ce bourrelet n'existe pas habituellement
au début de cette affection. La formation de cette saillie osseuse a
été attribuée : 1° à la destruction de la table externe, celle-ci faisant
saillie au point où commence cette destruction; 2° à la dépression
de l'os au niveau de la bosse sanguine; 3° à un arrêt de l'ossification
causé par la pression du sang. Valleix a fait observer avec raison que l'épaisseur de l'os n'est pas moindre au niveau du sang
épanché que partout ailleurs, et, ne trouvant aucune de ces théories
admissibles, il a émis l'opinion qu'il s'agissait là de ces productions
que Lobstein désignait sous le nom d'*ostéophytes*.

En 1861, M. Depaul a présenté à la Société de chirurgie un
céphalœmatôme très-récent qui pouvait servir à la solution de cette
question. Sur cette pièce on pouvait, en effet, vérifier la vérité de
l'assertion de Valleix; on voyait et on sentait très-distinctement le
dépôt calcaire tout autour du céphalœmatôme.

M. Giraldès, qui a vu pendant son séjour à l'hospice des Enfants-Trouvés un grand nombre de ces tumeurs, a confirmé l'opinion de Valleix, appuyée par M. Depaul. Dans les observations de M. Giraldès, quand le céphalœmatôme était récent et qu'il faisait la ponction, il ne constatait pas de bourrelet; mais celui-ci se formait plus tard, et alors le périoste était infiltré d'exsudat plastique et calcaire.

Pneumatocèle du crâne.

En 1865, M. Thomas (de Tours), dans une excellente thèse, a donné la description dogmatique d'une espèce de tumeur du crâne très-rare qui avait certainement été vue par plusieurs auteurs, mais qui n'avait pas encore trouvé place dans les traités de chirurgie.

Le point de départ de ce travail a été une observation recueillie en 1865 dans le service de M. Denonvilliers.

M. Thomas a réuni des observations appartenant à Lecat, à M. Pinet (de la Rochelle), au docteur Balassa (de Pesth), à M. Jarjavay, à M. Chevance (de Wassy), à M. Voisin, au docteur Ribeiro Vianna, et il a fait voir que toutes ces observations devaient être rapportées à *une seule et même affection, non décrite jusqu'à ce jour, et caractérisée essentiellement par l'existence dans la région crânienne d'une tumeur gazeuse, s'accompagnant d'une lésion particulière des os sous-jacents.*

Il a proposé de la désigner sous le nom de *pneumatocèle du crâne.*

Avant M. Thomas, M. le docteur Costes (de Bordeaux) avait tenté d'écrire l'histoire du pneumatocèle du crâne, sous ce titre : *Tumeurs emphysémateuses du crâne.*

Cette affection est caractérisée par l'existence d'une collection gazeuse entre le péricrâne et les os du crâne.

Cette collection gazeuse, qui ne dépasse jamais les limites de la région crânienne, mais peut en occuper toute l'étendue, succède à l'atrophie et, par suite, à la perforation de la lame externe des cellules mastoïdiennes ou des sinus frontaux. La cause de cette atrophie est tout à fait inconnue.

A mesure que l'air atmosphérique s'infiltre et se collectionne sous le péricrâne, la surface externe des os du crâne devient irrégulière et présente des dépressions et des saillies plus ou moins volumineuses. Les dépressions indiquent le point où le péricrâne a cédé complétement dès le début et par conséquent la voie qu'a suivie le gaz. Les saillies, au contraire, sont le résultat de productions osseuses ou cartilagineuses, dans les points où le péricrâne a conservé plus ou moins longtemps, ou conserve encore par leur intermédiaire des adhérences avec les os du crâne. Cette altération est la conséquence de l'épanchement gazeux, elle disparaît du reste rapidement lorsqu'on évacue le gaz et que par la compression on prévient le retour de la tumeur.

Le pneumatocèle forme une tumeur lisse, quelquefois réductible, devenant plus tendue dans les efforts que fait le malade, non fluctuante, élastique et *sonore à la percussion*. (THOMAS, *Thèse citée*.)

Spina-bifida. — Le spina-bifida est un vice de conformation par arrêt de développement, consistant dans la division du canal rachidien; cette division porte en général sur les lames postérieures des vertèbres, elle peut se rencontrer sur toute l'étendue du rachis; son lieu d'élection est à la région lombo-sacrée.

On doit rejeter la synonymie, admise à tort par presque tous les auteurs, entre les mots *spina-bifida* et *hydrorachis*. L'hydrorachis est une affection pathologique, qui n'est nullement nécessaire pour expliquer le spina-bifida, et qui, d'ailleurs, peut exister sans ce vice de conformation.

Il existe trois variétés principales de *spina-bifida :*

1° Spina-bifida *classique :* fissure osseuse, avec intégrité de la peau et des membranes qui forment la tumeur ;

2° Spina-bifida avec fissure osseuse et cutanée, mais avec intégrité des méninges;

3° Spina-bifida avec fissure complète des méninges, de la peau et du squelette.

Le spina-bifida est une affection congénitale ; mais comme il est quelquefois compatible avec la vie, on peut l'observer chez des sujets avancés en âge. M. Monod (*Bulletin de la Société de chirurgie*) a présenté un malade âgé de trente ans, qui était atteint de spina-bifida ; en 1860 (18 juillet), M. Broca signalait devant la même société l'observation d'un homme, observé par M. Broca père, qui avait vécu jusqu'à quarante-trois ans, malgré l'existence d'un énorme spina-bifida lombaire, etc.

La tumeur à laquelle il donne naissance est ordinairement arrondie ou piriforme, régulière ; d'autres fois elle est lobulée. Cette dernière forme s'observe surtout chez les adultes, et semble être due au développement des brides qui cloisonnent la poche.

La peau qui ne manque jamais, excepté dans les cas de spina-bifida occupant une grande hauteur de la colonne vertébrale, est amincie, lâchement adhérente à l'enveloppe sous-jacente constituée par la dure-mère rachidienne. Dans l'épaisseur de celle-ci, on trouve assez souvent de véritables plexus formés par les filets nerveux. La moelle elle-même s'est quelquefois coudée, portée en arrière et étalée en membrane sur les parois de la poche ; mais elle rentre ensuite dans le canal rachidien. Exceptionnellement, ni la moelle ni les nerfs ne font partie de la tumeur. Lorsque la tumeur occupe la région sacrée, on a trouvé que la moelle avait plus de longueur que normalement : on l'a vue se prolonger jusqu'à l'extrémité coccygienne du sacrum. En 1839, M. Bardinet (de Limoges) fit à la Société anatomique un rapport dans lequel il attira l'attention sur cette disposition.

L'ouverture qui fait communiquer la tumeur avec le canal rachidien offre des dimensions très-variables. D'après les recherches de M. Houel, elle ne siégerait presque jamais sur la ligne médiane, mais sur un des côtés. D'après M. Malgaigne, avec les progrès de l'âge elle pourrait s'oblitérer, et les auteurs du *Compendium* se sont demandé s'il ne fallait pas rattacher à un spina-bifida, dont l'orifice aurait été oblitéré, ces cas de kystes situés entre la peau et la dure-mère, dont l'existence a été signalée par Ollivier (d'Angers) et M. Velpeau.

Dans une très-bonne thèse, soutenue en 1865 devant la Faculté de Paris, M. Morillon a fait connaître plusieurs observations intéressantes de spina-bifida, recueillies sous la direction de M. Dolbeau. Dans ces cas, au niveau de la région lombaire, existait une surface de forme variable, ordinairement ovalaire, surface plutôt plane que convexe, limitée par un rebord formant bourrelet au-dessus des téguments. Ce bourrelet était formé par la peau plus ou moins modifiée, et poussant des prolongements en forme d'îlots vers la ligne médiane. En dedans et dans l'intervalle des îlots de peau, la surface présentait une teinte gris-verdâtre opaline. Cette surface offrait à sa partie médiane et supérieure une solution de continuité qui permettait de distinguer les éléments de la moelle, recouverts par un feuillet séreux plus ou moins épaissi. Par cet orifice suintait un liquide séreux qui, en soulevant l'arachnoïde, donnait lieu à la formation de phlyctènes dont la déchirure le laissait couler. Cette disposition avait fait croire, chez l'enfant sujet de la première observation, à l'existence d'une brûlure après la naissance.

La dissection montra que la surface grisâtre qui occupait la partie interne de la plaque, depuis le bourrelet cutané jusqu'au bourgeon central rosé, n'était autre chose que la dure-mère. Le bourgeon central est formé par les éléments de la moelle recouverte de la pie-mère et l'arachnoïde. Il n'est pas recouvert par la dure-mère, qui s'est bifurquée à la partie supérieure de la division des lames vertébrales et s'est étalée sur les côtés. L'arachnoïde, laissée à nu, s'enflamme, et les enfants qui portent cette lésion, quoique très-vigoureux, succombent rapidement à une méningite. Lorsqu'on enlève les parties molles, on trouve un écartement des lames vertébrales.

Le spina-bifida général est toujours accompagné d'un grand nombre d'autres vices de conformation, et M. J. Guérin a pensé qu'on avait sous les yeux, dans ces cas, le résultat d'une lésion du système nerveux; c'est là une opinion qui est encore loin d'être acceptée par tous les pathologistes.

Le spina-bifida se présente sous la forme d'une tumeur de volume variable, quelquefois translucide, dure, rénitente dans la station verticale, flasque et molle si la tête est placée plus bas que le tronc, etc. etc. Ces tumeurs sont gonflées, distendues pendant l'expiration et affaissées pendant l'inspiration. Dès 1842, dans le premier volume de son *Anatomie et physiologie du système nerveux* (p. 211), M. Longet a bien donné l'explication de ces phénomènes: « Ce mécanisme, dit-il, repose entièrement sur la disposition anatomique des sinus de la dure-mère et des plexus veineux intra-rachidiens. Les premiers, placés entre deux feuillets fibreux, sont incompressibles; ils ont une forme, un calibre qui ne varie pas sensiblement suivant les mouvements respiratoires. Les seconds, au contraire, ont des parois libres et sont, par conséquent, soumis à des alternatives de dilatation et de resserrement, comme toutes les veines du corps. Or il est bien établi qu'à chaque inspiration le sang veineux afflue de toutes parts vers la cavité thoracique. Il se fait donc à ce moment un vide dans le canal rachidien; ce vide est immédiatement comblé par le liquide cérébral, qui est, pour ainsi dire, aspiré dans la cavité rachidienne. Réciproquement, lors de l'expiration, les veines intra-rachidiennes se gonflent, se distendent; le liquide obéit à cette compression et reflue vers l'encéphale. »

Quelle est l'origine du spina-bifida?

Depuis les travaux d'Is. Geoffroy Saint-Hilaire, le spina-bifida fut compris dans les vices de conformation proprement dits, et la théorie de l'arrêt de développement lui fut appliquée. Elle fut adoptée et propagée par Tiedmann, Otto, Blumenbach, Béclard.

Cependant MM. Cruveilhier, Velpeau, Ollivier (d'Angers) mirent en doute la théorie de l'arrêt de développement. M. Cruveilhier pensa que le spina-bifida était le résultat d'un obstacle à l'ossification, obstacle qui ne serait pas la conséquence d'un simple arrêt de développement, mais aussi de la projection au dehors de la moelle et de ses enveloppes.

La théorie de l'arrêt de développement est aujourd'hui presque universellement adoptée, depuis qu'elle a reçu sa démonstration des travaux de M. Coste. MM. Coste et Robin ont fait voir que les méninges se forment avant le canal rachidien. D'après ces auteurs, si l'on prend un embryon de deux mois, on voit la peau et les méninges complétement formées, tandis que le canal osseux reste encore à l'état de gouttière. Voici dans quel ordre s'effectue le développement de ces parties : d'abord les méninges, puis la peau, puis les lames vertébrales.

Il peut donc exister des cas où l'arrêt de développement ne porte que sur le canal osseux : le *spina-bifida ordinaire* en est un exemple; c'est le cas le plus commun.

Il se peut, au contraire, que l'arrêt ait porté principalement sur la peau et les méninges, et consécutivement sur le squelette. C'est le cas des lésions décrites par M. Morillon, et que nous avons déjà signalées.

Enfin, si la théorie est exacte, on pourrait supposer *à priori* l'existence d'un vice de conformation, dans lequel l'enveloppe cutanée et les os seraient fissurés, et la dure-mère intacte, avec un liséré cutané adhérent.

Or M. Morillon, dans son travail, a publié deux faits de cette nature, l'un emprunté à M. Dolbeau et l'autre à M. Guéniot, et a rapproché de ces deux cas celui d'une jeune fille morte à l'âge de dix-huit ans, dans le service de M. Velpeau, et dont M. Cruveilhier a rapporté l'histoire dans son *Anatomie pathologique*.

MALADIES DE LA FACE.

MALADIES DES FOSSES NASALES ET DES SINUS.

Maladies des fosses nasales. — Les corps étrangers que l'on trouve dans les fosses nasales viennent le plus souvent du dehors. Lorsqu'ils y séjournent très-longtemps, ils peuvent subir certaines modifications, s'incruster, par exemple, de matière calcaire, comme dans le cas de Blandin, cité par M. Demarquay dans son *Mémoire sur les calculs des fosses nasales (Archives générales de médecine,* 4ᵉ série, t. VIII).

Les bosses sanguines de la cloison peuvent quelquefois atteindre un volume considérable, s'avancer vers les narines et mettre obstacle au passage de l'air. En 1833, ce sujet a été étudié avec soin par le docteur Fleming (*Gazette médicale*).

Le même auteur a bien décrit les abcès de la cloison, qui ont aussi été l'objet de remarques importantes de M. J. Cloquet (*Journal hebdomadaire,* 1830) et d'A. Bérard (*Archives médicales,* 2ᵉ série, t. XIII).

Les polypes des fosses nasales n'ont donné lieu qu'à un bien petit nombre de remarques nouvelles, et la thèse de concours de Gerdy (1833) renferme encore, sur ce point, les documents les plus complets. Cependant en 1852 (*Gazette des hôpitaux*), M. Robin a fait connaître une variété de polypes dus à l'hypertrophie des glandes de la muqueuse nasale. La tumeur avait été observée par M. Gosselin, et ce chirurgien, en 1858, a publié dans le *Moniteur des hôpitaux* un nouvel exemple de cette production morbide, à marche essentiellement envahissante et destructive.

Polypes fibreux naso-pharyngiens. — Les *polypes fibreux naso-pharyngiens,* observés à toutes les époques, n'ont été rigoureusement décrits que dans la nôtre. Les auteurs du *Compendium de chirurgie* admettent que ces productions fibreuses prennent naissance à l'ouverture postérieure des fosses nasales, à la base du crâne, sur la partie antérieure et supérieure de la colonne vertébrale. Les recherches modernes, celles surtout de M. Nélaton, ont démontré que ces tumeurs s'implantaient toujours dans le même point, la base du crâne; et si, parfois, on a trouvé des adhérences intimes des polypes naso-pharyngiens avec les parois des fosses nasales, on peut affirmer que ces adhérences sont toujours *secondaires*, comme cela a encore été bien mis en lumière dans une discussion qui eut lieu à la Société anatomique, en 1860, à l'occasion d'une présentation de M. Brouardel.

Dans ces dernières années, M. Nélaton a entrepris des recherches importantes afin de déterminer exactement le point d'implantation des polypes naso-pharyngiens. Elles ont été consignées en partie dans les thèses de ses élèves, M. Vauthier (1854) et M. d'Ornellas (1854). Depuis lors, un autre élève de M. Nélaton, M. Robin-Massé, a publié, en 1864, un travail qui renferme aussi des documents importants. Dans cet intervalle, des faits nombreux ont été présentés, principalement devant la Société de chirurgie, et c'est devant elle aussi que les questions relatives au traitement de cette affection ont été, depuis une quinzaine d'années, discutées avec le plus d'ardeur. MM. Nélaton, Maisonneuve, Lenoir, Robert, Guersant, A. Richard, Vallet (d'Orléans), Voillemier, Demarquay, Giraldès, Michaux (de Louvain), Valette (de Lyon), Legouest, Chassaignac, Huguier, Marjolin, Deguise, Dolbeau, Morel-Lavallée, Verneuil, Piachaud (de Genève), François et Dubois (d'Abbeville), Ollier, Richet, Fleury (de Clermont), Al. Guérin, sont venus tour à tour, et souvent à plusieurs reprises, soumettre aux membres de la Société de chirurgie le résultat de leurs recherches sur cette intéressante question.

Depuis longtemps déjà, M. Nélaton avait démontré que les polypes naso-pharyngiens ne s'inséraient jamais aux vertèbres cervicales, et cependant Robert et M. Michaux ont soutenu que cela était possible. Mais il semble que l'on a admis cette implantation vertébrale des tumeurs fibreuses du pharynx, parce que l'on ne s'est pas rendu suffisamment compte du rapport de la partie postérieure du voile du palais avec la colonne vertébrale. Or M. Nélaton, par des recherches consignées dans la thèse de M. Vauthier et confirmées dans celle de M. Robin-Massé, a démontré que *la partie de la colonne vertébrale qui correspond au bord postérieur du voile du palais, c'est la base de l'apophyse odontoïde de l'axis.*

Il a fait voir encore qu'*en prolongeant en arrière la partie horizontale de la voûte palatine,* on ne tombait pas sur la colonne vertébrale, mais *au-dessus du bord supérieur de l'atlas.* De plus, il a établi que *l'apophyse basilaire* ne fait avec la *colonne vertébrale* qu'un *angle à peine marqué.* M. Delore (de Lyon) est même allé jusqu'à nier complétement l'existence de cet angle.

Dans les faits sur lesquels on s'est appuyé pour admettre l'insertion à la colonne vertébrale, jamais on n'a vu cette insertion dépasser en bas le bord postérieur du voile du palais; et cependant M. Michaux a indiqué, dans ses observations, la quatrième vertèbre cervicale comme la limite de l'implantation de la tumeur fibreuse : ce fait seul semble indiquer que ce chirurgien distingué a été victime d'une erreur d'interprétation.

M. Robert a soutenu avec insistance la possibilité de cette insertion à la colonne cervicale; mais, interpellé par Lenoir, qui lui demandait comment cela pouvait avoir lieu, puisque la paroi postérieure du pharynx n'était pas refoulée par le polype, Robert a répondu que Gerdy avait cité un cas de ce genre, et qu'il ne saurait d'ailleurs en donner d'autre exemple.

Aujourd'hui le résultat des autopsies (Syme, d'Édimbourg, Giraldès, Nélaton, Huguier, Guersant, Marjolin) montre que ces tumeurs fibreuses ont un point d'implantation fixe. Elles prennent naissance au niveau du *périoste très-épais qui recouvre la face inférieure de l'apophyse basilaire de l'occipital et du corps du sphénoïde.*

Ces polypes constituent une affection essentiellement grave, qui atteint en général des individus jeunes. Dans sa thèse M. Robin-

Massé a réuni quatre-vingt-dix-neuf cas de polypes fibreux naso-pharyngiens. De ses recherches il résulte que c'est entre quinze et vingt-deux ans que la maladie se montre le plus souvent.

Quatre fois les malades avaient quarante, quarante-neuf, cinquante et cinquante-cinq ans : M. Nélaton a nié que, dans ces cas, il se soit agi de polypes naso-pharyngiens. Les sujets ayant quarante-neuf et cinquante-cinq ans sont des femmes, et M. Nélaton ne connaît pas de cas authentique de *polype fibreux naso-pharyngien* chez la femme; il n'en connaît pas non plus chez des individus ayant dépassé trente-cinq ans. Cependant M. A. Richard affirme que la femme de cinquante-cinq ans qu'il a opérée portait bien un polype fibreux et non un cancer.

En 1864, M. Richet a présenté à la Société de chirurgie (séance du 15 juin) une tumeur du pharynx qu'il avait enlevée chez une femme âgée; il avait diagnostiqué un polype fibreux de la base du crâne, et l'examen de la pièce prouva qu'il s'agissait d'un enchondrôme.

Le début de l'affection passe souvent inaperçu; des hémorragies nasales fréquentes et quelquefois très-abondantes sont un des premiers signes.

Plus tard la respiration devient gênée, et l'examen direct permet de constater l'existence d'une tumeur dure, résistante et cependant saignant facilement quand on la touche.

La tumeur est plus ou moins étendue; elle donne bientôt lieu à de nouvelles hémorragies, qui jettent les malades dans un profond état d'anémie, et, plus tard, à un écoulement séro-purulent très-fétide. Si elle est abandonnée à elle-même, elle peut envahir les diverses cavités de la face, les narines, les sinus maxillaires, la bouche, le canal nasal, les sinus frontaux et sphénoïdaux, la cavité orbitaire; quelquefois elle remonte jusque dans la fosse temporale en passant au-dessous de l'arcade zygomatique, etc.

Règle générale, peu de temps après leur début ces tumeurs ont pris des adhérences avec les parties qu'elles compriment.

Les malades meurent épuisés par les hémorragies, par l'écoulement sanieux qui se fait souvent par le nez et le pharynx, et qui peut entraîner une infection putride. Si la tumeur pénètre dans le crâne, des accidents cérébraux très-graves se développent rapidement. Quelquefois les malades meurent asphyxiés. (Marjolin, *Société de chirurgie*, 1861; Vauthier, Nélaton et Richard, *Thèse* de M. Bœuf, 1857).

Cette terrible maladie a donné lieu de nos jours aux tentatives les plus hardies, et l'audace de nos chirurgiens a souvent été couronnée de succès; dans le chapitre consacré à la médecine opératoire, nous indiquerons les opérations qui ont été exécutées pour soustraire les malades aux funestes conséquences du développement de ces tumeurs.

Maladies
des
sinus frontaux.

Les *blessures des sinus frontaux* peuvent entraîner la formation d'un emphysème dans la région correspondante. En 1846, dans la *Gazette des hôpitaux*, M. Chassaignac a fait connaître un cas de ce genre, dans lequel la plaie occupait le sourcil à un centimètre au-dessus du grand angle de l'œil; l'emphysème avait envahi les deux paupières.

Les corps étrangers que l'on rencontre le plus souvent dans les sinus frontaux viennent de l'extérieur. Les faits les plus singuliers se rapportent à des vers trouvés dans ces cavités. Maréchal fils (de Metz), en 1830, a publié sur ce sujet, dans les *Archives de médecine*, un travail intitulé : *Hémicranie due à la présence d'une scolopendre dans les sinus frontaux*. Le même recueil a inséré en 1858 un très-intéressant mémoire de M. le docteur Ch. Coquerel, chirurgien de la marine impériale, *sur les larves de diptères développées dans les sinus frontaux et les fosses nasales de l'homme, à Cayenne*.

Les abcès des sinus frontaux ont été décrits avec soin par A. Bérard dans le Dictionnaire en trente volumes (t. XVIII, 1844).

Nous rappellerons ici le travail déjà signalé de M. Dolbeau sur les *exostoses du sinus frontal* (1866).

Michon, dans le tome II des *Mémoires de la Société de chirurgie*, a publié une observation de tumeur osseuse volumineuse du sinus maxillaire, qu'il enleva en reséquant le maxillaire supérieur, tout en conservant la voûte palatine et le rebord alvéolaire; et M. Huguier, dans le tome VIII des *Bulletins de l'Académie de médecine*, a fait connaître un cas très-analogue.

On a longtemps désigné sous le nom d'*hydropisie du sinus maxillaire* une affection caractérisée par la présence dans cette cavité d'une collection de liquide plus ou moins épais. On rapportait l'origine de cette maladie à l'accumulation du mucus dans le sinus, où cette matière était retenue par l'oblitération de l'ouverture naturelle. C'est à M. Giraldès (*Mémoires de la Société de chirurgie*, t. III) que l'on doit l'étude de la pathogénie de cette affection; dans son mémoire, il a établi qu'à des kystes muqueux sont vraisemblablement dues les tumeurs décrites jusque-là sous le nom d'*hydropisies du sinus*. Cette opinion est aujourd'hui généralement adoptée.

Avant ce chirurgien les kystes du sinus maxillaire n'avaient pas été mentionnés par les anatomo-pathologistes, et si l'on excepte les exemples déposés dans le Musée de l'hôpital Saint-Thomas, à Londres, par Williams Adam, on serait presque en droit de dire qu'ils étaient inconnus.

Depuis que l'attention a été éveillée sur ce point, MM. Verneuil, Béraud, Galliet, Goubaux, etc. ont fait connaître des exemples de cette affection. M. Goubaux a établi qu'on la rencontrait assez souvent chez les animaux, et principalement chez les vaches.

M. Giraldès a démontré que les kystes du sinus maxillaire reconnaissaient pour cause la dilatation des glandes folliculaires de la membrane muqueuse, et il les a divisés en deux espèces : 1° des kystes miliaires, formés par la dilatation de la partie périphérique du canal excréteur; 2° des kystes d'un volume plus considérable et constitués par la dilatation de tout le corps folliculaire. Les kystes de la première espèce ne méritent attention que comme pouvant être quelquefois le point de départ, le commencement des kystes de la seconde espèce. Ceux-ci peuvent prendre un volume considérable et déterminer dans le sinus des modifications profondes, attribuées jusqu'ici à d'autres lésions.

La matière contenue dans ces kystes est épaisse, un peu filante, et contient des cristaux de choléstérine. Quelquefois il existe au centre une matière opaque.

Les exemples de *polypes* ayant pris naissance dans le sinus maxillaire sont généralement peu authentiques, les uns semblant se rapporter au cancer, d'autres paraissant n'être que des polypes nasaux ou naso-pharyngiens prolongés dans les sinus. En mai 1851, M. Follin a présenté à la Société de biologie un exemple incontestable d'une tumeur de cette nature qui avait pris naissance sur la paroi antérieure du sinus.

MALADIES DE L'APPAREIL DE LA VISION.

Les *plaies de la région sourcilière* ont été décrites avec soin par M. Velpeau dans son article *orbite* du Dictionnaire en trente volumes (t. XXII, 1840). Il a fait voir pourquoi celles qui correspondent à la partie externe de la région sont fréquemment compliquées de dénudation de l'os, le rebord osseux étant très-saillant dans ce point, et pouvant agir à la manière d'un instrument tranchant et diviser la peau de la profondeur vers la superficie.

On a cherché à expliquer par diverses théories la production presque subite d'une amaurose à la suite de ces plaies. L'explication vers laquelle inclinent Mackenzie et Tyrrel est celle d'un ébranlement de la rétine; on serait tenté de l'admettre, en présence de certains faits dans lesquels toute autre explication est inadmissible.

La région sourcilière est assez fréquemment le siége de *petits kystes* qui appartiennent à la classe des *kystes dermoïdes*. On les croyait autrefois développés dans une glande sébacée, comme les kystes du cuir chevelu; mais aujourd'hui on les range parmi les kystes dermoïdes. Ils sont peut-être formés par une portion de peau rentrée, et due à un pli formé au moment du développement de cette membrane, pli qui est resté adhérent au périoste par sa face profonde. (GOSSELIN et DENONVILLIERS.) Les kystes du cuir chevelu se développent habituellement chez les adolescents et chez les adultes; les kystes du sourcil, au contraire, se voient surtout chez les enfants; quand on les observe chez les adolescents, on apprend que la tumeur remonte à une époque très-éloignée. Il est même parfaitement permis de considérer ces tumeurs comme congénitales.

Carron (du Villards) et M. Tavignot sont les seuls qui, avant les auteurs du *Compendium*, aient donné une description de ces kystes; ils auraient eu le tort, suivant MM. Denonvilliers et Gosselin, d'assigner, comme caractère constant à ces tumeurs, leur adhérence au périoste. Dans plusieurs cas, cependant, cette adhérence est bien profonde, et l'on a constaté, comme Ph. Boyer (BOYER, 5ᵉ édition) et Jobert (de Lamballe) (*Gazette des hôpitaux*, 1845), que la portion d'os sur laquelle ils reposaient présentait une dépression entourée d'un rebord osseux inégal.

Parmi les *maladies de la glande lacrymale*, l'une de celles qu'on observe le plus rarement est due à l'accumulation des larmes sur le trajet de ses conduits excréteurs. Schmidt (Vienne, 1803) a signalé le premier cette affection; Beer (Vienne, 1817) l'a vue six fois, et M. Jarjavay en a observé deux cas, qu'il a consignés dans son mémoire sur la *dilatation des conduits excréteurs des glandes parotide, sous-maxillaire et lacrymale* (*Mémoires de la Société de chirurgie*, t. III, 1853).

Le *cancer* de la glande lacrymale paraît rare, à moins qu'il ne soit dû à la propagation d'un cancer de la région, et Roux a depuis longtemps élevé des doutes sur la réalité de cette affection. On ne pourrait nier son existence, mais il est permis de croire que, dans un certain nombre de cas, on a eu affaire à des tumeurs bénignes, par exemple, à des hypertrophies simples. L'existence de l'adénôme de la glande lacrymale est en effet bien démontrée aujourd'hui, et, au mois d'octobre 1851, M. Chassaignac en a présenté un exemple non douteux à la Société de chirurgie.

Tumeur lacrymale.

Malgré les efforts tentés pour se rendre compte de la pathogénie de la *tumeur lacrymale*, il reste encore beaucoup à faire dans cette direction; nous devons cependant signaler quelques travaux publiés dans ces dernières années, et qui ont eu pour but d'éclairer l'anatomie pathologique de cette affection.

M. Auzias-Turenne (*Mémoires de la Société de chirurgie*, t. II) a fait connaître un cas dans lequel l'orifice inférieur du canal nasal était oblitéré par une membrane. Déjà Demours avait observé un fait semblable; depuis lors M. Sichel (*Gazette des hôpitaux*, 1852) a publié une observation très-analogue. Enfin Béraud et M. Hirschfeld ont fait voir qu'à l'état normal il existait des valvules dans le canal nasal, et Béraud a publié dans les *Archives de médecine* (1853 et 1854) de longs articles pour soutenir cette opinion, déjà émise par M. Taillefer en 1826, que, dans la plupart des cas, la tumeur lacrymale prenait naissance à la suite de l'oblitération du canal nasal par une valvule normale hypertrophiée. En se basant sur des recherches anatomiques et anatomo-pathologiques nombreuses, Béraud a été conduit à admettre quatre variétés principales de tumeurs lacrymales : 1° la tumeur lacrymale purement inflammatoire; 2° la tumeur due au développement des follicules du sac; 3° la tumeur par adhérence ou prolapsus de la valvule inférieure du sac; 4° celle par adhérence de toutes les valvules du sac.

Malgaigne (*Anatomie chirurgicale*) a rapporté trois autopsies d'individus chez lesquels on avait trouvé des rétrécissements du canal osseux, faits que Richter, Boyer, Dubois et M. Velpeau avaient déjà signalés.

Vraisemblablement, les causes de la tumeur lacrymale sont multiples ;mais beaucoup de points restent encore obscurs dans cette question d'étiologie.

Les *maladies du globe oculaire*, celles surtout de sa partie profonde, ont, depuis une quinzaine d'années, reçu des modifications considérables dans leur description, grâce aux immenses progrès déterminés par la belle découverte de l'ophthalmoscope (1851). L'instrument d'Helmholtz fut bientôt popularisé en Allemagne, où toute la partie optique de l'ophthalmologie n'a cessé d'être cultivée avec la plus grande ardeur. C'est en Allemagne aussi que les travaux relatifs aux maladies de l'accommodation ont eu leur plus grand développement. Cependant, dans le chapitre du diagnostic, où nous traiterons plus particulièrement de ces diverses questions, nous pourrons faire voir que la France n'est pas restée étrangère à ce mouvement. Nous voulons, dès à présent, montrer que, dans la période précédente, le diagnostic et la description anatomique avaient été portés par nos chirurgiens au plus haut degré de perfection. Tout ce qui, étant visible à l'œil, pouvait être décrit l'a été avec une exactitude remarquable, et ce qui a été fait dans cette voie demeure dans son entier.

De bonne heure (en 1852), grâce aux travaux de M. Follin, les études ophthalmoscopiques ont pris domicile en France, et aujourd'hui ce moyen d'investigation, universellement répandu chez nous, a déjà permis à nos compatriotes de payer leur tribut aux études nouvellement entreprises.

L'œil est un composé anatomique de parties isolées, aussi distinctes par la nature de leur tissu propre que par les fonctions spéciales qu'elles ont à remplir.

Tant que l'on a étudié avec soin les lésions de chacune de ces parties, la pathologie oculaire a accompli des progrès rapides et presque non interrompus, et, au commencement de ce siècle, Scarpa a tracé un tableau remarquable des affections des yeux connues de son temps. Mais, dans les premières années de ce siècle, l'Allemagne vit

naître une école ophthalmologique célèbre, dans laquelle on soutenait
que la plupart des maladies inflammatoires de l'œil avaient une origine constitutionnelle. Cette affirmation n'était peut-être pas très-loin
de la vérité, mais en prétendant reconnaître ce cachet spécifique à
certains signes anatomiques, les partisans de cette doctrine allaient
trop loin et tombaient dans des distinctions minutieuses, futiles, qui
ont aujourd'hui fait leur temps et dont on ne parle plus. Ces idées
étaient nées avec Beer en 1804; elles se répandirent en Allemagne,
en Angleterre, et, en 1831, M. Sichel essaya de les introduire en
France, où la doctrine anatomique n'avait pas cessé de régner.

Dès leur apparition, M. Velpeau lutta énergiquement contre l'introduction de ces nouvelles théories, dont il professait l'inanité déjà
depuis quelques années; aussi n'eurent-elles d'autre résultat que
de rendre plus précise la recherche de la part réelle qui revient à
chaque tissu dans chaque affection dont l'œil peut être le siége.
L'attention des observateurs se concentra de nouveau sur les maladies propres à chaque membrane de l'œil, considérée isolément,
et des recherches minutieuses, éclairées par des notions anatomiques plus exactes, permirent bientôt de tracer un tableau fidèle
de chacune de ces maladies. La plupart de nos traités de pathologie, ceux plus spéciaux de M. Velpeau, de M. Desmarres, de
M. Sichel, qui ont pour but seulement l'étude des maladies des
yeux, renferment des descriptions d'une très-grande exactitude.
Entre tous, l'ouvrage du *Compendium de chirurgie* se fait remarquer
par la précision et la clarté de l'exposition; la physionomie de
chaque affection y est très-nettement retracée. C'est à l'ensemble
de ces divers travaux et à la méthode qui les a inspirés que l'étude
des affections isolées des membranes de l'œil doit d'avoir acquis,
dans la description, le diagnostic et le traitement, une précision
qu'elle n'avait pas encore obtenue.

Mais la pathologie oculaire devait rencontrer des difficultés plus
réelles lorsqu'elle entreprit d'éclairer ces inflammations complexes
qui envahissent plusieurs tissus à la fois. Avant le xixe siècle, les

chirurgiens désignaient à peu près indifféremment par le nom d'*ophthalmie* toute inflammation d'une ou de plusieurs parties du globe de l'œil. Plus tard, Boyer, frappé des différences dans la marche et les terminaisons de ces inflammations, suivant leur siége à la surface ou dans la profondeur du globe de l'œil, crut devoir les diviser en ophthalmies *superficielles* et *profondes;* et bientôt les écoles étrangères faisant intervenir l'influence des causes dans leur développement, le nombre des ophthalmies s'accrut considérablement. C'est alors que M. Velpeau, saisissant le vague d'une telle interprétation, proposa de ne plus accepter ce terme que comme une expression générique, rappelant au premier abord une inflammation d'une partie quelconque de l'œil, qu'un examen plus approfondi devait permettre de mieux localiser dans tel ou tel tissu.

Toute séduisante qu'elle paraisse, cette dernière explication devient à son tour insuffisante: car l'observation démontre qu'il existe des inflammations envahissant à la fois plusieurs tissus, soit simultanément, soit graduellement.

Ces inflammations reçoivent de l'âge et du tempérament du malade affecté, ainsi que de certaines influences extérieures, des modifications que l'on ne saurait méconnaître et qui nécessitent une étude spéciale. Mais il fallait éviter l'écueil qui avait entraîné les ophthalmologistes à multiplier les espèces, sans avantage réel pour la pratique.

Pénétrés de cette idée, les auteurs du *Compendium,* MM. Denonvilliers et Gosselin, ont adopté une classification qui satisfait pleinement les exigences de la clinique; ils ont admis plusieurs classes d'ophthalmies, et, dans la description qu'ils donnent de chacune d'elles, les travaux de leurs devanciers ou de leurs contemporains, de MM. Velpeau, Bérard, Chassaignac, Bégin, Sichel, Carron (du Villards), Desmarres, etc. sont venus en aide à leur expérience personnelle.

La première membrane que l'on rencontre à la surface de l'œil   Conjonctivité.

est la *conjonctive*, qui, après avoir recouvert une partie de ce globe, se réfléchit sur l'une et l'autre paupière, dont elle constitue les faces profondes. Les lésions inflammatoires de la portion de cette membrane qui tapisse les voiles palpébraux ont, depuis longtemps, fixé l'attention de M. Velpeau, qui leur a réservé le nom de *blépharites*. D'après ce chirurgien, l'inflammation pourrait se localiser séparément sur les divers éléments de cette muqueuse, et y déterminer des désordres distincts, qui lui ont permis d'établir plusieurs variétés de blépharites. C'est ainsi que les blépharites des glandes de Meïbomius, qu'il a le premier décrites, ne doivent pas être confondues avec les inflammations du bord libre ou blépharites ciliaires. Ces dernières doivent être divisées à leur tour en inflammations des glandes annexées aux cils et en inflammations superficielles de la muqueuse. Toutes ces distinctions sont basées sur des caractères vrais, et elles ont une importance pratique incontestable. Il en est de même des diverses espèces de *conjonctivites* admises aujourd'hui, dont les signes, si évidents, ont depuis longtemps frappé l'attention de tous les observateurs; toutefois, certains d'entre eux, mieux appréciés, ont permis de mieux assurer leur diagnostic. C'est ainsi que M. Velpeau a le premier insisté sur les différences qui séparent la conjonctivite aphtheuse de l'inflammation pustuleuse de la conjonctive, sorte de petit phlegmon de cette membrane se terminant souvent par suppuration. Parmi les conjonctivites purulentes, M. Bouisson en 1845, M. Chassaignac en 1847, M. Gibert en 1857, insistent sur un caractère souvent spécial à celle des nouveau-nés : il consiste dans la présence d'une *fausse membrane* sur la conjonctive palpébrale; et ces chirurgiens, qui lui accordent une grande importance, recommandent les lavages répétés de l'œil afin d'en empêcher la reproduction. Il faut reconnaître que c'est à M. de Graefe, comme le fait remarquer M. Reynaud (*Thèse* de 1866), que revient l'honneur d'avoir donné jusqu'à ce jour les notions les plus précises sur l'ophthalmie diphthéritique.

Enfin l'*état granuleux de la conjonctive* est une terminaison fréquente des inflammations répétées de cette membrane. Ces *granulations*, par leur présence, peuvent déterminer des altérations persistantes de la cornée, et il appartenait à M. Velpeau d'établir les relations qui unissent ces lésions les unes aux autres. Les faits qu'il a cités sont probants, et ils ont conduit la thérapeutique à ce résultat important, qu'il faut, pour améliorer l'état de la cornée, guérir au préalable ces granulations.

Les affections de la *cornée* n'ont été décrites à part qu'après Wetch, en 1807. Mirault (d'Angers) en 1823, et plus tard en 1834, appela l'attention sur les deux formes aiguë et chronique des *kératites*, et bientôt les recherches de M. Velpeau, d'A. Bérard, etc. conduisirent à ériger la classification suivie par tous les auteurs. Mais, tandis que A. Bérard décrivait comme espèce à part la *kératite en fusée*, que M. Velpeau donnait une bonne description des variétés d'ulcères de cette membrane, Magendie appelait l'attention des médecins sur les perforations de la cornée que produisait l'inanition chez les animaux soumis à ses expériences. Plus tard, M. Velpeau confirmait par cinq observations de malades mis à une diète sévère les résultats prévus par l'expérimentation physiologique.

En 1853, M. Broca (*Société anatomique; Quelques réflexions sur les kératites*, etc.) a nié l'inflammation de la cornée et rapporté à une modification de nutrition, pouvant résulter de l'inflammation de la conjonctive, les lésions que l'on avait jusqu'alors attribuées à la kératite. Cette opinion n'a pas été généralement acceptée et a notamment été combattue par Malgaigne (*Anatomie chirurgicale*, 1858, 2ᵉ édition, t. I).

Enfin M. Velpeau, se basant sur l'observation attentive des faits cliniques, a cru pouvoir rejeter du cadre nosologique l'inflammation de la membrane opaque qui continue la cornée, la *sclérotique*. Cette dernière membrane étant presque exclusivement formée de tissus fibreux, et le rhumatisme qui se généralise concentrant plus spécialement ses effets sur cette nature de tissu, les ophthalmologistes étrangers avaient admis sans restriction l'inflammation de cette membrane, qu'ils caractérisaient du nom de *rhumatismale*. Depuis M. Velpeau, la *sclérotite* proprement dite est rejetée. Rappelons toutefois que, dans ces dernières années, M. Cusco a cru trouver quelquefois, dans une altération du tissu propre de cette membrane, le point de départ de cette singulière affection désignée sous le nom de *glaucôme*.

Iritis.

La membrane circulaire qui présente à son centre la pupille et qui offre dans sa coloration les nuances les plus variées porte le nom d'*iris*. Par sa grande richesse vasculaire et l'étendue de ses connexions avec les parties voisines, elle est sujette à de fréquentes maladies, aux inflammations particulièrement. Une de leurs conséquences fâcheuses, presque inévitable, est la déformation de l'orifice pupillaire. C'est principalement à propos des déformations de cet orifice qu'il est permis de juger de l'abus dans lequel sont tombés les ophthalmologistes qui ont cru devoir multiplier les variétés d'inflammations de cette membrane, selon les causes qui les ont produites. Chacune d'elles, d'après eux, entraînait sa déformation spéciale, qui, à première vue, permettait de la reconnaître. Successivement les travaux de M. Desmarres et de M. Foucher (1852), de M. Ricord, ont démontré par de nombreux faits l'inexactitude de pareilles assertions. En outre, M. Ricord a mieux décrit une des variétés importantes de ces inflammations, l'*iritis syphilitique*. Il a insisté sur le moment d'apparition de cet iritis dans la maladie générale syphilitique, et la marche ainsi que les diverses phases de l'évolution de cette maladie ont été étudiées avec soin par lui.

En 1855, M. Desmarres, avec M. Robin, donnait une bonne description des tumeurs de l'iris, et M. Guépin fils, en 1860, soutenait sa thèse inaugurale sur les kystes de cette membrane.

Maladies
du
cristallin.

Le cristallin ne saurait mieux être comparé qu'à l'instrument que l'on connaît en physique sous le nom de *lentille;* c'est une lentille

biconvexe qui joue dans l'œil le rôle d'appareil de perfectionnement pour la vision. Par les divers changements qui s'opèrent dans
les courbures de ses deux faces, il accommode l'œil aux distances,
c'est-à-dire qu'il permet la vision distincte à des distances plus ou
moins grandes. Il est soumis à deux ordres de lésions : les unes
sont traumatiques, les autres consistent dans une altération de la
parfaite transparence de la lentille et prennent le nom de *cataractes*.

Parmi les lésions traumatiques, les déplacements de cet organe
constituent les accidents les plus intéressants que déterminent les
violences exercées sur le globe oculaire. C'est ainsi qu'on l'a vu se
porter, soit en avant dans la chambre antérieure, soit en bas de la
position qu'il occupe normalement. Mais l'un des déplacements les
plus curieux est le suivant: le cristallin vient se loger en dehors de
la cavité du globe de l'œil, sous la conjonctive et dans un point
toujours le même, à l'union de la cornée avec la sclérotique, au
niveau de l'angle interne de l'œil. La tumeur qu'il forme en cet endroit est parfois difficile à reconnaître. Aussi M. Gosselin, en 1853,
a-t-il insisté sur la présence de deux nouveaux signes : la déformation de la cornée, qui n'existait pas avant l'accident, ainsi que
la dépressibilité plus grande de cette membrane, dont la résistance
au doigt qui l'explore est beaucoup moindre. La constatation de
ces deux signes peut suffire, dans un cas donné, pour confirmer
un diagnostic incertain.

Les *luxations spontanées* du cristallin non cataracté paraissent
avoir été rarement observées en France, car la plupart de nos
ophthalmologistes en font à peine mention dans leurs ouvrages.
M. Desmarres (1847), MM. Denonvilliers et Gosselin, M. Sichel
(1852-1859, *Iconographie*), MM. Desprez et Mahieux (1858), en
avaient rapporté des exemples; mais c'est en 1861 que le travail
le plus complet a été publié sur ce sujet. Il fut inséré par M. Fischer dans les *Archives générales de médecine* (1861), et en 1862
M. Wecker, puis en 1866 M. Follin, attirèrent l'attention de la

Société de chirurgie sur une forme fort curieuse de luxation du cristallin.

Dès que l'on eut accordé au mot *cataracte* un sens précis, les observateurs ne tardèrent pas à créer des espèces et des variétés de ce maladies, et le début ainsi que la marche de chacune d'elles furent étudiés avec plus de soin. L'opacité peut occuper seulement la portion la plus centrale, le noyau du cristallin, qui, vu à travers la cornée, a une couleur d'un gris sombre opalin. La consistance de l'organe est augmentée dans ce cas : de là le nom de *cataracte dure* qui a été donné à cette variété. Mais toutes les cataractes dures ne présentent pas cet aspect, et, depuis, Wenzel, MM. Velpeau, Roux, Desmarres, ont successivement décrit des exemples où l'aspect du cristallin était complétement noir. En 1857, MM. Sichel et Robin ont professé qu'ils ne croyaient nullement dans ces cas à l'existence de particules nouvelles, mais bien à un simple trouble dans la constitution moléculaire de la lentille.

Dans d'autres cas, l'opacité siége sur les parties périphériques de la lentille, qui offrent un aspect peu uniforme, gris perlé, à reflets nacrés dans certains cas, ou avec des taches d'un blanc plus mat dans d'autres : de là les noms de *cataractes nacrée*, *étoilée*, *déhiscente*, qui leur ont été successivement assignés par les ophthalmologistes. Déjà une première question exigea une solution. Quel est le siége précis de ces opacités? Occupent-elles uniquement la périphérie de la lentille proprement dite, la capsule? c'est-à-dire l'enveloppe translucide de cette lentille transparente n'y prend-elle aucune part?

En 1841, M. Malgaigne, après avoir disséqué vingt-cinq yeux cataractés, déclara hautement qu'il n'avait pas trouvé une seule fois l'opacité de la capsule, que l'on disait si commune, et, en 1847, M. Desmarres, n'ayant pas encore rencontré une seule opacité de la capsule, arriva à nier l'existence de la cataracte capsulaire. Enfin, en 1853, cette cataracte tant cherchée s'est présentée à la fois à

MM. Broca, Sichel et Malgaigne. Mais, dans la plupart des cas, l'opinion de M. Desmarres est justifiée, et, dans un mémoire de M. Robin (*Archives d'ophthalmologie*, t. V, 1855) sur l'anatomie pathologique des cataractes, ce dernier auteur, en faisant mieux connaître les lésions microscopiques des diverses opacités, reconnaît que, dans la variété dite *capsulo-lenticulaire*, la capsule est le plus souvent intègre de toute lésion. Rappelons que, dans ce même mémoire, M. Robin a donné une classification très-complète des cataractes, entièrement basée sur les lésions anatomiques que subit chaque élément du cristallin.

Ailleurs la cataracte siége au-devant de la capsule elle-même, et M. Desmarres a parfaitement indiqué le mécanisme et le mode de formation d'une variété de ces opacités, la cataracte pigmenteuse, qui n'apparaît qu'après une inflammation antérieure de la membrane irienne. Si l'étiologie trouve une explication facile pour la cataracte pigmenteuse, il n'en est plus de même dans la plupart des variétés que nous avons passées en revue plus haut, et malgré les travaux d'anatomie pathologique et de physiologie expérimentale entrepris pour éclairer ce point obscur, le plus souvent on est réduit à faire des hypothèses. Le mémoire intéressant de M. Lécorché (1861) sur la cataracte diabétique, dans lequel sont reproduites les théories allemandes, n'a nullement démontré le mécanisme en vertu duquel se produit l'opacité du cristallin chez les diabétiques.

Dans une thèse soutenue en 1859, M. Dubarry, reproduisant les idées de M. Cusco, a rattaché la plupart des cataractes séniles à des lésions antérieures de la choroïde, et il a prouvé par des faits que, si l'opération pratiquée dans ces cas guérissait la cataracte, elle ne remédiait nullement à ces atrophies choroïdiennes qui étaient sous la dépendance d'une altération vasculaire de cette membrane.

Le cristallin se trouve reçu en arrière dans une sorte de couche très-délicate, très-transparente, qui *l'enchâsse*, selon l'expression ancienne de Petit, à la manière d'un diamant dans son chaton, et qu'on désigne par le nom de *corps vitré*.

C'était à l'opacité survenue dans ce corps qu'on donnait autrefois le nom de *glaucôme*, et telle est la définition acceptée encore par les auteurs du *Compendium*. Pour eux, l'altération de couleur de ce corps, qui devient verdâtre, est le principal caractère de la maladie; mais il faut se rappeler que dans cet ouvrage des articles spéciaux ont été consacrés aux inflammations de la choroïde, ainsi qu'aux épanchements anormaux de liquide qui augmentent le volume du globe de l'œil.

Dans une deuxième opinion, l'opacité du corps vitré n'est considérée que comme un phénomène dioptrique dû à des modifications survenues dans les parties voisines : le cristallin, d'après Mackenzie, la choroïde, d'après Sichel. Enfin le glaucôme a été considéré par les uns, Tavignot, Desmarres, comme une affection générale de l'œil, tandis que de Graefe, Hancok, en font l'un une inflammation de la membrane iro-choroïdienne, l'autre le résultat d'une affection générale du sang. Quoi qu'il en soit de ces interprétations différentes, le sens de ce mot a été complétement dévié; mais un fait important au point de vue de la pratique a été démontré. On a mieux compris l'importance de la pression intra-oculaire par les liquides produits dans les affections glaucomateuses, et M. de Graefe, en vue de remédier aux accidents parfois si prompts que détermine cette pression, a été conduit à pratiquer une opération que l'on ne réservait qu'à des cas tout spéciaux, l'iridectomie. De nombreux succès n'ont pas tardé à lui faire trouver beaucoup d'imitateurs. Les idées de M. de Graefe ont reçu en France un puissant appui des travaux de MM. Follin, Cusco, Coursserant, Desmarres, etc.

Synchisis
étincelant.

Le corps vitré est sujet à une affection bizarre, qui a été vue et bien décrite, en 1845, par M. Desmarres, qui lui a donné le nom de *synchisis étincelant*. Le tissu de l'organe se ramollit et l'on peut y constater la présence de paillettes brillantes, mobiles, projetant un vif éclat. M. Desmarres avait tout d'abord expliqué ce phénomène par un changement moléculaire survenu dans la constitution physique de ce corps ; il appartenait à Malgaigne de lui assigner sa véritable interprétation. Ce chirurgien a démontré que ces corps flottants étaient formés par des cristaux brillants de cholestérine.

Les *maladies de la choroïde* ont donné lieu à la publication de plusieurs travaux dans notre pays. Nous avons déjà parlé du rôle que fait jouer M. Cusco, dans la production de la cataracte, aux lésions de la choroïde. M. Desmarres a insisté sur le ramollissement du corps vitré qui succède aux affections choroïdiennes ; le corps vitré peut alors prendre un aspect louche, que cet auteur a désigné sous le nom d'*état jumenteux du corps vitré.*

Le *staphylôme postérieur*, ou scléro-choroïdite postérieure, choroïdite atrophique, est considéré par MM. Cusco et Follin comme ayant son point de départ dans la phlegmasie choroïdienne ; de Graefe et Ruete adoptent une opinion analogue, en faisant toutefois participer la sclérotique à l'inflammation. M. Desmarres et avec lui M. Romain Noizet (*Sur le staphylome postérieur*, Thèse de Paris, 1858) admettent en partie l'opinion d'Artl, qui pense que l'exagération d'activité des muscles interne et externe, pendant de longs efforts d'accommodation, suffit pour produire la dilatation du pôle postérieur de l'œil, la congestion des membranes et, par suite, leur inflammation.

Suivant de Graefe et M. Follin, la *choroïdite syphilitique*, qui n'est pas très-rare, est caractérisée par de petites taches blanches, entourées d'une auréole d'un blanc rougeâtre, siégeant surtout sur le segment postérieur de la choroïde. En 1858, M. Schultze, dans sa thèse inaugurale, a fait connaître sur ce point les idées de M. Follin.

En 1861, dans une excellente thèse intitulée : *De l'exploration de la rétine et des altérations de cette membrane visibles à l'ophthalmoscope*, M. Métaxas a donné un tableau exact de toutes les lésions rétiniennes, depuis les plus rares jusqu'à celles que l'on rencontre le plus souvent. C'est au nombre de ces dernières qu'il faut placer les diverses altérations du système circulatoire rétinien, les apoplexies, les décollements, les altérations albuminuriques, pigmentaires de la rétine, etc.

Amaurose.   Le mot *amaurose*, tiré du grec ἀμαύρωσις « obscurcissement, » doit servir à désigner un symptôme commun à un grand nombre d'affections des yeux. Il indique un obscurcissement relatif ou absolu d'une partie ou de la totalité du champ de la vision, mais tout à fait indépendant des altérations des milieux de l'œil.

Le chapitre des amauroses a été considérablement restreint depuis la découverte de l'ophthalmoscope et la connaissance plus exacte des maladies de l'accommodation. En réalité, l'histoire de l'amaurose a été faite avec celle de la choroïdite, de la rétinite, des apoplexies intra-oculaires, etc. On ne peut plus considérer aujourd'hui l'amaurose comme une maladie essentielle, caractérisée par la perte plus ou moins complète de la vue, l'immobilité et la dilatation de la pupille, la transparence apparente des milieux dioptriques.

Les manifestations de l'amaurose peuvent être rattachées à cinq ordres de causes, suivant que ce symptôme a une origine *oculaire*, *cérébrale*, *spinale*, *réflexe* ou *toxique*. (Follin.)

Landouzy, en 1849, et M. Lécorché, en 1857, ont bien appelé l'attention sur les troubles de la vision qui accompagnent le début ou la période d'état de la néphrite albumineuse. M. Charcot, en 1858, a consigné dans la *Gazette hebdomadaire* quelques recherches sur ce sujet. D'après M. Danjoy (*De l'albuminurie dans l'encéphalopathie et l'amaurose saturnines, Archives,* 1864), la plupart des *amauroses saturnines* devraient être rattachées à une albuminurie.

Dans son *Traité des maladies syphilitiques du système nerveux,* M. Lagneau fils a publié plusieurs observations d'amauroses syphilitiques.

En janvier 1864, M. Lancereaux a inséré dans les *Archives* un important mémoire, intitulé : *De l'amaurose liée à la dégénération des nerfs optiques dans les cas d'altération des hémisphères cérébraux,* et, la même année, M. J. Meunier soutenait sa thèse inaugurale sur *l'atrophie des nerfs et des papilles optiques dans ses rapports avec les maladies du cerveau,* et tirait de son travail cette conclusion que, «lorsque l'atrophie des nerfs et des papilles optiques est symptomatique d'une lésion des hémisphères cérébraux, celle-ci a envahi les tubercules quadrijumeaux ou les corps genouillés, ou bien siége dans une partie de l'encéphale telle qu'elle puisse comprimer le nerf optique en un point quelconque de son trajet. »

Plus récemment encore, en 1866, M. Galezowski présentait dans sa dissertation inaugurale le résultat de ses études *ophthalmoscopiques sur les altérations du nerf optique et sur les maladies cérébrales dont elles dépendent.* Dans cette étude consciencieuse, M. Galezowski s'est efforcé d'élucider plusieurs points de cette importante question, et l'un des faits qu'il s'est le plus appliqué à établir, c'est que la papille reçoit des vaisseaux qui lui sont propres et qui émanent des enveloppes du nerf optique. La circulation de la papille serait une dépendance de celle des méninges, et la congestion de cette partie refléterait un état analogue des enveloppes du cerveau.

Dans ces dernières années l'attention a été appelée sur des *ophthalmies* dites *sympathiques,* sur celles principalement qui succèdent au traumatisme. A la suite d'une blessure de l'un des deux yeux, dans un certain nombre de cas, celui-ci s'atrophie et devient amaurotique, et si l'autre œil est affecté par sympathie, il subit presque toujours le même sort. Cette marche est tellement fatale qu'en Angleterre et en Allemagne (et cette pratique s'est aussi répandue en France) on n'hésite pas à enlever l'œil malade pour arrêter la marche de l'ophthalmie sympathique. L'ablation partielle peut souvent suffire. En 1858, M. Boudreau a soutenu sur ce sujet une thèse intéressante ; il a essayé de démontrer que les plaies franchement pénétrantes étaient moins sujettes à causer des accidents

Ophthalmies sympathiques.

sympathiques que les lésions contondantes, et surtout que les plaies déchirantes superficielles ou profondes des membranes oculaires, et que la guérison de l'œil blessé n'était pas une garantie constante contre la sympathie morbide de son congénère. En 1866, M. Rondeau, sous ce titre : *Des affections oculaires réflexes et de l'ophthalmie sympathique*, a embrassé plus largement la question des ophthalmies sympathiques, et a étudié les troubles de la vision qui surviennent à la suite des affections du tube digestif, de l'appareil génito-urinaire, etc.

Les *paralysies* des muscles oculaires ont donné lieu à quelques travaux qui méritent d'être cités : ils sont dus à Szokalski (1840), Cusco (1848), Francès (1854), Paul Constantin (1858), Beyran (1860), Miranda (1861), Lagneau (1861), Ladreit de la Charrière (1861), Zambaco (1862), Faure (1862).

Les *tumeurs de l'orbite* sont nombreuses; mais elles ne présentent rien de particulier comme nature; presque toutes amènent rapidement des troubles fonctionnels, et, plus tard, un degré plus ou moins avancé d'exophthalmie. Les auteurs du *Compendium* et M. Demarquay en 1860 (*Traité des tumeurs de l'orbite*) ont cherché à donner de ces tumeurs une description complète.

Dans certains cas l'exophthalmie ne tient nullement à la présence d'une tumeur orbitaire; elle est sous la dépendance d'un état cachectique général. M. Fischer, dans les *Archives* de 1859, nous a fait connaître, sous le nom d'*exophthalmies cachectiques*, les travaux les plus intéressants publiés sur ce sujet.

Nous devons ajouter que les livres classiques de M. Velpeau (1840), celui de M. Desmarres, qui a eu plusieurs éditions (1847-1854-1858), la belle *Iconographie ophthalmologique* de M. Sichel (1852-1859), le livre de MM. Denonvilliers et Gosselin (1855), la dernière édition de Mackenzie (1852-1859) traduite et annotée par MM. Testelin et Warlomont (1856-1866), le livre de Deval

(1862), celui de M. Wecker (1864-1867), celui de M. Fano (1866), etc. ont largement contribué à faciliter les études ophthalmologiques.

Les questions relatives aux maladies de l'accommodation, au strabisme, etc. seront indiquées dans d'autres chapitres de ce rapport.

MALADIES DES OREILLES.

Depuis le commencement de ce siècle, de notables progrès ont été accomplis dans le domaine de la pathologie de l'oreille, et quoique, sous ce rapport, la France soit demeurée inférieure à l'Angleterre et à l'Allemagne, où l'anatomie et la physiologie pathologiques des organes de l'ouïe ont été surtout étudiées avec le plus grand soin depuis une quinzaine d'années, on doit cependant reconnaître que les travaux des chirurgiens de notre pays ont contribué pour une certaine part à l'avancement de cette branche de la chirurgie.

Plusieurs traités généraux sur l'anatomie, la physiologie et la pathologie de l'oreille; un certain nombre de mémoires originaux épars dans les publications périodiques ou dans les Bulletins de nos Sociétés savantes, attestent l'importance attachée parmi nous à ces études.

Nous devons citer, comme ayant ouvert la voie aux recherches contemporaines, le *Traité des maladies de l'oreille et de l'audition*, par Itard, médecin de l'Institution des Sourds-Muets et membre de l'Académie de médecine (1821); puis la traduction du *Traité des maladies de l'oreille*, du docteur Kramer (de Berlin), enrichie de notes et d'additions nombreuses par Ménière, successeur d'Itard à l'Institution des Sourds-Muets et professeur agrégé à la Faculté de Paris (1848). Plus récemment ont paru les *Traités des maladies de l'oreille*, de Triquet (1857) et de M. Bonnafont (1860); enfin, sous le titre de *Leçons cliniques sur les maladies de l'oreille*, Triquet a publié, en 1865 et 1866, deux volumes dans lesquels il a résumé les leçons publiques faites par lui depuis six ans.

C'est à propos de l'étude des moyens nouveaux d'exploration que nous aurons à indiquer les acquisitions les plus originales faites sur ce sujet dans notre pays.

Les revues critiques publiées dans les *Archives* par M. S. Duplay (1865-1866) sont un résumé fidèle de ce qui a été fait le plus récemment dans cette branche spéciale de la chirurgie.

MALADIES DES LÈVRES.

Vices de conformation des lèvres.

Les vices de conformation des lèvres ont été étudiés avec soin à notre époque.

L'*atrésie congénitale* est très-rare ; on en distingue cependant deux variétés : l'*atrésie incomplète* ou phymosis labial, et l'*atrésie complète* ou imperforation. Tous les faits connus de ces difformités sont réunis dans l'excellente thèse de M. Gressy (1857). Dans ce travail on trouvera les renseignements les plus complets sur ce sujet.

L'atrésie accidentelle de la bouche peut amener une série de désordres, auxquels les chirurgiens ont essayé de remédier, comme nous aurons occasion de le faire voir dans le chapitre consacré à la médecine opératoire.

Bec-de-lièvre.

Le *bec-de-lièvre congénital* siége à peu près exclusivement au niveau de la lèvre supérieure : cependant Couronné (1819), Nicati (1822), Bouisson (de Montpellier) (*Annales de la chirurgie française et étrangère*, t. I, 1841), ont cité des cas dans lesquels la lèvre inférieure.leur a paru offrir une fente congénitale incontestable.

Ce vice de conformation, contre lequel ont été dirigés tous les efforts des chirurgiens, se montre à des degrés divers. Il peut être *unilatéral simple, unilatéral compliqué, bilatéral.*

Nos contemporains ont cherché à se rendre compte de l'origine du bec-de-lièvre, et la théorie la plus accréditée aujourd'hui est celle de *l'arrêt de développement,* préconisée d'abord par Blumenbach, qui avait soutenu que la lèvre supérieure se développait primitivement par trois points, un médian et deux latéraux. Blumenbach n'avait pas donné la démonstration de ce fait, mais M. Coste l'a rendu incontestable (*Histoire générale du développement des corps organisés*). Ce savant embryologiste a vu et montré sur des embryons de seize, vingt et trente jours, la lèvre et la mâchoire inférieure, alors à l'état blastodermique, bien séparées en trois portions qu'il nomme *bourgeons* : un bourgeon médian ou *naso-incisif*, et deux bourgeons latéraux ou *maxillaires*. Un peu plus tard ces trois bourgeons se confondent ; mais si cette fusion manque et qu'elle porte soit sur la portion de blastème correspondante à la lèvre d'un seul côté ou des deux, soit en même temps sur celle qui appartient au maxillaire, il en résultera un bec-de-lièvre simple, double ou compliqué, etc.

Le bec-de-lièvre peut être compliqué de la division du voile du palais et de la voûte palatine ; or nous trouvons encore ici l'application de la même théorie : car M. Coste a montré que le voile du palais et la voûte palatine se développaient par deux moitiés latérales qui marchent à la rencontre l'une de l'autre, et dans ces points encore la réunion peut manquer dans une étendue plus ou moins grande.

Avant les travaux de M. Coste, que M. A. Richard a fort bien exposés (*Archives de médecine*, 4e série, t. XXV), MM. Velpeau et Cruveilhier, n'ayant pu vérifier l'assertion de Blumenbach, avaient substitué à la théorie de l'arrêt de développement celle d'une maladie dont la lèvre serait devenue le siége pendant la vie intra-utérine ; mais aujourd'hui, devant l'évidence des faits, cette interprétation a été abandonnée.

Les lèvres sont une des régions où l'on observe le plus fréquemment les tumeurs épithéliales. Roux, Rigal (de Gaillac), M. Bouisson (de Montpellier), ont longuement insisté sur le rôle que jouait dans la production de cette maladie l'habitude de fumer et surtout de fumer des pipes à tuyaux courts.

MALADIES DES MÂCHOIRES.

Kystes
de
la mâchoire
supérieure.

Indépendamment des kystes que nous avons dit se développer dans l'intérieur du sinus maxillaire supérieur (GIRALDÈS), *l'os de la mâchoire supérieure* peut contenir des kystes osseux. Ils ont été signalés par Dupuytren, qui en observa un exemple sur le cadavre d'une jeune fille (*Clinique chirurgicale*, t. II); par Delpech (*Clinique de Montpellier*, t. II), qui les considérait comme prenant naissance dans la pulpe dentaire ou dans son cordon vasculo-nerveux; par M. Diday (*Thèse d'agrégation*, 1839). M. Michaux (de Louvain) (*Bulletin de l'Académie de Bruxelles*, t. XII), M. Chassaignac (*Moniteur des hôpitaux*, 1853), M. Duchaussoy (*Thèse d'agrégation*, 1857), en ont fait connaître quatre nouveaux cas. Aujourd'hui, vu l'extrême rareté de maladies analogues dans les autres os, on admet généralement que leur point de départ est souvent la pulpe dentaire ou la racine des dents, d'où le nom de *kystes alvéolaires*, proposé par M. Forget, dans un excellent mémoire publié par lui à ce sujet et inséré dans le tome III des *Mémoires de la Société de chirurgie*.

Ces kystes sont généralement uniloculaires; dans un cas de M. Michaux, le kyste était multiloculaire, et il en serait de même, suivant M. Duchaussoy, pour une observation de M. Huguier.

Ces kystes, en se développant, font disparaître les os, et, au bout de quelques mois, leur paroi amincie permet de percevoir, lorsqu'on la presse, la sensation de parchemin; plus tard on peut sentir la fluctuation. Souvent il est difficile de savoir si la tumeur occupant l'épaisseur du maxillaire est interstitielle, ou s'il s'agit d'un kyste du sinus.

A la mâchoire supérieure, un seul kyste contenant une production fibreuse a été observé. Le fait est dû à M. Denonvilliers, et il a été consigné dans la *Thèse* de Bauchet (1854).

Kystes
de la mâchoire
inférieure.

Les *kystes osseux de la mâchoire inférieure* sont beaucoup plus fréquents que ceux de la mâchoire supérieure; ils ont été étudiés à peu près par les mêmes auteurs et prêtent aux mêmes considérations. Nous devons cependant signaler quelques particularités qui leur sont propres.

Dans l'*Union médicale* (1847) M. Guibout a publié sur les kystes de la mâchoire inférieure un travail dans lequel il a essayé de faire admettre que leur développement était dû soit à un état pathologique du follicule dentaire, qui devient le siége d'une hypersécrétion, soit à un vice dans l'évolution d'une dent, etc.

Ces kystes sont très-rarement multiloculaires; les deux faits les plus authentiques appartiennent à M. Forget, observation XII de son mémoire, et à M. Mayor fils (de Genève) (*Gazette des hôpitaux*, 1857). Dans ces deux exemples la tumeur était très-volumineuse; sa face interne était, comme dans les cas de kystes uniloculaires, tapissée par une membrane fibreuse ou fibro-cellulaire. La tumeur examinée par M. Forget était subdivisée en trois poches, chacune de la grosseur d'un œuf, contenant l'une de la matière mélicérique, l'autre de la sanie visqueuse et rougeâtre.

En 1847, Jobert (de Lamballe) a reséqué une portion de la mâchoire inférieure chez un enfant de quatorze ans, pour une tumeur osseuse dans l'intérieur de laquelle on a trouvé une matière qui a paru être du tubercule ramolli.

Le tome XXII de la *Société anatomique* nous apprend que M. Houel a fait voir une vaste cavité qui occupait la partie médiane du maxillaire inférieur et qui était remplie de pus. Dans la partie la plus élevée de cette cavité, on apercevait le sommet de la racine de la canine droite, et peut-être peut-on considérer la carie de cette dent comme le point de départ de la collection purulente.

Outre les tumeurs fibreuses enkystées, le maxillaire inférieur renferme encore des kystes à contenu solide. Ces tumeurs fort curieuses renferment dans leur cavité soit une dent, soit des concrétions dures, ossiformes, dont l'origine n'a pas été bien établie, mais que M. Duchaussoy (*Thèse d'agrégation*, 1857) tend à attribuer au séjour de quelque dent dans l'épaisseur de la mâchoire, et à une déviation du mouvement nutritif, par suite de laquelle la substance dure de ces organes se modifie singulièrement. En 1855, M. Am. Forget a présenté à l'Académie de médecine une vaste cavité développée dans l'épaisseur du maxillaire inférieur; elle renfermait une masse ayant la forme et le volume d'un œuf de dinde et la consistance de l'ivoire. La face de cette tumeur correspondant à la gencive offrait l'aspect de l'émail. Dans le centre de cette production morbide il y avait plusieurs dents irrégulièrement étagées.

Tumeurs fibreuses de la mâchoire inférieure.

Les *tumeurs fibreuses de la mâchoire inférieure* ont été, nous l'avons déjà dit, décrites pour la première fois par Dupuytren, qui les avait classées parmi les kystes à contenu solide. Lisfranc avait admis la même interprétation, et l'un de ses élèves, M. Am. Forget, les étudia, dans sa thèse inaugurale (1840), sous le nom de *kystes solides du maxillaire inférieur*.

En 1854, Bauchet a soutenu sur ce sujet sa thèse inaugurale, et il a bien fait voir que, dans quelques cas, la tumeur fibreuse était enkystée, mais que, très-évidemment, dans d'autres faits on avait trouvé une connexité des plus intimes entre le tissu osseux et le tissu fibreux, de telle sorte qu'il n'était plus possible d'établir une distinction entre une poche et son contenu, etc. On a divisé ces tumeurs en *superficielles* ou *périostales* et *profondes* ou *parenchymateuses*, mais l'existence des tumeurs fibreuses périostales n'est pas bien démontrée.

Blandin avait émis l'opinion qu'elles avaient pour point de départ le névrilemme du nerf dentaire, mais les dissections de M. Forget et de Bauchet ne leur ont fait voir rien de semblable. On n'a pas prouvé davantage que leur origine fût dans le périoste alvéolo-dentaire.

Ces tumeurs, qui se développent principalement chez les jeunes sujets, présentent presque tous les caractères du tissu fibreux, et quelquefois ceux du tissu fibro-cartilagineux; aussi, dans un mémoire, publié en 1859 dans le *Moniteur des hôpitaux*, sur les *enchondrômes* de la mâchoire inférieure, M. Dolbeau a-t-il mis, avec raison, au compte de cette dernière affection quelques-unes des observations qui avaient été données comme exemples de tumeurs fibreuses.

La *nécrose des mâchoires* a été observée de tout temps; mais celle qui est produite par les vapeurs phosphorées n'a été décrite que dans ces dernières années.

Nécrose des mâchoires.

Elle se présente avec les mêmes caractères à la mâchoire inférieure et à la supérieure, et quelquefois elle les envahit toutes les deux et étend son action sur les os voisins.

En 1845, M. Lorinser (de Vienne) publia le premier, sur ce sujet, un travail appuyé sur *neuf* observations.

La même année, M. Heyfelder communiquait à la Société médicale d'Erlangen un cas de ce genre, et faisait part des résultats que l'analyse chimique et microscopique, entreprise par lui en collaboration avec M. de Bibra, lui avait donnés. M. Strohl (de Strasbourg), presque au même moment, faisait connaître à la Société de médecine de cette ville quatre cas de nécrose phosphorée.

En 1846, M. Th. Roussel communiquait à l'Institut ses recherches sur les *maladies des ouvriers employés à la fabrication des allumettes chimiques,* et M. Sédillot publiait trois faits de nécrose phosphorée recueillis dans son service de chirurgie.

En 1847 (5 avril), MM. A. Chevalier, Bricheteau et Boys (de Loury) envoyèrent à l'Institut un mémoire dans lequel ils s'efforçaient d'indiquer les caractères qui différencient la nécrose phosphorée de la nécrose ordinaire.

En Angleterre, en Allemagne, beaucoup d'autres travaux ont vu le jour. Mais dans ces dernières années, en France, M. Lallier a surtout étudié cette question; il a réuni un très-grand nombre d'observations, et en a fait l'objet d'un travail encore inédit, mais dont les principaux résultats ont été publiés, soit par M. Trélat, soit par les auteurs du *Compendium de chirurgie*. En 1857, à l'occasion du concours de l'agrégation, M. U. Trélat a tracé, dans sa thèse, une histoire très-complète de cette affection.

Cette maladie se développe principalement pendant l'hiver, lorsque les ouvriers restent enfermés dans les ateliers sans ouvrir les fenêtres. Elle sévit surtout sur ceux qui travaillent dans les salles où l'on dessèche la pâte. Elle a été observée beaucoup plus souvent chez la femme que chez l'homme.

La maladie siége d'abord exclusivement sur certains os, les maxillaires, et le siége primitif est toujours le bord alvéolaire de l'un ou de l'autre maxillaire; ce n'est que lorsque la maladie a eu une durée considérable que la nécrose envahit les différents os de la face et de la base du crâne. D'après les recherches de M. U. Trélat, le maxillaire inférieur est plus souvent affecté que le maxillaire supérieur.

La nécrose simple est ordinairement limitée; la nécrose phosphorée offre une tendance très-remarquable à la propagation. Les séquestres présentent d'assez grandes différences; mais tous offrent deux caractères principaux : 1° sur toute la surface du séquestre, ou sur quelques-uns de ses points seulement, on remarque un très-notable élargissement des canalicules vasculaires, ce qui donne à la surface de l'os un aspect poreux très-évident; 2° en d'autres points des séquestres, on voit une matière osseuse surajoutée, disposée en couche plus ou moins épaisse, mais n'excédant jamais 1 ou 2 millimètres; cette substance, examinée à la loupe, ressemble exactement à une éponge fine. (U. Trélat, *loc. cit.*) C'est cette production que les auteurs allemands nomment *ostéophyte phosphorique, nouvel os*.

La nécrose phosphorée constitue une affection très-grave, car elle tue un malade sur trois, et quelquefois un sur deux.

Nous ne pouvons insister sur cette question, et nous renvoyons au travail de M. Trélat, dans lequel tout ce qui a trait à l'étiologie et à la symptomatologie est présenté et discuté avec le soin le plus minutieux.

L'affection désignée sous le nom de *contracture permanente des mâchoires* peut se rapporter à trois ordres principaux de lésions : 1° brides cicatricielles résultant de l'inflammation et de ses conséquences (*ankylose inodulaire*); 2° contracture permanente ou rétraction des muscles masticateurs (*ankylose musculaire*); 3° soudure osseuse intermaxillaire ou temporo-maxillaire (*ankylose osseuse*). Le groupement de ces lésions est de date toute récente, et, en dehors de l'article que MM. Denonvilliers et Gosselin ont consacré dans le *Compendium*, en 1858, à la rigidité et à l'ankylose des mâchoires, les ouvrages classiques ne renferment aucune description de cette lésion, avant les travaux de MM. Esmarch, Rizzoli et Verneuil. En 1866, M. Berrut, dans sa thèse d'agrégation, en a donné la description, d'après les faits observés jusqu'à ce jour. Dans notre chapitre relatif à la médecine opératoire, nous insisterons sur les tentatives qui ont été faites pour remédier à cette disposition morbide.

Les maladies chirurgicales *de la langue* sont des plus nombreuses; mais nous ne voulons signaler que quelques faits que l'on a observés très-exceptionnellement. On a signalé l'existence dans l'épaisseur de la langue de petites tumeurs contenant un liquide visqueux, transparent, très-analogue à celui que l'on rencontre dans les tumeurs du plancher buccal. On les a désignées sous le nom de *grenouillettes linguales*. Le point de départ de ces kystes n'est pas encore bien connu. Dans un cas peut-être unique, M. Paul Dubois observa une tumeur de cette nature à l'extrémité de la langue chez un nouveau-né de deux jours; la succion était empêchée; elle devint possible après l'évacuation du liquide.

Les tumeurs gommeuses de la langue sont fréquentes. Dans un mémoire récent (*Gazette hebdomadaire*, 1859), M. Lagneau fils a voulu assigner comme siége à plusieurs productions syphilitiques tardives et peu profondes le muscle lingual superficiel, mais aucune autopsie n'est encore venue démontrer si, dans ces cas, le mal occupait plutôt le muscle lingual que la couche profonde du derme.

Dans son mémoire de 1846 (*Gazette médicale*), M. Bouisson (de Montpellier) a fait remarquer avec raison que les tumeurs syphilitiques profondes de la langue étaient semblables à celles des muscles de la vie animale.

M. Ad. Richard (*Gazette des hôpitaux*, 1855) et Notta (de Lisieux) (*Gazette des hôpitaux*, 1856) ont publié des faits de *tumeurs fibreuses* de la langue, sur la constitution intime desquelles le microscope n'a laissé aucun doute.

Enfin, en 1854, M. Laugier a observé un cas bien authentique de lipôme de la langue. Il faut remarquer que la graisse, qui formait la partie principale de la tumeur, était mélangée avec du tissu fibreux et un peu de tissu cartilagineux et osseux. M. Bastien présenta cette pièce à la Société anatomique, et l'observation en a été publiée dans le tome XXIX des *Bulletins* de cette Société. En 1866, M. Follin a fait connaître à la Société de chirurgie un nouveau fait de tumeur graisseuse de la langue.

MALADIES DU PLANCHER DE LA BOUCHE.

Dans son mémoire *sur la dilatation des conduits excréteurs des glandes parotide, sous-maxillaire et lacrymale*, inséré dans le tome III des *Mémoires de la Société de chirurgie* (1853), M. Jarjavay a publié une observation de tumeur formée par la dilatation en ampoule du canal de Sténon. L'obstacle à l'écoulement de la salive était dû à la présence d'un calcul assez volumineux. Dans ce fait, comme dans les cas d'oblitération du canal de Sténon déjà observés, la région parotidienne était devenue le siége d'un gonflement œdémateux et d'un écoulement de liquide à travers la peau. Des particularités identiques avaient été consignées dans un mémoire lu, en 1847, devant l'Académie de médecine, par M. Baillarger, *sur l'oblitération du canal de Sténon.*

Les calculs des conduits des glandes salivaires peuvent se rencontrer aussi dans le canal de Warthon. Dans une excellente thèse, soutenue en 1855, sous le titre de *Recherches historiques sur les calculs des glandes salivaires*, M. de Closmadeuc nous a fait connaître les points les plus importants de cette question.

D'après MM. Nicod et Jarjavay, dans les cas de ce genre on observe des variations très-grandes dans l'intensité des souffrances et dans le volume de la tumeur. Ces chirurgiens ont remarqué que la tumeur devenait volumineuse pendant le repas, puis diminuait et même disparaissait après. M. Maisonneuve (*Gazette médicale*, 1839) avait déjà fait la même observation.

Ces tumeurs, produites par la dilatation des conduits salivaires incomplétement oblitérés par un calcul, ont été vues principalement sur le trajet du canal de Warthon. Jobert (de Lamballe) a proposé de les désigner sous le nom de *grenouillette salivaire calculeuse*, pour les distinguer de la grenouillette ordinaire ou grenouillette muqueuse. Ces tumeurs sont assez souvent le siége de poussées inflammatoires aiguës : c'est ce qui les a fait appeler par M. Denonvilliers *grenouillettes aiguës*.

Le nom de *grenouillette* depuis bien longtemps était réservé à une tumeur arrondie, pleine de liquide, qui se développe sous la langue, dans l'épaisseur du plancher de la bouche.

Des opinions diverses se sont produites sur le siége et la nature de la grenouillette : 1° la grenouillette serait formée par la *dilatation de la glande sublinguale et de ses canaux excréteurs*. Cette opinion était celle de Lafaye, de Louis, etc. 2° Dupuytren et Breschet ont pensé que la grenouillette n'était autre chose qu'un *kyste séreux* pouvant se développer en ce point comme ailleurs. 3° Elle serait due à l'oblitération d'un follicule mucipare. 4° Elle n'est que la conséquence de l'hydropisie de la bourse muqueuse dite *de Fleischmann*. 5° Elle prend naissance dans le canal de Warthon; dans cette hypothèse on avait admis que ce conduit se dilatait par suite de l'épaississement de la salive, ou bien à la suite d'une obli-

23.

tération spontanée du canal. Malgaigne a vigoureusement combattu cette manière de voir (*Anatomie chirurgicale*, t. I).

L'oblitération spontanée du conduit salivaire, admise encore
comme fréquente par beaucoup de chirurgiens, n'est en effet démontrée que par un très-petit nombre de faits. Deux fois seulement elle a été constatée sur le cadavre : dans l'observation de
Jobert (de Lamballe), insérée dans le mémoire de M. Forget, *Nature,
origine et siége de la grenouillette* (*Mémoires de la Société de chirurgie*,
t. II), et dans celle de M. Richet, que M. Forget a citée dans son
rapport sur le travail de M. Jarjavay (*Société de chirurgie*, t. III).
Dans ces cas, quoique les auteurs aient négligé de parler de la
présence ou de l'absence des calculs salivaires, on peut admettre
qu'il s'est agi de véritables *grenouillettes salivaires* ayant succédé à
l'oblitération spontanée du conduit de Warthon ; mais ces faits sont
assurément très-exceptionnels, et bien certainement telle n'est pas
l'origine de la grenouillette commune, de la *grenouillette ordinaire*.

Tout récemment, M. Tillaux (*Thèse inaugurale*, 1861) s'est livré
à des recherches anatomiques intéressantes sur la glande sublinguale, et les résultats qu'il a obtenus permettent vraisemblablement de remonter, dans un grand nombre de cas, au véritable
point de départ de la grenouillette. Il a démontré que la glande
sublinguale n'est pas, comme on a paru le croire jusqu'ici, une
glande unique, parfaitement délimitée, comparable aux glandes
parotide et sous-maxillaire. Elle est constituée par un groupe de
glandes en grappe, distinctes les unes des autres, munies chacune
d'un canal excréteur spécial. Elles ne diffèrent des autres glandes
buccales que par leur volume, leur groupement et leur situation
symétrique de chaque côté du frein de la langue. Le nombre des
conduits excréteurs varie entre quinze et trente.

M. Tillaux pense que la grenouillette est due à la dilatation d'un
des conduits excréteurs de la glande sublinguale, par suite de l'oblitération de l'orifice de ce conduit. L'oblitération est probablement
le résultat de la concrétion des principes salivaires. M. Nélaton avait

dit, il est vrai, que, dans les cas de grenouillette, la salive sortait encore par les conduits excréteurs quand on excitait la sécrétion salivaire; que, par conséquent, le siége de la maladie ne pouvait pas être dans l'intérieur de la glande. Cette objection ne peut plus subsister aujourd'hui qu'il est démontré que la glande sublinguale présente de quinze à trente conduits excréteurs indépendants l'un de l'autre.

M. Lelièvre, dans sa thèse soutenue en 1861, avait déjà admis l'opinion défendue par M. Tillaux, et, dans le *Compendium de chirurgie*, après avoir cité ce travail, MM. Denonvilliers et Gosselin s'expriment ainsi : « L'analogie avec ce qui se passe sur d'autres surfaces tégumentaires autorise à penser, avec M. Tillaux, que l'origine du mal est l'oblitération du goulot d'un de ces petits organes sécréteurs (glandes sublinguales) et l'accumulation progressive du liquide dans leur cavité. » (T. III, p. 273.)

Cette maladie se rencontre principalement chez les adolescents et chez les adultes. Dans quelques cas on l'a observée chez des nouveau-nés : M. Stoltz a cité un exemple remarquable de grenouillette *congénitale* dans la *Gazette médicale* (1833); M. F. Guyon a étudié un cas semblable, présenté en 1866 à la Société de chirurgie.

Enfin quelquefois les kystes qui ont pris naissance au niveau du plancher de la bouche viennent proéminer dans la *région sus-hyoïdienne;* dans une thèse soutenue en 1852, M. Leflaive a fait connaître des faits de ce genre recueillis par MM. Jobert (de Lamballe) et Nélaton. Deux variétés de cette tumeur peuvent être observées : ou bien elle fait saillie du côté de la région sus-hyoïdienne et du côté de la bouche en même temps, ou bien elle proémine seulement vers la région sus-hyoïdienne, et, dans ce dernier cas, on pourrait croire au premier abord qu'il ne s'agit pas d'un kyste ayant son point de départ au niveau du plancher de la bouche.

En 1857, M. Dolbeau a décrit, sous le nom de *grenouillette sanguine* (*Mémoire sur la grenouillette sanguine*), des tumeurs sanguines qui occupent le siége de la grenouillette salivaire. Ces tumeurs pa-

raissent être des tumeurs érectiles veineuses. Le tissu érectile dans
cette région peut présenter la même structure que dans les autres,
c'est-à-dire être composé de lacis à mailles plus ou moins étroites;
c'est ainsi que les choses se présentaient dans un cas mis par Bauchet
sous les yeux de la Société anatomique dès 1854. M. Dolbeau, qui a
eu l'occasion d'observer, coup sur coup, quatre exemples de cette tumeur, a vu, dans l'un de ces cas, la tumeur formée tout à la fois par du
tissu érectile occupant le ventre du digastrique et par une ou deux
lacunes assez spacieuses pour loger une noisette ou une noix, et
contenant du sang. Dans un autre cas, il existait un kyste contenant
de la sérosité rosée et un corps fibrineux, et, tout autour, des veines
dilatées en grande abondance; mais on ne put trouver de communication entre la tumeur et les veines environnantes. M. Dolbeau
pensa que la tumeur kystique était due à la dilatation d'une portion
de veine oblitérée partiellement. Nous avons déjà dit que M. Cruveilhier avait cru pouvoir rapporter à une semblable origine le développement de certains kystes.

M. Denonvilliers (*Compendium*) et Richet (*Thèse* de Lelièvre)
ont observé, l'un sur un enfant à la naissance, l'autre sur un enfant de cinq à six ans, des tumeurs siégeant sous la langue, assez
volumineuses, et constituées par une poche épaisse et contenant de
la graisse mélangée à des débris épithéliaux et à des poils. M. Denonvilliers avait proposé de donner à ces tumeurs le nom de *grenouillette congénitale*. Enfin, dans sa thèse soutenue en 1863 *sur les
tumeurs sublinguales*, M. Landetta (de la Havane) a fait connaître
un exemple très-net de kyste dermoïde sublingual, observé et
analysé par M. Verneuil.

MALADIES DE LA VOÛTE PALATINE ET DU VOILE DU PALAIS.

Assez souvent sur la ligne médiane de la voûte palatine on peut
constater l'existence d'une exostose, à laquelle M. Chassaignac a
donné le nom d'*exostose médio-palatine*, et qu'il considère comme

appartenant au début de la période tertiaire de la syphilis et comme constituant un indice irrécusable de syphilis constitution-nelle (*Bulletin de la Société de chirurgie*, t. II, 1851-1852). L'inter-prétation de M. Chassaignac, vraie dans quelques cas, ne peut pas s'appliquer à tous les faits, car chez quelques individus cette saillie osseuse anomale est due bien évidemment à un simple vice de conformation.

La voûte palatine peut être le siége de tumeurs de différentes natures. Dans sa thèse d'agrégation, *Des tumeurs de la voûte palatine et du voile du palais* (1857), M. Fano a réuni la plupart de ces faits. En 1856, M. Parmentier avait publié dans la *Gazette médicale* un mémoire intitulé : *Essai sur les tumeurs de la voûte palatine*.

M. Fano n'a admis comme probant qu'un seul fait d'anévrisme palatin : l'observation a été donnée par le docteur Teirling (*Gazette médicale*, 1855).

M. Fano a pu réunir huit exemples de *tumeurs érectiles*, dont un appartient à Vidal (de Cassis). Il range parmi elles une tumeur qui avait été observée par M. Delabarre, et classée parmi les ané-vrismes de la voûte palatine par M. Velpeau (*Médecine opératoire*) et, plus tard, par M. Parmentier.

M. Saucerotte (de Lunéville) a publié (*Gazette médicale*, 1856) le premier exemple authentique de *kyste* de la voûte palatine. Cette tumeur avait le volume d'un demi-œuf de pigeon et contenait de la sérosité jaunâtre.

M. Fano a rapporté deux observations d'enchondrôme de la voûte palatine : l'une appartient à Abernethy, l'autre avait été publiée par Jourdain et observée par Varner. Dans la *Gazette médi-cale* (1857), quelque temps après la publication de la thèse de M. Fano, M. Élie Politis a fait connaître une observation intitulée : *Cas de polype fibro-cartilagineux de la voûte palatine*. Quoique l'exa-men microscopique de la tumeur n'ait pu être fait, les auteurs du

Compendium, tenant compte des détails très-précis de l'observation, rangent volontiers ce cas parmi les tumeurs enchondromateuses.

Les dents sont quelquefois déviées de leur situation normale, et, au lieu d'occuper l'arcade alvéolaire supérieure, elles sont portées en arrière. Dans ces cas, elles peuvent être renfermées dans un kyste osseux formé aux dépens des deux lames de l'apophyse palatine. M. Diday (*Thèse d'agrégation*, 1839) a rapporté deux exemples de ce genre : l'un appartenait à Marjolin père; et, en 1854, M. Rouet a fait voir à la Société anatomique une dent enchâssée entre les apophyses palatines des maxillaires, vers la partie moyenne de leur suture.

Tumeurs hypertrophiques du voile du palais.

Jusqu'à l'époque la plus récente, la plupart des tumeurs volumineuses développées dans l'épaisseur du voile du palais étaient décrites sous le nom de *cancer*. Il était réservé aux études micrographiques contemporaines de permettre d'établir la réalité de l'existence de tumeurs du voile du palais, jusque-là confondues avec le cancer et qui, cependant, en diffèrent essentiellement par leur moindre gravité.

Ces tumeurs sont aujourd'hui connues sous le nom de *tumeurs adénoïdes*, d'*anénômes*, de *tumeurs hypertrophiques* du voile du palais.

Dès 1846, M. Marchal (de Calvi) avait fait insérer dans la *Gazette des hôpitaux* (p. 145) une note sur une tumeur du voile du palais, qu'il considérait comme formée par l'hypertrophie d'une glandule.

Dans la séance du 18 mars 1851 de la Société de chirurgie, M. René Marjolin annonçait qu'il avait extirpé une tumeur du voile du palais d'une nature douteuse. « La tumeur, disait-il, est dure, inégale, et présente tout à fait l'aspect d'une tumeur cancéreuse. L'examen microscopique nous dira si elle présentait la cellule caractéristique. Le malade est dans un état de santé parfaite. » L'examen de cette tumeur fait par M. Lebert avait appris, paraît-il, qu'il s'agissait d'une *hypertrophie glandulaire;* mais ce résultat ne se trouve pas consigné dans le *Bulletin* des séances suivantes. Ces faits avaient passé inaperçus, lorsque, en 1852, le 14 janvier, Michon communiqua à la Société de chirurgie une observation très-complète de tumeur du voile du palais *par hypertrophie glandulaire.* L'examen microscopique avait été fait par M. Denucé et par M. Robin, et ce dernier a rappelé cette observation dans son travail sur les *hypertrophies glandulaires* (1852). Le 22 janvier, quelques jours après, M. Galliet (de Reims) et Bauchet publièrent dans la *Gazette des hôpitaux* une leçon faite en novembre 1851 par M. Nélaton, à propos d'un malade atteint d'une tumeur de cette nature. En 1856, dans son travail, M. Parmentier réunit de nouvelles observations, et, en 1857, M. Rouyer lut devant la Société de chirurgie un mémoire intitulé : *Mémoire sur les tumeurs de la région palatine constituées par l'hypertrophie des glandules salivaires.* Ce travail, qui fut, à la Société de chirurgie, l'objet d'un rapport fait par M. Adolphe Richard, a été inséré la même année dans le *Moniteur des hôpitaux.*

Ces tumeurs prennent naissance entre les deux feuillets du voile du palais; elles proéminent beaucoup plus vers la face inférieure du voile. Elles peuvent atteindre le volume d'un œuf. La muqueuse ne leur adhère pas étroitement, et elles ne sont pas non plus intimement liées aux couches profondes. Leur structure a été surtout bien étudiée par MM. Lebert et Robin, qui les considèrent comme dues principalement à l'hypertrophie des glandules salivaires du voile du palais. Leur marche est habituellement lente; quand on les a enlevées, elles ne repullulent pas sur place, ni au loin.

L'*hypertrophie des amygdales* est une affection très-commune, surtout chez les enfants depuis l'âge de quatre à cinq ans jusqu'à celui de douze à quinze ans. Elle est caractérisée par l'augmentation du volume de ces organes, sans changement apparent de leur texture.

Dupuytren (*Clinique chirurgicale*, t. I), Robert (*Bulletin de thérapeutique*, 1843), M. Chassaignac (*Leçons sur l'hypertrophie des amygdales*, 1854), ont étudié avec beaucoup de soin les troubles graves qui peuvent être la conséquence de cette hypertrophie, et Dupuytren

Hypertrophie
des
amygdales.

le premier a appelé l'attention sur cette coïncidence de l'hypertrophie des amygdales avec un arrêt de développement de la poitrine. Mais ce chirurgien n'avait pas bien établi la relation de cause
à effet qui existe entre ces deux états morbides, relation qui a été
bien indiquée par Robert d'abord, puis par M. Chassaignac.

Oreillons.

Le gonflement incolore et indolent des régions parotidiennes,
que l'on a désigné sous le nom d'*oreillons*, a, dans un assez grand
nombre de cas, été suivi, au moment où il disparaît, de l'apparition
d'une orchite, le plus souvent unilatérale et présentant quelques
caractères spéciaux. Plus rarement il a été possible d'établir la
réalité de l'apparition des oreillons à la suite de l'orchite; cependant, dans une note insérée, en 1859, dans la *Gazette des hôpitaux*, M. Billoir en a cité un exemple bien net, et a rappelé deux
faits analogues observés par A. Bérard et le docteur Lynch. Dans
quelques cas, au rapport de M. Trousseau (*Archives de médecine*,
1854), les individus chez lesquels les oreillons doivent être suivis
d'orchite présentent un ensemble symptomatique des plus alar-
mants (fièvre violente, délire, etc.).

De ces faits nous devons rapprocher ceux qui ont été signalés
dans les *Archives de médecine* de 1857 par M. Verneuil, sous le titre :
*Des épanchements dans la tunique vaginale, métastatiques des inflam-
mations de l'arrière-bouche.*

Tumeurs
de
la région
parotidienne.

Les tumeurs de la région parotidienne étaient, il y a une vingtaine d'années, à peu près toutes englobées sous le titre de *cancer*,
de *squirrhe*. Les études provoquées par les recherches micrographiques ont singulièrement contribué à porter la lumière sur cette
importante question, et ont permis d'établir entre les productions
accidentelles de cette région des divisions parfaitement justifiées.
A. Bérard (*Thèse de concours*, 1841) avait tenté quelques efforts
dans cette direction; il avait cherché à donner des signes différentiels
entre les tumeurs relativement bénignes qui, selon lui, prenaient

leur origine dans les ganglions de la région parotidienne, et les tumeurs cancéreuses de la parotide. Les recherches modernes n'ont pas justifié le rôle important qu'A. Bérard voulait accorder aux ganglions lymphatiques dans la production des tumeurs de cette région, et elles ont, au contraire, démontré que c'était dans la glande elle-même que l'on pouvait observer des productions morbides essentiellement différentes au point de vue de leur composition anatomique et de leur gravité relative. Robert paraît avoir indiqué nettement le premier l'*hypertrophie de la parotide* (*Société de chirurgie*, 3 septembre 1851); mais l'histoire complète de cette affection n'a été bien faite que dans le mémoire lu sur ce sujet, devant la Société de chirurgie, par Bauchet, le 25 juin 1856 (*Mémoires de la Société de chirurgie*, t. V). Depuis cette époque, en 1858, M. Dolbeau s'est efforcé de prouver qu'une partie des tumeurs qui étaient autrefois classées parmi les cancers de la parotide appartenait en réalité à une autre variété de productions accidentelles, les tumeurs fibro-cartilagineuses de la parotide (*Mémoire sur les enchondrômes de la parotide; Gazette hebdomadaire*, 1858). M. Cruveilhier, dans son *Anatomie pathologique* (t. III, 1856), avait à peine mentionné les chondrômes parotidiens; mais déjà, depuis plusieurs années, M. Nélaton avait attiré l'attention sur les tumeurs cartilagineuses de la parotide et de la région parotidienne, et plusieurs autres chirurgiens, MM. Velpeau, Gosselin, etc. avaient fait connaître des faits de cette nature. (DOLBEAU, *loco citato*.)

Sous le nom d'*éphidrose* ou *sueur salivaire* parotidienne, M. Rouyer a décrit une affection qui serait caractérisée par la sortie, au moment des repas, à travers la peau de la région parotidienne, d'un liquide transparent sous forme de gouttelettes abondantes. Des faits de ce genre avaient été signalés dans le mémoire déjà cité de M. Baillarger, lu en 1847 à l'Académie de médecine.

Mais, dans ces cas, a-t-on le droit d'admettre que c'est le liquide de la glande parotide qui transsude à travers la peau? M. Brown-

Sequard (*Journal de physiologie*, t. II) fit suivre le mémoire de M. Rouyer de considérations qui tendaient à établir que, dans les cas cités par cet auteur, il s'agissait bien plutôt d'une sécrétion abondante de sueur que d'une transsudation de la salive parotidienne. Cependant l'un des faits de M. Baillarger, dans lequel on a constaté à l'autopsie l'oblitération des deux conduits de Sténon, permet d'admettre la réalité de cette affection.

Les *calculs* du canal de Sténon sont beaucoup plus rares que ceux du canal de la glande sous-maxillaire; et, dans son travail inséré en 1842 dans la *Revue médicale*, M. Duparcque n'a pu en réunir que quatre observations bien authentiques; mais, depuis cette époque, M. Bassow (*Mémoires de la Société de chirurgie*, t. II), et M. Bouteiller (de Rouen) (*Société anatomique*, 1847) en ont fait connaître deux nouveaux cas.

MALADIES DU COU.

Dans beaucoup de cas les *plaies du cou* sont très-graves, par suite de la lésion d'organes plus ou moins indispensables à la vie, et, dans un certain nombre de circonstances, elles peuvent compromettre rapidement les jours du malade. Mais, alors même qu'elles n'ont intéressé que les parties superficielles, elles peuvent présenter un caractère de gravité tout spécial, si elles ont été produites dans un but de suicide. Dieffenbach le premier (*Archives de médecine*, 1834) a bien signalé les phénomènes qu'on observe dans ces cas. Alors, en effet, pour peu que la plaie soit étendue, il se développe assez souvent de la fièvre traumatique, du délire; la plaie se gangrène et se couvre de détritus de mauvaise nature, et la mort survient. Dans ces circonstances, Dieffenbach attribue la mort à la gangrène et au développement de fusées purulentes, mais il semble qu'il faut plutôt invoquer un état particulier du système nerveux.

Lorsque les plaies sont pénétrantes, elles peuvent atteindre les gros vaisseaux, et la blessure de ces organes imprime à l'accident toute sa gravité; mais, en dehors de ces lésions redoutables, la plaie peut se présenter dans des conditions fort différentes, suivant qu'elle porte plus spécialement : *A*, sur la région sus-hyoïdienne; *B*, entre l'os hyoïde et le cartilage thyroïde; *C*, sur le larynx; *D*, sur la trachée.

Lorsque la plaie siége entre l'os hyoïde et le cartilage thyroïde, c'est une *plaie du pharynx*, mais excessivement voisine de la partie supérieure du larynx, et par suite elle est très-grave; et, en supposant que les accidents primitifs aient été limités, le troisième ou le quatrième jour l'inflammation traumatique se propage au larynx, et il se développe une laryngite sous-muqueuse, qui peut emporter les malades à la suite d'une suffocation. Dans ces cas encore, les malades peuvent succomber par suite de la fièvre traumatique, ce qui arriva deux fois sur trois faits observés par Dieffenbach.

Lorsque la plaie porte *sur le larynx*, l'inflammation consécutive peut se propager à ce conduit et déterminer plus tard un rétrécissement et même une oblitération du larynx, ainsi que l'ont démontré les faits de Raynaud (de Toulon) (*Gazette médicale*, 1841) et de Langenbeck (de Berlin).

Les *plaies complètes de la trachée*, sans lésion des gros vaisseaux voisins, sont excessivement rares; cependant, dans un cas où les deux bouts étaient écartés de 6 à 8 centimètres, et où la recherche du bout inférieur avait été très-laborieuse, M. Richet a observé la guérison (*Bulletin de la Société de chirurgie*, 10 janvier 1855).

Les *inflammations phlegmoneuses* superficielles du cou ne présentent rien de particulier; mais celles qui siégent profondément derrière le muscle sterno-mastoïdien et l'aponévrose cervicale se propagent facilement vers la tête et surtout vers la poitrine. Dupuytren a bien décrit cette maladie sous le nom de *phlegmon large du cou* (*Bulletin de thérapeutique*, 1833).

Dans le journal *l'Expérience* (1842), Mondière a réuni tous les

Inflammations du cou.

faits publiés avant lui sur les *abcès rétro-pharyngiens* (*Recherches pour servir à l'histoire des abcès rétro-pharyngiens*, 1842), et a tracé l'histoire de cette grave affection. Ces abcès sont très-rares à l'état chronique; Mondière n'en connaissait que trois faits authentiques; l'un appartient à Desault, un autre à Dupuytren. En 1851, M. Guilbert Bonneau étudia dans sa thèse inaugurale (Montpellier) les collections purulentes du pharynx. En 1861, M. Créquy a consigné dans la *Gazette hebdomadaire* deux faits intéressants d'abcès rétro-pharyngiens et rétro-œsophagiens; enfin, en 1859 et 1863, d'intéressantes discussions ont eu lieu, sur ce sujet, au sein de la Société de chirurgie.

Le *corps thyroïde* peut être le siége de tumeurs multiples; celles-ci ont été étudiées dans leur ensemble par M. Al. Sanson, dans une thèse de concours, soutenue à Strasbourg en 1841; par M. Bach (de Strasbourg) en 1855, dans un mémoire couronné par l'Académie de médecine, et inséré dans les *Mémoires* de cette compagnie savante; et enfin par M. Houel, dans sa thèse d'agrégation (Paris, 1860).

Ces tumeurs sont groupées sous le nom générique de *goître*.

Sous le nom de *goître aigu* on désigne l'inflammation aiguë du corps thyroïde, la thyroïdite inflammatoire, qui a été décrite dans ces dernières années par Bauchet (1857). Cet auteur a établi que la thyroïdite était beaucoup plus fréquente chez la femme que chez l'homme, et que chez celle-là on l'observait surtout à l'époque à laquelle s'établit la ménopause.

Le *goître chronique* comprend les tumeurs diverses formées par l'hypertrophie des éléments normaux du corps thyroïde. L'hypertrophie porte rarement sur l'ensemble des éléments constituants du corps thyroïde, et, sous ce rapport, on peut établir les divisions suivantes : 1° hypertrophie portant plus spécialement sur les vaisseaux sanguins; elle constituera le *goître vasculaire;* 2° sur les vésicules du corps thyroïde (*goître vésiculaire* ou *glandulaire*); 3° sur le tissu fibreux qui forme la charpente de la glande (*goître fibro-aréo-laire* de Lebert).

M. Bach a bien indiqué l'hypertrophie des capsules fibreuses. Le plus généralement, l'élément celluleux et l'élément glandulaire prennent part tous les deux à l'hypertrophie.

On peut rapprocher du goître vasculaire les tumeurs de la thyroïde, qui paraissent avoir été décrites en premier lieu par Basedow, et que M. Charcot a fait connaître en France dans un travail publié dans les *Mémoires de la Société de biologie* (t. III), et intitulé : *Affection caractérisée par des palpitations du cœur et des artères, tuméfaction de la glande thyroïde et double exophthalmie.*

Les tumeurs hypertrophiques du corps thyroïde peuvent présenter un volume très-variable, porter sur tout le corps thyroïde ou seulement sur la partie médiane (*goître médian*), ou sur une des parties latérales (*goître latéral*). Elles présentent souvent un caractère remarquable de mobilité.

On a décrit une espèce particulière de goître remarquable principalement au point de vue symptomatique, et que l'on a désignée sous le nom de *goître suffocant.* M. Bonnet (de Lyon) surtout a insisté sur cette affection. (*Revue médico-chirurgicale*, 1850, et *Gazette médicale*, 1851, *Leçons* recueillies par M. Philippeaux.)

Ce sont généralement les goîtres de moyen volume qui occasionnent des accidents de suffocation ; ils ne présentent pas d'ailleurs de constitution anatomique spéciale. Ce sont des hypertrophies simples, avec augmentation de volume des vaisseaux, avec kystes ou sans kystes. Ce qu'il y a de spécial dans ces cas, c'est que la trachée-artère prend une forme rétrécie. Elle subit un aplatissement antéro-postérieur ou transversal, suivant que la compression a été exercée d'avant en arrière ou sur les côtés. En général, cet aplatissement s'accompagne d'une modification de texture dans les cerceaux fibro-cartilagineux : ils sont amincis.

Le caractère le plus important, c'est la gêne de la respiration : les inspirations sont plus fréquentes et s'accompagnent d'un bruit trachéal caractéristique. La dyspnée est continue; mais elle présente des *intermittences* dans son *intensité;* des individus ont quelquefois à leur réveil une respiration facile, et, quelques heures après, les *accès de suffocation* recommencent.

On a recherché avec soin, surtout dans ces derniers temps, quelle était la cause de la suffocation dans le goître peu volumineux, et des diverses théories que l'on a émises sont nés différents modes de traitement.

Première théorie. — Dans une première opinion on admet que le goître est suffocant lorsqu'il se développe dans les parties profondes du corps thyroïde, c'est-à-dire dans les portions attenant à la trachée-artère. C'est là le goître qui se développe de l'extérieur à l'intérieur; il est nommé *goître en dedans* par Fodéra, Ferrus, etc. Cette opinion ne conduit à aucun traitement spécial.

Deuxième théorie. — Bonnet (de Lyon) (*Mémoire cité*) a émis deux théories. La première consiste à attribuer la suffocation à l'obstacle apporté au développement du corps thyroïde par le muscle sterno-mastoïdien, qui est très-tendu. Alors l'organe se développe d'avant en arrière et comprime la trachée : d'où la nécessité de la section du sterno-mastoïdien.

Troisième théorie. — Dans sa deuxième théorie, Bonnet suppose que la suffocation est due à l'obstacle qu'apportent le sternum et l'extrémité de la clavicule au développement d'arrière en avant du corps thyroïde, qui d'abord s'était développé de haut en bas pour se placer derrière le sternum. Le goître, alors, prend des dimensions plus considérables d'avant en arrière, et la trachée est comprimée : de là un nouveau mode de traitement institué par Bonnet, et qui consiste à *soulever la tumeur de derrière le sternum* et à *la fixer en un autre endroit.*

Quatrième théorie. — M. Bach (de Strasbourg) (*Mémoire cité*) prétend que le goître suffocant augmente de volume par suite de la *rupture des vaisseaux,* suivie d'hémorragie, dans les parties du corps thyroïde voisines de la trachée. De là la compression de ce conduit. De plus, si le sang se résorbait, la partie sanguine reviendrait sur elle-même et, en se resserrant, elle étreindrait la trachée.

Cinquième théorie. — M. Sédillot (*Médecine opératoire*) a fait jouer le rôle le plus important à la tension de l'*aponévrose cervicale,* et par suite a proposé le débridement de cette lame fibreuse pour remédier aux accidents de suffocation.

Aucune de ces théories ne s'applique à tous les goîtres suffocants. On doit leur reconnaître des causes variables, et le sterno-mastoïdien, le sternum et la clavicule, l'aponévrose cervicale, le développement du goître en dedans, les épanchements sanguins, jouent tour à tour un rôle important.

Il faut ajouter que, dans un grand nombre de cas, les accidents se calment sous l'influence d'un traitement convenable, sans intervention chirurgicale; M. Gosselin, qui a observé un assez grand nombre de ces faits (*Thèse* de Houel), craint que Bonnet n'ait été trop enclin à les opérer rapidement.

Les tumeurs liquides du corps thyroïde ont tour à tour reçu des noms différents : on les a appelées *goître séreux, hydrocèle du cou, bronchocèle aqueux,* etc.

Maunoir (de Genève), un des premiers, a donné de cette variété de goître une description complète dans un mémoire présenté à l'Institut en 1815 et imprimé en 1825.

Depuis cette époque, MM. Laugier, Velpeau (*Recherches sur les cavités closes,* etc.), MM. Fleury et Marchessaux (*Archives de médecine,* 1839), Bonnet (de Lyon), M. Desgranges, ont attiré l'attention des observateurs sur cette lésion, mais le plus souvent ils ont confondu les kystes du corps thyroïde avec les kystes du cou en général, et cette confusion se retrouve encore dans la thèse de concours, sur les *kystes séreux du cou,* soutenue en 1851 par M. Voillemier.

Les tumeurs liquides du corps thyroïde s'observent plus fréquemment que les tumeurs solides de cet organe, et elles compliquent souvent ces dernières. Ces tumeurs, considérées comme rares, tandis que les autres kystes du cou seraient fréquents, sont en réalité, selon M. Houel (*Thèse citée*), beaucoup plus communes que ces derniers.

Les kystes du corps thyroïde peuvent être divisés de la manière suivante : 1° kystes hydatiques; 2° kystes séreux; 3° kystes hématiques.

D'après les recherches de M. Houel, les kystes hydatiques du corps thyroïde sont extrêmement rares, et il n'en connaîtrait qu'un seul cas authentique, qui a été observé par M. Nélaton et qu'il a publié dans sa thèse d'agrégation. Il rejette les observations antérieures comme incomplètes.

Les kystes séreux sont les plus communs. Il paraît généralement admis aujourd'hui que, dans le plus grand nombre des cas, ils naissent des cavités closes vésiculaires qui constituent la masse principale de la thyroïde.

Les kystes hématiques ont été décrits par M. Michaux (de Louvain) (*Bulletin de l'Académie de médecine de Belgique*, t. II). Sous le nom d'*hématocèle du cou*, il a signalé l'existence de kystes sanguins qui méritent d'appeler l'attention, parce que, après leur ponction, il s'écoule une quantité très-grande de sang, et qu'à la suite de leur ouverture peuvent se développer très-rapidement les accidents les plus graves : inflammation violente, fièvre, délire, etc. Malheureusement la ponction seule permet de les diagnostiquer d'avec les kystes séreux; mais, dans ces cas, la nature du liquide sorti devra faire suspendre immédiatement l'opération. M. Michaux n'a pas bien spécifié quel était le point de départ de ces tumeurs; cependant, dans un cas, il a pu déterminer très-nettement que le kyste avait son origine dans le corps thyroïde.

Dans la région du cou, en dehors des kystes du corps thyroïde, on rencontre encore d'autres tumeurs liquides, que les chirurgiens modernes ont étudiées avec soin.

Les *kystes accidentels extra-thyroïdiens et non sanguins* sont excessivement rares. Ils peuvent occuper des régions variables, mais c'est surtout dans les trois endroits suivants qu'ils se développent : 1° dans l'espace hyo-thyroïdien; 2° dans la région sus-hyoïdienne; 3° dans la région sous-hyoïdienne. Généralement ces derniers sont placés sur la ligne médiane.

Dans les *Archives de médecine* (1852), M. Verneuil a publié un mémoire intéressant, intitulé : *Recherches anatomiques pour servir à l'histoire des kystes de la partie supérieure et médiane du cou*, dans lequel il a donné une description des bourses séreuses qui avoisinent l'os hyoïde : 1° *bourse thyroïdienne sous-cutanée;* 2° *bourse profonde sous-hyoïdienne* ou *thyroïdienne;* 3° *bourse sus-hyoïdienne;* en outre, *glandules de la base de la langue*, etc. Ces notions anatomiques, rapprochées des faits cliniques, ont contribué à permettre d'assigner un siége précis aux diverses collections séreuses de la région péri-hyoïdienne.

Kystes hyo-thyroïdiens. —— Ces kystes, situés entre l'os hyoïde et le cartilage thyroïde, sont généralement gros comme une noisette, une noix. Ils sont indolents. Les femmes surtout se préoccupent de leur existence, à cause de la petite difformité à laquelle ils donnent lieu. Leur histoire est très-intéressante, à cause de l'extrême longueur de temps qui est nécessaire pour leur guérison (souvent il reste une petite fistule au niveau de la tumeur) et de leur fréquente récidive. Boyer avait parfaitement fait ressortir ces deux points de leur histoire.

Quel est leur point de départ? On a admis qu'ils naissaient dans une bourse synoviale, et Vidal et M. Verneuil partagent cette opinion. Une petite capsule synoviale située au-dessus de l'échancrure du cartilage thyroïde a été en effet signalée par Béclard, mais elle est médiane, tandis que les kystes sont le plus souvent de l'un ou de l'autre côté; et d'ailleurs, dans ce cas, rencontrerait-on d'aussi grandes difficultés pour les guérir? Depuis Béclard, M. Verneuil a constaté l'existence d'une bourse synoviale placée sur les parties latérales de la membrane thyro-hyoïdienne, au niveau du bord antérieur du muscle thyro-hyoïdien, et qui envoie un prolongement jusque vers l'os hyoïde. Cette profondeur de la bourse séreuse expliquerait, d'après ce chirurgien, la difficulté avec laquelle ces kystes arrivent à la guérison.

Quant à M. Nélaton, frappé aussi de la difficulté qu'ont ces kystes à guérir, de l'aspect albumineux et gélatiniforme de leur liquide, et de la ressemblance de ce dernier avec le liquide de la grenouillette, il a pensé que leur développement se faisait aux dépens *des follicules de la base de la langue.*

Kystes sous-maxillaires. — D'autres kystes spéciaux, latéraux, se développent dans la courbe du digastrique, au-dessous du muscle mylo-hyoïdien. Ils sont très-rares. M. Verneuil pense qu'ils prennent naissance dans une bourse synoviale qui est au-dessus de l'os hyoïde et au-dessous de l'attache des muscles génio-glosses.

Les *kystes sous-hyoïdiens* contiennent un liquide séreux, sanguin, quelquefois épais, mucilagineux. Ils sont très-rares. On peut les énucléer assez facilement.

Nous avons déjà signalé le travail de M. A. Richard (*Mémoires de la Société de chirurgie*, t. III), qui, étudiant la pathogénie de certains kystes du cou, a cherché à montrer qu'ils pouvaient avoir pour point de départ une altération particulière des ganglions lymphatiques.

Les *kystes congénitaux* sont des affections encore plus rares que les précédentes. Ces kystes congénitaux ont surtout fixé l'attention des observateurs en Angleterre et en Allemagne, et l'état de la science sur ce sujet a été présenté dans la thèse soutenue en 1854 par M. Virlet sur les *kystes congénitaux du cou.* C'est à M. César Hawkins qu'est due la première description bien faite de cette lésion (1843). M. Nélaton en a observé un cas qui a été présenté par M. Lorain à la Société de biologie (1853); M. Verneuil, en août 1854, en a fait voir un bel exemple à la Société anatomique. M. Marjolin, M. Gilles (*Archives de médecine,* 1853), ont aussi observé des faits de ce genre.

Ils n'ont pas de siége déterminé; ils sont sus-thyroïdiens, sous-maxillaires ou sous-thyroïdiens, médians ou latéraux. Leur contenu est un liquide séreux, séro-albumineux, gélatineux. On y a trouvé des poils, des dents.

Les *corps étrangers* introduits dans les *voies aériennes* constituent une maladie chirurgicale extrêmement dangereuse, très-difficile à traiter, et cependant dans laquelle l'art, en intervenant rapidement, peut amener la guérison complète.

Corps
étrangers
des
voies aériennes.

L'introduction de ces corps étrangers constitue un accident rare ; car Boyer, pendant sa longue carrière, n'en avait vu que quelques cas.

L'histoire de ces corps étrangers avait été faite pour la première fois d'une manière complète par Louis (*Mémoires de l'Académie de chirurgie*, t. IV, édition in-4°). Depuis cette époque les faits et les travaux se sont multipliés.

Pelletan (*Clinique*, t. I), Dupuytren (*Leçons de clinique*, t. III), A. Bérard (*Thèse d'agrégation*, 1830), M. Aronssohn, dans un mémoire publié en 1836 (*Archives de médecine*), M. Mondière (*Expériences*, 1840), Lenoir (*De la bronchotomie, thèse de concours*, 1841), M. Paul Guersant (*Notices sur les maladies des enfants*, 1866-1867), M. Bertholle, dans un mémoire couronné par l'Académie de médecine en 1865, nous ont fait connaître un grand nombre de particularités de l'histoire de ces corps étrangers. A côté de ces auteurs, beaucoup d'autres ont publié quelques observations intéressantes.

Une fois la glotte franchie, le corps étranger s'arrête dans le larynx au-dessus de la glotte, mais le plus souvent il passe entre les cordes vocales et tombe dans la trachée. S'arrête-t-il toujours dans la trachée-artère? Toujours, au dire de Louis ; mais des faits bien observés prouvent qu'il peut pénétrer dans les bronches, s'arrêter quelquefois juste au niveau de la bifurcation de la trachée. artère, comme cela a été constaté en 1841, dans le service de Blandin, à l'autopsie d'un enfant de deux ans.

L'anatomie pathologique et la clinique surtout ont bien démontré que ces corps se portaient souvent dans les bronches. Des expériences faites sur le cadavre par Brodie, par Jobert (de Lamballe) (*Académie des sciences,* 1851), ont prouvé que le corps étranger tend surtout à descendre dans la bronche droite.

Les accidents sont *immédiats* ou *éloignés;* les premiers sont surtout la toux et la suffocation plus ou moins imminente. Si l'on ne remédie pas immédiatement à la présence du corps étranger, il peut quelquefois être expulsé plus tard (après dix, quinze, vingt jours), ou bien rester indéfiniment dans les voies aériennes. Alors survient une toux habituelle, semblable à celle que l'on observe chez les individus atteints de tubercules pulmonaires, de la fièvre le soir, de l'épuisement, et la mort. A l'autopsie on trouve des traces d'inflammation de la trachée, des bronches, des ramifications bronchiques, ou un abcès, dont les parois sont constituées par le tissu cellulaire extérieur à la trachée. Chez les enfants, la mort arrive souvent d'une manière beaucoup plus rapide, à la suite de maladies aiguës, telles que la bronchite capillaire, la pneumonie et différentes autres inflammations de voisinage.

Dupuytren (*Journal hebdomadaire,* 1830) insistait sur l'importance d'un bruit de *grelottement particulier* que l'on percevrait à l'aide du stéthoscope, lorsque le corps étranger se déplace; ce signe ne peut malheureusemeut être perçu bien souvent. Pour faciliter le déplacement du corps étranger, il peut être avantageux de mettre le malade la tête en bas. Cette manœuvre fut utile chez le célèbre malade de Brodie, l'ingénieur anglais Brunel, qui avait avalé un demi-souverain. Brunel sentait parfaitement le corps étranger changer de place lorsqu'il penchait la tête.

Aujourd'hui, dans un certain nombre de cas, l'examen laryngoscopique pourrait faciliter le diagnostic; et, en 1864, M. Moura-Bourouillou a communiqué à l'Académie de médecine un cas dans lequel il avait extrait avec succès du larynx une épingle, dont la présence en ce point avait été reconnue à l'aide du laryngoscope.

Dans son travail, M. Bertholle cite cent trente observations dont il fait connaître l'origine, et, d'accord avec tous les chirurgiens contemporains, il conclut que les deux seuls moyens efficaces de traitement que nous possédions sont : *la position inclinée de la tête et du tronc* et la *laryngotomie* ou la *trachéotomie*. Le premier moyen a donné lieu à plusieurs succès et pourra être employé toutes les fois qu'un corps sera assez dur pour obéir aux lois de la pesanteur; il faudra toutefois ne pas oublier qu'il pourrait devenir dangereux si, l'inclinaison de la tête étant prolongée, le corps étranger restait en contact avec la glotte.

L'histoire des *polypes du larynx* peut se partager en deux périodes, séparées par la découverte du laryngoscope. Malgré les travaux importants publiés avant la découverte du laryngoscope, on peut dire que celle-ci a fait une révolution complète dans le diagnostic des polypes du larynx, et que le traitement de ces tumeurs est devenu plus rationnel à mesure que le diagnostic a gagné en certitude.

Le plus important travail sur les polypes du larynx publié pendant la première période dont nous avons parlé est dû à M. Ehrmann (de Strasbourg) (*Histoire des polypes du larynx*, 1850). M. Trélat, à l'Académie de médecine (1865), M. Boeckel, à la Société de chirurgie, MM. Fauvel et Fournié, à l'Académie de médecine, ont fait plusieurs communications intéressantes sur ce sujet. Le numéro de février des *Archives* de 1867 renferme un mémoire de M. Follin sur un cas de polype multiple du larynx, traité et guéri par la laryngotomie thyroïdienne. Mais nous devons signaler un livre important, qui a paru à l'étranger en 1865, et qui est dû à la plume de M. Burns (de Tubingue) (*Die laryngoscopie und die laryngoscopische chirurgie*, 1865). En 1866, M. Fournié a également publié un volume sur le même sujet.

Les *rétrécissements de la trachée* n'ont donné lieu jusqu'à ce jour à aucun travail complet, mais de louables efforts ont été tentés par M. Charnal (1859) et par M. Cyr (1866).

Quant aux *rétrécissements de l'œsophage,* leur histoire a été traitée dogmatiquement dans la thèse d'agrégation soutenue en 1853 par M. Follin. Dans ce travail se trouvent réunies toutes les données que possède la science sur ce point.

En mars 1865, M. Panas a lu devant la Société de chirurgie un travail, inséré depuis dans les *Mémoires* de cette Société (t. VI), sur la *compression par tumeur de la portion cervicale et intra-thoracique du grand sympathique* et sur les *signes qui caractérisent cette compression.* Il a démontré que, dans ces cas, on avait pu observer chez l'homme tous les caractères assignés aux lésions de la portion cervicale du grand sympathique chez les animaux, c'est-à-dire congestion de la portion correspondante de la face et de la conjonctive oculaire, rétrécissement de la pupille, sueurs, etc. Ainsi que M. Cl. Bernard l'a fait remarquer pour les animaux, tous ces signes, sauf un, ont disparu spontanément au bout des deux premiers mois de leur apparition, malgré la continuation de la compression. Le seul signe qui a persisté jusqu'à la mort des malades a été le rétrécissement pupillaire. Quelquefois on ne constate l'existence que d'un ou deux signes; l'observation de M. Panas est la seule jusqu'ici dans laquelle tous les signes se sont trouvés réunis.

MALADIES DE LA POITRINE.

Les *plaies pénétrantes de poitrine* présentent souvent une gravité considérable; les chirurgiens militaires ont eu l'occasion de les observer en grand nombre; aussi les livres tels que ceux de Larrey (*Clinique chirurgicale* et *Mémoire* inséré dans le tome I des *Mémoires de l'Académie de médecine*), et, plus près de nous, le livre de M. Legouest renferment-ils des documents importants sur ce sujet. Ces plaies peuvent intéresser le cœur, les gros vaisseaux, les poumons, et souvent elles sont promptement mortelles. Elles offrent des complications nombreuses; une des plus communes, *l'emphysème,* a donné lieu, de la part des chirurgiens, à d'importantes recherches, rappelées déjà dans un autre chapitre de ce travail.

Nous devons signaler le mémoire de M. Cloquet (*Nouveau Journal de médecine*, 1819) sur l'*influence des efforts sur les organes renfermés dans la cavité thoracique*, dans lequel ce chirurgien a longuement développé la théorie d'après laquelle il faudrait rapporter au mécanisme de l'effort la plupart des hernies accidentelles du poumon. Les *Mémoires de la Société de chirurgie* (t. I, 1847) renferment un travail des plus considérables sur les *hernies du poumon*. Morel-Lavallée, qui en était l'auteur, a étudié cette question dans ses plus grands détails.

En 1857, M. Jamain, dans une thèse soutenue pour le concours d'agrégation, a présenté d'une façon très-complète l'histoire des *plaies du cœur*.

Dans ces dernières années, M. Gosselin, sous le titre de *Recherches sur les déchirures du poumon sans fracture des côtes correspondantes*, a publié dans les *Mémoires de la Société de chirurgie* (t. I, 1847) un travail dans lequel il donne la démonstration rigoureuse de l'existence de ces lésions, qui avait été révoquée en doute.

On comprend facilement, en effet, les déchirures du poumon produites par un corps contondant ou par des fragments de côte, mais on conçoit plus difficilement ces mêmes déchirures coïncidant avec l'intégrité de la charpente thoracique. Cependant les autopsies faites par Hewson, Smith; les observations cliniques du docteur Lafargue (*Journal de médecine de Bordeaux*, 1840), du docteur Saussier (*Thèse de* 1841, sur le *pneumo-thorax*), celles enfin de M. Gosselin, ne peuvent plus permettre aucune hésitation sur ce point.

Voici le mécanisme d'après lequel M. Gosselin suppose que ces lésions peuvent avoir lieu : une violence extérieure agissant puissamment sur le thorax sans fracturer les côtes, celles-ci compriment le poumon surtout au niveau du point où a agi le corps contondant. Ainsi pressé, le poumon tend à fuir ou à s'affaisser. Mais, pour qu'un organe d'une structure aussi souple, aussi élastique, éprouve une déchirure, il faut, de toute nécessité, qu'il résiste à la violence extérieure, et pour cela que l'air soit retenu dans les vésicules pulmonaires. On doit donc admettre que la glotte se trouve momentanément fermée, comme elle l'est pendant l'effort. Si la partie correspondante au choc résiste, il peut se faire que la déchirure ait lieu dans un point plus ou moins éloigné.

Ce mode de production exige que les arcs chondro-costaux présentent une certaine flexibilité. L'observation a en effet démontré que cet accident s'observe surtout chez de jeunes sujets.

Abcès et fistules des parois thoraciques.

Tout récemment M. Leplat a fait paraître dans les *Archives de médecine* (1865) un long mémoire sur les *abcès de voisinage dans la pleurésie* et la *pathogénie et l'étude clinique des abcès des parois thoraciques*. En 1859, M. Maurice Perrin avait lu devant la Société de chirurgie un intéressant travail, intitulé : *Mémoire sur une variété non décrite de fistules pulmonaires cutanées*. A la fin de son travail M. Perrin put conclure qu'il existait deux variétés de fistules pulmonaires, distinctes surtout au point de vue étiologique : les unes provoquées et entretenues par une affection pulmonaire antérieure et concomitante, les autres provoquées et entretenues par un travail phlegmasique des parois thoraciques.

Maladies de la mamelle et de la région mammaire.

Maladies de la mamelle et de la région mammaire. — Les développements dans lesquels nous sommes entrés, en traçant l'histoire des tumeurs en général, nous dispensent de revenir sur les questions de doctrine dont l'étude des tumeurs de la glande mammaire a été le point de départ. Nous avons indiqué le rôle important qu'ont joué les travaux d'A. Cooper, de MM. Cruveilhier et Velpeau, pour la délimitation des diverses espèces de tumeurs du sein, et fait voir comment les tumeurs mammaires *chroniques* d'A. Cooper, *fibreuses* de M. Cruveilhier, *fibrineuses* et *adénoïdes* de M. Velpeau, correspondaient en réalité à une seule lésion, l'hypertrophie glandulaire; et nous avons dit quelle part l'école micrographique avait prise à la solution de cette importante question. Nous ne voulons ajouter ici que quelques mots relatifs à des points particuliers de l'histoire des tumeurs du sein.

En France, M. Velpeau, depuis plus de trente ans, a dirigé ses recherches vers cette classe importante d'affections chirurgicales, et ses premières publications sur ce sujet datent de 1822. Depuis cette époque, elles se sont succédé presque sans interruption, et ont été faites soit par lui directement, soit par les nombreux élèves qui ont écrit sous sa direction. L'article *Mamelle* inséré par lui dans le *Répertoire médical* semble avoir été le point de départ des mémoires importants publiés, par M. Nélaton, sur les *inflammations du sein* (*Thèse d'agrégation*, 1839), et par A. Bérard, sur le *diagnostic différentiel des tumeurs du sein* (*Thèse de concours*, 1842). Les discussions académiques de 1844 et de 1854 ont aussi permis à M. Velpeau de faire connaître le résultat de ses nombreux travaux sur ce point de la chirurgie, et enfin, en 1853, après plus de trente années d'études, ce chirurgien a publié son *Traité des maladies du sein et de la région mammaire*. Ce livre, le plus complet qui existe sur la matière, arriva rapidement à une seconde édition en 1858. Dans ce bel ouvrage sont décrites, avec les plus grands détails, toutes les maladies de cette importante région; ce livre restera, vraisemblablement, pendant longtemps encore, la monographie la plus complète sur ce point de la science.

La mamelle et la région mammaire peuvent devenir le siége d'*inflammations* qui ont été longtemps englobées dans une même description. Frappés des différences qu'elles présentent, les chirurgiens ont cherché dans les dispositions anatomiques de la région la raison de leurs diverses variétés. M. Velpeau a surtout attiré l'attention des chirurgiens sur le siége véritable des inflammations mammaires, et M. Nélaton, dans sa thèse d'agrégation, en 1839, s'est efforcé d'établir nettement les caractères qui les différencient. Les travaux de M. Giraldès sur *l'anatomie chirurgicale de la région mammaire* (*Mémoires de la Société de chirurgie*, t. II), un mémoire de M. Chassaignac (*Gazette médicale*, 1855), ont permis de compléter la description de ces maladies.

Les phlegmons et abcès de la mamelle ont été divisés par M. Velpeau en : 1° phlegmons et abcès du mamelon et de l'aréole; 2° phlegmons et abcès du tissu cellulaire sous-cutané; 3° phlegmons et abcès de la glande mammaire; 4° phlegmons et abcès de la région sous-mammaire. Cette division est aujourd'hui généralement acceptée.

Les phlegmons et abcès de la glande mammaire, qui sont de beaucoup les plus fréquents, se développent principalement pendant la période puerpérale, et semblent succéder sans exception à une angioleucite qui a eu pour point de départ une gerçure du sein, une petite excoriation à ce niveau. MM. Nélaton et Velpeau ont fait tous leurs efforts pour démontrer la réalité de cette assertion, et l'application à la pathologie des recherches si complètes de M. Sappey sur les *vaisseaux lymphatiques de la région mammaire* rend facilement compte de ce mode de propagation. Presque tous les vaisseaux lymphatiques de cette région prennent en effet naissance sur l'aréole mammaire ou sur le mamelon lui-même, et, de ce centre commun, ils vont se ramifier en suivant les cloisons fibreuses de la mamelle, et vont se disperser en divergeant dans toutes les directions, à des profondeurs diverses.

Il est un point d'étiologie que nous voulons signaler ici. Le phlegmon est-il plus fréquent chez les femmes qui allaitent que chez celles qui ne nourrissent pas? « Il règne à ce sujet, dit M. Velpeau, une doctrine erronée. Abusés par Jean-Jacques Rousseau, beaucoup de physiologistes, d'accoucheurs et de médecins se sont imaginé qu'en ne nourrissant pas la femme s'expose aux phlegmasies, aux abcès et à toutes sortes de maladies du sein; rien cependant n'est plus inexact. »

L'observation attentive des faits montre de la manière la plus formelle que les femmes qui nourrissent sont plus souvent affectées d'abcès que celles qui ne nourrissent pas.

Les abcès chroniques de la mamelle sont excessivement rares. A. Cooper en a fait connaître deux cas, M. Velpeau quatre, et Marjolin en avait publié un très-remarquable observé par lui et M. Laugier (*Dictionnaire* en trente volumes, t. XVII, article *Kystes*).

On a désigné sous le nom d'*hypertrophie générale de la mamelle* un développement considérable de cette glande que l'on voit survenir chez quelques femmes. Dans ce cas, l'augmentation de volume constitue le symptôme principal de l'affection, qui souvent occupe les deux côtés et qui, le plus ordinairement, affecte le sein gauche à un plus haut degré. Quelquefois le volume du sein est énorme. L'augmentation de volume peut être lente et progressive; d'autres fois elle est très-rapide et peut entraîner à sa suite les désordres généraux les plus graves. L'excès de nutrition peut porter à la fois sur le tissu adipeux, sur la glande, sur les cloisons interlobulaires, ou sur ces trois tissus à la fois. M. Velpeau a consigné un certain nombre de faits de cette nature dans son *Traité des maladies du sein*. M. Manec (*Gazette hebdomadaire*, 1859) a opéré une jeune fille de dix-sept ans, atteinte d'hypertrophie générale des deux mamelles. L'un des seins pesait quinze livres et l'autre seize. La malade a parfaitement guéri.

L'hypertrophie partielle de la mamelle (*tumeurs adénoïdes* de M. Velpeau) se rencontre à tous les âges; mais elle est plus fréquente pendant la période de la vie où les femmes sont soumises à la menstruation, et principalement chez les femmes non mariées, et surtout chez celles qui, mariées, sont restées stériles. (Velpeau.) La mobilité de ces tumeurs, l'intégrité des téguments dans le plus grand nombre des cas, l'absence d'engorgements ganglionnaires, l'état de santé général satisfaisant, constituent un ensemble de signes qui peuvent habituellement les faire différencier des tumeurs cancé-

reuses. On a cependant cherché à trouver des caractères différentiels encore plus tranchés, et, en 1852 (*Revue médico-chirurgicale*),
M. Adolphe Richard a appelé l'attention sur l'écoulement d'un
liquide séreux ou séro-sanguinolent par le mamelon, comme signe
des affections du sein, et a conclu que cet écoulement ne se rencontre que dans les hypertrophies de la glande mammaire. Des
observations dues à Boyer, d'autres d'A. Bérard, de M. Velpeau, etc.
n'ont pas justifié la valeur de ce nouveau signe.

Galactocèles.

Le nom de *tumeurs laiteuses* ou *galactocèles* s'applique aux tumeurs formées par du lait ou par quelques-unes des parties constituantes du lait contenu dans les conduits naturels de la glande.
M. Velpeau a donné aussi ce nom à l'épanchement du lait entre les
couches organiques de la région mammaire; mais les observations
tendant à faire admettre les faits de cette nature ne sont pas complétement démonstratives.

L'accumulation du lait (*kyste laiteux, galactocèle*) dans les canaux
galactophores semble avoir été indiquée pour la première fois par
Scarpa. Ce fait est rapporté dans le livre de Boyer et dans les
Archives de médecine (1826). A. Cooper, Dupuytren, en ont aussi
observé des exemples, et M. Velpeau, en 1838, en fit l'objet d'une
courte description. Depuis cette époque, M. Forget (*Bulletin de
thérapeutique*, 1844) a publié un exemple très-remarquable de galactocèle, recueilli dans le service de M. Jobert (de Lamballe).

Kystes
de la région
mammaire.

La région mammaire peut encore être le siége d'autres kystes
à contenu *séreux, séro-sanguin, séro-muqueux.* (VELPEAU.)

Ces kystes siégent tantôt dans le tissu cellulaire sous-cutané,
tantôt entre les lobules ou dans l'épaisseur même du parenchyme.
Quelquefois le point de départ de ces kystes se trouve dans les *acini*
qui ne communiquent plus avec les canaux excréteurs de la glande,
ou bien ils résultent, suivant M. Velpeau, de la dilatation de quelque
conduit galactophore. Chez une malade opérée en 1853 par

M. Denonvilliers, la tumeur était formée par de petits kystes très-
nombreux, et ayant de 1 à 3 millimètres de diamètre. M. Verneuil,
qui examina la pièce avec grand soin (*Bulletins de la Société anatomique*, 1853), pensa qu'on devait attribuer leur développement à
des rétrécissements multiples des conduits galactophores, car ils
communiquaient entre eux par un trajet fort étroit qui permettait
l'introduction d'un stylet très-fin. M. Verneuil a tenté de rattacher
à l'hypertrophie des *acini* mammaires (*Bulletins de la Société anatomique*, 1854) l'espèce particulière de kystes décrite par A. Cooper,
sous le nom d'*hydatide celluleuse*.

Quant au *cancer*, il peut se rencontrer sous toutes ses formes
dans la mamelle; mais les deux plus fréquentes sont sans contredit
l'encéphaloïde et le squirrhe. M. Heurteaux (*Société de chirurgie*,
1865) a étudié une forme rare de cancer, le *cancer ostéoïde*.

MALADIES DE L'ABDOMEN.

Les maladies chirurgicales de l'abdomen, par leur fréquence, par
le degré de gravité qu'elles présentent, méritaient d'attirer toute
l'attention des chirurgiens. Jamais d'ailleurs les données scientifiques
modernes n'avaient trouvé un champ d'application plus favorable.
Aussi voyons-nous mises tour à tour à contribution, pour éclairer
l'histoire des plaies et des hernies abdominales, les connaissances
nouvelles et précises fournies par l'anatomie chirurgicale, l'expérimentation, l'observation rigoureuse, l'histoire de l'art, la statistique.
Nous verrons, chemin faisant, à quel point l'étude de ces questions
a été modifiée à notre époque, et quelle large part les chirurgiens
français ont prise aux progrès accomplis dans cette voie.

Des contusions superficielles ou profondes, des plaies pénétrantes,
simples ou accompagnées de lésions viscérales, de rupture des parois; des épanchements traumatiques plus ou moins abondants,
peuvent, dans la région abdominale, être le résultat de violences
extérieures.

Les *contusions limitées aux parois de l'abdomen* peuvent donner lieu à des épanchements sanguins considérables, ainsi que le fait voir un cas de la *Clinique* de Pelletan (1810); ces épanchements peuvent siéger au niveau des diverses couches qui constituent la paroi abdominale, et M. Velpeau a constaté, chez trois sujets morts à la suite de violences extérieures, la présence du sang dans le tissu cellulaire sous-péritonéal. Mais, plus souvent, si le corps contondant a été mû avec une certaine puissance, la *contusion* s'étend *aux viscères contenus dans la cavité abdominale*. Quelques-uns d'entre eux, le foie et la rate, deviennent très-facilement le siége de déchirures profondes. Les déchirures du foie, si fréquentes à la suite des grands traumatismes, avaient été invoquées par Richerand pour expliquer la formation des abcès à la suite des plaies de tête; mais depuis longtemps la science a fait justice de cette interprétation erronée. Ce chirurgien, par ses expériences sur le cadavre, démontra avec quelle facilité ces déchirures pouvaient être produites. Presque toujours situées à la face convexe du foie, dans quelques cas elles n'existent qu'à la face inférieure, comme dans le fait de M. Pénasse (1831), et l'on peut alors se demander si la déchirure a été produite par un contre-coup. Les *Bulletins de la Société anatomique* renferment des exemples nombreux de ces lésions, dont plusieurs, fort intéressants, sont dus à MM. Desnos, Boucher, Broca, etc.

Les faits de rupture de la vésicule biliaire sont assez nombreux, et MM. Breschet et Velpeau ont pu en rassembler plusieurs.

Les mêmes auteurs ont groupé un grand nombre d'exemples de rupture de la rate, et la collection des *Bulletins de la Société anatomique* est riche en observations de ce genre; parmi elles, l'une des plus dignes d'être citées appartient à M. le docteur Pigné.

La contusion simple des reins a été observée par M. Bergeron, et, dans un cas dû à M. Raynaud, le rein a été divisé en quatre ou cinq parties. M. Devergie a cité un cas de rupture du pancréas.

Presque toutes les parties du tube digestif ont pu être intéressées, alors que la paroi abdominale elle-même était intacte, et, sui-

vant M. Jobert (de Lamballe), des ecchymoses plus ou moins étendues de l'intestin accompagnent presque toujours la contusion des
parois de l'abdomen.

La vessie, l'utérus gravide, peuvent également être déchirés
sous l'influence d'une contusion violente.

Breschet, Richerand, ont rapporté des exemples de rupture de
la veine cave inférieure, et M. Legouest a vu l'aorte divisée à la suite
d'une ruade qu'un maréchal ferrant reçut dans le ventre, au niveau
de l'ombilic.

Tous ces faits de ruptures profondes existant alors que la paroi
abdominale a conservé son intégrité, mieux connus des chirurgiens
de notre époque, ont vivement éveillé leur sollicitude, éclairé leur
pronostic et dirigé leur traitement. Ils ont posé en principe que
l'on devait dans ces cas, si le blessé avait échappé à la mort, toujours admettre l'existence de la lésion la plus sérieuse, et par suite
condamner le tube digestif au repos le plus absolu, à l'aide de la
position, de la diète, de l'emploi de préparations opiacées, pour
faciliter l'établissement d'adhérences qui peuvent, en cas d'escarres,
empêcher un épanchement consécutif dans la cavité abdominale.

Les *plaies de l'abdomen* limitées aux parois de cette cavité ne
doivent pas nous arrêter. Lorsque la blessure a intéressé l'épaisseur entière de la paroi, elle peut être *simple* ou *compliquée de lésions
viscérales*. A notre époque, M. Malgaigne (1857) a nié l'existence
des plaies pénétrantes simples du ventre, sans lésion des viscères;
mais les observations et les expériences sur le cadavre en ont établi
la réalité.

La plaie existe, les viscères peuvent rester contenus dans la cavité du ventre, mais ils peuvent aussi venir faire saillie à l'extérieur.
Quelle doit être, dans ce cas, la conduite du chirurgien? Malgré
quelques cas de réduction spontanée de l'intestin (BODIN, 1834),
les chirurgiens s'accordent à reconnaître que l'on doit le faire rentrer dans le ventre. Mais doit-on procéder ainsi lorsqu'il s'agit de

la hernie de l'épiploon? Il y a quelques années à peine, les chirurgiens n'avaient encore d'autre guide que le précepte de Boyer, qui, fort embarrassé, avait dit : « On se conduira suivant les circonstances, » précepte assurément peu propre à fixer les esprits. Aujourd'hui, grâce aux observations de MM. H. Larrey (1845), Robert (1850), Jobert (de Lamballe) (1857), les bénéfices de l'expectation sans réduction ont été bien démontrés. Cependant le précepte de laisser dans une plaie du ventre un épiploon sain qu'on ne peut réduire par un taxis ordinaire n'est pas considéré comme absolu.

L'histoire des plaies de l'intestin a surtout été éclairée, à notre époque, par l'expérimentation. Travers (1812), en Angleterre, Jobert (de Lamballe) (1824-1829) et Reybard (1830), en France, ont par leurs expériences apporté dans cette question un grand degré de précision. Travers et Jobert, malgré quelques variantes, ont pu conclure de leurs expériences : qu'une simple ponction de l'intestin guérit sans le secours de l'art; qu'une plaie de 6 à 7 millimètres ne serait pas même un obstacle à la réduction de l'intestin blessé, bien qu'il soit plus prudent de fermer l'ouverture. Dans ces cas, le péritoine et la tunique musculeuse se rétractent et laissent la plaie béante; la muqueuse fait au travers de la plaie une hernie et forme une sorte de bouchon qui s'oppose à la sortie des matières. Ils ont pu établir également que, lorsque les plaies étaient plus étendues, les longitudinales offraient moins de danger que les transversales, et qu'en tout cas une blessure, intéressât-elle tout le calibre de l'intestin, offrait beaucoup moins de danger si le blessé est à jeun, le danger principal venant de l'épanchement.

Jobert a pu indiquer aussi comment l'épiploon, venant recouvrir les lèvres de la plaie, pouvait favoriser leur cicatrisation.

De tous ces faits sont nées deux grandes indications : diminuer autant que possible la quantité de matière qui devra traverser l'intestin, fermer l'ouverture de la plaie. La seconde indication peut être remplie par l'emploi de la ligature ou de la suture. Pour la suture des intestins, la seule méthode rationnelle est l'*adossement des séreuses*, et c'est à Jobert (de Lamballe) que revient l'honneur de l'avoir formulée le premier (1824). La méthode admise, les procédés se sont multipliés entre les mains de Jobert, Denans, Baudens et Lembert; mais, entre tous, le procédé de suture de M. Gély occupe une place à part, et offre cet avantage incontestable de permettre au fil de tomber dans la cavité de l'intestin. Ces questions seront exposées plus longuement dans une autre partie de notre travail.

Les *ruptures de la paroi abdominale*, sans lésion de l'enveloppe cutanée portent principalement sur les muscles; elles peuvent être dues à des violences extérieures ou à des contractions musculaires. Larrey, Pelletan, M. Velpeau, Vidal, MM. Jarjavay, Legouest, ont signalé plusieurs faits de ce genre. Ils ont été réunis dans le *Dictionnaire encyclopédique* par M. F. Guyon (1864).

Les parois abdominales peuvent aussi devenir le siége d'*inflammations* plus ou moins aiguës.

Les phlegmons profonds de la paroi abdominale ne sont pas très-fréquents et donnent quelquefois lieu à de grandes difficultés de diagnostic. Ils sont de deux espèces : les phlegmons aigus et les phlegmons à marche lente, chronique, *phlegmons chroniques* de M. Laugier. Dance, dans le tome I du *Dictionnaire* en trente volumes et dans les *Archives de médecine* (1832); Bricheteau (1839, même recueil), ont étudié ces inflammations.

Les phlegmons franchement aigus sont rares; ils se développent principalement au voisinage de l'ombilic; on les observe à tous les âges, mais surtout chez les adultes; leur cause occasionnelle reste souvent inconnue. En 1850, M. Bernutz a inséré dans les *Archives générales de médecine* un excellent travail sur ces inflammations (*Des phlegmons de la paroi abdominale antérieure; Archives*, 1850).

Les *phlegmons* et les *abcès de la fosse iliaque* étaient évidemment connus des chirurgiens et des accoucheurs du siècle dernier; mais ils les considéraient comme uniquement consécutifs aux couches, et c'est à Dupuytren (*Leçons de clinique*, t. III) que l'on doit d'avoir mieux fait connaître les caractères de ces phlegmasies. Les leçons de cet illustre chirurgien donnèrent sur ce point une vive impulsion à la science, et bientôt parurent d'importants travaux, parmi lesquels ceux de Dance : *Mémoire sur quelques engorgements qui se développent dans la fosse iliaque* (*Répertoire d'anatomie et de physiologie pathologique* de Breschet, t. IV); de Ménière : *Sur les tumeurs phlegmoneuses occupant la fosse iliaque droite* (*Archives de médecine*, 1827), méritent une mention particulière. MM. Piotay et Lebatard, dans leurs thèses soutenues en 1837, ajoutèrent de nouveaux faits à ceux que l'on possédait déjà; et, en 1839, M. Grisolle publia dans les *Archives de médecine* un travail considérable, dans lequel il reprit complétement l'historique de cette phlegmasie et traça de cette affection une histoire très-complète. Depuis lors, M. Velpeau traita ce sujet avec détails dans ses *Leçons de clinique* (t. III, 1841); M. Barthélemy publia *sur les abcès de la fosse iliaque* un mémoire dans les *Annales de la chirurgie française et étrangère* (t. II, 1841), et, en 1846, M. Monnot soutint sa thèse inaugurale sous ce titre : *Des abcès de la fosse iliaque interne* (*Thèse* de Paris, 1846). Citons enfin la thèse de M. Simon (1848) et le rapport de Bauchet sur un mémoire de M. Collineau (*Gazette hebdomadaire*, 1862).

Ces phlegmons et abcès ont été divisés en ceux du *tissu cellulaire sous-péritonéal* et en ceux qui se développent au-dessous du *fascia iliaca*, dans la gaîne du muscle psoas. Cette distinction, quelquefois difficile à faire au lit du malade, est toujours très-importante; elle n'est peut-être pas suffisamment indiquée dans les auteurs que nous avons cités.

Les *phlegmons* et *abcès sous-péritonéaux* doivent être divisés en *puerpéraux* et *non puerpéraux*. Les premiers ne nous présentent rien de bien spécial à signaler. Quant aux seconds, ils sont beaucoup plus fréquents chez l'homme que chez la femme (sur 56 cas, M. Grisolle en a trouvé 46 chez l'homme et 10 chez la femme), et chez l'homme on les observe beaucoup plus souvent à droite qu'à gauche.

Le *phlegmon sous-jacent à l'aponévrose fascia iliaca* n'a pas eu pendant longtemps de description spéciale, et a été confondu dans la description du phlegmon iliaque sous-péritonéal.

A la fin du siècle dernier, Delamotte avait indiqué l'inflammation prenant son point de départ dans le muscle psoas-iliaque; mais ce n'est qu'en 1834 que Kyll (*Journal de Rust*) donna la première description de la maladie sous le nom de *psoïtis, psoïte;* puis des faits importants de cette nature furent signalés par Dance, M. Guéneau de Mussy, M. Perrochaud. A propos des cas publiés par ce dernier, M. Mercier (*Bulletin,* 1837) fit devant la Société anatomique un excellent rapport sur ce sujet. MM. Vigla (*Société anatomique*), Ernest Cloquet (*Archives,* 1842), firent connaître quelques nouvelles particularités de cette affection, et, en 1840, Ferrus fit paraître, sur le *psoïtis,* un long et très-complet article, inséré dans le tome XXVI du *Dictionnaire* en trente volumes. Depuis lors, M. Ferrand a soutenu sur ce sujet une bonne thèse en 1848, et M. Colin a publié en 1861 un mémoire important sur la psoïte (*Recueil de mémoires de médecine et de chirurgie militaires*).

Malgré ces travaux, on décrit encore aujourd'hui d'abord une variété sous-aponévrotique du phlegmon iliaque; puis on fait une répétition en donnant une nouvelle description pour la psoïte. Incontestablement, dans l'état actuel de la science, il y a encore un peu d'obscurité sur cette question, et cette obscurité s'explique très-bien quand on sait combien, en clinique, il est difficile de reconnaître ces inflammations profondes sous-aponévrotiques. L'inflammation au-dessous du *fascia iliaca* peut occuper exclusivement le trajet du psoas, et c'est ce qui a frappé certains auteurs; mais assez souvent l'inflammation peut s'étendre au muscle iliaque.

La psoïte peut se montrer à l'état aigu ou à l'état chronique, et c'est cette dernière forme qui a été bien décrite par Kyll; elle présente, surtout à sa première période, de grandes difficultés de diagnostic; la coxalgie et certaines affections de la colonne vertébrale peuvent simuler cette affection.

Les *phlegmons périnéphrétiques* ou *périrénaux* s'observent assez rarement; ils se développent dans le tissu cellulaire abondant qui enveloppe le rein et se propagent peu à peu au tissu cellulaire de la paroi abdominale postérieure. Ils succèdent le plus souvent à une maladie du rein ou de ses enveloppes; mais dans quelques cas on a été obligé de reconnaître l'existence de phlegmons périnéphrétiques primitifs.

A la suite de ces phlegmons, apparaissent des suppurations très-abondantes, dont la gravité peut être très-grande et dont le diagnostic, établi en temps opportun, présente une importance de premier ordre.

Cette affection a d'abord été étudiée avec les plus grands détails dans le livre de M. Rayer (*Maladies des reins*, 1839). Avant cette époque, et depuis, divers observateurs ont publié des faits intéressants (CIVIALE, HÉLIE, GENDRIN, CHASSAIGNAC, etc.); mais, dans ces dernières années principalement, cette affection a donné lieu à plusieurs travaux importants. En 1860, deux thèses ont été soutenues à Paris sur ce sujet, l'une par M. Picard, l'autre par M. Aristide Féron; cette dernière surtout renferme de très-précieux documents. Depuis lors encore, M. Demarquay a fait insérer dans l'*Union médicale* (1862) une série de leçons sur cette maladie, et, en 1863, M. Hallé a choisi pour sujet de sa dissertation inaugurale l'étude des *phlegmons périnéphrétiques*.

Parmi les tumeurs de la paroi abdominale, les unes, telles que le lipôme, le cancroïde, le cancer, etc. n'ont pas donné lieu à des descriptions spéciales; mais certains fibrômes de cette région méritent une attention toute particulière.

Des *tumeurs fibreuses* peuvent se développer dans tous les points de la paroi abdominale; mais celles dont nous voulons parler ici ont pour siége la partie inférieure et externe de cette paroi. Un de leurs caractères est de s'insérer par un pédicule plus ou moins étroit au bord libre de la crête iliaque, et plus particulièrement à l'épine iliaque antérieure et supérieure.

Ces sortes de tumeurs, qui n'ont jusqu'à ce jour été observées que chez des femmes, atteignent un volume qui varie entre celui d'un œuf de poule et celui des deux poings réunis.

En 1860, dans la séance du 22 août, M. Huguier fit à la Société de chirurgie une communication sur ce point, et décrivit ces tumeurs comme des masses purement fibreuses, de forme sphérique ou ovoïde, en simple contact avec le bassin, ou adhérentes à son squelette par un pédicule plus ou moins long et plus ou moins volumineux. En 1861, M. Charles Bodin (de Blois), élève de M. Huguier, soutint sa thèse sur ce sujet, et l'intitula : *Tumeurs fibreuses péripelviennes*. Il a voulu surtout indiquer par là que ces tumeurs forment une catégorie à part dans l'espèce morbide des tumeurs fibreuses du bassin. Quelques tumeurs fibreuses en effet prennent naissance dans la fosse iliaque; mais ce n'est pas de celles-là qu'il s'agit ici. En 1862, M. Nélaton publia une leçon sur ce sujet dans la *Gazette des hôpitaux* (février 1862), et appuya sa description sur plusieurs faits qu'il avait observés depuis longtemps déjà. Dans la discussion qui eut lieu à la Société de chirurgie, à la suite de la communication de M. Huguier, Michon rappela, en effet, que, quelques années auparavant, M. Nélaton avait opéré l'une de ces tumeurs en sa présence et en présence de M. Deguise père.

Michon en avait observé deux cas, et dans l'un il avait fait l'opération avec succès. En 1860, M. Gosselin avait aussi enlevé une production de cette nature, et M. Chassaignac rappela que, en 1858, il avait présenté à la Société de chirurgie une femme qui avait été opérée par lui pour une tumeur analogue.

Ces tumeurs forment une masse plus ou moins considérable,

ayant un pédicule assez large, adhérent au voisinage de l'épine iliaque ou à cette épine elle-même, et un corps plus ou moins arrondi. Profondément logées dans la paroi abdominale, elles sont cependant libres en avant, où elles sont recouvertes par le muscle transverse de l'abdomen, qui ne leur adhère pas. En arrière, ces tumeurs sont en rapport avec le *fascia transversalis*, qui les sépare du *fascia propria* et du péritoine. Ces tumeurs peuvent présenter des adhérences secondaires du côté du péritoine, comme l'ont vu MM. Huguier, Nélaton, Gosselin. Chez la malade de celui-ci l'adhérence était très-intime, et, pour ne pas ouvrir le péritoine, il fut obligé de laisser une petite portion de la tumeur.

Le diagnostic de ces tumeurs est encore difficile; mais il le deviendra beaucoup moins, aujourd'hui que l'attention a été appelée sur la possibilité de leur existence.

Le seul traitement véritablement efficace à leur opposer est l'extirpation. Dans le plus grand nombre des cas, il faudra avoir recours à une incision oblique, semblable à celle que l'on fait pour la ligature de l'iliaque externe, et, le péritoine étant décollé, on arrivera généralement sur le pédicule, dont on pratiquera la section.

Hernies
abdominales.

La question des *hernies* est une des plus vastes, des plus épineuses de la chirurgie. Depuis les temps les plus reculés jusqu'à l'Académie de chirurgie inclusivement, ces affections donnèrent lieu à un grand nombre de recherches; mais presque toujours les travaux des auteurs anciens ont reposé bien plus sur des interprétations théoriques, variables suivant l'époque, que sur l'observation rigoureuse des faits.

Le xixe siècle ouvrit une ère nouvelle : les recherches de Scarpa sur l'anatomie des hernies, les travaux d'A. Cooper, de M. J. Cloquet, de Dupuytren, de M. Velpeau, de Malgaigne, de M. Gosselin, de M. Broca et de beaucoup d'autres chirurgiens qui ont abordé certains faits de détail, ont largement modifié et considérablement perfectionné la description de ces maladies.

Les *hernies intestinales* et *intestino-épiploïques réductibles* ont donné lieu à des remarques importantes, que nous allons signaler rapidement. M. Cruveilhier avait appelé l'attention sur certaines modifications que subissent les orifices des trajets parcourus par les hernies, lorsque celles-ci sont anciennes, et principalement sur cette particularité, que les ouvertures *exclusivement formées de tissu fibreux* perdent presque toujours dans ce cas la *rigidité* et l'*inextensibilité* qui caractérisent le tissu fibreux normal. Depuis lors, M. Gosselin a insisté sur cette disposition, qui rend ces anneaux impropres à devenir des *agents d'étranglement*, et, de plus, il a fait voir qu'au contraire, dans les mêmes conditions, les ouvertures circonscrites par du *tissu cellulaire* peu ou point mélangé de tissu fibreux, comme celles du *fascia crebriformis*, celles de l'*orifice supérieur du canal inguinal*, subissent quelquefois une modification telle, que le tissu cellulaire ou cellulo-fibreux qui les circonscrit à l'état normal est transformé en *tissu fibreux inextensible*, et peut, à un moment donné, devenir un agent d'étranglement. Cette remarque importante permet de comprendre l'action de l'anneau de la hernie crurale, qui a tant embarrassé les anatomistes.

M. Demeaux, qui a publié, en 1842, dans les *Annales de la chirurgie française et étrangère*, un bon travail sur l'évolution du sac herniaire, a signalé une vascularisation abondante à la surface externe du collet du sac, et a admis la transformation de la séreuse péritonéale en tissu dartoïque au niveau du collet. Mais cette opinion a été combattue par M. Roustan (*Journal de chirurgie de* Malgaigne, t. I) et par M. Gosselin (*Leçons sur les hernies*, 1865).

Quoi qu'il en soit, lorsque la hernie est ancienne, le collet est devenu moins extensible, qu'il soit ou non épaissi, et c'est à M. Cloquet (1817) que l'on doit l'explication la plus satisfaisante de ces modifications.

En 1852, M. Parise a présenté à la Société de chirurgie un travail dans lequel il a signalé une disposition très-rare du sac herniaire. Quelquefois il y a un sac, comme à l'ordinaire, dans le trajet herniaire, puis un autre sac, plus profondément, derrière l'ouverture abdominale, sous le péritoine pariétal, dans la fosse iliaque par exemple; il y a un *sac extérieur* et un *sac intérieur*. Cette disposition s'observe à la suite de la réduction en masse d'une hernie. Le sac est venu alors se placer dans l'intérieur de l'abdomen. Il prend, dans cette nouvelle position, des adhérences qui l'y maintiennent, et, plus tard, l'ouverture de la paroi abdominale restant libre, une quantité nouvelle de péritoine est chassée de ce côté : un sac nouveau est produit. Aux trois faits rapportés par M. Parise M. Gosselin put en ajouter cinq dans le rapport qu'il fit sur le travail de ce chirurgien.

Hernies
graisseuses.

Dans les régions où se forment habituellement les hernies, on rencontre quelquefois certaines tumeurs sous-cutanées, constituées par un peloton graisseux, adhérent à une portion déplacée du péritoine pariétal, péritoine formant un sac herniaire extrêmement étroit, aussi étroit au niveau du fond qu'au niveau du collet. On a désigné ces tumeurs sous le nom de *hernies graisseuses*. Cette portion du péritoine constitue-t-elle un sac préexistant en voie de formation? Ou est-ce un sac qui, après avoir, pendant plus ou moins de temps, renfermé des viscères, a cessé d'en contenir et est revenu sur lui-même? La première explication a été soutenue par Scarpa et par M. Velpeau (*Dictionnaire* en trente volumes, t. I); et la seconde, qui avait été présentée, pour la première fois, par A. Paré, a trouvé des défenseurs dans MM. Bigot (*Thèse* de 1821) et Bernutz (*Thèse* de 1846); mais M. Bernutz n'admet pas que le refoulement du sac soit dû à une pression mécanique produite par la graisse hypertrophiée.

Études relatives
à
l'étiologie
des hernies.

Malgaigne a jeté une vive lumière sur toutes les questions relatives à l'étiologie des hernies. Par rapport à leur fréquence, il a établi, dans ses *Leçons sur les hernies*, publiées en 1841 par M. Gelez, qu'elles atteignaient un vingtième de la population. Il a admis, comme l'avait dit Bordenave, que sur 100 hernieux on rencontrait environ 2 enfants; mais il a fait remarquer que c'est surtout depuis la naissance jusqu'à l'âge de deux ou trois ans que les enfants sont atteints de hernie. Chez les vieillards les hernies sont très-fréquentes. Malgaigne, à Bicêtre, sur 3,000 individus, a trouvé 1,033 hernies: plus d'un tiers. D'un autre côté, aux Invalides, M. Hutin n'a trouvé que 7 ou 8 hernieux pour 100. Cela peut tenir à ce que cette population spéciale est composée d'individus qui étaient vigoureux dans le principe, et à l'âge du service militaire (vingt ans) ne portaient pas de hernies.

Les deux sexes sont prédisposés aux hernies; mais les femmes le sont moins que les hommes. La proportion des petits garçons affectés de hernies est notablement plus considérable que celle des petites filles. Aux autres âges, Malgaigne a trouvé (relevé fait au bureau central pour dix années) 389 hommes pour 1 femme.

Les professions, la position sociale, prédisposent plus ou moins aux hernies. Malgaigne, dans une statistique établie d'après les résultats du recrutement de 1816 à 1823 dans les divers arrondissements de Paris, a fait voir que les arrondissements pauvres avaient donné 1 hernieux sur 28 individus, et les arrondissements riches 1 sur 37. Dans une thèse soutenue en 1856, M. le docteur Amen, en s'appuyant sur certaines données de l'anatomie comparée, a essayé de démontrer que les hernies étaient plus fréquentes chez les pauvres, parce que ceux-ci faisaient en général usage d'une nourriture plus végétale qu'animale; mais la démonstration n'a pas été suffisamment rigoureuse.

On avait dit que les hernies étaient plus fréquentes dans les pays chauds que dans les pays froids, dans les pays de montagnes que dans les pays de plaines. Malgaigne, dans les relevés qu'il a faits sur les registres de la conscription pour toute la France, en 1836, a fait voir que ces propositions ne sont pas appuyées sur une observation rigoureuse, au moins pour notre pays. Il résulte de ses recherches que le nombre des hernieux est plus grand dans les départements du centre que dans ceux de la périphérie. Malgaigne, ne pouvant attribuer cette différence à l'humidité ou à la sécheresse des lieux, l'a expliquée par les différences de races; les départements du centre ayant été peuplés primitivement par la race celtique, ceux de la périphérie par les races normande, bretonne, kimrique, germanique et ibère. Il a même dressé une carte herniaire de la France.

Ces résultats, d'ailleurs si intéressants, n'ont pas tous été acceptés sans discussion par M. Gosselin (*loco citato*).

Accidents
des hernies.

Les *accidents graves qui compliquent les hernies* et s'opposent brusquement à leur réduction ont, à toutes les époques, préoccupé vivement les chirurgiens. Des doctrines diverses se sont succédé; leur histoire nous présente un grand intérêt, puisque, dans ce cas, à côté de la théorie, se rencontre immédiatement l'application pratique, et que la rapidité de l'intervention chirurgicale peut être très-différente, selon la doctrine émise.

Doctrines
de l'engouement
et de
l'inflammation
herniaire.

Jusqu'au commencement de notre siècle, la doctrine de l'*engouement* fut à peu près acceptée sans réserve. A cette époque, Brasdor (*Société de médecine* de Paris, 27 thermidor an ix) osa mettre en doute la doctrine régnante; mais sa voix ne fut pas entendue, et, dans son livre, Boyer exposa avec sa lucidité habituelle l'histoire de l'engouement herniaire. La doctrine de l'engouement était arrivée à l'apogée de sa gloire, lorsque, en 1839, Malgaigne, dans un mémoire lu à l'Académie de médecine (*Examen des doctrines sur l'étranglement des hernies*), tenta de substituer la doctrine de l'*inflammation* à celle de l'*engouement*, et démontra victorieusement que la plupart des observations d'engouement ne méritaient pas ce titre. M. Broca défendit avec grande habileté les idées de Malgaigne; dans sa thèse d'agrégation (1853), il ne put réunir que cinq observations authentiques d'engouement herniaire et arriva à cette conclusion : que « l'engouement des hernies était possible, réel, mais que les accidents qu'on lui avait jusqu'alors attribués étaient dus à l'*inflammation* qu'il provoquait, et que d'ailleurs, dans l'immense majorité des cas, ce que l'on appelait l'*engouement herniaire* n'était autre chose que l'inflammation pure et simple des hernies, sans la moindre accumulation de matières dans l'intestin. »

M. Broca admet avec Malgaigne que l'étranglement véritable par les anneaux ou le collet du sac ne se manifeste jamais primitivement dans les *hernies volumineuses, anciennes et non contenues.* Suivant eux, dans tous ces cas, les accidents que l'on peut observer sont dus à l'inflammation.

En réalité, à la doctrine de l'*engouement* Malgaigne et, après lui, M. Broca ont voulu substituer la doctrine de l'*inflammation.*

M. Gosselin, dès 1844 (*Thèse d'agrégation*), puis dans des publications diverses (1859, 1861, 1863), et enfin dans ses *Leçons,* publiées en 1865, a vivement combattu cette nouvelle doctrine, et a fait tous ses efforts pour démontrer que la plupart des faits interprétés par Malgaigne à l'aide de la théorie de l'*inflammation* devaient être rapportés à l'*étranglement herniaire,* et que les seuls cas dans lesquels on pût véritablement invoquer cette théorie étaient des exemples de hernies épiploïques.

Ainsi, pour M. Gosselin, dans les hernies intestinales, l'accident qui domine tous les autres, c'est l'*étranglement.*

L'étranglement a reçu son nom au milieu du xviie siècle; mais cette doctrine ne prit une consistance réelle que lorsque Riolan eut découvert l'anneau du grand oblique et imaginé deux autres anneaux placés obliquement derrière le premier. (Broca, *Thèse citée.*) A partir de ce moment, on admet que l'étranglement peut être produit par ces trois anneaux; mais Winslow ayant démontré que le transverse et le petit oblique n'avaient pas d'anneau fibreux, l'anneau externe du grand oblique fut chargé à lui seul de don-

Étranglement herniaire.

ner naissance à tous les étranglements. Lorsque A. Cooper eut découvert l'anneau inguinal interne, presque toutes les hernies s'étranglèrent à ce niveau; on ne réserva pour l'anneau externe que les hernies anciennes et volumineuses. Quant à la hernie crurale, on admit d'abord qu'elle s'étranglait contre le ligament de Fallope, et, plus tard, ce qui fut considéré comme un grand progrès, contre le ligament de Gimbernat.

Au commencement du siècle, Scarpa décrivit le canal crural et admit que la hernie crurale s'étranglait contre ce prolongement du *fascia lata*, désigné depuis par Allan Burns sous le nom de *repli falciforme*.

A ce moment, l'*étranglement par les anneaux* était admis comme doctrine générale. Cependant, en 1725, Ricot, chirurgien de Saint-Denis, avait découvert l'étranglement par le *collet du sac*. (Broca, *Thèse citée.*) Rejeté par Louis et l'Académie de chirurgie, réhabilité en France par Deschamps (*Journal* de Fourcroy, 1791), puis par Scarpa, l'étranglement par le *collet du sac* fut considéré par Dupuytren comme le plus fréquent.

A la même époque, en Angleterre, A. Cooper considérait ce mécanisme de l'étranglement comme exceptionnel, alors qu'en France Dupuytren l'admettait six fois sur neuf (*Leçons orales*). M. Broca nous a appris que, dès 1822, Ravin de Saint-Valery, dans un travail qui eut peu de retentissement, avait déjà émis cette conclusion.

Vers 1840, l'influence de ces deux premiers agents de l'étranglement était admise, mais l'opinion générale était: en Angleterre, que l'étranglement avait surtout lieu par les anneaux; en France, qu'il était principalement dû à l'étroitesse du collet du sac. En France, on pensait que la *hernie inguinale* s'étranglait principalement au niveau de l'orifice externe du canal, et, en Angleterre, à l'anneau interne.

Quant à la hernie crurale, on la considérait comme s'étranglant tantôt au niveau de l'orifice supérieur, tantôt au niveau de l'orifice

inférieur du canal crural, opinion qu'avait professée A. Cooper.
En France, on faisait jouer le principal rôle au ligament de Gimbernat, quoique déjà M. Velpeau (BROCA, *Thèse citée*) eût insisté
sur la fréquence de l'étranglement par le *fascia crebriformis*.

En 1839, dans ses leçons, Malgaigne nia aussi l'étranglement
de la hernie fémorale par l'anneau crural; il soutint qu'elle ne pouvait être étranglée que par le collet du sac ou par le *fascia crebriformis*; il transportait ainsi le siége de l'étranglement d'un anneau
naturel à un anneau *accidentel*; et, quelques mois après, il lut à l'Académie un mémoire dans lequel il niait formellement l'*étranglement
par les anneaux fibreux*. Malgaigne avait voulu parler seulement des
anneaux fibreux naturels, mais il n'avait pas fait une restriction
suffisante pour les anneaux accidentels.

Aujourd'hui, après les célèbres débats auxquels prirent surtout
part M. Diday, dans la *Gazette médicale*, M. Laugier, dans son *Bulletin chirurgical*; M. Velpeau, M. Sédillot, dans les *Annales de la
chirurgie*, on a produit des faits et des arguments de nature à
prouver sans réplique que l'étranglement pouvait être déterminé
par les anneaux fibreux, et l'on admet généralement : 1° que, dans
la hernie inguinale, l'étranglement est presque toujours produit
par le collet du sac, mais quelquefois aussi par l'anneau; 2° que,
dans la hernie crurale, au contraire, l'étranglement est presque
toujours produit par l'ouverture du *fascia crebriformis*.

Quel qu'il soit, l'agent de l'étranglement, plus ou moins résistant,
plus ou moins serré, donne naissance à des lésions diverses sur
les parties étranglées (intestins, épiploon). On doit à Jobert (*Traité
des maladies chirurgicales de l'abdomen*, 1829) des expériences sur
les animaux, qui ont jeté sur ces questions une vive lumière,
et ont surtout permis d'apprécier les modifications qui surviennent
pendant les premières heures de l'étranglement, lésions que
l'on a rarement l'occasion d'observer chez l'homme. La thèse récente de M. Nicaise (1866) a été consacrée à l'étude de la même
question.

Une lésion rare, consécutive de l'étranglement, consiste dans un rétrécissement très-marqué, sinon dans une oblitération de l'anse intestinale; elle a été étudiée par Ritsch dans les *Mémoires de l'Académie de chirurgie*, par J. P. Tessier dans un travail intéressant publié en 1838 dans les *Archives*, et par M. Guignard dans sa thèse inaugurale en 1846.

L'anus contre nature, qui succède assez souvent à l'étranglement herniaire, a été étudié dans les plus grands détails par Scarpa et Dupuytren, et la description qu'ils en ont donnée est encore aujourd'hui très-remarquable. Dans ces dernières années, M. E. Q. Legendre, dans un mémoire lu à la Société de chirurgie le 23 juillet 1856, a étudié avec soin la formation des adhérences et les modifications qui surviennent dans la structure de l'intestin, chez certains sujets, au niveau de l'ouverture de la paroi abdominale. En se fondant sur des expériences faites sur les animaux, il a établi que la muqueuse était séparée de la musculeuse par un tissu cellulaire très-épais, friable et facile à décoller; que la tunique musculeuse était elle-même épaissie et considérablement hypertrophiée, même sur le bout inférieur, de telle sorte qu'à ce niveau, entre la muqueuse et le péritoine, il existe un espace trois ou quatre fois plus considérable qu'à l'état normal. La connaissance de cette disposition explique la réussite de l'opération tentée par Malgaigne pour obtenir la guérison radicale de l'anus contre nature.

Scarpa avait découvert et décrit l'*infundibulum membraneux* et parfaitement indiqué son rôle dans le curieux mécanisme de la guérison spontanée. Pour cet illustre chirurgien, c'est le sac herniaire ou plutôt ses débris qui constituent les parois de l'entonnoir membraneux; c'est sur la portion du col du sac herniaire non détruite que l'intestin prend adhérence. Il est aujourd'hui bien démontré que, alors même que l'intestin adhère immédiatement au pourtour de l'ouverture abdominale, il peut ultérieurement se créer un *infundibulum*. Dans la théorie de Scarpa, l'*infundibulum* serait tapissé par une muqueuse accidentelle. Dupuytren (1829) avait déjà bien constaté que c'est la muqueuse intestinale elle-même qui tapisse l'entonnoir, mais il n'avait pas ajouté d'importance à ce fait. Malgaigne (*Moniteur des hôpitaux*, t. II) a soutenu depuis que, dans le véritable anus contre nature, c'est toujours la muqueuse intestinale qui tapisse l'*infundibulum*. M. Foucher déclare que cette constitution du trajet accidentel se retrouve dans toutes les pièces qu'il a examinées, et Dupuytren avait dit que cela s'observait dans le plus grand nombre des cas.

Ces nouvelles études d'anatomie et de physiologie pathologiques, auxquelles il convient de joindre toutes celles qui ont été faites sur les anus sans éperon (VELPEAU, 1836), les observations sur l'incidence des bouts divisés par rapport à la paroi abdominale (VELPEAU, LAUGIER, SÉDILLOT, MALGAIGNE, etc.), les remarques de Lallemand (1829) sur les conditions de la nutrition chez les sujets atteints d'anus contre nature, ont toutes contribué aux perfectionnements remarquables apportés dans le traitement de cette triste infirmité. Nous aurons plus loin occasion d'insister sur ce point; nous rappellerons dès maintenant que les nombreux et remarquables travaux entrepris à ce sujet dans notre pays ont été très-complétement résumés dans la très-bonne thèse d'agrégation de M. Foucher (1857).

Les *hernies inguinales* sont les plus communes de toutes, d'après les statistiques de Malgaigne. Elles offrent des *variétés* dont les unes sont *communes* ou *rares*, et les autres *exceptionnelles*. Les principales variétés *communes* sont les suivantes : 1° la hernie est peu volumineuse, elle reste à la partie supérieure du canal inguinal; c'est la *pointe de hernie* de Malgaigne. 2° La hernie remplit tout le canal inguinal; c'est alors la hernie *intra-inguinale* de Boyer, *interstitielle* de Dance, *intra-pariétale* de M. Goyrand. 3° et 4° On distingue encore des hernies *inguino-pubiennes* et *inguino-scrotales*. Parmi les variétés *rares* des hernies inguinales, il faut signaler les hernies *vaginales*, dont le sac est constitué par la tunique vaginale qui n'est pas oblitérée. On a appelé longtemps *hernie inguinale congénitale* cette variété de hernie; mais elle existe rarement au moment de la naissance et ne se développe que plus ou moins longtemps après; aussi vaut-il mieux l'appeler *hernie de la tunique vaginale* avec A. Cooper, ou *hernie vaginale* avec Malgaigne. Elle se divise elle-même en hernie *vaginale funiculaire* et hernie *vaginale testiculaire*, suivant qu'elle a à parcourir un trajet plus ou moins étendu. Ces hernies ont généralement un *collet étroit* et leur étranglement est des plus graves.

Les hernies inguinales *exceptionnelles* sont : la hernie inguinale *oblique interne*, indiquée par Goyrand (d'Aix) et décrite par M. Velpeau (*Annales de la chirurgie française et étrangère*), et enfin la hernie inguinale *enkystée* d'A. Cooper.

La hernie inguinale des nouveau-nés est assez commune; elle est plus fréquente chez les petits garçons que chez les petites filles; sa cause habituelle est la non-oblitération de la tunique vaginale.

Toutes les hernies des nouveau-nés ont-elles pour siége la tunique vaginale? Tout le monde avait résolu la question affirmativement, mais, dans ces dernières années, Morel-Lavallée et M. Giraldès (*Gazette des hôpitaux*, 1858) ont été frappés de la fréquence assez grande des hernies contenues dans un sac séreux, différent de celui qui enveloppait le testicule.

Malgaigne a bien établi que, *chez la femme*, la hernie inguinale était moins rare qu'on ne l'avait cru jusqu'à lui. On était arrivé à un résultat erroné, parce que l'on avait tenu compte seulement des hernies étranglées.

La *hernie crurale* se rencontre plus souvent chez la femme que chez l'homme.

La hernie *crurale commune* sort de l'abdomen par l'anneau crural, au niveau de la dépression que présente, à l'état physiologique, le péritoine placé au-dessous de la fossette inguinale interne, traverse le canal crural (Scarpa) ou *infundibulum fémorali-vasculaire* de

M. Demeaux (*Thèse sur la hernie crurale*, 1843), et arrive au niveau du *fascia crebriformis*, dont elle peut franchir les ouvertures.

Les variétés *insolites* sont les suivantes : 1° la hernie sort en dehors de l'artère épigastrique par la fossette péritonéale externe. C'est la hernie crurale externe (ARNAUD et DEMEAUX). 2° L'intestin repousse le péritoine en dedans de l'artère ombilicale. M. Demeaux en a indiqué plusieurs exemples. 3° La hernie rencontre une éraillure du ligament de Gimbernat et s'y engage. Dans un intéressant mémoire sur quelques variétés rares de la hernie crurale, publié dans la *Gazette médicale de Paris* (1858), M. Legendre donne avec raison à cette variété le nom de *hernie de Laugier,* parce que ce chirurgien en a le premier donné la description (*Archives*, 1833). Depuis cette époque, quatre exemples analogues ont été observés sur le cadavre par MM. Cruveilhier, Demeaux, Legendre, Bastien, et un sixième, diagnostiqué sur le vivant par M. Jarjavay, a été inséré dans la *Gazette des hôpitaux* par M. Tirman (*Gazette des hôpitaux*, 1860). 4° La hernie est *double*, c'est-à-dire que deux sacs herniaires distincts sortent par deux ouvertures différentes du *fascia crebriformis*. MM. Cloquet, Demeaux, Gosselin, ont rapporté des exemples de cette hernie. Enfin M. Legendre a encore décrit deux dernières variétés, auxquelles il donne les noms de *hernie de Hesselbach* et de *hernie de Cooper, hernie de J. Cloquet* ou *pectinéale.*

Le diagnostic entre la hernie crurale et la hernie inguinale offre de véritables difficultés et une réelle importance.

A. Cooper conseillait de rechercher l'épine du pubis : si la hernie est au-dessus de cette épine, elle est inguinale; si elle est au-dessous, c'est une hernie crurale. Amussat tirait une ligne de l'épine iliaque à l'épine du pubis et obtenait ainsi la direction de l'arcade crurale. M. Nivet avait recommandé de porter le doigt tout le long de l'arcade crurale pour sentir sa résistance; mais, dans la plupart des cas, le tissu fibreux est relâché. Malgaigne a donné deux autres signes : 1° on commence par réduire la tumeur, et l'on cherche à mettre le doigt dans l'ouverture par où est sortie la hernie; si le doigt introduit dans l'ouverture rencontre à son côté externe un vaisseau qui bat, c'est l'artère crurale, et il s'agit d'une hernie de ce nom; si l'on ne sent pas facilement de pulsations, on a probablement affaire à une hernie inguinale. 2° La *hernie réduite :* on place le doigt et on le laisse alternativement dans l'orifice crural et dans le canal inguinal; puis on fait tousser le malade; si, pendant que le doigt bouche l'anneau crural, la hernie sort, c'est qu'elle est inguinale, et *vice versa.* Ces dernières ressources font défaut s'il s'agit d'une hernie irréductible.

La hernie crurale s'étrangle plus facilement que la hernie inguinale et donne lieu à des étranglements plus graves.

La *hernie ombilicale*, que l'on désigne aussi sous le nom d'*exomphale*, comprend toutes les hernies qui se font à travers l'ouverture ombilicale, ou à travers un orifice accidentel placé dans le voisinage de l'ombilic.

Elle se rencontre à tous les âges et même au moment de la naissance : aussi a-t-on étudié la hernie *ombilicale congénitale,* la hernie *ombilicale de la seconde enfance,* la hernie *ombilicale des adultes* et *des vieillards.*

La *hernie ombilicale congénitale* est rare, et son histoire n'a été bien faite que depuis le moment où Debout (1860) a réuni les diverses observations recueillies sur ce sujet. Ce chirurgien, dans son mémoire sur les *hernies ombilicales congénitales* (Bruxelles, 1860, et *Mémoires de l'Académie royale de Belgique*), a donné la relation de seize cas.

Les variétés anatomiques de cette hernie congénitale se rapportent à trois types principaux :

1° La tumeur est arrondie, transparente, placée tantôt au centre du cordon, tantôt sur les parties latérales. La tumeur est très-petite, comme une bille ou une noix, par exemple, une pomme d'api. Son *principal caractère est d'être réductible.* Elle est formée par une ou plusieurs anses d'intestin grêle, quelquefois par l'estomac;

ces viscères sont parfois, mais non toujours, accompagnés par une petite portion du foie. Les enveloppes de la tumeur sont constituées par le péritoine dont la face interne est sans adhérence avec les viscères, et dont la face externe est recouverte par la gaîne amniotique du cordon, membrane assez résistante, mince et transparente, qui forme la seconde enveloppe. Entre les membranes péritonéale et amniotique, se trouve souvent un peu de gélatine de Warthon. La tumeur est transparente, excepté à sa base, au niveau de la jonction du cordon ombilical avec l'ouverture ombilicale, où elle est revêtue par la peau.

2° La tumeur est encore arrondie, transparente, modérément volumineuse, et renferme l'intestin seul, ou l'intestin avec le foie; mais son *principal caractère est d'être irréductible*, ce qui vraisemblablement est la conséquence d'une péritonite intra-utérine.

3° La tumeur est très-volumineuse, renferme tout le foie et la partie la plus considérable de l'intestin grêle ; la paroi abdominale manque complétement; il s'agit alors d'une éventration et non d'une hernie; la vie est incompatible avec un pareil vice de conformation.

Quelles sont les causes, quel est le mode de formation de la hernie ombilicale congénitale? A ce sujet, trois opinions ont été soutenues. 1° La première est celle de l'arrêt de développement. Cette opinion, après avoir été rejetée par M. Cruveilhier, a été remise en honneur par M. Coste. 2° La deuxième opinion est celle de M. Jules Guérin, qui considère la persistance avec grandes dimensions de l'ouverture ombilicale (*Gazette médicale*, 1862) comme le résultat d'une rétraction musculaire intra-utérine, analogue à celle qui, pour le même auteur, produit le pied bot, le torticolis, etc. c'est-à-dire consécutive d'une maladie du système nerveux, etc. 3° Enfin M. Cruveilhier explique mécaniquement la formation de la hernie ombilicale congénitale par une pression à laquelle le ventre du fœtus aurait été soumis pendant la vie intra-utérine.

Bérard (article *Ombilic,* dans le *Dictionnaire* en trente volumes, t. XXII, 1840) et M. Debout ont avec raison établi une distinction entre les hernies qui datent de la période embryonnaire et celles qui se forment pendant la période fœtale proprement dite; et M. Gosselin (*Leçons*, 1865) est disposé à croire que la théorie de l'arrêt de développement doit s'appliquer aux premières, tandis que, pour la production des secondes, on pourrait invoquer la théorie physiologico-pathologique de M. J. Guérin, ou la théorie mécanique de M. Cruveilhier.

Lorsque la hernie est très-petite, elle pourrait échapper à l'attention du chirurgien, et être comprise dans une ligature du cordon placée trop près de l'ombilic. M. Barret (*Thèse*, 1833), M. Brun (*Thèse*, 1834), rapportent un assez grand nombre de ces faits vus par Sabatier et Dupuytren; mais M. Gosselin pense qu'il y a là quelque erreur d'interprétation; car depuis on n'a pas signalé de nouveaux exemples de ce genre.

P. Bérard (*loco citato*) considérait comme presque nécessairement fatale la terminaison de la hernie ombilicale congénitale, et c'est à Debout que l'on doit d'avoir modifié à cet égard l'opinion des chirurgiens, en donnant la description de dix exemples, dont un observé par lui-même, de guérisons spontanées. Le cordon ombilical peut se détacher sans entraîner le péritoine herniaire : alors la surface de celui-ci bourgeonne, suppure de 30 à 60 jours, et donne naissance à une cicatrice.

Les hernies *ombilicales de la seconde enfance* présentent, comme les hernies inguinales du même âge, une grande tendance à la guérison. Cette notion précieuse doit toujours être présente à l'esprit du chirurgien.

Quant à la hernie *ombilicale des adultes*, elle sort par l'ancien anneau ombilical, ou par une de ces éraillures de la ligne blanche qui entoure l'ombilic (*hernies péri-ombilicales, sus-ombilicales*). Richter et Scarpa avaient déclaré la hernie ombilicale proprement dite à peu près impossible; mais MM. Cruveilhier, Després père et Richet ont démontré son existence par des dissections irrécusables. Jusqu'à Scarpa, on avait cru à l'absence du sac dans cette hernie ; mais cet illustre chirurgien combattit victorieusement par les faits cette manière de voir.

Dans ces dernières années (*Archives de médecine*, 1856 et 1857, et *Anatomie médico-chirurgicale*), M. Richet a donné une description très-complète de l'anneau ombilical et a décrit de plus, entre le péritoine et la ligne blanche, un *fascia* sous-péritonéal qu'il compare au *fascia transversalis* et qu'il nomme *fascia umbilicalis*. Ce *fascia* présente, à quelques millimètres au-dessus de l'anneau, une excavation en forme de gouttière (*gouttière ombilicale*), dans laquelle, d'après ce chirurgien, les viscères s'engageraient avant d'arriver à l'ombilic.

Généralement l'*étranglement* de la hernie ombilicale est considéré comme grave; on a été surtout amené à cette conclusion par les mauvais résultats obtenus à la suite de l'opération de la hernie ombilicale. M. Huguier (discussion de la Société de chirurgie, *Bulletin*, 1861) est même allé jusqu'à proposer d'abandonner la maladie à elle-même. M. Gosselin a longuement insisté sur la nécessité de soumettre cette question à une nouvelle étude, et, dans la discussion de la Société de chirurgie, il a pu rappeler un cas de guérison observé par lui chez une malade de M. Jacquemin, en 1835. M. Goyrand (*Mémoire* lu à la Société de chirurgie, 1861) a aussi fait connaître deux exemples de succès à la suite de l'opération de la hernie ombilicale. De nouveaux faits favorables se sont produits depuis.

Nous voulons encore signaler l'excellent travail de M. Vinson sur la hernie *obturatrice* ou sous-pubienne (*Hernie sous-pubienne, thèse,* 1844), et la dissertation inaugurale soutenue récemment (1866) par M. Duguet sur la *hernie diaphragmatique.*

Occlusions intestinales. — On réunit assez généralement aujourd'hui sous la dénomination commune d'*occlusions intestinales* tous les cas dans lesquels il existe un empêchement complet à ce que les matières intestinales suivent leur cours régulier, quelle que soit d'ailleurs la cause de cet empêchement.

Un certain nombre d'occlusions sont la conséquence d'un vice de conformation du rectum ou même du gros intestin. Quant à l'occlusion accidentelle elle est produite par des causes très-différentes, que l'on peut, avec M. Nélaton, rapporter aux cinq chefs suivants : 1° occlusions produites par des *corps étrangers;* 2° occlusions produites par des *tumeurs abdominales;* 3° occlusions produites par une *affection organique* ou un *déplacement de l'intestin* (invagination); 4° occlusions par *étranglement interne;* 5° occlusions par *torsion de l'intestin.*

Les occlusions dues à une *affection organique des tuniques intestinales* sont de diverses espèces; mais les plus curieuses assurément se rapportent aux faits d'*hypertrophie musculaire* ou d'*hypertrophie cellulaire* des tissus de l'intestin.

L'occlusion par *étranglement* renferme un très-grand nombre de variétés.

A. Vices de conformation de l'intestin et du péritoine. Les étranglements dus à la présence de diverticules de l'intestin ne sont pas très-rares; ils ont été bien étudiés en 1851 (*Bulletin de l'Académie de médecine*) par M. Parise (de Lille), qui a essayé d'expliquer leur mécanisme, et, depuis, par un de ses anciens élèves, M. Henri Cazin (de Boulogne-sur-Mer), dans son excellente thèse soutenue en 1862 sous ce titre : *Etude anatomique et pathologique sur les diverticules de l'intestin.*

Dans d'autres cas, c'est le péritoine qui présente une cavité anomale, dans laquelle les intestins peuvent s'engager et s'étrangler. M. Rieux, dans sa thèse (1853) en a rapporté deux exemples : l'un observé par lui-même, l'autre, par M. Escallier. Il faut rapprocher de ces faits l'étranglement interne produit par un ancien sac herniaire. (LENEVEU, *Bulletins de la Société anatomique,* 1837.)

B. Étranglements produits par les bords d'une solution de continuité du mésentère, de l'épiploon, dans laquelle les viscères se sont engagés. Blandin a fait connaître un fait de cette nature.

C. Étranglements produits par l'épiploon. MM. Barth, Vidal (*Bulletins de la Société anatomique,* 1851 et 1852), ont publié des observations très-complètes de ce mode d'étranglement.

D. Étranglements par brides péritonéales.

E. Étranglements produits par adhérence des viscères. MM. Deville et Bernutz (*Bulletins de la Société anatomique,* 1843) ont décrit des cas de ce genre.

Enfin l'*occlusion par torsion de l'intestin* a été parfaitement démontrée par une observation due à M. Trousseau (*Gazette des hôpitaux,* 1857).

On peut rapprocher de ces faits les cas d'étranglements survenus à la suite d'*un taxis forcé;* l'intestin, violemment refoulé dans la cavité abdominale, entraîne avec lui l'anneau constricteur. Un des exemples les plus connus a été publié par M. Laugier en 1839.

En 1859, l'Académie de médecine a couronné un très-important mémoire dû à M. Duchaussoy, intitulé : *Anatomie pathologique des étranglements internes et conséquences pratiques qui en découlent.* (*Mémoires de l'Académie de médecine,* 1860.)

Le diagnostic des occlusions intestinales a vivement sollicité l'attention des chirurgiens. Dans ces dernières années, M. Masson (*Des occlusions intestinales, Thèse* de 1857) et surtout M. Besnier (*Étude sur le diagnostic et le traitement de l'occlusion de l'intestin, Thèse* de 1857) ont fourni de très-utiles documents à ce sujet; mais l'une des données les plus précieuses que nous ayons acquises sur ce point est due à M. Laugier; elle peut permettre de préciser quelle est la portion d'intestin étranglée. Voici comment s'exprime ce chirurgien (*Bulletin chirurgical* de LAUGIER, 1839) : « Lorsque l'oblitération intestinale a son siége dans le gros intestin, dès le principe, la distension gazeuse du ventre est portée à un degré considérable; avant tout phénomène inflammatoire, l'abdomen est fort distendu d'une manière générale et sans douleurs vives à la pression. Lors, au contraire, que l'oblitération existe dans l'intestin grêle, on observe, pendant un temps assez long après le début des accidents, un ballonnement du ventre plus ou moins circonscrit aux environs de l'ombilic, tandis que la région occupée par le côlon ascendant, transverse ou descendant, est d'autant plus déprimée et souple que le bout inférieur s'affaisse et revient sur lui-même. La localisation et le degré du météorisme peuvent donc, dans la première période, éclairer sur le siége de l'étranglement intestinal. Si, même après plusieurs jours, les flancs et la région épigastrique sont restés flasques et sans douleur, cela forme un signe négatif qui a une grande valeur. »

Nous devons enfin signaler un travail dans lequel ont été étudiés des faits de la plus haute importance pratique; il est dû à M. Henri Henrot (de Reims). Sous le titre de : *Pseudo-étranglements que l'on peut rapporter à la paralysie de l'intestin* (*Thèse*, 1865), ce jeune chirurgien a fait connaître et savamment discuté une série d'observations dans lesquelles on avait observé tous les signes de l'étranglement, quoique le calibre de l'intestin fût parfaitement libre.

MALADIES DE L'ANUS ET DU RECTUM.

Vices
de
conformation
de
l'anus
et
du rectum.

Les *vices de conformation de l'anus et du rectum* sont très-nombreux, très-divers et ne se prêtent à aucune description générale. En 1851, M. Bouisson (de Montpellier), dans sa thèse de concours sur les *vices de conformation de l'anus et du rectum*, a réuni la plupart des faits connus. Les groupes principaux dans lesquels on peut ranger les malformations de ces parties sont les suivants : 1° *imperforation incomplète et rétrécissement congénital de l'anus et du rectum; 2° imperforation complète simple; 3° imperforation de l'anus avec ouverture anomale de l'extrémité inférieure de l'intestin; 4° absence partielle ou totale du rectum.* A diverses époques MM. Serrand, A. Bérard, Malieusrat-Lagémard, Voillemier, Bouisson, Denonvilliers, Goyrand (d'Aix), Cruveilhier, Amussat, Fristo, Cavenne, Potrel, Danyau, Bardinet (de Limoges), Debout, Chassaignac, Depaul, Broca, Rochard (de

Brest), Giraldès, Huguier, Lobligeois, etc. ont fait connaître des observations importantes sur ce point de la science : les *Bulletins de la Société anatomique*, les *Bulletins de la Société de chirurgie*, renferment de curieux exemples de ces malformations. Dans le *Bulletin de l'Académie de médecine* (t. XXI), M. Depaul a décrit un cas fort remarquable *d'oblitération de l'intestin grêle à sa terminaison*. Cette curieuse lésion pouvant exister en même temps qu'un vice de conformation siégeant principalement au niveau de l'anus ou du rectum, il serait très-utile, lorsqu'on a déterminé le siége d'une imperforation, de pouvoir encore reconnaître s'il existe une autre valvule, une autre occlusion dans un point plus élevé du canal intestinal. M. Depaul a cherché à établir ce diagnostic. Pour lui, la possibilité d'administrer des lavements qui n'entraînent qu'une petite quantité de mucus, la possibilité d'introduire assez profondément dans le rectum une sonde de gomme élastique, les vomissements précoces, la coloration par le méconium des matières vomies, le gonflement peu considérable du ventre, constitueraient un ensemble symptomatique capable de faire reconnaître cette lésion.

En 1855, Debout, dans le *Bulletin de thérapeutique*, a publié un très-intéressant article sous ce titre : *De l'état de la thérapeutique concernant les vices de conformation, imperforations de l'anus et du rectum*. Enfin, en 1862, s'est engagée, à la Société de chirurgie, une discussion fort importante, à la suite de laquelle les efforts tentés par M. Huguier pour faire admettre que, chez le nouveau-né, l'S iliaque pouvait toujours être facilement atteinte à droite, ont dû rester sans effet, grâce aux recherches contradictoires de MM. Giraldès et Bourcart. En 1866, l'état de la questiona été de nouveau bien établi dans les articles de Dictionnaire dus à MM. Giraldès et Trélat.

En 1853, dans les *Archives de médecine*, M. Duchaussoy a inséré un très-intéressant mémoire sur la *cause immédiate* et le *traitement de la chute du rectum chez les enfants*. M. Guersant (1864-1867) a de

Chute du rectum.

nouveau étudié ce sujet dans les fascicules consacrés à la chirurgie des enfants.

Rectocèle vaginale.

En 1838, dans les *Mémoires de l'Académie de médecine*, Malgaigne a étudié avec soin, sous le nom de *rectocèle vaginale*, un déplacement particulier du rectum, fort incomplétement décrit avant lui. Le rectum fait saillie dans le vagin, mais sa paroi postérieure ne change pas de place; seule la paroi antérieure déplace le vagin en avant; il n'y a pas là une saillie du rectum manquant de point d'appui, mais une dilatation de l'intestin.

Fistules à l'anus.

Jusqu'en 1820, époque à laquelle Ribes publia dans la *Revue médicale* (t. I) ses *Recherches sur la situation de l'orifice interne de la fistule à l'anus et sur les parties dans l'épaisseur desquelles ces ulcères ont leur siége*, il était admis que la fistule s'ouvrait dans le rectum, tantôt près de l'anus, tantôt à plusieurs pouces de cette ouverture. Ribes établit que l'orifice interne est, le plus souvent, situé immédiatement au-dessus de l'endroit où a lieu la jonction de la muqueuse rectale et de la peau, et jamais à plus de 5 à 6 lignes au-dessus de ce point. Cependant Boyer et Roux continuaient à admettre que l'orifice interne des fistules remontait très-haut dans l'intestin, lorsque, pour élucider cette question, M. Velpeau entreprit à son tour des recherches, et arriva à cette conclusion, « que certaines fistules s'ouvrent sur la peau elle-même à l'entrée de l'anus; que les plus nombreuses ont leur orifice entre les deux anneaux un peu resserrés formés par les sphincters et la membrane muqueuse, et qu'il n'est pas non plus très-rare de les rencontrer à quelque distance au-dessus. »

Fissure à l'anus.

C'est à Boyer que revient l'honneur d'avoir le premier fait connaître parfaitement la *fissure à l'anus*, et d'avoir formulé un traitement capable de la faire disparaître. Mothe (de Lyon) publia, à la même époque (1827), un très-bon travail sur ce sujet, et depuis lors parurent les recherches de M. Gossement (*Gazette médicale,* 1833). Celles de Bretonneau et Trousseau, de Récamier, ont eu surtout une grande importance au point de vue de la thérapeutique de cette affection.

Cette maladie est caractérisée par une petite ulcération au niveau de l'anus, la constriction du sphincter anal, et une douleur des plus atroces pendant et surtout après la défécation. D'où provient la douleur? Faut-il la rattacher à la présence de l'ulcération, comme le veut M. Auclère (*Thèse,* 1846), ou bien, comme le voulait Boyer, faire jouer à la constriction du sphincter le seul rôle dans la marche de la maladie? Cette dernière opinion est la plus vraisemblable, malgré l'avis d'hommes autorisés, tels que Sanson et Blandin, qui regardaient la constriction comme un effet et non comme une cause de la fissure.

A toutes les époques, on a compris, sous le nom d'*hémorroïdes,* l'existence de tumeurs placées à l'extrémité inférieure du rectum et d'un écoulement de sang par l'anus. Dans un travail tout récent (*Leçons sur les hémorroïdes,* 1866), M. Gosselin a proposé la définition suivante : *tumeurs variqueuses de la région anale susceptibles de fournir du sang à certains moments.*

Au commencement du siècle, les idées de Stahl, qui pensait que le sang n'affluait et ne s'amassait dans les veines anales et rectales que lorsqu'il était en trop grande abondance dans l'économie, régnaient encore à peu près sans partage. Aussi était-il généralement admis que chercher à faire disparaître cet écoulement serait aller contre les intentions de la nature. Cette question n'a été envisagée à son véritable point de vue que le jour où les chirurgiens se sont emparés de ce sujet, et, adoptant moins aveuglément la doctrine des hémorroïdes salutaires, ont commencé à ne plus les respecter et par suite à amener le soulagement des malades.

Boyer et Dupuytren insistèrent sur les inconvénients qui peuvent résulter de la présence d'un grand nombre d'hémorroïdes.

Un nombre considérable d'opinions ont été formulées par les divers auteurs sur la nature de ces tumeurs; mais aujourd'hui l'on reconnaît unanimement qu'elles sont formées par des *varices*. Cette opinion, soutenue déjà par Stahl, Hogdson, Dupuytren, a été mise hors de doute par les dissections de Blandin et de Jobert (de Lamballe) (*Maladies du canal intestinal*, 1829). Déjà (1834) Lepelletier (de la Sarthe) admettait, dans le plus grand nombre des cas, l'existence de varices, mais il croyait aussi à la constitution érectile des hémorroïdes, lorsque, dans le *Dictionnaire* en trente volumes (t. XV, 1837), P. Bérard, dans l'article qu'il signa avec Raige-Delorme, donna une excellente étude anatomique des hémorroïdes et réhabilita victorieusement l'opinion sur la structure variqueuse de ces tumeurs. Enfin, dans ses *Leçons* (1866), M. Gosselin, qui a pu injecter le rectum d'un individu atteint d'hémorroïdes énormes, a donné des lésions anatomiques de cette affection une description plus minutieuse encore. En outre, dans son ouvrage, M. Gosselin a, pour la première fois, séparé bien nettement l'histoire des *hémorroïdes externes* et des *hémorroïdes internes;* il a fait connaître les phénomènes cliniques propres à chacune de ces variétés et le traitement qui convient à chacune d'elles. Il a fait voir que le point de départ anatomique des hémorroïdes *externes* est bien le développement d'une varice sous la peau de l'anus; mais il a montré que les petits soulèvements cutanés qui persistent ultérieurement autour de l'orifice anal sont constitués par une hypertrophie du tissu conjonctif autour des varices initiales, devenues à plusieurs reprises le siége d'une inflammation plus ou moins vive. Quant aux hémorroïdes *internes*, à toutes les périodes de leur existence, elles sont constituées par des varices, et des varices seulement, et la différence essentielle qu'elles présentent avec les hémorroïdes *externes*, c'est de ne pas offrir, concurremment avec les dilatations veineuses, l'hypertrophie du tissu conjonctif.

Les travaux de Ph. Boyer, d'Amussat, de M. Chassaignac, de M. Benoît (de Montpellier) (1860), ont fait aussi réaliser des progrès à l'histoire de ces affections; mais ces auteurs ont eu principalement pour but, dans leurs ouvrages, de traiter la question de la thérapeutique de ces maladies.

Les *rétrécissements* du rectum qui ne sont pas dus au développement du cancer dans ses parois se rencontrent assez fréquemment. Ils avaient été étudiés par A. Bérard, Malieusrat-Lagémard, M. Laugier (*Dictionnaire* en trente volumes, t. XXVII), et, en 1855, ils ont été le sujet d'une bonne thèse due à M. Perret, intitulée : *Essai sur les rétrécissements du rectum dus à l'inflammation.* Leur siége est extrêmement variable, cependant le plus grand nombre se rencontrent dans la moitié inférieure de cet intestin. Les rétrécissements peuvent être constitués par la transformation de la membrane muqueuse de l'intestin en tissu fibreux, et l'épaisseur de ce tissu peut être augmentée par l'hypertrophie fibreuse du tissu cellulaire sous-muqueux. Ce dernier est dur, inextensible, recouvert souvent par la membrane muqueuse dont on ne peut le séparer avec le scalpel.

En 1852, M. Gosselin a publié dans les *Archives de médecine* un important mémoire sur les *rétrécissements syphilitiques du rectum*, et ce n'est que depuis cette époque qu'ils ont été réellement connus. Jusqu'alors, pour tous les chirurgiens qui s'étaient occupés de cette question, Desault, Boyer, A. Bérard, Lagémard, M. Laugier, M. Lagneau, Baumès, Vidal, les rétrécissements et les indurations du rectum étaient des expressions de la syphilis constitutionnelle. Pour Duchadoz, Tanchou, Costallat, M. Gosselin, ils ne constituent pas un accident consécutif de la syphilis.

Dans son mémoire M. Gosselin a prouvé : 1° que le rétrécissement n'est qu'un accident d'une altération fort étendue du rectum; 2° que cette altération est toute locale, et n'est pas, comme on le croit assez généralement, l'expression de la diathèse syphilitique.

Il a fait voir que ces rétrécissements siégeaient presque toujours à 5 ou **6** centimètres au-dessus de l'anus, et avaient un siége de prédilection à l'union des portions sphinctérienne et ampullaire du rectum. Ils s'observent beaucoup plus fréquemment chez la femme que chez l'homme. Il a émis l'opinion qu'on devait les considérer comme résultant d'une lésion *locale* ou *de voisinage*, due à une *modification toute spéciale de la vitalité* dans les tissus contaminés par le virus chancreux.

On doit à M. Stolz un bon mémoire sur les *polypes du rectum* chez les enfants, publié dans la *Gazette médicale de Strasbourg* en 1841.

MALADIES DE L'APPAREIL URINAIRE.

Les maladies de l'appareil urinaire ont donné lieu, à notre époque, à de nombreux travaux, et des progrès réels ont été accomplis dans la description de ces affections; mais leur thérapeutique a surtout été cultivée avec succès, et la physionomie de cette partie de la science a été complétement modifiée depuis le commencement du siècle. Nous ne saurions trop faire ressortir ici l'influence qu'ont eue sur ces progrès les recherches d'anatomie normale et celles d'anatomie pathologique. Les recherches d'anatomie normale ont conduit à la brillante conception de la lithotritie; les recherches d'anatomie pathologique nous ont éclairés sur la nature réelle des rétrécissements de l'urètre, sur celle d'un grand nombre d'affections de la prostate, et ont permis de diriger contre ces diverses lésions une thérapeutique efficace. Malgré ces progrès incontestables, bien des lacunes restent à combler, et nous sommes encore loin, par exemple, d'avoir des notions suffisamment précises sur les terribles accidents qui succèdent si souvent aux opérations pratiquées sur les voies urinaires. Cependant quelques travaux ont jeté une vive lumière sur ce point de la science. A notre époque, les noms d'Amussat, de Leroy (d'Étiolles), d'Heurteloup, de Civiale, de M. Ségalas, de M. Mercier, sont particulièrement liés à un grand nombre de progrès accomplis dans l'étude des maladies des voies urinaires.

. Les *rétrécissements de l'urètre* ont été classés par les auteurs sous quatre chefs bien distincts : 1° rétrécissements *spasmodiques*, 2° *in-flammatoires*, 3° *organiques*, 4° *symptomatiques*.

L'existence des rétrécissements *spasmodiques*, admise pour la pre-mière fois par J. Hunter, puis acceptée comme réelle, en France, par Boyer, Sanson, M. Laugier, avait été combattue déjà par Amussat, lorsque parurent, en 1848, les *Recherches* de M. Mercier *sur les valvules du col de la vessie.* Cet auteur attribua dès lors à un état morbide de l'orifice urétro-vésical, à une valvule musculaire du col de la vessie, toutes les difficultés de la minction qui, jus-qu'à ce jour, avaient été attribuées aux rétrécissements spasmo-diques. Les valvules du col de la vessie, telles que les a décrites M. Mercier, existent, et il a rendu un service véritable en faisant connaître cette affection, et sans nul doute une partie des faits rap-portés jadis aux rétrécissements spasmodiques peuvent recevoir, à l'aide de ces données nouvelles, une interprétation plus exacte. Cependant si, à proprement parler, il n'existe pas de rétrécis-sements spasmodiques, nous savons tous que certains points de l'urètre assez abondamment pourvus de fibres musculaires sont susceptibles, sous l'influence d'une irritation quelconque, de se contracter assez pour s'opposer au passage d'une sonde, même de petit calibre. Cet obstacle se rencontre au niveau du bulbe, de la portion membraneuse de l'urètre ou du col vésical.

Quant aux rétrécissements *organiques*, les seuls qui présentent véritablement un grand intérêt, ils ont été, à notre époque, l'objet d'études anatomo-pathologiques fort complètes.

Deux grandes théories sont restées en présence. Dans l'une, professée d'abord par Lallemand et savamment développée par M. Alphonse Guérin dans un mémoire présenté à la Société de chirurgie (*Mémoires*, t. IV, 1854), on admet l'existence d'un dépôt de matière plastique dans le tissu cellulaire sous-muqueux, qu'elle soulève en forme de virole. M. A. Guérin, à la suite de recherches entreprises sur une centaine de cadavres de sujets qui avaient eu un écoulement, a posé les conclusions suivantes :

1° Les rétrécissements fibreux ne proviennent presque jamais de la production de tissu inodulaire.

2° On ne trouve jamais de fausse membrane à la surface interne du canal de l'urètre.

3° La membrane muqueuse de l'urètre n'est jamais le siége exclusif des rétrécissements, et dans tous les cas la stricture de cette membrane est la conséquence d'une lésion située en dehors d'elle.

4° Dans la grande majorité des cas, les rétrécissements de l'urètre sont dus à la rétraction des fibres indurées du tissu réticulaire sous-jacent à la membrane muqueuse; le point de départ de leur production est souvent un dépôt de lymphe plastique.

D'après M. Robin (Prô, *Thèse de Paris*, 1856), le mécanisme de la rétraction s'opère de la manière suivante : « La matière amorphe interposée aux fibres du tissu nouveau, et les maintenant écartées, diminue de quantité et se résorbe peu à peu. Cette disparition graduelle de la matière amorphe s'opère molécule à molécule, et elle offre toute l'énergie que présentent ces phénomènes moléculaires, malgré leur lenteur. De cette disparition de la substance interposée aux fibres résulte le rapprochement de celles-ci, et par suite la diminution d'étendue de la masse qu'elles forment, et la diminution de l'intervalle qui séparait les portions du tissu sain en continuité de substance avec elle. Ce phénomène n'a rien de comparable à la contraction des tissus musculaires; il n'est pas dû au raccourcissement de fibres quelconques; il est mécanique en quelque sorte, et offre dans son énergie, sa continuité, sa résistance, tous les phénomènes de fatalité propres aux phénomènes moléculaires. »

Dans l'autre théorie, développée pour la première fois, en 1835, par M. Jules Guérin devant l'Académie des sciences, on admet la transformation des tissus vasculaires en tissus fibreux. Cette interprétation des faits est adoptée par M. Phillips (*Traité des voies uri-naires*, 1860) et par M. Mercier, qui explique la formation des rétrécissements par la grande vascularité du tissu spongieux de l'urètre, et compare le travail qui se passe dans ce tissu à celui que l'on observe dans une veine ou dans une tumeur érectile en-flammée.

Mais, qu'ils admettent la formation d'un tissu nouveau ou qu'ils croient à la transformation fibreuse du tissu vasculaire, tous les chirurgiens attribuent les résultats observés à une même influence, à une affection inflammatoire.

Reybard (*Traité des rétrécissements de l'urètre*, 1853) admettait que le tissu qui forme le rétrécissement se produit à la manière du tissu inodulaire, comme les cicatrices ordinaires. Il pensait que le rétrécissement se formait pendant la durée des phénomènes inflammatoires, et disait que celui-ci était souvent constitué avant leur cessation complète. Mais, à ce moment, le tissu nouveau n'avait pas encore acquis toutes ses propriétés; il ne les posséderait que plus tard, lorsqu'il aurait atteint l'état fibreux. On pourrait ainsi distinguer deux périodes : dans la première le rétrécissement *serait dilatable*, dans la seconde il ne le *serait plus*.

La théorie de M. Reybard, dont le mémoire fut couronné en 1852 par l'Académie de médecine, n'a pas été confirmée par les autres observateurs.

Quoi qu'il en soit, le tissu du rétrécissement possède une *consistance* toujours plus grande que celle des parois de l'urètre. L'*élasticité* est aussi l'une des propriétés de ce tissu; elle comprend deux phénomènes bien distincts: l'*extension* et la *rétraction*. Il est doué d'une extensibilité élastique que l'on sait être très-variable, sans qu'il soit encore possible de déterminer les causes de ces variations. Sa rétractilité varie beaucoup; mais il semble bien établi que les rétrécissements dont les parois sont rigides se res-serrent beaucoup plus rapidement que ceux dont les parois ont conservé plus de souplesse.

Quant aux rétrécissements *traumatiques*, ils sont formés par un véritable tissu cicatriciel, qui ne possède pas les propriétés dont nous venons de parler. Cette différence dans la structure entraîne aussi des différences profondes dans les moyens thérapeutiques qui doivent leur être opposés.

Les lésions des parties placées derrière le rétrécissement ont été étudiées avec soin : elles portent sur la partie postérieure de l'urètre, la vessie, les reins; et, à notre époque, on a bien fait voir que la plupart des individus qui meurent après une longue maladie des voies urinaires succombent à des altérations profondes des reins.

Siége des rétrécissements.

Quel est le siége le plus habituel des rétrécissements?

Guthrie plaçait le siége des rétrécissements *un peu en avant de la portion membraneuse.*

Ducamp (*Traité des rétentions d'urine,* 1823) dit que, cinq fois sur six, la stricture est entre $4\frac{1}{2}$ pouces et $5\frac{1}{2}$ pouces du méat urinaire.

Lallemand (*Observations des maladies des organes génito-urinaires,* 1823 à 1827) croyait que la courbure de l'urètre était le siége des rétrécissements.

Civiale (*Traité pratique des maladies des organes génito-urinaires,* 1858) dit que la plupart des strictures sont à la jonction du bulbe et de la portion membraneuse.

Pour M. Leroy (*Traité des angusties,* 1845), les dix-neuf vingtièmes des rétrécissements sont placés en arrière du bulbe, au commencement de la portion membraneuse.

M. Mercier (*Recherches sur les maladies des voies urinaires,* 1856) et Philips (*Traité des voies urinaires,* 1860) considèrent la portion bulbeuse comme étant le siége du plus grand nombre des rétrécissements.

Quant aux rétrécissements de la portion membraneuse proprement dite ils n'existeraient pas; ce que l'on dit à ce sujet serait le résultat d'une erreur de dénomination. Dans les riches collections des musées de Londres, il est facile de voir que l'on a désigné comme appartenant à la portion membraneuse des rétrécissements qui, en réalité, siégent à l'union de cette portion de l'urètre et du bulbe.

Les vrais rétrécissements de la prostate n'existent pas; on a confondu sous ce nom une diminution de calibre du canal due à l'existence de tumeurs de la prostate, ou de valvules musculaires du col de la vessie, etc.

M. Civiale, en 1856 (*Gazette des hôpitaux*), nous a fait connaître les résultats obtenus par M. Thompson, qui a examiné les pièces pathologiques des musées de Londres. Ce chirurgien, dans les cas qu'il a pu observer, a trouvé :

215 rétrécissements sous l'*arcade du pubis;*
51 dans la *portion pénienne;*
54 dans la *fosse naviculaire.*

Il n'existe qu'un petit nombre de faits d'*oblitération complète de l'urètre* après l'inflammation de ce canal; mais quelques-uns présentent une authenticité incontestable.

Thompson cite trois exemples d'oblitération complète, qui font partie de la collection du *Guy's Hospital.*

En 1851, Bauchet présenta à la Société anatomique un urètre dont la complète oblitération fut constatée par MM. Nélaton, Gosselin, Galliet; en 1857, M. Demarquay a rapporté devant la Société de chirurgie l'observation d'un homme atteint d'une oblitération complète de l'urètre après une blennorrhagie.

D'après ces faits et d'autres qu'il serait facile de rappeler, il ne peut plus rester de doute sur l'existence possible de l'*oblitération complète de l'urètre*, et Amussat a été dans l'erreur (*Leçôns* publiées par Petit, 1832) lorsqu'il a écrit : « Quels que soient le siége et l'ancienneté d'un rétrécissement dans le canal de l'urètre, il n'est

jamais *entièrement oblitéré;* il existe toujours un point de communication entre les parties antérieures et postérieures. »

La connaissance précise de l'anatomie de la région périnéale a
permis aux chirurgiens d'indiquer avec assez de rigueur la marche
des *infiltrations urineuses.* M. Velpeau, l'un des premiers, a insisté
sur ce point, et A. Bérard, dans le *Dictionnaire* en trente volumes
(t. XXX), adopta ses idées. En 1842, M. Richet, alors son interne,
publiait sur ce sujet, dans les *Annales de la chirurgie française et
étrangère,* un travail sous le titre d'*Observations d'infiltrations urineuses.*

Les *polypes de l'urètre* sont assez fréquents; on les rencontre chez
la femme et chez l'homme. Des observations intéressantes sur ce
sujet sont dues à de nombreux observateurs : MM. Larcher, Rufz,
Velpeau, Maisonneuve, Thore, Demarquay, etc. En 1844, M. Forget a publié dans le *Bulletin de thérapeutique* un bon travail sur ce
point de chirurgie. En 1855, M. Verneuil (*Société de biologie*), à la
suite de l'examen d'un polype enlevé chez une femme par M. Gosselin, a conclu que ces petites tumeurs devaient être anatomiquement rangées dans la classe des hypertrophies papillaires, et
récemment (1866) M. Lemoine (de Reims) a soutenu une thèse
intéressante sous le titre : *Des tumeurs hypertrophiques de l'urètre chez
la femme.* Citons aussi la thèse *sur les polypes de l'urètre,* soutenue,
en 1858, par M. Henry. M. Alphonse Guérin, dans son livre sur
les maladies des organes génitaux de la femme (1864), M. Huguier dans son enseignement, ont aussi étudié cette question avec
soin.

L'urètre peut présenter dans sa forme des modifications congénitales qui s'opposent à l'excrétion de l'urine dans les conditions
normales. L'urètre peut être *rétréci* ou *oblitéré* dans divers points
de sa longueur, au niveau du méat urinaire, ou dans la longueur
du canal. Ainsi M. Cloquet (PHILIPS, *loco citato*) a vu un enfant nou-

veau-né dont l'urètre était oblitéré dans sa partie moyenne, sur une étendue de 27 millimètres.

Au rapport de M. Philips (*loco citato*), M. Nélaton aurait observé quatre cas de rétrécissements congénitaux de l'urètre; M. Depaul (*Gazette hebdomadaire*, 1860) a relaté trois cas d'oblitération par cordon plein. On peut observer une *absence totale* ou *partielle* de l'urètre; mais les vices de conformation les plus intéressants ont trait aux fissures urétrales qui ont été désignées sous les noms d'*hypospadias* et d'*épispadias*. Dans la thèse d'agrégation (1863) de M. F. Guyon (*Des vices de conformation de l'urètre et des moyens d'y remédier*), on trouvera les détails les plus circonstanciés sur ces différentes lésions congénitales.

L'hypospadias est un vice de conformation congénital des organes sexuels de l'homme, consistant dans la brièveté relative du canal de l'urètre, la division ou l'absence de sa paroi inférieure, de telle sorte que ce canal s'ouvre à une distance variable du gland et au-dessous du pénis.

Cette définition appartient à M. Bouisson (de Montpellier), auquel nous devons le mémoire le plus complet qui ait été publié sur l'hypospadias (*Tribut à la chirurgie*, t. II). Ce vice de conformation n'est pas extrêmement rare : sur 3,000 conscrits, M. Rennes (*Archives*, 1831) l'a rencontré une dizaine de fois.

Le mot *épispadias* a été introduit dans la science, au dire de Breschet (*Dictionnaire* en soixante volumes, t. XII), par Chaussier et Duméril. « Nous l'employons, dit Breschet, pour désigner un *vice de conformation* des parties génitales dans lequel *l'urètre s'ouvre à la partie supérieure du pénis, plus ou moins près de l'arcade du pubis.* »

Cette définition, qui a le grave inconvénient de laisser établir une fâcheuse confusion entre des vices de conformation essentiellement distincts, a été reproduite, jusque dans ces derniers temps, dans les rares articles écrits sur l'épispadias.

Il est juste de rappeler dès à présent l'ouvrage d'Isidore Geoffroy Saint-Hilaire sur les *Anomalies de l'organisation de l'homme* (1832), et la lettre dans laquelle M. H. Larrey (*Bulletin de l'Académie de médecine*, 1843) faisait remarquer que ce vice de conformation, quoique rare en réalité, avait déjà, à cette époque, été plusieurs fois observé. Dans sa thèse, M. F. Guyon a pu en réunir vingt-neuf exemples.

En rendant compte dans la *Gazette hebdomadaire* (1854) des remarquables opérations instituées par M. Nélaton pour remédier à ce vice de conformation, M. A. Richard s'exprimait ainsi : « L'épispadias est mal défini par les auteurs. Sans doute dans l'épispadias l'urètre n'est pas fermé à sa partie supérieure; mais cette imperfection n'est que le résultat du vice congénital principal, c'est-à-dire de l'arrêt de développement qui a empêché les corps caverneux de se réunir; *l'épispadias est la fissure des corps caverneux*, comme l'hypospadias est la fissure des nymphes masculines ou corps spongieux de l'urètre. »

La notion de l'état fissuraire était exacte, elle fut acceptée. Ainsi on la retrouve reproduite et développée par M. Richet (*Anatomie chirurg.* 2ᵉ édit. p. 762); mais il était certainement inexact de supposer que la fissure portait spécialement sur les corps caverneux.

M. Dolbeau a fort bien établi et judicieusement observé les conditions anatomiques réelles présentées par le vice de conformation que nous étudions.

Dans un mémoire (*De l'épispadias ou fissure urétrale supérieure et de son traitement*, 1861), cet auteur a démontré que l'épispadias était, en effet, une *fissure*, mais que ce qui avant tout était fissuré, c'était la paroi supérieure de l'urètre.

M. Dolbeau définit l'épispadias : « Un vice de conformation des organes génitaux de l'homme, caractérisé par la division plus ou moins étendue en haut de la portion spongieuse de l'urètre. »

Dans la définition qu'il a proposée, M. F. Guyon tient à la fois compte du changement de position de l'urètre et de la division de sa paroi supérieure :

« L'épispadias consiste dans une ouverture fissuraire congénitale et plus ou moins étendue de la paroi supérieure de l'urètre, avec ectopie de ce canal. »

M. Dolbeau a, d'ailleurs, démontré que ce vice de conformation consiste : 1° dans une inversion de l'urètre, qui occupe la face supérieure de la verge; 2° dans l'absence de réunion des deux moitiés qui composent le canal.

L'écartement des corps caverneux, l'absence de la symphyse pubienne, ne sont que des complications de l'épispadias.

Les *maladies de la prostate*, longtemps méconnues, puis mal interprétées, occupent aujourd'hui une place importante dans la pathologie des voies génito-urinaires.

La *prostatite aiguë* n'a été bien décrite que depuis les travaux de Dugas (*Thèse*, 1832), de Bégin (*Dictionnaire* en quinze volumes), de Verdier, élève de Lallemand (1837), et de M. Velpeau (*Dictionnaire* en trente volumes, t. XXVI). Dans ces dernières années (1867), Béraud, dans sa thèse d'agrégation, a présenté l'historique de cette question, et a passé en revue toutes les affections de la prostate.

Les *tubercules de la prostate* avaient été niés, mais ils sont incontestables; ils existent souvent en même temps que la tuberculisation d'autres parties des organes génito-urinaires; et Godard, enlevé à la science il y a quelques années, a bien insisté sur ce point. D'après Béraud (*loco citato*), les tubercules enkystés seraient beaucoup plus rares que les tubercules infiltrés, et il n'y en aurait qu'un exemple bien authentique, observé par Godard. Cependant les recherches de Béraud et de M. Robin (*loco citato*) prouvent que la prostate peut être tuberculeuse, à l'exclusion de tout autre organe.

Les *ulcérations de la prostate* ont été décrites très-complétement par M. Velpeau (*Dictionnaire* en trente volumes, t. XXVI).

Les *hypertrophies de la prostate*, qui jouent un rôle si important dans la pathogénie des maladies des voies urinaires chez le vieillard, ont été très-bien étudiées, à notre époque, par M. Mercier (*Recherches anatom. pathologiques et thérapeutiques*, 1841), par M. Velpeau, (*loc. cit.* 1842), par M. Caudmont (*Sur les engorgements de la prostate*, 1847).

Le livre de M. Civiale renferme aussi sur ce sujet d'importants documents; et, récemment (1866), M. Dodeuil a soutenu une très-bonne thèse sur ce sujet (*Recherches sur l'altération sénile de la prostate et sur les valvules du col de la vessie*, 1866).

C'est un chirurgien anglais, Everard Home (1829), qui le premier a signalé l'hypertrophie de ce qu'il a appelé le *lobe moyen* de prostate; et récemment, un de ses compatriotes, M. Thompson, a fait paraître un excellent livre sur les maladies de cet organe.

Les annales de la science renferment un assez grand nombre d'observations de *calculs de la prostate;* mais c'est principalement à Vidal et à M. Velpeau que l'on doit la description complète de cette lésion. Enfin, dans sa thèse (1857), Béraud a fait connaître, en collaboration avec M. Robin, des détails anatomiques importants, qui étaient jusqu'à ce moment restés inaperçus. Béraud a établi la division suivante : 1° calculs nés dans la prostate; 2° calculs arrivés dans la prostate à la suite de l'opération de la taille; 3° calculs nés dans la vessie et arrivés dans la prostate.

Les *ruptures de la vessie* sont moins rares qu'on n'a semblé le croire. La rupture spontanée de la vessie est toujours précédée d'une altération de l'organe, elle ne peut se faire par la seule distension, et M. Cruveilhier (*Anatomie pathologique générale*) a écrit à ce sujet : «Je ne connais aucun exemple positif de rupture de la vessie par le seul fait de la distension excessive de cet organe.»

M. Houel, dans sa thèse d'agrégation (*Des plaies et des ruptures de la vessie*, 1857), en a pu réunir 47 observations, dont 5 seulement étaient relatives à des femmes.

La *rupture spontanée* est beaucoup plus rare que celle qui succède à un traumatisme. Ce sont là des lésions très-graves, et M. Laugier a pensé qu'elles entraînaient toujours la mort; cependant M. Houel a recueilli deux cas de guérison, dont l'un après six semaines de traitement. M. Mahot (de Nantes) avait déjà bien étudié ce sujet.

Les *plaies de la vessie* n'ont été bien décrites que dans ces derniers temps. Un des travaux les plus importants publiés sur ce sujet est dû à Larrey (*Mémoire sur les plaies de la vessie*, dans les *Mémoires de chirurgie militaire*, 1817). M. Laugier (*Dictionnaire* en trente volumes) donna la description de ces affections. En 1850, M. Demarquay a lu devant la Société de chirurgie un mémoire sur les plaies de la vessie (*Mémoires de la Société de chirurgie*, t. II, 1851), sur lequel M. H. Larrey (même recueil) a fait un rapport très-étendu. Enfin, en 1857, M. Houel, dans sa thèse déjà citée, a réuni, discuté et commenté tous les faits observés par ses devanciers.

M. Civiale a bien étudié les *fongus de la vessie*, et particulièrement cette forme dans laquelle la tumeur est encroûtée d'une couche plus ou moins épaisse de matière calcaire; il s'est efforcé d'indiquer les moyens de ne pas confondre, dans ce cas, le fongus avec un calcul de la vessie, et a posé aussi des indications fort nettes sur l'utilité qu'il y avait quelquefois à broyer la mince couche calcaire qui les revêt. Ces tumeurs sont d'ailleurs beaucoup moins communes qu'on ne le croyait à une certaine époque.

Il en est de même des *varices de la vessie*, qui ont quelquefois été admises sans preuves suffisantes; cependant leur existence ne peut être niée; M. Laugier les a constatées à l'autopsie; et, depuis lors, M. F. Guyon a présenté à la Société anatomique (*Bulletins de la Société anatomique*, 1854) un nouvel exemple très-concluant de cette lésion.

L'histoire des *paralysies de la vessie* a été éclairée par les recherches sur les hypertrophies de la prostate et par les travaux de M. Mercier sur les valvules du col de la vessie; la paralysie essentielle, considérée autrefois comme très-fréquente par Desault et Boyer, n'est au contraire observée que très-exceptionnellement. La paralysie, l'inertie de la vessie, succèdent presque constamment aux efforts exagérés dont la vessie est le siége pour permettre à sa contraction de surmonter l'obstacle qui existe à l'ouverture postérieure de l'urètre.

Dans un bon travail couronné par l'Académie de médecine (1853), M. Raoul Leroy (d'Étiolles) a cherché à bien analyser l'influence des maladies des organes génito-urinaires sur la paraplégie.

Rétention d'urine. La *rétention d'urine*, par suite des progrès accomplis dans l'étude anatomo-pathologique des maladies des voies urinaires, a été beaucoup mieux interprétée au point de vue de son étiologie.

Cystite cantharidienne. Nous devons à Morel-Lavallée un bon mémoire sur la *cystite cantharidienne* (journal *l'Expérience*, 1844). Jusqu'au moment où il publia cet important travail, la cystite consécutive de l'application des vésicatoires n'avait pas été décrite avec assez de netteté. Dans une autopsie faite par Vidal (de Cassis) (MOREL, *loco cit.*), la muqueuse était rouge, boursouflée, et ressemblait à la conjonctive dans l'ophthalmie blennorrhagique. Habituellement la vessie est tapissée de fausses membranes, d'une épaisseur de 1 à 2 millimètres, à bords irréguliers et frangés, qui se détachent et sortent sous la forme de pelotons, de petits rouleaux d'un rose grisâtre.

MM. Civiale (*loco citato*) et Mercier (*Recherches sur les maladies des voies urinaires*) sont les deux chirurgiens qui ont décrit avec le plus grand soin le *catarrhe de la vessie*.

Corps étrangers des voies urinaires Les *corps étrangers* de la vessie venus de l'extérieur ont été observés très-souvent. Leur nature et leur forme sont très-variables. M. Denucé (*Corps étrangers de la vessie*, dans le *Journal de Bordeaux*, 1856) a réuni, dans un très-intéressant mémoire, presque tous les faits connus, et la lecture de son travail convainc rapidement qu'il n'est pas en quelque sorte de substance capable de passer par l'urètre, et d'être contenue dans la vessie, qui n'ait été rencontrée dans ce réservoir. De nombreux et ingénieux instruments, des procédés variés d'extraction, ont été imaginés à ce sujet par plusieurs chirurgiens, et par Leroy (d'Étiolles) père en particulier.

Assez souvent ces corps étrangers s'arrêtent dans l'*urètre* et ne franchissent pas le col de la vessie. Dans ce cas, ils donnent lieu à des phénomènes qui appellent plus directement l'action chirurgicale. En 1857, MM. Demarquay et Parmentier ont publié sur ce sujet, dans la *Gazette hebdomadaire,* un travail plein de détails utiles.

Les *calculs de la vessie* ont été étudiés avec le plus grand soin par M. Civiale dans son *Traité de l'affection calculeuse de la vessie* (1838), et ce chirurgien a prouvé, à l'aide de statistiques basées sur un grand nombre d'observations, que l'on rencontrait, à la vérité, les calculs très-fréquemment chez les enfants; mais que, toute proportion gardée, le nombre des calculeux était beaucoup plus considérable chez les vieillards que chez les jeunes gens.

A toutes les époques on s'est préoccupé de la composition chimique des calculs : un des travaux les plus remarquables publiés sur ce sujet est celui de M. Bigelow (*Recherches sur les calculs de la vessie,* 1852, Paris).

MM. Smith et Bigelow ont démontré, par plus de deux cents analyses micro-chimiques faites sur les calculs du musée Dupuytren, que, dans plus de la moitié, l'acide urique entrait pur ou comme élément principal.

M. Raoul Leroy (d'Étiolles) a publié un bon traité sur l'affection calculeuse (1866).

Les *fistules urinaires chez la femme* n'ont été étudiées que pendant la période contemporaine. Dans le chapitre consacré à la médecine opératoire, nous aurons à dire tout ce que la chirurgie de notre époque a fait pour remédier à ces affreuses et dégoûtantes infirmités.

Calculs
de
la vessie.

Fistules
urinaires
chez
la femme.

Jobert (de Lamballe) est de tous les chirurgiens français celui dont les recherches ont eu la plus grande influence sur les progrès accomplis, dans notre pays, au point de vue du diagnostic et du traitement de ces affections. Avant ses travaux, il n'y avait dans la science que quelques observations isolées : celle de Mme Lachapelle (*Pratique de l'art des accouchements*, de 1821 à 1828), et une autre de M. Stoltz (de Strasbourg) (*Hôpitaux de Strasbourg*, 1828, etc.). En 1852, Jobert (de Lamballe) réunit, dans son *Traité des fistules vésico-utérines*, toutes les notions que la science possédait sur ce sujet, et, depuis lors, un de ses élèves, M. Raphaël Grau, en 1854, publia une thèse remplie de détails et d'observations précieuses. Depuis cette époque, comme nous le verrons plus tard, les méthodes opératoires applicables à la cure de ces lésions ont été modifiées; de nouveaux mémoires ont été publiés; mais la description de ces maladies n'a rien gagné en clarté ni en exactitude. La thèse de concours de Michon avait donné un exposé bien complet de l'état de la question à cette époque (1851).

On a désigné sous le nom de *fièvre urétrale* un ensemble d'accidents fébriles que l'on peut observer : 1° dans le cours des maladies des organes génito-urinaires; 2° à la suite des opérations pratiquées sur l'urètre et sur la vessie.

Ces accidents fébriles présentent la plus grande variété dans leur forme et dans leur espèce. Ils se montrent le plus souvent sous la forme d'accès intermittents, deviennent, dans certaines circonstances, continus, rémittents, et peuvent affecter un caractère pernicieux. Quelquefois ils précèdent d'un espace de temps très-court le développement de suppurations musculaires et arthritiques. M. Velpeau paraît être le premier qui ait signalé ces accidents. Le livre de M. Civiale renferme des documents précieux sur ce sujet; M. Perdrigeon (*Thèse*, 1853), M. Hornbostel (*Thèse*, 1859), Mauvais (*Thèse*, 1860), M. Félix Bron (*Gazette médicale de Lyon*, 1860), M. de Saint-Germain (*Thèse*, 1861), ont tous contribué à élucider certains points de cette intéressante question. M. de Saint-Germain a surtout défendu les idées émises, à plusieurs reprises, sur ce sujet, par M. Maisonneuve, et admet que « les accidents fébriles consécutifs des opérations pratiquées sur l'urètre sont dus à la pénétration directe de l'urine dans les vaisseaux du tissu spongieux. » Dès le commencement de ses recherches, M. Velpeau avait été tenté d'admettre le mélange de l'urine avec le sang, mais il n'avait pas été aussi affirmatif.

MALADIES DES ORGANES GÉNITAUX DE L'HOMME.

Les *vices de conformation des testicules* sont rares; les anomalies les plus remarquables qu'ils présentent sont relatives à leur nombre, mais surtout à leur migration *imparfaite*, qui a été décrite sous les noms de *cryptorchidie* et de *monorchidie*. Ces dispositions offrent un haut intérêt pratique.

En France, MM. Gosselin, Follin et Goubaux ont contribué à nous faire connaître des points importants de l'histoire de ces anomalies; mais nous devons une mention particulière aux travaux d'Ernest Godard. Ce jeune savant, mort loin de son pays, victime de son dévouement à la science, avait poursuivi avec ardeur des recherches sur l'appareil génital de l'homme, et, dans plusieurs mémoires, il a consigné le fruit de ses longues et savantes investigations. En 1856, dans les *Mémoires de la Société de biologie*, il fit connaître ses *Études sur la monorchidie et la cryptorchidie chez l'homme*. Dans ce mémoire il arrivait à des conclusions fort importantes. Nous voulons signaler les plus remarquables :

L'homme *monorchide* dont le testicule est sain éjacule un liquide renfermant des spermatozoïdes, et il est apte à procréer des enfants des deux sexes.

La *cryptorchidie*, qui est un vice de conformation chez l'homme, constitue l'état normal du plus grand nombre des animaux, dont elle ne gêne en rien les facultés génératrices.

Les hommes *cryptorchides* sont de taille moyenne, blonds, glabres, peu vigoureux; ils ont la voix d'un timbre élevé; ils ne paraissent point leur âge; ils sont timides et craintifs.

Les hommes dont les deux testicules, quoique développés, sont *incomplétement descendus*, sont puissants, mais ils éjaculent du sperme privé d'animalcules et ne peuvent féconder.

En 1860, Godard fit paraître son important mémoire intitulé : *Recherches tératologiques sur l'appareil séminal de l'homme.*

Il est juste de citer ici une bonne thèse, soutenue à Paris, en 1851, sous le titre *Ectopies congénitales des testicules*, par M. Leconte. Celui-ci se sert du mot *inclusion*, proposé par son maître, M. Hipp. Larrey, pour indiquer les positions anomales qui résultent de la migration des testicules. La seconde partie de ce travail, consacrée à l'examen des maladies auxquelles le testicule arrêté dans l'aine est exposé, renferme les plus utiles renseignements.

Inversion du testicule.

L'*inversion du testicule* a été bien étudiée, dans un mémoire publié en 1860, par M. Royet (de Saint-Benoît-du-Sault).

Anémie testiculaire.

M. Gosselin (*Annotations au livre de Curling*, 1857) a appelé l'attention sur l'*anémie testiculaire*. Dans cet état le tissu du testicule est d'une pâleur très-prononcée. Toutes les fois que cette anémie existe, les spermatozoïdes manquent dans le testicule, dans l'épididyme et dans le reste des voies spermatiques. Chez les individus très-affaiblis, cette affection se montre quelquefois sur les deux testicules. Souvent un seul testicule est anémié, et cet état peut coïncider avec l'affection tuberculeuse peu avancée, l'infection syphilitique, l'hématocèle de la tunique vaginale, l'inflammation de la membrane séreuse testiculaire. Dans des expériences entreprises sur les animaux, M. Gosselin a démontré que cette anémie existait lorsque les deux feuillets de la tunique vaginale étaient adhérents; d'où cette conclusion importante que, dans le choix des moyens destinés à obtenir la cure radicale de l'hydrocèle, il faut se préoccuper de leur mode d'action au point de vue de l'oblitération temporaire ou bien définitive de la séreuse testiculaire.

L'*hématocèle* du testicule a été décrite pour la première fois par Béraud (*Considérations sur l'hématocèle ou épanchements sanguins du scrotum; Archives,* 1851).

L'*orchite aiguë* a, nous l'avons déjà dit, été décrite de la façon la plus complète par M. Velpeau dans son article du *Dictionnaire* en trente volumes (t. XXIX, 1844). Dès 1833, Rochoux avait appelé l'attention sur la part que prend à l'inflammation dans ce cas la tunique vaginale, et il avait proposé de donner le nom de *vaginalite* à la chaude-pisse tombée dans les bourses. Son opinion était trop absolue, mais son mémoire a rendu un grand service en appelant l'attention sur l'épanchement de liquide dans la tunique vaginale, cette source si fréquente des violentes douleurs qui accompagnent l'orchite blennorrhagique et auxquelles on remédie si efficacement par les ponctions multiples préconisées par M. Velpeau.

En 1839, M. Velpeau avait signalé les orchites qui peuvent survenir à la suite des fièvres graves, de la variole, etc. lorsque, en 1852 (*Mémoires de la Société de biologie*), M. Gosselin appela l'attention sur une variété d'*orchite parenchymateuse,* qui se développe dans le cours de la *variole,* et qui est due au dépôt dans la substance testiculaire d'une matière plastique analogue à celle qui infiltre souvent les poumons dans cette maladie; il lui donna le nom d'*orchite varioleuse.* En 1859, Béraud reprit cette question et fit connaître de nouvelles observations dans son mémoire intitulé : *Recherches sur l'orchite et l'ovarite varioleuses* (*Archives,* 1859).

Jusqu'à ce jour, malgré quelques louables efforts, l'histoire de l'*orchite chronique* est restée dans la plus grande confusion.

Le *fongus bénin du testicule* avait été bien observé en Angleterre par A. Cooper et par Curling; mais ces chirurgiens avaient méconnu

Hématocèle
du
testicule.

Orchite.

Fongus bénin
du
testicule.

une partie de ses principaux caractères. C'est à M. Jarjavay que l'on doit la meilleure description de cette affection (*Mémoire sur le fongus du testicule; Archives de médecine*, 1849).

En 1853, M. Deville, dans le *Moniteur des hôpitaux*, dans un travail sur les hernies du testicule, n'a décrit qu'une des formes des fongosités testiculaires et a cherché, à tort suivant M. Gosselin, à prouver qu'il n'y avait pas de fongus parenchymateux, tel que l'ont compris les auteurs anglais et M. Jarjavay.

M. Jarjavay a décrit deux formes du fongus du testicule : 1° l'un, le *fongus superficiel,* est constitué par des végétations qui reposent sur l'enveloppe fibro-séreuse; 2° l'autre, le *fongus parenchymateux,* prend naissance dans le tissu propre du testicule et se présente au dehors à travers une perforation de l'albuginée. Dans cette dernière espèce, lorsque la maladie est arrivée à un certain degré de développement, la tumeur prend la forme d'une masse hémisphérique surajoutée au scrotum, sur laquelle le contact des corps extérieurs ne produit pas de souffrance; mais qui présente, lorsqu'on la comprime, une douleur caractéristique, semblable à celle que provoque la pression exercée sur le testicule sain. C'est à M. Jarjavay que l'on doit cette remarque.

Testicule
syphilitique.

Le *testicule syphilitique,* décrit par Bell, a surtout attiré l'attention d'A. Cooper en Angleterre. En France, A. Bérard (*Thèse de concours,* 1834), mais surtout Vidal (de Cassis) et M. Ricord se sont occupés de l'étude de cette affection, et, dans un très-bon mémoire, M. de Castelnau a essayé de prouver que l'affection syphilitique du testicule était beaucoup plus rare qu'on ne le croyait généralement. M. Ricord a signalé particulièrement, parmi les lésions anatomiques du testicule syphilitique, un épaississement de la tunique albuginée. Il a même donné à cette maladie le nom d'*albuginite syphilitique.* M. Ricord n'admet pas que le testicule syphilitique puisse arriver à suppuration, et cette opinion a aussi été défendue par M. Gosselin.

La *névralgie du testicule*, bien décrite pour la première fois par A. Cooper, a donné lieu en 1841 à un très-bon mémoire de M. Sarran (*Thèse* de Paris).

Les *pertes séminales* ont été surtout bien étudiées par Lallemand, et son célèbre ouvrage est encore le livre le plus remarquable qui ait été écrit sur ce sujet.

Le testicule est très-fréquemment le siége de *kystes* ; ceux-ci se développent rarement dans l'intérieur même de sa glande, mais presque toujours à sa périphérie.

Les *kystes périphériques* du testicule (*extra-testiculaires* de M. Cruveilhier) ont surtout été bien étudiés par M. Gosselin (*Archives de médecine*, 1848), qui les a divisés en *petits* et en *grands kystes*. Dans les petits kystes, le liquide ne contient presque jamais de *spermatozoaires*, tandis que les grands en renferment presque toujours; mais les grands kystes, dans la première période de leur développement, sont peu volumineux. La dénomination que leur a appliquée M. Gosselin veut dire seulement qu'ils sont susceptibles d'acquérir quelquefois un grand degré de développement.

Les *petits kystes* siégent ordinairement vers l'extrémité libre de la tête de l'épididyme, toujours entre la tunique albuginée et le feuillet viscéral de la tunique vaginale, jamais sous le feuillet pariétal de la séreuse. M. Gosselin les a observés aussi vers le milieu et même vers la queue de l'épididyme; mais là encore M. Gosselin admet qu'ils se développent entre la séreuse et la tunique propre, et que, par conséquent, ils n'ont aucune continuité avec la glande séminale.

Brodie le premier a fait connaître les *grands kystes* du testicule, sous le nom de *grands kystes superficiels du testicule et de l'épididyme*. M. Gosselin, dans son mémoire, les a appelés *kystes testiculaires*, à cause de leur rapport intime avec les canaux excréteurs de la glande. Ils ont été souvent confondus avec l'hydrocèle de la tunique vaginale. Leur point de départ est au niveau de la tête même de l'épididyme, et M. Gosselin admet qu'il y a toujours, au moment de leur formation, communication des voies séminifères avec la cavité kystique. Quand un de ces kystes, au lieu de se pédiculiser, augmente au point de former dans le scrotum une tumeur appréciable, il constitue l'hydrocèle enkystée de l'épididyme. En 1856, sous le titre de *Kystes spermatiques*, V. Marcé a consacré sa thèse inaugurale à la description de cette affection.

Curling, à cause de leurs rapports avec les conduits efférents, avait supposé d'abord qu'ils étaient formés par la dilatation de ces conduits; mais depuis il est demeuré convaincu qu'ils se forment dans le tissu cellulaire intermédiaire aux conduits excréteurs et à la membrane séreuse qui les revêt.

En 1843, Liston découvrit la présence des spermatozoïdes dans l'intérieur de ces kystes. On les rencontre plus souvent dans les kystes volumineux que dans les petits.

Comment expliquer la présence de ces spermatozoïdes?

1° Liston admettait que le kyste était formé par la dilatation d'un conduit séminifère.

2° On a soutenu que les animalcules se seraient introduits accidentellement dans le kyste, à la suite de la blessure d'un tube séminifère pendant une ponction. Mais on les a rencontrés dans des kystes ponctionnés pour la première fois, et dans d'autres qui n'avaient été ouverts qu'après la mort.

3° Paget émit l'opinion que « certains kystes, situés près de l'organe qui sécrète naturellement du sperme, peuvent sécréter un liquide analogue. Mais ces kystes sont en rapport non avec la portion sécrétoire, mais avec la portion excrétoire de l'organe. Le parfait développement des spermatozoïdes est également opposé à cette théorie.

4° M. Curling a dit que la présence des spermatozoïdes était probablement due à la rupture d'un des tubes de l'épididyme et à l'issue du sperme dans le sac de l'hydrocèle.

M. Gosselin pense que, puisqu'on ne les trouve pas dans ces kystes lorsqu'ils sont encore peu volumineux, c'est là une preuve qu'ils ne s'y forment pas, mais qu'ils s'y ajoutent ultérieurement. Selon ce chirurgien, à mesure que le kyste augmente, les tubes minces de l'épididyme sont tiraillés et s'étalent sur le kyste, ce qui les dispose singulièrement à la rupture.

Sous le nom de *maladie kystique du testicule*, A. Cooper a décrit une tumeur qui est constituée par des kystes composés ou prolifères. Cette tumeur se forme à l'intérieur de la tunique albuginée, qui devient en général très-mince. Les kystes dont elle se compose sont quelquefois peu nombreux, et d'autres fois innombrables; leur contenu est un liquide transparent et légèrement coloré, ou un fluide épais, visqueux et albumineux, quelquefois teint de sang. A. Cooper supposa que les kystes pouvaient être formés par la dilatation des tubes séminifères oblitérés. M. Curling les fait naître des conduits du corps d'Hygmore, ce que démontre aussi le fait publié par M. U. Trélat dans les *Archives* (1852); mais M. Ch. Robin a essayé de prouver (*Archives*, mai 1856) que ces kystes ont pour point de départ l'épididyme.

M. Curling a établi que la maladie kystique du testicule se montrait sous la forme bénigne et sous la forme maligne, plus rarement sous cette dernière. Les observations de M. Gosselin ont confirmé la manière de voir du chirurgien anglais.

On doit à M. Paul Dauvé un excellent mémoire *sur l'enchondrôme du testicule* (*Mémoires de la Société de chirurgie*, t. VI, 2ᵉ fasc. 1865). Avant lui cette affection avait été à peine entrevue. Il faut dire cependant qu'en 1861 une thèse fut soutenue sur ce sujet à Paris par M. Gyoux; mais la plupart des observations contenues dans ce travail, ou bien sont incomplètes, ou bien se rapportent au cancer ou à la maladie kystique.

Les *tubercules du testicule* débutent généralement par l'épididyme, où ils se montrent sous la forme de tubercule jaune cru. Dans le testicule lui-même les tubercules apparaissent sous la forme de petits corps perlés ou grisâtres abondants surtout vers le *rete testis.*

C'est vraisemblablement au tubercule du testicule qu'il faut rapporter la description que Curling a donnée de l'orchite chronique.

En 1854, Charles Dufour, dans une bonne thèse soutenue sous ce titre : *Études sur la tuberculisation des organes génito-urinaires,* a établi que la tuberculisation isolée du testicule est assez rare, et que le plus souvent elle coïncide avec une tuberculisation de plusieurs autres parties de l'appareil génito-urinaire, principalement de la prostate et des vésicules séminales. Les recherches de M. Gosselin lui ont permis de vérifier complétement la justesse de cette opinion (*Additions à Curling*).

En 1860, dans l'*Union médicale*, M. Duplay a fait connaître les idées de M. Denonvilliers sur la tuberculisation aiguë du testicule; en 1857, Bauchet, dans sa thèse d'agrégation, avait résumé les travaux entrepris avant lui sur ce sujet.

Le *cancer encéphaloïde* est de beaucoup la plus fréquente des affections malignes du testicule.

En 1856 (*Archives de médecine*, mai), M. Robin a publié un travail intéressant, dans lequel il a avancé que tous les sarcocèles encéphaloïdes et kystiques étaient entourés par une couche de substance séminifère amincie. Il en conclut que ces tumeurs, au lieu de prendre naissance dans le testicule lui-même, ont toujours leur origine dans l'épididyme.

Il se trouve ainsi en désaccord avec la plupart des anotomopathologistes, qui admettent le développement de l'encéphaloïde dans le testicule, et en particulier avec M. Curling, qui fait naître du *rete testis* les encéphaloïdes qui sont entourés par la substance séminifère amincie.

C'est là une question très-intéressante, qui demande de nouvelles recherches.

Dans trois mémoires publiés à différentes époques, M. Gosselin a appelé l'attention des chirurgiens sur les *oblitérations des voies spermatiques*. Dans le premier (*Mémoire sur les oblitérations des voies spermatiques; Archives générales*, 1847), ce chirurgien a prouvé, au moyen de dissections minutieuses et d'injections fines du testicule, que le canal déférent et la queue de l'épididyme s'oblitèrent quelquefois d'une manière définitive ou temporairement, à la suite des maladies de ces organes. Il insiste sur ce fait curieux, que les oblitérations n'entraînent pas l'atrophie du testicule et que la sécrétion spermatique continue d'avoir lieu; seulement l'absorption débarrasse les canaux spermatiques engorgés. Rien d'analogue n'avait été démontré jusque-là par les auteurs d'anatomie ou de pathologie.

En 1850, M. Gosselin inséra dans la *Gazette médicale* de nouvelles *Recherches sur une nouvelle espèce d'oblitération des voies spermatiques*. Il démontra d'une manière très-évidente que les grands kystes sous-épididymaires peuvent, en se développant, allonger et faire disparaître les vaisseaux efférents et intercepter ainsi toute communication entre le testicule et l'épididyme. De là l'indication d'opérer ces kystes avant qu'ils soient devenus très-volumineux.

Enfin, en 1853, il donna la confirmation clinique des faits qu'il avait annoncés dans son mémoire de 1847 (*Nouvelles études sur l'oblitération des voies spermatiques et sur la stérilité consécutive à l'épididymite bilatérale; Archives*, 1853). Dans ce travail, M. Gosselin prouva catégoriquement que certains malades, qui, à la suite de l'orchite double ou bilatérale, conservent une induration au bas des épididymes, fournissent un sperme dépourvu de spermatozoïdes, quoiqu'il n'y ait rien de changé dans les autres caractères de ce liquide, non plus que dans les fonctions génératrices et dans le volume des testicules, et que cette absence des animalcules est due à une oblitération des canaux déférents près de leur origine. Ce chirurgien a cherché à établir que le traitement des orchites devait être dirigé en vue de prévenir cette lésion, jusque-là inconnue et ignorée des chirurgiens. Abordant la question physiologique, il admet l'opinion, également nouvelle, que le sperme doit presque tous ses caractères physiques et chimiques à la sécrétion des vésicules séminales, et que, sous le rapport de la quantité, les matériaux fournis par les testicules eux-mêmes se réduisent à de très-faibles proportions.

Béraud (*Archives*, 1851) a appelé l'attention sur l'hématocèle funiculaire, et en a décrit deux formes : *l'hématocèle par infiltration* et l'*hématocèle par épanchement.*

L'hématocèle du cordon peut se compliquer de l'hématocèle de la tunique vaginale, et Jamain (*Thèse d'agrégation*, 1853, *Hématocèle du scrotum*) en a rapporté deux exemples fort curieux observés par MM. Malgaigne et Velpeau.

C'est à Malgaigne que l'on doit la meilleure description de l'*hydrocèle diffuse* du cordon spermatique. Ce chirurgien a bien indiqué la variété dans laquelle l'hydrocèle du cordon spermatique communique avec le péritoine.

En 1858, M. Giraldès a signalé à la Société de chirurgie (*Bulletin*, 1858) la présence dans le cordon spermatique d'un corps formé de tubes et de vésicules d'apparence glandulaire, qui est placé derrière la séreuse vaginale, en avant du paquet des veines, et se rend dans le testicule et dans l'espace compris entre l'épididyme et le point où la tunique vaginale se réfléchit. Cet organe persiste après la naissance. M. Giraldès le considère chez l'homme comme l'analogue d'un organe qu'on retrouve chez la femme près de l'ovaire, le *corps de Rosenmüller*. Il pense que ce corps est le point de départ du plus grand nombre des kystes du cordon.

A cette occasion, M. Verneuil a cru devoir réclamer la priorité de ces idées, et, pour appuyer sa réclamation, il a rappelé son travail présenté à la Société de chirurgie (*Mémoires de la Société de chirurgie*, t. IV, 1857) sur les kystes de l'organe de Wolf dans les deux sexes.

Nous devons, à propos de la *varicocèle*, signaler les travaux de Breschet et surtout celui de Landouzy, le mémoire de M. Escalier *sur l'inflammation et la suppuration des veines d'une tumeur variqueuse du scrotum avec dilatation du plexus pampiniforme* (*Mémoires de la Société de chirurgie*, t. II). En 1864, M. Périer (*Thèse inaugurale*) a étudié avec soin, à l'aide d'injections, la disposition anatomique des veines du cordon chez les individus atteints de varicocèle.

L'*hématocèle* des bourses peut siéger dans les tuniques extérieures à la tunique vaginale (*hématocèle pariétale*, Béraud), ou dans l'intérieur même de cette tunique. Dans le premier cas, elle peut se présenter sous deux formes bien distinctes : ou bien le sang est infiltré dans le tissu cellulaire (*hématocèle par infiltration*), ou bien il est collecté, réuni en foyer (*hématocèle par épanchement*). Quelquefois la collection sanguine est considérable et pourrait simuler une hématocèle de la tunique vaginale. Mais dans la première le testicule est complétement indépendant de la tumeur; on peut l'isoler facilement; ce qui n'a pas lieu dans l'épanchement vaginal.

L'*hématocèle spontanée* de la tunique vaginale a donné lieu à de nombreux travaux. Hunter, Boyer, A. Cooper, l'avaient mal observée, et Dupuytren la confondait avec l'hydrocèle.

Cette affection est caractérisée par l'épanchement de sang dans la tunique vaginale, survenu sans violences extérieures apparentes et sans que le testicule et l'épididyme présentent d'altération.

Moulinié (de Bordeaux) (*Maladies des organes génito-urinaires*, t. II), Velpeau (*Leçons de clinique chirurgicale*, t. II), Ernest Cloquet (*De l'hématocèle vaginale*, Thèse, 1846), M. Gosselin (*Archives de médecine, 1851; Recherches sur l'épaississement pseudo-membraneux de la tunique vaginale dans l'hydrocèle et l'hématocèle*), ont étudié avec grand soin la pathogénie de cette affection.

Moulinié (de Bordeaux) supposait que la maladie était produite par le sang déposé par les vaisseaux dilatés de la tunique vaginale, et il lui avait donné le nom *d'hématocèle par exhalation.*

M. Velpeau démontra le premier qu'on avait confondu à tort l'hématocèle de la tunique vaginale avec l'hydrocèle; il dit: «Une foule d'observations rangées parmi les cas d'hydrocèle doivent être rapportées à l'hématocèle. Ainsi, partout où il est dit que la matière contenue dans le kyste était colorée en rouge, en brun, ou présentait la consistance d'une bouillie, du miel, etc. on peut être sûr qu'il s'agit d'une hématocèle. Il en est de même des exemples où le liquide, quoique réellement fluide et simplement jaunâtre, se rencontre en faible quantité dans la coque vaginale épaissie, comme fibro-cartilagineuse, formée de plaques cartilagineuses superposées. »

Lorsqu'on examine une hématocèle ancienne on constate que les parois de la poche sont épaissies, et que cet épaississement variable peut dépasser plusieurs millimètres. Ou bien la paroi est encore assez souple pour s'affaisser, ou bien sa consistance est telle qu'elle ne peut le faire, même sous une pression assez forte.

Le liquide est d'une coloration variable, le plus souvent couleur chocolat; quelquefois on l'a trouvé séreux.

Le testicule a presque toujours perdu sa forme; l'épididyme, souvent déplacé, ne disparaît pas, et la sécrétion du sperme est tout au plus ralentie. (GOSSELIN.)

A quoi est dû l'épaississement de la tunique vaginale?

Boyer professait, et M. Velpeau a soutenu qu'il se déposait à la surface interne de la séreuse vaginale des dépôts fibrineux qui augmentaient son épaisseur.

Dans ces dernières années, M. Gosselin (*loco citato*, 1851) a envisagé cette question sous un point de vue tout nouveau.

Ce chirurgien a déduit de ses recherches anatomiques et cliniques que les inflammations de la tunique vaginale, lorsque cette membrane contient un liquide qui empêche les deux feuillets de s'unir par des adhérences, ont pour résultat de donner lieu à la formation d'une *fausse membrane* sur le feuillet pariétal; que cette fausse membrane peut devenir très-épaisse; qu'au début de sa formation les vaisseaux sanguins qui y prennent naissance peuvent se rompre, laisser tomber du sang et produire ainsi ces hématocèles presque spontanées, dont on ne pouvait se rendre compte; que, dans les cas où elles sont épaisses, elles deviennent le siége, après l'ouverture de la poche, d'inflammations de mauvaise nature, souvent mortelles; que d'ailleurs elles ne sont pas très-adhérentes, et qu'elles peuvent être avantageusement énucléées : ce qui a donné naissance au procédé opératoire désigné par M. Gosselin sous le nom de *décortication de la tunique vaginale*. Ainsi, d'après M. Gosselin, la fausse membrane préexisterait à l'épanchement sanguin, et celui-ci serait fourni par cette production nouvelle en voie d'organisation.

L'*hydrocèle vaginale* a été décrite à notre époque avec une exactitude minutieuse : dans ces dernières années (*Archives*, 1856; *Recherches anatomo-pathologiques sur une forme de l'hydrocèle*) Béraud a fait connaître certaines poches diverticulaires de la vaginale qui peuvent devenir le siége de l'épanchement séreux.

Hydrocèle vaginale.

En 1855, M. Verneuil, dans un mémoire sur l'*inclusion scrotale et testiculaire* (*Archives de médecine*), a rassemblé et réuni avec soin tous les faits dans lesquels on avait trouvé des débris de fœtus dans le testicule et le scrotum. M. Verneuil a recueilli, dans les auteurs, neuf faits auxquels il en ajoute un observé par lui et M. Guersant. Les deux meilleurs exemples sont celui de l'auteur et celui de M. Velpeau (*Gazette médicale*, 1840). Dans le premier, M. Verneuil, au milieu d'éléments étrangers à l'organe, tels que de la peau et

Inclusion scrotale et testiculaire.

du cartilage, a reconnu la substance grise cérébrale. Dans le fait observé par M. Velpeau sur un homme de vingt-sept ans, la tumeur scrotale congénitale était constituée par tous les éléments du fœtus. Ollivier et M. Velpeau supposent que, dans tous ces faits, l'inclusion est primitivement abdominale, c'est-à-dire que les débris organiques sont d'abord situés dans le ventre auprès du testicule, et qu'ils accompagnent ce dernier dans sa migration. M. Verneuil n'accepte pas cette interprétation pour tous les cas, et il pense que, dans quelques-uns, la tumeur a occupé d'abord le tissu cellulaire sous-cutané des bourses, indépendamment du testicule, avec lequel cependant elle a contracté plus tard des adhérences.

L'*éléphantiasis du scrotum* se voit rarement dans nos climats; cependant Delpech, Rigal (de Gaillac), en ont observé quelques cas dans le midi de la France. M. Clot-Bey, qui a vu assez fréquemment cette affection en Égypte, a publié sur ce sujet un mémoire très-intéressant, intitulé : *De l'éléphantiasis des Arabes, et en particulier de celui qui se développe dans le scrotum* (*Mémoires de la Société de chirurgie*, t. IV, 1857). Ce travail a donné lieu de la part de M. H. Larrey à un long et très-important rapport (*loco citato*), qui est lui-même un des meilleurs travaux publiés sur la matière.

MALADIES DES ORGANES GÉNITAUX DE LA FEMME.

Les ouvrages les plus anciens témoignent de l'intérêt avec lequel les médecins et les chirurgiens de toutes les époques ont étudié les maladies de l'utérus; mais il serait difficile de trouver un sujet dans lequel l'imagination se soit, pendant de plus longues années, substituée plus complétement à l'observation rigoureuse des faits. Malgré quelques progrès accomplis aux diverses époques de la science, il était réservé aux médecins et aux chirurgiens contemporains de jeter sur ces intéressantes questions une lumière toute nouvelle. Aidés par les recherches d'anatomie pathologique, par l'emploi de nouveaux moyens d'exploration; éclairés par les découvertes importantes qui, grâce aux travaux de Négrier, de Bischoff, de MM. Gendrin, Coste, Pouchet, ont donné la démonstration du rapport existant entre l'ovulation et la menstruation; par les recherches d'embryologie et d'histologie auxquelles ont pris une large part, dans notre pays, MM. Velpeau, Martin Saint-Ange et Grimaud (de Caux), Courty (de Montpellier) (1845), Charles Robin (1848, 1861), Rouget, etc. ils ont pu donner à la description des maladies utérines un cachet d'exactitude jusqu'alors inconnu.

Au commencement de ce siècle (1801), Récamier inventa le spéculum, et mit ainsi entre les mains des médecins un nouveau et puissant moyen d'exploration pour l'étude des maladies utérines. Ce ne fut véritablement que vers 1818, qu'il fit connaître publiquement ce nouvel instrument, dont l'emploi, accepté d'abord avec réserve, devait bientôt acquérir une importance exagérée entre les mains de quelques médecins, qui voulaient le substituer à tous les autres moyens d'exploration.

Récamier et tous ses contemporains, ne voyant dans le cancer qu'une affection locale, dirigèrent tous leurs efforts vers ce but principal : arracher à la mort, à l'aide d'une opération, les malheureuses femmes atteintes d'un cancer de la matrice. Ces opérations tentèrent les meilleurs esprits de cette époque, et Delpech lui-même fut séduit par les promesses que ne cessaient de faire les adeptes de la doctrine régnante.

A la mort de Delpech, Serres (1834), dans la thèse qu'il soutint lors du concours pour la chaire laissée vacante par cet illustre chirurgien, essaya d'appeler de nouveau l'attention des médecins sur la nature réelle de l'affection cancéreuse, sur les preuves de son hérédité, sur les phénomènes d'infection générale qui l'accompagnent le plus souvent, et, s'attaquant à l'opération dont Lisfranc s'était fait le plus ardent promoteur, il s'exprimait ainsi : « Que de fois n'avons-nous pas disséqué des cols de l'utérus que l'on avait amputés, et sur lesquels nous n'avons trouvé qu'une ou deux petites ulcérations qui avaient à peine entamé l'épaisseur de la muqueuse! » En 1836, Téallier vint donner un nouvel appui à l'opinion du chirurgien de Montpellier; tous deux mirent en doute les cas de guérison de cancer tous les jours annoncés, et bientôt (1836) un transfuge de l'école de Lisfranc, Pauly, vint apprendre aux médecins quelle était la valeur réelle de la méthode si largement mise en pratique par le chirurgien de la Pitié.

A partir de ce moment, non-seulement l'ablation totale de l'utérus cancéreux que Récamier n'avait pas craint de présenter comme une opération avantageuse, mais même l'amputation limitée au col seul de la matrice, perdirent toute la faveur dont elles avaient joui, et, dans sa *Clinique chirurgicale*, en 1842, Lisfranc, vaincu, écrivait ces lignes : « Au lieu de faire, comme il y a quelques années, quinze amputations du col de la matrice par an, à peine en pratiquons-nous maintenant une ou deux. »

Pendant cette période désastreuse, des travaux avaient cependant été tentés dans une direction plus sage. Dès 1821, Guilbert proposait l'application des sangsues sur le col utérin, à l'aide du spéculum. Samuel Lair, en 1828, conseillait d'explorer l'intérieur de la cavité utérine avec des sondes et des stylets, et appelait l'attention sur l'influence que pouvaient avoir, au point de vue des déviations utérines, la péritonite et ses conséquences éloignées.

Peu de temps après, M. Duparcque publiait, en 1830, une première édition de son livre sur les *altérations de la matrice*.

En 1839 paraissait une seconde édition de cet ouvrage, auquel on ne pourrait sans injustice refuser un véritable mérite. S'il est vrai que, dans son livre, M. Duparcque n'avait pas atteint la précision du langage scientifique actuel, et par cela même avait laissé planer une certaine obscurité sur plusieurs questions; s'il est vrai qu'il se laissa trop entraîner au désir de multiplier les formes et les variétés des engorgements et du cancer, on peut et l'on doit reconnaître, avec M. Courty (*Traité des maladies de l'utérus*, 1866), que la deuxième édition du livre de cet auteur « marqua un véritable progrès, en ce que toutes les maladies n'y sont pas considérées comme des engorgements ou des cancers, que l'auteur y réserve une place à quelques autres, et en signale même qui étaient nouvelles ou du moins peu connues jusqu'alors : ainsi il traite de l'hypertrophie partielle du col, de l'œdème du col, de plusieurs formes d'ulcérations, etc. »

En 1833 fut publié l'ouvrage important de Mme Boivin et Dugès, livre remarquable, dont la lecture peut encore être aujourd'hui d'une grande utilité. L'engorgement, l'induration, l'ulcération, les granulations, les flux muqueux, y sont décrits à la suite de la métrite chronique, de la métrite puerpérale, de la métrite aiguë simple, comme des phlegmasies, des terminaisons ou des conséquences de l'inflammation. (COURTY, *loco citato*.) Là, selon le chirurgien de Montpellier, serait le germe de l'idée développée par MM. H. Bennett, Aran et Nonat, qui ont considéré ces divers états morbides comme dérivant nécessairement de l'inflammation et se confondant avec elle à titre de symptômes ou de conséquences.

Dès 1833, Jobert (de Lamballe) faisait paraître un mémoire sur la cautérisation en général, dans lequel il insistait sur l'utilité des cautérisations du col de l'utérus avec le fer rouge. Cette méthode thérapeutique, dont on a pu exagérer l'emploi, mais qui restera toujours entre les mains du chirurgien comme une arme puissante, a dû sa vulgarisation aux travaux de ce chirurgien et de ses élèves.

Dans ses leçons de clinique (1841 à 1843), Lisfranc essaya de subordonner à l'*engorgement* toutes les affections utérines, troubles de la menstruation, écoulements leucorrhéiques, déviations, etc.

Bientôt un élève de l'école de Paris, M. Henri Bennett, soutint sa thèse (1843) *sur les ulcérations et les engorgements du col utérin*, et formula dès lors une doctrine que, de retour en Angleterre, il devait développer dans un ouvrage important *sur l'inflammation de l'utérus*, etc. En 1850, Aran nous en donna la traduction, et, en 1864,

M. Peter nous a fait connaître la nouvelle édition du livre de l'auteur anglais.

M. Bennett attribue à l'inflammation le rôle capital dans la genèse des affections utérines, et si l'on a pu, à juste titre, reprocher à Lisfranc d'avoir voulu résumer toute la pathologie utérine dans l'engorgement, ne serait-il pas permis d'adresser le même reproche à M. Bennett en ce qui concerne l'inflammation ? Les travaux de M. Bennett n'en ont pas moins rendu un grand service à l'étude des maladies utérines, en restituant à l'inflammation un rôle que ses prédécesseurs avaient par trop oublié.

En 1845, les leçons professées par M. Velpeau à l'hôpital de la Charité furent recueillies par M. Pajot et publiées dans la *Gazette des hôpitaux*. Une doctrine nouvelle se fit jour, et là encore on voulut systématiser et trouver une origine commune à presque toutes les affections utérines. Pour le chirurgien de la Charité, c'est le changement de position, la déviation de l'organe, qui semble occuper la première place dans les maladies de la matrice ; il rejette au second plan l'engorgement et l'inflammation. Ces idées devaient trouver d'ardents défenseurs, et parmi eux Valleix (1852), de si regrettable mémoire, doit être placé au premier rang.

A peu près à la même époque, Simpson en Angleterre et Kiwisch en Allemagne payaient un large tribut à la pathologie utérine. Plus près de nous, les livres de C. West, à Londres, de Scanzoni, à Wurtzburg, de Fest, à Bonn, nous initiaient encore aux nombreux travaux des médecins et des chirurgiens anglais et allemands. Mais nulle part ailleurs les maladies de l'utérus n'ont été étudiées avec autant de soin que dans notre pays, pendant la période la plus récente. Nous avons vu, en quelques années, paraître successivement, sur ce sujet, des traités complets dus aux plumes de MM. Becquerel, Nonat, Aran, Bernutz et Goupil, Courty (de Montpellier).

Le livre de Becquerel, qui a paru en 1859, présente un résumé assez impartial des travaux de ses devanciers, mais ne contient aucune vue originale.

M. Nonat, lorsqu'il fit paraître, en 1860, son *Traité pratique des maladies de l'utérus et de ses annexes*, avait déjà montré, dans de nombreux mémoires, avec quelle ardeur il s'était depuis longtemps livré à l'étude des maladies utérines, et certaines affections, objet particulier des études de l'auteur, telles que le phlegmon péri-utérin, l'hématocèle péri-utérine, ont été décrites dans cet ouvrage avec les plus grands détails.

Dans ses *Leçons cliniques*, qui parurent en 1860, Aran a tracé des maladies de l'utérus une description qui, dans bien des points, laisse très-peu à désirer. Il s'appliqua à donner à la congestion utérine un rôle de premier ordre, et développa longuement cette idée que « l'utérus et le système utérin sont bien plus disposés à la congestion sanguine qu'à l'inflammation. » A l'opinion de M. Nonat, qui assigne presque toujours le tissu cellulaire pour siége aux inflammations péri-utérines, Aran opposa une opinion nouvelle, soutenue aussi par un de ses élèves, M. Siredey, dans sa thèse inaugurale (1860): pour lui, le plus souvent, l'inflammation avait son siége dans les annexes de l'utérus, l'ovaire ou la trompe.

Déjà dans un mémoire publié dans les *Archives* (1857), MM. Bernutz et Goupil avaient attaqué la doctrine du phlegmon péri-utérin, et admis que ces prétendus phlegmons péri-utérins n'étaient que des tumeurs dues à des péritonites partielles, développées dans le petit bassin autour de l'utérus et de ses annexes. En 1862, dans leur livre de *Clinique médicale sur les maladies des femmes*, ces auteurs ont publié une série de monographies sur les points les plus importants des maladies utérines.

En 1865, M. Huguier fit paraître ses *Leçons sur l'hystérométrie et le cathétérisme utérin*. Mais déjà l'on devait à ce chirurgien des mémoires originaux de la plus haute importance sur quelques points spéciaux des affections utérines.

En 1865, MM. Wieland et Dubrisay traduisaient et annotaient le *Traité des maladies des femmes* de Fletwood Churchill (de Dublin).

Enfin, en 1866, M. Courty, professeur à la Faculté de médecine de Montpellier, a publié, sous le titre de *Traité pratique des mala-dies de l'utérus et de ses annexes,* un livre excellent, dans lequel est représenté de la façon la plus complète l'état actuel de la science sur cette intéressante question.

Kystes des ovaires.

Les *ovaires* sont très-fréquemment le siége de *kystes*. L'anatomie pathologique de cette affection a donné lieu à de nombreux tra-vaux, et leur thérapeutique est entrée dans une voie toute nou-velle.

Les travaux de M. Cruveilhier (*Anatomie pathologique générale,* t. III) de Dubrueil (de Montpellier), de Rokitansky, de Kiwisch, etc. ont éclairé la plupart des points d'anatomie pathologique de cette question.

Ces kystes sont de natures fort diverses. Le contenant est un sac ou une poche à parois plus ou moins épaisses; le contenu, un liquide quelquefois épais et gélatineux, d'autres fois tout à fait séreux. Ces kystes sont *uniloculaires* ou *multiloculaires*. Enfin il existe des kystes *mixtes* ou *composés* (*cystoïdes* des auteurs allemands) qui sont carac-térisés par l'association aux productions kystiques, dans des pro-portions variables, de nouveaux éléments pathologiques normaux ou anomaux, simplement hypertrophiques ou dégénérés, ou même particuliers à l'ovaire. (COURTY.)

Dubrueil (de Montpellier) a parfaitement décrit les parois des kystes de l'ovaire. En 1840, M. Velpeau publia dans le *Diction-naire* en trente volumes (t. XXII) un long article sur les maladies des ovaires. Cazeaux, en 1844, a soutenu pour l'agrégation une thèse très-remarquable, qui aujourd'hui encore constitue une des meilleures monographies sur ce point de la science. En 1859 (*Mémoires de l'Académie de médecine*), Bauchet a étudié avec dé-tails l'anatomie pathologique des kystes de l'ovaire, et, en 1864, M. Rafaël Herrera Vegas a consigné dans sa thèse inaugurale quelques recherches importantes dues à M. Ordoñez.

Quelle est l'origine des kystes de l'ovaire? Depuis longtemps, les anatomo-pathologistes ont décrit des kystes intra-ovariens et extra-ovariens; aujourd'hui, les progrès de l'anatomie normale ont permis de mieux préciser l'origine exacte de ces productions accidentelles.

Dans un intéressant mémoire, publié en 1857 et intitulé *Recherches sur les kystes de l'organe de Wolf dans les deux sexes* (*Mémoires de la Société de chirurgie*, t. IV, 1857), M. Verneuil a très-bien exposé les points d'origine de ces divers kystes.

Il admet : 1° des *kystes du ligament large*, développés dans les vestiges du corps de Wolf; c'est Follin qui, dans sa thèse inaugurale (1850), a indiqué et démontré ce point de départ de quelques-unes de ces tumeurs; il a étudié avec le plus grand soin les restes des corps de Wolf après la naissance, autrement dit l'organe de Rosenmüller; il a pu ainsi expliquer la nature de certains kystes qui se développent dans l'épaisseur du ligament large;

2° Des *kystes ovariques proprement dits,* qui se développent dans les vésicules de de Graaf;

3° Des *kystes résultant de la combinaison d'une dilatation folliculaire avec une dilatation de la trompe.*

A côté de ces kystes proprement dits de l'ovaire, il existerait des pseudo-kystes, qui seraient :

1° Des *hydropisies de la trompe;*

2° Des *kystes lacuneux,* espèces d'hygromas sous-séreux, résultant de l'accumulation de la sérosité dans de véritables bourses sous-péritonéales, formées dans le tissu cellulaire de cette région par le frottement réciproque des organes.

3° Enfin il existe une dernière variété décrite par M. Ollier, sous le nom de *kystes lacuneux interstitiels;* ceux-ci prendraient naissance dans le tissu cellulaire qui enveloppe les vésicules de de Graaf.

Dans l'immense majorité des cas, on ne saurait le nier, c'est l'ovaire même qui est le siége du développement des kystes ovariques, et ceux-ci, le plus souvent, ne sont que des hydropisies, simples ou compliquées, des vésicules de de Graaf.

Rokitansky (et avec lui Forster, Kiwisch, Scanzoni, Virchow et toute l'école allemande) distingue l'hydropisie des follicules de de Graaf et l'altération cystique des corps jaunes, des cystoïdes auxquels il rattache, avec tous les kystes composés (colloïdes, cancéreux, aréolaires, etc.), une partie des kystes multiloculaires.

Rokitansky (*Wiener Wochenblatt*, 1855, n° 1), en étudiant un kyste multiple, a reconnu avec certitude la présence d'un œuf dans toutes les vésicules qui n'avaient pas dépassé la grosseur d'un haricot, et il a prouvé par là que le siége de l'hydropisie est bien dans l'ovisac.

On doit à Rostan (*Nouveau Journal de médecine*, t. III, 1818 : *Mémoire sur un moyen de distinguer l'hydropisie de l'ovaire*) un signe précieux pour établir le diagnostic des kystes de l'ovaire d'avec l'ascite. Dans l'ascite, la percussion fournit un son tympanique dans la région épigastrique, lorsque la malade est debout. Dans l'hydropisie enkystée de l'ovaire, les intestins sont refoulés en arrière et sur les côtés, et ils occupent toujours les mêmes points. Ainsi, lorsque la malade est couchée sur le côté droit, par exemple, on trouve, dans l'hydropisie enkystée de l'ovaire, une sonorité et une élasticité très-marquées dans le flanc et la fosse iliaque du côté droit, tandis que, dans l'ascite, on trouve dans ces mêmes points une matité complète. M. Piorry s'est appliqué avec succès à rendre plus précis encore les signes fournis dans ces cas par la percussion.

Depuis que l'ovariotomie a été mise en honneur, les efforts les plus grands ont été faits par la plupart des chirurgiens pour rendre de plus en plus précis le diagnostic de ces tumeurs. On a voulu essayer de reconnaître à l'avance le degré et l'étendue des adhérences qui peuvent unir un kyste de l'ovaire aux parties qui l'entourent; mais ce point de nos connaissances laisse malheureusement encore beaucoup à désirer, et de nouvelles études sont nécessaires pour jeter la lumière sur cette partie, d'ailleurs si importante, du diagnostic.

Les *hémorragies pelviennes* et l'*hématocèle péri-utérine* n'ont pris rang dans la science que depuis quelques années, et cependant elles ont provoqué de très-nombreux travaux. Nous emprunterons à M. Courty (*Maladies de l'utérus*, 1866) une partie de l'exposé des publications les plus importantes faites sur ce sujet.

A Récamier reviendrait l'honneur d'avoir publié, le premier, des exemples d'hématocèle péri-utérine; mais, selon M. Nélaton, c'est à M. Laugier qu'on doit la première mention bien positive, relativement à ces tumeurs (*Dictionnaire* en trente volumes, t. V, 1833).

En 1841, M. Bourdon, dans un mémoire sur les *tumeurs fluctuantes du bassin* (*Revue médicale*, 1841), reproduisit l'un des faits observés par Récamier et en fit connaître un autre.

En 1839, M. Velpeau, dans sa *Médecine opératoire* (t. IV) parla de cette affection, et, plus tard, en 1843 (*Annales de la chirurgie française*), il décrivit cette tumeur avec assez de détails, et donna un rapide aperçu des changements subis par le sang épanché.

Jusqu'à cette époque on n'avait pas observé de cas de mort; aussi l'anatomie pathologique de cette lésion était complétement ignorée, lorsqu'en 1848 parut le mémoire de M. Bernutz sur la *rétention des menstrues* (*Archives générales de médecine*, 1848). Dans l'une des observations de ce travail, le mode d'enkystement du sang et la relation de l'hémorragie interne avec la menstruation sont parfaitement indiqués.

M. Nélaton étudia alors cette question, et ses idées inspirèrent, en 1850, la thèse de M. Viguès (*Des tumeurs sanguines de l'excavation pelvienne chez la femme*, 1850). Ce travail constitue la première publication complète sur ce sujet; il renferme de nombreux et utiles documents.

En 1851, M. Nélaton publia dans la *Gazette des hôpitaux* une leçon clinique (février 1851); et, dans le mois de mai de la même année, eut lieu à la Société de chirurgie une discussion importante sur ce sujet.

C'est à M. Nélaton qu'on doit, sous la dénomination d'*hématocèle*

Hémorragies
pelviennes
et hématocèle
péri-utérine.

rétro-utérine, une étude précise et une description exacte des signes physiques de la tumeur, la vulgarisation des connaissances qui s'y rattachent et l'impulsion qui, après avoir d'abord inspiré le travail de M. Viguès, a ensuite donné naissance aux thèses de M. Fenerly (1855) et de M. Voisin (1858), et au livre du même auteur sur ce sujet (1860). M. Prost, en 1854, sous la direction de M. Nonat, avait aussi choisi cette affection pour sujet de sa dissertation inaugurale.

En 1855, M. Laugier lut sur ce point, devant l'Académie des sciences, un très-remarquable mémoire. Il nous faut encore citer les thèses de MM. Engelhart (Strasbourg, 1856), Gaillardot (Paris, 1857), Beaudelot, Verdet (1858); les observations insérées en 1854 par M. Tardieu dans les *Annales d'hygiène publique;* le travail de M. Puech (*Dé l'hématocèle péri-utérine et de ses sources*, Montpellier, 1858), et un second mémoire de ce chirurgien publié en 1860 dans les *Annales de la Société des sciences médicales et naturelles de Bruxelles*, et imprimé à Paris en 1861. M. Gallard a fait également ment sur ce point plusieurs publications importantes (*Gazette hebdomadaire*, 1858, p. 481 ; *Archives de médecine*, 1860, etc.).

Quelles sont, dans l'hématocèle péri-utérine, les sources du sang extravasé? Sur ce point les opinions sont encore très-partagées aujourd'hui.

MM. Nélaton et Laugier pensent que l'hémorragie menstruelle du follicule de de Graaf et l'hémorragie vésiculaire morbide sont le point de départ de l'épanchement sanguin.

M. Gallard considère l'hématocèle comme une ponte extra-utérine, comme une grossesse extra-utérine moins le produit de la conception.

MM. Beau et Tardieu ont soutenu, et leur explication a été reprise par M. Ferber (*Arch. der Heilkunde*), qu'il se faisait une exhalation sanguine de la séreuse du petit bassin. Pour M. Virchow, la péritonite hémorragique est la cause de la plupart des hémorragies pelviennes et des hématocèles péri-utérines.

Enfin M. Bernutz, en 1848 (*Archives*) et en 1860 (Bernutz et

Goupil, *Clinique des maladies des femmes*), a admis que la lumière du
canal cervico-utérin peut être fermée par suite de la contractilité
de l'utérus, qu'alors le sang s'accumule dans la cavité du corps, et
que, lorsque celle-ci est dilatée, il s'engage dans les trompes et
s'écoule dans le péritoine. Aran a donné à cette explication le nom
de *théorie du reflux*. M. Courty accorde que le sang peut suivre cette
voie, lorsqu'il existe, dans une partie quelconque du conduit vulvo-
utérin, un obstacle, soit congénital soit acquis; mais il ne lui est
pas démontré que cela puisse avoir lieu lorsqu'il n'en existe pas.
M. Courty pense que la plupart des faits rapportés par M. Bernutz
à la rétention des menstrues le seraient plus justement à une congestion sanguine du système utérin, et que les cas dans lesquels il
a cru voir le passage du sang de l'utérus dans la cavité péritonéale
s'expliqueraient plus naturellement par la production d'une hémorragie tubaire.

L'*hémorragie de la trompe*, indiquée par Tilt en 1850, puis par
M. Fenerly (1855), n'a pris rang dans la science qu'avec les travaux de M. Puech. M. Courty considère cette source de l'hématocèle péri-utérine comme bien démontrée, et il rappelle les observations probantes de MM. Laboulbène, Hélie, Scanzoni, Bernutz,
Follin, Oulmont, etc.

Si les hémorragies des trompes paraissent rares, *celles dues aux
lésions des ovaires* ont, au contraire, été fréquemment signalées.
Avant l'hémorragie, il existe préalablement une altération prononcée des ovaires. Ceux-ci peuvent se rompre à la suite d'une
inflammation aiguë, comme l'a démontré un fait, jusqu'ici unique
dans la science, publié par M. Denonvilliers dans la *Gazette médicale*
(1856).

Mais, suivant M. Courty (*loco citato*), c'est la congestion chronique
qui est la cause la plus active de ces hémorragies; quelquefois
cependant on trouve les caractères de la congestion sanguine aiguë,
et c'est au milieu de la santé la plus parfaite que l'hémorragie
apoplectique survient.

Enfin M. Richet (*Anatomie médico-chirurgicale*, 1857) et M. Devalz (*Varicocèle ovarien, Thèse*, 1858) ont démontré que les plexus utéro-ovariens pouvaient se rompre et donner lieu à une extravasion sanguine sous le péritoine et entre les lames du ligament large (RACIBORSKI), à un simple thrombus extra-pelvien ou à une hémorragie plus considérable et à un épanchement sanguin plus ou moins abondant dans le petit bassin.

M. Courty pense qu'aujourd'hui, des diverses sources d'épanchement sanguin auxquelles on peut attribuer la production de l'hématocèle péri-utérine, trois seulement peuvent être considérées comme démontrées; ce sont : l'*hémorragie apoplectique des ovaires*, la *rupture d'un des vaisseaux qui composent le plexus utéro-ovarien* et l'*hémorragie des trompes*. Selon ce chirurgien, ce sont là les seules sources dont la vérification ait été faite sur le cadavre; elles font justice des hypothèses émises et rendent compte à elles trois de tous les cas observés. (COURTY, *loco citato*, p. 909.)

Quel est le siége des hématocèles péri-utérines? Le sang est-il dans le péritoine ou, en dehors du péritoine, dans le tissu cellulaire? M. Voisin a consacré principalement sa thèse (1858) à démontrer la vérité de l'opinion de M. Nélaton, qui considère ces épanchements comme intra-péritonéaux. Quant à M. Nonat, il admet que l'hématocèle est extra-péritonéale dans un très-grand nombre de cas; lui et M. Huguier ont même indiqué la coloration violacée du vagin que l'on observe quelquefois comme caractérisant la tumeur extra-péritonéale.

Sur ce point, M. Courty, dont nous citons si volontiers les conclusions, s'exprime ainsi : « Sans nier l'existence des hématocèles extra-péritonéales, on peut dire qu'elles sont excessivement rares et peu dangereuses. »

On désigne sous le nom de *phlegmon péri-utérin* l'inflammation du tissu cellulaire du petit bassin et des ligaments larges.

Récamier paraît encore être le premier qui ait appelé l'attention sur le phlegmon utérin, et ses idées furent reproduites dans le travail déjà cité de M. Bourdon (1841). M. Nonat et Aran ont étudié cette question avec le plus grand soin, et M. Nonat a généralisé l'existence de cette affection, qu'il considère comme une des plus fréquentes du cadre nosologique.

En 1855, M. Gallard a publié un travail important sur ce sujet (*Thèse : De l'inflammation du tissu cellulaire qui environne la matrice et du phlegmon péri-utérin*, 1855). A la même époque, dans les *Archives de médecine*, et, plus tard, en 1860, dans leur *Clinique des maladies des femmes*, MM. Bernutz et Goupil ont aussi abordé l'étude de cette maladie et en ont donné une interprétation toute nouvelle. Ils n'admettent pas l'existence du phlegmon péri-utérin, c'est-à-dire l'inflammation du tissu cellulaire; pour eux tous les faits observés sous ce nom doivent être rattachés à l'existence de péritonites partielles limitées au cul-de-sac utéro-rectal.

En 1866, M. Frarier a soutenu une bonne thèse sur les *phlegmons du ligament large*.

Les *vices de conformation* de l'utérus et du vagin sont nombreux; mais dans un grand nombre de cas, ils ne présentent qu'un intérêt modéré au point de vue chirurgical. Dans un travail très-complet de M. Lefort, composé au sujet du concours d'agrégation de 1863 (*Des vices de conformation de l'utérus et du vagin, et des moyens d'y remédier*), on trouvera tous les renseignements désirables relatifs à ces questions. On consultera également avec fruit le mémoire de M. Puech sur les *atrésies des voies génitales de la femme* (Paris, 1864).

Les *déviations* et les *déplacements* utérins, auxquels, comme nous l'avons dit, M. Velpeau voulait faire jouer un rôle de premier ordre dans la pathologie utérine, ne sont plus considérés aujourd'hui comme susceptibles de primer le développement de la plupart des maladies de la matrice.

A côté des livres classiques que nous avons cités et qui renferment tous sur ce sujet des chapitres importants, nous devons encore rappeler sur ce point les travaux de M. Paul Dubois (*Dictionnaire* en trente volumes), Velpeau (*Médecine opératoire,* et *Leçons* recueillies par M. Pajot), Malgaigne (*Journal de chirurgie,* 1843), Jobert (de Lamballe); les expériences de M. Richet (relatées dans son *Anatomie chirurgicale*), les discussions de l'Académie de médecine, les travaux de M. Huguier, de Valleix, de M. Depaul; les thèses de M. Piachaud (de Genève) (1852), de Boulard (1853), la thèse d'agrégation de M. Cusco (1853), celle de M. Legendre *sur la chute de l'utérus* (1860); la dissertation inaugurale de M. Picard *sur les inflexions de l'utérus à l'état de vacuité* (Paris, 1862).

Il nous faut citer tout spécialement l'important mémoire de M. Huguier *sur les allongements hypertrophiques du col de l'utérus* (*Mémoires de l'Académie de médecine,* 1859), dans lequel ce chirurgien a fait voir que l'on avait rapporté, dans un certain nombre de cas, à une chute de l'utérus ce qui tient, en réalité, à une hypertrophie avec allongement du col utérin, hypertrophie qui porte tantôt plus particulièrement sur la portion sus-vaginale du col, et qui, dans d'autres cas, affecte surtout la portion sous-vaginale.

Les belles recherches de ce chirurgien ont appelé l'attention sur cette altération, qui, entrevue, bien décrite même par d'autres pathologistes avant lui, avait été oubliée. Il a montré que cette lésion se rencontrait presque toujours dans ce qu'on appelait communément la *chute de l'utérus;* il n'a pas nié la dépendance de ces deux lésions; mais il a accordé à la lésion du tissu de l'utérus une importance plus grande qu'à son déplacement, regardant celui-ci comme un phénomène secondaire, dont la cause première est l'hypertrophie du col.

Fongosités utérines.

Les *fongosités utérines* ont été signalées pour la première fois par Récamier, dans un mémoire lu à l'Académie de médecine le 7 février 1843. En 1846, Robert (*Bulletin de thérapeutique,* t. XXI) publia la description des fongosités utérines enlevées à l'aide de la curette.

Plusieurs thèses furent soutenues sur ce sujet, et l'on peut citer celles de MM. Babu (1850), Juteau (1850) sur l'*hémorragie utérine essentielle*, Ferrier (1854); mais le travail le plus complet sur ce sujet est dû à M. Rouyer (*Thèse*, 1858 : *Études cliniques sur les fongosités de la muqueuse utérine*).

Les lambeaux enlevés par la curette ressemblent beaucoup à la muqueuse utérine; mais celle-ci offre de petites granulations saillantes; à sa face profonde on trouve souvent de petites masses à surface spongieuse, violacées, semblables à du tissu placentaire.

Robert et M. Richet (*Société de chirurgie*, janvier 1855) pensent qu'on les trouve surtout dans les points où se fixe le placenta; mais les observations actuelles ne permettent pas encore d'être affirmatif sur ce point.

Les *kystes de l'utérus* ont surtout été bien décrits par M. Huguier (*Mémoires de la Société de chirurgie*, t. I).

Les kystes des glandes tubuleuses avaient été indiqués comme probables par M. Huguier, mais il n'en avait jamais observé. Ceux-ci ont été décrits en 1854, dans la thèse de M. Ferrier, faite sous la direction de M. Robin.

A la face interne de la muqueuse du col de l'utérus ils constituent de petites tumeurs, dont les plus grosses atteignent le volume d'une noisette. La muqueuse qui les avoisine est ordinairement plus vasculaire qu'à l'état normal. Les parois du kyste sont formées par une trame fibro-celluleuse, par une matière amorphe, qui sépare les fibres celluleuses, par des capillaires très-fins et des éléments fibro-plastiques en petite quantité.

Les glandules du col utérin, généralement connues sous le nom d'*œufs de Naboth*, sont souvent le siége de kystes dont le volume varie de celui d'un pois à celui d'une petite noix (Huguier); ils sont quelquefois très-nombreux, et peuvent être *uniloculaires* ou *multiloculaires*, suivant la disposition du follicule dans lequel ils ont pris naissance.

La paroi de ces kystes est composée par la muqueuse utérine même; une seconde couche est formée de fibres cellulaires élastiques, et quelquefois, si le kyste est profond, il entre dans ses parois une couche du tissu propre de l'utérus. Le liquide de ces kystes est onctueux, filant, gélatineux.

Assez souvent, lorsque les kystes existent sur le col utérin, celui-ci devient le siége d'un certain degré d'hypertrophie.

Corps fibreux de l'utérus.

Les *corps fibreux* de l'utérus, bien étudiés déjà au commencement du siècle par Bichat, Roux, Bayle, Dupuytren, l'ont été, plus près de nous, par M. Cruveilhier (*Anatomie pathologique*), Hervez de Chégoin (*Journal de médecine*, 1829), Malgaigne (*Thèse d'agrégation*, 1832), Jarjavay (*Thèse de professorat*, 1850), Amussat (*Mémoire sur l'anatomie pathologique des tumeurs fibreuses*, 1842), Berneaudeaux (*Thèse*, 1857). Enfin une thèse d'agrégation de M. F. Guyon (1860) résume avec soin l'état de la science sur ce sujet.

Le tissu des corps fibreux est très-dense; à l'aide de l'examen microscopique, M. Lebert a démontré, le premier en France, la présence de fibres-cellules musculaires dans ces tumeurs (*Société de biologie*, 1852). M. Broca, à la Société anatomique, avait mis en doute la nature musculaire des éléments dont parlait M. Lebert; mais aujourd'hui il s'est rangé à cette opinion, et, dans son *Traité des tumeurs*, il les a désignées sous le nom d'*hystérômes*, non pour en indiquer le siége, mais la structure.

En 1854, dans la thèse de M. Ferrier, M. Robin a publié une description fort complète de la structure des corps de l'utérus, description qui se rapproche de celle donnée par M. Lebert.

Enfin M. Cruveilhier a très-bien étudié le système vasculaire de ces productions. Il a fait voir qu'un réseau vasculaire considérable les enveloppait; ce réseau vasculaire, qui est entièrement veineux, communique largement avec les veines de l'utérus, qui ont acquis un volume proportionné à celui du corps fibreux et au développement

que le tissu utérin lui-même a subi. Aucune artère utérine ne lui
a paru pénétrer dans les corps fibreux.

Les recherches modernes sur les divers cancers ou pseudo-
cancers ont permis d'établir la fréquence extrême de l'épithélioma de la portion vaginale du col de l'utérus; c'est peut-être là
la forme la plus fréquente de toutes, et elle est importante à constater, puisqu'on peut, dans une certaine limite, compter sur sa
curabilité. Dans le *Journal de physiologie de l'homme et des animaux*
(septembre 1864), M. Cornil a publié sur les *tumeurs épithéliales
du col de l'utérus* un très-bon mémoire, dans lequel sont indiqués
les principaux travaux composés dans cette direction.

Dans la thèse de M. Toutant, en 1851, M. Ch. Robin avait
déjà fait connaître ses idées sur les tumeurs ulcéreuses du col
utérin liées à une hypertrophie glandulaire. C'est aussi à propos
des maladies du col utérin que M. Robin a commencé ses
études sur les tumeurs *hétéradéniques*, dont il a décrit plusieurs
variétés.

Dans ces dernières années (*Mémoires de la Société de chirurgie*,
t. I, 1857), M. Huguier a décrit des kystes qui se développent dans
le vagin, et qui prennent naissance au niveau des diverses espèces
de follicules qui entrent dans la composition normale de la muqueuse
de ce conduit; il les a désignés sous le nom de *kystes folliculaires*, et
en a reconnu deux variétés : les *kystes folliculaires superficiels* et les
kystes folliculaires profonds. Dans un travail inséré, en 1857, dans
les *Archives de médecine*, M. Ladreit de la Charrière a confirmé, à
peu près de tous points, la description qui avait été donnée par
M. Huguier.

Le *thrombus* de la vulve est une affection caractérisée par un
épanchement sanguin qui se fait particulièrement dans l'épaisseur
des grandes lèvres.

Deneux (*Mémoire sur les tumeurs sanguines de la vulve et du vagin*) donna, en 1830, de cette affection une bonne description, qui a été depuis encore complétée par les recherches de M. Hervez de Chégoin (*Journal universel et hebdomadaire de médecine*, 1832) et de M. Blot, dans sa thèse d'agrégation (*Des tumeurs sanguines de la vulve et du vagin pendant l'accouchement*, 1853).

Le défaut de plasticité du sang a été invoqué par quelques auteurs pour expliquer la rapidité et le volume de l'épanchement. M. Blot a particulièrement insisté sur ce point.

En 1860, M. Laborie a publié un mémoire dans lequel il a étudié le siége du thrombus, en prenant pour base de sa classification la description des aponévroses du petit bassin. Il a admis six variétés de thrombus. La thèse de M. Perret (de Rennes) (*Des tumeurs sanguines du bassin*) renferme également des documents importants relatifs à ce sujet.

Dans un intéressant mémoire (*Maladies des appareils sécréteurs des organes génitaux de la femme*), inséré dans les *Mémoires de l'Académie de médecine* (1850, t. XV), M. Huguier a étudié avec grand soin l'inflammation et les abcès des glandes de la vulve, qui se présentent sous deux formes principales, la maladie envahissant ou les follicules isolés (*folliculite vulvaire* de M. Huguier), ou les follicules agminés, c'est-à-dire la glande vulvo-vaginale.

Dans ce dernier cas, M. Huguier admet deux espèces d'abcès : les uns limités au parenchyme de la glande, les autres occupant le tissu cellulaire interposé entre les follicules glandulaires.

Le mot *vaginisme* s'entend de la contraction spasmodique du vagin et en même temps du sphincter de la vulve, qui peuvent être isolément ou simultanément atteints de cette maladie, essentiellement nerveuse. Cette contraction est passagère, intermittente, ou elle est continue, permanente, ayant tous les caractères de la contracture ou du spasme tonique. (Courty.)

Déjà signalée par Scanzoni et par Simpson, elle a été bien étudiée chez nous par Debout et Michon (*Bulletin de thérapeutique,* 1861 : *De la contracture spasmodique du sphincter vaginal et de son traitement*), puis par M. Charrier, dans sa thèse soutenue en 1862.

C'est encore à M. Huguier (*Mémoires de l'Académie de médecine,* 1849: *De l'esthiomène ou dartre rongeante de la région vulvo-anale*) que nous devons la description complète de l'*esthiomène* de la vulve. Il en a décrit trois espèces principales : 1° l'esthiomène *superficiel, ambulant* ou *serpigineux, érythémateux, tuberculeux;* 2° l'esthiomène *profond;* 3° l'esthiomène *hypertrophique.*

Esthiomène
de
la vulve.

C'est enfin le même chirurgien qui, dans son mémoire sur les *Maladies des appareils sécréteurs des organes génitaux de la femme* (1850), nous a donné la meilleure description des kystes des grandes lèvres ; mais, en 1840, M. Boys (de Loury) avait publié un important mémoire sur ce sujet : *Observations sur les kystes ou les abcès des grandes lèvres* (*Revue médicale,* 1840); et, dès 1834, dans les *Archives,* Regnoli avait inséré un travail utile à consulter sur l'*hydrocèle chez la femme.*

Kystes
des
grandes lèvres.

M. Huguier s'est surtout appliqué à faire prévaloir l'opinion qui consiste à regarder les kystes de la grande lèvre comme une affection de la glande vulvo-vaginale.

AFFECTIONS DES MEMBRES.

Les *affections des membres* ne doivent pas donner lieu à une étude particulière; car, dans la revue très-rapide que nous venons de faire des travaux les plus importants accomplis dans l'étude des maladies chirurgicales, nous avons eu l'occasion de signaler toutes les maladies qui affectent ces parties du corps. Nous ne pouvons cependant nous dispenser de signaler ici un très-important travail de Debout inséré dans le tome VI des *Mémoires de la Société*

Affections
des membres.

de chirurgie. Dans ce mémoiré, intitulé *Coup d'œil sur les vices de conformation produits par l'arrêt de développement des membres, et sur les ressources mécaniques offertes par la prothèse pour rétablir leurs fonctions,* ce chirurgien a étudié dans les plus grands détails tout ce qui a trait à ces vices de conformation des membres. Son travail est rempli des plus précieux documents.

CHAPITRE III.

PROGRÈS ACCOMPLIS DANS L'APPLICATION DES MÉTHODES D'EXPLORATION.

Le diagnostic d'une affection chirurgicale doit, avant tout, être anatomique; il faut, en effet, déterminer la nature de la lésion et bien saisir ses rapports avec les diverses parties de l'organisme. Déjà nous avons eu l'occasion de le dire (p. 14), et de montrer, par cela même, quels immenses services avait rendus à l'art de reconnaître les maladies l'étude encore moderne de l'anatomie pathologique et de l'anatomie chirurgicale, que nous avons considérées comme la base du diagnostic. Il n'est pas là tout entier; nous n'avons pas à le répéter : tous nos chirurgiens l'ont reconnu, et nous avons cherché à le démontrer; mais ils ont été trop pénétrés de l'importance du diagnostic anatomique pour ne pas vouloir le conduire à toute la perfection désirable.

Les moyens nouveaux d'exploration dont nous avons à parler dans ce chapitre ont été imaginés dans ce but; dans aucune période de l'histoire de la chirurgie il n'en a été autant proposé. Cela suffirait pour montrer l'influence de l'école qui a voulu que les caractères anatomiques, et en particulier ceux qui sont tirés de l'étude des lésions, fussent enfin considérés comme les caractères les plus constants de la maladie, comme des caractères de premier ordre.

Parmi les moyens d'exploration, le plus célèbre est sans contredit l'*auscultation*. Aucune découverte n'a eu autant d'influence sur les progrès que la médecine a réalisés dans la connaissance des maladies. Ce fut l'affirmation la plus éclatante et la plus utile de la puissance nouvelle que l'étude des lésions rapprochée de celle des symptômes allait donner à l'art médical. La chirurgie ne devait que bien peu bénéficier de la grande découverte de Laennec. Elle obéissait cependant avec autant d'ardeur que de succès à l'impulsion commune, et la possibilité de l'exploration directe lui permettait d'utiliser les nouvelles acquisitions de la pathologie externe pour perfectionner l'éducation du toucher et de la vue, les deux grands moyens d'exploration du chirurgien.

Les auteurs les plus autorisés ont reconnu, et les personnes étrangères à notre art répètent volontiers, que la possibilité de l'exploration directe, l'habitude de toucher le mal, de le voir, de le circonscrire, donnent à la chirurgie un caractère de certitude et d'évidence. Cette proposition est incontestable; mais, quels que soient les résultats auxquels un chirurgien exercé ait le droit de prétendre avec la seule aide du toucher et de la vue, les moyens d'exploration destinés à étendre les limites d'application de ces deux sens devaient, dans bien des cas, lui fournir le concours le plus efficace. Il est un certain nombre de maladies chirurgicales que l'on ne saurait étudier ni diagnostiquer exactement aujourd'hui, si l'on ne savait utiliser les moyens spéciaux d'exploration; néanmoins la vue, aidée ou non du toucher, reste encore le moyen de premier ordre parmi ceux que le chirurgien doit mettre en œuvre.

Les progrès réalisés à l'aide de ces moyens d'exploration, que nous pourrions appeler naturels, sont les plus nombreux; mais, comme ils reposent nécessairement sur la connaissance plus exacte des maladies, nous n'avons plus à les indiquer; le chapitre précédent a été consacré à leur énumération. Quoique plus restreinte, la somme des progrès dus à l'application des nouveaux moyens d'exploration est cependant très-importante. Nous ne devons en donner qu'un aperçu, renvoyant encore pour les détails au chapitre précédent.

Auscultation chirurgicale.

Les services rendus aux chirurgiens par l'auscultation ne sont pas contestables; il suffit, pour le comprendre, de rappeler à combien de complications de nature médicale sont exposés les blessés et les opérés. Ce n'est pas à cela que nous faisions allusion en disant que les enseignements que la chirurgie avait retirés de l'étude de la stéthoscopie étaient bien peu nombreux, eu égard à ceux qu'en avait obtenus la médecine proprement dite. Notre affirmation n'est vraie que pour ce qui est relatif aux maladies chirurgicales proprement dites; cependant de très-précieuses acquisitions ont été faites, en particulier, par l'application de l'auscultation à l'étude des anévrismes et à celle des accouchements.

Nous ne pouvons que signaler les essais de Laennec relatifs à l'auscultation des membres fracturés, des affections calculeuses de la vessie, des kystes tendineux, des affections de l'abdomen.

Lisfranc a repris les essais de Laennec; il a cherché, mais sans succès, dans un mémoire *sur les nouvelles applications du stéthoscope* (1823), à montrer ce que l'on pouvait attendre de l'auscultation appliquée dans les cas de fractures, et dans celles du col du fémur en particulier, dans l'examen des kystes du poignet, ou encore pour le diagnostic des calculs de la vessie et de plusieurs autres maladies chirurgicales.

En 1837 et en 1839, Leroy (d'Étiolles) et Moreau (de Saint-Ludgère) ont fait de nouvelles recherches sur l'auscultation appliquée au diagnostic de l'affection calculeuse de la vessie; ces chirurgiens ont même imaginé des instruments spéciaux, le *lithoscope* et le *cystoscope;* mais la pratique chirurgicale avait trop peu de services à attendre de ces explorations pour les adopter.

Il en a été de même pour les bruits perçus dans l'inflammation du péritoine; le frottement péritonéal perçu et indiqué par Laennec a surtout été bien étudié par Després père (1840), et plus tard par Corrigan, Bright et d'autres pathologistes. Ce bruit ne pouvait être considéré comme un signe important, lorsqu'il s'agit d'une maladie qui en a de si manifestes. Il n'a pu, en particulier, être utilisé, ainsi que l'espérait Desprès, pour établir le diagnostic de l'étranglement herniaire dans sa première période. Appliquée aux diagnostic des maladies de l'oreille, l'auscultation a rendu des services plus réels ; nous y reviendrons tout à l'heure.

Anévrismes. L'auscultation, appliquée à l'étude des anévrismes, a rendu des services déjà signalés (p. 200 et 205); elle fournit des signes précieux de diagnostic. Ainsi que l'établit M. Broca, les bruits morbides qui se perçoivent au niveau des anévrismes étaient connus bien avant Laennec; mais il est juste de dire que l'étude de ces bruits anomaux n'est devenue fructueuse que depuis la découverte de l'auscultation.

Accouchements. L'importance de l'*auscultation obstétricale* n'est pas moins grande. Elle donne aussi des signes extrêmement précieux de diagnostic, et peut être rangée au nombre des découvertes les plus utiles de notre temps. On ne lui accordait cependant encore qu'une importance très-secondaire, lorsque M. Depaul publia, en 1847, son *Traité d'auscultation obstétricale;* jusque-là on n'y avait recours que dans des circonstances exceptionnelles.

M. Depaul, tout en rendant à Mayor (de Genève) la justice qui lui est due, pour avoir le premier, en 1848, constaté que les bruits du cœur de l'enfant pouvaient être entendus en appliquant l'oreille sur le ventre de la mère, montre bien que c'est à M. Lejumeau de Kergaradec que revient l'honneur d'avoir appelé d'une manière toute spéciale l'attention des accoucheurs sur ce nouveau mode d'exploration. C'est encore au médecin français qu'est due la découverte de l'existence d'un bruit nouveau (le bruit de souffle) dépendant de la grossesse; enfin M. de Kergaradec fit voir qu'il appréciait l'importance de sa découverte, en en faisant lui-même de nombreuses applications, et en traçant un cadre presque complet des avantages que la science et la pratique peuvent en retirer. Il ignorait d'ail-

leurs l'observation de Mayor lorsqu'il lut son remarquable travail
devant l'Académie de médecine, le 24 décembre 1821.

L'auscultation du cœur du fœtus n'est pas aujourd'hui seulement
appliquée au diagnostic de la grossesse, à celui de la vie ou de
la mort du fœtus. Elle sert encore à renseigner l'accoucheur sur
la santé de l'enfant pendant toute la durée du travail, et aide fort
utilement à déterminer le diagnostic des présentations et des positions. Ce ne sont là que ses principales applications. En les étudiant
dans tous leurs détails, M. Depaul a contribué non-seulement à
éclairer plusieurs points de leur histoire, mais à en vulgariser la
très-importante étude.

La *percussion* est, comme l'auscultation, beaucoup plus utilisée   Percussion.
par les médecins que par les chirurgiens. Appliquée au diagnostic
des maladies chirurgicales, elle rend cependant de véritables services. Dans son traité du diagnostic des maladies chirurgicales
(1866), M. Foucher insiste sur les notions utiles que le chirurgien est en droit d'attendre de l'emploi méthodique de ce moyen
d'exploration. La percussion peut fournir des renseignements sur :
1° le volume, 2° l'épaisseur, 3° la densité, 4° la composition des
organes ou des tumeurs.

Avenbrugger est à juste titre considéré comme l'inventeur de la
percussion (1761). « Sa découverte, disent MM. Barth et Roger dans
la sixième édition de leur *Traité d'auscultation*, passa presque inaperçue, et la percussion ne tarda pas à tomber dans l'oubli.

« C'est à Corvisart que revient le mérite de l'avoir fait revivre en
France et d'en avoir répandu l'usage. Cependant, telle qu'on la
pratiquait alors, la percussion *immédiate* n'était pas sans inconvénients ; ses applications étaient restreintes, et ses données n'avaient
pas toute la rigueur désirable. Elle attendait un perfectionnement,
et c'est à M. Piorry (1828) que la science en est redevable. Grâce
à une heureuse modification, la percussion, devenue *médiate*, a été
plus fréquemment applicable, et ses résultats sont devenus beau-

coup plus précis. En même temps, M. Piorry en traçait les règles avec un soin extrême, et lui donnait une extension nouvelle en l'appropriant à une foule de cas où elle était encore inusitée. Dès lors, l'usage de la percussion s'est popularisé chaque jour davantage, et cette méthode constitue aujourd'hui, avec l'auscultation, la base la plus solide du diagnostic. »

Ce jugement si autorisé s'applique, il ne faut pas l'oublier, aux maladies médicales que la percussion aide à faire reconnaître. Au point de vue chirurgical, la percussion est surtout utile pour l'exploration de l'abdomen, dont les maladies ne sauraient être rigoureusement déterminées si l'on n'y avait pas très-soigneusement recours. (Voir p. 452.)

Anesthésie. Le *chloroforme*, en supprimant la douleur, en faisant cesser la contraction musculaire, ou bien encore en permettant, dans des cas bien déterminés, de ne pas tenir compte de la pusillanimité ou de la résistance de certains malades, a rendu de très-grands services au diagnostic chirurgical. Il peut donc, à très-juste titre, être rangé parmi les moyens d'exploration qui ont essentiellement favorisé ses progrès.

Les chirurgiens français sont tous d'accord sur l'utilité et sur la nécessité de l'anesthésie pour favoriser ou rendre possibles les manœuvres du diagnostic. Il est de règle de l'employer chez les enfants, lorsque leur résistance devra sérieusement entraver l'action du chirurgien : ainsi on l'utilise avec grand avantage pour l'examen ou le traitement de maladies des yeux, comme les kératites, par exemple. La récente discussion provoquée à la Société de chirurgie, en 1866, par M. Bouvier, a montré que, sur ce point spécial, l'accord était à peu près unanime parmi les membres de la compagnie.

Cependant il est bien des cas où il est préférable d'avoir un peu moins de précision dans le diagnostic, mais plus de sécurité ; aussi l'emploi du chloroforme, comme moyen d'exploration, ne saurait-il être généralisé.

Il a rendu les plus grands services, en particulier, dans l'examen des lésions et des affections articulaires. La contraction musculaire joue un tel rôle dans ces cas, qu'il devient le plus souvent nécessaire, même pour le diagnostic et plus habituellement encore pour le traitement, de recourir à l'anesthésie. « Également admirables dans toutes leurs applications, les agents anesthésiques, écrivait Bonnet (de Lyon), en 1853, dans son Introduction du *Traité de thérapeutique des maladies articulaires*, facilitent le diagnostic et le traitement des maladies des jointures, plus fréquemment et plus utilement peut-être que pour les lésions de toute autre partie du corps. » Nul n'a mieux que lui démontré cette vérité. Dans les luxations récentes, le chloroforme peut être très-utile au diagnostic, en calmant la douleur et faisant instantanément cesser toute contraction musculaire. Le chirurgien peut alors reconnaître, à travers des parties devenues dépressibles, telle saillie, tel enfoncement, qui avaient échappé à une première investigation. Dans son *Traité d'anesthésie chirurgicale*, M. Maurice Perrin cite, à l'appui de cette proposition, des exemples intéressants.

Sans rien réclamer de particulier pour la chirurgie française, nous devons dire qu'elle utilise les anesthésiques avec le plus sage discernement et de très-heureux résultats, pour rendre le diagnostic possible dans certains cas, ou pour élucider les questions si difficiles que la pratique pose chaque jour aux plus habiles.

Un autre agent, qui agit aussi sur le système nerveux et les muscles, a été utilisé pour le diagnostic des maladies chirurgicales. L'*électrisation localisée*, telle que l'a instituée M. Duchenne (de Boulogne), permet d'éclairer le diagnostic différentiel des paralysies et d'établir quel est l'état des muscles qui sont sous la dépendance du nerf lésé.

Ainsi le diagnostic différentiel des paralysies traumatiques des nerfs mixtes peut être tiré de l'examen de l'état de la contractilité et de la sensibilité électrique des muscles paralysés. La contracti-

lité électro-musculaire est, en effet, diminuée dans les muscles dont
le nerf est comprimé, dans les paralysies saturnines, dans les atrophies musculaires; elle est normale dans les paralysies cérébrale,
rhumatismale et hystérique. La constatation de ces phénomènes,
dont nous devons la connaissance à M. Duchenne (de Boulogne),
peut sans doute ne pas être toujours nécessaire pour établir le
diagnostic; mais elle l'éclaire dans toutes les circonstances, et peut
dissiper l'incertitude dans les cas difficiles.

Quant à l'étude du degré de la contractilité et de la sensibilité
des muscles, étudiées isolément dans un membre affecté de paralysie
traumatique, on comprend combien elle importe au diagnostic et au
pronostic. Il est permis de dire que l'interrogation par l'électricité
localisée permet seule de nettement élucider ces points importants.

L'électrisation a encore été utilisée pour distinguer entre elles,
dans la période d'acuïté, les paralysies temporaires de l'enfance et
les paralysies atrophiques graisseuses du même âge. Ce moyen d'exploration est d'ailleurs applicable à toutes les maladies du système
musculaire qui se traduisent par un désordre dans son fonctionnement. Nous lui devons de très-incontestables progrès, sur lesquels
nous n'avons pas à nous arrêter, et que l'on trouvera surtout consignés dans le traité d'électrisation localisée de M. Duchenne (de
Boulogne) (1861).

La *mensuration* est l'un des moyens d'exploration auxquels les
chirurgiens ont eu le plus souvent et le plus anciennement recours;
nous avons cependant à signaler à ce sujet quelques études et
applications nouvelles.

Le diagnostic des fractures, des luxations et des maladies articulaires, peut être éclairé, dans un certain nombre de cas, par la
mensuration; mais rien n'est plus facile que de tomber dans l'erreur lorsque l'on pratique la mensuration d'un membre. Malgaigne
s'est attaché à bien montrer quelles sont les causes d'erreur; il a

étudié les résultats de la mensuration dans les cas particuliers, et a souvent fourni de nouvelles données fort utiles pour l'étude des luxations et des fractures. Les préceptes généraux donnés par cet auteur peuvent être ainsi résumés : placer les deux membres à mesurer dans une position identique; prendre des points de repère bien déterminés, que fourniront les saillies osseuses qui avoisinent les articulations principales.

Rien de mieux démontré aujourd'hui, par l'étude approfondie qu'en ont faite les chirurgiens modernes, que l'influence des positions d'un membre sur sa longueur apparente ou réelle. Les inclinaisons du bassin, par exemple, produisent à cet égard les effets les plus importants, et c'est en s'attachant à bien mettre au jour leur influence, à en fournir la véritable interprétation, que Larrey, Brodie, et surtout Malgaigne, Bonnet (de Lyon), Parise (de Lille), ont contribué à éclairer l'un des points les plus controversés de l'histoire de la coxalgie.

L'étude des rapports de la cuisse et du bassin peut seule permettre d'interpréter comme il convient l'allongement et le raccourcissement que l'on observe dans les coxalgies, et de retirer de la mensuration des renseignements de quelque valeur. Avant que les notions d'anatomie et de physiologie pathologique auxquelles nous faisons allusion et que nous avons signalées (p. 274) fussent connues, la mensuration ne pouvait fournir et ne donnait que des résultats erronés.

La comparaison des deux membres dans une situation identique peut seule permettre de juger, par exemple, s'il y a luxation ou simple déviation de la hanche; l'analogie des symptômes est, en effet, presque absolue, quoique les deux maladies soient des plus différentes en elles-mêmes. Il est souvent difficile, malheureusement, à moins que la cuisse malade ne soit dans l'abduction, de réaliser cette identité de position; mais, à son défaut, il n'est plus permis d'accorder de valeur à la mensuration. Lorsque le membre est dans l'adduction, ce n'est qu'en procédant à son redressement que l'on arrive à démontrer que l'on n'avait affaire qu'à une déviation. La mensuration constate alors, d'une manière précise et juste, la disparition de l'inégalité des deux membres, qui souvent, alors que leur position n'était pas identique, atteignait dix centimètres.

La mensuration des membres, qui est celle qu'on est le plus souvent appelé à pratiquer, a donc été de nos jours soumise à des règles précises, basées sur des connaissances exactes d'anatomie et de pathologie.

La tête, la poitrine, le bassin, certains viscères eux-mêmes, peuvent être soumis à la mensuration. Nous ne pouvons que rappeler l'importance de la mensuration de la tête au point de vue physiologique, importance récemment affirmée encore par les recherches de M. Broca, et l'utilité de la mensuration de la poitrine, soit au point de vue physiologique, soit surtout pour éclairer l'étude de quelques affections thoraciques. M. le docteur Woillez a perfectionné les méthodes de mensuration de la poitrine et imaginé un instrument très-exact, le *cyrtomètre*, dont les applications sont surtout médicales.

La *mensuration du bassin* appartient, au contraire, à notre sujet. Elle se pratique, on le sait, à l'extérieur du bassin et à l'intérieur. La *pelvimétrie* est dite *externe* dans le premier cas, *interne* dans le second.

Les accoucheurs français n'ont pas cherché à imaginer d'instrument plus parfait que celui de Baudelocque pour la *pelvimétrie externe*. Ils se sont surtout attachés à démontrer que la détermination des diamètres par la mensuration externe, et surtout du plus important au point de vue des difficultés de l'accouchement, du diamètre antéro-postérieur, ne pouvait être qu'approximativement établie.

La *pelvimétrie interne* donne des résultats bien plus satisfaisants, et pour ainsi dire rigoureux. Un accoucheur français du siècle dernier, Coutouly, est l'auteur du plus ancien pelvimètre interne. Depuis lors, Mme Boivin proposa un instrument qu'elle désignait

Mensuration du bassin.

sous le nom d'*intro-pelvimètre*, et plusieurs fois, à l'étranger, des
instruments analogues ont été imaginés. Le plus connu et le meilleur est le pelvimètre de Van Huevel (de Bruxelles), à l'aide duquel on peut pratiquer la mensuration externe et interne. Mais
nous devons nous hâter de dire que les accoucheurs français ont
parfaitement établi, par leur enseignement et leurs travaux, la supériorité du toucher pour pratiquer la pelvimétrie. La main de l'accoucheur habitué à pratiquer le toucher est certainement le plus
sûr et le meilleur de tous les pelvimètres; c'est une vérité que nous
devons considérer aujourd'hui comme parfaitement démontrée.

La pelvimétrie pratiquée à l'aide du doigt peut cependant être
insuffisante, lorsqu'il s'agit de cette espèce curieuse et rare de bassin
vicié que nous ont bien fait connaître les travaux de Naegelé et de
son traducteur, M. Ant. Danyau. Les mensurations particulières
indiquées par les accoucheurs que nous venons de citer peuvent
seules mettre sur la voie, et empêcher de commettre une erreur
de diagnostic, dont le préjudice pourrait être fort sérieux : car le
bassin oblique ovalaire a souvent nécessité la mutilation du fœtus;
on a même eu recours, dans ce cas, à l'opération césarienne.

La mensuration mérite à juste titre la qualification d'*interne* lorsqu'elle s'applique à des organes profondément situés, dans la cavité
desquels sont introduits des instruments explorateurs.

La *cavité de l'utérus* a dû être explorée, à l'aide du cathétérisme, Mensuration
de l'utérus.
bien longtemps avant que l'on songeât à utiliser la sonde utérine
comme moyen de mensuration. M. Courty rappelle qu'au siècle
dernier Levret pratiquait le cathétérisme utérin avec un stylet ou
une sonde de baleine, pour apprécier mathématiquement la profondeur de l'utérus. Ce n'est que de notre temps que Simpson en
Angleterre, MM. Huguier et Valleix en France, Kiwisch en Allemagne, ont fait entrer le cathétérisme utérin dans la pratique
comme moyen de diagnostic et de traitement. Mais le cathétérisme
n'a été employé comme moyen de mensuration que depuis les tra-

vaux de M. Huguier, qui modifia l'instrument dans ce but, et lui donna le nom d'*hystéromètre*. Le *Traité de l'hystérométrie et du cathétérisme utérin*, récemment publié par cet auteur (1865), résume sur ce sujet spécial ses nombreuses observations, dont les premières datent du milieu de l'année 1843. L'hystéromètre permet de mesurer exactement la profondeur des cavités utérines, et, ainsi que l'a établi M. Richet dans son *Anatomie chirurgicale*, de déduire de la mensuration interne l'étendue totale de l'organe. C'est donc un utile moyen d'exploration, dont les usages dépassent de beaucoup, d'ailleurs, la simple mensuration de la matrice. Les conditions dans lesquelles il peut être employé comme moyen de diagnostic ou de traitement ont été l'objet de nombreuses discussions. Le danger de troubler la marche d'une grossesse dont le début est encore ignoré est l'une des objections les plus graves que l'on ait fait à son emploi. La majorité des praticiens l'accepte cependant; mais ils veulent que les indications du cathétérisme de l'utérus soient pesées avec la plus grande prudence.

La *mensuration des rétrécissements du rectum* peut permettre d'apprécier exactement leur longueur lorsqu'ils sont encore perméables. M. Laugier a fait connaître, dans son *Bulletin chirurgical* (1839), un moyen fort simple qu'il a imaginé et mis en usage dans ce but. Ce moyen, aujourd'hui bien connu, consiste à conduire à travers le rétrécissement une sonde garnie d'un sac en baudruche. Le rétrécissement étant franchi, le sac de baudruche est distendu par insufflation; la sonde, alors attirée, est retenue par l'ampoule dilatée qui s'appuie sur la partie rétrécie: il suffit alors de porter le doigt sur la sonde, au niveau de l'extrémité inférieure du rétrécissement, pour mesurer exactement son étendue.

Il est toujours fort important de pouvoir s'assurer exactement des dimensions d'un rétrécissement; ces dimensions, il est inutile de le dire, sont à la fois appréciées en largeur et en longueur. Les bougies exploratrices à boule ont rendu à cet égard les plus grands services. M. Ségalas a remis en usage ce moyen d'exploration, oublié depuis longtemps, bien qu'employé par J. L. Petit et par Desault. Il est utilisé pour tous les rétrécissements des conduits muqueux : ainsi pour les coarctations de l'œsophage et du rectum. Dans ces cas, les bougies à boule constituent aussi un moyen de traitement. Pour l'urètre, on peut déterminer, d'une manière à peu près rigoureuse, le siége des rétrécissements, et s'assurer de leur degré d'étroitesse et de leur longueur. D'autres moyens d'exploration, tels que les bougies ordinaires ou les bougies en cire molle, peuvent donner de très-bons renseignements; mais l'exploration par les bougies à boule, par les sensations précises qu'elle détermine, méritait de prendre la place qu'elle occupe justement aujourd'hui dans la pratique.

Depuis la découverte de la lithotritie, le diagnostic des calculs vésicaux a dû être nécessairement perfectionné. La pince à trois branches et le lithoclaste ont été fort utilement employés pour reconnaître le volume des calculs. A l'aide du lithoclaste à mors plats, en particulier, on peut, en saisissant la pierre dans ses différents diamètres, les mesurer approximativement en consultant l'échelle métrique de la branche mobile et l'écartement des rondelles. Cependant, ainsi que le remarque avec juste raison M. Philips, il est à peu près impossible d'obtenir une mesure exacte du volume de la pierre; les résultats varient chaque fois qu'on l'abandonne pour la reprendre de nouveau, les mors de l'instrument ne la saisissant pas dans la même position, et c'est surtout lorsque les calculs sont plats et ovalaires que l'on constate ces nombreuses différences. Ces données, quoique incomplètes, sont cependant d'une grande utilité pour arrêter un plan d'opération : car elles donnent, au moins, la certitude de ne pas confondre une petite pierre avec une grosse.

Citons, pour n'y plus revenir, bien qu'il ne s'agisse pas d'instruments propres à la mensuration, les services que rendent les sondes coudées, imaginées par M. Mercier (1841), pour l'exploration des tumeurs prostatiques et des déformations qui en résultent. Les études entreprises par l'auteur à ce sujet ont bien démontré que les sondes à grandes courbures ne sauraient être utilisées, dans ces cas, comme instruments d'exploration.

Avec les mensurations internes, nous étions déjà éloigné des explorations qui se pratiquent à la surface du corps.

Il peut devenir nécessaire, pour faire le diagnostic, de pénétrer non-seulement dans la cavité des organes creux, mais dans l'épaisseur même des tissus.

On peut, dans ce but, utiliser une ouverture déjà existante, une plaie, un trajet fistuleux, par exemple. Le doigt est encore le meilleur de tous les moyens explorateurs, quand il peut être employé; l'utilité et la nécessité de l'exploration dans les plaies compliquées sont bien établies; mais le doigt ne peut pas toujours explorer complétement; on se sert alors de sondes ou de stylets.

A ce sujet, nous avons à signaler l'instrument ingénieux imaginé par M. Nélaton.

A l'occasion de la blessure du général Garibaldi, dans laquelle on doutait si le corps étranger senti était une balle ou une esquille, M. Nélaton a proposé, et M. Zanetti a mis en usage avec succès, un stylet terminé par une olive en porcelaine blanche non vernie, connue sous le nom de *biscuit*, sur laquelle le simple frottement du plomb imprime, par un mouvement de rotation, une tache métallique qui révèle la présence du projectile (1862). «Dans le même moment, ajoute M. Legouest, au livre duquel nous empruntons ces détails, MM. Fontan et Favre imaginaient un procédé d'exploration électro-chimique, consistant à explorer la plaie avec une sonde renfermant deux fils métalliques enveloppés d'une couche isolante, et communiquant avec une pile d'un seul élément de Smée : dès que les extrémités des fils rencontrent le projectile ou un corps métallique, le courant s'établit et fait dévier l'aiguille du galvanomètre adapté à cet appareil.»

La petite opération à l'aide de laquelle on pénètre dans l'épais- Ponctions exploratrices. seur des tissus pour les explorer pourrait porter la dénomination générique de *ponction exploratrice;* on désigne plus particulièrement ainsi les ponctions exploratrices faites avec le trocart ou avec le bistouri. M. Bouisson (de Montpellier), qui a écrit sur ce sujet un mémoire important (1858), propose de désigner l'ensemble de ces opérations sous le titre d'*exploration sous-cutanée des tumeurs.*

La ponction exploratrice a surtout été employée dans la pratique depuis Récamier, qui proposa, pour faire cette opération, le petit trocart aiguillé que nous connaissons aujourd'hui sous le nom de *trocart explorateur.* A l'aide de ce moyen d'exploration, on peut établir si une tumeur est solide ou liquide, et le liquide recueilli peut être soumis à l'analyse chimique ou à l'examen microscopique.

L'*acuponcture* appliquée au diagnostic est beaucoup moins utili- Acuponcture. sée que la ponction exploratrice. Elle peut cependant rendre des services. L'acuponcture exploratrice pourrait, dans quelques cas, renseigner sur la nature liquide ou solide d'une tumeur; mais les renseignements qu'elle fournit peuvent surtout éclairer sur le degré de densité ou de sensibilité d'une tumeur solide. En imprimant à l'extrémité qui a pénétré dans la tumeur des mouvements d'inclinaison en sens divers, ou même de circumduction, si le peu de résistance du tissu le permet, on peut être renseigné sur l'état liquide, demi-solide ou entièrement solide de la production morbide que l'on examine. Ce procédé, anciennement employé, a été de nouveau recommandé parmi nous par plusieurs chirurgiens.

Malgaigne a proposé d'utiliser l'acuponcture exploratrice pour établir le diagnostic des luxations et des fractures, lorsque le gonflement des parties molles vient complétement masquer les parties dures, que l'on a tant d'intérêt à reconnaître dans tous les cas, et surtout dans les cas compliqués. Les aiguilles enfoncées jusqu'à l'os servent non-seulement à révéler la saillie et la dépression des fragments, mais elles en donnent l'étendue, et deviennent ainsi, selon cet auteur, un excellent moyen de mensuration. « Quelquefois il suffit d'une aiguille pour juger de l'enfoncement relatif d'un fragment dans une fracture; d'autres fois deux aiguilles sont nécessaires, avec le compas d'épaisseur par-dessus, pour juger de l'écartement des deux os, comme aux malléoles. »

L'application du microscope à l'étude de la pathologie devait nécessairement amener les chirurgiens à imaginer une opération diagnostique qui permît de faire connaître directement la composition matérielle des tumeurs solides.

M. Bouisson, qui a surtout étudié et préconisé ce mode d'exploration, rappelle dans son mémoire qu'ayant proposé, dès 1840, dans ses leçons de pathologie externe, l'excision sous-cutanée des tumeurs, il ne l'appliqua qu'en 1845. En 1846, M. Sédillot se servait dans ce but du trocart explorateur ordinaire. M. le professeur Kuss (de Strasbourg) fit construire pour cet objet un trocart spécial, que M. Marmy fit connaître dans un travail inséré dans la *Revue médico-chirurgicale de Paris* (1847). En 1851, M. Giraldès recommandait ce moyen de diagnostic, pour lequel M. Duverger (1849) avait imaginé un nouvel instrument. M. Bouisson a, de son côté, fait construire un trocart qu'il désigne sous le nom de *kélectome*, et à l'aide duquel il appliquait, en 1850, l'opération exploratrice qu'il a préconisée depuis. Bien que ce mode d'exploration soit accepté en principe, surtout avec les perfectionnements dus au professeur de Montpellier, il est juste de remarquer que les occasions où le diagnostic a besoin d'être éclairé par cette exploration directe sont en réalité peu nombreuses. Signalons encore le trocart emporte-pièce de M. Duchenne (de Boulogne).

A côté des moyens généraux d'exploration que nous venons d'indiquer, nous devons actuellement placer des moyens spécialement destinés à l'exploration d'un organe déterminé. Ces explorations ont été l'occasion de progrès remarquables; quelques-unes d'entre elles ont principalement contribué à montrer ce que peut, pour l'avancement de certains points de la science chirurgicale, l'application des ressources fournies par les sciences physiques.

Si le terrain est restreint, les applications n'en sont pas moins brillantes et nombreuses. En donnant une précision inconnue au diagnostic anatomique des lésions, jusqu'alors cachées, de certains organes, ces explorations nouvelles ont rendu les plus grands et les plus incontestables services.

Nous avons tout d'abord à ajouter quelques détails à ce que nous disions tout à l'heure à propos de l'exploration de l'utérus, de l'urètre et de la vessie.

L'emploi du *spéculum* dans les maladies de l'utérus a influé d'une manière considérable sur les études dès lors entreprises, et c'est sous l'impulsion qui s'établit lorsque le *spéculum de l'utérus* fut accepté dans la pratique que la *gynécologie,* c'est-à-dire l'étude des maladies des femmes, se fonda.

Mais il serait absolument faux et parfaitement dangereux de penser que le rôle du spéculum a eu d'autre importance que celle d'une cause occasionnelle. Certes, il a permis de découvrir et de traiter nombre de lésions utérines; mais les principales, les meilleures découvertes, la constitution même de la science gynécologique, lui échappent. C'est à l'étude exacte de l'anatomie et de la physiologie normales et pathologiques que nous en sommes avant tout redevables; ici encore le moyen d'exploration ne fait que venir en aide à la méthode véritablement impulsive et dirigeante : il ne fait que l'aider dans quelques-unes de ses investigations.

Les chirurgiens et les gynécologistes de notre pays protestent avec raison contre les erreurs, contre les abus dus à la pratique ignorante ou abusive du spéculum, tout en rendant justice aux services rendus par ce très-précieux moyen d'exploration.

C'est à Récamier (1818) que nous devons la *connaissance* du spéculum; nous ne disons pas l'*invention*, parce que les dilatateurs et miroirs vaginaux étaient depuis longtemps connus. Mais au médecin de l'Hôtel-Dieu de Paris il convient de rapporter le mérite d'avoir déterminé nos contemporains à faire définitivement entrer dans la thérapeutique et le diagnostic des maladies de l'utérus l'emploi du spéculum.

Nous ne suivrons pas les modifications de cet instrument; disons cependant que les chirurgiens français ont accepté depuis quelques années le spéculum dit *américain*, comme celui qui convient le mieux pour les opérations qui se pratiquent dans le vagin.

Endoscope.

L'endoscope, dont nous avons déjà parlé (p. 29), a surtout été employé par son auteur, M. Desormeaux, pour perfectionner le diagnostic des maladies de l'urètre et même de la vessie. M. Désormeaux a publié (1865) le fruit de ses recherches sur les résultats que peut attendre la pratique de ce moyen nouveau d'exploration. L'expérience déjà longue de l'auteur est de nature à lui faire espérer que l'endoscope, dont l'usage n'est pas encore répandu dans la pratique générale de notre pays, devra cependant y prendre place.

Exploration de l'oreille.

L'exploration directe présente des difficultés qui n'ont pas encore été vaincues, au moins pour les parties profondes de l'appareil si compliqué de l'ouïe; de véritables et sérieux progrès ont été cependant accomplis dans le diagnostic des lésions de ces organes. Les chirurgiens français n'ont fourni sur ce point spécial qu'une somme relativement faible de travaux; mais ils ont cependant fort utilement contribué à perfectionner le diagnostic et les moyens d'exploration.

C'est seulement depuis Itard (1821) que l'examen physique des organes de l'ouïe, et en particulier du conduit auditif externe et de la membrane du tympan, a acquis cette importance que tout le monde lui accorde aujourd'hui dans l'étude des maladies de l'oreille, et c'est seulement depuis cette époque que les chirurgiens se sont efforcés de rendre cet examen plus facile et plus complet à l'aide d'instruments perfectionnés.

Les spéculums *auris*, destinés à redresser et à dilater le conduit auditif externe, se sont successivement améliorés entre les mains d'Itard, de Triquet et de M. Bonnafont, qui ont cherché à substituer au tube métallique autrefois employé pour l'exploration du conduit de l'oreille un instrument à deux valves pouvant s'écarter l'une de l'autre à volonté, et susceptibles, par conséquent, de dilater plus ou moins la portion cartilagineuse du canal.

Spéculums de l'oreille.

La difficulté d'éclairer suffisamment la profondeur du conduit auditif, ainsi que la surface de la membrane du tympan, a suscité l'invention d'appareils spéciaux destinés à concentrer la lumière dans l'intérieur du spéculum préalablement appliqué ; tel est, par exemple, l'appareil très-simple de Triquet, consistant en un réflecteur concave qui s'adapte à une lampe ordinaire, ou qui se fixe à un support à deux valves, portant une bougie ; tel est encore l'appareil ingénieux, mais plus compliqué, de M. Bonnafont, désigné sous le nom d'*otoscope* : le mécanisme consiste à diriger, au moyen de réflecteurs sphériques, la lumière d'une lampe ordinaire dans l'intérieur d'un tube renfermant un système de lentilles qui condensent les rayons lumineux en un faisceau très-intense.

On sait que ce fut un de nos compatriotes, étranger à la médecine, Guyot, maître de poste à Versailles, qui le premier, en 1724, eut l'idée de pénétrer dans la caisse du tympan par l'orifice pharyngien de la trompe d'Eustache, et d'injecter des liquides dans l'intérieur de ce conduit, à l'aide d'un instrument spécial introduit par la bouche derrière le voile du palais.

Cathétérisme de la trompe.

Cette opération, d'abord mal accueillie en France, devait rendre de grands services, lorsque, vingt ans plus tard, deux chirurgiens anglais, Douglas et Cleland, eurent imaginé, au lieu de porter une sonde derrière le voile du palais en passant par la bouche, de diriger l'instrument par les fosses nasales. Cette modification dans le manuel opératoire du cathétérisme de la trompe d'Eustache devint l'origine de procédés beaucoup plus perfectionnés entre les mains d'Itard, de Saissy, de Deleau, de Menière, et surtout de Triquet. On doit même reconnaître que ce dernier chirurgien a su tracer une règle sûre pour pénétrer dans l'orifice de la trompe d'Eustache, en donnant le conseil de suivre exactement avec la pointe de la sonde la concavité du cornet inférieur des fosses nasales, qui sert ainsi de point de repère.

Auscultation.

La possibilité d'introduire une sonde dans la trompe d'Eustache ouvrait une voie nouvelle pour le diagnostic et pour la thérapeutique des maladies de l'oreille. En insufflant de l'air ou en injectant un liquide à travers la sonde, on pouvait s'assurer de l'état de perméabilité de la trompe d'Eustache, et reconnaître ainsi une cause fréquente de surdité, c'est-à-dire l'obstruction de ce conduit; à ce point de vue, les travaux de Deleau (1838) sur l'emploi de la douche d'air, et sur l'auscultation des bruits que détermine l'entrée de l'air dans la caisse du tympan, méritent d'être signalés comme ayant contribué à établir sur des bases plus certaines le diagnostic et la thérapeutique de certaines maladies de la trompe et de la caisse.

Applications de la physique à l'ophthalmologie.

Déjà nous avons signalé (p. 28) l'origine de l'ophthalmoscopie et son introduction en France; il nous paraît nécessaire d'insister dans ce chapitre sur les *applications de la physique à l'ophthalmologie*.

Il n'est peut-être aucune étude qui appartienne plus pleinement à notre siècle que celle des applications des sciences physiques et mathématiques à l'examen de l'œil.

Depuis l'immortel mémoire publié en 1604 par Kepler, sous le titre modeste de *Paralipomena ad Vitellionem*, il avait été fait peu de progrès dans la partie des sciences qui nous occupe, lorsqu'à la fin du siècle dernier et au commencement de celui-ci le docteur Thomas Young fit paraître, dans les *Philosophical Transactions*, trois mémoires, rédigés dans le style énigmatique qui lui est propre, et qui seront longtemps encore une mine de découvertes pour les auteurs qui sauront traduire en langue vulgaire les belles idées de cet auteur.

Plus près de nous, l'illustre professeur de physiologie de Heidelberg, M. Helmholtz, vient de réunir en un corps de doctrine, dans son *Optique physiologique*, les résultats des travaux de toutes les générations qui nous ont précédés, et, dans ce livre, qui sera l'une des gloires de l'époque actuelle, on ne sait s'il faut plus admirer la patiente érudition du savant allemand ou l'esprit à la fois rigoureux et inventif qui a présidé aux belles découvertes personnelles de l'auteur.

Entre les travaux de Th. Young et de M. Helmholtz, qui appartiennent désormais, pour ainsi dire, à tous les temps et à tous les pays, les physiciens et les oculistes ont mis à profit leurs connaissances spéciales pour faire avancer la science, et leurs études théoriques ont eu pour effet de créer un ensemble fort respectable de moyens de diagnostic, et même, ce qui est plus précieux encore, ils ont fait faire de notables progrès à la branche ophthalmologique de l'art de guérir.

Parmi les moyens en usage pour reconnaître les diverses affections des yeux, les uns sont *objectifs* (lumières de Sanson, ophthalmoscope), et les autres, fondés sur l'examen fonctionnel de l'organe (échelles typographiques) ou sur celui de certains symptômes (phosphènes), sont purement *subjectifs*.

Il n'est personne qui n'ait remarqué ce reflet lumineux, le *point visuel* des peintres, dont l'éclat rehausse si heureusement l'expression du regard. Ce reflet est l'image d'une surface brillante extérieure, telle qu'une fenêtre, formée par la convexité de la cornée. En prenant pour objet lumineux la flamme d'une bonne lampe ou d'une bougie, on remarque facilement, à côté de l'image cornéenne dont nous venons de parler, deux autres images plus petites et moins brillantes, formées par les deux surfaces antérieure et postérieure du cristallin. Ces deux dernières images, découvertes par Purkinje, portent à juste titre le nom d'*images de Sanson*, du nom de l'ingénieux chirurgien qui eut l'idée de les appliquer au diagnostic de la cataracte et de l'aphakie, ou absence de cristallin (1837). Il est clair que l'aphakie fait disparaître la deuxième et la troisième des images de Sanson, et que la cataracte, suivant son degré de maturité, affaiblit ou efface complétement la troisième de ces images. Bien que l'ophthalmoscope soit venu remplacer avec avantage l'emploi des images de Sanson, ce procédé de diagnostic n'en mérite pas moins d'être cité pour la facilité de son emploi et pour les services qu'il peut encore rendre, concurremment avec l'*éclairage oblique*, pour constater la présence ou l'absence d'un cristallin parfaitement transparent.

Dans sa traduction de l'ouvrage de Mackenzie (1844), M. le professeur Laugier étudiait, dans une note, les modifications que font éprouver les milieux de l'œil aux images d'une bougie reflétée dans le champ de la pupille. Cette note contient des idées neuves sur l'appréciation du signe étudié par Sanson. Ce chirurgien distingué n'avait signalé que la présence ou la disparition des images, suivant qu'il y avait transparence ou opacité complète de la cornée ou de la capsule du cristallin. Dans l'étude pratique des cas douteux, M. Laugier montra qu'il fallait prendre en considération les opacités partielles de ces mêmes membranes et l'opacité plus ou moins avancée des milieux dans le point correspondant au foyer des surfaces courbes réfléchissantes. Pour peu qu'il y ait opacité de ces milieux au point indiqué, il en résulte l'altération du brillant de la forme et de la couleur des images; elles peuvent même disparaître par l'opacité du milieu, sans que la membrane réfléchissante ait perdu sa transparence.

Ophthalmo-
mètre.

Au sujet des images de Sanson, nous ne pouvons passer sous silence la belle application qui en a été faite par M. Langenbeck, puis simultanément par Cramer et par Helmholtz, et enfin par M. Donders, à l'étude du mécanisme de l'accommodation. C'est aussi le lieu de citer *l'ophthalmomètre*, dont la première idée paraît attribuable à Kohlrausch, et qui, entre les mains d'Helmholtz, a acquis une précision telle, que cet instrument a amené dans l'étude de la dioptrique de l'œil une révolution aussi grande que *l'ophthalmoscope* dans celle des parties profondes de cet organe.

On avait observé depuis longtemps que les yeux de chiens, de chats, et d'autres animaux qui possèdent au fond de l'œil un *tapetum*, présentent souvent une lueur remarquable dans l'obscurité. Prévost (1810) démontra le premier que cette lueur est toujours due à une lumière incidente, et d'autres observateurs avaient réussi à répéter la même expérience sur l'homme, lorsque Helmholtz, en 1851, en analysant les circonstances qu'il faut réunir pour éclairer la rétine de l'œil observé et pour fournir de cette rétine une image nette à l'œil de l'observateur, trouva la théorie complète de l'ophthalmoscope. Depuis, des oculistes allemands ajoutèrent, qui un tube, qui un pied, qui un micromètre à l'instrument d'Helmholtz. Pour ces modifications et ces perfectionnements de détail, dont l'utilité n'est pas contestable, aux noms de l'opticien Rekoss, de Ruete, etc. nous pouvons opposer en France ceux de l'opticien Nachet et de Follin, qui, dès 1852, se firent les ardents propagateurs du nouveau moyen d'exploration : Follin a contribué plus que personne en France à la généralisation pratique de l'ophthalmoscopie, par son enseignement à l'hôpital, à la Faculté, et par ses nombreuses et importantes publications. Dans les leçons professées à la Faculté en 1863, et publiées par L. Thomas, il a étudié dans leur ensemble et dans leurs détails toutes les nouvelles méthodes d'exploration de l'œil.

La modification la plus importante qu'ait subie l'ophthalmoscope depuis son origine est sans contredit celle de M. Giraud-Teulon

(1861), qui, en adaptant à cet instrument une disposition analogue à celle du microscope binoculaire de Nachet, a permis d'évaluer avec certitude les positions relatives des objets qui constituent l'image ophthalmoscopique. Citons encore l'*auto-ophthalmoscope*, du même auteur, analogue à celui d'Heymann et de la même époque (1863), et qui permet à chacun de se servir de l'un de ses yeux pour regarder la rétine de l'autre.

Afin d'éviter dans la pratique l'embarras d'une chambre obscure, toujours nécessaire pour les examens ophthalmoscopiques, M. Galezowski a récemment imaginé un ingénieux appareil qui permet d'examiner les malades en pleine lumière.

OEil artificiel.   En facilitant les premiers commencements de cette étude, l'*œil artificiel* de M. Perrin, supérieur à ceux du même genre qui se fabriquent en Allemagne, contribuera puissamment à la vulgarisation de l'ophthalmoscope. Cet appareil a été montré par l'auteur à la Société de chirurgie, qui en a publié la description dans ses bulletins (1866). La collection de peintures que M. Perrin a fait préparer pour son œil artificiel nous donne les spécimens de dessins d'après nature qui seront prochainement réunis en un précieux album d'ophthalmoscopie.

Il ne saurait entrer dans le cadre de cette étude d'énumérer les résultats obtenus par l'application de l'ophthalmoscope à l'étude des maladies des yeux : l'utilité de cet instrument est d'ailleurs généralement reconnue. « Les travaux dus à ce nouveau mode d'investigation, a écrit Follin, ont changé la face de l'ophthalmologie moderne, et donné à cette branche de la chirurgie un caractère scientifique qu'elle ne perdra jamais. »

Phosphènes.   Une pression exercée sur une partie limitée de l'œil cause une sensation lumineuse également limitée, nommée *phosphène*. Ce fait, dont on trouve la première mention dans Aristote, est sans doute connu depuis l'antiquité la plus reculée. Le docteur Serre (d'Uzès) (1850-1853) a fait une heureuse application de cette notion au pronostic de l'opération de la cataracte et à l'étude des amauroses. Il distingue quatre phosphènes, et, après avoir établi que, dans certaines amauroses, ces phosphènes disparaissent dans un ordre toujours le même (jugal, frontal, temporal et nasal), il donne des règles pour étudier, au moyen des phosphènes, une rétine qui est soustraite, par l'opacité du cristallin, à tous les autres procédés d'observation. Depuis qu'en dilatant fortement la pupille au moyen du *sulfate neutre d'atropine* on sait pousser plus loin qu'autrefois l'examen fonctionnel de la rétine des cataractés, l'importance de la méthode de M. Serre a diminué; mais il n'en existe pas moins des cas où son application peut rendre des services très-réels.

Quand une personne se plaint de voir mal, la première idée qui se présente à l'esprit du médecin doit être de chercher à exprimer par un chiffre l'acuïté visuelle de cette personne. Nous devons avouer que, sous ce rapport, il reste encore beaucoup à faire. Il n'a été fait que des tentatives incomplètes (Forster) pour voir si le défaut de vision tient à une sorte d'anesthésie générale de la rétine. L'appareil d'E. Rose pour étudier l'anesthésie relative à certaines couleurs (*daltonisme*) est d'une complication trop grande et d'un prix trop élevé pour paraître destiné à se répandre dans la pratique. Les instruments tels que celui de M. de Graefe, destinés à examiner l'acuïté visuelle des parties périphériques de la rétine, paraissent également se généraliser difficilement. On se borne, habituellement, pour l'examen du champ visuel, aux manœuvres très-simples, faites au tableau noir ou sur une feuille de papier, que décrivent aujourd'hui tous les livres d'ophthalmologie, et, pour l'examen du degré d'acuïté de la vision, à l'usage des *échelles typographiques*, dont il serait injuste de contester les bons services. A l'exemple de MM. Derby (de Boston) et E. Javal (de Paris), les oculistes commencent à employer la lumière artificielle pour éclairer d'une manière constante leurs échelles typographiques, en attendant qu'on ait trouvé un moyen simple de les éclairer d'une quantité variable, mais déterminée.

M. Stellwag von Carion paraît avoir eu le premier l'idée de faire varier d'une manière régulière la grandeur des différents caractères des échelles typographiques; mais sa proposition ne paraît pas avoir été mise à exécution. Ce n'est qu'en 1862 que M. Snellen, à Utrecht, et M. Giraud-Teulon, à Paris, publièrent, sur le même principe, des échelles typographiques dont l'usage s'est rapidement généralisé. La mesure de l'angle sous-tendu à la surface de la rétine par l'image d'un caractère typographique placée à une distance déterminée de l'œil a été prise pour base de ces nouvelles échelles de caractères d'imprimerie. Elles ont remplacé les échelles que M. Jaeger avait le premier fournies à la pratique, et qui eurent pendant plusieurs années un si légitime succès; mais il manquait précisément au livre de Jaeger la mesure si nécessaire d'une unité destinée à représenter la progression des numéros des caractères typographiques, et l'indication de la distance à laquelle ces caractères doivent être lus, pour former sur la rétine des images de même grandeur.

Depuis quelques années, la connaissance des procédés à suivre dans l'application des lunettes s'est répandue avec une grande rapidité, et c'est surtout aux efforts persévérants de M. Donders qu'il faut attribuer cet heureux résultat. Laissant de côté la paralysie de l'accommodation, qui présente un intérêt moins général, nous devons indiquer ce qui est relatif à la *presbytie*, à la *myopie*, à l'*hypermétropie* et à l'*astigmatisme*.

On sait que l'œil bien constitué est *emmétrope*, c'est-à-dire qu'à l'état de repos de l'accommodation il est adapté pour un point infiniment éloigné, et que, pour voir des objets voisins, il lui faut faire un effort d'accommodation d'autant plus grand que l'objet est tenu plus près. On sait également depuis des siècles que, l'accommodation devenant moins énergique avec les années, les personnes âgées ont besoin de verres convexes de plus en plus forts. Certains praticiens conseillaient bien à tort à leurs clients de résister à cette nécessité. Sur ce chapitre, le seul progrès important a consisté dans la confection d'une table, dont M. Donders a trouvé les éléments dans sa riche statistique, et qui permet, ayant examiné la vue d'une personne pour la vision éloignée, de lui donner immédiatement les verres requis pour la vision rapprochée. La règle à calcul de M. E. Javal (1865) remplace avantageusement la table de M. Donders, et la disposition que M. Javal (1866) donne aux verres de la boîte d'essai, supprimant tout calcul, paraît destinée à être adoptée dans la pratique.

Ces deux défauts de structure de l'œil, dont l'un est le contraire de l'autre, sont connus depuis fort longtemps. Janin, chirurgien français, paraît avoir compris le premier que l'hypermétropie est le contraire de la myopie, et qu'elle ne doit pas être confondue avec la presbytie, qui ne se rencontre que chez les vieillards. Depuis, un grand nombre d'auteurs de tous pays ont cité des cas de personnes affectées d'*hyperpresbyopie*, et qui devaient faire usage de verres convexes pour la vision à distance; mais c'est à Stellwag von Carion qu'on doit d'avoir repris cette question, et c'est à Donders que revient la gloire d'avoir fait entrer dans la pratique oculistique la classification des yeux, indiquée dès 1772 par Janin, en termes dont le manque de netteté se ressent de l'imperfection des connaissances mathématiques des médecins de son époque.

C'est encore Th. Young qu'il faut citer en tête du chapitre si intéressant des aberrations monochromatiques de l'œil auxquelles on a donné le nom d'*astigmatisme*. Il est rare que les milieux réfringents de l'œil appartiennent à des surfaces de révolution. Th. Young décrivit le premier les troubles de vision qui en résultent, et perfectionna l'optomètre de Porterfield de manière à le rendre propre à une mensuration exacte de l'astigmatisme. Airy indiqua, dans les verres cylindriques, le remède à employer contre ce défaut. A l'exemple d'Airy, plusieurs personnes, en Angleterre, en Suisse, en Amérique et en France, eurent recours à ces verres correcteurs; mais ce n'est qu'après que l'*ophthalmomètre* d'Helmholtz (1854) permit aux docteurs Knapp (1859) et Donders (1861) de constater et de mesurer l'astigmatisme de la cornée chez un grand nombre de personnes, que, grâce aux persévérants efforts de M. Donders, l'usage des verres cylindriques acquit droit de cité dans l'ophthalmologie.

Les travaux faits en France auraient peut-être suffi à avancer la question autant que ceux que nous venons de citer, mais la voie suivie aurait été toute différente.

Faisons observer d'abord que les verres cylindriques, aujourd'hui encore, ne se fabriquent qu'en France, et que cette fabrication, établie par Chamblant, date de 1808 ou 1810. Ensuite, les calculs de la marche des rayons lumineux dans l'œil astigmate ont été publiés, dès 1845, par Sturm, professeur à l'École polytechnique. Ainsi les deux éléments principaux, pratique et théorique, étaient depuis longtemps à la disposition des oculistes, lorsque, en juillet 1852, M. Goulier, alors capitaine d'artillerie, envoya à l'Académie des sciences un pli cacheté, qui ne fut ouvert qu'en août 1865, et qui signalait la fréquence de l'astigmatisme et les moyens d'y remédier. La modestie rare de M. Goulier lui avait fait négliger de réclamer l'ouverture de sa lettre à l'Académie, et, en apprenant le point où M. Donders avait amené la question, il cessa de s'en occuper. On trouvera dans l'*Histoire de l'astigmatisme* de M. E. Javal (1866), et dans le récent article du *Dictionnaire encyclopédique* dû à M. le professeur Gavarret, des extraits qui montrent qu'en 1852 M. Goulier avait déjà fait beaucoup avancer la question qui nous occupe. C'est également dans les mémoires de M. Javal qu'on trouve les seuls renseignements statistiques un peu complets relatifs à la question qui nous occupe, et, ce qui est plus précieux, la description d'un *optomètre binoculaire* dont l'emploi permet une détermination précise de l'astigmatisme. M. Gavarret a tout récemment exposé, dans un rapport lu à l'Académie de médecine, les avantages de cet optomètre. On le voit, si les travaux faits en France méritent une moins belle place dans la science que la découverte d'Young et que l'ingénieux instrument d'Helmholtz, au point de vue plus humble de la pratique, la comparaison pourrait être soutenue sans désavantage.

La *laryngoscopie* est née aussi en dehors de la France ; sans parler ici des essais antérieurs, et rappelant seulement à ce propos les articles historiques et critiques insérés par M. Verneuil dans la *Gazette hebdomadaire* (1863), nous répétons que c'est à M. Turck, médecin de l'hôpital général de Vienne (1857), puis à M. Czermak, qu'il était réservé de faire entrer dans la pratique l'exploration laryngoscopique (1858). C'est M. Czermak (1860) qui fit connaître à Paris la nouvelle méthode d'exploration. La *Gazette hebdomadaire de médecine et de chirurgie* (1859) avait déjà publié les observations du docteur Czermak, et c'est à ce recueil que nous devons l'introduction en France des premiers travaux sur la laryngoscopie. Au nombre des promoteurs du premier moment, après le voyage de M. Czermak, nous devons citer M. Moura-Bourouillou, qui publia, dès 1861, les leçons qu'il avait professées sur ce sujet à l'École pratique. Les recherches se sont assez rapidement multipliées depuis cette époque, et l'emploi du laryngoscope est assez généralisé pour qu'il soit permis de dire que l'usage de ce moyen d'exploration est complétement entré dans la pratique commune.

Nous ne pouvons indiquer les modifications instrumentales qu'a subies le laryngoscope ; mais nous devons signaler l'appareil tout spécial et souvent fort utile de M. Labordette (de Lisieux) (1865).

L'examen de l'arrière-cavité des fosses nasales à l'aide de miroirs analogues à ceux que l'on emploie pour la laryngoscopie devait suivre de près les tentatives heureuses faites dans le but d'examiner le larynx. C'est encore à Czermak que revient l'honneur d'avoir donné une forme pratique à des idées qui, de même que celles qui sont relatives à l'examen du larynx, avaient été émises avant lui. C'est seulement depuis les démonstrations qu'il a faites et souvent répétées devant un grand nombre de médecins, que la rhinoscopie a été créée et a pris une place sérieuse dans la science. Les travaux de MM. Turck (1861-1862), Voltolini (1861), Semeleder (1862), ont fait connaître les intéressants résultats de l'examen de l'arrière-cavité des fosses nasales. M. Semeleder a réuni l'ensemble de ces données dans une monographie qui rappelle toutes les applications pratiques de la rhinoscopie et qu'accompagnent deux planches chromolithographiques destinées à reproduire les principales lésions que l'on rencontre dans l'arrière-cavité des fosses nasales. Ces travaux ont été analysés dans les *Archives de médecine* (1863); mais l'on ne peut dire que la rhinoscopie ait encore pris son rang dans la pratique chirurgicale de notre pays.

Sphygmographe. Déjà nous avons indiqué (p. 29 et 200) les renseignements que peut fournir l'exploration chirurgicale des vaisseaux pratiquée à l'aide de l'ingénieux instrument de M. Marey. Nous ne faisons que mentionner ici le sphygmographe au nombre des moyens d'exploration que l'application des sciences physiques et de la physiologie a su mettre à la disposition des chirurgiens.

CHAPITRE IV.

PROGRÈS ACCOMPLIS EN MÉDECINE OPÉRATOIRE.

Nous exposerons dans ce chapitre les méthodes et les procédés nouveaux qui ont enrichi la médecine opératoire. Montrer à quel degré de précision et de scientifique hardiesse a pu s'élever l'art des opérations est évidemment notre but; mais nous chercherons surtout à dégager les idées qui ont donné naissance aux méthodes et aux procédés que nous aurons à rappeler.

Dans nos généralités, nous avons montré la tendance de beaucoup de chirurgiens à limiter l'emploi de l'instrument tranchant, qui était encore, il y a une dizaine d'années, presque exclusivement employé dans les opérations. Vouloir déposer le bistouri, alors même que ses triomphes sont plus éclatants, et qu'un nombre de plus en plus grand de mains deviennent habiles à le manier, semble une contradiction. Négliger l'emploi d'un instrument qui seul permet, en définitive, d'opérer avec précision et rapidité, paraît être une tendance peu justifiable. Cependant le but qu'on se propose n'est pas d'opérer, mais de guérir. C'est parce que l'on a démontré que, dans certains cas, d'autres méthodes de diérèse assuraient mieux la guérison, que le bistouri vient de perdre une partie de son domaine. C'est la plus petite, il est vrai, et devant toutes les exagérations l'instrument tranchant restera le grand et le meilleur moyen chirurgical; mais son règne exclusif est passé.

Il nous sera bien facile de prouver que c'est à l'influence des idées humorales, à la découverte de l'infection purulente et putride, de leur mécanisme, des conditions qui les favorisent, qu'on a dû cette réaction, ce nouveau changement de face dans la pratique.

Pour arriver au but que l'on se proposait d'atteindre, il fallait imaginer des moyens nouveaux, perfectionner des procédés opératoires connus, ressusciter des méthodes abandonnées à tort, en y apportant des modifications heureuses : c'est là ce qu'ont entrepris plusieurs de nos contemporains.

En raison de leurs tendances, ces méthodes nouvelles ou renouvelées pourraient être qualifiées : *Méthodes préservatrices*.

MÉTHODES PRÉSERVATRICES.

L'*écrasement linéaire* et la *galvanocaustie* sont les méthodes nouvelles de diérèse qui ont été proposées.

Galvanocaustie. La galvanocaustie s'est développée surtout en Allemagne. L'ouvrage de Middeldorpf, publié à Breslau en 1854, étudie de la manière la plus complète cette curieuse méthode. Nous n'avons pas à en faire l'histoire; qu'il nous suffise de rappeler ce que nous avons dit dans nos généralités des applications faites à Paris, dès 1852, par MM. Nélaton et Regnauld, à l'hôpital des cliniques. M. Nélaton opéra alors avec succès plusieurs tumeurs érectiles par la cautérisation électrique.

L'écrasement linéaire allait dans notre pays se constituer à l'état de méthode rivale. Nous aurons, en parlant de l'utile invention de M. Chassaignac, à montrer comment l'écrasement linéaire a pu contribuer à ne laisser à la galvanocaustie que des applications limitées, et faire presque complétement abandonner la ligature en masse.

Ligature en masse. Cette dernière méthode remonte à l'enfance de l'art, ainsi que l'a montré M. Broca dans un article historique fort remarquable (*Traité des tumeurs*, p. 505). Deux chirurgiens français, Levret et Desault, avaient imaginé des instruments dits *porte-anses* et *serre-nœuds*, qui contribuèrent beaucoup à étendre l'emploi de cette méthode.

Elle n'appartient à la période moderne que par le développement excessif de ses applications entre les mains du chirurgien suisse Mayor (1826), qui a donné à cette méthode le nom qu'elle porte aujourd'hui. Elle appartient à nos contemporains français par des applications hardies ou ingénieuses. Nous citerons comme exemples les intéressants procédés de Rigal (de Gaillac) et de M. Manec, procédés particulièrement utilisés pour le traitement des tumeurs érectiles; la ligature des tumeurs de la langue par le procédé sus-hyoïdien de M. J. Cloquet (1827); l'opération si hardie de Blandin, qui extirpa ainsi une tumeur de l'amygdale. La ligature en masse étrangle les tissus, détermine leur gangrène; mais la partie qui doit tomber, déjà morte et putrilagineuse, reste attachée à l'opéré, souvent même dans la cavité naturelle où l'anse de fil a été l'atteindre. On conçoit donc que la méthode qui allait permettre de réaliser les avantages de la ligature et de supprimer ce grave inconvénient, en débarrassant séance tenante le malade de sa tumeur, dut lui être préférée.

L'écrasement linéaire, imaginé par M. Chassaignac, fut appliqué par lui, pour la première fois, sur l'homme, en 1852. Il avait, depuis 1850, poursuivi ses expériences sur les animaux. Cette méthode dut, au premier abord, paraître excentrique et même barbare. Saisir la partie à enlever dans une anse métallique composée de chaînons mousses articulés, porter successivement par un mécanisme approprié la striction jusqu'à la section complète, constituait une méthode de diviser les tissus complétement nouvelle; l'auteur n'avait été précédé par personne; mais les esprits n'étaient pas préparés. Elle fut d'abord accueillie avec peu de faveur.

La chaîne métallique est mise en jeu par une double crémaillère, dont les mouvements alternatifs la font peu à peu entrer dans une canule métallique qui forme le corps de l'instrument; la chaîne diminue de deux millimètres à la fois, et, comme chacune de ses extrémités est alternativement attirée, il en résulte une double action de striction et de scie qui lui permet de diviser les tissus en même temps qu'elle les écrase.

Le but de cette méthode opératoire est de pratiquer des sections sèches, c'est-à-dire sans hémorragie. Les tissus, sciés et écrasés, sont tassés et comme feutrés dans une épaisseur d'environ un millimètre; ils forment une couche exsangue imperméable qui isole de l'intérieur les parties saines sous-jacentes. Les artères ainsi divisées présentent le refoulement des membranes internes qui succède à l'arrachement et à la torsion, et la membrane externe, fortement pressée, reste agglutinée : le calibre du vaisseau est donc obturé.

Mais l'écrasement linéaire n'a jamais pu avoir la prétention d'opposer aux hémorragies des grosses artères un solide obstacle. Les petites, au contraire, sont suffisamment fermées; c'est ainsi, par exemple, que les artères de la langue peuvent être coupées par l'écraseur, et l'ont souvent été, sans que l'on ait eu à se préoccuper des hémorragies redoutables qui compliquaient les amputations de cet organe, lorsqu'on les pratiquait avec l'instrument tranchant.

L'écrasement linéaire a été appliqué à un grand nombre d'opérations par son auteur; mais son usage a été restreint par la généralité des chirurgiens à l'ablation des tumeurs. Lorsqu'elles ont un pédicule, l'application est simple et complète; lorsqu'elles sont sessiles, il faut les pédiculiser, c'est-à-dire les soulever, les détacher des parties sur lesquelles elles reposent, et leur enveloppe tégumentaire doit être largement sacrifiée, tandis que rien n'assure qu'en profondeur on ait pu placer la chaîne au delà des limites du mal. C'est évidemment une infériorité relativement à l'instrument tranchant; mais, quoi qu'il en soit, l'ablation, par l'écraseur, des tumeurs de la langue, du testicule, du rectum, de certains polypes, constitue déjà un vaste champ d'applications.

Sans doute, cette méthode n'a pas répondu à toutes les espérances de son inventeur. Malgré son application régulière et lente, elle n'a pas empêché, dans quelques cas, l'hémorragie primitive ou consécutive; elle n'a pas surtout rendu les sujets opérés par elle

complétement réfractaires à l'infection purulente et aux érysipèles ;
elle constitue néanmoins un véritable et sérieux progrès.

L'écrasement linéaire est aujourd'hui franchement accepté par
les chirurgiens, et l'on peut dire qu'il est journellement employé en
Europe et en Amérique. Il a dû sa fortune, non-seulement à des
avantages réels que nous avons essayé de faire apprécier, mais encore à la simplicité et à la facilité de son manuel opératoire. Il
n'a, comme infériorité vis-à-vis de la galvanocaustie, que la plus
grande lenteur d'action. Mais la question de temps dans les opérations a bien perdu de son importance depuis l'emploi du chloroforme. D'ailleurs, à un certain degré de striction, il ne détermine
plus de vives douleurs. L'emploi de la galvanocaustie demande, au
contraire, un appareil électrique difficile à manier, qui exige de
l'opérateur une expérience et des connaissances spéciales, sans lesquelles l'action de l'anse galvanocaustique peut être dangereuse.
Sans doute la galvanocaustie restera au nombre des bonnes acquisitions chirurgicales modernes; mais, comme moyen de diérèse, la
méthode française sera préférée à la méthode allemande.

La *ligature extemporanée*, que M. Maisonneuve a imaginée et qu'il
a présentée comme une simplification de l'écrasement linéaire, n'offre
pas les mêmes avantages. C'est ce qui paraît résulter aujourd'hui de
l'expérience des chirurgiens. Cette méthode consiste à diviser ex-
temporanément les tissus par des pressions avec des fils métalliques
plus ou moins forts, simples ou assemblés en forme de corde. Ces
fils sont ajustés sur un serre-nœud de Graefe, qui permet de développer une pression extrême; elle diffère donc dans son mode d'action de l'écrasement linéaire, qui lui est généralement préféré.
On l'utilise cependant pour l'extirpation des tumeurs, mais personne
n'a voulu suivre l'auteur dans les applications de sa méthode aux
amputations des divers membres.

La *cautérisation* n'est pas, il s'en faut de beaucoup, une méthode nouvelle; nous avons cependant à lui donner ici un rang important. Tour à tour prônée outre mesure ou vivement décriée, reprise ou délaissée, la cautérisation devra peut-être aux chirurgiens de notre siècle et de notre pays de reprendre d'une manière définitive le rang qui lui est dû.

Au xviie siècle, Marc-Aurèle Severin en faisait le moyen principal de cette médecine efficace qui, suivant ses expressions, *armée en quelque sorte d'une main d'Hercule, écrase toutes les maladies*, et à l'aide de laquelle il voulait régénérer l'art, tombé dans la chirurgie des emplâtres et des onguents. Ce n'est pas pour réagir contre une chirurgie sans vigueur que l'on a voulu, de nos jours, réhabiliter les caustiques; ce n'est pas non plus parce que l'on sentait le besoin de recourir à des moyens plus énergiques de destruction.

On a cru pouvoir éviter, à l'aide des caustiques les accidents des plaies.

Est-il vrai que les opérations faites au moyen de la cautérisation n'exposent jamais à la phlébite, ni à l'infection purulente, ni à l'infection putride? qu'elles mettent presque aussi sûrement à l'abri de l'angioleucite, du phlegmon diffus et de l'érysipèle? qu'elles ne provoquent qu'une réaction inflammatoire modérée? Bonnet (de Lyon) s'est constitué l'ardent défenseur de ces idées. Suivant ce chirurgien justement célèbre, les cautérisations ont, sous le rapport de l'innocuité, une telle supériorité sur les opérations sanglantes, qu'elles doivent leur être préférées toutes les fois qu'elles sont praticables. Il voulait même que la cautérisation fût appliquée dans les plaies déjà suppurantes, lorsque se développaient les accidents d'infection. Ainsi cette méthode aurait été à la fois préservative et curative des maladies des blessés et des opérés.

Il n'est douteux pour aucun chirurgien que les brûlures accidentelles puissent déterminer des érysipèles ou se terminer par l'infection purulente. Les mêmes accidents ont été observés à la suite de l'emploi chirurgical des caustiques. La possibilité de ces accidents n'est donc pas contestable; mais la question n'est pas là.

Il faut que l'innocuité plus grande des méthodes de cautérisation soit expérimentalement prouvée. Des statistiques bien faites pourront seules renseigner sur ce sujet.

Quoi qu'il en soit, il reste dans l'esprit de beaucoup de chirurgiens que les vertus préservatives de la cautérisation sont, sinon absolues, du moins réelles; de plus, les caustiques procurent aussi des destructions sèches, c'est-à-dire non sanglantes; mais ils n'assurent pas, comme on l'avait encore espéré, contre l'hémorragie secondaire; l'action de quelques-uns d'entre eux est trop limitée, et l'on peut, au contraire, avec d'autres, exposer les tissus à une destruction aveugle.

Malgré tout, l'action des caustiques ayant été bien étudiée, des procédés précieux de cautérisation ont été imaginés, et cette méthode a été utilement appliquée à plusieurs maladies. Nous allons indiquer les faits principaux qui se rattachent à cet ordre de progrès.

La méthode de la cautérisation comprend, on le sait, deux grands procédés : la cautérisation *actuelle avec le fer rouge*, et la cautérisation *potentielle avec les caustiques*.

Le *fer rouge*, auquel on a reproché avec raison de ne pas être un agent assez énergique de destruction lorsqu'il faut agir profondément, peut être souvent remplacé par le cautère galvanocaustique de M. Middeldorpf, que nous ne faisons que mentionner. Appliqué à froid sur les parties malades, ce cautère trouve dans la source électrique qui le rougit à blanc une puissance sans cesse renaissante.

Ces avantages se retrouvent en grande partie lorsque, à l'exemple de M. Nélaton, on se sert du *cautère à gaz*. Le gaz de l'éclairage produit, en brûlant, une température extrêmement élevée, qui peut d'autant mieux être utilisée que le dard enflammé que l'on dirige sur la partie malade peut être maintenu aussi longtemps que l'opérateur le juge nécessaire pour faire une cautérisation aussi profonde qu'il le désire. L'emploi de ce cautère ne s'est pas encore généralisé.

Une application nouvelle du cautère actuel, aujourd'hui bien acceptée dans la pratique, est due à M. Jobert (de Lamballe) (1833). Nous voulons parler de la *cautérisation du col de l'utérus.* Larrey avait déjà donné tous les détails opératoires convenables pour cautériser les parties malades sans brûler le vagin. Mais c'est seulement depuis les travaux de Jobert que cette opération s'est vulgarisée. M. Courty (de Montpellier), dont le livre récent sur les maladies de l'utérus est destiné à faire autorité, regarde la cautérisation actuelle comme une opération capitale dans le traitement des maladies de l'utérus. L'importance de cette opération est en effet bien établie; elle est le plus souvent à peine douloureuse ou non douloureuse, et n'a été que très-exceptionnellement suivie d'accidents. Pratiquée souvent sans réserve, elle doit être soumise à toutes les règles, être faite avec toute la prudence que commande toute opération.

La méthode de M. J. Cloquet, qui consiste à provoquer la réunion de parties anciennement divisées en cautérisant la partie la plus profonde, l'angle de la division, est encore une heureuse application du fer rouge.

M. Laugier, mettant à profit les propriétés rétractiles des plaies produites par le fer rouge, a proposé (1859) une nouvelle méthode opératoire pour achever la guérison des anus contre nature après l'entérotomie. Cette méthode, appelée par son auteur *autoplastie par transformation inodulaire,* consiste, en effet, à transformer par des cautérisations successives la membrane muqueuse qui tapisse l'*infundibulum* en tissu inodulaire. Elle a donné plusieurs beaux succès.

Cautérisation
avec
les caustiques.

Parmi les caustiques potentiels ou chimiques, le *chlorure de zinc* a surtout été employé. Il doit être rangé parmi les *caustiques coagulants.* Ces caustiques ont la propriété de se combiner avec les tissus en les condensant, de faire coaguler le sang dans les vaisseaux. Les escarres sont, par conséquent, sèches et dures, tandis qu'elles sont molles lorsque l'on a mis en usage un *caustique fluidifiant*, qui laisse le sang à l'état liquide dans les vaisseaux. Nous rappelons cette division, due à M. Mialhe, parce qu'elle nous aide à bien comprendre la préférence de la chirurgie actuelle pour le chlorure de zinc, qui avait déjà joui, sous le nom de *caustique* ou *pâte de Canquoin*, d'une célébrité extra-médicale.

On l'emploie aussi sous forme de pâte ; le caustique est mélangé avec de la farine en proportions définies. Il est souvent appliqué à la surface des tumeurs ou des plaies ; mais il est surtout devenu l'agent d'une méthode toute particulière de cautérisation, que l'on a désignée sous le titre de *cautérisation linéaire*. Avec cette méthode, le chirurgien n'a plus pour but la destruction de la tumeur, comme dans la cautérisation ordinaire ; cernée par le caustique, la tumeur est détachée de ses connexions : c'est, en réalité, une extirpation.

C'est donc une manière d'opérer tout originale ; cette dissection par le caustique ne ressemble pas, en effet, à la destruction brutale de la cautérisation ordinaire. Elle comprend deux procédés : le procédé circulaire, qui consiste à cerner la base de la tumeur par un cordon caustique, à y tracer une rainure que de nouvelles applications rendent de plus en plus profonde, jusqu'à ce que la tumeur soit complétement détachée. La quantité de temps nécessaire pour arriver à ce résultat est en raison même du volume de la tumeur ; sept à huit jours sont nécessaires pour détacher une tumeur volumineuse. Le second procédé est plus expéditif : il consiste à enfoncer sous la tumeur des chevilles de chlorure de zinc. Étant ainsi minée, elle se détache bientôt.

Cette méthode, dont M. Follin a retrouvé l'indication très-nette dans un livre de Deshaies-Gendron, publié en 1700, appartient, en réalité, à M. Girouard (de Chartres). Les premiers travaux de ce chirurgien furent communiqués à l'Académie en 1846. En 1852, M. Girouard vint l'appliquer à l'hôpital Saint-Louis, où M. Broca, auquel nous empruntons ces détails, le vit la mettre en usage. Il fit

Cautérisation linéaire.

de ces divers procédés l'objet d'une publication, qui parut dans
le journal de Malgaigne en janvier 1854. Au mois de juin 1855,
époque à laquelle M. Follin consacra, dans les *Archives,* un intéressant article à cette méthode, M. Girouard avait déjà opéré qua-
rante-quatre tumeurs du sein et trente-neuf tumeurs d'autres
régions du corps.

Cependant deux autres chirurgiens de Chartres, MM. Maunoury
et Salmon, s'occupaient de perfectionner la méthode de leur compatriote. Ils faisaient fabriquer des caustiques assez durs pour être
enfoncés par pression dans les tissus. M. Maunoury montra à la
Société de chirurgie, en 1854, des caustiques au chlorure de zinc
incorporés avec la gutta-percha. On en faisait des *chevilles,* des
clous caustiques, que l'on pouvait enfoncer dans l'épaisseur des tissus. Ces honorables chirurgiens n'avaient cependant pas la priorité; car M. Girouard avait déjà enfoncé des chevilles au chlorure
de zinc sous les tumeurs. Encore moins pourrait-on l'accorder
à M. Maisonneuve, qui vint, en novembre 1857, présenter à la
Société de chirurgie ce même procédé modifié. Le nom de *flèches,*
que ce chirurgien substitua aux dénominations de *clous* et de
chevilles, a prévalu, de même que sa manière plus expéditive de
les enfoncer. Au lieu de préparer la voie par une cautérisation circulaire, il la crée instantanément avec le bistouri, qui est immédiatement remplacé par une flèche caustique. A l'aide de ce procédé,
MM. Maunoury et Salmon n'ont pas craint de pratiquer deux amputations. M. Salmon lut à la Société de chirurgie, le 21 mai 1856,
un travail sur ce sujet, et M. Chassaignac, rapporteur de la commission, fit avec succès une amputation malléolaire sur une femme
qui fut présentée à la Société le 3 juin 1857.

Personne, que nous sachions, n'a renouvelé ces tentatives, qu'il
faut, avec juste raison, laisser oublier. L'application de la méthode à l'ablation des tumeurs a été, au contraire, souvent utilisée.
M. Maisonneuve, qui la manie avec habileté, a fait ainsi tomber
une tumeur de l'amygdale, la langue presque entière. Mais cette

méthode a un danger : il est impossible de prévoir où s'arrêtera l'escarre ; aussi, deux fois déjà, entre les mains de M. Maisonneuve et du regrettable Bauchet, a-t-on vu les parois de la poitrine entièrement perforées par des flèches destinées à détruire des tumeurs du sein. De tels faits commandent de grandes précautions dans le maniement d'aussi dangereux instruments. Ce sera toujours là leur infériorité relativement au bistouri, auquel il n'arrivera jamais semblable mésaventure, pour peu que la main qui le guide ait de l'habileté. Mais il est facile de prévoir que bien des tumeurs, éloignées des cavités viscérales ou des gros vaisseaux, peuvent être attaquées et détachées par la cautérisation linéaire.

C'est donc encore un moyen nouveau de diérèse que l'on peut rapprocher de l'écrasement linéaire et de la galvanocaustique. Il a une action analogue, il a les mêmes prétentions ; comme l'écraseur linéaire, le caustique ne saurait toutes les justifier ; comme l'écraseur linéaire, il ne saurait être appliqué à toutes les opérations, et le champ reste largement ouvert au bistouri. Mais cette méthode, ingénieusement perfectionnée, demeurera acquise à l'art, pour peu que des exagérations ne viennent pas la compromettre.

Nous ne passerons pas sous silence les applications du chlorure de zinc à la cure des anévrismes, bien que ces opérations, en définitive très-hasardeuses, n'aient pas reçu la sanction de la chirurgie prudente. Les succès obtenus par MM. Girouard et Bonnet pourront peut-être, dans des cas exceptionnels, servir à inspirer les chirurgiens. M. Girouard en fit la première application, en 1841, sur un malade qui avait refusé de se soumettre à l'opération ordinaire. L'anévrisme occupait le pli du coude et avait succédé à une saignée malheureuse. Après une première cautérisation, il y eut une hémorragie qui céda à une nouvelle application de chlorure de zinc. Le malade guérit, et, dans trois autres cas, M. Girouard obtint encore des guérisons d'anévrismes de la paume de la main, de la temporale et de la radiale.

Les cas de M. Girouard n'étaient pas encore publiés lorsque

Bonnet (de Lyon) (1853) traita avec succès, par la cautérisation au chlorure de zinc, un anévrisme diffus de la sous-clavière. Le cas était désespéré, la tumeur grosse comme les deux poings, et il est douteux que la ligature de la sous-clavière eût été praticable. La guérison fut obtenue, mais au prix d'hémorragies effroyables, de douleurs énormes et d'une suppuration qui faillit emporter le malade.

M. Broca a parfaitement jugé ces faits. En rappelant que le caustique de Canquoin avait ouvert le sac avant d'oblitérer l'artère, dans les deux seuls cas où il ait été directement appliqué sur l'anévrisme; en montrant que, même pour les tumeurs solides, il ne met pas sûrement à l'abri de l'hémorragie, ce chirurgien conclut avec grande raison que cette méthode ne saurait être employée que pour de très-petits anévrismes, et seulement à la dernière extrémité, dans un cas semblable à celui de Bonnet.

Nous avons dû insister sur le chlorure de zinc, vu l'importance exceptionnelle que ce caustique tend à prendre dans la pratique chirurgicale; mais nous ne pouvons parler de tous les autres. Nous ne saurions cependant passer sous silence le caustique de M. Velpeau, dont l'acide sulfurique est la base. Tous les chirurgiens ont pu constater les bons effets de ce caustique, en particulier dans les cancroïdes ulcérés. Son action est en effet remarquable et prompte. Il ne provoque pas l'écoulement du sang, car il est coagulant; la douleur qu'il cause est, il est vrai, vive et prolongée, mais il ne fait naître ni inflammation ni gonflement. L'escarre est sèche, adhérente, et la cicatrisation commence ordinairement avant qu'elle soit détachée.

« Aucun caustique, écrit M. Velpeau dans son *Traité des maladies du sein* (1858), ne m'a offert de tels avantages : action prompte et énergique, aussi profonde, aussi large qu'on le désire; facile à limiter sans provoquer de suintement hématique; point de réaction inflammatoire, ni de rougeur, ni de gonflement sur place ni autour de l'escarre à partir du lendemain. On est émerveillé en voyant une aussi vaste surface fongueuse, donnant chaque jour issue à une grande quantité de liquide ichoreux, se transformer, en moins de vingt-quatre heures, en une croûte noire et sèche qui ne laisse rien exsuder du tout. » A l'état liquide, cet acide serait trop difficile à manier; M. Velpeau recommande de le transformer en une sorte de pommade, en le mélangeant avec de la poudre de safran ou de réglisse. L'emploi de cette pâte offre quelques difficultés qu'il est bon de connaître et sur lesquelles insiste l'auteur.

Citons encore l'*acide nitrique*, que les observations de M. Gosse-lin viennent d'introduire dans la pratique française pour la cure des hémorroïdes. Emprunté aux chirurgiens anglais, ce mode de traitement paraît jouir d'une efficacité et d'une innocuité réelles. Nous ne faisons que rappeler l'emploi de ce caustique pour la des-truction des tumeurs. Il a été vanté comme spécifique par quelques-uns, mais il n'a pas pris place dans la pratique générale.

C'est d'ailleurs pour les opérations qui se pratiquent sur les veines que les sections sèches ou les destructions caustiques ont été em-ployées : c'est de ce côté surtout que l'emploi du bistouri a été amoindri. C'est avec toute raison; indépendamment des chances d'hémorragie, l'excision des hémorroïdes, par exemple, expose de la manière la plus grave à l'infection purulente. Aussi est-elle abandonnée, après avoir été cependant bien longtemps clas-sique. On a aussi abandonné bien des opérations pratiquées sur les veines avec des caustiques. Si l'on emploie encore les caus-tiques chimiques pour détruire les hémorroïdes, soit par le pro-cédé de M. Jobert, soit par celui d'Amussat, on a renoncé aux cautérisations des varices des membres, qui, en 1839, avaient eu, sous l'impulsion des travaux de Bonnet, un si grand retentissement. Ce n'est pas seulement parce que des cas d'infection purulente avaient été observés par Bérard jeune, par M. Laugier, mais parce que la guérison espérée se démentait le plus souvent. D'ailleurs, allait naître une nouvelle méthode, celle des injections, qui, dans l'un de ses procédés, était applicable et devait être appliquée aux varices.

La méthode des *injections* peut être rapprochée de celles que nous venons d'étudier. Non pas qu'elle soit une méthode destructrice; au contraire, nulle n'est plus franchement conservatrice. Mais elle s'est substituée, dans bien des cas, à l'opération sanglante; elle aussi a rétréci le champ d'action du bistouri, et permis, cependant, d'élargir celui de la médecine opératoire. Elle a pour but d'obtenir la guérison, par la modification des parois de la cavité que l'on injecte, ou par celle du liquide contenu, soit qu'elle s'oppose à son altération, soit qu'elle le transforme, comme dans les varices ou les anévrismes, en un corps solide qui, désormais, intercepte l'abord ou le passage du sang.

De là deux méthodes bien distinctes: celle des *injections irritantes* et celle des *injections coagulantes.*

Une troisième méthode, celle des *injections sous-cutanées,* pourrait en être rapprochée; peut-être va-t-elle devenir chirurgicale. Les quelques essais tentés pour la guérison de tumeurs cancéreuses par les injections d'acide acétique dilué marquent la réalisation d'une idée qui, déjà, était née dans beaucoup d'esprits. Les injections sous-cutanées ont jusqu'ici servi surtout aux médecins, pour confier au tissu cellulaire l'absorption de substances médicamenteuses, particulièrement choisies dans la classe des narcotiques. Cette méthode appartient à Wood, médecin anglais; introduite en France par M. Béhier, elle s'est rapidement généralisée. Mais nous n'avons pas à nous en occuper au point de vue chirurgical, et les essais auxquels nous avons fait allusion tout à l'heure, venus aussi d'un chirurgien anglais, M. Broadbent, sont encore trop peu nombreux, trop peu décisifs, et, de plus, trop récents pour que la chirurgie française ait encore pu s'en occuper.

Il n'en est pas de même de la grande méthode des *injections*

irritantes, qui nous appartient dans son origine et dans ses développements.

C'est à M. Velpeau que l'on doit en rapporter l'honneur. Le but
poursuivi par ce chirurgien a été nettement défini par lui-même :
« Faire naître dans les cavités closes affectées d'épanchement une
irritation qui soit toujours *adhésive,* et ne devienne jamais *purulente.* »

Le traitement de l'hydrocèle de la tunique vaginale servit de point
de départ à ses recherches. La méthode de l'injection appliquée au
traitement de l'hydrocèle est très-ancienne, puisque l'on en retrouve
la mention dans Celse. Mais elle n'a été complétement adoptée en
France que depuis Sabatier. On la faisait avec le vin chaud, que la
pratique de Dupuytren et de Boyer avait amené à adopter définitivement; exceptionnellement avec de l'alcool pur ou dilué, et divers
autres liquides plus ou moins irritants.

Le choix raisonné d'un nouveau liquide et la démonstration de
son efficacité allaient être le point de départ de ces nombreuses
applications, qui ont élevé à la hauteur d'une méthode ce qui n'était
autrefois qu'un procédé dont on n'avait pu généraliser l'emploi, à
cause de ses dangers, et que l'on n'osait appliquer dans toute sa
rigueur qu'aux seules hydrocèles vaginales.

Courtois avait découvert l'iode en 1811; employé pour la première fois en 1820, dans un but thérapeutique, par Coindet (de
Genève), qui l'utilisa pour le traitement du goître, il avait été, depuis plusieurs années, l'objet des travaux de prédilection de Lugol,
médecin de l'hôpital Saint-Louis, lorsque M. Velpeau songea à en
faire l'agent actif des injections irritantes.

M. Ricord, en 1833, l'avait employé en application topique sur
l'hydrocèle. Bientôt après, M. Velpeau, se fondant sur les propriétés
à la fois irritantes et résolutives qu'on attribuait à ce métalloïde,
voulut l'essayer en injections. Il se servit, de prime abord, d'un mélange d'eau et de teinture alcoolique d'iode. Dès 1835, il avait mis
plusieurs fois en usage ce moyen de traitement : car il put, pour la
première fois, démontrer le mécanisme de la guérison en dissé-

quant le scrotum d'un sujet opéré par lui à cette époque, et mort depuis des suites d'une amputation. Ses premières observations ne furent publiées qu'en 1836 et 1837. C'est à ce moment que parut aussi un mémoire de M. Dujat, prouvant qu'un chirurgien de Calcutta, M. Martin, avait ainsi traité des milliers d'hydrocèles. Cette publication ne pouvait qu'affirmer l'utilité réelle du moyen nouveau à l'aide duquel M. Velpeau voulait tenter la guérison des tumeurs liquides.

En 1843, le chirurgien de la Charité publiait son célèbre mémoire sur les *cavités closes de l'économie animale*. L'anatomie et la physiologie normales et pathologiques interrogées dans tous leurs détails, l'observation clinique largement instituée, démontraient, d'une façon définitive, que la chirurgie était en droit de beaucoup attendre de la méthode de la ponction et de l'injection iodée appliquée au traitement des maladies des cavités closes normales et accidentelles. Les diverses variétés d'hydrocèles des organes génitaux, celles qui naissent dans d'anciens sacs herniaires, des tumeurs liquides du pli de l'aine, du bassin, de l'aisselle, l'hématocèle des bourses, les kystes du sein, les hygromas, les kystes du cou, et en particulier la variété kystique du goître, avaient été traités et souvent guéris par les injections iodées.

M. Velpeau avait eu soin d'indiquer les conditions qui permettent d'espérer le succès, c'est-à-dire l'oblitération de la cavité à la suite d'une inflammation adhésive. Cette inflammation, en effet, s'obtient d'autant plus facilement que le liquide épanché se rapproche plus du sérum, et il est permis d'ajouter que la paroi du kyste est plus analogue à une séreuse.

Plus le liquide ressemble au pus, moins l'inflammation adhésive a de chances d'être obtenue. La nature de la paroi a une moindre influence, mais on ne saurait ne pas en tenir compte. Néanmoins les injections iodées devaient être appliquées, en particulier, au traitement des abcès froids et des abcès symptomatiques. Il était facile de prévoir qu'ici des échecs auraient lieu. Telles ne furent pas, cependant, les appréhensions de M. Boinet, dont les travaux, très-utiles et nombreux, ont d'ailleurs tant contribué à la généralisation de l'emploi de l'iode; nous devons citer, en particulier, le *Traité d'iodothérapie;* deux éditions (1856 et 1865) ont affirmé le succès de cet ouvrage, qui a rendu de véritables services à cette partie de la thérapeutique chirurgicale. Mais l'expérience a déjà prononcé sur des espérances que devait déjouer la nature même des lésions auxquelles s'attaquait l'injection iodée, avec la confiance superbe d'une méthode encore jeune.

Hâtons-nous de dire, cependant, que, s'il est toujours vrai que tous les soins du chirurgien doivent tendre à reculer le moment de l'ouverture des abcès par congestion; que, si la carie vertébrale n'a pas trouvé dans l'iode son agent curatif; cependant, une fois l'abcès ouvert, la teinture d'iode peut encore rendre de grands services. Mais elle agit alors comme antiseptique, en s'opposant à la viciation du pus, ou en en atténuant les effets. C'est là un des avantages de la médication iodée sur lesquels M. Boinet, en particulier, a beaucoup insisté dans son livre sur l'iodothérapie, et que tous les chirurgiens reconnaissent.

Les lavages et injections avec de l'eau plus ou moins chargée de teinture d'iode constituent l'un des dérivés de la méthode elle-même, mais ne sauraient être comparés à la méthode des injections irritantes. Cette méthode a pour but essentiel d'obtenir une inflammation adhésive qui ne devienne jamais purulente ; elle considère que son but est manqué lorsqu'elle ne l'obtient pas. Il importe de ne pas laisser de confusion s'établir à cet égard, afin que les insuccès ou les réussites de l'une ne permettent pas d'amoindrir ou d'exalter les succès de l'autre. Quoi qu'il en soit, nous répétons, afin de ne plus y revenir dans ce chapitre, que les lavages iodés ont été substitués avec avantage, dans la majorité des cas, aux injections émollientes, détersives, toniques, astringentes, etc. que l'on a, dans tous les temps, opposées aux effets désastreux de la putridité du pus, alors même que ces effets ne pouvaient être qu'instinctivement appréciés, puisqu'ils n'étaient en aucune façon démontrés.

Nous reprenons notre historique.

Les injections iodées devaient successivement être portées dans toutes les cavités closes. Nous ne saurions en nommer une qui n'ait subi ses atteintes, puisque M. Brainard (de Chicago) a lu à la Société de chirurgie (1854) une observation d'hydrocéphalie pour laquelle vingt et une injections iodées ont été faites dans l'espace de sept mois. Cela prouve au moins la foi inspirée aux chirurgiens par ce moyen de traitement; ces applications ont d'ailleurs changé bien des idées, donné lieu à de grands étonnements, et l'on en comprend, sans l'approuver, l'extrême hardiesse, quand on voit des succès obtenus là où les prévisions les plus scientifiques, en apparence, auraient dû faire attendre des désastres.

Ainsi en est-il, par exemple, de l'injection iodée dans les articulations, qui, tout le monde le sait aujourd'hui, peut être pratiquée sans danger. Les travaux de M. Velpeau et de Bonnet (de Lyon) (1839-1842) ont, en effet, démontré son innocuité. M. Jobert avait, il est vrai, en 1830, injecté trois fois dans des genoux hydrarthrosés de l'eau d'orge alcoolisée. Des phénomènes d'ivresse furent les seuls accidents observés à la suite de ces tentatives, que leur auteur crut devoir abandonner. L'injection iodée, appliquée au traitement des hydrarthroses chroniques, a, au contraire, été bien des fois, depuis 1839, appliquée par les chirurgiens. M. J. Roux, A. Robert, A. Bérard, Malgaigne, MM. Barrier, Chassaignac, etc. en ont publié des exemples.

Le traitement par l'injection iodée des tumeurs synoviales, kystes synoviaux articulaires, ganglions, kystes synoviaux tendineux, qui se développent dans les bourses séreuses sous-cutanées, est également accepté par tous.

L'injection iodée a été appliquée pour la première fois à la grenouillette par un chirurgien de Lyon, M. Bouchacourt (1843). Depuis, ce mode de traitement a donné des succès entre les mains de MM. Nélaton et Denonvilliers, et ces chirurgiens trouvent la raison de leur réussite dans la précaution qu'ils ont prise de laver soigneusement le kyste avant de l'injecter.

Les kystes de la thyroïde, auxquels M. Velpeau avait le premier appliqué son injection, ont été traités de cette manière par tous les chirurgiens, et souvent avec succès.

Les kystes hydatiques du foie, auxquels Récamier (1825) avait appliqué la méthode qui porte encore son nom, ont été, depuis 1851, traités par les ponctions et les injections iodées. M. Boinet s'est surtout constitué le défenseur de cette pratique, dont la valeur absolue n'est pas encore bien démontrée, ainsi que pourrait le prouver la discussion récente de la Société de chirurgie (1865). Dans un très-important travail sur la ponction avec le trocart capillaire appliqué au traitement des kystes du foie, publié dans les *Archives* (1859), M. Moissenet concluait avec toute raison, en faisant remarquer que, la guérison des kystes hydatiques ayant été obtenue quelquefois par les ponctions capillaires seules, l'on ne pouvait apprécier la valeur curative des injections iodées pratiquées, dans d'autres cas analogues, à la suite de ces ponctions. M. Moissenet ajoutait cependant que ces injections, pratiquées à travers de larges canules, sont franchement antiseptiques. C'est en effet par cette précieuse qualité que les injections iodées ont pu surtout rendre de véritables services dans le traitement, souvent si épineux, des kystes hydatiques du foie.

Les expériences instituées sur les animaux par M. Velpeau ne lui avaient pas donné d'assez rassurants résultats pour l'engager à tenter les injections d'iode dans les grandes séreuses viscérales. Cette opération a cependant été plusieurs fois pratiquée dans ces conditions, et l'iode injecté dans le péritoine, les plèvres, le péricarde. Il n'y a pour le péricarde qu'une seule observation ; elle est due à Aran : le malade guérit. Plusieurs chirurgiens, au contraire, et en particulier Dieulafoy (de Toulouse), ont injecté l'iode dans les séreuses abdominale et thoracique. Bien que les résultats n'aient pas été défavorables, ces opérations ne sont pas entrées dans la pratique. L'injection iodée est acceptée dans l'empyème, mais ce n'est plus alors qu'un lavage iodé, substitué aux lavages et injections de toute sorte dont on avait tant abusé autrefois ; déjà nous avons distingué cette pratique de celle des injections irritantes adhésives.

Il est une maladie grave, pour laquelle des moyens plus radicaux sont aujourd'hui mis en œuvre, qui a pu, dans quelques cas, être heureusement traitée par l'injection iodée : nous voulons parler des kystes de l'ovaire. C'est à M. Boinet que revient le mérite de ces applications (1851).

Dans la discussion qui eut lieu à l'Académie de médecine, en 1856, sur le traitement des kystes de l'ovaire, M. Velpeau rappelait que M. Robert paraissait avoir pratiqué le premier l'injection iodée dans un kyste ovarique, et que lui-même en avait, dès 1839, conseillé l'emploi. Mais il reconnaissait qu'en s'efforçant avec ardeur de répandre et de généraliser sa méthode, M. Boinet l'avait presque faite sienne. Malgaigne résumait le débat en disant : « Après tous les faits, toutes les statistiques citées par les orateurs, les praticiens sont suffisamment autorisés à pratiquer les injections iodées. » Ce n'est pas ici le lieu de montrer que cette méthode n'était pas applicable à tous les cas, ni de la juger d'une façon absolue dans ses résultats ; il suffit de montrer qu'elle était acceptée par la chirurgie française, et de rappeler que parmi ceux qui la pratiquaient on pouvait nommer, avec leur auteur, MM. Jobert, Velpeau, Monod, Nélaton, etc.

Nous en avons d'ailleurs assez dit pour montrer l'importance de la méthode des injections irritantes, qui, grâce à l'emploi du liquide iodé, provoquaient une inflammation toujours adhésive, toujours localisée aux points touchés, et, avec peu de retentissement général, avaient pu, sous l'influence de l'exemple et des travaux de M. Velpeau, rapidement se généraliser. Tous les faits relatifs à cette question se trouvent, d'ailleurs, soigneusement consignés dans le livre déjà cité de M. Boinet.

La méthode des *injections coagulantes* a eu pour but, dès l'origine, Injections coagulantes.
de guérir les anévrismes en déterminant, dans la poche anomale
qui les constitue, la coagulation du sang par l'injection d'un liquide
approprié. Elle a été depuis appliquée au traitement des tumeurs
variqueuses et des varices, que déjà nous avons vues attaquées par la
ligature, l'écrasement linéaire et la cautérisation. Son meilleur historien, M. Broca, écrivait en 1856, en parlant des anévrismes seulement : « La méthode des injections coagulantes, conçue par Monteggia au commencement de ce siècle, n'est entrée dans la pratique
qu'il y a trois ans. Elle donna d'abord trois succès, qui lui valurent
dans le monde chirurgical un accueil extrêmement favorable. On
put croire un instant qu'elle allait, du premier coup, supplanter
toutes les autres méthodes ; mais une série de revers ne tarda pas
à détruire cette première impression, et la réaction fut si rapide,
si complète, que la méthode nouvelle disparut presque subitement
de la pratique, un an à peine après son apparition. » S'il en était
encore ainsi, nous n'aurions pas à parler ici de cette méthode ; les
faits qui se sont produits ont en effet prouvé, ainsi que le pensait
M. Broca, que l'on avait agi avec beaucoup trop de précipitation,
au début, pour rejeter comme pour admettre.

Malgré son origine, la méthode des injections coagulantes est une
conquête purement française : Monteggia, en effet, ne fit que proposer de pratiquer des injections coagulantes avec l'alcool, l'acé-
tate de plomb ou le tanin ; il ne fit même pas d'expériences.
Cependant il posa nettement les indications de l'opération et les
conditions principales de son exécution.

Cela était parfaitement oublié, lorsqu'en 1835 Leroy (d'Étiolles)
expérimenta les injections d'alcool dans les artères des animaux.
Le liquide était insuffisant, la coagulation incomplète. Il faut maintenant arriver à 1852, c'est-à-dire à Pravaz, pour trouver enfin la
réalisation expérimentale et pratique de la méthode. Dans l'intervalle s'étaient produites, il est vrai, la proposition de Wardrop
(1841) et, en France, celles de MM. Bouchut (1845) et Pétre-

quin (1848). Wardrop proposait l'acide acétique, M. Bouchut l'acide sulfurique, M. Pétrequin l'acide citrique. Ce dernier chirurgien avait seul mis son idée en pratique; mais il ne paraît pas avoir songé aux anévrismes.

D'ailleurs, tous ces essais restaient à l'état de tentatives ou d'idées personnelles; personne ne songeait à en profiter. Il n'en fut pas de même de la méthode de Pravaz, qui avait à la fois découvert dans un liquide approprié, le perchlorure de fer, des propriétés coagulantes remarquables, et imaginé l'instrument aujourd'hui connu en chirurgie sous le nom de *seringue de Pravaz*. Cet instrument délicat, qui permet d'introduire des liquides dans les cavités closes ou dans l'épaisseur des tissus par une simple ponction capillaire, est construit de telle sorte que le liquide injecté peut être rigoureusement mesuré. Il est bon de remarquer que les inventeurs de la méthode des injections sous-cutanées ont dû adopter l'instrument de Pravaz, perfectionné par Lenoir. Le chirurgien de Lyon a donc indirectement contribué à la création de cette utile méthode thérapeutique.

C'est le professeur Lallemand qui, le premier, fit part à l'Académie des sciences et à la Société de chirurgie (1853) des expériences concluantes auxquelles il avait assisté; c'est M. Raoult-Deslongchamps qui, le premier, utilisa sur l'homme les injections coagulantes. Ce fait fut communiqué à la Société de chirurgie par M. H. Larrey. Bientôt se produisirent les faits de M. Niepce et de M. Serres (d'Alais); malgré des accidents redoutables, la guérison avait été obtenue : « aussi, dit M. Broca, auquel nous empruntons tous ces renseignements, la nouvelle méthode fit une fortune si rapide, que, pendant quelques mois, elle fit oublier toutes les autres. »

Des accidents formidables furent bientôt observés : quatre malades succombèrent, plusieurs autres furent atteints d'accidents qui rendirent la ligature nécessaire. Malgaigne s'émut de ces revers multipliés, et, le 8 novembre 1853, il lut à l'Académie de médecine un mémoire accusateur qui fut suivi d'une discussion impor-

tante. La méthode des injections coagulantes, quoique trop sévè-
rement jugée, a eu grand'peine à se relever de cette attaque; mais
l'intervention de Malgaigne et de l'Académie ont eu le salutaire
effet d'engager les chirurgiens à mieux chercher les indications de
la méthode pour laquelle ils s'étaient si vite passionnés. Déjà, pendant la discussion, MM. Velpeau et Laugier, moins affirmatifs que
Malgaigne, avaient fait remarquer que la question était posée d'une
manière prématurée, que le moment de la juger n'était pas encore
venu. Trois nouveaux succès, dus à MM. Jobert, Lussana et Pavesi,
étaient signalés en quelques semaines, au commencement de 1854.
Néanmoins la méthode de Pravaz, qui avait été appliquée en un
an, de février 1853 à février 1854, sur vingt malades, ne fut mise
en usage qu'une seule fois dans les deux années suivantes. M. Bourguet (d'Aix) obtint un succès dans un cas d'anévrisme de l'artère
ophthalmique.

M. Richet, dans le *Dictionnaire de médecine et de chirurgie pratiques*,
a repris, en 1865, l'étude de cette question dans son article *Anévrisme*, qui devra, pour divers points de notre travail, nous fournir
les plus précieux renseignements. Le relevé que ce professeur
donne des cas d'anévrismes traités de 1854 à 1864, y compris
celui de M. Bourguet (d'Aix), ne fournit que *dix* opérations nouvelles. Cela est bien peu quand on compare ce chiffre à celui qu'a-
vait fait atteindre, en une seule année, un premier élan ; mais,
quand on examine les résultats, on voit que ces dix opérations
ont plus fait pour avancer la question que les vingt premières,
qui n'avaient guère réussi qu'à la compromettre. Cette nouvelle
série justifie pleinement les réserves faites devant l'Académie par
MM. Laugier et Velpeau.

Voici, en effet, la curieuse progression du chiffre des guérisons,
qui est absolument l'inverse de celle du nombre des opérations :

Malgaigne, en 1854, avait réuni onze cas : il accusait quatre
morts, cinq revers et deux guérisons.

Deux ans plus tard, M. Broca réunit vingt faits, et, en élimi-

nant trois cas comme inutiles à la solution de la question : celui de
Syme, anévrisme de l'aorte; celui de Barrier, anévrisme du tronc
brachio-céphalique, et celui de Pétrequin, anévrisme de la sous-
clavière, il compte dix-sept faits, sur lesquels il trouve huit guérisons, quatre morts et cinq cas où les malades n'avaient été guéris
que par des opérations sanglantes ultérieurement pratiquées.

Si l'on est prévenu que cette série de vingt faits comprend les
onze de Malgaigne, on voit que les succès étaient, en définitive,
pour les neuf faits nouveaux, au nombre de six.

Dans ce tableau, publié par M. Richet, nous trouvons huit guérisons, une mort et un revers [1].

Si nous recherchons maintenant les cas qui ont donné des
guérisons, on trouve pour ceux de MM. Malgaigne et Broca un
anévrisme de la temporale, un de la faciale, un de la sus-orbitaire,
un de la tibiale postérieure, trois de l'humérale au pli du coude et
un seul de l'artère poplitée. « Plusieurs de ces malades, dit M. Broca,
ont eu à essuyer une inflammation assez intense; l'un d'eux a eu
un abcès, et un autre un abcès et une escarre, dont la chute n'a
heureusement pas été suivie d'hémorragie. »

Dans les cas publiés par M. Richet, les guérisons ont été obtenues dans un cas d'anévrisme de l'ophthalmique, de la partie supérieure de la cubitale droite, de l'artère humérale, de l'artère ischiatique ou de la fessière, d'une artère de l'avant-bras indéterminée
dite *anastomotique* par l'auteur, d'un anévrisme artério-veineux du
dos du pied, de l'artère radiale, d'un anévrisme variqueux du pli
du bras. Les insuccès se rapportent à un cas d'anévrisme de la sous-
clavière, terminé par la mort, et à un cas d'anévrisme poplité, qu'il
fallut opérer consécutivement par la ligature.

M. Richet conclut donc avec raison en disant que les injections
coagulantes doivent être bannies du traitement des grands anévrismes et réservées aux petits, ou tout au plus à ceux de moyen

---

[1] Nous devons retrancher le cas de M. Bourguet, publié en 1856, et compris dans
le tableau dressé en 1865 par M. Richet.

volume. M. Nélaton pense que cette méthode est particulièrement applicable aux cas d'anévrismes développés sur des artères de petit calibre ou sur des collatérales. On le voit, les indications se posent aujourd'hui, et personne ne tentera plus de guérir un anévrisme de la poplite par le perchlorure de fer. Nous ajouterons que, pour M. Broca, cette méthode a, en somme, plus d'inconvénients que d'avantages; pour M. Richet, qui rappelle en 1864 du jugement porté en 1853 par Malgaigne, les injections coagulantes sont loin de fournir l'idéal d'une bonne méthode de traitement. Cependant, il est incontestable qu'elle est aujourd'hui assez perfectionnée pour rendre des services, et le cas de M. Nélaton, où toute autre méthode était inapplicable, prouve que les injections coagulantes doivent compter parmi les ressources définitivement acquises par notre chirurgie.

Les services que rend le perchlorure de fer sont d'ailleurs incontestables; nous en reparlerons à propos du traitement des hémorragies; mais nous devons, dès à présent, signaler les importants travaux qui ont contribué à féconder la découverte de Pravaz, en nous apprenant comment il convenait d'utiliser le perchlorure de fer dans la pratique chirurgicale.

Nous citerons tout d'abord les recherches expérimentales entreprises par MM. Giraldès et Goubaux (d'Alfort). Les résultats en ont été communiqués en 1853 à la Société de chirurgie, et, dans la même année, MM. Debout et Leblanc communiquaient également le résultat de leurs expériences. M. Broca a longuement étudié ce même sujet dans son livre; il a été étudié depuis, à plusieurs reprises, devant les sociétés savantes et dans différents articles, en particulier par M. Richet, qui a surtout déduit des expériences de MM. Giraldès et Goubaux les importantes règles de conduite qui doivent guider le chirurgien dans l'emploi de ce précieux moyen.

La coagulation du sang contenu dans ses vaisseaux ou dans des poches accidentelles, comme les anévrismes, n'a pas été seulement cherchée à l'aide des injections. Déjà, dans notre introduction, nous avons eu l'occasion de montrer quelles avaient été à cet égard les tendances de notre chirurgie.

Compression indirecte.

La *compression indirecte*, dont nous avons donné l'histoire (p. 57), dont nous aurons occasion de reparler quand nous la comparerons à la ligature, a été l'une des affirmations du désir de substituer aux méthodes sanglantes des opérations d'une tout autre nature. Parmi toutes les méthodes proposées, la compression indirecte est, en effet, celle qui peut être le plus sérieusement opposée à la ligature. La méthode des injections, nous venons de le dire, a des limites restreintes d'application.

L'acuponcture et la galvanoponcture, dont il nous reste à parler, appartiennent beaucoup plus à l'histoire de la science qu'à la pratique; elles ont eu le grand mérite d'attirer l'attention des chirurgiens sur des phénomènes de physiologie pathologique de la plus haute importance.

Acuponcture.

L'*acuponcture* fut imaginée par M. Velpeau, en 1830; elle repose sur le fait expérimental suivant :

Lorsqu'on laisse séjourner pendant quelque temps une aiguille à acuponcture dans l'artère d'un animal, un caillot se forme autour de ce corps étranger et ne tarde pas à oblitérer le vaisseau.

Galvanoponcture.

La *galvanoponcture* appartient aussi à nos compatriotes; M. Broca a très-nettement établi ce point d'histoire; les documents cités dans son livre ne peuvent laisser aucun doute à cet égard. La lettre écrite le 8 janvier 1831 à la *Gazette médicale de Paris*, par Pravaz (de Lyon), prouve que la première idée de l'acuponcture appliquée au traitement des anévrismes appartient à M. Alph. Guérard. Dans la première période de l'histoire de la galvanoponcture, qui s'étend jusqu'en 1845, nous n'avons à citer en France que les expériences de Leroy (d'Étiolles), en 1836; les thèses importantes de M. Clavel, en 1837, et de M. Girard (de Lyon), en 1838. L'utilité

de la galvanoponcture ne fut enfin démontrée que lorsque M. Pétrequin (de Lyon) communiqua, le 3 novembre 1845, à l'Académie
des sciences ses trois premières observations; il n'avait cependant
obtenu qu'un seul succès. Depuis, de nombreuses applications ont
été faites chez l'homme; mais il reste à déterminer quel est le rang
auquel a droit, en chirurgie, la galvanoponcture appliquée au
traitement des anévrismes.

Cela est encore difficile; cependant il ressort des faits connus
et des opinions émises, que le jugement que l'on peut porter
aujourd'hui ne saurait être bien favorable. M. Broca, qui a le plus
complétement étudié cette question dans notre pays, et qui s'est
livré avec M. J. Regnauld à des expérimentations nombreuses pour
déterminer les phénomènes produits sur les tissus traversés par
les aiguilles et sur le sang, écrivait en 1856 : « Dire quel est l'a-
venir réservé à la galvanoponcture me semble bien difficile. Elle
a fourni de beaux succès dans le traitement des anévrismes traumatiques du coude; mais il faut dire aussi que, d'une manière
générale, ces anévrismes cèdent facilement à beaucoup d'autres
méthodes. La galvanoponcture est applicable à plusieurs anévrismes que leur siége spécial soustrait à la compression indirecte,
et même à la ligature. C'est là un avantage incontestable, qui
suffit à lui seul pour lui assurer un rang honorable. » Ces conclusions sont moins sévères que celles de M. Boinet, dans son très-
important rapport lu à la Société de chirurgie en 1851; celles
qu'ont données MM. Richet et Lefort, dans leurs récents articles,
se rapprochent des conclusions de M. Broca. On peut les résumer
en disant, avec M. Richet : « Si on veut faire de nouvelles tentatives, il faut les diriger contre les anévrismes que des méthodes
plus simples et moins dangereuses sont impuissantes à guérir. Là
est, à mon sens, l'avenir de la galvanoponcture. »

On le voit, les méthodes imaginées pour coaguler le sang dans
les anévrismes n'ont pas changé notablement la pratique chirurgicale. En principe, la ligature, c'est-à-dire la méthode sanglante,

doit leur être préférée. La compression indirecte, qui a permis à la chirurgie contemporaine de réaliser des progrès si remarquables, ne peut non plus la suppléer. Nous aurons bientôt à comparer les services rendus par ces deux grandes méthodes.

Nous avons vu jusqu'ici la chirurgie demander à des méthodes spéciales de diérèse, pour les tumeurs solides, aux injections irritantes ou coagulantes, à l'acuponcture et à la galvanoponcture, pour les tumeurs liquides, des moyens d'éviter la suppuration ou les accidents qui l'accompagnent. Nous l'avons vue encore demander à ces méthodes d'agrandir le champ de la médecine opératoire, alors même qu'en les recherchant elle poursuivait le but avéré de limiter l'action du bistouri, de diminuer le nombre des opérations sanglantes.

La *méthode sous-cutanée* allait, elle aussi, affirmer à la fois son innocuité et sa puissance. Humble à son origine et seulement destinée à sectionner les tendons, elle allait vouloir révolutionner la chirurgie. Dans sa généralisation systématique, elle a cru pouvoir l'engager tout entière dans des voies nouvelles, la refaire en quelque sorte à son image. Conçue en France, mais née en Allemagne des travaux de Stromeyer (de Hanovre), elle allait grandir au milieu de nous. Nous allions la voir à la fois perfectionnée jusqu'à la recherche dans toutes ses applications, par nos chirurgiens, et modérée par eux dans ses prétentions; retenue à son rang légitime, mais à sa place, par ceux-là mêmes qui avaient eu le plus de souci de l'aider dans son développement.

Cette méthode consiste, on le sait, à faire à la peau une très-petite incision ou piqûre, et à porter, par cette étroite ouverture, un instrument ténu avec lequel on divise les parties profondes.

La ponction des téguments est toujours faite à une certaine distance des parties profondes que l'on veut diviser, de telle sorte que, l'instrument retiré et la petite plaie d'entrée fermée, la grande plaie, la plaie profonde, complétement recouverte par la peau, ne communique que très-indirectement et par un étroit passage avec la piqûre extérieure. Grâce à ces conditions, l'inflammation et la suppuration sont évitées; la cicatrisation des parties divisées s'opère sans retentissement, comme il arrive dans les fractures simples, les déchirures de tendons ou de muscles.

Delpech est certainement le premier qui s'inspira de ces principes, lorsqu'il pratiqua, en 1816, la section du tendon d'Achille chez un enfant de neuf ans, atteint de pied bot.

Le célèbre chirurgien de Montpellier n'ignorait pas que cette opération avait été pratiquée en présence de Thilenius (1784) par Lorenz, qu'elle avait été faite depuis par Sartorius (1812) et Michaëlis, qui avait, en 1811, proposé la section incomplète du tendon d'Achille et de plusieurs autres tendons, en se défendant, toutefois, d'avoir eu l'idée de les sectionner complétement. Ce fut bien plutôt l'étude générale des sections accidentelles, des ruptures des tendons, et l'analyse parfaitement étudiée du mécanisme de leur réparation, que les détails incomplets de ces quelques essais opératoires qui conduisirent le chirurgien de Montpellier à l'idée raisonnée de cette opération remarquable. Il suffit de lire l'observation pour y retrouver la plupart des indications de la ténotomie moderne. C'est dans le but avoué de soustraire la plaie tendineuse au *contact de l'air* que Delpech opéra sous un pont cutané, compris entre deux incisions latérales d'un pouce chacune. Le succès fut complet. M. Bouvier, qui a revu le malade vingt ans après, a pu le constater. Cependant il n'avait pas été obtenu sans peine; il y avait eu exfoliation légère du tendon, suppuration de la plaie, et, quoique Delpech, ainsi qu'il le dit explicitement, fût disposé à étendre cette méthode nouvelle, à titre exceptionnel, au traitement du pied bot et d'autres difformités entretenues par des rétractions tendineuses, il ne renouvela plus ses tentatives.

L'opération était, il est vrai, défectueuse; ces deux grandes incisions d'un pouce chacune rendaient presque illusoire la conservation du pont cutané. Il n'en était plus de même de l'opération faite par Dupuytren en 1822, et cette fois il est bien surprenant de constater qu'un tel fait n'ait pas eu un grand retentissement. La relation n'en a pas été donnée, il est vrai, par Dupuytren lui-même, ce qui, pour quelques chirurgiens, lui ôte beaucoup de sa valeur; mais, à en juger par ce qui en a été dit alors, l'opération aurait possédé, dès sa naissance, presque tous les perfectionnements dont elle a été dotée plus tard.

Il s'agissait cette fois de la section d'un des muscles du cou dont la contracture déterminait un torticolis chronique. Le sujet à opérer était une jeune fille. Dupuytren fit au côté interne du sterno-mastoïdien une ponction à la peau, et introduisit par là, sur la face postérieure du muscle, un bistouri boutonné, dont il retourna le tranchant en avant pour couper l'organe rétracté, de sa face profonde vers sa face cutanée. Telle est la relation qu'ont donnée de cette opération remarquable MM. Coster en France, Averill en Angleterre, Ammon Froriep et Michaëlis en Allemagne [1].

Nous avons cru devoir reproduire ces faits, quoiqu'ils soient bien connus; ils prouvent que nous avons le droit, comme l'a fait M. Velpeau dans sa *Médecine opératoire*, de donner le nom de Delpech à la méthode de la ténotomie sous-cutanée, et au procédé qui en assure l'exécution régulière celui de Dupuytren.

Stromeyer, préoccupé d'appliquer l'idée de Delpech, c'est-à-dire d'éviter le contact de l'air, et par conséquent la suppuration et l'exfoliation du tendon, adopta ou imagina le procédé de Dupuytren; mais, au lieu de couper le sterno-mastoïdien, il s'attaqua, comme l'avait fait Delpech, au tendon d'Achille. De 1831 à 1834, il pratiqua six fois cette opération. Stromeyer ponctionnait la peau aux deux bords du tendon, et se servait, pour le couper, d'un instrument aigu. Dupuytren avait été mieux inspiré en se servant d'un bistouri boutonné. Peut-être même le chirurgien de l'Hôtel-

---

[1] Voyez Velpeau, *Médecine opératoire*, t. I, p. 580; 2ᵉ édit. 1839.

Dieu n'avait-il fait qu'une seule ponction; mais on n'est pas autorisé à le soutenir. La narration de Coster et de Froriep permettrait
même de croire qu'après être entrée d'un côté la pointe du bistouri avait aussi traversé la peau de l'autre.

Ce n'est donc pas la priorité de l'idée et de son application qui
a valu à Stromeyer l'honneur d'être considéré comme l'inventeur
de la méthode sous-cutanée.

Ce qui a fait accorder à Stromeyer le titre d'inventeur, c'est
qu'il a pu à la fois formuler le principe fondamental de la méthode
sous-cutanée et s'élever par degré jusqu'à sa généralisation. Il fut
en cela plus heureux que Delpech, dont les idées lui avaient servi
de point de départ. Dans ses premiers travaux, en 1833 et 1834,
il déclara que son but était d'éviter l'accès de l'air, la suppuration
et l'exfoliation du tendon; après de très-nombreuses opérations
pratiquées de 1834 à 1838, il publia un ouvrage très-étendu,
dans lequel la méthode sous-cutanée orthopédique est présentée
dans son ensemble et ses principes. Ce qui a fait encore la fortune
de l'auteur allemand, c'est que ses observations établirent d'une
manière bien définitive que les opérations sous-cutanées pratiquées
suivant sa méthode étaient d'une innocuité merveilleuse, et ne donnaient jamais lieu, à quelques rares exceptions près, à l'inflammation et à la suppuration. Nous avons dû reproduire cet historique,
qui est en quelque sorte l'acte de naissance de la méthode sous-
cutanée, parce que les discussions qui ont à plusieurs reprises eu
lieu à ce sujet ont souvent obscurci la question.

La publication des premières observations de Stromeyer, dans
les *Archives générales de médecine*, en 1834, fut le signal d'un
mouvement considérable parmi les chirurgiens français. On ne restait pas inactif, il est vrai, en Allemagne, en Amérique et en Angleterre, où les expériences du célèbre Hunter, pour étudier le
mécanisme de la consolidation après la rupture du tendon d'Achille
(1767), auraient dû, semble-t-il, provoquer la naissance de la
méthode sous-cutanée. Hunter, en effet, s'étant rompu le tendon

d'Achille en dansant, « divisa ce tendon sur *plusieurs* chiens avec une aiguille à cataracte qu'il introduisit *au-dessous de la peau, à quelque distance du tendon.* »

L'activité de la génération contemporaine s'était donc emparée de la nouvelle méthode de ténotomie, et bientôt, le succès immédiat de l'opération dépassant toute attente, on s'abandonna à un véritable enthousiasme. Il y eut entre les chirurgiens une sorte de rivalité à qui découvrirait un muscle nouveau à diviser. En quelques années, des opérations furent proposées et exécutées contre le pied bot, le strabisme, le bégayement, la myopie, les déviations de la taille, etc. On attaqua, avec le ténotome, les tendons, les muscles, les aponévroses, les ligaments. Les difformités qui, autrefois, ne pouvaient être traitées qu'à l'aide de la gymnastique et des appareils; que l'on n'arrivait à guérir que lentement, à force de soins et de persévérance; dont plusieurs restaient au-dessus des ressources de l'art, malgré les perfectionnements de l'orthopédie, étaient maintenant traitées par des moyens bien autrement rapides et puissants. Au lieu d'allonger péniblement toutes ces parties fibreuses et musculaires rétractées, on les coupait, et l'opération était sans danger. On put se laisser aller à croire que, aidés de l'orthopédie opératoire, les appareils allaient désormais vaincre toutes les difformités.

La science des difformités avait d'ailleurs pris une grande place dans la chirurgie française depuis la publication du *Traité d'ortho-morphie* de Delpech (1828). Cet ouvrage remarquable était le premier traité complet publié sur la matière depuis le commencement du siècle; il avait exercé sur cette branche de l'art une influence véritable. Parmi tant d'idées précieuses qui y sont contenues, et qui ont été développées depuis par les travaux modernes, se rencontrait, entre autres, nous le savons, celle de la méthode dont nous retraçons en ce moment l'histoire. L'Académie des sciences avait répondu aux préoccupations du moment en mettant au concours, depuis 1830, la question du traitement des difformités osseuses. On comprend donc combien les circonstances étaient favorables au développement de la ténotomie, qui venait, ainsi que nous cherchions à le montrer tout à l'heure, apporter un si puissant moyen d'action contre certaines difformités. Cependant, lorsqu'en 1837 l'Académie couronna les remarquables travaux de MM. J. Guérin et Bouvier, la section des tendons tenait encore la plus petite place parmi les moyens proposés. Il n'en était pas question dans les divers mémoires de M. Guérin; M. Bouvier fournissait, au contraire, des observations de section du tendon d'Achille pour les pieds bots et en démontrait la valeur.

Telle était, néanmoins, la puissance génératrice de la nouvelle méthode, que l'incision sous-cutanée, trop à l'étroit sur le terrain des difformités, vint bientôt demander une place dans la chirurgie générale. Elle lui fut bientôt assurée par plusieurs applications heureuses; mais, en réalité, bien au-dessous des espérances qui avaient été conçues.

Nous sommes assez loin de ce mouvement pour essayer de dire ce qu'il a produit de durable; ce qui est acquis à la science et à l'art est encore assez grand pour que ses représentants les plus autorisés considèrent la méthode sous-cutanée comme l'une des plus précieuses conquêtes de la chirurgie contemporaine.

Il est tout d'abord nécessaire de donner quelques détails historiques sur le mouvement produit en France à partir de 1834.

En 1835, 1836 et 1837, MM. V. Duval et Bouvier, à Paris, M. Stoess, à Strasbourg, se constituèrent les vulgarisateurs de l'opération nouvelle. Ils s'attaquèrent d'abord au tendon d'Achille, mais perfectionnèrent bientôt le procédé opératoire. On réduisit la lésion des téguments à sa plus simple expression, en ne faisant qu'une ouverture à la peau et en la faisant la plus petite possible au moyen de ténotomes plus étroits. Afin d'éviter la lésion des vaisseaux, et afin d'être plus sûr de ne pas traverser la peau une seconde fois, on émoussa l'extrémité des ténotomes destinés à sectionner profondément. Afin que l'entrée de l'air dans la plaie fût évitée, de nouvelles précautions étaient indiquées. C'était pour obvier à ce que l'on considérait déjà comme un accident à redouter, que l'on voulait non-seulement une ouverture aussi petite que possible, mais que M. Stoess, au rapport de M. Held (*Thèse* de Strasbourg, 1836), prescrivait de fermer la petite plaie avec le doigt en retirant l'instrument.

Dans cette thèse, M. Held rapporte encore les expériences faites par lui sur six lapins, auxquels il avait pratiqué la section du tendon d'Achille par le procédé sous-cutané de M. Stoess; il conseille enfin la section du jambier antérieur, du jambier postérieur, celle des péroniers latéraux. Dans une dissertation inaugurale, M. Pivain, en 1837, nous apprend que le jambier antérieur avait été coupé par M. Duval, et, dans cette même année, ce chirurgien démontrait devant l'Académie de médecine la possibilité et l'utilité de la section des muscles du jarret.

Les applications de la ténotomie en France étaient donc étendues, et l'on multipliait les opérations. On s'occupait surtout, il est vrai, du pied bot.

En 1838, la thèse de M. V. Duval, le mémoire de M. Scoutteten, et surtout le nouveau mémoire présenté à l'Académie de médecine par M. Bouvier, apportaient un nouvel et important tribut à l'étude de cette même difformité.

C'est dans cette même année que M. J. Guérin publia son travail sur une nouvelle méthode de traitement du torticolis ancien. Cette méthode nouvelle était celle de Dupuytren, c'est-à-dire la section sous-cutanée du muscle sterno-mastoïdien, opération que MM. Syme, Dieffenbach et Stromeyer avaient pratiquée en Angleterre et en Allemagne, mais dont M. Guérin renouvelait le premier l'application parmi nous. Il avait, de plus, le mérite de l'avoir mieux étudiée et comprise que ses prédécesseurs, en montrant comment elle peut, comment elle doit être appliquée aux différents faisceaux constituants du muscle ou des muscles rétractés de cette région.

En 1839, M. J. Guérin lisait à l'Académie des sciences son premier mémoire sur les plaies sous-cutanées en général. M. Guérin avait déjà, dans ce travail, indiqué tous les faits sur lesquels il a tant insisté depuis. Le rôle de la rétraction musculaire dans la production des difformités avait été déjà étudié par Delpech; mais M. Guérin, dans son mémoire couronné en 1837, en avait mieux fait connaître que ses devanciers la nature et l'importance. Il en avait déduit, pour les applications de la ténotomie, des indications qui le conduisaient à la généraliser plus que personne ne l'avait fait avant lui. C'est ainsi qu'il la proposait déjà pour remédier par la section des muscles du dos à la déviation de l'épine, ce qui était, comme beaucoup d'autres applications, une exagération que l'expérience devait détruire. Cette généralisation, que son auteur qualifiait d'*étiologique*, et qui conduisait à couper tous les tendons des muscles rétractés, ne pouvait en effet être adoptée dans son ensemble.

Elle se substituait à l'expérience en la devançant. Dès lors aussi, insistant plus que personne sur l'action nuisible de l'air, M. Guérin voulait que la piqûre du ténotome fût plus écartée encore de la partie à couper qu'on ne l'avait fait; ce qui constitue certainement un bon perfectionnement de détail. Enfin, franchissant les limites de l'orthopédie opératoire, M. Guérin a recherché, dès cette année 1839, les rapports de la méthode sous-cutanée avec la chirurgie générale.

Depuis lors, M. J. Guérin s'est constitué le vulgarisateur ardent de la méthode qu'il avait cru faire sienne, en essayant de lui donner des lois et en cherchant à prévoir toutes ses applications.

Ses contemporains les plus distingués ont combattu les faiblesses et les prétentions qu'il a si souvent montrées pour son enfant d'adoption; mais, si personne n'a pu le considérer comme l'inventeur de la méthode sous-cutanée, il n'y a que justice à déclarer, avec ceux qui l'ont le plus vivement combattu, que son nom y restera attaché. Ses travaux nombreux, ses efforts incessants pour étendre et perfectionner l'emploi de la méthode sous-

cutanée, ont eu, dans diverses circonstances, sinon dans toutes
celles qu'il a énumérées, des résultats utiles à la science.

Ces quelques réflexions étaient nécessaires; car il n'est pas de
question de chirurgie qui ait à notre époque donné lieu à plus de
débats. Quelle que soit son importance, il ne faudrait la mesurer ni
à la vivacité de ces débats, ni au nombre des écrits qu'elle a provoqués. Ils se sont déroulés devant l'Académie de médecine, dans
la presse et dans de nombreux mémoires, nés à l'occasion des discussions de 1842, de 1857, de 1865, de 1866. Nous ne pouvons
qu'indiquer ces discussions, en disant que, si elles ont souvent dû
être trop longuement consacrées à mettre à néant des prétentions
non justifiables ou à faire justice d'exagérations dangereuses, elles
ont amené la question des indications de la ténotomie à cette maturité qu'elle a depuis longtemps acquise, et bien posé la valeur
de la méthode sous-cutanée vis-à-vis de la chirurgie générale.
Elles ont encore été le point de départ d'études sur l'action de
l'air sur les plaies, études surtout entreprises par Malgaigne, Marc
Sée, Dechambre, Bouley, Demarquay et Lecomte. Ces importantes
recherches ont bien montré que la théorie de l'innocuité des plaies
sous-cutanées n'est pas aussi simple qu'on l'a affirmé, qu'on l'affirme encore, et que tout ne se réduit pas à une question de soustraction du contact de l'air atmosphérique.

En 1839, la ténotomie sous-cutanée avait d'ailleurs pris sa place
dans les livres classiques, par les soins de M. Velpeau, qui l'exposa
longuement dans son *Traité de médecine opératoire;* il y traita les
questions historiques avec une exactitude qui n'a été dépassée par
personne, et indiqua les procédés divers déjà employés ou imaginés
à cette époque. La liste en était déjà longue; elle l'était bien davantage encore dans les importants ouvrages de Bonnet (de Lyon)
et de Ch. Philips, publiés en 1841.

Mais la réaction avait déjà commencé dans tous les bons esprits,
et Bonnet, qui écrivait cependant sous l'influence des idées enthousiastes du moment, qui devait proposer de nouvelles opérations,

la pressentait certainement lorsqu'il disait dans son introduction :
« Cependant, il faut le dire, les sections nouvelles, qui sont dérivées
des idées générales récemment introduites dans la science, sont
loin d'avoir le degré d'utilité des premières sections qui s'étaient
présentées à l'esprit des opérateurs. La section du tendon d'Achille
et celle du sterno-mastoïdien restent toujours les plus importantes
entre celles que nous connaissons. L'instinct des premiers inventeurs leur fit reconnaître de suite les parties où la méthode qu'ils
créaient devait avoir le plus d'utilité. Ceux qui les ont suivis ont
fait des travaux plus savants, plus riches en déductions logiques,
mais inférieurs sous le rapport de l'utilité pratique. »

On ne pouvait mieux juger : les opérations imaginées par Delpech et Dupuytren sont encore les plus utiles, les plus glorieuses
acquisitions de la méthode sous-cutanée.

Que sont, en effet, devenues les sections musculaires destinées
à guérir le bégayement? Quels résultats ont fournis les sections des
muscles du dos qui devaient amener la guérison des déviations
de la taille? Qui voudrait pratiquer encore la section des tendons
fléchisseurs des doigts, et quel temps ont vécu les sections musculaires destinées à guérir la fatigue des yeux et la myopie? L'opération du strabisme, qui d'ailleurs n'a jamais pu entrer dans la
méthode sous-cutanée, malgré les efforts de M. J. Guérin; l'opération du strabisme elle-même, compromise par ses excès, est demeurée près de vingt années dans l'abandon. Mais, pour sortir des
généralités, où en sommes-nous dans l'application de la ténotomie
au traitement du pied bot? « C'est presque toujours le tendon
d'Achille qui présente une résistance sérieuse; c'est lui qu'il faut
le plus souvent couper. Cette section est généralement *la seule qui
soit indiquée* dans le varus des enfants, dans le pied équin, même
compliqué de varus léger de pied creux. » Tels sont les préceptes
formulés aujourd'hui par M. Bouvier. Or les deux variétés ici indiquées constituent les cas vulgaires, les cas de la pratique habituelle, les deux autres variétés de pied bot se rencontrant environ

vingt-sept fois sur mille pour l'une, neuf fois pour l'autre; nous voyons où est l'utilité de toutes ces sections si disputées par leurs propagateurs ou leurs inventeurs.

La véritable règle clinique en matière de ténotomie a été formulée par M. Bouvier. « On doit établir, dit-il, une distinction entre les muscles rétractés, et, loin de les couper tous, ne toucher qu'à ceux qui ne cèdent pas facilement aux machines; ne couper, par conséquent, que ceux qui sont réfractaires à leur action. »

C'est l'idée de Delpech formulée d'une manière plus explicite et avec toute l'autorité d'une grande expérience.

« Il faut, disait le chirurgien de Montpellier, préférer la méthode de l'extension toutes les fois qu'elle est praticable, et surtout dans la première jeunesse; mais il faut se féliciter d'avoir un recours assuré et même assez doux pour tous les autres cas qui, sans cela, seraient incurables. »

Tel est, en effet, l'immense service rendu par la ténotomie : c'est qu'elle a pour jamais vaincu l'incurabilité de certaines difformités. Mais telles sont aussi ses limites. La chirurgie française y a contribué tout entière par l'élite de ses représentants; mais nous devons dire, en rappelant tout ce qu'a fait M. J. Guérin, que c'est surtout à M. Bouvier, à M. Velpeau et à Malgaigne que nous sommes redevables de ces progrès sérieux qui consistent, non à inventer des procédés opératoires, mais à bien connaître les indications; le rôle de Malgaigne dans cette question est surtout considérable.

Un service non moins grand rendu par la ténotomie est la démonstration péremptoire de l'innocuité des plaies sous-cutanées. Nul n'a plus fait pour la rendre évidente, pour la rendre certaine, que M. J. Guérin. La chirurgie générale en a bénéficié pour certains points. La belle opération de M. Goyrand pour l'extraction des corps étrangers du genou est peut-être la meilleure application de l'incision sous-cutanée. Le même chirurgien l'a encore appliquée au traitement de l'hydrarthrose chronique. La très-utile canule à baudruche de Reybard, dont l'idée première doit être rapportée à Dupuytren, ainsi que l'a montré M. Velpeau (1865), rend chaque jour les plus grands services pour la thoracenthèse ou pour évacuer les collections purulentes. L'appareil aspirateur de M. J. Guérin est aussi fort utilement employé pour l'évacuation des abcès. Souvent, il est vrai, on peut se contenter des incisions obliques de Boyer ou d'Abernethy; mais nous ne chercherons pas ici à rappeler les faits bien connus qui démontrent l'ancienne origine des incisions sous-cutanées.

Elles ont encore été utilisées par Bonnet (de Lyon) pour la section des nerfs atteints de névralgie; pour la guérison du lipôme dont on a broyé la substance avec un ténotome glissé sous la peau; pour la guérison des ganglions ou kystes du poignet; elles avaient de même été employées pour les tumeurs érectiles. La ligature sous-cutanée des artères n'a pu être acceptée; la ligature et l'incision sous-cutanées des veines ont été abandonnées en même temps que la plupart des procédés destinés à en déterminer l'oblitération.

Ici les services de la méthode sont donc fort contestables, et l'on peut voir qu'en réalité ses plus vastes applications appartiennent encore aux sections tendineuses ou musculaires. Aucun chirurgien, en effet, n'a voulu adopter les procédés de débridement sous-cutané des hernies, et l'on ne saurait faire rentrer dans la méthode sous-cutanée les ponctions avec injections irritantes, que nous avons étudiées dans les pages précédentes; c'est une méthode qui a ses caractères propres, ses indications déterminées. Quant aux opérations délicates auxquelles nous venons de faire allusion, quelle que soit l'innocuité des plaies sous-cutanées, rien ne pourra remplacer l'œil du chirurgien, rien ne saurait être plus sûr.

Cependant, ce n'est pas seulement dans la voie que nous venons de parcourir, que se retrouvent les traces des progrès accomplis par la chirurgie contemporaine. Bien d'autres acquisitions nouvelles, un nombre prodigieux de perfectionnements ont encore signalé la

marche ascendante de l'art chirurgical. Nous rencontrerons bien
des opérations nouvelles que nous essayerons, sinon de décrire, du
moins de mettre en lumière, mais surtout une infinie variété de
procédés opératoires, qui témoignent à la fois de la fécondité de
l'art et de la préoccupation constante d'obtenir un perfectionnement
nouveau. Nous ne pourrons tous les rappeler ici : les traités didactiques peuvent seuls leur donner asile. Nous le regrettons : dans
cette étude des détails on trouve en effet la preuve, le témoignage
incessant de l'un des caractères de la chirurgie française à notre
époque. Toutes les méthodes et tous les procédés ne lui appartiennent certainement pas; mais il ne s'en rencontrera peut-être aucun
où elle n'ait appliqué son empreinte, en y apportant un véritable
perfectionnement.

HÉMOSTASIE.

Dans les méthodes ou procédés dont nous avons jusqu'à présent
parlé, nous avons vu que l'écoulement de sang, que l'on désigne
sous le nom d'*hémorragie* lorsqu'il offre une certaine abondance,
était ordinairement évité.

Il ne peut plus en être ainsi lorsque l'on se sert du bistouri : action de l'instrument tranchant sur les tissus et perte de sang sont
inséparables; aussi désigne-t-on sous le nom de *méthode sanglante*
l'ensemble des opérations qui se pratiquent à l'aide du bistouri.
Nous savons que ce sont les plus nombreuses.

Entre les mains des chirurgiens l'emploi des caustiques n'a eu
longtemps d'autre but que d'échapper aux dangers de l'hémorragie; entre les mains de beaucoup d'empiriques, la cautérisation n'a
souvent aujourd'hui d'autre avantage. L'hémorragie n'accompagne
pas en effet, du moins primitivement, l'emploi du caustique. Elle
peut, il est vrai, survenir alors que les parties mortifiées se détachent,
et dans la plaie anfractueuse, au milieu des tissus modifiés par
l'inflammation, les moyens qui permettent de la réprimer peuvent
être d'une application difficile. Toujours est-il que les progrès ac-

complis dans l'art d'arrêter les hémorragies furent la cause la plus puissante de l'abandon des caustiques.

La chirurgie, nous l'avons vu, y a de nouveau recours aujourd'hui, mais pour d'autres motifs déjà indiqués; les moyens dont elle dispose pour arrêter les hémorragies sont en effet nombreux et puissants. Depuis longtemps connus pour la plupart, ils ont été, à notre époque et dans notre pays, l'objet de perfectionnements qu'il importe de rappeler.

Déjà, en parlant de la *compression indirecte* étudiée dans ses applications à la cure des anévrismes, nous avons pu montrer comment on pouvait, par ce moyen, diminuer ou suspendre le cours du sang dans les artères. Il nous a été facile de faire voir de combien de perfectionnements cette méthode était redevable aux études entreprises en France. Nous n'aurons ici qu'à indiquer ses applications nouvelles pour l'arrêt des hémorragies.

On a utilisé les rapports des grosses artères avec les plans osseux pour les comprimer, et la plupart peuvent l'être efficacement. L'aorte elle-même peut être aplatie sur la colonne vertébrale avec les doigts ou des compresseurs qui agissent à travers les parois de l'abdomen. Nous avons dit comment, à l'aide de son compresseur, M. Nélaton l'avait mise en usage afin de pouvoir injecter sans danger du perchlorure de fer dans un anévrisme de l'artère ischiatique. Roux y avait eu recours chez un blessé épuisé par des hémorragies multipliées. M. Velpeau s'en était servi, en 1831, dans un cas de blessure de l'artère iliaque; mais ce moyen a surtout été conseillé contre les pertes si graves qui surviennent après l'accouchement. MM. Tréhan et Baudelocque neveu s'en étaient disputé la découverte en 1826 et 1828. Il est certain que la compression de l'aorte avait été faite en France et à l'étranger avant eux. Mais il faut reconnaître que l'on s'en est surtout occupé depuis les observations de Baudelocque. Elle est généralement considérée comme une ressource précieuse. Elle ne suffirait pas pour arrêter une hé-

Compression
des artères
sur
les plans osseux.

morragie, qui ne peut céder en définitive qu'à la contraction utérine; mais elle permet de gagner du temps, et d'éviter la syncope
en rétrécissant le champ de la circulation. Elle est d'ailleurs très-
facile à exécuter, et son emploi n'offre aucun danger, alors même
qu'on prolonge la compression.

Employée dans d'autres circonstances, alors que les parois abdominales ont conservé leur résistance, la compression de l'aorte a
l'inconvénient d'être douloureuse; mais il n'est pas nécessaire, en
général, de la maintenir pendant longtemps.

Ce n'est pas seulement par l'intermédiaire des doigts ou des appareils spéciaux que les artères peuvent être comprimées. Dans certaines positions, en général forcées, que l'on donne aux membres,
la circulation artérielle peut être suspendue. La compression s'exerce
alors par l'intermédiaire des parties voisines fortement tassées ou
placées dans des rapports forcés.

Dès 1816, Roux avait signalé la possibilité de comprimer l'artère sous-clavière en rapprochant la clavicule de la première
côte. Il suffit pour cela de porter le bras dans une forte rotation en
dehors.

En 1832, Malgaigne, ayant piqué l'artère dans une saignée
malheureuse, suspendit l'hémorragie par la flexion forcée de l'avant-
bras. Ce chirurgien mettait ainsi à profit un fait signalé par Bichat,
mais que personne n'avait utilisé avant lui. Lorsque l'avant-bras est
fortement fléchi sur le bras, le pouls manque à l'artère radiale.
MM. J. Fleury (1846) et Bobillier (1852) ont réussi, en employant
ce procédé, dans des cas de plaie de l'artère humérale au pli du
coude, de l'artère radiale, de l'arcade palmaire; A. Thierry (1852)
guérit ainsi un anévrisme traumatique du pli du coude. M. Bobillier, à son tour, dans un cas de plaie de la radiale à son passage
entre les deux métacarpiens, parvint à la comprimer en tenant le
pouce rapproché de l'index et fléchi dans la paume de la main; il
dit même avoir guéri une plaie de la radiale au-dessus du carpe,

à l'endroit où l'on tâte le pouls, par la flexion permanente de la main sur l'avant-bras.

Malgaigne a aussi démontré qu'une forte flexion du genou arrête les battements dans la pédieuse, et nécessairement dans toutes les artères de la jambe. On a pu ainsi guérir des anévrismes du creux du jarret, ou anévrismes poplités[1].

En 1858, M. Verneuil a fait voir qu'au coude l'extension forcée, en aplatissant l'artère humérale, arrête la circulation dans les artères de l'avant-bras. Nous avons pu souvent nous assurer que l'élévation forcée du bras arrête la circulation artérielle dans tout le membre.

Les positions exagérées, forcées, peuvent donc déterminer la compression des vaisseaux; nous avons vu que ces notions, toutes fournies par nos chirurgiens, étaient susceptibles d'applications utiles. On comprend, en particulier, qu'entre des mains étrangères à l'art de semblables notions puissent devenir précieuses. Il est certainement facile pour tout le monde de fléchir avec force l'avant-bras ou la jambe; on n'en pourrait dire autant de la compression de l'artère humérale ou de la fémorale. Cependant on peut, momentanément au moins, obtenir par l'une ou l'autre manœuvre le même résultat, c'est-à-dire l'arrêt instantané d'une hémorragie grave.

Le moyen par excellence dont la chirurgie dispose pour arrêter d'une manière définitive les hémorragies artérielles est la ligature. Elle est pratiquée aujourd'hui par presque tous les chirurgiens français avec un fil simple rond et peu volumineux. Beaucoup cependant, usant de fils cirés simples pour les petites artères, se servent encore de fils doubles pour les grosses. Mais les cinq ou six cordonnets de soie réunis en rubans dont se servait Dupuytren, et à plus

Modifications
apportées
à
la ligature
des artères.

---

[1] M. Velpeau, Maunoir (de Genève); en Angleterre, E. Hart, Pemberton, Pritchard, Colles, Spence, ont employé avec succès la flexion forcée pour la guérison des anévrismes.

forte raison la ligature à cylindre de Scarpa, qui eut les préférences de Roux, sont abandonnés. Il est juste de reconnaître que
ce progrès capital est dû aux travaux d'un chirurgien anglais, Jones
(1805). Ce progrès, accepté dès l'abord par Béclard et Breschet,
est en effet des plus importants, puisque Malgaigne a pu démontrer (1839), par la comparaison des résultats obtenus avant l'adoption des préceptes de Jones et de ceux qui ont été fournis depuis par les ligatures plus fines, que les hémorragies secondaires
avaient diminué de moitié sous l'influence de cette méthode.

Chose inattendue : le fil mince tombe plus lentement que les
ligatures rubanées, autrefois préférées parce qu'elles ne devaient
pas couper prématurément l'artère; ce que l'on peut expliquer en
tenant compte de l'inflammation plus forte provoquée par le corps
étranger volumineux. Ce fait ressort aussi des statistiques de Malgaigne. De 1785 à 1821, époque où les ligatures larges étaient
généralement préférées, sur cinquante-neuf ligatures appliquées à
l'artère fémorale, vingt et une, plus du tiers, étaient tombées du
cinquième au quinzième jour. De 1821 à 1848, époque plus favorable aux fils plus fins, sur quatre-vingt-dix ligatures du même
genre, dix-huit seulement tombèrent du neuvième au quinzième
jour. Dans la première période, la proportion des hémorragies fut
de 1 sur 6; dans la seconde, environ de 1 sur 12.

L'histoire de la ligature offre, d'ailleurs, de bien intéressantes sin-
gularités. Elle est due au génie d'Ambroise Paré, dont l'autorité l'a
fait adopter. J. L. Petit étudie et décrit d'une manière admirable
le mécanisme de l'arrêt des hémorragies sous l'influence du caillot; il ne manquait plus, pour que tous les faits importants relatifs
à la ligature des artères fussent connus, que l'étude de l'action du
lien constricteur sur le vaisseau. Desault ajoute au compte de la
science française cette nouvelle découverte à celles de ses illustres
prédécesseurs. Et cependant nos chirurgiens cherchaient encore,
au commencement de ce siècle, les meilleurs moyens pour aplatir
les artères, afin de provoquer l'adhésion de leurs surfaces internes.

Ils avaient oublié le rôle hémostatique du caillot de J. L. Petit, et la découverte de Desault les avait effrayés au lieu de les éclairer. Jones, mieux inspiré, lorsqu'il est informé de ce qu'avait démontré Desault, cherche le meilleur moyen de produire la rupture des membranes internes; il démontre par ses expériences que c'est la condition du succès. Mais il place à côté de ses excellents préceptes une théorie fausse; les travaux d'un chirurgien français devaient la redresser.

C'est depuis que M. Notta (de Lisieux) (1850) a tracé si complétement l'histoire du caillot hémostatique, que la théorie de la ligature est enfin bien comprise. Le caillot est l'agent hémostatique par excellence; c'est ce qu'avait vu J. L. Petit. Mais le caillot a besoin d'être soutenu; la ligature, en déterminant la rupture des membranes internes, y pourvoit d'une double manière.

Rompues, les membranes internes qui sont élastiques remontent et se reploient dans l'intérieur du vaisseau; c'est sur elles que repose directement la base du caillot. Le fil soutient à la fois cette assise du caillot et ce caillot lui-même, et, lorsqu'il se détache, le gonflement des parties, la sécrétion de lymphe plastique, opérés par la celluleuse ou membrane externe dont elle soude les plis, apportent un nouveau point d'appui au caillot. Mais c'est encore à ce caillot, que J. L. Petit appelait *bouchon*, que paraît dévolu le rôle principal, et les adhérences qu'il prend avec la membrane interne contribuent encore à assurer son rôle d'agent hémostatique. Ces adhérences, bien étudiées par M. Notta, se font à la surface de section des membranes divisées et au niveau de la paroi restée saine du vaisseau. Enfin les recherches plus modernes, bien loin de confirmer l'opinion de ceux qui ont considéré le caillot comme un moyen hémostatique provisoire, ont montré que le caillot se retrouvait encore, décoloré et rétracté, après un grand nombre d'années.

Il résultait d'ailleurs des recherches de M. Manec (1832), qui a répété et agrandi le cercle d'expériences faites par Jones, Travers et Béclard, que le caillot se forme de la sixième à la quarantième heure, et qu'il est successivement épaissi par l'apport de nouvelles coagulations sanguines jusqu'à ce qu'il soit entièrement constitué. Il s'étend alors jusqu'à la première collatérale, ce qui a surtout été mis en évidence par M. Notta; de là l'important précepte de s'éloigner des branches collatérales supérieures, et d'autant plus que ces collatérales ont plus de volume. La haute valeur de cette règle ne pouvait être bien comprise qu'après les démonstrations si péremptoires fournies par les travaux que nous venons de rappeler.

Cependant, ainsi perfectionnée dans la théorie et dans la pratique, la ligature offre un sérieux inconvénient. Elle oblige à laisser au fond des plaies un corps étranger, au contact duquel se développera nécessairement une inflammation suppurative, et cela au contact de la veine ou des veines satellites de l'artère. Il est facile, quand on connaît le mécanisme de l'infection purulente, de se rendre compte des dangers qui peuvent en résulter. Indépendamment de ces accidents, heureusement bien exceptionnels, se place pour tous les cas celui du retard inévitable de la cicatrisation. On voit tout de suite où serait la perfection : on y atteindrait si l'on pouvait rendre le corps étranger inoffensif ou le supprimer. Tous les essais tentés jusqu'à présent ont été infructueux.

Lawrence et ses élèves, en Angleterre, préconisent les ligatures extrêmement fines; mais les chirurgiens français n'ont jamais été disposés à en reconnaître la supériorité. Ils ont, au contraire, trouvé à cette pratique des dangers réels. Personne n'a accepté les ligatures faites de tissu animal, qu'on supposait absorbables. On a tendance aujourd'hui à appliquer à la ligature des artères les fils métalliques dont nous aurons à parler à propos des sutures. Mais déjà, en 1839, M. Velpeau consignait dans sa *Médecine opératoire* les essais de toute sorte tentés parmi nous par M. Levert, inspiré des idées de Physick. Le chirurgien américain, remarquant que le plomb, l'or, l'argent, le platine, irritent peu les parties avec lesquelles on les met en contact, avait eu l'idée de fabriquer des ligatures avec ces métaux.

Il n'est, pour ainsi dire, aucun moyen qui n'ait été mis en œuvre pour arriver à se passer complétement de la ligature. Un seul, la torsion, a quelque valeur et a survécu, mais seulement à titre de succédané de la ligature. Personne, en effet, ne songerait aujourd'hui à substituer dans tous les cas la torsion à la ligature. On ne s'en sert qu'exceptionnellement, pour de petites artères, et encore la plupart des chirurgiens y ont-ils renoncé.

Il est incontestable que la torsion a été pour la première fois expérimentée sur les animaux en 1826, et appliquée chez l'homme à deux reprises différentes, en 1828, par M. Velpeau. Cependant elle a dû surtout aux travaux d'Amussat, auxquels un prix de l'Institut donnait un nouveau retentissement (1829), la vogue passagère dont elle a joui. Amussat avait multiplié les expériences et proposé un procédé minutieux et compliqué, bien conçu d'ailleurs, mais qui n'a pu assurer à la torsion la prééminence à laquelle cette méthode aspirait. Deux autres chirurgiens français, Thierry et Carron du Villards, paraissent s'en être occupés en même temps. Thierry ne craignit même pas de proposer la torsion pour la cure des anévrismes. Il soulevait l'artère à l'aide de l'aiguille de Deschamps, et s'en servait comme d'un garrot pour la tordre plusieurs fois sur elle-même. Les expériences tentées à ce sujet sur les animaux par Liéber et Amussat en démontrèrent bientôt les dangers. D'ailleurs, la torsion des extrémités des artères divisées dans les plaies n'était ni sûre ni exempte de dangers; aussi fut-elle bientôt abandonnée ou réduite au rôle exceptionnel que nous indiquions tout à l'heure.

Dans ses essais sur les animaux, Amussat avait été conduit à un curieux procédé, qui ne lui parut pas devoir suppléer à la ligature, mais qui semblait devoir lui donner plus de sécurité. Nous voulons parler des *mâchures*, qui n'ont jamais été appliquées sur l'homme.

En étreignant fortement une artère avec les mors arrondis d'une pince à baguette, on détermine, comme avec la ligature, la rupture des membranes internes. Elles ne sauraient, à elles seules, suffire pour déterminer la formation d'un caillot. Mais, si l'on place une ligature à demeure au-dessous des mâchures, le caillot qui se forme adhère, par l'intermédiaire de la lymphe, à toute la surface des petites plaies circulaires. Que l'on en fasse une ou plusieurs, qu'on les pratique transversales ou obliques, l'adhérence ne manque jamais de se faire, même au niveau des plus grosses collatérales. Quatre jours suffisent pour assurer l'organisation et la solidité de ces adhérences. Malgaigne, qui a rendu compte de ces expériences (1833), est disposé à croire que ce procédé mériterait d'être appliqué sur l'homme, surtout lorsque l'on a à lier une artère au voisinage d'une grosse collatérale, spécialement dans les cas d'anévrisme. Il est juste de remarquer que ni Malgaigne ni d'autres chirurgiens n'en ont tenté l'application. Nous pourrions d'ailleurs rappeler que Jones, en brisant les membranes internes sur trois ou quatre points avec des fils fins, avait cru créer une méthode nouvelle pour oblitérer les artères. En Angleterre même, ces tentatives, répétées par Hutchinson, A. Cooper, Travers, n'avaient eu aucun succès. La pratique basée sur ces expériences avait donc été abandonnée, et les expériences de Béclard avaient empêché qu'on ne l'adoptât en France.

Refoulement. Il en a été de même de ce curieux procédé du *refoulement*, imaginé également par Amussat. Moyen auxiliaire de la torsion appliquée aux artères divisées, il fut proposé par ce chirurgien comme un procédé d'oblitération des artères dans la continuité. Voici comment Amussat l'exécutait : l'artère étant découverte et séparée de sa gaîne dans un espace de quelques millimètres, on la saisit entre les branches de deux pinces à refoulement, que l'on serre

assez fortement pour rompre en deux points les membranes internes et moyennes. La pince, tournée du côté du cœur, reste fixe,
et sert de point d'appui pendant que la seconde pince repousse
dans la direction opposée, c'est-à-dire vers les capillaires, les membranes internes, qui se retordent sur elles-mêmes et ferment en
partie la lumière du vaisseau. Il est facile de comprendre que, mal
exécuté, ce procédé expose à la rupture du vaisseau; il pourrait
encore déterminer des embolies dangereuses.

Nous ne ferons que nommer la *perplication* et le *renversement*, ima- Perplication.
Renversement.
Acupressure.
ginés en Allemagne par Sterling et Cook; nous ne nous arrêterons
pas non plus à l'*acupressure*, imaginée par Simpson (d'Édimbourg).
Les essais de ce moyen tentés en France depuis que M. Foucher
(1860) l'a expérimenté et fait connaître ont démontré que l'acupressure ne mettait pas plus que la ligature à l'abri de l'inflammation et de la suppuration. Son application est d'ailleurs beaucoup moins facile et moins simple que celle de la ligature, qui
reste jusqu'à ce jour le moyen hémostatique par excellence.

L'étude exacte de l'anatomie et de la physiologie pathologiques Ligature
des artères
malades
et
enflammées.
a permis du moins d'élucider des points importants de pratique.

La ligature des artères malades ou enflammées peut-elle être
tentée? Doit-elle être pratiquée dans les mêmes conditions et
d'après les mêmes règles que lorsque l'artère est saine?

La membrane externe des artères dont nous avons déjà parlé,
que nous avons vue seule résister à la ligature, au grand bénéfice
de l'opération, résiste aussi aux altérations qui envahissent souvent
les artères chez les gens âgés. Les membranes internes sont, dans
presque tous les cas, seules malades, lorsque le vaisseau est,
comme on le dit, *ossifié*.

Boyer s'était préoccupé de cet état des artères au point de vue
de la ligature; mais c'était pour lui un cas extrêmement rare, qu'il
ne paraît pas avoir rencontré. Cependant les idées généralement

acceptées conduisaient les chirurgiens à préconiser, en semblables circonstances, l'aplatissement du vaisseau dont la rupture possible était envisagée avec crainte. Dupuytren, Lisfranc, M. Manec, acceptaient cette pratique, et, dans sa *Médecine opératoire*, M. Velpeau dit encore : « Si les parois de l'artère sont jaunes, friables, encroûtées de plaques calcaires, il serait peut-être prudent de l'aplatir, comme le veut Scarpa. »

Ainsi la préférence à accorder à la ligature simple sur l'aplatissement des artères s'est perpétuée plus longtemps lorsqu'il s'est agi des artères malades. Cela était naturel; mais les mêmes principes qui avaient fait adopter la ligature simple pour les artères saines devaient la faire préférer pour les artères malades.

Dès 1822, les expériences de M. Pécot lui avaient montré la tunique cellulaire aussi résistante dans les artères ossifiées que dans les artères saines. M. Notta (1850) a répété ces expériences; il a posé des ligatures simples sur des artères ossifiées dont les parois craquaient au moment où l'on serrait le fil; constamment il a vu des fragments de tuniques internes repliés dans la cavité du vaisseau et recouverts par la celluleuse parfaitement intacte; bien plus, on pouvait pousser fortement une injection dans l'artère sans rompre la celluleuse. Il avait enfin vu chez le sujet de sa quatrième observation, qui avait les tuniques internes ossifiées, l'oblitération du vaisseau suivre la marche ordinaire. Les expériences venaient, en définitive, corroborer l'observation qui avait depuis longtemps appris qu'un grand nombre de chirurgiens avaient vu des artères liées avec succès dans les amputations, quoique leurs membranes fussent tellement encroûtées de matière calcaire qu'elles craquaient sous la ligature. Mais les expériences montraient, de plus, quelle était la membrane sur laquelle on pouvait compter, et, comme elles avaient appris déjà que l'oblitération s'effectue au moyen du caillot, et que ce qui influe sur sa formation est beaucoup plutôt la plasticité du sang et la présence de collatérales que l'état des parois vasculaires, il fut prouvé, en fin de compte, que la ligature est encore la meilleure méthode à laquelle on puisse recourir lorsque l'artère est malade.

Personne, d'ailleurs, ne voudrait nier que certaines lésions puissent rendre les artères impropres à supporter la ligature; mais il est devenu évident que l'on avait singulièrement exagéré l'influence de ces lésions.

L'étude des résultats des opérations a d'ailleurs apporté de nouveaux éléments dans cette question. La crainte de la maladie de l'artère avait fait adopter pour l'anévrisme poplité, par exemple, la ligature de la fémorale au sommet du triangle inguinal, selon les préceptes de Scarpa. M. Broca (1856) a démontré qu'il fallait, avant tout, se préoccuper de ménager le plus possible de collatérales, et, par conséquent, se rapprocher de l'anévrisme pour lier l'artère, au lieu de s'en éloigner à l'extrême, comme tous les chirurgiens l'ont fait depuis Scarpa. M. Broca a, en effet, établi que les chances de la récidive, et surtout de la gangrène, sont proportionnelles à la distance qui existe entre le sac et la ligature.

Cette question du lieu où doit être appliquée la ligature, qui, on le voit, est remise à l'étude pour les anévrismes, devait, pour les plaies d'artères en particulier, être l'objet de nouvelles études. Lieu où doit être appliquée la ligature dans les plaies d'artères.

Dupuytren, en 1816, avait vu, après une amputation de la jambe, l'hémorragie se renouveler malgré plusieurs ligatures portées dans la plaie. Elle revenait même plus rapidement après les dernières; il paraissait évident que l'inflammation imprimait aux membranes artérielles une altération croissante, qui se traduisait par leur sécabilité. Dupuytren lia l'artère crurale : l'hémorragie fut arrêtée sans retour. Dès lors, Dupuytren professa que la ligature directe des artères dans les plaies devait être évitée, dès que celles-ci dataient de trois jours au plus. La friabilité des artères enflammées commandait un précepte nouveau; il prescrivait donc de découvrir le vaisseau à quatre ou six pouces au moins au-dessus de la plaie, afin de pratiquer la ligature immédiate sur les parties saines. C'était appliquer aux plaies d'artères la méthode d'Anel, alors adoptée pour les anévrismes, tandis que, pour les blessures, la pratique générale s'inspirait des préceptes de Boyer, qui avait établi en principe de mettre à nu l'ouverture qui versait le sang, pour lier le vaisseau au-dessus et au-dessous à la fois.

Les faits devaient montrer le danger de la doctrine de Dupuytren, qui avait été adoptée cependant par la généralité des chirurgiens. L'observation allait apprendre que la méthode d'Anel, ainsi appliquée aux plaies d'artères, expose d'une manière presque assurée aux hémorragies consécutives, et que l'on peut faire supporter la ligature aux artères enflammées.

Il suffit de jeter les yeux sur le tableau dressé par Malgaigne, en 1834, pour juger de la différence que crée, au point de vue de l'hémorragie secondaire, la ligature directe, c'est-à-dire dans la plaie, ou la ligature indirecte, c'est-à-dire par la méthode d'Anel. Cependant la doctrine de Dupuytren avait continué à régner, et de ligature en ligature on en arrivait à lier l'artère à la racine du membre ou à l'amputer. Les choses se passent autrement, en effet, lorsqu'une ligature par la méthode d'Anel a été pratiquée après une amputation ou pour une plaie d'artère. Dans le premier cas, elle a chance de réussir; car il n'y a pas de bout inférieur qui prête à l'hémorragie. Dans la plaie d'artère, au contraire, les collatérales, surtout dans certaines régions, ont bien vite ramené le sang dans le bout inférieur et même dans le supérieur.

Pour les plaies de la paume de la main, par exemple, Auguste Bérard avait proposé la ligature simultanée de la radiale et de la cubitale. Ce n'était pas assez : il y eut des insuccès. Robert, alors chirurgien de l'hôpital Beaujon, montra qu'il n'y avait de sécurité pour la méthode d'Anel qu'en liant l'artère humérale au niveau du col de l'humérus, ou plutôt de l'axillaire; il fallait, en effet, que la ligature fût posée au-dessus du point où naissent les collatérales principales, afin que, supprimées, les collatérales secondaires ne pussent que lentement rétablir la circulation.

Le problème n'était pas résolu : l'opération était plus sûre, mais
bien grave. Déjà, en 1841, M. Nélaton avait été conduit à fouiller
dans la plaie primitive, pour y lier enfin les deux bouts de l'artère
blessée chez une femme qui, pour un anévrisme du pli du bras
maladroitement ouvert, avait déjà subi la ligature de l'humérale
et de l'axillaire. Dans une thèse soutenue en 1848 par M. Courtin, l'un des élèves de M. Nélaton, il était rendu compte d'expériences décisives tentées sur des animaux, et sur des artères de
sujets amputés qui avaient succombé dans le service de ce chirurgien. Ces faits démontraient contre Dupuytren que la sécabilité
des artères enflammées, des artères baignées par la suppuration,
n'existait pas.

Ces expériences ont amené M. Nélaton à rejeter complétement
la doctrine de Dupuytren sur ce point, et à revenir à la méthode
de la ligature directe dans la plaie. Plusieurs faits cliniques, observés par M. Nélaton et d'autres chirurgiens, ont bien établi que
cette méthode est efficace et n'entraîne pas d'accidents ; faits d'ailleurs signalés, ainsi que l'a écrit M. Nélaton lui-même, par Robert,
dans une leçon clinique faite à l'hôpital Beaujon. C'est aussi dans
ses leçons cliniques, et en particulier dans celles qu'il a faites en
1847, que M. Nélaton a rendu compte de ses recherches et qu'il
a exposé sa doctrine.

Cependant la sécabilité plus grande des artères enflammées
n'est pas un fait absolument inexact. Nous lui devons d'ailleurs un
service : car c'est en invoquant cette sécabilité démontrée par leurs
expériences que Dupuytren et Béclard ont contribué à faire abandonner la pratique des ligatures d'attente. M. Nélaton a eu soin
de montrer que les ligatures faites dans les plaies suppurantes
tombent plus vite que celles que l'on place sur les artères saines
(de six à huit jours); mais elles ne tombent pas prématurément. Le caillot a eu le temps de se former et de trouver un
nouveau soutien dans l'organisation de la plaie. Néanmoins on
peut prévoir des cas exceptionnels où l'on rencontrera, comme

35.

Dupuytren et Blandin, une sécabilité absolue de l'artère. Ces cas peuvent obliger à recourir à la méthode d'Anel; mais ils ne peuvent pas plus modifier les règles désormais bien établies pour la ligature dans les plaies que les faits, encore plus rares, de friabilité primitive d'artères présumées saines, dont M. Verneuil a rencontré un bel exemple en amputant la jambe.

Nous avons dû, à la fois, relever des faits relatifs à la ligature des artères divisées dans les opérations ou dans les plaies accidentelles et aux ligatures faites sur la continuité d'un tronc ou d'une branche artérielle.

Bien des points sont communs, en effet, dans l'histoire de ces deux espèces de ligatures; mais celles que l'on pratique sur la continuité du vaisseau se séparent complétement de celles qui se font dans les plaies, sous le double rapport des indications et du manuel opératoire.

Il faut, en effet, pour découvrir une artère dans le plein d'un membre, recourir à une opération des plus délicates, que les connaissances anatomiques exactes et le perfectionnement du manuel opératoire ont rendue sûre pour tous les chirurgiens exercés.

Les ligatures d'artère ont été surtout employées pour le traitement des anévrismes. Cette belle opération, qui consiste à substituer aux procédés dangereux et cruels des anciens l'application d'un fil sur le trajet d'une artère au-dessus de la tumeur anévrismale, qu'il était inutile de toucher, cette méthode est française. Elle appartient à Dominique Anel, qui l'inventa et l'appliqua pour la première fois en 1710; mais il fallut arriver au mois de juin 1785 pour que Desault osât y recourir pour un anévrisme d'une grosse artère. Il s'agissait d'un anévrisme poplité : l'opération fut suivie de guérison. Cependant Hunter pratiquait six mois plus tard cette opération à Londres, et ce fait, dont le retentissement fut immense, devait avoir la plus grande influence sur la chirurgie anglaise.

En effet, ce n'est qu'après le voyage de Roux, et à partir de

1814, que les chirurgiens français généralisèrent d'une manière définitive dans la pratique de notre pays la méthode qui, sous l'influence de Hunter, et grâce à la plus grande fréquence des tumeurs anévrismales que l'on observe en Angleterre, avait pris dans ce pays la plus large extension. A partir de ce moment, d'ailleurs, ainsi que le remarque M. Broca, au livre duquel nous renvoyons les lecteurs, qui y trouveront de remarquables études historiques, les relations scientifiques si longtemps brisées entre la France et l'Angleterre ne tardèrent pas à se rétablir. Abernethy avait inauguré dès 1796 la série des opérations hardies entreprises sur les grosses artères. Il avait lié l'artère iliaque externe : cette première tentative fut malheureuse; mais il devait réussir en 1806. En 1805, A. Cooper avait lié la carotide externe. En 1809, Ramsden avait saisi la sous-clavière en dehors des scalènes, et Colles, en 1811, n'avait pas craint d'appliquer une ligature sur le même vaisseau en dedans des scalènes, tandis que, en 1812, Stevens liait l'iliaque interne. En 1818, A. Cooper, à Londres, devait même lier l'aorte, tandis que, à New-York, Valentine Mott liait le tronc brachio-céphalique; en 1827, enfin, le chirurgien américain liait l'artère iliaque interne.

Ainsi le mouvement fait en dehors de nous avait, avec une surprenante rapidité, porté la médecine opératoire à ses dernières limites.

La ligature de l'aorte a été justement abandonnée. La ligature du tronc brachio-céphalique et celle de la sous-clavière en dedans des scalènes ne sont plus maintenant tentées par les chirurgiens. Malgaigne a montré que pour la première sur 13 opérés on comptait 13 morts, et pour la seconde 12 sur 12.

Il y a, en effet, ainsi que nous le disions tout à l'heure, dans l'étude de la ligature appliquée aux anévrismes, une question de médecine opératoire et une question de thérapeutique chirurgicale.

Si les progrès consistent seulement, pour la première, dans cette

brillante extension de la méthode d'Anel que nous venons de signaler, il faut bien admettre que nous y avons peu contribué. Mais,
pratiquées en France, les ligatures d'artères devaient s'enrichir
d'un certain nombre d'acquisitions nouvelles, et surtout de procédés
nombreux qui ont régularisé et simplifié leurs applications. Les
règles générales des ligatures ont été précisées jusqu'à la perfection, et il est juste d'indiquer l'influence qu'ont eue à ce sujet les
leçons et les publications de Lisfranc. Le grand traité de M. Manec
sur les ligatures d'artères (1832), et les ouvrages sur la médecine
opératoire, en particulier ceux de MM. Velpeau, Malgaigne, Sédillot, A. Guérin, ont largement contribué à tous ces perfectionnements.

Comparaison
de
la ligature
et
des autres
méthodes
appliquées
au traitement
des
anévrismes.

La question de thérapeutique est bien autrement importante.
Après avoir régné sans partage, la ligature a vu se constituer des
méthodes rivales. On a voulu l'examiner en elle-même, connaître
sa valeur absolue, et la comparer aux autres méthodes. Il est juste
de signaler la légitime influence qu'ont eue les travaux de M. Broca
pour engager les chirurgiens dans cette voie; mais la question
était déjà posée, et les essais tentés avec l'acuponcture par M. Velpeau et plus récemment par les chirurgiens de Lyon, à l'aide de
la galvanoponcture et des injections de perchlorure de fer, l'avaient
de nouveau remise à l'ordre du jour de la chirurgie contemporaine.

La ligature des différentes espèces d'artères avait été, à l'époque
même où cette question préoccupait le plus la chirurgie française, l'objet de recherches statistiques de la part de M. Velpeau.
De nombreux faits ont été relevés et consignés dans sa *Médecine
opératoire*, sous forme de tableau ou de simple résumé. Déjà les
chirurgiens pouvaient se rendre approximativement compte des
résultats de ces opérations hardies, qui préoccupaient tant alors
toute la chirurgie.

Aujourd'hui, ces renseignements se sont multipliés, et nous

devons à Malgaigne, à MM. Broca (1856), Richet (1865) et Lefort (1864-1866), de précieuses statistiques. Elles serviront non-seulement à examiner en elle-même la méthode de la ligature, mais à établir entre elle et les autres méthodes un parallèle vraiment scientifique.

On le voit, la question de médecine opératoire a fait entièrement place à la question de thérapeutique, et les préoccupations de la chirurgie française au point de vue des anévrismes ont bien changé de nature depuis une quinzaine d'années.

Cependant nous ne donnerions pas une idée vraie de l'état de cette grave question, si nous laissions supposer que la méthode de la ligature est discréditée dans l'esprit des chirurgiens de notre pays. Elle ne l'est que pour certaines applications que nous avons spécifiées plus haut. Comme méthode générale elle reste tout entière.

Rien de plus juste que les réflexions présentées à cet égard par M. Richet dans son récent travail. La ligature expose à tous les accidents des plaies, et a comme accidents spéciaux à mettre en ligne de compte les hémorragies secondaires et la gangrène du membre. Mais seule la ligature reste toujours, en présence de tous les cas graves et les plus compliqués, comme la dernière et la suprême ressource. Elle a donné la guérison là où la compression avait été impuissante. C'est ce que M. Richet a constaté onze fois sur les soixante et seize observations réunies dans ses tableaux. Il est facile de comprendre d'ailleurs que bien des artères, même dans les membres, ne se prêtent pas à ses applications. La ligature demeure donc, mais, pour ainsi dire, avec une nouvelle responsabilité; en effet, le cercle de ses applications a surtout été restreint pour les cas les moins graves; les cas graves, et ceux où les autres méthodes ont échoué, restent à sa charge.

Ce sont là des éléments dont on devra nécessairement tenir compte dans le jugement comparatif qui s'instruit surtout entre elle et la méthode de la compression.

C'est en tenant compte des résultats partiels obtenus pour chaque espèce d'anévrismes, et non des résultats généraux, que l'on devra procéder et que l'on procède.

Déjà, d'ailleurs, les chirurgiens qui ont examiné cette question depuis M. Broca ont reconnu et démontré l'innocuité plus grande et l'efficacité de la compression; la durée du traitement est, de plus, sensiblement moindre qu'à la suite de la ligature. Ils en ont déduit comme règle qu'il faut avoir recours à la compression, quand elle est applicable, de préférence à toute autre méthode. Ce qui témoigne d'ailleurs de la faveur dont elle jouit actuellement parmi nous, c'est que, sur les soixante et seize observations relevées par M. Richet de 1856 à 1864, trente-sept appartiennent à des chirurgiens français.

C'est d'ailleurs devant la Société de chirurgie de Paris que M. Vanzetti (de Padoue) a exposé, à deux reprises différentes, en 1857 et 1865, les remarquables résultats de la compression, digitale, l'un des procédés les plus précieux de la méthode compressive, dont la découverte est due à cet habile et ingénieux chirurgien.

Si nous rapprochons maintenant de ce grand mouvement scientifique, de ces études nouvelles, tout ce qu'avaient tenté les méthodes de la galvanoponcture et des injections coagulantes; si nous rappelons le succès de M. Nélaton avec le perchlorure de fer dans le cas d'anévrisme de la fesse que nous avons cité, où nulle autre méthode n'aurait pu être tentée; si nous avons présents à l'esprit la découverte du mécanisme de la guérison de l'anévrisme artério-veineux sous l'influence de la compression directe, faite par ce même chirurgien, les nombreux travaux et les grandes discussions auxquelles ont donné lieu toutes ces importantes questions, nous pouvons conclure que la chirurgie de notre pays a largement contribué à l'étude du traitement des anévrismes.

Le perchlorure de fer a d'ailleurs été utilisé dans bien d'autres circonstances. Les services qu'il rend chaque jour pour les hémorragies qui surviennent à l'occasion des plaies ou des opérations sont d'une telle importance, qu'ils ont été appréciés par les chirurgiens de tous les pays et qu'il est inutile d'y insister.

C'est au perchlorure de fer qu'ont recours les rares chirurgiens qui tentent encore la cure radicale des varices. En parlant des méthodes de la cautérisation et des injections coagulantes, nous avons déjà eu l'occasion de dire que l'injection de perchlorure de fer dans les veines pouvait passer pour la méthode la moins dangereuse et la plus sûre pour provoquer leur oblitération. Debout a cependant signalé un cas de phlébite mortelle survenue après l'injection, dans une veine variqueuse, de huit gouttes de perchlorure de fer à 20°. C'est aux chirurgiens de Lyon, MM. Valette, Pétrequin, Desgranges, qu'appartient cette méthode de traitement.

Elle a succédé aux caustiques, de même que ceux-ci avaient succédé à la ligature et à la compression, procédés qui eux-mêmes avaient remplacé l'incision et l'excision, que Plutarque a surtout contribué à rendre célèbres en donnant la relation de la douloureuse opération à laquelle Marius fut soumis, mais que le vainqueur des Cimbres ne voulut supporter qu'à une jambe.

La chirurgie avait cependant réalisé un progrès, lorsque, de 1830 à 1840, se multiplièrent les procédés de ligature ou de striction sous-cutanées. Les procédés de MM. Gagnebé, Velpeau, Davat, Roux, eurent une très-grande vogue. Ces opérations étaient peu dangereuses; mais elles ne donnaient pas d'oblitérations définitives. On put croire, lorsque Bonnet (de Lyon), inspiré par son compatriote et maître Gensoul, proposa la cautérisation, que l'on obtiendrait des résultats plus complets. Déjà nous avons dit (p. 507) que, malgré les perfectionnements apportés à la méthode par M. Laugier et les nombreuses opérations faites par Auguste Bérard, elle fut encore abandonnée; c'est en 1839 qu'elle avait été proposée. Dernier venu, le perchlorure de fer est, nous l'avons vu, accepté, mais peu employé.

La formation de varices nouvelles a détourné en effet les chirurgiens d'opérations qui, malgré leur perfectionnement, offrent quelquefois des dangers, tandis que la maladie à laquelle on les oppose ne compromet pas la santé. Les recherches anatomiques de M. Verneuil (1855), dont nous parlons dans un autre chapitre de notre rapport, ont encore contribué à jeter du discrédit sur le traitement prétendu curatif des varices des membres. On doit cependant à ce chirurgien un travail très-complet sur le traitement de cette lésion, qui, on peut le dire, doit toute son histoire aux chirurgiens français. Si le traitement curatif est bien et dûment abandonné lorsque les varices n'amènent ni gêne, ni douleur, ni ulcération, il peut être indiqué lorsque ces accidents existent. Il ne sera donc pas inutile que des travaux importants aient démontré que l'on pouvait, dans ces cas, recourir avec peu de danger à la cautérisation par la pâte de Vienne, ou par le chlorure de zinc, ou bien à l'injection de perchlorure de fer.

La digression à laquelle nous venons de nous livrer est justifiée par la nature toute française des principaux travaux sur la matière; nous avions, en effet, à parler de la *ligature appliquée aux plaies des veines*.

Ligature appliquée aux plaies des veines.

Il est rare que les solutions de continuité des veines de petit et de moyen calibre donnent lieu à une hémorragie durable. Cependant, dernièrement encore (septembre 1866), MM. Demarquay, Chassaignac et Verneuil signalaient à la Société de chirurgie des cas d'hémorragies graves fournies par les veines du cordon ou du scrotum après la castration. Quoi qu'il en soit, ces faits sont exceptionnels, et la pratique la plus générale n'accepte pas la ligature des veines secondaires.

La question est toute différente lorsqu'il s'agit des lésions des gros troncs veineux; elle a beaucoup préoccupé nos chirurgiens.

Son importance est bien grande; car une plaie un peu étendue d'une grosse veine peut tout aussi rapidement faire mourir d'hémorragie qu'une plaie d'artère de même calibre. La ligature est indiquée dans une telle circonstance; elle doit être faite sur les deux bouts. Elle a été pratiquée dans notre pays sur la jugulaire interne par M. Dugas en 1837, par Gély (de Nantes) en 1852, par M. Sédillot pendant l'extirpation de tumeurs ganglionnaires. M. Coste (de Marseille) a lié l'axillaire en 1854; Larrey a lié la crurale dans le creux inguinal en 1821; Roux fit la même opération en 1853. Dans tous ces cas, il y a eu succès. La compression, il est vrai, a souvent fait les frais de l'arrêt de l'hémorragie pour des veines aussi volumineuses; mais, ainsi que le remarque Malgaigne, l'étendue moindre de la plaie peut expliquer ces différences. Il est donc nécessaire d'appliquer la ligature lorsque l'hémorragie ne s'arrête pas facilement sous la compression. Cette indication est acceptée par tous, ce qui est un véritable progrès ; car la plupart des chirurgiens avaient, jusqu'à notre époque, reculé devant les dangers présumés de la ligature des veines.

Cependant deux graves questions ont été soulevées par Gensoul et Malgaigne à propos des plaies des veines. D'après le chirurgien de Lyon, les plaies de la veine fémorale à sa partie supérieure peuvent obliger à lier l'artère correspondante. Malgaigne accepte pour certains cas cette terrible nécessité, et rejette comme dangereuse dans ses résultats la ligature latérale des veines proposée par plusieurs chirurgiens.

On sait, en effet, depuis que Roux (1813) a appelé l'attention des chirurgiens sur ce point, que les plaies de la veine fémorale à sa partie supérieure mettent les blessés dans une situation particulièrement dangereuse par suite de l'insuffisance des collatérales destinées à assurer par des voies secondaires la circulation veineuse du membre.

Si la veine principale est liée ou oblitérée à sa partie supérieure, l'apport du sang artériel, continuant, distend bientôt tous les canaux veineux, et la difficulté de son retour dans les veines du tronc exposerait le malade à la gangrène, selon Roux et Guthrie (1815), à une hémorragie bientôt incoercible, selon Dupuytren, si la ligature n'était pratiquée.

M. Richet (1860) a démontré que la ligature d'un gros tronc veineux n'entraîne pas nécessairement la gangrène des parties dont elle rapporte le sang. Sur quatre cas de ligature de la veine fémorale, elle n'a été vue qu'une fois, et les injections pratiquées par ce chirurgien démontrent des voies collatérales que M. Verneuil, dans une discussion de la Société de chirurgie, signalait déjà. Il ne s'ensuit pas, ainsi que le remarque M. Richet, qu'il n'y ait pas d'autres dangers à redouter, en particulier celui de l'hémorragie ; mais, en rappelant que la gangrène est fort à craindre après la ligature de la veine et de l'artère principales du membre, il rejette l'opération de Gensoul. Depuis lors, Langenbeck (de Berlin) a, au rapport de M. Follin, pratiqué cette opération avec succès.

Pour l'auteur que nous venons de citer, pareille opération doit être l'*ultima ratio* de l'opérateur. Larrey et Roux ont, en effet, réussi avec la ligature totale : c'est donc encore ici le moyen auquel on doit avoir recours. Lorsque l'hémorragie se renouvelle d'une manière alarmante malgré la ligature, le chirurgien, réduit aux ressources extrêmes, n'avait d'autre recours que l'amputation, que conseillait Boyer. La ligature, que Gensoul lui substitue, sauvera-t-elle le membre ou reculera-t-elle seulement le moment de l'amputation? Telle est la question actuellement posée.

La flaccidité des parois des veines, les larges dimensions des gros troncs, permettent, lorsque la blessure qui les atteint est peu étendue, de se contenter de fermer cette blessure par une ligature qui fronce et ferme le pourtour de la plaie, sans étreindre la totalité du vaisseau. C'est la *ligature latérale* imaginée par Travers (1816). Elle a l'avantage évident de ne pas oblitérer la veine, dont elle rétrécit seulement le calibre. Malgaigne, ainsi que nous l'avons dit, s'est vivement élevé contre cette manière de faire, qui est, selon lui, désavouée par la théorie et par la pratique.

La pratique, en effet, a donné lieu à des insuccès mortels entre les mains de Travers pour la veine fémorale; la ligature latérale de la jugulaire, que M. Nélaton a vue trois fois être appliquée par Roux, a été trois fois suivie de mort par hémorragie. Des succès ont été, il est vrai, opposés à ces revers, et tous nos chirurgiens ne désavouent pas la ligature latérale. Blandin et A. Bérard avaient réussi pour des plaies de la veine axillaire, Ph. Boyer pour une plaie de la fémorale au pli de l'aine, Guthrie pour la jugulaire interne. Mais, en présence de quatre succès opposés à quatre revers, il est au moins permis de dire que la question est à l'étude, et de penser que, si la méthode n'est pas irrationnelle, le procédé est sans doute défectueux.

M. Velpeau écrivait en 1839 : «Lorsque les veines se trouvent dans la plaie d'une amputation, il est, en général, inutile d'en faire la ligature. Toutefois, si elles entretenaient l'hémorragie, je crois que l'on aurait tort de ne pas les lier. Les dangers de cette ligature, sur laquelle tant de chirurgiens ont insisté depuis un demi-siècle, ne sont rien moins que démontrés, et je ne serais point étonné qu'il fût mieux de les entourer immédiatement d'un fil que de les laisser libres au fond d'une plaie. »

Les prévisions de M. Velpeau se sont en grande partie réalisées; le progrès est donc accompli de ce côté dans la pratique. Il suffirait, pour se convaincre que les chirurgiens se sont débarrassés de leurs craintes relativement à la ligature des veines, de prendre connaissance d'une discussion soulevée à ce sujet, devant la Société de chirurgie, par Follin (1855). La ligature est acceptée par tous comme le moyen le plus sûr contre les hémorragies veineuses graves. Toutefois son emploi n'avait pas été généralisé; il ne l'est pas davantage aujourd'hui. Sur ce point, comme sur les graves questions que nous avons indiquées tout à l'heure, de nouvelles études restent encore à faire.

MÉTHODES RÉPARATRICES.

Si l'hémorragie est un des inconvénients, un des dangers des plaies faites avec l'instrument tranchant, ces solutions de continuité offrent du moins un précieux avantage. Les parties fraîchement divisées avec le bistouri sont seules susceptibles de promptement se réunir, lorsqu'elles sont convenablement rapprochées et maintenues en contact.

Sutures. Divers moyens : la position, les bandages, des emplâtres agglutinatifs, permettent d'obtenir le rapprochement des parties divisées; leur affrontement exact est surtout assuré par la suture. Ce moyen de synthèse a reçu de la chirurgie moderne des applications et des perfectionnements nombreux.

Cependant Pibrac et Louis avaient, devant l'Académie de chirurgie, démontré l'inutilité et les inconvénients de la suture dans un grand nombre de cas pour lesquels on la croyait nécessaire, ce que Boyer considérait comme un grand progrès, comme un titre de gloire pour la chirurgie française. A la vérité, on avait depuis des siècles prodigieusement abusé de l'emploi des sutures; on avait jusqu'alors vécu dans l'idée que seules elles pouvaient permettre d'obtenir la réunion d'une solution de continuité d'une certaine étendue. Mais la révolution opérée par Pibrac et Louis avait fait tomber les sutures dans un discrédit aussi exagéré peut-être que la faveur dont elles avaient joui auparavant. A présent, on en étend chaque jour l'application. Ce n'est pas, ainsi qu'on pourrait le croire, le fait d'une réaction; c'est la conséquence toute naturelle de l'extension considérable donnée par la chirurgie moderne à l'application des méthodes réparatrices, dont la suture constitue l'un des principaux moyens.

En effet, malgré les travaux et l'enseignement de Delpech, de Gensoul et de la plupart des chirurgiens des principales villes du midi de la France, dont M. Serre a si bien résumé les idées (*Traité de la réunion immédiate*, 1830), la suture, tout en reprenant en chirurgie le rang auquel elle a droit, n'avait guère subi de perfectionnements. Après les amputations, les ablations de tumeurs, on l'emploie dans une certaine mesure; mais on est loin d'en prescrire l'usage d'une manière absolue.

Au contraire, lorsqu'il s'agit de reconstruire une partie, la suture est jugée indispensable. De son application plus ou moins complète dépend souvent en partie le succès de l'opération, et chaque jour de nouveaux perfectionnements sont proposés pour en assurer l'application dans les cas difficiles, l'innocuité et l'efficacité en toutes circonstances.

Les *sutures métalliques*, réintroduites dans la chirurgie par les opérations pratiquées en Amérique pour guérir la fistule vésico-vaginale, sont de jour en jour plus appréciées dans notre pays. Surtout vulgarisées par Marion Sims (1858), elles se sont introduites dans la pratique chirurgicale en France depuis que M. Bozeman, en 1858, après quelques opérations pratiquées dans les hôpitaux de Paris, en eut démontré les avantages. En 1859 et 1860, MM. Verneuil et Follin en étudièrent l'application et montrèrent, dès l'abord, que ce n'était pas seulement à la nature des fils, mais à la manière dont ils étaient passés, à la façon dont était pratiqué l'avivement, qu'étaient dus les succès obtenus par les chirurgiens américains.

Les fils métalliques sont, en effet, aisément supportés par les tissus. Percy avait longtemps préconisé les fils de plomb, parce qu'il les trouvait moins irritants, moins aptes à couper les chairs. M. Levert, ainsi que nous l'avons dit, avait démontré par de nombreuses expériences ces mêmes vertus pour un grand nombre de métaux. Pour M. Marion Sims, la suture d'argent est le grand *achievement* chirurgical du xixe siècle! Malgré tout ce qu'un pareil enthousiasme avait de compromettant pour lui, le fil d'argent très-fin est cependant celui qui a été le plus généralement accepté. Mais on lui substitue souvent le fil de fer très-fin et souple, et les chirurgiens français ont tous proclamé qu'il fallait, avant tout, que les surfaces fussent largement avivées et rapprochées sans tension et sans effort. Dans ces conditions, la suture métallique, qui peut être très-fine, que l'on peut laisser longtemps séjourner sans crainte de la voir se gonfler, s'imprégner des sécrétions de la plaie, qui soutient ses bords grâce à sa demi-rigidité, est acceptée comme un bon moyen de réunion. Cependant elle n'est pas généralement et surtout exclusivement adoptée. Elle a changé la pratique chirurgicale en éloignant de plus en plus de l'emploi des fils doubles et des rubans de fils que l'on avait souvent employés pour des réunions très-délicates. Pour les ligatures d'artères, de même que pour les sutures, les fils volumineux sont donc aujourd'hui à peu près définitivement abandonnés.

L'application des sutures métalliques a donné naissance à une foule d'instruments et d'aiguilles, destinés à en faciliter le passage à travers les tissus. Nous ne pouvons nous en occuper, quoique plusieurs soient fort ingénieux. Mais nous devons particulièrement signaler un mode de réunion qui, tout en différant de la suture, remplit beaucoup de ses indications : nous voulons parler des *serres fines*.

 Ces ingénieux instruments ont été imaginés par Vidal (de Cassis) : ce sont de petites pinces à pression continue, à l'aide desquelles les lèvres de la plaie sont saisies, rapprochées et maintenues en contact. Leur application est facile, peu douloureuse; on évite avec elles de faire aux parties à réunir des solutions de continuité pour le passage des aiguilles et des fils. Les mors qui assurent la solidité de la serre fine dans sa position sont assez mousses pour ne pas entamer les téguments. Aussi peut-on les appliquer sur les parties les plus délicates, paupières, prépuce, et c'est même dans ces conditions qu'elles rendent le plus de services. Il est également possible d'en faire usage pour des plaies à bords plus épais.

Les différents modèles que Vidal présentait à la Société de chirurgie dès 1849 permettent de répondre à la plupart des indications. L'usage des serres fines est certainement moins étendu que ne l'avait avancé leur inventeur; mais c'est un des meilleurs moyens de réunion immédiate, c'est une des acquisitions utiles de notre chirurgie.

Nous devons à un habile chirurgien de Nantes, J. A. Gély (1844), une nouvelle suture, destinée par son auteur aux plaies intestinales. Elle a été utilisée par MM. Nélaton, Denonvilliers, Malgaigne, pour la guérison de l'anus contre nature.

Suture en piqué.

La suture *en piqué* permet de renverser les lèvres de la solution de continuité; elle peut aisément être cachée au fond des surfaces adossées, et abandonnée dans la plaie. En l'imaginant, Gély utilisait de la façon la plus heureuse le précepte de l'adossement des séreuses formulé par Jobert (de Lamballe) (1824). Ce chirurgien avait conseillé de renverser en dedans les bords de la plaie intestinale, qu'il réunissait par une suture à anses, dont les chefs devaient être maintenus au dehors, afin de pouvoir être retirés. Complétement cachée entre les surfaces qu'elle rapproche, et bientôt enfouie sous la lymphe plastique, la suture de Gély peut être abandonnée à elle-même. C'est la suture *perdue* par excellence, et, grâce à son emploi, les plaies de l'intestin peuvent être réunies complétement et sûrement; aussi a-t-elle fait oublier les autres procédés de suture intestinale. Plusieurs succès ont consacré son utilité, et l'on a pu, grâce à elle, ainsi que nous le disions tout à l'heure, perfectionner le traitement de l'anus contre nature.

Quand il s'agit de chirurgie restauratrice, un nouveau procédé de suture peut, en effet, déterminer un progrès véritable.

Le vrai domaine de la chirurgie restauratrice, anaplastique ou réparatrice, ce sont toutes les difformités des parties molles, et surtout, ainsi que l'écrivait Ph. Roux, celles de ces difformités qui

Quelles sont les limites de la chirurgie réparatrice.

ont le caractère de divisions, de solutions de continuité, dans lesquelles une partie déterminée du corps manque ou paraît manquer complétement ou incomplétement, soit par un vice originel de conformation, soit par un travail accidentel de destruction. Cette chirurgie a pour but définitif de rendre, de rétablir les fonctions empêchées ou troublées; elle procède en cherchant à déterminer la reconfection d'une partie, une restauration proprement dite.

Si l'on n'établissait ainsi un départ nécessaire, basé non sur le but poursuivi ou atteint, restitution des fonctions, mais sur les moyens employés, on pourrait faire figurer dans les méthodes réparatrices presque toute la chirurgie : ainsi l'orthopédie, qui redresse les membres à l'aide de la méthode sous-cutanée, des machines, de la gymnastique ; ainsi les sections d'adhérences ou de diaphragmes oblitérant certains canaux excréteurs, etc.

Les méthodes destinées à permettre de reconstruire ou de restaurer les parties sont connues en médecine opératoire sous les dénominations d'*autoplastie* ou d'*anaplastie*. Plusieurs auteurs ne comprennent sous ce titre que les restaurations obtenues à l'aide de lambeaux ; mais il est naturel, à l'exemple de Roux, de M. Velpeau, d'y comprendre les simples restaurations par suture.

Les opérations qui ont pour but de réparer les mutilations forment une conquête des plus brillantes de la chirurgie. Sans doute nous avons vu s'affaiblir l'enthousiasme et les efforts qu'elles ont provoqués alors qu'elles se constituaient à l'état de méthode vraiment scientifique, il y a une trentaine d'années ; sans doute elles peuvent donner des résultats imparfaits, provoquer des accidents graves, comme toutes les opérations ; mais, si elles non plus n'ont pas tenu toutes leurs promesses, elles ont été l'occasion d'inventions brillantes, de travaux utiles et de progrès réels, dont une grande part revient à la chirurgie française. En parcourant l'histoire des principales restaurations d'organes, de celles dont on s'est le plus occupé, nous verrons, en effet, le nom de quelque chirurgien de notre nation attaché à tel ou tel des perfectionnements qu'elles ont subis, ou même à l'invention de plusieurs d'entre elles.

C'est, d'ailleurs, autant par ses exemples que par ses écrits que la chirurgie de notre pays a contribué à donner à l'autoplastie sa nouvelle extension. Les publications de Delpech, de Roux (de Saint-Maximin), de Roussel, de Serre (de Montpellier), de Labat, de Lisfranc, de Chomet, de Martinet (de la Creuse), de Rigaud et Sédillot (de Strasbourg), de Michon, de Denucé, de Verneuil, etc. et surtout le *Traité des restaurations de la face* de Serre (de Montpellier) (1834), le *Traité de chirurgie plastique* de M. Jobert (de Lamballe) (1849), la *Chirurgie restauratrice* de Ph. Roux (1853), et, bien antérieurement, la remarquable thèse de Blandin (1836), enfin les articles généraux de M. Velpeau (1839), du *Compendium de chirurgie* (1852), peuvent donner une idée de l'importance des études entreprises en France sur ce sujet.

Indépendamment des applications particulières dont nous allons parler, une grande méthode d'autoplastie, la méthode dite *française*, est née de ces travaux. Tous les auteurs distinguent, en effet, trois méthodes d'autoplastie : la méthode indienne, la méthode italienne et la méthode française.

La méthode *italienne*, que de Graefe avait perfectionnée et qu'il préconisait sous le nom de *méthode allemande*, est abandonnée; elle emprunte le lambeau réparateur au bras, et n'a guère servi qu'à la restauration du nez.

La méthode *indienne*, souvent employée, consiste dans la formation d'un lambeau pris dans une région plus ou moins rapprochée de la partie à réparer, et renversé de manière à mettre sa surface saignante en contact avec les bords de la perte de substance avivés préalablement. Il faut pour cela tordre le pédicule : c'est le procédé originel; ou lui faire subir une simple inclinaison : c'est le procédé français de la méthode indienne.

Méthode italienne.

Méthode indienne.

36.

La méthode *française* doit son nom à ce qu'elle a pris dans notre pays, sinon son origine, au moins ses plus remarquables développements. On en trouve l'indication dans les écrits de Celse; mais c'est un chirurgien français du xvi⁰ siècle, Franco, qui en fit le premier une heureuse application, en disséquant au loin, jusque près de l'oreille et de l'œil, les téguments de la face, à l'aide desquels il parvint à combler une large perte de substance de la joue, par laquelle s'échappaient en abondance les aliments et les boissons. L'ami et le collègue de Desault, Chopart, opéra par la même méthode la restauration de là lèvre inférieure, et, en 1820, notre illustre Larrey la mit aussi en usage pour réparer le nez d'un sous-officier défiguré par une tentative de suicide.

Depuis lors, cette méthode a reçu en France des applications nombreuses et nouvelles; c'est principalement vers elle que se sont dirigés les efforts des chirurgiens de notre pays, et les noms de Ph. Roux (de Paris), Roux (de Saint-Maximin), de Lisfranc, Gensoul, Blandin, Serre (de Montpellier), Velpeau, Jobert (de Lamballe), Nélaton, Denonvilliers, rappellent ses principaux progrès.

La méthode française consiste à prendre le lambeau réparateur aussi près que possible de la lésion, de telle sorte qu'un de ses bords fait partie du pourtour même de la solution de continuité, et que sa base, continue avec les téguments voisins, est large, bien pourvue de vaisseaux, ni contournée, ni tordue, et par conséquent nullement gênée dans ses conditions de circulation. Peu considérable, la perte de substance n'exige qu'un seul lambeau; mais, pour peu qu'elle atteigne certaines dimensions, deux lambeaux opposés attirés à la rencontre l'un de l'autre valent mieux qu'un seul. Les lambeaux sont ordinairement détachés par trois de leurs côtés, le quatrième formant la base adhérente; quelquefois pourtant deux côtés seulement sont détachés. Au reste, avec les auteurs du *Compendium*, auxquels nous avons emprunté ce qui précède, nous ajouterons que, de toutes les méthodes autoplastiques, c'est la méthode française qui admet le plus grand nombre de procédés différents.

La *rhinoplastie*, ou l'art de refaire le nez, devait donner l'impul- Rhinoplastie.
sion à la chirurgie réparatrice et conduire à toutes les autres restaurations.

Sans chercher à en tracer l'historique, nous rappellerons
qu'elle avait pris naissance dans l'Inde, où son origine se perd
dans l'antiquité la plus reculée. Elle avait, au xve siècle, reçu un
éclat passager d'un procédé nouveau imaginé en Italie par Branca,
procédé que Tagliacozzi préconisa et employa avec tant de succès
à la fin du xvie siècle. Elle devait être oubliée, ou n'être pratiquée
que de loin en loin, jusqu'à l'époque où parurent les ouvrages du
chirurgien anglais Carpue (1816) et du chirurgien allemand de
Graefe, qui imagina même la dénomination de *rhinoplastie* (1818).
La rhinoplastie avait été importée de l'Inde en Angleterre, et s'était
propagée en Allemagne, puis en France.

Delpech, en 1820, pratiqua pour la première fois cette opération à Montpellier; Dupuytren, Lisfranc, Lallemand, Moulaud,
Thomassin, Blandin, suivirent bientôt son exemple, et, dès cette
époque, la vogue des opérations autoplastiques fut assurée. Larrey
avait aussi, dès 1820, pratiqué une restauration du nez chez un
sous-officier, dont il donne l'histoire dans sa *Clinique;* déjà, à propos de la méthode française, nous avons indiqué cette opération.

A l'exemple des Indiens, les chirurgiens qui avaient adopté leur
procédé en Angleterre et en France procédaient en opérant la torsion du pédicule du lambeau frontal destiné à figurer le nez de nouvelle formation. Une importante modification, maintenant adoptée
par tous les chirurgiens et que l'on considère comme faisant partie
du procédé habituel, fut bientôt appliquée en France. C'est le procédé d'inclinaison du lambeau sans torsion du pédicule, dont on fait
généralement honneur à Lisfranc. Dans son *éloge* de Lallemand,
M. Broca a démontré que c'était à ce chirurgien qu'appartenait
cette modification opératoire. Le malade de Lisfranc avait eu le
nez gelé en Russie dans l'hiver de 1812; il fut opéré treize ans
plus tard, c'est-à-dire en 1825. L'opération de Lallemand fut faite

le 8 septembre 1823 et publiée en 1824 dans les *Archives générales de médecine* (t. IV, p. 242).

On a d'ailleurs, et avec raison, critiqué les résultats imparfaits de la rhinoplastie totale. Les restaurations partielles du nez ont donné des résultats beaucoup plus satisfaisants, et, si l'on peut opposer aux premières les moyens que fournit la prothèse, il est incontestable que les restaurations partielles relèvent entièrement de la chirurgie.

La *sous-cloison* du nez a été restaurée dans différentes circonstances. Dans le bec-de-lièvre compliqué, Dupuytren a très-heureusement utilisé le tubercule médian, qu'il refoule en arrière et place horizontalement ; mais ce chirurgien a eu aussi l'occasion de reconstruire la sous-cloison dans un cas de destruction complète par suite d'ulcère, à laquelle participait le cartilage médian dans une hauteur de 15 à 18 millimètres. C'est à la lèvre supérieure que Dupuytren emprunta son lambeau. Son malade présentait encore une petite difformité, corrigée plus tard par Gensoul, et plusieurs années après M. Velpeau a constaté le succès de cette opération. La sous-cloison faisait cependant une saillie trop forte en bas, et le lobule du nez était légèrement abaissé.

Les *ailes du nez* ont aussi été réparées avec un lambeau que l'on emprunta à la joue ou à la lèvre supérieure. L'inconvénient de cette opération, c'est que l'aile du nez nouvellement refaite confinait à la cicatrice laissée sur la joue, et risquait d'être attirée en dehors par la rétraction du tissu inodulaire. M. Nélaton a paré à cet inconvénient d'une façon très-ingénieuse, en procédant de façon que le lambeau emprunté à la joue soit logé en dedans d'une bandelette de téguments laissée intacte, laquelle le séparera de la cicatrice future de la joue et le défendra de la rétraction en dehors.

Michon a imaginé, et appliqué en 1843, un procédé dont l'idée fondamentale est d'employer à la réparation des parties absentes la membrane muqueuse de la cloison des fosses nasales. Ce procédé diffère donc complétement de ceux qui empruntent à la peau des parties voisines; c'est une ressource utile à ajouter à toutes celles que nous possédons.

C'est encore pour réparer les ailes du nez que M. Bouisson (de Montpellier) (1854) a indiqué des procédés de rhinoplastie latérale, qu'il a étudiés et exposés dans un mémoire intéressant.

Les opérations de M. Nélaton ont été pratiquées en 1857 et 1859. Elles ont été publiées par ses élèves, M. Rouyer et M. Péan, qui a présenté à la Société de chirurgie (1859) les observations et les photographies des malades avant et après l'opération. Debout a publié ces observations et les dessins dans le *Bulletin de thérapeutique*. Les résultats de ces opérations, malgré la destruction de tout le lobule du nez, ont été très-remarquables; leur importance nous a engagés à y insister. Le nouveau procédé de M. Nélaton porte le nom de *rhinoplastie par déplacement latéral;* c'est un dérivé de la méthode française.

Un dernier et ingénieux perfectionnement apporté à la rhinoplastie est celui que propose M. Ollier. Ce chirurgien a déjà publié à ce sujet, en 1864, une observation importante, que l'on trouvera dans la *Gazette des hôpitaux*. Il pose comme principe de ses opérations (1867) de tirer partie des restes de l'ancien nez pour former le nouveau. Pour cela, il abaisse le rebord du nez pour constituer l'orifice des narines; il dédouble la charpente, luxe un des os propres avec la partie attenante de la cloison, et le soude bout à bout à celui qui est resté en place. Enfin il propose, toutes les fois que l'on devra prendre un lambeau frontal, de le doubler du périoste de l'os coronal, et, lorsque l'on devra se servir de lambeaux latéraux, de prendre le périoste au niveau de l'apophyse montante et de la fosse canine. M. Nélaton avait donné le même conseil pour la formation de ses lambeaux latéraux.

Roux, qui écrivait en 1853, presque à la veille de sa mort, sur la chirurgie réparatrice, quoique très-peu favorable à la rhinoplastie totale, donne des observations de rhinoplastie partielle dont les résultats sont fort encourageants. Nous pourrions en réunir bon nombre d'observations; mais il nous suffisait d'établir sur ce point les idées et d'indiquer les acquisitions principales de notre chirurgie.

La rhinoplastie partielle offrant la plus grande somme d'avantages, exposant d'ailleurs les malades à moins de dangers, est appelée à prendre dans la pratique le rang que la rhinoplastie totale y avait d'abord occupé. Cette conclusion, formulée en 1852 par MM. Denonvilliers et Gosselin, reste la véritable expression des idées de notre chirurgie sur ce sujet.

La rhinoplastie, qui a donné naissance à l'autoplastie, peut vivre et prospérer avec elle; mais, pour atteindre ce résultat, elle doit en suivre les progrès. Il est permis de dire que le progrès en rhinoplastie conduira à l'abandon complet de la méthode indienne et à l'adoption de procédés de rhinoplastie latérale.

Blépharoplastie.

La *blépharoplastie*, ou réparation des paupières, est une des plus utiles applications de la chirurgie restauratrice. Certes les fonctions et la forme délicate de ces voiles membraneux ne sont pas restituées avec tout leur perfectionnement; mais à une expression repoussante est substitué un état du visage qui n'offre rien de disgracieux. La protection du globe oculaire est complétement assurée par la paupière reconstituée, et ce service est à lui seul inappréciable; recouvert de nouveau, le globe oculaire n'est plus exposé, comme avant l'opération, aux inflammations rebelles et aux lésions graves qui peuvent se terminer par la perte de la vision.

Blandin et Jobert (de Lamballe) sont les premiers qui aient pratiqué la blépharoplastie en France, en 1835; mais elle avait été, pour la première fois, pratiquée en Allemagne en 1818, par de Graefe et Dzondi. C'est à la méthode indienne que ces chirurgiens avaient eu recours, ainsi que Fricke (de Hambourg), en 1829; c'est elle que Blandin et Jobert mirent aussi en usage, et les progrès les plus modernes et les plus remarquables ont eu son perfectionnement pour but.

Nous devons cependant citer comme une heureuse application de la méthode française le procédé que M. A. Guérin a communiqué, en 1862, à la Société de chirurgie ; il appartient à la méthode de *glissement*. Il en est de même des procédés de MM. Richet et Nélaton que nous a fait connaître M. Éd. Cruveilhier (1866). Dès 1834, M. Velpeau avait imaginé le procédé qui devait avoir tant de vogue, lorsque Warthon Jones, qui l'avait inventé de son côté, le fit connaître en 1836. Mais nous revenons à l'exposé des progrès dus à l'application de la méthode indienne qui, entre les mains de M. Denonvilliers, a donné à l'art de refaire les paupières une perfection toute nouvelle.

C'est en 1856 que, pour la première fois, ce chirurgien fit part à la Société de chirurgie de la méthode qu'il mettait en œuvre depuis plusieurs années déjà. Depuis, l'un de ses élèves, M. Cazelles (1860), et M. Éd. Cruveilhier (1866) ont publié en partie les résultats de la pratique de M. Denonvilliers pour ce point de la chirurgie.

On avait avec juste raison adressé à la blépharoplastie le reproche de ne fournir que des résultats fort imparfaits et souvent peu durables. M. Velpeau (1839) insistait en particulier sur ce que cette opération laissait à désirer. Le lambeau revient sur lui-même, revêt la forme d'une petite tumeur, d'une bosselure plus ou moins inégale, et sa rétraction peut même ramener la difformité en provoquant de nouveau le renversement de la paupière. Au lambeau transplanté il manquait, en effet, un point d'appui qui lui permît de prendre dans la région nouvelle une forme à la fois utile et régulière.

M. Mirault (d'Angers) avait imaginé, en 1842, de pratiquer l'union temporaire des paupières, afin d'obtenir leur redressement définitif. M. Denonvilliers adopta cette ingénieuse ressource, et ses opérés conservent pendant plusieurs mois leurs paupières réunies ; l'usage de l'œil opéré ne leur est rendu que lorsque le lambeau peut sans inconvénient cesser d'être soutenu. Ce lambeau est d'ailleurs amené au niveau de la paupière à réparer par un simple pivotement qui jamais ne dépasse en moyenne 45 degrés, de telle sorte que la base des lambeaux est en définitive leur partie la plus large et qu'ils n'ont pas de pédicule, ce qui les différencie complétement, par exemple, de ceux que faisait Jobert.

La forme, l'épaisseur du lambeau doivent être parfaitement appropriées à la perte de substance; mais nous ne saurions, sans sortir des limites que nous avons dû nous imposer, indiquer tout ce que ces opérations délicates exigent de soins minutieux, d'habileté, de calcul, de précision opératoire. Il est encore nécessaire, cependant, de dire que, si M. Denonvilliers a parfaitement montré que les tissus de cicatrice pouvaient être utilisés pour la formation des lambeaux, il a en même temps posé comme règle de ne jamais rapprocher l'autoplastie du moment où s'est produite la lésion qui a déterminé la difformité. Sans cela, c'est-à-dire si plusieurs mois au moins ne se sont écoulés, on s'expose à la gangrène des lambeaux. Ces deux préceptes, comme beaucoup de ceux qui ont été formulés par ce même chirurgien à propos de la blépharoplastie, s'appliquent d'une manière générale à l'autoplastie.

Nous pourrions citer bien des faits appartenant à plusieurs de nos chirurgiens, tous bien de nature à témoigner des progrès accomplis dans cette partie de la médecine opératoire. Nous avons dû insister surtout sur ceux qui, de l'avis de tous, lui en ont imprimé de plus complets. Ce n'est pas à dire que l'autoplastie, ainsi pratiquée, soit la méthode à laquelle la chirurgie française ait le plus généralement recours; ce qu'a écrit Roux à ce sujet reste l'expression de la vérité : « Je ne voudrais pas, dit notre célèbre compatriote, que le mot de *blépharoplastie* impliquât l'idée d'une opération unique, constamment régulière, soumise à des règles fixes et susceptibles d'une application à peu près uniforme dans les différents cas auxquels elle se rapporte. Tel n'est pas à beaucoup près le caractère de la blépharoplastie. Loin de là; c'est peut-être de toutes les opérations du même genre la moins semblable à elle-même dans les différentes circonstances qui la nécessitent, celle qui comporte le plus de variété dans la manière d'y procéder. Peut-être n'a-t-elle pas été pratiquée deux fois de suite de la même façon : c'est d'elle qu'il faut dire, plus que de toute autre, que dans chaque tentative nouvelle il y a à changer, à modifier ce qui a été fait dans d'autres circonstances à peu près analogues, et en quelque sorte à créer de nouveau. » Il est parfaitement juste, en effet, de ne s'arrêter ni à un procédé ni à une méthode ; il faut que le chirurgien trouve en lui-même un nombre suffisant de ressources ; mais les règles aujourd'hui tracées, les acquisitions faites, les résultats obtenus, lui montrent la voie qu'il convient de suivre.

La *génioplastie* et la *cheiloplastie*, c'est-à-dire la réparation des joues et des lèvres, peuvent suggérer les mêmes réflexions. Ainsi que l'a dit avec juste raison M. Velpeau dans sa *Médecine opératoire*, la cheiloplastie, par exemple, est une de ces opérations qui ne peuvent être soumises à des règles absolues, et qui doivent être modifiées aussi souvent qu'on les pratique.

Ce que l'on peut dire de plus général, c'est que la méthode française est, dans presque tous les cas, préférée à la méthode indienne. Le chirurgien qui doit pratiquer une de ces restaurations n'aura donc pas à obéir à des règles opératoires absolument déterminées ; mais il trouvera dans les nombreux procédés dus aux opérateurs de notre pays des exemples bien faits pour régler ses inspirations. Si nous écrivions un article didactique, nous devrions étudier chacun de ces procédés ; il suffira de les citer pour avoir une idée de notre richesse.

Pour la restauration de la lèvre inférieure, ce sont ceux de Dupuytren, Delpech, Lallemand, Malgaigne, Serre (de Montpellier), Roux (de Saint-Maximin), Lisfranc, Voisin (de Limoges), de Viguerie (de Toulouse), de M. Sédillot ; pour la lèvre supérieure, celui d'A. Bérard, et ceux déjà indiqués de Malgaigne, de M. Sédillot, de Serre. Enfin des opérations complexes, ayant pour but de réparer à la fois les deux lèvres et une partie des joues, ont inspiré les procédés de Ph. Roux, de Gensoul, de Dupuytren, de M. Payen (d'Aix). Ces différents noms répondent à des procédés que les auteurs classiques ont acceptés; mais ils ne représentent pas à beaucoup près la somme des travaux de nos chirurgiens. Disons seulement que c'est à Lallemand (de Montpellier), à Roux (de Saint-Maximin), au professeur Roux, à Serre (de Montpellier), que cette partie de l'autoplastie est le plus redevable. Les grandes autoplasties de la face sont aujourd'hui entrées dans le domaine commun; mais elles doivent beaucoup au professeur Roux. Lorsqu'en 1829 il vint lire sur ce sujet un mémoire à l'Institut, elles n'avaient pas encore été tentées avec autant de hardiesse et pour des cas aussi désespérés.

Opérations
réparatrices
du
bec-de-lièvre.

Dans l'énumération que nous venons de faire, nous n'avons pas compris ce qui avait été fait pour le bec-de-lièvre; les opérations réparatrices appliquées à cette difformité ont été l'objet de trop de perfectionnements pour ne pas exiger une mention spéciale.

Le moment où doit être pratiquée cette opération a été le sujet d'études toutes particulières. La grande autorité de Boyer avait fait adopter par l'immense majorité des chirurgiens de notre pays, au commencement de ce siècle, la pratique de ne pas opérer avant trois ou quatre ans.

Dupuytren avait conseillé d'opérer à trois mois; mais, jusqu'en 1845, la pratique générale resta telle que l'avait établie Boyer. M. P. Dubois lut, à cette époque, à l'Académie de médecine un travail ayant pour but de prouver par les faits que l'opération peut être pratiquée avec succès, non pas seulement chez les enfants à la mamelle, mais dès les premiers jours qui suivent la naissance. L'exemple de M. Dubois devait être suivi; mais sa méthode ne s'est pas généralisée. Une importante discussion qui eut lieu à ce sujet à la Société de chirurgie, en 1856, a beaucoup contribué à faire connaître les accidents et les chances de l'opération hâtive. Les auteurs du *Compendium de chirurgie*, après avoir longuement exposé et discuté cette question, ont bien indiqué quelle était à ce sujet l'opinion du plus grand nombre des chirurgiens. « En résumé, disent-ils, l'opération donne plus de satisfaction à cinq ans et au delà qu'aux autres âges, et elle en donne également plus à six mois que pendant les premiers jours; mais elle n'est pas tellement mauvaise à ces dernières époques que le chirurgien ne soit autorisé à céder au désir des parents et à se laisser entraîner par les succès de M. P. Dubois, lorsque toutes les conditions paraissent favorables. »

Parmi les modifications que les chirurgiens français ont fait subir à l'opération du bec-de-lièvre, les unes ont porté sur la manière de pratiquer l'avivement, les autres sur les moyens de réunion.

L'un des inconvénients de l'opération ordinaire était de laisser une encoche sur le bord libre de la lèvre réunie. Pour y obvier, Malgaigne et Clémot (de Rochefort) ont eu, chacun de leur côté, l'idée de ne pas enlever les lambeaux qui résultent de l'avivement ordinaire; mais de les conserver en les laissant adhérents par en bas, et de les ramener dans ce sens de façon à les mettre en contact par leurs surfaces saignantes. De cette manière, une sorte de petite trompe est surajoutée à la lèvre au lieu et place de l'encoche. Elle se réduit avec la cicatrisation; il est d'ailleurs facile de l'exciser ultérieurement et de ne lui laisser que les dimensions du tubercule médian. Ce procédé a donné de beaux succès, et il a été préféré à celui que proposa M. Mirault (d'Angers). Ce chirurgien conseille de ne conserver qu'un seul des lambeaux, celui de droite ou de gauche, suivant le côté où la lèvre est le mieux développée, et de l'appliquer horizontalement sur le bord libre, préalablement avivé, de l'autre lèvre de la fente.

Enfin M. Nélaton a imaginé un procédé qui s'applique exclusivement aux cas où le bec-de-lièvre n'occupe pas toute la hauteur de la lèvre. Ce procédé consiste en un avivement sans perte de substance, comme dans l'opération de Malgaigne et Clémot, mais dans lequel la section se continue sans interruption d'un bord à l'autre, au-dessus de l'angle supérieur de la fente. Les deux lambeaux sont donc naturellement réunis par leur extrémité, qui de supérieure va devenir inférieure alors que le chirurgien abaisse cette sorte d'anse pour adosser les surfaces saignantes. M. Nélaton a été conduit à ce procédé par l'observation de ce fait, incontestable chez les très-jeunes sujets, que, si la réunion immédiate s'est opérée à la partie inférieure de la plaie, mais a manqué à la partie supérieure, une réunion secondaire se fait progressivement de bas en haut. Il a donc pensé que la conservation de l'angle des deux lambeaux, en laissant une réunion toute faite à l'extrémité de la trompe, augmenterait les chances d'une réunion secondaire.

Si nous ajoutons à ces modes nouveaux d'avivement ceux que M. Henry (de Nantes) (1862) a exposés devant la Société de chirurgie et ceux que M. Giraldès lui soumettait l'année dernière (1866), nous aurons complété l'indication des modifications que les chirurgiens français on fait subir à l'avivement.

Les modifications apportées aux moyens de réunion n'ont pas moins d'importance.

La suture entortillée que l'on a généralement employée depuis le commencement du siècle, malgré la proscription dont l'avaient frappée Louis et Pibrac, a des inconvénients qui dépendent surtout de la rigidité, du rapprochement incomplet en avant qu'il faut compléter par la striction des fils, des marques indélébiles que laisse le passage des épingles. Tout en conservant les épingles, on a modifié le lien. C'est pour le bec-de-lièvre que Rigal (de Gaillac) a imaginé sa suture élastique; une lamelle de caoutchouc remplace les fils. M. Mirault (d'Angers) n'a pas hésité à proposer de supprimer complétement les épingles et de se servir de la suture entrecoupée. Il en fit, en 1857, la proposition à la Société de chirurgie.

En 1856, M. Denonvilliers avait, lui aussi, conseillé de supprimer les épingles; mais il voulait donner à ses fils et à la lèvre un soutien, qu'il réalisait en introduisant en arrière et en plaçant en avant de la solution de continuité deux petites plaques de corne percées de trous à travers lesquels étaient engagés les fils.

Depuis, MM. Letenneur (de Nantes) et Giraldès ont préconisé la suture entrecoupée, avec les fils d'argent. Toutes ces modifications ont été portées par leurs auteurs devant la Société de chirurgie. Il est remarquable de voir que la suture entrecoupée métallique a donné, dans l'esprit de plusieurs chirurgiens, au procédé de M. Mirault, une consécration qui lui avait été à peu près refusée lorsque son auteur proposait l'emploi des fils végétaux. Mais il est plus curieux encore de retrouver dans le procédé de M. Denonvilliers l'un des procédés de suture de la méthode américaine proposé pour la fistule vésico-vaginale. M. Denonvilliers avait d'ailleurs très-nettement prévu que son procédé serait applicable à cette espèce de lésions.

Plusieurs procédés sont également dus à la chirurgie française pour les cas de bec-de-lièvre compliqué.

Il paraît évident, au premier abord, que le bec-de-lièvre compliqué doit être opéré tard. L'opération est en effet plus sérieuse, et tout au moins double, quand le bec-de-lièvre est bilatéral; s'il s'agissait d'opérer le même jour les deux fentes, la question serait jugée tout de suite, et l'ajournement à quatre ou cinq ans devrait être la règle ; mais quelques chirurgiens, et en particulier Roux et M. Guersant, ont repris la pratique conseillée au siècle dernier par Heister et Louis. En opérant les deux côtés l'un après l'autre, il peut être permis de tenter cette opération chez l'enfant nouveau-né.

Mais la réunion des fentes de la lèvre ne constitue pas la principale ni la seule difficulté. Si le bec-de-lièvre double est compliqué de bifidité du maxillaire supérieur et du palais, il arrive souvent que les os intermaxillaires forment une saillie des plus disgracieuses.

Gensoul (de Lyon) a proposé de les refouler brusquement, de manière à produire une fracture de la cloison nasale, avec laquelle ils se continuent. Blandin, pour arriver au même but, enlevait une portion de la cloison au lieu de la fracturer, et M. Debrou (d'Orléans) avive les bords de ce tubercule, ainsi que les parties correspondantes du maxillaire, afin de le faire souder dans sa nouvelle position.

Ces procédés ont été encore peu employés, et les résultats éloignés de l'opération sont tellement inconnus, qu'il est difficile de les apprécier. Cependant M. Debrou a revu son malade : le tubercule restait mobile, les incisives faisaient saillie en avant; il n'y avait donc eu nul avantage à conserver les os intermaxillaires.

Franco, au xvie siècle, avait déjà proposé de les réséquer; dans cette opération, exécutée par Chopart, Boyer, Roux, on ne conserve que la portion tégumentaire du tubercule qui sert à séparer la lèvre. C'est peut-être à ce procédé que s'arrêteront les chirurgiens; mais, de l'avis des plus autorisés, la question demande encore à être examinée.

Il est cependant des cas où la chose est toute jugée : ce sont ceux pour lesquels Dupuytren a imaginé sa belle opération, qui a réalisé sur ce point l'un des progrès les plus utiles dus à notre chirurgie.

Ce grand chirurgien a eu soin de bien distinguer les cas dans lesquels, les os intermaxillaires faisant saillie, la portion moyenne de la lèvre est insérée en haut assez loin du lobule du nez, et ceux dans lesquels cette même portion se trouve attachée tout près du lobule et comme appendue à lui. Dans les premiers, la restauration de la lèvre, faite d'après les procédés que nous avons indiqués, ne donne pas un aplatissement trop considérable du nez; mais, dans les seconds, il est impossible de faire servir le lambeau moyen à la restauration de la lèvre sans aplatir forcément ce lobule et substituer une difformité à celle que l'on corrige. C'est pour les cas de ce genre que Dupuytren a eu l'idée de faire servir le bouton médian de la lèvre, non pour la restauration de cette dernière, mais pour la confection de la cloison sous-nasale qui manque. C'est une des applications de cette variété d'autoplastie que Jobert (de Lamballe) nomme *autoplastie par inflexion.*

On a souvent répété que la face était le terrain par excellence de l'autoplastie. Aux réparations extérieures que nous venons de rappeler ne devaient pas s'arrêter les efforts des chirurgiens. Les vices de conformation congénitaux ou accidentels de la cavité buccale allaient aussi être l'objet d'opérations heureuses et hardies; la chirurgie allait inaugurer ces autoplasties viscérales qui resteront parmi nos conquêtes les plus brillantes. Il faut placer au premier rang la *staphylorrhaphie* ou restauration du voile du palais. Cette belle opération est entièrement française dans son invention et ses applications : nous la devons au professeur Roux. C'est aujourd'hui une vérité historique; mais il n'est peut-être pas inutile de rappeler ici cette importante page de notre chirurgie contemporaine. Nous la trouvons d'ailleurs tracée de telle manière dans l'*éloge* que Malgaigne prononça en 1855 devant la Faculté, que nous cédons au plaisir de la reproduire.

«Le 24 septembre 1819, un étudiant anglais nommé John Stephenson, qui avait suivi la clinique de la Charité, sur le point de quitter Paris pour aller passer sa thèse à Édimbourg, se présenta chez M. Roux pour lui adresser ses remercîments. Sa voix nasonnée, sa prononciation difficile, accusaient une perforation du palais. De prime saut, sans préambule, sans cérémonie (*toto ritu relicto*, dit Stephenson lui-même), M. Roux lui demanda s'il avait eu la vérole. Ce n'était point la vérole qui l'avait ainsi affligé; c'était une division congénitale, limitée au voile du palais. Chose singulière, M. Roux n'avait encore rien vu de semblable; on comprend donc avec quel intérêt il examina ce cas, tout nouveau pour lui. Le voile du palais était divisé verticalement dans toute sa hauteur; ses deux moitiés, habituellement écartées, laissaient entre elles un espace triangulaire confondu par sa base avec l'isthme du gosier. Dans un moment où la bouche était grandement ouverte, un mouvement involontaire détermina le rapprochement des deux parties du voile, et pour un instant, presque indivisible, les mit en contact par leurs bords libres. Ce fut un trait de lumière. Puisque ces deux parties étaient assez larges pour se rejoindre par le jeu des muscles, qui empêchait d'obtenir leur union définitive en les avivant et les tenant rapprochées par suture? En un moment l'opération tout entière se crée dans sa pensée; du même coup il la propose au jeune homme, qu'il séduit, qu'il entraîne. Ils sont d'accord; seulement Stephenson, près de son départ, voulait la remettre à l'année suivante, lors de son retour à Paris. Ses amis, ravis de la perspective que lui offrait cette opération, le firent revenir sur cette résolution fâcheuse; deux jours après il apportait son consentement. Le 24 septembre, à quatre heures du soir, en secret pour ainsi dire (M. Roux n'y avait admis que deux témoins), l'opération fut pratiquée. Le troisième jour la suture du milieu fut enlevée; les deux autres furent ôtées le lendemain, et, treize jours plus tard, le 11 octobre, Stephenson lui-même allait lire le récit de sa guérison à l'Institut. La *staphylorrhaphie* était entrée dans la science.

« Il faut bien insister sur ce point. On a recherché et rassemblé depuis quelques rares exemples de suture appliquée à une déchirure accidentelle du voile du palais, par Léautaud, Ferrier, peut-être Larrey; M. Roux lui-même eut à pratiquer une suture de ce genre: rien de tout cela ne ressemble à la staphylorrhaphie. Graefe a élevé une réclamation plus sérieuse. En décembre 1816, il avait entretenu la Société médico-chirurgicale de Berlin d'une division congénitale du voile du palais, qu'il avait guérie par la suture après avoir provoqué une inflammation plastique au moyen de l'acide muriatique et de la teinture de cantharides. Si l'on s'arrête d'abord à cet étrange procédé d'avivement, si l'on se reporte ensuite au procédé de suture non moins étrange dont Graefe donna la description trois ans plus tard, on ne s'étonnera pas qu'il ait échoué trois fois sur quatre essais; on s'étonnerait plutôt qu'il ait réussi une seule. A part l'idée générale, il n'y a vraiment rien de commun entre les deux procédés. L'idée, sans doute, était assez belle par elle-même, pour que l'on s'en disputât la priorité; mais l'idée même n'appartient ni à l'un ni à l'autre: elle est exprimée clairement dans un méchant petit livre du xviiie siècle, où il a fallu les patientes et clairvoyantes recherches de M. Velpeau pour la retrouver. Robert raconte en peu de mots qu'un dentiste du nom de Lemonnier avait guéri par la suture une division congénitale du voile du palais et de la voûte palatine. On peut révoquer en doute un pareil succès, et pour ma part je suis peu disposé à y croire; mais du moins l'idée de l'opération n'est pas contestable, et l'honneur en revient à Lemonnier [1].

« La réclamation de Graefe était fort aigre, et donnait clairement à entendre que M. Roux avait connu sa tentative. Rien au monde ne pouvait être plus sensible à M. Roux que ce doute jeté sur sa loyauté; il eut encore le regret de retrouver la même insinuation, en termes à peine couverts, dans une prétendue *Histoire des progrès de la chirurgie*, pamphlet malheureux dont je regretterais de nommer ici l'auteur. M. Roux saisit l'occasion d'un rapport, qu'il lut en séance publique à l'Académie de médecine, pour rétablir, dans une protestation éloquente, la vérité outragée ou méconnue. Le sentiment public l'avait déjà vengé; son nom est de ceux que le soupçon même ne saurait atteindre. Il en reçut un témoignage mémorable dans un voyage qu'il fit en Allemagne, après 1830. Graefe, son compétiteur, tint à honneur de le faire asseoir à sa table; et là, en face des nombreux convives convoqués tout exprès pour donner plus de poids et d'éclat à ses paroles, Graefe déclara que, dans sa conviction intime et profonde, M. Roux était arrivé seul et sans secours au but commun; il ajouta que, par la simplicité du procédé, par les succès obtenus, M. Roux avait plus que personne concouru

---

[1] M. Verneuil, dans un intéressant article publié dans la *Gazette hebdomadaire*, le 20 septembre 1861, a fait connaître un document important, trouvé dans les cartons de l'ancienne Académie de chirurgie. C'est un manuscrit, resté inédit, d'Eustache de Béziers, consacré à développer la pensée qu'avait eue ce chirurgien, en 1779, de traiter par la suture les divisions du voile du palais. Il est suivi d'un rapport fait à l'Académie pour blâmer et rejeter cette opération. Il en résulte qu'Eustache aurait aussi des droits à l'idée de la staphylorrhaphie.

à instituer et à propager la staphylorrhaphie. Lui-même n'avait marché que de loin sur ses traces; à peine comptait-il quinze à vingt opérations, tandis que son heureux rival était arrivé à la soixante-quinzième; et enfin il avait cru devoir modifier son procédé primitif, pour se rapprocher du procédé français. Nobles aveux qui honorent autant l'un que l'autre; justice dignement rendue, qu'il faut d'autant plus louer que l'histoire de la chirurgie en offre de plus rares exemples. »

Ce que la staphylorrhaphie a provoqué de procédés de suture, d'invention d'aiguilles et de porte-aiguilles est impossible à dire. La plus importante, la plus utile modification est celle qu'introduisit A. Bérard dans le placement des fils. Roux passait les fils d'arrière en avant, et ne faisait l'avivement qu'après le placement des fils. A. Bérard a fait ressortir l'utilité qu'il y aurait à placer exactement à la même hauteur les points de suture, et l'embarras extrême qu'on éprouvait à cet égard en suivant les errements de Roux. Il a pensé avec raison qu'on arriverait beaucoup plus sûrement à cette régularité si désirable, en piquant le voile du palais d'avant en arrière. En prenant deux fils différents, un pour le côté droit, l'autre pour le côté gauche, en ayant soin que l'un d'eux présente une anse sur son chef interne, il devient facile de faire passer d'un bord à l'autre, et cette fois d'arrière en avant, le fil qui servira à la suture. Il suffit d'engager son extrémité reployée dans le chef à anse, qui, attiré ensuite par le chirurgien, conduit le fil définitif à travers le voile du palais. Cette modification simple et ingénieuse méritait d'entrer dans la pratique et constitue un véritable perfectionnement. A. Bérard commençait l'opération par l'avivement, ce que pratiquent aujourd'hui tous les chirurgiens.

Ce qui est bien digne de remarque, ce sont les succès obtenus par Roux, avec ses larges rubans de fil, avec son procédé relativement fort difficile à exécuter. Roux avait, il est vrai, une merveilleuse habileté manuelle; mais cela ne pouvait rien changer à la nature des fils. C'est cependant avec le procédé primitif que Roux a obtenu les succès dont il a donné les chiffres en 1853. Il avait pratiqué cent vingt-quatre fois la staphylorrhaphie sur cent douze individus, douze ayant dû subir deux fois l'opération. Sur soixante et un cas de division simple du voile du palais, il compte quarante-huit succès, c'est-à-dire les trois quarts de guérisons; sur cinquante et un cas compliqués de division de la voûte palatine, vingt-six succès, soit la moitié plus un.

Deux perfectionnements ont été proposés pour la staphylorrhaphie; le dernier par ordre de date est l'application des sutures métalliques à ce genre d'opération. On ne les a pas encore assez souvent mises en usage pour affirmer qu'elles permettront d'obtenir le succès dans un plus grand nombre de cas. Mais c'est une des indications les plus nettes de la suture fine; les fils d'argent sont aujourd'hui généralement préférés, et toutes les dernières opérations faites en France ont été pratiquées à l'aide de la suture métallique.

M. Fergusson, à Londres, et M. Sédillot (1854) ont beaucoup insisté sur l'utilité de la section préalable des muscles tenseurs du voile du palais. M. Sédillot assure qu'à l'aide de cette précaution préalable le voile du palais se trouve immobilisé, si bien que le reste de l'opération est plus facile, et il en conclut que la staphylorrhaphie peut être pratiquée à un âge beaucoup moins avancé qu'à celui prescrit par Roux, qui attendait, par exemple, à onze ou douze ans.

Ainsi que M. Trélat l'établissait dernièrement devant la Société de chirurgie (1867), la section des muscles péristaphylins peut être une ressource des plus utiles; mais on juge beaucoup mieux de sa nécessité après la suture qu'avant son application. Dans tous les cas, et *a fortiori* en admettant cette donnée, le procédé de M. Sédillot, qui incise les muscles par la face antérieure du voile, est bien préférable à celui de M. Fergusson, qui les attaque derrière le voile du palais, un peu à l'aventure, par conséquent.

Nous laissons de côté les perfectionnements opératoires relatifs à la suture proposée par M. Sédillot, pour les raisons déjà indiquées. La staphylorrhaphie est d'ailleurs engagée aujourd'hui dans une voie nouvelle. A l'ardeur des perfectionnements opératoires s'est substitué un désir très-accentué de connaître les résultats fonctionnels de l'opération.

M. Sédillot a beaucoup insisté sur la nécessité de faire exercer à la parole, à la déclamation, les enfants opérés. C'est là un excellent précepte ; mais, ainsi que le remarquait judicieusement M. Trélat dans le rapport que nous avons cité, toute la question n'est pas là. La réunion du voile du palais ne suffit pas pour assurer les effets des exercices. On a mis en avant la question d'âge : sans doute il y a avantage à exercer de très-bonne heure, et par conséquent à rapprocher, quand les circonstances le permettent, le moment de l'opération. Mais il paraît y avoir, parallèlement à tout cela, sinon au-dessus, une question de forme, de disposition de la voûte palatine, de longueur du voile du palais, qui, malgré la réunion, le laisse à l'état d'instrument fort imparfait pour la phonation.

Ce n'est qu'avec des observations où les résultats éloignés seront bien étudiés, que l'on arrivera à une solution satisfaisante. Le succès immédiat est chose bien connue, bien jugée. Cette question est d'autant plus importante à étudier que c'est elle seulement qui pourra permettre de faire le départ des cas qu'il convient de réserver à la prothèse. Ce moyen de restauration, très-applicable au voile du palais, a été singulièrement perfectionné ; mais il ne saurait entrer dans l'esprit chirurgical que la prothèse dût se substituer à la staphylorrhaphie. Cette belle opération a conservé toute la confiance, toute l'estime des chirurgiens de notre pays ; mais on ne saurait trop s'accorder à reconnaître qu'elle a besoin d'être presque complétement étudiée dans ses résultats fonctionnels, pour que son histoire devienne complète. A l'heure actuelle, sa période opératoire, brillamment parcourue, a été complétée et portée au plus haut degré de perfectionnement par son inventeur et les chirurgiens de notre pays. Les tendances bien accusées qui gouvernent les esprits peuvent assurer que la seconde partie de cette histoire, déjà entreprise devant la Société de chirurgie, sera tout aussi complétement étudiée.

Les cinquante et un cas compliqués rencontrés par Roux, sur ses cent douze malades, montrent que la *division de la voûte palatine* complique fréquemment la division du voile du palais. Cette division peut encore exister isolément, qu'elle soit accidentelle ou congénitale. Roux, dans les cas complexes, se contentait de réunir le voile et fermait la division de la voûte palatine avec un obturateur. La palatoplastie a fait aujourd'hui de tels progrès qu'une semblable manière de faire ne saurait plus longtemps être acceptée.

La *palatoplastie* ou *uranoplastie* est une opération destinée à reconstruire la voûte palatine. Il y a dans l'histoire de cette opération deux périodes bien distinctes; la seconde commence dans notre pays en 1858. C'est à cette époque que M. Baizeau, chirurgien militaire, fit connaître son procédé en double pont, en publiant dans la *Gazette des hôpitaux* son intéressante observation. Le travail présenté par cet auteur à la Société médicale d'émulation et le rapport lu à ce sujet par M. H. Larrey (1859) donnèrent une nouvelle impulsion à cette question.

Des réclamations de priorité ont été formulées à propos de l'opération de M. Baizeau, et ce chirurgien a porté sa cause devant la Société de chirurgie en 1863. M. Verneuil a pu démontrer que Dieffenbach, en 1834, s'était servi d'un procédé semblable, et M. Giraldès a prouvé qu'Every, en 1853, M. Pollock, en 1855, et enfin Field, en 1856, avaient même complété le procédé à double pont, en recommandant de comprendre le périoste de la voûte palatine dans les lambeaux.

M. Baizeau se trouvait donc dépossédé de la priorité du nouveau procédé d'autoplastie; mais, d'autre part, Langenbeck perdait aussi la priorité du perfectionnement réel qu'il préconisait, c'est-à-dire du décollement périostique.

Le célèbre chirurgien de Berlin avait en effet publié un important mémoire, inséré en 1862 dans les *Archives générales de méde-cine*, sous le titre d'*Uranoplastie par décollement et transplantation de la muqueuse et du périoste du palais*. Le procédé qu'il préconise pour tailler les lambeaux est le même que celui de M. Baizeau; mais la recommandation expresse d'y comprendre le périoste constitue un progrès important; non pas que la régénération osseuse, sur laquelle comptait Langenbeck, et sur laquelle M. Ollier a fait de si importantes recherches en France, soit chose démontrée pour la transplantation palatine, mais parce que cette manière de pro-céder simplifie l'opération, et assure d'une manière beaucoup plus certaine la vitalité des lambeaux, grâce à leur épaisseur.

Le travail de Langenbeck a reçu dans notre pays l'accueil que méritait son importance; il n'en reste pas moins vrai que, avant sa publication, le procédé de M. Baizeau avait déjà imprimé une nouvelle impulsion à cette partie de l'autoplastie, et que d'impor-tants succès avaient été obtenus. M. Gosselin avait pratiqué deux fois cette opération en 1861, et avait obtenu deux succès. M. Bai-zeau l'avait répétée deux autres fois en 1860 et avait échoué une fois, probablement parce que l'opération avait été faite trop peu de temps après la cicatrisation de l'ulcère qui avait déterminé la perforation. Cet auteur affirme, d'ailleurs, avoir pratiqué le décol-lement du périoste avant que Langenbeck en eût montré l'utilité. En fait, il est bien plus facile, dans une opération semblable, de comprendre le périoste de la voûte palatine dans le lambeau, que d'en séparer la muqueuse. Quoi qu'il en soit, les cinq premières opérations pratiquées en France par le procédé de M. Baizeau donnaient cinq succès, tandis qu'il résulte des chiffres réunis par M. H. Larrey, dans son rapport, que sur quatorze observations de palatoplastie faites par les différents procédés antérieurs à celui dont nous parlons, six fois seulement le succès aurait été obtenu.

M. Baizeau s'était tout d'abord servi de la suture avec les fils de chanvre. M. Gosselin a le premier mis en usage les fils métal-liques, dont la plupart des chirurgiens ont adopté l'emploi, quoique

des opérations aient pu être heureusement conduites avec les fils
ordinaires.

Il serait d'autant moins juste de ne pas tenir compte des résultats obtenus avant la période toute moderne dont nous venons
d'indiquer les phases principales, que des guérisons avaient été
obtenues, et qu'en définitive les procédés de M. Baizeau et Langenbeck ne sont pas exempts d'inconvénients, et, malgré leurs sérieux
et incontestables avantages, doivent être réservés aux perforations
de quelque étendue.

Dans son livre de *Chirurgie restauratrice*, Roux indique cinq opérations et quatre guérisons. Trois appartiennent, il est vrai, à
des cas de perforations accidentelles, et le seul cas où cet habile
chirurgien ait tenté l'opération pour une perforation congénitale,
a été un cas d'insuccès.

La date de la première opération de Roux est difficile à préciser; il dit qu'il n'avait jamais réussi à combler une division du
palais avant le mois de janvier 1825. D'ailleurs, tous les auteurs,
à l'exemple de M. Velpeau, attribuent à Krimer (1824) l'honneur
de la première opération de cette espèce. C'est du moins le premier
fait qui ait été publié.

MM. Velpeau, Bonfils (de Nancy), Blandin, Nélaton, Sédillot,
avaient depuis cette époque proposé des procédés et pratiqué des
opérations. D'une communication faite en 1861 à la Société de
chirurgie par M. Sédillot, et des réflexions présentées, à cette occasion, par M. Velpeau, il résulte que plusieurs succès ont été obtenus par ces chirurgiens par des procédés à peu près semblables :
avivement de l'ouverture anomale, décollement périphérique à
l'ouverture, incisions libératrices au pourtour du décollement. Les
opérés étaient ensuite abandonnés aux seules ressources de la réunion secondaire : car aucune suture n'était pratiquée ; de légères
cautérisations venaient seulement favoriser l'adhésion secondaire.

Il ne pouvait s'agir, on le devine, que de petites perforations et
de perforations accidentelles ; mais nous avions raison de dire que

les procédés nouveaux pouvaient être évités dans certains cas, qui paraissent tous appartenir aux perforations accidentelles et peu étendues.

Si nous rappelons maintenant les cinq opérations de MM. Baizeau et Gosselin, et si nous les rapprochons des opérations faites par les différents chirurgiens dont nous venons de rappeler les noms et les procédés, nous pouvons conclure en disant que Langenbeck ne tenait pas compte de tout ce qui s'était produit en France lorsqu'il écrivait en 1862 que la littérature chirurgicale française contemporaine ne comprenait encore que cinq opérations, et que les chirurgiens de notre pays étaient à cette époque moins avancés, en fait d'uranoplastie, que du temps de Roux.

Bronchoplastie.   Les restaurations par autoplastie dont il nous reste à parler ne sont pas moins importantes que celles dont nous venons de retracer l'histoire.

L'ordre le plus habituellement suivi nous amène à parler de la *bronchoplastie*, c'est-à-dire des opérations imaginées pour fermer les fistules du larynx et de la trachée.

Parmi ces fistules, il en est un certain nombre qui peuvent être guéries par les procédés ordinaires d'avivement ou d'autoplastie proprement dite. Larrey, dans sa *Clinique* (1832), soutient cette opinion. Mais il est des cas où ils échouent, et c'est pour ceux-là que M. Velpeau a imaginé l'opération connue sous la dénomination de *procédé par enroulement et invagination du lambeau*. Il consiste à tailler par dissection un lambeau pédiculé, qu'on roule sur sa face cutanée de manière à en faire un bouchon, qui est ensuite enfoncé et fixé par la suture ou par des épingles dans l'ouverture préalablement avivée, et dont la surface saignante, mise en rapport avec les bords de celle-ci, devra leur devenir adhérente.

M. Velpeau a appliqué ce procédé pour la première fois en 1832, pour des fistules succédant à des tentatives de suicide, et a obtenu dans cette même année des succès complets.

Les lésions du canal intestinal sont aussi devenues tributaires de l'autoplastie.

Dans son *Traité de chirurgie plastique* (1849), Jobert (de Lamballe) étudie, sous le titre d'*entéroplastie*, les opérations proposées pour la réparation des lésions intestinales. Ce chirurgien propose l'autoplastie directe de l'intestin par l'intermédiaire de lambeaux empruntés à l'épiploon. Il est juste de remarquer que cette idée n'est pas sortie, même entre les mains de son auteur, du domaine de l'expérimentation. Nous n'en faisons mention que pour avoir l'occasion de répéter que l'entérorrhaphie, c'est-à-dire la suture de l'intestin, est le véritable procédé de réparation des plaies du tube digestif. M. Jobert a rendu à ce sujet un trop grand service à la chirurgie, pour que besoin soit de demander à une autoplastie ce que la suture est si apte à faire obtenir. Nous savons, d'ailleurs, combien l'ingénieux procédé de Gély (de Nantes) a perfectionné dans son application la méthode de M. Jobert.

Les services que peut rendre l'autoplastie pour parfaire la guérison des fistules stercorales et des anus contre nature méritent au contraire d'être comptés au nombre des plus précieux.

Qu'il nous soit permis de rappeler en peu de mots ce que la chirurgie française a fait pour la guérison des anus contre nature : c'est une des belles pages de son histoire; il semble que nos chirurgiens aient eu à cœur de ne rien laisser d'inachevé dans cette importante question. Ce que Dupuytren avait si brillamment commencé a été complété par ses émules et ses élèves.

Déjà nous avons eu l'occasion de signaler l'invention de l'entérotomie, l'une des plus belles conceptions chirurgicales de Dupuytren. Diviser et réunir tout à la fois, tel est le but que remplit l'entérotome, lorsqu'il est appliqué sur la cloison qui sépare habituellement les deux bouts de l'intestin dans l'anus contre nature. Lorsque la cloison est ainsi détruite, les matières intestinales tombent du bout supérieur dans le bout inférieur, et souvent il arrive

que l'ouverture de la paroi abdominale se ferme spontanément.
Mais souvent aussi elle persiste malgré la destruction de la cloison ou
éperon. Quand Dupuytren imagina l'entérotomie et l'eut appliquée
en 1816, le problème de la guérison des anus contre nature paraissait si bien résolu que l'on ne songea plus, pendant de longues
années, que l'obturation de l'ouverture extérieure pourrait bien
ne pas s'effectuer spontanément dans tous les cas. Il fallut, pour
changer sur ce point les idées chirurgicales, pour engager les
chirurgiens dans une voie nouvelle, que M. Velpeau (1836), dans
son *Mémoire sur les anus contre nature sans éperon*, fît voir que la
maladie pouvait persister alors même que l'obstacle au cours
des matières fécales était détruit, et qu'il indiquât les méthodes
auxquelles il convenait d'avoir recours pour fermer l'ouverture
anomale. L'autoplastie devait fournir aux chirurgiens les ressources
nécessaires; cependant la suture a pu suffire dans certains cas,
ainsi que l'a prouvé M. Chassaignac (1855).

M. Velpeau, après avoir eu recours à l'autoplastie par la méthode indienne, déjà employée par M. Collier, chirurgien anglais,
et au bouchon cutané qu'il avait imaginé pour les fistules tra-
chéales, réussit en employant la méthode française (1835). Il se
conforma aux règles suivantes : enlever le tissu inodulaire qui
entoure l'orifice cutané en ménageant le contour profond ou intestinal de la fistule, passer les fils sans aller jusqu'à l'intestin, pratiquer des incisions latérales à un ou deux pouces de chaque côté,
appliquer une suture peu serrée, panser sans comprimer le ventre,
faire donner un laxatif chaque jour et tenir le malade à la diète.
M. Velpeau insiste sur la nécessité d'un avivement large et profond, afin que les surfaces saignantes soient largement en contact;
la fistule est en somme transformée en une sorte de cuvette à
parois saignantes et très-faciles à rapprocher, grâce aux incisions
latérales. Peu de procédés offrent autant d'avantages pour ce qui
concerne la réunion de la plaie extérieure.

Après avoir essayé la méthode indienne (1844), M. Jobert fut obligé, quelques mois après, d'opérer de nouveau son malade et employa un procédé auquel il a donné le nom d'*autoplastie par inflexion*.

Blandin (1839) avait obtenu un succès complet en disséquant, au-dessous de l'ouverture anomale, un lambeau quadrilatère qui fut remonté et fixé au-devant d'elle.

D'après Malgaigne, ces procédés ne remplissent que la moitié de l'indication, et c'est à la solution de continuité de l'intestin qu'il faut surtout s'attaquer. Ce chirurgien propose d'aviver le trajet anomal dans toute son épaisseur jusqu'à l'intestin exclusivement, en détachant avec soin celui-ci de ses adhérences extérieures, en prenant garde que ces adhérences sont quelquefois fort peu étendues, et qu'en les décollant au delà d'un demi-centimètre on risquerait fort d'ouvrir le péritoine. Les lèvres de l'intestin sont alors renversées en dedans, adossées par leur base interne et saignante et maintenues par la suture en piqué de Gély. Par-dessus cette première suture, les téguments avivés sont rapprochés et réunis par la suture enchevillée ou entortillée.

L'observation de Malgaigne n'a pas été publiée; les préceptes que nous venons de rappeler ont été formulés dans la cinquième édition de son *Manuel de médecine opératoire*.

En 1849, M. Nélaton, ayant échoué par l'emploi des moyens ordinaires mis en œuvre pour fermer un anus artificiel qu'il avait créé dans le flanc droit chez un jeune malade de son service, à l'hôpital Saint-Antoine, se servit du procédé que nous venons de décrire d'après Malgaigne. «Ce procédé, que nous ignorions, a écrit M. Nélaton, dans son ouvrage de pathologie externe, en parlant de l'opération de Malgaigne, avait passé inaperçu, lorsque, le formulant d'une manière plus méthodique, nous l'appliquâmes avec un succès complet. M. Denonvilliers, ajoute le même auteur, a obtenu un très-beau succès à l'aide de notre procédé.» L'opération de M. Denonvilliers fut faite le 4 août 1849, et ce professeur en a publié *in extenso* l'observation dans la thèse de concours de

M. Foucher (1857). Dans les deux opérations de MM. Nélaton et Denonvilliers, l'ouverture fut fermée par des lambeaux autoplastiques.

M. Gosselin (1854) a, lui aussi, porté le bistouri sur la muqueuse qui tapisse le trajet accidentel; mais il l'a avivée sans chercher à la renverser. L'avivement a porté ensuite sur la peau à un centimètre et demi du contour de l'ouverture, et des points de suture enchevillés ont été passés seulement à travers la portion tégumentaire, de peur d'intéresser le péritoine.

C'est encore la muqueuse du trajet accidentel qui est utilisée dans le procédé que M. Laugier a fait connaître en 1857, sous le nom d'*autoplastie par transformation inodulaire*. Par des cautérisations successives et énergiques, pratiquées avec le fer rouge, la muqueuse transformée devient l'agent de l'obturation de l'orifice anomal.

Nous avons dû nous en tenir à l'indication des méthodes et des opérations principales. On le voit, si l'entérotomie reste la base de la thérapeutique chirurgicale de la triste infirmité dont nous parlons, toutes les fois qu'existe la cloison résultant de l'adossement des deux bouts de l'intestin, la fermeture de l'orifice anomal est aujourd'hui bien assurée par des procédés nombreux et dont l'efficacité n'est plus contestable. On ne pouvait plus complétement transformer la pratique chirurgicale. Desault avait institué une méthode de traitement rationnelle, à laquelle il a dû plusieurs succès. Mais la compression adoptée comme méthode générale par ce grand chirurgien était bien souvent impuissante. Les malheureux qu'elle ne pouvait guérir étaient donc encore abandonnés aux chances d'une guérison spontanée, ou voués pour toute leur existence à la plus misérable condition. En instituant une thérapeutique aussi complète et aussi perfectionnée que celle que nous possédons aujourd'hui, la chirurgie moderne a donc rendu à l'humanité un service signalé, dont l'honneur revient aux chirurgiens français.

Nous avons encore à parler des applications de l'autoplastie à la restauration des lésions congénitales ou accidentelles des organes génitaux chez la femme et chez l'homme. C'est encore un des points où la chirurgie restauratrice a pu réaliser les conquêtes les plus précieuses.

L'ordre historique nous amène à parler en premier lieu de la *périnéorrhaphie*, c'est-à-dire des opérations destinées à reconstituer le périnée. On sait que cette cloison, qui sépare la vulve de l'anus, chez la femme, est souvent rompue pendant l'accouchement. Périnéorrhaphie.

Il est difficile de se défendre d'un sentiment de surprise, lorsque l'on constate qu'avant la première opération de Roux, qui fut le signal d'un progrès heureux en chirurgie et un premier pas assuré vers une conquête durable, on en était arrivé à abandonner à toutes les conséquences de leur triste infirmité les malheureuses femmes atteintes de déchirure du périnée.

Cette opération, pratiquée en janvier 1832, ne réussit pas; une seconde tentative, faite à la fin du mois de mai, fut au contraire suivie du plus heureux résultat. Le procédé de suture avait été changé: après s'être servi de la suture entortillée, Roux, après réflexions nouvelles, avait eu recours à la suture enchevillée. Il adopta dès lors ce procédé. Roux pratiqua vingt fois la périnéorrhaphie sur dix-huit femmes, deux d'entre elles ayant dû subir une nouvelle opération, qui leur donna la guérison. Chez quinze de ces malades il s'agissait de déchirures survenues après l'accouchement; l'une d'elles succomba, et, chose singulière, c'est la seule chez laquelle la déchirure était incomplète. Roux eut le regret de perdre deux autres opérées; mais, chose non moins bizarre, il s'agissait chez toutes les deux de destructions du périnée par des ulcérations syphilitiques. Ce n'est pas du reste la seule remarque curieuse que permet de faire l'étude des opérations pratiquées par Roux. Des quinze autres malades douze guérirent complétement; deux d'entre elles, nous l'avons dit, s'étaient de nouveau soumises à l'opération; deux autres refusèrent cette nouvelle épreuve, et il est

bien permis de croire qu'elle leur eût été favorable ; enfin le troisième insuccès a trait à une opération destinée à rétrécir la vulve,
élargie outre mesure par un prolapsus de la matrice, mais non déchirée. Il résulte de tous ces faits que non-seulement la guérison
a été presque toujours obtenue par Roux ; mais qu'elle a surtout
été assurée pour les cas en apparence les plus graves, pour les
déchirures complètes qui succèdent à l'accouchement.

Mais ce n'est pas en ce moment notre rôle de faire ressortir de semblables faits. Si nous avons donné ces quelques détails,
c'est afin de bien montrer que Roux fut à la fois parmi nous
l'inventeur et le propagateur de la périnéorrhaphie. Grâce à l'impulsion qu'il a fournie, la périnéorrhaphie a été faite en France et
à l'étranger, et cette opération, entrée définitivement dans la pratique, a été l'objet de perfectionnements que nécessitaient, d'ailleurs, quelques résultats incomplets de la méthode primitive et
que nous aurons à signaler.

Nous devons avant tout rappeler que ce n'était pas la première
fois que la périnéorrhaphie était pratiquée en France. L'honneur de
la première tentative appartient même à la chirurgie de notre
pays: elle fut faite avec succès par Guillemeau, l'élève et le con-
temporain de notre Ambroise Paré. On l'avait délaissée, quoique
Mauriceau et Lamotte l'eussent conseillée et pratiquée, lorsque,
vers la fin du siècle dernier, Noël (de Reims) et Saucerotte (de Lunéville) la pratiquèrent chacun une fois avec succès. Un nouveau
succès avait été dû à Montain (de Lyon) (1822), et cette fois la suture enchevillée avait été mise en usage, comme Roux le fit depuis.
Dupuytren aurait aussi à cette époque obtenu un succès; mais l'observation ne fut publiée qu'en 1832, et l'on ne peut plus citer,
jusqu'aux observations de Roux, que deux tentatives infructueuses
d'Antoine et de Paul Dubois.

En Angleterre, où la périnéorrhaphie est aujourd'hui si souvent
pratiquée avec succès, aucune opération n'avait été faite. En Allemagne les travaux de Mursina, de Mentzell, d'Osiander et surtout

de Dieffenbach se succédaient presque sans interruption; mais ils n'avaient eu, on le voit, aucune influence sur la chirurgie anglaise et sur la chirurgie française, quoiqu'ils fussent bien connus.

Aujourd'hui, la suture enchevillée a généralement été adoptée; mais plusieurs perfectionnements ont été proposés pour assurer son action. Plusieurs des malades de Roux avaient conservé une petite fistule recto-vaginale. On a pensé avec raison que le tiraillement des lèvres de la plaie, la profondeur de la déchirure, rendaient la coaptation difficile. De là, la proposition formulée dès 1839 par M. Mercier : cet auteur voulait que l'on fendît le sphincter de l'anus en arrière, pour relâcher le périnée. M. Chassaignac (1842) se déclare le partisan convaincu de cette section, qu'il considère comme un auxiliaire indispensable pour assurer le succès de la périnéorrhaphie. Les succès remarquables que l'on cite au nom de Baker Brown (de Londres) seraient bien faits pour sanctionner une semblable manière de voir; cependant le succès peut être obtenu par d'autres moyens.

M. Laugier (1847), dans un cas où la déchirure était complète, commença par aviver la cloison et la réunir par trois points de suture entrecoupée, qu'il enleva le neuvième jour; la réunion était complète. Un mois après, il procéda à la réunion du périnée, qui fut pareillement obtenue moyennant cinq points de la même suture, sans incision d'aucune espèce. Ce procédé simplifie considérablement l'opération, et, bien qu'il n'ait pas encore été généralisé, on ne peut, ainsi que l'écrivait Malgaigne, qu'être frappé de l'efficacité que semble promettre cette opération en deux temps.

M. Verneuil (1862) a eu l'ingénieuse idée d'appliquer à la périnéorrhaphie les procédés employés par les Américains pour les fistules vésico-vaginales : le succès a été très-complet. M. Verneuil n'a eu non plus recours à aucune incision libératrice; la perfection de la suture a seule assuré la guérison. Cette méthode, employée par d'autres chirurgiens, en particulier à Bruxelles par M. Deroubaix (1866), compte plusieurs succès.

Enfin l'autoplastie proprement dite, c'est-à-dire la restauration par l'intermédiaire de lambeaux, a été mise en usage. Les procédés de Béraud et de M. Demarquay consistent essentiellement dans le dédoublement de la cloison et dans la suture isolée du vagin, du rectum et du périnée. Béraud n'a donné qu'une observation : il y eut guérison. M. Demarquay avait, dès 1858, obtenu deux succès par son procédé. Ces deux chirurgiens eurent recours à des incisions libératrices.

Toutes les opérations dont nous venons de parler ont été appliquées à des déchirures déjà anciennes. La réparation immédiate du périnée a été aussi tentée.

Elle comprend deux procédés : le premier appartient à M. Danyau, qui proposa, dès 1849, d'appliquer les serres fines que Vidal (de Cassis) venait d'imaginer; les petites pinces étaient mises en place immédiatement après l'accouchement. M. Danyau annonça ses premiers succès à la Société de chirurgie, et cette méthode, depuis lors employée à la Maternité de Paris, nous a donné, dans les déchirures incomplètes, de très-belles guérisons.

Le second procédé n'est autre que la suture : elle est indispensable si la déchirure est complète; on a objecté la douleur, l'ennui, les inconvénients d'une opération pratiquée chez une femme accouchée. M. Danyau a cependant plaidé l'opportunité de son application immédiate. M. Nélaton a proposé de ne l'appliquer qu'au bout de six à sept jours, afin d'attendre le moment où la plaie, recouverte de bourgeons charnus, a une tendance toute naturelle à l'agglutination. Plusieurs succès ont justifié cette pratique.

La déchirure du périnée n'est pas la seule lésion à laquelle soient exposés par l'accouchement les organes de la génération. La destruction du périnée agrandit l'ouverture vulvaire, la confond dans certains cas avec l'ouverture de l'anus; la destruction de la paroi antérieure du vagin ou de la paroi antérieure du col de l'utérus met en communication directe la vessie et le vagin.

De là impossibilité de garder les urines, qui s'écoulent incessamment à travers l'ouverture vulvaire. C'est encore un des triomphes de la chirurgie moderne que la cure de cette triste infirmité.

L'idée de l'avivement et des sutures avait certainement été émise dans les deux siècles précédents; mais il faut bien reconnaître que le traitement des fistules vésico-vaginales, si perfectionné aujourd'hui, était illusoire, n'existait même pas avant les essais et les travaux des chirurgiens français de ce siècle.

La supériorité de la méthode américaine, popularisée en France par les travaux et les opérations de Follin (1860), de M. Verneuil (1859-1862), de M. Foucher et de plusieurs autres chirurgiens distingués, tels que MM. Bourguet (d'Aix), Desgranges (de Lyon), Duboué (de Pau), Courty (de Montpellier), n'est aujourd'hui mise en doute par personne.

Il ne peut entrer dans notre plan de donner ici l'historique des nouveaux procédés américains pour la cure des fistules vésico-vaginales. M. Verneuil a, d'ailleurs, consacré à ce sujet plusieurs articles, qui démontrent bien la part qui doit revenir à chacun dans cet ensemble de modifications opératoires que l'on a pris l'habitude de désigner sous le nom général de *méthode américaine.*

Dans les opérations faites d'après cette méthode, l'avivement des bords de la fistule est remplacé par celui des surfaces vaginales qui les avoisinent; les parties rapprochées se correspondent, dès lors, par de larges surfaces saignantes. C'est un point fondamental.

Le passage des fils exclusivement dans l'épaisseur de la cloison vésico-vaginale sans blesser la muqueuse de la vessie est encore l'une des bases de la méthode.

Viennent ensuite le choix des fils, qui doivent être des fils fins et métalliques; le nombre des points de suture, que l'on multiplie, et tout l'ensemble des nombreux perfectionnements de détail apportés à l'application de ces sutures, tant en Amérique et en Angleterre que dans notre pays.

Enfin l'adoption du spéculum et de la sonde de Marion Sims,

la position sur·les genoux ou sur le côté substituée au décubitus dorsal : tels sont d'une manière sommaire les principales règles, les principaux caractères de la méthode américaine.

L'adoption de cette méthode ne saurait nous faire oublier que, lorsqu'elle a été vulgarisée parmi nous, le traitement des fistules vésico-vaginales était accepté dans la pratique, grâce aux travaux de Jobert (de Lamballe).

Dans sa communication à l'Académie de médecine en 1837; dans son *Traité de chirurgie plastique* (1849), dont le second volume est presque entièrement consacré à l'étude de cette question; dans son *Traité des fistules vésico-utérines, vésico-utéro-vaginales, utéro-vaginales et recto-vaginales*, se trouvent consignées les recherches, les expériences et les opérations nombreuses qui lui avaient permis de créer une méthode de traitement ingénieuse et efficace, au moyen de laquelle il avait obtenu des succès durables, incontestables, dans des cas fort graves. Follin constate ces heureux résultats, et ajoute qu'à côté des succès se trouvait un nombre de revers assez grand pour laisser dans l'esprit de chirurgiens éminents une opinion peu favorable à la guérison de la fistule vésico-vaginale. Nous croyons compléter sa pensée en disant que ces doutes se rapportaient surtout aux cas graves; mais que la possibilité de la guérison de la fistule était dès lors démontrée. Au point de vue des revers, nous rappelons avec Malgaigne que sur vingt-huit malades, dont les observations ont été données par Jobert, et dont quelques-unes ont été opérées plusieurs fois, et la plupart à l'hôpital, on trouve quatre mortes. Il est vrai que sur les soixante faits empruntés par Follin à MM. Bozeman, Baker Brown et Simpson, il n'y a eu qu'un cas de mort.

Jobert avait tout d'abord proposé et exécuté, en 1834, une méthode d'autoplastie, qu'il désignait sous le nom d'*élytroplastie* ou *cystoplastie* par la méthode indienne. Ce procédé consistait à aller emprunter aux parties externes, à la grande lèvre et à la fesse, un lambeau avec lequel on comblait la fistule. Il renonça bientôt à ce procédé pour en revenir à la suture directe; mais en prenant soin, dans les fistules très-larges, de réparer la perte de substance au moyen de la *cystoplastie par glissement*, nom sous lequel il désigna la méthode nouvelle, et, pour les fistules moindres, de prévenir le tiraillement par diverses incisions pratiquées au voisinage de la suture. Les incisions libératrices avaient été d'ailleurs préconisées par Jobert pour un grand nombre d'autoplasties par la méthode française.

« De là, écrit Malgaigne dans la dernière édition de son *Manuel de médecine opératoire* (1861), date une ère nouvelle pour les fistules vésico-vaginales, ramenées au rang des lésions curables. »

Le procédé de *cystoplastie par glissement*, encore appelé par l'auteur *autoplastie vésico-vaginale par locomotion*, était entièrement basé sur l'état anatomique précis et sur les rapports exacts de la paroi supérieure du vagin avec le bas-fond de la vessie, et les parties environnantes. Après de nombreuses dissections et plusieurs expériences, Jobert pratiqua sa première opération le 9 juin 1845, sur une femme qu'il avait déjà opérée sans succès par l'élytroplastie. Le succès fut complet et put être constaté à plusieurs reprises, en dernier lieu en 1847, à l'Académie de médecine.

Les procédés américains suppriment les incisions libératrices, et ont pu faire abandonner, dans la majorité des cas, la cystoplastie par glissement. Cependant on ne saurait considérer que les services rendus par les belles recherches de Jobert soient condamnés à l'oubli.

Voici encore quel a été, à cet égard, le jugement de Malgaigne : « J'estime donc, écrit cet auteur, qu'en ce qui touche les sutures, le procédé ancien aura à gagner à se rapprocher du procédé nouveau ; mais il reste une autre question qu'il ne faut pas confondre avec la précédente, savoir, si le procédé nouveau est destiné, comme il en témoigne l'assurance, à remplacer les procédés autoplastiques de M. Jobert. A cet égard, je n'hésite pas à affirmer le contraire. Partout où la réunion pourra se faire sans tiraillement, que l'on se borne à la suture, cela est tout à fait rationnel ;

mais en cas de tiraillement manifeste, que l'on ne veuille pas s'y opposer, c'est contrevenir à plaisir aux premières lois de la chirurgie. Il y a autre chose en médecine opératoire que des procédés et des instruments : il y a des indications, et l'indication de supprimer le tiraillement dans l'affrontement des plaies est une de celles qu'il serait le plus imprudent de violer. »

« Les résultats mêmes du procédé américain, ajoute Malgaigne, montrent dans un bon nombre de cas l'insuffisance de la suture simple. »

Il est cependant prouvé que ce procédé donne des résultats plus certains; il est même vrai que les insuccès sont rares. Sur les soixante cas rassemblés par Follin, il y a eu trente-neuf guérisons primitives, treize après deux opérations ou plus, et enfin sept fistules rebelles. Nous citons ces quelques chiffres comme exemple. Nous n'avons pas à poursuivre un parallèle, et nous avons nettement reconnu les avantages de la nouvelle méthode. Mais notre devoir était de faire le mieux possible ressortir l'importance de travaux et de résultats trop oubliés ou trop amoindris, depuis que la méthode américaine, très-justement appréciée d'ailleurs, a pris dans notre pratique le rang auquel elle avait droit.

Avant que Jobert eût, pour ainsi dire, consacré ses travaux à la solution de ce difficile problème de la guérison des fistules vésico-vaginales, plusieurs chirurgiens français avaient abordé cette question; il est intéressant de mettre en lumière ce que leurs travaux offraient d'important.

Un mémoire avait été publié à ce sujet par Lallemand (de Montpellier); il est inséré dans les *Archives générales de médecine* (1825). Lallemand avait imaginé, en 1824, son ingénieux instrument connu sous le nom de *sonde-érigne*. De petites griffes, mues par un ressort à boudin, réunissaient les bords de l'ouverture préalablement avivés par la cautérisation, pendant que la cavité d'un tube central conduisait l'urine au dehors à mesure qu'elle arrivait dans la vessie. Quoique le mode d'avivement fût défectueux, Lal-

lemand guérit radicalement sa première malade. Le fait fut publié
dans le mémoire dont nous avons parlé, et depuis lors cinq autres
succès sur seize opérations vinrent couronner ses efforts. « Aucun
chirurgien avant lui, dit M. Broca (*Éloge de Lallemand*), n'avait obtenu un pareil nombre de résultats heureux dans le traitement
d'une affection qui passait généralement pour incurable. »

Lallemand avait prévu les inconvénients qui pouvaient résulter
de l'implantation des crochets dans la muqueuse de la vessie.

En 1829, M. Laugier se préoccupa de ces inconvénients, et il
imagina une *pince-érigne* destinée à être appliquée par le vagin;
les crochets, acérés, courts, coniques, point trop recourbés, dirigés
en haut avant leur rapprochement, doivent par leur mouvement
être à peu près portés presque parallèlement à la cloison qu'ils ac-
crochent. « Nous avons redouté, ajoute M. Laugier, l'action des crochets de dedans en dehors; ici nous agissons de dehors en dedans.
Je crois, et c'est dans ce but que les crochets sont courts, qu'il est
suffisant, *pour réunir les lèvres de la plaie vésicale, d'agir sur le tissu
ferme du vagin sans intéresser la vessie,* ce qui éloigne la crainte de
nouvelles fistules ou d'une perte de substance de la vessie produite par les crochets de l'instrument. » L'instrument de M. Laugier était, d'ailleurs, construit de manière à pouvoir s'appliquer
aux fistules transversales, tout aussi bien qu'aux longitudinales.

Nous empruntons encore au travail de M. Verneuil (1859) des
faits qui démontrent que l'avantage de l'affrontement des larges
surfaces saignantes, que la chirurgie américaine a su aussi généralement adopter, se trouve indiqué dans les travaux de plusieurs
chirurgiens français. Dans notre pays en effet, mais seulement
en 1841, Gerdy préconisa l'affrontement par de larges surfaces; il
disséqua la muqueuse vaginale, renversa les lambeaux obtenus du
côté du vagin et les maintint adossés par leur face saignante à l'aide
de la suture enchevillée. Un an plus tard, Leroy (d'Étiolles), dans
un mémoire rempli d'idées ingénieuses, insistait de son côté sur
les avantages du même principe; seulement, au lieu de dédoubler

par la dissection la cloison vésico-vaginale, il proposait d'accoler,. avec l'aide d'instruments particuliers, *les parois vaginales avivées* au pourtour de l'ouverture.

Il n'est pas jusqu'à la position sur les genoux qui n'eût été expérimentée et conseillée, mais sans être adoptée. En 1839, dans sa *Médecine opératoire*, M. Velpeau concluait, de ses essais sur le cadavre, qu'il serait plus avantageux pour découvrir la fistule de faire placer la malade à genoux, un matelas roulé passé sous le ventre pour la soutenir, tandis qu'un aide tiendrait le vagin dilaté au moyen d'une large gouttière de métal, de corne ou de bois mince.

M. Velpeau avait aussi essayé l'autoplastie à l'aide de lambeaux. Ayant rencontré plusieurs femmes qui avaient inutilement subi l'élytroplastie par le procédé du bouchon, que nous avons vu imaginé par ce chirurgien pour la bronchoplastie, il essaya d'emprunter à la paroi postérieure du vagin un lambeau en forme de pont. Nous n'insistons pas sur ces essais, qui n'ont pas réussi; nous n'avons pas rappelé non plus les opérations faites par Dupuytren et M. J. Cloquet à l'aide de la cautérisation : on sait qu'elles peuvent réussir dans certains cas, lorsque la fistule est petite et récente. Notre but était surtout de montrer les progrès de la méthode d'obturation directe par l'avivement et la suture : car c'était dans son application perfectionnée que devait se rencontrer enfin la solution de l'intéressant problème de la guérison des fistules vésico-vaginales.

Il est cependant encore aujourd'hui des fistules incurables, et c'est à propos de ces cas qu'il convient de rappeler la méthode indirecte de Vidal (de Cassis), qui imagina, en 1844, d'aviver soigneusement le contour de la vulve et de réunir la plaie par la suture dans le but de fermer complétement le vagin, qui devient alors une annexe de la vessie et sert de réservoir à l'urine. Il est aisé de comprendre que plus d'une objection ait été faite à cette méthode, qui reste comme ressource dans les cas où tout autre procédé régulièrement appliqué a constamment et complétement échoué.

Les fistules urinaires chez l'homme, certains vices de conformation des organes génitaux, ont encore fourni à la chirurgie moderne
l'occasion de montrer ce que l'on peut attendre des méthodes restauratrices qu'elle a créées et étudiées avec tant de soin.

C'est pour obtenir la guérison des fistules urétro-péniennes que
de nouvelles méthodes de traitement ont dû être proposées. Ces
fistules résistent plus souvent que les autres à l'emploi des méthodes indirectes, c'est-à-dire à la dilatation du rétrécissement, à la
suppression de l'obstacle au cours des urines, à l'emploi de la sonde
à demeure ou du cathétérisme fréquemment répété. La minceur des
tissus explique bien l'insuccès de tous ces moyens de traitement, qui
réussissent, par exemple, pour les fistules périnéales. Mais il existe
encore pour l'application des procédés opératoires des obstacles puissants : ce qui permet de dire que la guérison des fistules urétro-
péniennes est une des grandes difficultés de la médecine opératoire.

Ces obstacles sont les érections qui distendent et rompent les
sutures, et le contact de l'urine, qui s'oppose à la cicatrisation.
Il fallait avant tout tenir compte de toutes ces difficultés.

L'*urétrorrhaphie*, c'est-à-dire la suture après avivement, ne pouvait
être utilement appliquée; plusieurs opérations ont cependant été
tentées; mais si l'on a obtenu quelques succès, combien n'a-t-on
pas eu de revers à déplorer!

L'*autoplastie*, que l'on désigne alors sous le nom d'*urétroplastie*,
devait mieux assurer le succès. Elle oppose en effet de larges surfaces saignantes, et non des lignes étroites comme le simple avivement; elle a permis encore d'éviter l'action du liquide urinaire, en
transportant loin de l'orifice fistuleux le point où l'on établira les
sutures; la sonde, laissée à demeure dans l'urètre, aide encore à
obtenir ce résultat : cependant il n'est pas toujours assuré. Aussi
a-t-on songé à détourner le cours de l'urine, en pratiquant en
arrière de la fistule, dans la région du périnée, une ouverture
artificielle, ou en dilatant une ouverture préexistante. On a désigné cette opération sous le nom de *boutonnière périnéale*.

Malgaigne (1861) a proposé un moyen plus direct encore : c'est de pratiquer la ponction de la vessie au-dessus des pubis. Il se fonde sur le peu de danger de la ponction, comparée aux inconvénients ou aux dangers de la boutonnière périnéale. Mais la proposition de Malgaigne n'a pas encore été mise à exécution, tandis que la boutonnière périnéale a été plusieurs fois pratiquée.

Ce sont les procédés de la méthode française qui ont pu être avantageusement utilisés. Les procédés de la méthode indienne devaient échouer pour les mêmes raisons que pour l'anus contre nature. Aussi ne ferons-nous que rappeler les procédés de Delpech et de Jobert, qui s'y rapportent.

Le procédé *à tiroir*, mis en usage en 1834, par M. Alliot, donna au contraire un succès. Ce procédé ingénieux permettait de placer la suture latéralement, et non vis-à-vis de la fistule. Le chirurgien dissèque un petit lambeau quadrilatère sur un des bords de la fistule, dénude de l'autre côté un espace équivalent aux dimensions de son lambeau, et, l'attirant directement de ce côté, le fixe dans cette nouvelle position. Cette même méthode a été utilisée plus tard par M. Gaillard (de Poitiers), qui fit glisser en arrière de la fistule le fourreau de la verge disséqué dans toute sa circonférence : la guérison fut obtenue après deux opérations.

C'est en 1834 que Viguerie père, chirurgien en chef de l'Hôtel-Dieu de Toulouse, rappela l'attention des chirurgiens sur la boutonnière périnéale. Le hasard l'avait conduit à penser que la boutonnière pouvait être une ressource dans quelques cas de fistules opiniâtres. Viguerie avait dû pratiquer l'opération de la taille chez un malade atteint de nombreuses fistules urinaires, pour extraire un fragment de sonde tombé dans la vessie. Les urines coulèrent par la plaie pendant quarante jours, et après ce temps reprirent leur cours par l'urètre : les fistules s'étaient guéries spontanément. En 1840, M. Ségalas eut à traiter un malade qui, outre une large perte de substance à la région spongieuse, présentait encore plusieurs trajets fistuleux à la région périnéale. Il introduisit par un de ces trajets une sonde, qu'il put conduire jusque dans la vessie, détourna ainsi le cours de l'urine et obtint après plusieurs opérations l'oblitération des fistules de la portion membraneuse de l'urètre. L'année suivante, une opération pratiquée par M. Ricord, une nouvelle guérison obtenue par M. Ségalas, consacraient l'utilité de la méthode de Viguerie.

La boutonnière périnéale n'empêche pas toujours d'une manière absolue la filtration de l'urine à travers la portion antérieure de l'urètre; de plus, ainsi que nous l'avons déjà dit, elle expose à des accidents sérieux : aussi n'a-t-elle pas été acceptée par tous les chirurgiens, et tous s'accordent-ils à ne conseiller d'y avoir recours que lorsque d'autres méthodes moins dangereuses auront échoué. Le plus grand progrès à accomplir serait d'imaginer des procédés opératoires qui permissent d'en éviter l'emploi.

L'opération proposée par M. Nélaton en 1852 diminuera certainement le nombre des cas où il sera nécessaire d'y avoir recours. C'est une *autoplastie par dédoublement*, à laquelle ce chirurgien a eu l'idée de recourir. « On sait, dit M. Nélaton, que, dans les cas de fistules urétro-péniennes rebelles, le trajet fistuleux n'existe pas en réalité : les orifices cutané et urétral sont juxtaposés et confondus. L'opération que nous proposons et que nous avons déjà exécutée avec succès, consiste à détruire cette juxtaposition; de plus, en détachant la peau dans une certaine étendue on obtient de larges surfaces que l'on peut affronter l'une contre l'autre. » Deux incisions horizontales sont pratiquées à 3 centimètres environ au-dessus et au-dessous de la fistule préalablement avivée; puis la peau est complétement décollée dans toute l'étendue comprise entre ces incisions, de telle sorte qu'un large pont percé au centre par la fistule est écarté de l'urètre. Ce dédoublement opéré, il devient facile de faire cicatriser la fistule ainsi éloignée, à l'abri du contact de l'urine. Aussi, après avoir pratiqué le décollement, on abandonne la plaie sans suture; le travail de cicatrisation ne tarde pas à rapprocher les bords de la fistule cutanée. Pour hâter ce rapprochement, M. Nélaton enfonce à travers l'orifice fistuleux, mais très-loin de sa circonférence, une longue épingle à insecte, maintenue par un fil de soie à peine serré. Cette épingle est laissée en place pendant douze heures; tous les deux ou trois jours la même manœuvre est recommencée jusqu'à ce que l'orifice fistuleux soit presque entièrement oblitéré.

C'est encore à la chirurgie française que sont dues les opérations destinées à remédier aux vices de conformation des organes génitaux de l'homme.

Nous ne parlerons que de ce qui a été fait pour remédier aux fissures congénitales de l'urètre, c'est-à-dire à l'hypospadias et à l'épispadias. Les opérations pratiquées pour remédier aux imperforations n'offrent rien de nouveau qui doive être signalé.

L'*hypospadias* est une difformité congénitale des organes sexuels de l'homme, consistant dans la brièveté relative du canal de l'urètre, la division ou l'absence de sa paroi inférieure, de telle sorte que le canal s'ouvre à une distance variable de l'extrémité du gland, au-dessous du pénis.

Cette définition appartient à M. Bouisson (de Montpellier), qui, en 1860, a publié sur ce sujet le mémoire le plus complet que nous connaissions.

Il est des cas qui peuvent être absolument comparés à ceux dont nous venons de nous occuper sous le nom de *fistules urétro-péniennes*. C'est dans un cas de ce genre que Blandin (1846) pratiqua avec succès une autoplastie par glissement.

Le plus communément, au contraire, il n'y a aucun vestige de canal en avant de l'orifice anomal qui donne passage à l'urine et au sperme. Il faut de toutes pièces construire un canal nouveau. Les tentatives d'urétrogénie n'ont pas été suivies de succès; seul le cas de M. Ripoll (de Toulouse) (1856) fait exception. Le canal avait été créé par perforation, c'est-à-dire que l'urètre artificiel avait été foré à travers les tissus du gland et de la verge. C'est

l'opération ancienne reprise par Dupuytren, mise en usage par
M. Guersant, et, avec un procédé nouveau, par M. Chassaignac.
L'urétrorrhaphie et l'urétroplastie n'ont pas été plus heureuses
dans leurs applications. MM. Velpeau, Malgaigne, Ricord, Bouisson,
l'ont cependant tentée. M. Bouisson a été plus heureux dans les
opérations qu'il a pratiquées pour libérer la verge atteinte d'hypospadias des adhérences qui l'unissaient au scrotum, et quand il a
fait la section sous-cutanée d'une bride fibreuse qui maintenait
soudée la verge d'un hypospade.

L'intervention chirurgicale peut rendre dans des cas semblables
de véritables services; il en est de même dans l'épispadias.

L'*épispadias* consiste dans une ouverture fissuraire congénitale
et plus ou moins étendue de la paroi supérieure de l'urètre avec
ectopie de ce canal, qui est superposé aux corps caverneux au lieu
d'être situé au-dessous d'eux comme dans l'état normal. Les malheureux atteints de ce vice de conformation ont la verge absolument déformée, et sont tourmentés par une incontinence d'urine
absolue, incessante. Un appareil ne peut être efficacement appliqué,
vu l'état des parties qui ne s'y prête nullement. On voit combien
est triste la situation des sujets épispades. Grâce aux opérations
imaginées et pratiquées par M. Nélaton, la chirurgie peut maintenant apporter un soulagement notable à l'état de ces malheureux,
en remédiant à l'incontinence d'urine, ou en permettant aux opérés
de porter un appareil destiné à recevoir les urines.

Dieffenbach en 1837, Bégin en 1838, Blandin en 1848, avaient,
mais sans succès, pratiqué des opérations par divers procédés.

En 1852, M. Nélaton opéra un premier malade. Dans cette
première opération un lambeau quadrilatère, taillé aux dépens de
la paroi abdominale immédiatement au-dessus de la verge, fut ra-
battu sur elle comme un tablier et compris entre deux lambeaux
en forme de valves, disséqués sur les parois latérales de la verge.

En 1853, M. Nélaton opéra un second malade, et cette fois il
superposa au lambeau abdominal un lambeau scrotal en forme de

pont, sous lequel fut introduite la verge, préalablement recouverte
d'un lambeau abdominal, comme dans le cas précédent. Non-seulement le lambeau scrotal doublait le lambeau abdominal; mais il
le maintenait naturellement, faisant presque l'effet d'une suture
vivante. Aussi le lambeau abdominal, qui dans le premier cas
tendait à remonter vers l'abdomen, sollicité par la rétraction de la
cicatrice abdominale, fut-il parfaitement maintenu. Ces deux opérations eurent les suites les plus simples. Le dernier opéré resta
cinq mois à l'hôpital des cliniques, et, lorsqu'il quitta le service,
non-seulement il gardait l'urine étant assis ou couché; mais, dans
les derniers temps, même en se promenant dans les salles, il ne
salissait pas ses vêtements; il partit sans appareil.

Cette opération a été répétée quatre fois à Paris, trois fois en
1860, par M. Dolbeau, une fois en 1862, par M. Follin.

Un des opérés de M. Dolbeau succomba à une maladie accidentelle; les trois autres guérirent simplement de l'opération, et
furent très-améliorés sous le rapport de l'incontinence d'urine.
En 1860, M. Foucher avait opéré un épispadias incomplet; des
lambeaux latéraux, pris aux dépens des téguments de la verge,
servirent à reconstituer le canal : la réunion manqua. Le mémoire
publié par M. Dolbeau en 1860 et la thèse de M. F. Guyon traitent
complétement cette question, dont les éléments principaux sont
dus à des travaux français.

Il est, nous le croyons, inutile de remarquer, en terminant ce
chapitre, combien est grande l'importance des services rendus par
les méthodes restauratrices; mais il est utile de rappeler que les
opérations autoplastiques sont encore inhabiles à remédier à un
certain nombre de difformités. C'est pour ces cas que la *prothèse*
est souvent appelée au secours de l'art chirurgical; elle lui vient
encore en aide pour réparer les mutilations que le chirurgien
est souvent obligé de faire. Ses progrès ont été remarquables;
chaque jour les voit grandir encore. Si nous n'avions en vue que

le légitime désir de faire ressortir tout ce qui, de près ou de loin, vient en aide à l'art chirurgical, nous aurions certainement dû consacrer une importante partie de notre travail à l'étude des appareils de prothèse; mais il fallait nous imposer une limite. Nous avons dû nous abstenir de parler de l'instrumentation; des motifs analogues à ceux que nous pourrions indiquer pour justifier cette manière de faire nous engagent aussi à ne pas aborder ici la question de la prothèse. L'habileté et, nous avons tout droit de le dire, la supériorité de nos fabricants auront d'ailleurs, sans que notre participation soit en rien nécessaire, l'occasion de s'affirmer une fois de plus.

MÉTHODES CONSERVATRICES.

A côté des méthodes *réparatrices* viennent naturellement se placer celles qui ont reçu le nom de *conservatrices*.

Déjà nous avons eu l'occasion de dire que c'était une des tendances les plus accusées de notre chirurgie que l'application, que le perfectionnement des moyens qui permettent de limiter la destruction, ou de substituer à l'opération un traitement non sanglant.

A un certain point de vue, les méthodes que nous avons étudiées sous le titre de *préservatrices* et de *réparatrices* mériteraient tout aussi bien d'être appelées *conservatrices*. Si elles ne diffèrent pas dans leur esprit, elles sont cependant distinctes dans la spécialité de leurs applications.

Les méthodes conservatrices ont surtout pour objet d'éviter le sacrifice des membres, et par conséquent de substituer aux amputations des opérations ou des procédés de traitement particuliers. Là ne se bornent pas, il est vrai, leurs applications; nous aurons souvent occasion de signaler dans les opérations spéciales les manifestations les plus évidentes des tendances conservatrices; mais nulle part nous ne les trouvons plus accentuées, plus éclatantes, que lorsqu'il s'agit de la conservation des membres, toujours considérée par les chirurgiens comme le triomphe de l'art.

Les lésions organiques et traumatiques des os nécessitent moins souvent l'amputation depuis que la chirurgie s'est enrichie des resections, et qu'elle s'efforce chaque jour, non sans succès, de substituer ces dernières opérations à l'ablation des membres. Ce moyen de suppléer aux amputations, que Sabatier (1796) proclamait déjà comme un des plus grands pas qu'eût faits la chirurgie moderne, est en effet l'un des plus précieux et des plus brillants; mais la chirurgie dispose de ressources non moins utiles et plus réellement conservatrices encore, de méthodes de traitement assez puissantes pour empêcher qu'une opération ne devienne nécessaire, et pour permettre de guérir la maladie sans avoir besoin de ce moyen extrême. Nous voulons faire allusion, surtout, aux nouvelles méthodes de traitement des maladies articulaires, qui constituent l'un des progrès les plus utiles de notre chirurgie. Le perfectionnement considérable apporté dans la thérapeutique des maladies des articulations a de beaucoup diminué, en effet, le nombre des cas où l'amputation et la resection étaient nécessaires. Ce sont donc bien là des méthodes conservatrices. A Bonnet (de Lyon) revient surtout l'honneur d'avoir, par l'ensemble de ses travaux, tous appuyés sur la base solide de l'anatomie et de la physiologie, fondé la méthode nouvelle. Il en a démontré l'excellence par des faits nombreux, et, grâce à ses efforts persévérants, il a pu la faire prévaloir dans la pratique.

Ainsi que l'a écrit cet éminent chirurgien, plusieurs découvertes modernes ont favorisé ses travaux. La *méthode sous-cutanée* a fourni des moyens sûrs et innocents de vaincre les résistances opposées par les tendons et par les muscles. L'*éthérisation*, en permettant de faire mouvoir les jointures malades sans y provoquer de douleur, a rendu un service immense au diagnostic des lésions et au redressement des difformités. Les *systèmes de bandages qui se moulent sur les formes du corps*, quoique primitivement inventés pour les fractures, ont permis de supprimer les pansements dont les attelles droites et inflexibles formaient la base, et d'assurer le repos des articulations sans exercer de pressions douloureuses. Enfin la *cautéri-sation*, constituée dans ses principes et perfectionnée dans ses procédés, a fourni des moyens nouveaux de favoriser la résolution et l'organisation complète des tissus engorgés et fongueux.

Il est de toute évidence, en effet, que, sans l'heureux concours de ces différents moyens, et en particulier de l'anesthésie et des appareils inamovibles, les règles du traitement des maladies articulaires n'auraient pu être efficacement appliquées dans un grand nombre de cas.

Ramener les membres à leur direction normale et en assurer le repos : tels sont en effet les principaux éléments du problème à résoudre pour assurer le traitement des maladies des articulations. Dans certains cas, le chirurgien doit se préoccuper ensuite de régler l'exercice élémentaire ou l'exercice complet des mouvements. Mais la plupart des opérations destinées à redresser les membres sont extrêmement douloureuses, souvent longues; de plus, la contraction musculaire, qui entretient les positions vicieuses, est telle chez les arthralgiques, que dans bien des cas les plus grands efforts ne sauraient la vaincre. Il est donc aisé de se rendre compte des secours que fournit l'anesthésie, qui supprime à la fois la douleur et les contractions musculaires. Mais, dans les cas anciens, les adhérences fibreuses organisées autour de la jointure ou dans l'articulation elle-même, ou la rétraction des muscles, réclament l'usage de manœuvres hardies, l'emploi des moyens mécaniques ou la section sous-cutanée des muscles résistants. Certains appareils sont encore nécessaires pour rétablir les mouvements dans les cas où il est permis de perfectionner ainsi la guérison; enfin, dans tous les cas, outre les applications topiques, une médication générale appropriée est de rigueur.

On peut donc s'imaginer tout ce qu'il fallait mettre en œuvre pour arriver à la réalisation pratique et efficace d'un traitement véritablement rationnel. Un grand nombre de mémoires, deux grands ouvrages didactiques que nous avons déjà cités et un dernier volume qui n'a paru que quelques jours après la mort de l'auteur (1858), sous le titre de *Nouvelles méthodes de traitement des maladies articulaires*, furent consacrés par Bonnet à l'exposition de ses travaux spéciaux sur ce sujet; ils ont exercé sur la pratique des chirurgiens étrangers et des chirurgiens français l'influence la plus directe.

Les travaux de Bonnet ont trop honoré notre chirurgie, pour que nous hésitions à reproduire l'appréciation qui en fut faite devant la Société de chirurgie par M. Broca (1859) :

« Avant lui, sans doute, on guérissait déjà, sans amputation et sans resection, beaucoup de tumeurs blanches, mais ces cures ne s'obtenaient souvent qu'au prix d'une infirmité permanente. La soudure de l'articulation était considérée comme une terminaison heureuse; les déviations, les rétractions, les subluxations consécutives, comme des accidents presque sans remède. On désirait toujours, dans la prévision de l'ankylose, que le membre gardât une position déterminée; on avait recours aux gouttières ou aux appareils pour l'y maintenir en immobilité; mais lorsqu'il était déjà dévié, lorsque la rétraction instinctive des muscles, provoquée et entretenue par la douleur inflammatoire, avait déjà déformé la jointure, on croyait devoir conserver cette attitude vicieuse, dans la crainte d'exaspérer l'inflammation par des manœuvres violentes et très-douloureuses, de provoquer la suppuration et d'interrompre le travail d'une guérison commencée.

« Bonnet, dans ses premières tentatives, ne se proposait d'abord, en redressant les tumeurs blanches, que d'atténuer les inconvénients de l'ankylose éventuelle ; et, dominé comme tout le monde par la crainte de redoubler l'inflammation, il n'était pas sans inquiétude sur le résultat des tiraillements auxquels il soumettait l'articulation malade. Mais il reconnut bientôt, à sa grande satisfaction, que le redressement, et même le redressement brusque, quelque douloureux qu'il fût sur le moment, était suivi, au bout de quelques heures, d'un soulagement marqué, pourvu que le

membre fût immédiatement immobilisé dans un appareil convenable; puis il constata que l'inflammation, au lieu de s'accroître,
diminuait souvent avec rapidité, et qu'en définitive la bonne position n'était pas seulement un moyen d'empêcher la production des
difformités, que c'était encore un moyen antiphlogistique.

« Je passe sous silence l'explication, peut-être contestable, qu'il a
donnée de ce grand fait, et les expériences anatomiques qui l'ont
conduit à déterminer pour chaque articulation la position la plus
favorable. Cette position est précisément celle que les chirurgiens
avaient indiquée et désirée : la rectitude pour la hanche et le genou, l'angle droit pour le cou-de-pied, la demi-flexion pour la
jointure du coude, etc.

« Mais, si l'on se bornait à redresser le membre et à le maintenir
immobile, l'ankylose complète ou incomplète aurait chance de se
produire, et les fonctions de la jointure seraient à jamais perdues.
Prévenir l'ankylose, telle fut la seconde indication que poursuivit
notre éminent collègue. Tous les chirurgiens avaient déjà eu la
même pensée; plusieurs avaient osé la mettre à exécution, et, certes,
ce n'étaient pas les moyens qui manquaient. Il suffisait, à la fin du
traitement et lorsque l'inflammation paraissait éteinte, de soumettre
l'articulation à des manipulations méthodiques, pour empêcher la
soudure des surfaces opposées, et pour rendre aux ligaments rétractés et aux muscles raccourcis par une longue inaction leur
longueur et leur flexibilité. Mais cette indication, si simple qu'elle
fût, n'avait pu pénétrer dans la pratique commune. On craignait
toujours de rallumer l'inflammation, de provoquer la récidive de
la tumeur blanche : on voulait attendre, avant d'agir, que l'engorgement fût entièrement dissipé, et, lorsque ce moment était venu,
il était trop tard, l'ankylose était déjà confirmée.

« Tel était l'état des esprits avant les travaux de Bonnet. Qu'il me
soit permis de dire, cependant, que déjà, avant 1830, un médecin
dont je m'honore d'être le gendre avait professé, dans ses cliniques
à l'hôpital Saint-Louis, que le mouvement favorise chez le scro-

fuleux la résolution des tumeurs blanches au déclin. Bonnet, qui était alors interne dans le même hôpital, ne perdit pas le souvenir des leçons de Lugol, et n'hésita pas, quinze ans plus tard, à lui attribuer la découverte de ce fait important.

« Malgaigne, en 1843, fit faire un grand pas à la question, en divisant avec précision la marche des tumeurs blanches en deux périodes bien distinctes : l'une où l'immobilité est de rigueur, l'autre où les mouvements sont nécessaires ; il indiqua les signes propres à chacune des deux périodes, et dans cette voie alla même plus loin que Bonnet. Ce n'est donc pas celui-ci qui a inauguré la nouvelle méthode ; mais c'est lui qui l'a développée, perfectionnée et qui en a démontré l'excellence par des faits nombreux et éclatants ; c'est lui, enfin, qui a eu le mérite de la faire prévaloir dans la pratique.

« En étudiant la question de plus près, il reconnut que souvent les altérations anatomiques sont très-inégalement réparties sur les ligaments et les surfaces d'une même articulation, qu'elles peuvent entrer en résolution à des époques différentes, et qu'il peut être avantageux de faire exécuter certains mouvements à un moment où certains autres seraient nuisibles. La flexion et l'extension, l'adduction et l'abduction, la rotation, la circumduction, sont autant de fonctions distinctes ; il faut savoir les remettre en jeu par des mouvements indépendants, et souvent à des périodes successives. Le *fonctionnement partiel ou élémentaire,* suivant son expression, doit donc précéder le *fonctionnement complet.* Pour obtenir le fonctionnement partiel des articulations, il inventa un grand nombre de machines fort ingénieuses et fort efficaces, sans aucun doute, mais qui ont peut-être l'inconvénient de compliquer outre mesure l'arsenal de la chirurgie.

« Il avait déjà beaucoup fait pour la thérapeutique des affections articulaires, et, grâce aux moyens qu'il avait vulgarisés, le nombre des tumeurs blanches guéries sans difformité et sans infirmité allait croissant de jour en jour. Mais il restait une nombreuse catégorie de malades qui, mal dirigés ou mal soignés, gardaient, après la

guérison, des déviations osseuses, des rétractions de ligaments ou
de muscles, des subluxations ou des adhérences. Fallait-il abandonner à leur sort ces malheureux estropiés? Bonnet ne put s'y
résoudre, et le traitement de ces cas, presque toujours réputés incurables jusque-là, fut le but principal de ses efforts pendant les
dernières années de sa vie.

« Il s'occupa surtout des coxalgies anciennes, de ces difformités
dont la nature a été si longtemps méconnue, dont l'étiologie a été si
souvent discutée, et qu'on attribuait, avant les travaux de notre collègue M. Parise (de Lille) (1842-1843), à un déboîtement spontané
de l'articulation coxo-fémorale. Vous connaissez tous le beau travail
dans lequel M. Parise a démontré que cette prétendue luxation est
presque constamment une déviation articulaire, une adduction
exagérée et permanente, compliquée de rotation et accompagnée
d'une forte inclinaison du bassin. L'esprit éminemment pratique de
Bonnet tira parti de ces notions précieuses, et sa persévérance obs-
tinée, son habileté, son audace, surmontèrent toutes les difficultés.
De vigoureuses manipulations, faites à la faveur de l'anesthésie, qui
écarte la douleur et relâche les muscles, lui permirent de redresser
en une ou plusieurs séances des coxalgies invétérées; et, lorsque la
rétraction trop considérable des adducteurs rendit ces tentatives infructueuses, il n'hésita pas à plonger sous la peau un long ténotome,
et à aller, sur le pourtour du trou obturateur, au milieu de l'artère
obturatrice, couper les insertions de ces muscles rebelles. Ce fut le
désir de faire connaître cette méthode savante et hardie qui le
conduisit au milieu de nous au mois d'août dernier. Le moment
n'est peut-être pas encore venu de la juger. La discussion longue
et animée qu'elle provoqua lui fut favorable à quelques égards.
Le principe des manipulations fut assez généralement accepté; mais
l'opportunité de la section des adducteurs fut mise en doute par
beaucoup d'entre vous. Quoi qu'il en soit, un certain nombre de
succès complets, et un plus grand nombre d'améliorations ont été
obtenus depuis cette époque dans les hôpitaux de Paris, et si l'on

est loin d'être d'accord sur la nature des cas où la méthode nouvelle doit être appliquée, on sait, du moins, que la coxalgie ancienne a cessé d'être incurable. C'est un grand progrès, et c'est à Bonnet qu'il est dû. »

Les appréciations si compétentes que nous venons de rapporter montrent bien que les préceptes de Bonnet ont été généralement acceptés. La discussion qui s'est élevée à la Société de chirurgie, en 1865, sur le traitement de la coxalgie, en fournit un nouveau témoignage. Le principe de l'immobilisation dans une bonne position pour les arthrites est maintenant accepté par tout le monde. Mais nous devons dire qu'avec Bonnet, M. Richet, dont les travaux sur les tumeurs blanches (1851) ont été cités dans un autre chapitre, a le plus contribué à le faire admettre. Le redressement brusque et forcé pendant l'anesthésie chloroformique est aussi préféré au redressement graduel. Sans doute, ainsi que le remarquait M. Bouvier à la Société de chirurgie (1861), le procédé de Bonnet n'est pas resté tout à fait ce qu'il était entre ses mains ; on en a adouci et restreint l'application. L'expérience, éclairée par quelques accidents, a tracé les limites qu'on pouvait atteindre, mais qu'il ne fallait pas dépasser. Cette méthode n'est pas exempte de dangers, et M. Bouvier s'associe aux sages conseils donnés par M. Verneuil sur la réserve qu'il faut apporter dans l'emploi de cette méthode et dans la pratique des manipulations en particulier. Mais, si ces conseils sont très-applicables aux cas difficiles ou compliqués, le redressement brusque, dans les cas ordinaires, a été préféré au redressement graduel, quoique cette manière de procéder fût défendue par M. Bouvier.

Les principes relatifs à la nécessité de rétablir les mouvements sont aussi acceptés par tous les chirurgiens. Malgaigne, qui avait attiré l'attention sur ce point avant Bonnet, a développé cette importante question d'une façon complète dans ses *Leçons d'orthopédie* (1862). D'une manière générale, il n'accepte pas les appareils de Bonnet, qui donnent le mouvement sans le doser : ce que l'on fait, en général, tout aussi bien et à moins de frais avec la main pour les cas qui le permettent. Lorsque les appareils sont nécessaires, ce qui arrive assez souvent, Malgaigne s'attache à démontrer qu'il faut recourir à des appareils à la fois puissants et parfaitement gradués. Le mouvement dans les grandes roideurs ne peut être administré qu'avec prudence, et il est des cas où il ne faut même pas songer à rétablir les fonctions de l'articulation ; ce serait vouloir arriver à un but impossible à atteindre et dangereux à poursuivre. Ce fut une illusion de Bonnet que de croire que le mouvement pouvait être rétabli, lorsque les surfaces articulaires ou les tissus péri-articulaires avaient été sérieusement atteints ; Malgaigne s'est attaché à le bien démontrer, et cette manière de voir est, aujourd'hui, acceptée par les élèves même de l'éminent chirurgien de Lyon.

C'était, d'ailleurs, la conséquence la plus probable à déduire de la connaissance des lésions qui accompagnent les roideurs anciennes qui ont succédé à une maladie de la jointure. Là encore, comme pour tous les points de cette importante partie de la thérapeutique chirurgicale, l'étude précise de l'anatomie et de la physiologie normales et pathologiques a surtout servi de guide. Aussi rappellerons-nous ici, quoique nous les citions ailleurs, indépendamment des travaux tout spéciaux de M. Richet, ceux de Larrey, Lisfranc, Lugol, Gerdy, Velpeau, qui ont donné une nouvelle impulsion à l'étude des tumeurs blanches, impulsion dont nous venons de constater l'heureuse influence. Il est, en particulier, bien intéressant de rappeler que Larrey (1817) fut le premier et le seul alors qui, luttant contre l'école de Desault, contre Boyer, son représentant, niait la luxation comme conséquence naturelle de la coxalgie.

Quel que soit l'intérêt de ce sujet, la nature de ce travail ne nous permet pas de nous y arrêter plus longtemps ; nous ne pouvons même indiquer l'heureuse influence de moyens tels que les grands vésicatoires de M. Velpeau, des badigeonnages iodés, de la compression, remise en honneur et appliquée d'une manière si intelligente et si méthodique par Bretonneau (de Tours) et ses élèves, ni signaler, par contre, l'abandon des cautérisations profondes, si vivement recommandées, cependant, par Bonnet. Nous devons maintenant chercher à indiquer ce que les travaux modernes ont encore permis de retrancher dans la liste de ce que l'on appelle les *cas d'amputation.*

Démonstration de la moindre gravité des amputations de cause pathologique.

Faisons d'abord remarquer qu'un des résultats les plus importants fournis par les relevés statistiques, entrepris d'abord par Malgaigne (1842) pour les grandes amputations, fut la démonstration de la moindre gravité des amputations de cause pathologique. Des malades depuis longtemps aux prises avec une lésion chronique résistent mieux à la perte d'un membre que ceux qui, surpris en pleine santé par une blessure grave, sont obligés de courir les chances d'une amputation de cause traumatique.

Ces résultats bien acquis, constatés à nouveau dans d'autres relevés, n'autorisent pas le retard trop prolongé de l'amputation, lorsque les désordres pathologiques l'exigent; mais ne laissent-ils pas, cependant, une grande latitude au chirurgien? Ne lui permettent-ils pas même, dans des cas graves, de recourir, avant de se décider à la ressource extrême de l'amputation, à ces méthodes conservatrices dont nous avons rappelé les principes et les heureux résultats?

Contre-indications de l'amputation dans la gangrène spontanée.

Une des lésions qui, longtemps, ont été considérées par les chirurgiens comme étant de nature à indiquer l'amputation de la manière la plus positive, est celle qui résulte de la gangrène de toute l'épaisseur d'un membre. Nous pouvons dire que la pratique des chirurgiens français a été beaucoup modifiée à cet égard, par suite de la connaissance plus exacte des dangers de l'amputation comparés à ceux que fait courir aux malades l'élimination spontanée. MM. Aug. Bérard et Denonvilliers (1845) se sont élevés contre la doctrine de l'amputation, et leurs convictions sont aujourd'hui partagées. « On n'hésite plus, écrit M. Follin dans son *Traité de pathologie* (1861), à se ranger à l'opinion des auteurs du *Compendium de chirurgie*. Ces habiles chirurgiens ont savamment exposé et débattu les questions relatives à l'amputation dans la gangrène, et ils concluent à attendre, dans les gangrènes limitées, la chute spontanée du membre. »

« Telle est, à cet égard, notre conviction, écrivaient ces auteurs à propos de cette importante question, que, si nous étions placés nous-mêmes dans le cas que nous supposons, nous voudrions qu'on s'abstînt de l'opération et qu'on laissât s'accomplir d'elle-même une amputation naturelle exempte de douleurs et, le plus souvent, de dangers. »

Ainsi que nous le disions tout à l'heure, les résultats fournis par les statistiques sont de nature à encourager les tendances conservatrices, lorsqu'il s'agit d'opposer, dans leurs suites, les amputations traumatiques aux amputations pathologiques. En effet, la différence de ces résultats est frappante. M. Legouest, en réunissant les statistiques françaises de Malgaigne et de M. Trélat, et en y ajoutant les statistiques confirmatives faites en Angleterre par Lawrie et Fenwick, est arrivé à montrer que la mortalité à la suite des amputations de causes traumatiques est plus considérable que celle des amputations de causes pathologiques, dans la proportion de 54.93 p. o/o à 35.40 p. o/o, ou de 19.53. C'est, en définitive, une différence de près de 20 p. o/o.

Les résultats fournis par les statistiques sont loin d'être aussi décisifs lorsque l'on compare à elles-mêmes les amputations traumatiques, en tenant compte du moment où elles ont été pratiquées.

Les amputations de causes traumatiques sont, en effet, distinguées en amputations faites immédiatement ou très-peu de temps après l'accident, et en amputations pratiquées plus ou moins longtemps après l'accident. La plupart des chirurgiens rangent dans la première catégorie, comme le veut M. Velpeau, toutes les amputations pratiquées avant le développement des phénomènes inflammatoires.

M. Legouest (1865) est arrivé à conclure: 1° que les amputations primitives, prises en masse, n'ont sur les amputations consécutives qu'une supériorité de guérison presque insignifiante (0.29 p. o/o); 2° que les amputations primitives du membre supérieur, sans distinction de lieu, sont plus heureuses que les amputations consécutives (bras, 10.83 p. o/o; avant-bras, 20.15 p. o/o); 3° que les amputations primitives de la jambe sont plus heureuses que les amputations consécutives (11.26 p. o/o); 4° enfin que les amputations primitives de la cuisse sont moins heureuses que les amputations consécutives (21.54 p. o/o).

Ces chiffres sont empruntés, par M. Legouest, tant à ses statistiques personnelles qu'à celles fournies par les chirurgiens que nous avons déjà cités, et, en grande partie, aux statistiques dressées par les chirurgiens anglais et français qui ont pris part à la guerre de Crimée. Parmi ces derniers, outre M. Legouest, nous citerons MM. Chenu, dont nous avons déjà signalé le beau travail statistique, Salleron, Valette, Lustreman, Quesnoy, Maupin. M. Legouest a consigné le résultat de ses recherches, en 1859, dans les *Archives générales de médecine,* où il a étudié dans ses tendances la chirurgie militaire contemporaine, et apprécié ses principaux travaux; en 1863, dans son *Traité de chirurgie d'armée,* et enfin, en 1865, dans l'article *Amputation* du *Dictionnaire encyclopédique des sciences médicales.*

Les chiffres que nous avons cités sont empruntés à ce dernier travail. Ils portent évidemment avec eux cet enseignement que les amputations primitives sont, dans beaucoup de cas, moins dangereuses que les amputations consécutives; ils donneraient raison à Percy, Larrey et Ribes, qui avaient posé en principe la supériorité des amputations primitives, qui amputaient primitivement et qui

furent imités par leurs contemporains et leurs successeurs. Mais il
faut tout de suite observer, et c'est là ce qu'il y a de nouveau et d'important dans leurs enseignements, que ces statistiques démontrent
aussi que les dangers inhérents aux amputations consécutives ne
sont pas beaucoup plus graves que les dangers inhérents aux amputations primitives ; et, chose bien plus inattendue, que certaines
amputations consécutives (celles de la cuisse) sont plus heureuses
que les mêmes amputations primitives. S'il était un article de foi,
au point de vue de l'indication absolue de l'amputation immédiate,
c'était certainement pour les lésions traumatiques de la cuisse par
coup de feu, avec fracas de l'os. C'étaient là les cas d'amputation
les moins discutés ; aujourd'hui la chirurgie conservatrice les réclame.

Il faut reconnaître cependant que, dans la pratique civile comme
dans la pratique des armées, il reste encore bien des cas douteux,
et les résultats de la statistique ne sont pas faits, on le voit, pour
éclairer d'une manière absolue le chirurgien aux prises avec ces
cas difficiles. C'est cependant à elle qu'il convient de recourir.
« Avant de décider que le principe de la conservation du membre
est, en général, plus favorable, écrivait en 1839 M. Laugier dans
son *Bulletin chirurgical,* il faudrait réunir dans un examen comparatif le plus grand nombre des faits connus, et jeter ainsi les fon-
dements de cette statistique, que des faits peu nombreux, isolés,
peuvent contribuer à éclairer, sans doute, mais non constituer, et
qui seule peut-être doit donner cette solution si désirable et aujourd'hui si incertaine. »

La solution est moins incertaine aujourd'hui, et la révision, par
la statistique, de la doctrine de l'amputation primitive a certainement ramené les chirurgiens vers la chirurgie conservatrice. On
ne peut reprocher aux statistiques que de n'être pas encore suffisantes, non comme nombre de chiffres, mais comme éléments de
comparaison. Pour savoir si les tentatives de conservation des membres sont plus ou moins funestes que les amputations, il faudrait,

non-seulement que les statistiques établies dans le but de préciser la valeur des amputations primitives et des amputations consécutives donnassent les résultats absolus de ces opérations : c'est ce qu'elles ont fait jusqu'à présent ; mais qu'elles fissent entrer en ligne de compte, ainsi que le réclament dans leur discussion les auteurs du *Compendium*, le nombre de morts à la suite des accidents primitifs, chez les sujets non amputés.

L'étude des résultats généraux des amputations envisagés au point de vue de la chirurgie conservatrice est à la fois trop importante et a trop d'actualité pour que nous ne croyions pas devoir reproduire les quelques pages dans lesquelles M. Legouest les appréciait, tout récemment encore (1865), avec toute la compétence et à l'aide de tous les documents désirables.

« Après avoir apprécié les résultats des amputations relativement aux diverses circonstances où elles sont pratiquées, il convient d'examiner leurs résultats généraux, c'est-à-dire la mortalité qu'elles présentent, et de comparer cette mortalité à celle que donnent les tentatives de conservation des membres. L'obscurité qui règne encore sur ce point de chirurgie paraît devoir être attribuée à la confusion qui a été faite entre toutes les amputations, qu'elles soient nécessitées par des lésions traumatiques ou par des lésions organiques et spontanées, qu'elles soient primitives ou consécutives, qu'elles portent sur le membre supérieur ou sur le membre inférieur, sur une partie quelconque de l'un ou de l'autre. Il ne peut être question ici que des amputations de causes traumatiques : car il est bien évident qu'on n'en arrive à amputer pour des lésions organiques et spontanées qu'après avoir épuisé sans succès tous les autres moyens de traitement, et, parmi les amputations de causes traumatiques, il n'est pas moins certain qu'il en est dont la gravité surpasse beaucoup celle des autres, suivant le temps, le lieu et les différentes conditions où elles sont pratiquées. Ce ne sont donc pas les résultats des amputations prises en masse qu'il faut exposer pour donner une idée de la mortalité des opérations comparée à la mortalité de la chirurgie dite *conservatrice*, mais bien les résultats de chacune des amputations en particulier, mis en regard des résultats obtenus par les tentatives de conservation des membres dans les mêmes circonstances.

« Les partisans de cette chirurgie qui repousse les amputations, et qui de nos jours a reçu le nom de *chirurgie conservatrice*, ont existé de tout temps. Sans remonter plus haut dans l'histoire de l'art qu'aux jours de l'Académie royale de chirurgie, on sait que c'est à propos des résultats donnés par les amputations primitives et les amputations consécutives, exposés devant cette compagnie, que fut posée cette question : Vaut-il mieux amputer dans les cas traumatiques, ou s'abstenir de le faire? Peu de temps après le triomphe des idées de Boucher, partisan de l'amputation, sur celles de Faure, qui défendait la temporisation, Bilguer, chirurgien du roi de Prusse (1761), invoquant les résultats désastreux consécutifs aux amputations pratiquées pendant la guerre de Sept ans (1756 à 1763), demanda si les amputations ne devaient pas être en quelque sorte abandonnées. Comme il arrive toujours, ainsi que le fait remarquer Malgaigne, Bilguer eut des partisans qui allèrent plus loin que le maître, et dès lors les chirurgiens militaires, entre lesquels était resserré le débat, se rangèrent sous trois bannières: les uns amputaient immédiatement, les autres amputaient secondairement, les troisièmes, enfin, n'amputaient pas du tout.

« Déjà nous avons dit les phases traversées par la chirurgie dans la pratique des amputations primitives et des amputations consécutives; déjà nous avons montré combien il est difficile d'apprécier comparativement la valeur de ces opérations; la difficulté d'asseoir une opinion motivée est plus grande encore lorsque l'on examine cette nouvelle face de la question des amputations, attendu que les résultats de ces opérations ont été appréciés plus diversement que ceux des amputations primitives ou consécutives, par les chirurgiens les plus illustres des hôpitaux civils et des hôpitaux de l'armée, en France comme en Angleterre.

« En effet, Boucher estime que les deux tiers des amputés succombent; Bilguer affirme que, pendant la guerre de Sept ans, à peine un ou deux opérés guérirent; le vénérable Larrey pensait avoir sauvé les trois quarts de ses amputés; A. Blandin croit que les deux cinquièmes des amputations sont amenées à guérison. Puis viennent les statistiques, qui ne sont pas moins différentes que ces opinions. Benjamin Bell perd 5 p. o/o de ses amputés; Roux, en 1814, un peu plus de 36 p. o/o; en 1830, il perd 50 p. o/o; Larrey, moins heureux en 1830 que pendant ses longues campagnes, plus de 43 p. o/o; Guthrie annonce 43 morts p. o/o; Del' Signore, 20 p. o/o; Dupuytren, en 1830, perd 24 p. o/o; le même chirurgien, d'après Ménière, 73 p. o/o; Antoine Dubois, 10 p. o/o; Richerand, 73 p. o/o. Lawrie relève les amputations pratiquées à l'hôpital de Glascow de 1794 à 1859 : il trouve 36 morts p. o/o. Philips fait le tableau des amputations pratiquées de 1834 à 1838, et enregistre une mortalité de 23 p. o/o en France, de près de 30 p. o/o en Allemagne, de plus de 24 p. o/o en Amérique, de 22 p. o/o en Angleterre. Malgaigne compte les amputations pratiquées dans les hôpitaux de Paris de 1836 à 1844, et obtient le chiffre de 38 morts p. o/o. U. Trélat constate un meilleur résultat pendant les vingt années qui suivent. Malgaigne, pendant la guerre de Pologne de 1831, ne voit pas guérir un seul amputé du membre inférieur. Pendant la guerre de Crimée, l'armée anglaise perd 27 opérés p. o/o, l'armée française, 70 p. o/o, etc. De ces allégations diverses, de ces nombreuses statistiques dont on pourrait encore grossir le relevé, il est impossible de tirer aucune conclusion: car l'un des deux éléments indispensables à la solution de la question fait défaut, savoir le nombre de blessés guéris sans amputation.

« Un assez grand nombre de faits observés par les chirurgiens avaient prouvé surabondamment que des lésions traumatiques généralement considérées comme nécessitant l'amputation pouvaient guérir sans elle, ainsi que l'avait avancé Boucher; mais dans la pratique, et surtout dans la pratique des armées, ces lésions constituant les cas douteux étaient, sauf de rares exceptions légitimées par des circonstances toutes particulières, traitées par l'ablation du membre. La science en était là quand deux chirurgiens contemporains des plus autorisés vinrent, à la tribune de l'Académie de médecine (1848), battre en brèche les doctrines régnantes sur les amputations primitives et consécutives, et ébranler la confiance des chirurgiens dans la valeur des amputations en général : «Plus je vieillis, dit M. Velpeau, moins j'ampute. » — « Si j'avais «la cuisse cassée par un coup de feu, dit Malgaigne, je ne me lais- «serais pas amputer. » Ces déclarations exprimaient plutôt des impressions générales sur les résultats des amputations, que des convictions fermement assises sur des faits précis et colligés dans le but de réunir des éléments permettant d'établir une comparaison équitable entre la mortalité consécutive aux amputations, d'une part, et la mortalité consécutive à la conservation des membres, de l'autre.

« L'impulsion vers la chirurgie conservatrice avait néanmoins été donnée aux praticiens. Decaisne lisait devant l'Académie royale de Belgique un mémoire sur les moyens thérapeutiques propres à éviter les amputations; Alquié (de Montpellier) se déclarait partisan de la chirurgie conservatrice (1850). Seutin et Crocq, ayant pour adversaires Michaux et Soupart, discutèrent devant l'Académie royale de Belgique (1860) et proscrivaient les amputations dans le plus grand nombre de lésions traumatiques. Hutin (1854) rappelait que Ribes, l'ancien chirurgien en chef de l'hôtel des Invalides, n'avait pas vu sur quatre mille malades un seul amputé au tiers supérieur de la cuisse, d'où il concluait que l'amputation dans cette région est mortelle comme la blessure; et que plus tard Ribes avait été fort étonné de recevoir à l'hôtel sept militaires qui avaient guéri contre toutes les règles, sans mutilations. Successeur de

Ribes, il voyait lui-même, de 1847 à 1853, soixante-trois militaires atteints de coups de feu à la cuisse et qui avaient guéri sans opération, tandis que dans la même période il ne pouvait trouver que vingt et un amputés de la cuisse. Mais aucun relevé comparatif n'était donné : on se bornait à des assertions dénuées de preuves péremptoires ; on ne pouvait dire combien de blessés avaient survécu à l'amputation, combien avaient guéri en conservant leurs membres, à la suite de lésions traumatiques déterminées et comparables. »

Cependant M. Legouest avait démontré (1856) que les désarticulations de la hanche pratiquées immédiatement sont toujours suivies de mort, tandis que les désarticulations secondaires sont moins malheureuses, et que les tentatives de conservation du membre offrent encore plus de chances de succès. Poursuivant ses recherches (1859), et comparant les résultats donnés par les fractures du fémur par coups de feu traitées sans amputation ou par l'amputation, il était arrivé à conclure que, pendant la guerre de Crimée (1854-1855), les blessés traités pour fractures de cuisse par la conservation des membres ont guéri dans une proportion cinq fois plus grande que les hommes traités par l'amputation de la cuisse, pour une fracture de fémur ou toute autre lésion du membre inférieur. Tout en faisant la part des causes qui peuvent amoindrir la valeur de ces statistiques, basées sur un très-grand nombre de faits qui, englobant toutes les amputations de la cuisse pratiquées primitivement ou consécutivement par toutes les méthodes et tous les procédés, pour des fractures du fémur, des lésions du genou ou des fractures de la jambe, ne sont pas tous absolument comparables, on n'en est pas moins frappé de la différence considérable existant entre la mortalité des amputations et celle de la chirurgie conservatrice. Que l'on réduise du quart, de la moitié même, la proportion des guérisons données par la conservation du membre, cette proportion n'en restera pas moins très-notable encore ; et si les résultats de la guerre d'Orient ne peuvent absolument faire loi pour l'avenir, ils n'en ont pas moins une certaine autorité, et sont dignes de fixer l'attention des chirurgiens; ils sont de nature à provoquer de nouvelles recherches sur ce sujet.

Dans l'état actuel de la chirurgie, il est encore impossible d'affirmer que l'amputation, en général, est moins grave que le traitement sans mutilation; il est permis, néanmoins, de présumer qu'il en est ainsi dans la plupart des cas douteux, puisque, pour ceux-là mêmes qui ont été longtemps regardés comme nécessitant toujours l'amputation, l'observation et la statistique ont démontré le contraire : témoin les lésions de la hanche par coups de feu, pour lesquelles, il y a quelque vingt ans, la nécessité de l'amputation était un article de foi. On sait de longue date que la plupart des lésions traumatiques du membre supérieur guérissent sans amputation, et que ces lésions doivent être portées à un degré de gravité extrême pour nécessiter l'opération; on a lieu de croire aujourd'hui qu'un certain nombre de lésions traumatiques du membre inférieur sont dans le même cas : c'est donc vers la valeur comparative des amputations ou de la conservation des membres inférieurs, surtout, que les investigations nouvelles doivent être dirigées.

Entre la conservation sans opération ou avec extraction d'esquilles et l'amputation se placent les resections, sur lesquelles l'opinion, bien que favorablement disposée, n'est pas encore suffisamment établie. Le champ des recherches devra donc embrasser non-seulement la mortalité comparative de l'amputation et de la conservation des membres dans des cas déterminés et identiques, mais encore celle des resections et des amputations, et l'utilité des membres conservés ou reséqués.

Est-il permis d'espérer que cette grave question sera jamais résolue? Si la chirurgie porte avec elle un degré plus grand de certitude que la médecine, elle donne cependant, comme cette dernière, des résultats aussi variables que les conditions dans lesquelles elle s'exerce. Sans attendre du temps et de l'expérience des règles aussi rigoureuses en chirurgie que celles qui caractérisent les sciences exactes, nous pensons que des données statistiques très-probables détermineront, d'une manière générale, la conduite à suivre dans les cas qui nous occupent ; nous croyons fermement que les chirurgiens inclinent avec juste raison vers les tentatives de conservation des membres, et que la chirurgie conservatrice, toujours soumise évidemment aux conditions générales et aux éventualités cliniques, s'établira progressivement dans la pratique des hôpitaux comme dans la pratique privée, dans la pratique militaire comme dans la pratique civile.

Resections des membres. Avec de semblables tendances, la pratique des resections doit nécessairement s'étendre. Elles sont, en effet, presque toujours pratiquées dans le but d'éviter l'amputation du membre.

Les *resections* sont d'ailleurs entrées dans une phase nouvelle : depuis quelques années l'attention des chirurgiens français est de nouveau attirée vers elles; un plus grand nombre d'opérations sont pratiquées, et des perfectionnements importants sont proposés pour assurer leurs résultats immédiats, c'est-à-dire la guérison de l'opération, et leurs résultats éloignés, c'est-à-dire la conservation d'un membre utile.

Substituer à l'amputation l'ablation d'une partie ou de la totalité d'un ou de plusieurs os sains ou malades, en conservant les parties molles et en particulier les vaisseaux et les nerfs importants; opérer de telle sorte et diriger les pansements de telle manière que le membre conservé puisse rendre de réels services : telle est en effet la prétention, tel est le but des resections.

Ainsi comprises, les resections n'ont pris place dans la chirurgie que dans la période moderne. On ne les a réellement mises en usage d'après des règles fixes que depuis la fin du xviiie siècle.

Les resections se pratiquent sur la continuité des os ou bien sur leurs extrémités; c'est à ces dernières que l'on réserve le nom de *resections articulaires*, et c'est surtout d'elles que se préoccupe la chirurgie contemporaine.

L'idée de la resection devait difficilement pénétrer dans la pra-
tique des chirurgiens français. Lorsqu'elle fut reprise, c'est en
Angleterre qu'on la voit tout d'abord s'établir et prévaloir. Dès
1758, Gooch en rapportait trois cas suivis de succès complet, et
c'est en 1769 que White (de Manchester) pratiqua la resection
de la tête de l'humérus sur un jeune homme de seize ans, avec
plein succès : car il y eut une articulation mobile, et le membre
fut à peine raccourci, bien que le chirurgien en eût retranché
quatre pouces d'os. Park (de Liverpool) pratiquait avec succès, en
1782, la resection du genou, et malgré de graves accidents le malade guérissait. Aussi, en 1783, Park proposait sa nouvelle méthode
de traiter les maladies du genou, et voulait l'étendre à l'articulation
du coude.

Il est cependant juste de remarquer, ainsi que viennent de
le faire en particulier MM. Chrétien (de Montpellier) et Ollier (de
Lyon), que Barthélemy Vigarous, chirurgien de Montpellier, publia
en 1778 un remarquable mémoire sur la régénération des os,
où, entre autres observations, se retrouve celle d'un jeune soldat
auquel Vigarous reséqua six pouces environ du tibia, qu'il guérit
complétement. Les observations publiées dès 1770 par David (de
Rouen), gendre de Lecat, ne sont pas à proprement parler des resections : il s'agit de l'ablation des séquestres; mais n'est-ce pas un
des plus beaux titres de la chirurgie conservatrice que ces opérations hardies inaugurées par David, qui allait, à travers des tranchées longitudinales ouvertes dans le fémur et le tibia, extraire
les parties nécrosées? Ces opérations sont aujourd'hui classiques;
on peut dire qu'il y a longtemps que l'on n'ampute plus pour des
nécroses, et cependant c'était encore la doctrine acceptée à cette
époque.

Un autre mérite est à juste titre attribué à Vigarous (de Montpellier) : c'est d'avoir le premier pratiqué la resection de l'extrémité
supérieure de l'humérus. Son opération est, en effet, antérieure à
celle de White (de Manchester), qui opéra en 1768 seulement, tandis

que Vigarous pratiqua son opération en 1767. Mais l'observation du chirurgien français ne fut publiée que par son fils (1812). Dans le mémoire publié dans le deuxième volume des *Mémoires de l'Académie de chirurgie* (1753), Boucher (de Lille), l'un des promoteurs de la chirurgie conservatrice, avait montré que des plaies par coup de feu pénétrant dans l'articulation de l'épaule avaient été traitées avec succès par l'extirpation des pièces osseuses que la violence du coup avait détachées.

En 1782, Moreau père (de Bar-le-Duc) réséquait le tibia et le péroné dans une luxation tibio-tarsienne datant de dix-neuf jours, et réussissait. Il proposait les resections articulaires, déjà érigées en méthode par Park, dont il ne connaissait pas le mémoire, et pratiquait plusieurs autres grandes resections, entre autres celle de l'épaule et de la cavité glénoïde (1782), celle du genou (1792). « Moreau, a écrit M. Velpeau, est en réalité le premier qui ait démontré les avantages des resections articulaires aux yeux de l'Europe chirurgicale. » Moreau fils, qui fut l'heureux continuateur de son père, a réuni toutes les observations de celui-ci et les siennes dans son *Essai sur l'emploi de la resection des os*, publié en 1812. Percy et Larrey donnaient aussi l'exemple. Percy publia, en 1795, dix-neuf cas de guérison à la suite de la resection de la tête de l'humérus; mais il n'indiqua pas le nombre total des opérés et des morts. Larrey fit en Égypte dix resections de ce genre, et compta six guérisons. Pour montrer encore combien la question des resections articulaires avait préoccupé les chirurgiens français à la fin du siècle dernier, nous devons rappeler qu'en 1776 Bourbier déclarait que, dans les luxations où l'os, sorti de l'articulation, présente une longueur considérable et s'oppose à la réduction, le seul moyen de salut qui soit à la disposition du chirurgien est de réséquer l'os saillant. Des expériences étaient également entreprises. En 1783, Vermandois pratiquait sur les animaux la resection de la tête du fémur, et, en 1798, Chaussier étudiait sur les chiens le mécanisme de la guérison après les diverses resections.

Le professeur Roux devait, à notre époque, être à Paris l'un des promoteurs les plus convaincus des resections articulaires. En 1815, il pratiqua la resection du genou pour un cas de carie articulaire. Cette opération était déjà tombée en oubli dans notre pays, et cette tentative lui fut fatale, car le malade succomba. Boyer, dont Roux était alors le second à la Charité, n'était pas favorable aux grandes resections. Ce n'est qu'en 1819 qu'il eut l'occasion de pratiquer une resection du coude, qui fut suivie de guérison; néanmoins, lorsqu'il lut, en 1829, un mémoire à l'Institut sur les resections, il n'était encore, pour le coude, qu'à sa quatrième opération.

Cependant un compatriote des Moreau, Champion (de Bar-le-Duc), chirurgien érudit et habile, consacrait sa thèse inaugurale (1815) à l'étude des resections. Il fixait de nouveau l'attention sur ce sujet, et devait personnellement ajouter aux succès obtenus par les chirurgiens lorrains dans ce genre d'opérations. Ces faits sont rapportés ou indiqués par M. Velpeau, qui a consacré, dans sa *Médecine opératoire*, une grande partie de son deuxième volume à l'étude des resections (1839).

La resection des articulations malades n'était pas encore approuvée par tous les praticiens. M. Velpeau s'en déclarait cependant partisan, et concluait en leur faveur après discussion. Les avantages de la resection lui paraissaient beaucoup plus grands que ses inconvénients, et «cette opération, disait-il, méritait en dernière analyse d'être comptée parmi les ressources efficaces de la chirurgie.»

Les resections articulaires n'en demeurèrent pas moins une opération exceptionnelle. A peu près abandonnées pour le membre inférieur, elles furent cependant réservées pour le membre supérieur.

Il est juste de remarquer que c'était pour les lésions chroniques des grandes articulations, pour les tumeurs blanches en un mot, que les resections étaient surtout délaissées. « Plus que les amputations, dit Bonnet (de Lyon), elles exposent aux accidents qui entraînent la mort, et, après avoir été longtemps considérées comme une des conquêtes les plus brillantes de la chirurgie moderne, elles sont laissées aujourd'hui dans un juste abandon. Je ne conçois pour ma part, ajoutait-il, aucun cas où elles soient indiquées pour les grandes articulations. »

Aussi, dans son livre tout récent (1867), M. Ollier, l'un des successeurs de Bonnet, nous apprend-il que l'on ne pratiquait plus de resections à Lyon, il y a six ans. Proscrites par Bonnet, après quelques tentatives malheureuses faites de 1835 à 1840, elles étaient complétement sorties de la pratique hospitalière. Il en était de même, d'après le même auteur, dans les autres hôpitaux de province, à part celui de Strasbourg, où M. Sédillot s'était toujours montré favorable à cette opération.

Il est de toute évidence que les travaux de Bonnet, que le perfectionnement si grand apporté par les chirurgiens français au traitement des maladies articulaires, ont eu sur l'abandon de la pratique des resections l'influence la plus décisive. Il devait d'autant mieux déterminer ce résultat qu'il reste encore bien prouvé aujourd'hui que la resection du genou, par exemple, ne peut guère être pratiquée avec chance de succès dans les grands hôpitaux.

L'efficacité réelle, les beaux succès obtenus par les méthodes non sanglantes, les insuccès des grandes resections dans les hôpitaux, la difficulté de leur application dans les conditions que présente la chirurgie d'armée, les guérisons incomplètes, les récidives de la maladie de l'os dans l'extrémité réséquée : tels sont les motifs qui expliquent et motivent l'abandon de ces opérations.

Aujourd'hui, il y a parmi les chirurgiens de notre pays une tendance très-manifeste, qui nous conduira probablement à généraliser de nouveau la pratique des resections articulaires. Il est difficile de prévoir ce que produiront, dans la pratique, ces récents efforts; mais il faut reconnaître que les chirurgiens qui s'engagent de nouveau dans cette voie s'appuient plus largement qu'on ne l'avait fait sur les résultats statistiques, et surtout sur l'expérimentation. Nous aurons à insister en particulier, à ce sujet, sur les travaux de MM. Sédillot (de Strasbourg) et Ollier (de Lyon).

Il est utile de rappeler, avant tout, que l'opinion et la pratique sont bien fixées sur les resections du coude et de l'épaule. La discussion, l'incertitude, portent sur les resections des autres jointures, en particulier, ainsi que nous l'avons déjà dit, sur celles du membre inférieur. Les perfectionnements proposés sont, au contraire, partout applicables, aussi bien aux resections dans la continuité qu'aux resections dans la contiguïté.

La resection du coude est entrée dans la pratique de nos chirurgiens, grâce aux efforts persévérants de Roux. Ainsi que l'avait montré M. Thore, en 1843, elle donne surtout de bons résultats dans les cas traumatiques. Dans les cas pathologiques, elle donne des résultats au moins aussi heureux que l'amputation pratiquée dans les mêmes circonstances, et il reste l'inappréciable avantage d'avoir conservé le membre. Ces faits ont été de nouveau bien mis en lumière par M. U. Trélat, dans un rapport lu à la Société de chirurgie, en 1862. Ce même rapport nous apprend que, dans les dix années précédentes, 21 resections du coude avaient été pratiquées dans les hôpitaux de Paris: ce qui est un progrès sur l'époque où Roux opérait à la Charité, mais ce qui est encore un chiffre peu élevé, si on le compare à celui des amputations pathologiques du bras, qui s'élèvent à 51. Les resections avaient donné 1 mort sur 3 opérés, et les amputations, 1 mort sur 3.1 : ce qui constitue un avantage minime pour les amputations. La proportion des resections du coude a rapidement augmenté depuis; car, en 1865, M. Painetvin pouvait réunir, dans sa thèse, vingt cas pour une période de trois années, du 10 avril 1861 au 30 avril 1864.

Resection
du coude.

La resection de l'épaule, pratiquée dans de bonnes conditions, est aussi beaucoup moins grave que la désarticulation. Nous avons déjà indiqué les résultats obtenus par Percy et Larrey; Baudens obtint le prodigieux succès de 13 guérisons sur 14 observations. Les résultats fournis par Gunther (de Leipzig) dans l'important tableau publié en 1857 témoignent aussi de la supériorité de la resection traumatique (14.5 p. o/o) sur la resection pathologique (14.7 p. o/o). Mais, on le voit, la différence est moindre que pour la resection du coude. En Crimée, les chirurgiens anglais n'ont eu que 2 morts sur 12 opérations, tandis que M. Legouest a compté, de notre côté, 4 morts sur 6. Mais, à tout prendre, la resection de la tête humérale l'emporte évidemment sur la désarticulation, qui a donné en bloc, en Crimée, d'après les chiffres de M. Chenu, plus des deux tiers d'insuccès.

La resection de l'épaule, de même que celle du coude, peut, d'ailleurs, ainsi que beaucoup d'observations en font foi, laisser un membre utile, doué de mouvement. Ce sont donc des opérations bien acceptées, même par bon nombre de chirurgiens militaires, quoique, dans nos dernières guerres, les circonstances n'aient pas permis de pratiquer beaucoup de resections.

Dans une discussion récente de la Société de chirurgie (1864), MM. H. Larrey et Legouest ont bien fait ressortir les conditions toutes spéciales qui rendent difficile la généralisation de la pratique des resections dans la chirurgie d'armée.

Cependant, ainsi que nous venons de le dire, les resections du coude et de l'épaule sont généralement acceptées, et la resection de la hanche à la suite de coup de feu doit être préférée à la désarticulation, dont les résultats désastreux ont été signalés par M. Legouest et confirmés par M. H. Larrey.

C'est donc surtout sur la resection du genou que porte la discussion, et c'est à propos de cette opération qu'étaient rappelées, par les chirurgiens que nous venons de citer, toutes les raisons qui éloignent la possibilité de substituer en principe, dans la chirurgie d'armée, la resection du genou à l'amputation de la cuisse.

Dans la chirurgie civile, les indications des resections traumatiques du genou sont encore mal définies, ainsi que le reconnaissait M. Verneuil lui-même, en venant cependant apporter à la Société de chirurgie deux observations de resections traumatiques du genou suivies de succès.

Mais ce qui doit être considéré comme établi aujourd'hui, c'est qu'il faut écarter le reproche, si ordinairement fait aux resections du membre inférieur, de ne conserver qu'un membre inutile et gênant. Les observations nombreuses relevées dans la thèse de M. Bazire sur la resection de la hanche dans certains cas de coxalgie (1860), et dans les deux très-importants mémoires de M. Lefort sur la resection du genou et de la hanche (1860); celles que M. Boeckel (de Strasbourg) a contribué à nous faire connaître en traduisant le livre d'O. Heyfelder sur les resections, témoignent que, dans un bon nombre de cas, le membre conservé est un membre utile. Mais toute la question n'est pas là.

Il est incontestable que la resection du genou et celle de la hanche ont été abandonnées, pendant une longue période, en France; car, pour cette dernière, en particulier, on ne peut citer que l'opération malheureuse pratiquée par Roux en 1847. Mais il est tout aussi vrai que ce n'est pas faute d'avoir connu la question que ces resections tombèrent en désuétude ou ne furent pas pratiquées.

Les chirurgiens de notre pays ont probablement trop mis en lumière les contre-indications; ils ont peut-être trop compté sur la puissance de leurs belles méthodes de traitement des maladies articulaires; mais n'est-il pas permis de se demander si l'on n'a pas, à l'étranger, beaucoup trop multiplié les indications des resections? C'est l'opinion exprimée dans la discussion qui eut lieu à l'Académie de médecine en 1861; on la retrouve aussi bien dans

Indications générales et contre-indications des resections.

le rapport de M. Gosselin sur le travail de M. Lefort que dans les allocutions de MM. Malgaigne, H. Larrey, Velpeau. Des chirurgiens étrangers vont même jusqu'à nier l'avantage des resections. « Syme (d'Édimbourg), dit M. Sédillot, a soutenu, avec l'approbation d'un grand nombre de ses confrères, que la resection de la hanche n'avait pas guéri un seul malade atteint de carie coxofémorale, et que les cas cités de guérison avaient eu lieu malgré la resection, qui n'avait servi qu'à aggraver la position des malades. »

Il faut évidemment, les faits le démontrent assez, se placer entre ces deux opinions extrêmes. La supériorité des méthodes non sanglantes est incontestable et incontestée; c'est la limite de leur puissance qui n'est pas définie, et qui ne peut l'être, d'ailleurs, par une formule générale. Aux cas pour lesquels ses ressources ne sont plus ou ne sont pas applicables, la resection vient s'offrir. C'est un suprême effort de conservation auquel la chirurgie française, à nouveau renseignée par les résultats fournis par la chirurgie étrangère, est beaucoup plus disposée à recourir que par le passé.

Cependant nous devons constater que les partisans les plus déclarés des resections établissent encore, pour celles de la hanche et du genou, des réserves très-expresses. Dans son récent ouvrage, M. Ollier dit avoir eu trois fois recours à la resection du genou, et aux trois fois les malades sont morts; aussi déclare-t-il n'être partisan des resections du genou, pratiquées dans les hôpitaux, que dans d'étroites limites. Ce chirurgien croit, il est vrai, que dans un milieu meilleur la resection du genou doit être pratiquée plus souvent qu'à l'hôpital, et nous avons vu, à la Société de chirurgie, deux enfants opérés avec succès dans ces conditions par M. Dusseris. « Mais, ajoute avec toute l'autorité de son expérience le chirurgien de l'Hôtel-Dieu de Lyon, il faut partir de ce fait, que l'immense majorité des arthrites chroniques du genou guérissent spontanément, chez les jeunes sujets, à l'aide des moyens non sanglants de la thérapeutique articulaire. Les malades se rétablissent quand ils ne sont pas phthisiques; et il faut d'autant moins se presser de reséquer que, contrairement à ce qui a lieu pour le coude, la resection n'a pu donner jusqu'ici un membre plus utile qu'un membre naturellement ankylosé. Au moins en ce qui concerne les jeunes sujets, qui fournissent aussi les beaux résultats de la resection, on peut déclarer que l'ankylose est de beaucoup plus favorable. »

Les belles recherches de M. Ollier sur la physiologie et la pathologie du système osseux ont, en effet, démontré que les resections du genou en particulier sont suivies d'un arrêt de développement énorme de tout le membre inférieur.

Quand on enlève les extrémités supérieures du tibia et les extrémités inférieures du fémur, on prive en effet le malade des extrémités osseuses les plus actives, au point de vue de l'accroissement du membre inférieur. « C'est là peut-être, dit M. Ollier, la plus sérieuse objection que l'on puisse adresser à la resection du genou dans l'enfance. »

M. Ollier a en outre résumé, sous forme de propositions, les lois d'accroissement des os, déjà étudiées, d'ailleurs, par M. Broca. Ces lois, que les chirurgiens ne sauraient trop méditer, sont ainsi formulées :

Au membre supérieur, pour les os du bras et de l'avant-bras, c'est l'extrémité concourant à former le coude qui s'accroît le moins;

Au membre inférieur, pour les os de la cuisse et de la jambe, c'est l'extrémité qui concourt à former le genou qui s'accroît le plus.

A tous les points de vue, on le voit, la resection du coude est celle qui réunit le plus d'avantages. C'est elle, nous devons le remarquer, qui a été le plus franchement adoptée par les chirurgiens français.

La resection de la hanche n'échappe pas, non plus que celle de l'épaule, aux conséquences de l'arrêt de développement. Elles sont plus sensibles, il est vrai, pour l'humérus que pour le fémur; mais elles sont plus graves pour celui-ci, car elles frappent alors sur le membre inférieur. « C'est également chez l'enfant que la resection de la hanche donne de bons résultats ; mais elle est suivie d'un arrêt d'accroissement inévitable, si l'on a fait porter la section au-dessous du cartilage de conjugaison. » Si nous ajoutons à cette remarque de M. Ollier celle que M. Gosselin consignait dans son rapport à l'Académie de médecine (1861), savoir que, même dans les coxalgies suppurées, les enfants placés dans de bonnes conditions guérissent pour la plupart, que la mort a lieu très-rarement, nous conclurons avec lui que, pour des sujets placés dans ces conditions, l'opération n'est presque jamais indiquée. Il est vrai que c'est dans ces conditions mêmes que l'opération pourrait le mieux réussir ; mais personne ne trouvera que ce soit une raison pour la tenter.

Les contre-indications de la resection sont donc multiples, et il ne suffisait pas, ainsi que nous le disions tout à l'heure, de prouver qu'elle peut être faite avec une certaine somme de chances de guérison et de bons résultats ultérieurs. Si la chirurgie étrangère a rendu de véritables services à la science en s'engageant résolûment avec nous dans la pratique des resections, et en y persévérant alors que nous la délaissions ; si les résultats qu'ont fournis en particulier les opérations d'Esmarch, de Stromeyer, de Langenbeck dans les guerres des Duchés ; de Mac Leod, O'Leary, J. Crerar et G. Hoyder en Crimée, ont une grande importance au point de vue de la chirurgie d'armée, les praticiens français, en poussant à l'extrême et en perfectionnant sans cesse l'application des méthodes non sanglantes, n'ont peut-être pas rendu de moindres services à la chirurgie conservatrice.

A ces méthodes il appartiendra toujours de faire diminuer le nombre des amputations ; aux resections, de faire éviter l'amputation dans les cas extrêmes, et de conserver souvent des membres plus utiles que ceux que donnent, avec une ankylose inévitable dans bien des cas, les méthodes non sanglantes. Ce sera encore sur ce point un des heureux résultats des tendances qui nous poussent chaque jour plus irrésistiblement à connaître ce qui se fait à l'étranger, que d'avoir, en définitive, servi par la fusion des travaux de nos confrères anglais et allemands, et des nôtres, la cause de la chirurgie conservatrice.

Avant de quitter ce sujet, nous avons à indiquer sommairement les efforts récemment tentés en sa faveur, dans notre pays, par MM. Sédillot et Ollier. Qu'il nous soit permis de rappeler encore, ainsi que nous l'avons montré dans le premier chapitre de notre travail, ce que la science française avait déjà fait pour la question de la régénération des os, qui a été le point de départ, qui a surtout inspiré les importantes et belles recherches de ces deux chirurgiens.

L'évidement sous-périosté des os a été préconisé par M. Sédillot, les *resections sous-périostées* par M. Ollier.

La méthode de l'*évidement* consiste à ménager le périoste et à le laisser en contact avec l'os subjacent, dont on creuse et évide l'intérieur, pour en détacher et extraire les parties malades et n'en conserver que la couche périphérique, si nécessaire et si utile comme moyen de soutien et de rapports.

Les évidements peuvent se pratiquer sur tous les points des os. La carie, les ostéites, le tubercule, le ramollissement graisseux, les tumeurs myéloïdes, les enchondrômes, les nécroses compliquées de suppuration et de carie, l'ostéomyélite, les corps étrangers, sont les principales indications de l'évidement.

Les avantages de cette méthode, d'après l'auteur, sont les suivants : 1° le périoste, principal agent de la formation des os, restant intact, conserve sa vascularité et ses adhérences, et offre les conditions les plus favorables pour fournir rapidement de nouvelles ossifications régulières ; 2° les surfaces évidées concourent également à la régénération par les couches osseuses dont elles deviennent le siége ; 3° la forme des parties n'est pas altérée, et les cellules ostéogéniques se multiplient et se déposent dans un véritable moule, qui conserve les dimensions et la forme de l'os normal et règle celle de l'os qui se reproduit; 4° les attaches musculaires, ligamenteuses, tendineuses et aponévrotiques sont ménagées ; 5° les resections longitudinales avec évidement sont suivies de restaurations osseuses des plus remarquables, et ouvrent à la chirurgie des ressources inespérées; 6° enfin les extrémités articulaires peuvent être aussi évidées avec succès, et l'opération, dans son ensemble, est assez simple et généralement exempte de graves accidents.

Telle est la méthode de l'évidement, dont M. Sédillot a présenté l'ensemble en 1860, dans un traité spécial; dont il a fait l'objet de nombreux mémoires, communiqués pour la plupart à l'Académie des sciences, et qui a inspiré les travaux de M. Marmy (de Lyon), insérés dans les *Mémoires de l'Académie de médecine* (1866).

La méthode de l'évidement peut ne pas être considérée comme nouvelle, si l'on tient compte des préceptes donnés par les chirurgiens anciens, qui ruginaient, trépanaient, cautérisaient les os malades. Mais, lorsqu'on se rend compte de la marche de la chirurgie, on voit que ce n'est que depuis la fin du xviii° siècle que cette méthode est appliquée régulièrement. David, nous l'avons déjà vu, attaque hardiment les nécroses en creusant des tranchées dans les diaphyses osseuses pour en extraire les séquestres; cette opération entre dans la chirurgie, malgré les soulèvements qu'elle provoque, et ce n'est que dans notre siècle que l'on institua pour la carie des opérations analogues. On creuse des extrémités osseuses après les avoir reséquées, ainsi que le fit Moreau ; on creuse la diaphyse ou l'extrémité des os afin d'enlever les parties malades sans attendre qu'elles se séparent spontanément, ce qui ne peut pas arriver dans la carie, et l'on conserve les parties restées saines. Ces opérations sont faites par plusieurs chirurgiens. M. Velpeau les décrit dans sa *Médecine opératoire;* mais personne encore n'en avait généralisé l'emploi avant M. Sédillot. Ce chirurgien a d'ailleurs pour but de provoquer la régénération d'un os nouveau et sain, au lieu et place de celui qu'il enlevait à l'aide de l'évidement.

Il est encore difficile de juger, d'une manière absolue, les services de cette méthode de traitement, tant au point de vue curatif qu'au point de vue de la régénération osseuse. Entre les mains de plusieurs chirurgiens, en particulier de MM. Boeckel, Rigaud, Hergott (de Strasbourg), Desgranges (de Lyon), de M. Chassaignac, qui l'avait désignée (1861) sous le nom d'*égrugement*, elle a donné des succès incontestables. Des chirurgiens étrangers, parmi lesquels figure M. Fergusson (de Londres), l'ont mise heureusement en usage. M. Ollier est venu lui-même lui apporter le tribut de belles observations et la juger avec un véritable sentiment scientifique. Surtout applicable, selon le chirurgien de Lyon, dans les ostéomyélites chroniques, c'est-à-dire dans ces ostéites qui occupent la partie centrale de l'os avec ou sans séquestre, et qui n'ont pas de tendance à guérir spontanément, elle est encore une précieuse ressource comme opération complémentaire dans certaines resections. Sans elle, ainsi que le disait déjà Moreau, ces opérations seraient souvent si énormes, qu'elles deviendraient impraticables.

S'ils ne peuvent, non plus, être mesurés encore, les avantages des *resections sous-périostées* ne sont pas moins certains. La généralisation de cette méthode aura sans doute aussi pour effet d'agrandir le champ de la chirurgie conservatrice, en offrant de nouvelles ressources, en apportant de nouveaux perfectionnements au traitement, déjà si riche, des maladies chroniques du système osseux.

Resections
sous-périostées.

« Fondées sur le principe physiologique que nous venons de démontrer, écrit M. Ollier dans son *Traité expérimental et clinique de la régénération des os* (1867), c'est-à-dire sur la régénération osseuse par les gaînes périostiques isolées, les resections sous-périostées ont pour but de réparer les pertes de substance du squelette, de conserver la forme des membres et d'en rétablir les fonctions. D'une manière générale, elles ont les mêmes indications que les resections ordinaires, que la pratique chirurgicale a déjà sanctionnées; elles s'appliquent à des lésions du même genre; mais elles marquent un pas de plus dans la chirurgie conservatrice, où la chirurgie doit toujours progresser.

« On n'ampute plus aujourd'hui comme autrefois; les idées de conservation ont partout prévalu. Les resections, pour certaines lésions diaphysaires ou articulaires, sont à peu près unanimement acceptées; mais leurs résultats sont souvent très-imparfaits au point de vue de la forme et du fonctionnement du membre. C'est en cela que le service rendu par les resections est incomplet et quelquefois même contestable.

« Aussi les resections sous-périostées doivent-elles être envisagées comme un perfectionnement des resections ordinaires. Elles constituent un progrès, non pas tant au point de vue de la conservation des membres qu'au point de vue du membre conservé. Ce sont non-seulement des opérations conservatrices, mais des opérations réparatrices et régénératrices. »

Ainsi la resection sous-périostée a pour but de mieux assurer la forme et le fonctionnement du membre : la forme, en favorisant la régénération des parties osseuses enlevées; les fonctions, non-seulement par la reproduction de ces parties, mais par la conservation des liens fibreux qui les unissent, des parties tendineuses qui s'y insèrent.

Ce fut un objet de contestation entre les chirurgiens que de savoir s'il convenait de réséquer, en même temps que les os, les parties fibreuses qui y confinent, ou s'il était plus avantageux de les conserver. Guthrie avait posé en précepte l'ablation des tissus fibreux, prétendant ainsi favoriser la cicatrisation. Il faut bien le reconnaître : que cela fût conseillé pour favoriser la cicatrisation ou pour toute autre cause, avec ou sans bonne raison, on ne se préoccupait guère des parties fibreuses quand on pratiquait la resection. M. Velpeau avait cependant écrit dans sa *Médecine opératoire*, à propos du précepte de Guthrie: « Cette pratique, bonne à suivre dans les cas d'amputation, ne convient pas aux resections, par ce

qu'ici le membre a d'autant plus de chances de retrouver de la force
et de la solidité qu'il y aura plus de tissus conservés. »

C'est aujourd'hui une vérité admise par la majorité des chirurgiens de notre pays. Quelques-uns reproduisent encore les idées
de Guthrie; mais les faits démontrent chaque jour que les téguments, même infiltrés de produits plastiques mal élaborés, comme
il arrive dans les tumeurs blanches, sont aptes à se cicatriser, à
se consolider, comme les lambeaux de parties molles pris dans les
mêmes conditions. L'opération modifie leur vitalité.

Mais ce n'est pas le seul bénéfice qu'assure la recherche de la
conservation de ce que M. Ollier appelle le canal *périostéo-capsulaire*.
Pour ne pas le détruire, pour ne pas le lacérer, il a fallu généraliser
le précepte de l'incision unique pour les resections, précepte sur
lequel M. Chassaignac, parmi nous, Langenbeck, à Berlin, avaient
déjà beaucoup insisté. Mais il a fallu surtout opérer le long de l'os,
à l'abri des parties fibreuses, en dehors pour ainsi dire des parties
molles proprement dites, auxquelles on ne touche que dans l'incision extérieure.

On obtient ainsi le double avantage de faire une opération presque
sèche, et d'éviter avec la plus grande sûreté les vaisseaux et les nerfs
avoisinant les parties à reséquer; c'est évidemment un progrès opératoire très-sérieux et qui peut être, nous le croyons, considéré
comme acquis aujourd'hui à la pratique chirurgicale.

Ces avantages seraient bien suffisants pour que les règles générales proposées par M. Ollier pour les resections fussent acceptées;
mais, pour le chirurgien de Lyon, cette méthode opératoire permettrait surtout d'atteindre à ce grand but, qui est l'idéal de la
resection, à la reproduction de la partie enlevée. Cliniquement, il
y a des observations de M. Ollier et d'autres chirurgiens qui la démontrent; expérimentalement, elle est surabondamment prouvée.

De l'avis de tous, c'est sur le terrain de la clinique que la question
doit surtout être portée aujourd'hui. Il est à prévoir que la régénération osseuse, cherchée à l'aide du périoste ou avec le concours

du moule de substance osseuse que fournit l'évidement, ne donnera pas tous les résultats auxquels l'expérimentation pourrait faire
prétendre. Les auteurs dont nous venons d'indiquer les intéressants et utiles travaux sont eux-mêmes de cet avis. Sans dire, avec
l'un des promoteurs les plus en renom de ces études : « Une nouvelle chirurgie est née, » on peut considérer que, dans cette partie,
l'art chirurgical a été singulièrement perfectionné.

Il convient de reconnaître, il serait permis de proclamer, s'il
était nécessaire, que ces progrès sont dus à la saine application
des méthodes expérimentales. Nous avons le droit de considérer
avec une intime satisfaction tout ce que la science française a fait
depuis Duhamel pour l'étude de la régénération des os; c'est une
question que les travaux successifs de Fougeroux, de Troja, qui fit
toutes ses expériences à Paris, de David, de Ténon, de Vigarous,
de Chopart, de Dupuytren, Villermé, Breschet, Cruveilhier, de
Charmeil, ont constamment fait progresser. Depuis les recherches
expérimentales de M. Flourens (1840-1841), elle a pris un nouvel élan qui nous a conduits aux travaux dont nous venons de
parler.

On le voit, la chirurgie conservatrice, dont les tendances com-
mençaient seulement à s'affirmer dans la seconde moitié du siècle
dernier, est arrivée à ce point que les amputations, chaque jour
plus discutées, ne sont plus aujourd'hui acceptées d'une manière
formelle que pour les tumeurs malignes ou pour les fracas des os
des membres, accompagnés de grands délabrements des parties
molles. Ainsi est écarté de jour en jour de notre pratique, ainsi
n'est plus réservé que lorsque la nécessité absolue fait loi, ce que
Guthrie déclarait être « l'opprobre de la chirurgie, » qualification
que ne mérite cependant pas l'amputation, lorsqu'on n'y a recours
qu'après avoir bien pesé les chances que peut faire courir au malade la conservation d'un membre. C'est une ressource suprême
et terrible, à l'aide de laquelle le chirurgien peut encore tenter de
conserver la vie.

On ne peut, à bon droit, ranger dans la chirurgie conservatrice que les resections qui se pratiquent sur les os des membres.

Si les chirurgiens français en étaient arrivés à les négliger pour l'ensemble des raisons que nous avons indiquées, les opérations qui se pratiquent sur les os n'en étaient pas moins restées en honneur, et leur procuraient l'occasion de faire pour l'art chirurgical de brillantes acquisitions.

Ainsi que l'a écrit M. Velpeau, les destructions du maxillaire inférieur sous l'influence de la carie, de la nécrose, des fractures comminutives, avaient démontré que les malades pouvaient, après de semblables mutilations, être guéris, même sans qu'il en résultât de bien grandes difformités.

Toutefois les observations de ce genre étaient restées sans application, lorsque, en 1815, Dupuytren résolut d'amputer presque tout le corps d'une mâchoire inférieure cancéreuse, par une méthode véritablement nouvelle et qui est restée dans la pratique à titre de conquête chirurgicale. Depuis ce moment, en effet, la resection de la mâchoire inférieure a été fréquemment exécutée en France ou à l'étranger. En enlevant les branches de l'os maxillaire et en les désarticulant, on a fait dans cette opération de véritables resections articulaires; on a même pu enlever avec succès le maxillaire inférieur tout entier. Les resections articulaires d'un côté du maxillaire ont d'abord été faites à l'étranger, pour la première fois par Palmi d'Ulm, en 1820; puis par de Graefe, en 1821; par Mott, en 1822, et depuis par un grand nombre de chirurgiens. Carnochan (de New-York) paraît avoir le premier (1851) pratiqué la resection totale, dont M. Maisonneuve a perfectionné le procédé opératoire.

Il était naturel que Dupuytren fût conduit à songer à l'ablation du maxillaire supérieur, après avoir pratiqué la resection de la mâchoire inférieure.

Il faut ici distinguer la resection ou l'excision d'une partie plus ou moins grande de l'os de son ablation totale, de sa désarticulation. Dupuytren eut recours à la première de ces opérations en 1819, et à la seconde en 1824; Lizars, qui réclama la priorité de cette opération, la pratiqua en 1827, 1828 et 1830, après l'avoir proposée en 1826; mais personne ne peut contester à Gensoul (de Lyon) d'avoir véritablement créé cette opération. En imaginant un procédé qui permet de désarticuler la mâchoire supérieure d'après des règles fixes et précises, au lieu de l'exciser ou de l'amputer comme on l'avait fait avant lui, Gensoul fit adopter d'une manière générale cette brillante opération. En 1833, le chirurgien de Lyon avait eu l'occasion de pratiquer huit fois cette désarticulation sans perdre aucun de ses malades. Il est assez curieux de constater que, tout en conservant les avantages opératoires démontrés par le procédé de Gensoul, perfectionné par ceux de MM. Velpeau et Nélaton, les chirurgiens reviennent autant que possible à la resection partielle du maxillaire supérieur.

Il suffit de parcourir les *Bulletins de la Société de chirurgie* et les traités de médecine opératoire pour voir recommandées la conservation du plancher de l'orbite, de la plus grande partie de l'apophyse malaire, la conservation de la partie de l'arcade dentaire qui soutient les deux incisives, l'ablation partielle du sinus maxillaire, etc. C'est, encore une fois, l'application des tendances si heureuses qui gouvernent notre chirurgie : la conservation dans les limites du possible substituée à la destruction, même au prix d'une opération moins brillante dans son exécution, mais plus avantageuse dans ses résultats. Ce n'est ni le retour au passé, ni l'abandon d'une conquête brillante; c'est l'application sage et raisonnée de toutes les données fournies par la science moderne.

C'est, d'ailleurs, à propos des opérations qui se pratiquent sur les os maxillaires qu'est né le principe des *resections temporaires*.

M. Boeckel (de Strasbourg) a donné ce nom aux opérations qui ont pour but de mobiliser une partie osseuse, pour atteindre une tumeur mise à l'abri de l'action chirurgicale par les os qui la recouvrent.

L'idée de ces opérations paraît appartenir à M. Sédillot, qui a le premier proposé et exécuté la section du maxillaire inférieur pour l'ablation d'un cancer de la langue. Il décrit cette opération, en 1855, dans la seconde édition de sa *Médecine opératoire*. Depuis, MM. Huguier et Chassaignac ont exécuté des resections temporaires ingénieuses, pour favoriser l'ablation des polypes naso-pharyngiens. M. Chassaignac a déplacé les os propres du nez compris dans l'épaisseur d'un lambeau ostéo-cutané. C'est de ce principe que s'est inspiré M. Ollier (de Lyon). Sous le nom d'*ostéotomie verticale et bilatérale des os du nez*, ce chirurgien a fait connaître (1864) un procédé qui permet de renverser le nez en bas, tandis que M. Chassaignac le renverse latéralement. Ces procédés paraissent préférables à ceux qui, selon les données fournies par M. Huguier, ont pour but de mobiliser une partie du maxillaire supérieur.

Le procédé de M. Chassaignac a été publié pour la première fois en 1854, dans le *Moniteur des hôpitaux*. Le premier procédé de Langenbeck (de Berlin) ne fut imaginé et publié qu'en 1859. L'opération de M. Huguier fut faite le 11 août 1860. L'opéré ne fut présenté à la Société de chirurgie qu'au mois d'août 1861; mais il avait été montré à l'Académie de médecine le 28 mai de la même année. Langenbeck devait aussi, de son côté, inventer un procédé de resection temporaire et partielle du maxillaire supérieur; mais son opération ne fut faite que le 1ᵉʳ juillet 1861. La question de priorité, qui a été discutée, ne saurait donc être douteuse, et l'on peut à bon droit la considérer comme étant tranchée en faveur de nos compatriotes. L'éminent chirurgien de Berlin s'était d'ailleurs inspiré des travaux de M. Ollier, dont plusieurs parties avaient déjà, à cette époque, reçu une grande publicité.

Les ingénieux procédés de MM. Boeckel (1862), Dézanneau

(1860) et Jules Roux (1861) sont aussi des exemples de resections temporaires.

Les resections temporaires sont essentiellement caractérisées par le déplacement momentané de la pièce osseuse restée unie aux parties molles qui la soutiennent, et par le replacement immédiat de ces parties osseuses mobilisées, lorsque l'extirpation de la tumeur a été accomplie. Les traces de la route artificielle qu'a dû se créer le chirurgien sont ainsi effacées.

Des *resections définitives* ont encore été proposées et mises en usage pour arriver à ce même but : l'extirpation de tumeurs inaccessibles à travers les voies naturelles.

C'est encore pour détruire les polypes naso-pharyngiens qu'on a dû les instituer, et c'est encore à la chirurgie française qu'appartiennent leur création et leur vulgarisation. Ces opérations sont bien plus anciennement imaginées que celles dont nous venons de parler. Les resections temporaires, heureusement applicables dans certains cas, témoignent du désir de réduire la mutilation à ses justes limites; mais les resections définitives, en posant le principe fécond des *opérations préliminaires*, constituent encore le plus grand progrès accompli dans la question si importante du traitement des polypes naso-pharyngiens.

La resection totale du maxillaire supérieur a été tout d'abord proposée par Flaubert fils (de Rouen), qui l'appliqua avec succès, en 1840, sur un malade anciennement opéré par son père. C'était une application heureuse et hardie de l'opération que Gensoul (de Lyon) venait de faire entrer dans la chirurgie. Il est juste de remarquer que M. Verneuil, auquel nous devons des recherches étendues sur la thérapeutique opératoire des polypes naso-pharyngiens, a retrouvé l'indication d'une ablation de l'os maxillaire pratiquée dans ce but, dès 1834, par Syme (d'Édimbourg).

Cependant il n'est pas moins juste de reconnaître que c'est depuis la publication de l'opération de M. Flaubert que la question est entrée dans le domaine chirurgical, et que c'est en particulier devant la Société de chirurgie de Paris qu'elle a été étudiée, grâce à des communications, à des opérations et à des travaux qui se sont succédé presque sans interruption depuis 1849. Robert communiquait à ce moment l'observation d'un malade heureusement opéré par la méthode de Flaubert; depuis, cette opération a été répétée par plusieurs de nos chirurgiens.

Dans l'importante discussion qui eut lieu en 1860, et depuis dans diverses circonstances, particulièrement en 1862 et 1863, le principe de la nécessité des opérations préliminaires, et spécialement de la resection du maxillaire supérieur, pour les polypes volumineux, fut vivement défendu par M. Verneuil. Des faits heureux, déjà nombreux, parfaitement authentiques, témoignent en faveur de l'opinion de ce chirurgien, qui veut qu'à une maladie aussi grave que celle qui est constituée par la présence d'un polype volumineux de l'arrière-gorge soit opposé un moyen d'une énergie proportionnelle. Cependant, ainsi qu'en pourrait témoigner, par exemple, la plus récente discussion sur ce sujet (1866), les chirurgiens ne se sont pas encore soumis à l'idée de la nécessité d'une mutilation préliminaire aussi grave. Commencer par pratiquer une grande opération avant d'arriver à toucher le mal que l'on poursuit est une nécessité à laquelle on cherche à se soustraire, et cependant il est permis de reconnaître que la resection du maxillaire reste encore une nécessité pour certains cas. D'ailleurs, une nouvelle ressource opératoire devait bientôt être opposée à la méthode proposée par Flaubert.

Le 8 janvier 1849, M. Nélaton communiquait à la Société de chirurgie l'observation du premier malade opéré avec succès par sa méthode ; l'opération avait été faite le 27 décembre 1844. M. Nélaton avait incisé le voile du palais de haut en bas, puis fait une perte de substance à la partie postérieure de la voûte palatine,

Procédé
de
M. Nélaton.

en conservant la muqueuse de cette région. La muqueuse ainsi
conservée était destinée à permettre de fermer plus tard la perte
de substance ; mais l'ouverture devait rester béante tout le temps
nécessaire pour détruire, à l'aide de la cautérisation, la racine
de la tumeur et surveiller la récidive. C'est à l'aide d'un caustique
potentiel, de la pâte de Vienne solidifiée, que la cautérisation
avait été, dans ce cas, onze fois répétée.

La méthode de M. Nélaton comprend donc deux périodes opératoires bien distinctes. Dans la première on arrive par la voûte
palatine à extirper, séance tenante, le polype ; dans la seconde, le
chemin qui a permis l'extirpation est utilisé pour détruire successivement tous les vestiges de la tumeur, dont la récidive est malheureusement si facile.

L'insuffisance de l'extirpation simple est, en effet, bien démontrée
aujourd'hui. C'est parce que rien n'est plus facile que de laisser une
portion du pédicule, ce qui s'explique bien par la profondeur à laquelle on opère, que la récidive a si souvent lieu. En mettant très-
nettement ces faits en lumière ; en démontrant que l'implantation
de ces productions morbides se fait toujours sur la voûte basilaire
de l'occipital, dans le périoste de laquelle elles prennent naissance ;
en étudiant à nouveau l'anatomie chirurgicale de cette région,
M. Nélaton a puissamment contribué à bien faire connaître cette
importante question des polypes naso-pharyngiens, et à susciter
toutes les recherches faites dans notre pays sur ce sujet, que l'on
peut considérer comme l'un de ceux auxquels notre chirurgie a
imprimé les plus remarquables progrès.

La thèse d'un des élèves de M. Nélaton, M. d'Ornellas, avait été
surtout consacrée à l'étude de l'anatomie pathologique ; dans une
thèse plus récente et très-complète, M. Robin-Massé (1854) a
surtout étudié la question thérapeutique.

Il nous serait difficile de lui emprunter l'énumération de tous les
procédés imaginés par les chirurgiens de notre pays et de toutes
les opérations qu'ils ont faites. Nous nous contenterons de dire qu'il

ressort de ce travail et de l'étude attentive des discussions et des faits produits jusqu'à présent plusieurs conséquences importantes, que nous ne pouvons que résumer sous forme de propositions.

Il est tout d'abord incontestable que quelques polypes peuvent ne pas récidiver après une extirpation simple, pratiquée avec ou sans le secours d'une voie préliminaire. Mais il est non moins incontestable que, dans la plupart, dans la grande majorité des cas, la récidive a lieu.

Il est donc nécessaire de conserver le principe des opérations préliminaires ouvrant une voie permanente à travers laquelle la récidive puisse être surveillée et combattue. Après avoir imaginé les procédés les plus divers, c'est en définitive entre la voie maxillaire, c'est-à-dire entre le chemin fait au travers et aux dépens du maxillaire supérieur, et la voie buccale ou, mieux, palatine, c'est-à-dire celle qui est creusée à travers la voûte du palais, que le parallèle a dû être établi par les chirurgiens.

M. Robin-Massé a réuni tous les éléments de ce parallèle. Les résultats statistiques sont égaux. Il y a autant de guérisons d'un côté que de l'autre. A ce point de vue, les préférences des chirurgiens qui ont opté pour l'ablation du maxillaire sont donc parfaitement justifiables. On a d'autant plus raison de ne pas faire d'opérations préliminaires insuffisantes que le relevé des faits démontre que les resections partielles du maxillaire ont été beaucoup plus souvent suivies de récidive ou de mort que l'ablation totale. La préférence accordée à la voie maxillaire entraîne donc logiquement au sacrifice total de cette portion du squelette, sauf le plancher orbitaire et la partie de la voûte palatine qui porte les incisives, parties toujours conservées avec avantage.

Les partisans de la méthode de M. Nélaton font remarquer que, même avec ces adoucissements, l'ablation du maxillaire détruit beaucoup plus de parties que la resection palatine ; qu'elle expose à beaucoup plus d'accidents immédiats, en particulier à l'hémorragie ; qu'elle nécessite l'extirpation immédiate du polype, vu la nécessité de rapprocher les parties molles; qu'elle laisse d'inévitables et grandes cicàtrices; qu'elle détruit une grande partie du squelette de la face. La resection de la voûte palatine détruit peu de parties; son manuel opératoire est plus facile; elle expose beaucoup moins aux accidents immédiats; il n'y a pas de difformité apparente, la prothèse y remédie facilement, et, en attendant qu'on puisse y recourir, la mastication n'est pas troublée. Comme il n'est pas nécessaire de rapprocher les parties molles, l'ablation du polype peut être différée : ce qui constitue un avantage réel pour le malade, qui n'a pas à supporter dans une même séance deux grandes opérations. M. Nélaton a même posé en règle de remettre à quelques jours l'extirpation de la tumeur, que l'on voit d'ailleurs, dans l'intervalle, se rapprocher de plus en plus de la perte de substance, dans laquelle elle tend naturellement à s'engager. Les chirurgiens qui ont pratiqué l'opération de M. Nélaton ajoutent que l'on arrive au polype et surtout à son implantation par un trajet plus direct, et que la voie artificielle, malgré la moindre destruction des parties, est cependant moins grande que celle que l'on peut se frayer à travers la voûte palatine.

Le choix entre ces deux méthodes ne pourra pas d'ailleurs être absolu. Il est des polypes qui nécessitent la resection du maxillaire : ce sont ceux dont le volume est considérable et les prolongements multipliés. Tous les chirurgiens sont d'accord sur ce sujet.

Les opérations complémentaires, c'est-à-dire les cautérisations, devaient être perfectionnées par le recours aux méthodes modernes de destruction que nous avons eu déjà l'occasion de signaler. C'est ainsi que furent substitués au caustique Filhos, premièrement choisi par M. Nélaton, la pâte au chlorure de zinc, le cautère électrique, l'acide nitrique; c'est pour ces cas que fut imaginé, par le chirurgien de la Clinique, le cautère à gaz.

Quel que soit d'ailleurs le procédé opératoire auquel on accorde ses préférences, l'utilité des opérations préliminaires et complémentaires est aujourd'hui bien démontrée. C'est à la chirurgie fran-

çaise contemporaine que le progrès considérable accompli pour la
guérison de cette terrible affection est presque entièrement dû, et
l'on n'y est arrivé qu'en mettant en œuvre des procédés radicaux
qui permissent de poursuivre le mal jusque dans ses racines, jusqu'à épuisement des récidives; c'est ce que ne permettaient pas de
faire les procédés anciens, même celui de Manne (d'Avignon), qui
pratiqua avec succès, en 1717, l'incision du voile du palais pour
attaquer les polypes de l'arrière-gorge.

C'est encore à l'aide d'une resection que la chirurgie a pu trouver des ressources, qui lui faisaient complétement défaut, contre le
resserrement cicatriciel des mâchoires. Cette affection succède généralement à de larges ulcérations de la muqueuse qui revêt l'intérieur des joues; à mesure que la cicatrice s'y forme, elle rapproche
les deux mâchoires au point de rendre leur écartement impossible.

Le resserrement permanent des mâchoires reconnaît d'ailleurs
des causes nombreuses; parmi les plus graves, il faut tout d'abord
compter celle que nous venons de signaler, puis l'ankylose vraie
ou fausse de l'articulation temporo-maxillaire. Les adhérences constituent la cause la plus commune, et sont d'autant plus graves
qu'elles sont placées plus en arrière.

C'est depuis l'année 1860 que l'on s'occupe en France du traitement curatif de ces lésions si sérieuses; c'est à M. Verneuil que
nous devons d'avoir attiré l'attention sur ce sujet, en traduisant
dans les *Archives de médecine* le mémoire du docteur Esmarch (de
Kiel), et en publiant dans le même recueil un important travail sur
ce sujet.

La chirurgie n'avait imaginé contre ces lésions que des palliatifs
imparfaits, lorsque, en 1832, A. Bérard, s'inspirant des idées de
R. Barthon, songea à traiter l'ankylose temporo-maxillaire par la
formation d'une pseudarthrose.

Cette idée ne fut pas mise à exécution, elle fut oubliée. M. Richet la reproduisit en 1850, dans une thèse de concours sur les

opérations applicables aux ankyloses, et formula un procédé opératoire qu'il n'eut pas l'occasion d'appliquer sur le vivant. En 1840, un chirurgien de New-York, Carnochan, proposa aussi une opération pour créer une pseudarthrose maxillaire; mais il ne paraît pas l'avoir exécutée. En 1855 eut lieu le premier essai pratique; mais il fut malheureux, par suite du mauvais choix du lieu de la section, qui fut pratiquée en arrière de la cicatrice par V. Bruns (de Tubingen).

Procédés d'Esmarch et de Rizzoli.

Déjà, cependant, M. Esmarch avait renouvelé au congrès de Gœttingen la proposition de faire une articulation artificielle par resection; ce fut son ami, M. Wilms (de Berlin), qui l'appliqua le premier. Le mérite de la méthode est d'autant mieux acquis à M. Esmarch, néanmoins, qu'il avait nettement formulé l'indication de pratiquer la resection en avant des adhérences.

Cependant M. Rizzoli (de Bologne) imaginait, de son côté, un traitement radical de la constriction permanente des mâchoires, mais simplifiait singulièrement l'opération en remplaçant la resection par la simple section de l'os.

Depuis 1860, plusieurs opérations furent pratiquées en France par MM. Deguise, Marjolin, Bauchet, Boinet, Aubry (de Rennes), etc. La thèse inaugurale de M. Mathé (1864) et une revue critique insérée par M. Simon Duplay dans les *Archives générales de médecine* nous mirent à nouveau au courant de cette intéressante question, que plusieurs discussions de la Société de chirurgie avaient éclairée. Dans sa revue critique, M. Duplay pouvait réunir vingt-cinq observations. En 1860, M. Verneuil avait conclu en accordant une égale valeur aux deux procédés allemand et italien; on ne connaissait pas encore de récidives ni de cas de mort. En 1866, quatre morts, cinq récidives et seize succès étaient comptés.

Il faut remarquer, il est vrai, que l'un des malades succomba à une anasarque scarlatineuse; mais les trois autres moururent d'infection purulente. Deux d'entre eux avaient, il est vrai, subi en même temps une autoplastie de la face; un seul mourut de la section du maxillaire : il avait été opéré d'après le procédé d'Esmarch. Les récidives sont aussi au compte de ce procédé, quatre sur cinq lui appartiennent; le sujet de la cinquième est l'opéré de M. Boinet, qui fut guéri depuis par l'opération d'Esmarch. La conclusion en faveur du procédé de Rizzoli paraît donc légitime. Dans tous les cas, il n'y aurait qu'avantage à y avoir primitivement recours.

La question n'est, d'ailleurs, pas complétement jugée dans l'esprit de tous les chirurgiens de notre pays; il en est qui sont encore peu disposés à accepter l'un ou l'autre procédé.

Cependant, lorsqu'on se rend bien compte des difficultés que l'on éprouve pour lutter contre le resserrement cicatriciel par la section des brides ou par la dilatation forcée, de l'impossibilité de guérir l'ankylose sans établir une fausse articulation, et du peu de gravité de la section simple à la manière de Rizzoli, on est heureux de voir résolu le problème posé par A. Bérard. Ce n'est pas sans raison que l'on a considéré comme un des progrès notables de la chirurgie contemporaine la création d'une pseudarthrose destinée à permettre l'alimentation et la mastication, à modifier complétement les conditions malheureuses et graves faites aux malades atteints de resserrement permanent des mâchoires.

Nous n'avons pas voulu scinder l'exposé des progrès dus à l'emploi des resections et aux perfectionnements apportés dans cette grande méthode opératoire. En procédant ainsi, nous avons eu pour but de mieux montrer le chemin qu'a brillamment parcouru la chirurgie contemporaine, et d'indiquer quelle est la part importante qui peut légitimement être rapportée à la chirurgie française. Nous avons dû laisser de côté quelques particularités relatives aux amputations, que nous n'avons pu envisager jusqu'à présent qu'au point de vue de leurs indications. Avant d'aborder l'exposé des opérations spéciales dont il nous reste à parler, nous devons combler cette lacune en nous occupant actuellement des méthodes et procédés opératoires.

AMPUTATIONS.

Les auteurs français donnent, à propos des méthodes d'amputation, des classifications bien différentes. MM. Velpeau et Sédillot admettent trois méthodes principales : la méthode circulaire, la méthode à lambeaux et la méthode ovalaire; M. A. Guérin en admet quatre; Malgaigne les réduit à deux, tandis que les auteurs du *Compendium de chirurgie* les portent à six. Nous adopterons cette dernière classification, qui se prête mieux à l'exposé que nous avons à faire.

Ainsi les amputations peuvent, aujourd'hui, être pratiquées par l'une des méthodes suivantes : 1° circulaire, 2" à deux lambeaux, 3° mixte, 4° à un seul lambeau, 5° elliptique, 6° ovalaire.

La méthode circulaire, la méthode à deux lambeaux et même la méthode à un seul lambeau peuvent être considérées comme des méthodes anciennes; du moins étaient-elles nées avant notre siècle, mais les deux dernières appartiennent à la fin du xviiie siècle, et la méthode circulaire, qui est à proprement parler la méthode ancienne, ne fut perfectionnée qu'à la même époque. Les méthodes ovalaire, elliptique et mixte ont été imaginées par des chirurgiens contemporains.

Le premier perfectionnement important de la *méthode circulaire* est celui qu'y apporta J. L. Petit, en incisant successivement, et non plus d'un seul coup, comme dans le procédé ancien, la peau et les muscles. Ceux-ci étaient coupés à trois centimètres plus bas que la peau, ce qui permettait de beaucoup mieux recouvrir l'os, d'éviter sa nécrose et la conicité du moignon. C'est pour assurer la bonne conformation du moignon et cacher l'os au fond des chairs que les chirurgiens modernes ont adopté, comme méthode générale,

la double section musculaire imaginée par Desault. Ils détachent
même au besoin les muscles de l'os avant de le scier, ainsi que l'a
proposé Malgaigne, en empruntant ce précepte au procédé de B. Bell.
D'ailleurs, tous les perfectionnements de détail apportés à l'amputation circulaire, et chaque jour utilisés par les praticiens, résument le plus souvent ou, mieux, empruntent à chacun des procédés
proposés, depuis J. L. Petit, par Alanson, B. Bell, Bruninghausen,
Desault, Larrey, Lisfranc, etc.

Les *méthodes à lambeaux* ont été généralisées par les chirurgiens
modernes. La pratique des désarticulations, auxquelles on l'a si souvent appliquée, y a beaucoup contribué; mais elle a été préconisée
d'une manière presque exclusive par quelques chirurgiens, pour
toutes les amputations.

La plupart des chirurgiens de notre pays taillent les lambeaux
par transfixion; quelques-uns cependant ont suivi l'exemple de
M. A. Guérin, qui a vivement préconisé l'incision de dehors en
dedans, par un procédé différent et beaucoup plus sûr dans l'exécution que celui de Langenbeck.

C'est à la méthode *à un seul lambeau antérieur ou supérieur* que
M. Sédillot accorde la préférence dans sa pratique depuis 1848,
et il s'efforce d'en généraliser l'emploi. On éviterait, en y ayant
recours, deux grands dangers : l'étranglement du moignon et la
rétention du pus. Le lambeau, étant antérieur et par conséquent
supérieur, retombe de son propre poids comme un couvercle, peut
être maintenu sans l'intervention d'un appareil compliqué, et ferme
et protége naturellement la plaie; deux épingles rapprochent ses
angles, et, par le centre de la plaie laissée libre, s'écoulent naturellement les liquides. Cette méthode d'amputation serait donc
essentiellement *préservatrice;* toujours est-il que les résultats fournis par M. Sédillot sont en faveur de sa manière de faire : à la
Clinique de Strasbourg, dont les tableaux ont été publiés depuis
1848, on est arrivé à ne perdre qu'un amputé sur dix. Il faut re-·

marquer que ces résultats s'appliquent à toutes les amputations prises en bloc.

La méthode du professeur de Strasbourg n'est cependant pas acceptée comme méthode générale. « Elle a, écrit M. Legouest en 1865, les incontestables avantages que lui attribue son auteur; mais elle a aussi le grave inconvénient de n'être pas applicable à tous les cas. Dans un grand nombre de circonstances, la méthode circulaire donne des résultats plus satisfaisants que la méthode à lambeaux; dans d'autres, le choix de la méthode opératoire n'est pas à la libre disposition du chirurgien; elle exige encore plus impérieusement l'immobilité, le repos absolu des opérés, qui, en campagne, sont souvent transportés à de grandes distances. »

La disposition naturelle des régions, non moins que les conditions créées par un traumatisme ou une lésion spontanée, influe directement sur le choix d'un procédé. En 1840, M. Laugier a publié, sous le titre *De la méthode naturelle dans le choix des amputations des membres,* un mémoire qui a pour but de démontrer qu'il y a pour chaque région, quand on étudie avec soin la conformation des parties, une méthode d'amputation, soit dans la continuité, soit dans la contiguïté des membres, qu'il faut considérer comme la méthode *naturelle* à cette région. Dans le procédé de Baudens pour la désarticulation tibio-tarsienne, le lambeau pris sur le dos du pied, proposé par cet auteur, n'a-t-il pas été abandonné pour le lambeau fait avec la peau du talon?

La méthode à lambeaux est acceptée par plusieurs chirurgiens pour l'amputation de la cuisse et du bras, qui sont cependant le triomphe de la méthode circulaire. Malgaigne, en particulier, s'en était déclaré partisan; il citait cependant une statistique de M. Hayward, qui avait relevé dix-neuf cas d'amputation de la cuisse à lambeau supérieur avec cinq morts, et quinze cas d'amputation circulaire avec quatre morts : ce qui, pour cette série du moins, donnait une proportion aussi égale que possible. Ce qui déterminait la préférence du professeur de médecine opératoire, c'est que l'amputation à lambeau antérieur favorisait et hâtait la guérison, en évitant à la fois la saillie et la nécrose de l'os et en reportant la cicatrice sur les parties molles. Dans l'amputation circulaire la cicatrice se constitue, en effet, vis-à-vis l'extrémité osseuse; elle y adhère, elle est plus lente à s'opérer, elle attire à elle les bouts des nerfs, qu'elle comprime souvent d'une manière douloureuse, et, enfin, elle ne saurait supporter la moindre pression sans des souffrances quelquefois très-vives. Tel est le jugement porté par Malgaigne.

Un des incontestables avantages de la méthode à lambeau unique est en effet le transport, ou, si l'on veut nous permettre cette expression, la *latéralisation* de la cicatrice. C'est en raison de ce fait que l'amputation de la jambe à lambeau postérieur acquiert, de jour en jour, les préférences de notre chirurgie. Ce procédé, imaginé par Verduin à la fin du siècle dernier, a été à plusieurs reprises l'objet de remarques devant la Société de chirurgie. En 1866, M. Laborie faisait constater les excellents résultats obtenus à l'aide du lambeau postérieur dans l'amputation au-dessus des malléoles. Le lambeau, en grande partie formé par le tendon d'Achille, est résistant et épais; la cicatrice, très-antérieure, parfaitement placée pour permettre de prendre sur l'extrémité du moignon le point d'appui nécessaire à l'appareil prothétique très-simple avec lequel marchent ces opérés.

L'exemple d'amputation à lambeau unique que nous venons de choisir est à la fois une preuve de l'utilité de la méthode et la démonstration de l'impossibilité de généraliser la manière de faire de M. Sédillot. Il y aurait, en effet, ici, inconvénient certain à se servir d'un lambeau antérieur ou supérieur.

La *méthode mixte* a été décrite par MM. Baudens (1835) et Sédillot (1855); mais, à cette époque, qui est celle de la seconde édition de son *Traité de médecine opératoire,* le chirurgien de Strasbourg déclarait se servir depuis longtemps de cette opération. Ces chirur-

giens taillent deux lambeaux opposés, courts, arrondis et ne comprenant que peu de muscles dans leur épaisseur, et, après les avoir
relevés, terminent l'opération comme dans la méthode circulaire.
Cette méthode, qui ressemble à la méthode à deux lambeaux sous
le rapport de l'exécution, se rapproche beaucoup de la circulaire
sous le rapport du résultat; elle convient aux sujets chargés d'em-
bonpoint. Cette opération donne de bons résultats sur le cadavre,
mais n'a pas été généralisée dans la pratique.

Méthode
elliptique.

La *méthode elliptique* est un perfectionnement de la méthode à
lambeau unique. Généralement adoptée pour plusieurs amputations dans la contiguïté, elle a été généralisée dans ses applications
à toutes les amputations par M. Soupart (de Gand), qui en a fait,
en 1847, l'objet d'un travail important. M. Soupart a également
donné à cette méthode le nom d'*elliptique*, sous lequel nous la connaissons en médecine opératoire; elle avait cependant été pratiquée
avant que le chirurgien belge la fît entrer définitivement dans
la science. « L'un de nous, M. Denonvilliers, disent les auteurs du
Compendium de chirurgie, avait indiqué, dans ses cours de médecine
opératoire, une modification de la méthode à un seul lambeau, qui
consistait à donner à l'incision faite du côté opposé au lambeau une
forme adaptée à l'extrémité de ce dernier, c'est-à-dire à faire cor-
respondre une concavité à une convexité. Il a souvent décrit et exécuté ce procédé pour les amputations dans la contiguïté des doigts,
du poignet et du coude; d'autres opérateurs avaient introduit çà
et là la même modification. »

Méthode ovalaire.

La *méthode ovalaire* appartient à un Français, M. Scoutteten, qui
a publié, en 1827, un très-bel ouvrage avec planches, intitulé : *Méthode ovalaire*, dans lequel il a décrit et figuré les procédés de cette
méthode. La plaie est oblique à l'axe du membre, et représente un
ovale dont les parties latérales peuvent être réunies l'une à l'autre.
Avant M. Scoutteten, d'autres auteurs, Langenbeck, Guthrie, Aber-

nethy, avaient déjà conseillé, pour certaines amputations, de donner aux incisions une forme ovale; mais ce chirurgien a généralisé la méthode et l'a appliquée à presque toutes les amputations. Malgaigne et M. Sédillot ont perfectionné le procédé de M. Scoutteten, en ménageant les téguments correspondants à la jointure, par l'incision dite *en raquette*.

Les méthodes opératoires que nous venons de passer en revue peuvent s'appliquer aux amputations dans la continuité, c'est-à-dire à celles qui se pratiquent dans le plein des membres à l'aide du couteau et de la scie, et à celles qui se font dans la contiguïté avec le couteau seul, c'est-à-dire dans les désarticulations. Cependant les méthodes à lambeaux, les méthodes ovalaire et elliptique ont surtout été utilisées pour ces dernières. Ce sont précisément les méthodes modernes d'amputation. Les désarticulations ont, en effet, été surtout étudiées, régularisées et multipliées par les chirurgiens contemporains.

. Quoique les *désarticulations* aient été employées par les anciens, et qu'on les retrouve indiquées par les chirurgiens du xvie siècle, elles n'en étaient pas moins tombées dans le plus profond oubli, lorsqu'elles furent reprises, au xviiie siècle, par Brasdor, qui attira l'attention de ses collègues de l'Académie de chirurgie sur les désarticulations en général; puis par Ledran et Hoin, qui pratiquèrent la désarticulation de l'épaule, du poignet et du genou. Depuis cette époque, leur vogue ne s'est pas démentie, et leur utilité s'est affirmée. Réhabilitées au siècle dernier par des chirurgiens français, les désarticulations ont dû encore dans celui-ci leurs principaux progrès aux chirurgiens de notre pays. Nous ne voulons en aucune façon méconnaître l'influence des travaux de Monro, d'Alanson, d'Astley Cooper; mais personne ne pourrait contester ce qu'a produit à cet égard l'enseignement oral et écrit de Lisfranc. Blandin, Larrey, Dupuytren, Baudens, Malgaigne, MM. Velpeau, Scoutteten,

Sédillot, etc. ont aussi contribué successivement à introduire ces opérations dans la chirurgie, dont elles sont une des applications les plus utiles et les plus brillantes.

Les amputations dans la contiguïté sont, en général, plus difficiles que celles dans la continuité, et exigent des connaissances anatomiques plus minutieuses; cela, joint à la crainte qu'inspiraient aux chirurgiens anciens les plaies des tendons et des articulations, explique bien leur abandon. Ces difficultés justifient aussi les règles si nombreuses, les points de repère multiples qu'indiquait Lisfranc pour reconnaître l'articulation. Cependant, grâce à l'étude approfondie à laquelle la majorité des chirurgiens s'est livrée depuis lui, ces indications ont été très-simplifiées. On n'attache plus qu'une médiocre importance à la saillie des tendons, aux plis cutanés et au système de lignes tirées d'un point à un autre sous des angles exactement calculés : toutes choses auxquelles le chirurgien de la Pitié accordait une si grande valeur.

La connaissance anatomique exacte de l'articulation étant donnée, on se guide surtout sur les saillies osseuses, si bien étudiées dans tous les traités d'anatomie chirurgicale. Mais, lorsqu'on arrive aux ligaments extérieurs, les règles formulées par Lisfranc se retrouvent encore; de même, dans l'attaque des ligaments internes sont toujours employées ces manœuvres particulières qui, par le coup de maître, par exemple, achèvent d'une façon si brillante l'ouverture d'une articulation.

Mais, il faut bien le reconnaître, la chirurgie de Lisfranc sacrifiait beaucoup à la rapidité, au brillant de l'exécution. Il est remarquable de constater combien peu ont duré dans la pratique ces procédés si pleins de séduction à l'amphithéâtre, qui permettaient de désarticuler un membre en quelques secondes, ces méthodes intra-articulaires à l'aide desquelles, d'un seul coup, le lambeau était taillé et la jointure ouverte.

Notre chirurgie, nous l'avons souvent montré déjà, veut avant tout les procédés dont l'application est exempte d'inconvénients ou de dangers; elle a depuis longtemps sacrifié la célérité à la sûreté, le *cito* au *tuto*.

Un certain nombre de désarticulations sont encore faites à lambeaux; mais les procédés ovalaire et elliptique sont surtout préférés; le procédé circulaire, que M. Cornuau s'est tant efforcé de généraliser dans les désarticulations, est même quelquefois accepté, et, quand un lambeau doit être le mode de protection du moignon auquel on juge convenable de recourir, on veut, avant tout, qu'il soit suffisamment long, si l'on agit au membre supérieur; d'une épaisseur et d'une solidité aussi grandes que possible, si l'on opère le membre inférieur; toujours on cherche à soustraire la cicatrice aux pressions qui résulteront de l'exercice ultérieur du membre ou des appareils prothétiques.

C'est ainsi que, dans les amputations partielles du pied, s'est généralisé l'usage du lambeau talonnier, qui est aujourd'hui utilisé dans l'amputation sous-astragalienne et dans l'amputation tibiotarsienne.

Nous avions eu l'intention d'indiquer successivement tous les procédés opératoires et les opérations imaginés par les chirurgiens français; mais une telle manière de procéder nous eût entraînés trop loin. Nous insisterons, du moins, sur certaines amputations, imaginées, étudiées et appliquées parmi nous, et nous ferons autant que possible ressortir les principes qui guident nos chirurgiens.

Les amputations du pied, auxquelles nous venons de faire allusion, nous fournissent un exemple fort approprié. Composé d'un grand nombre d'os, le pied se prête à des opérations nombreuses; aussi les amputations, les désarticulations, les resections, y ont-elles été multipliées. On peut presque dire que rien ne reste à faire, tant l'ingéniosité des chirurgiens s'est donné carrière dans cette région en particulier,

Amputations
partielles
du pied.

Cependant, avant que Chopart (1787) eût de nouveau attiré l'attention sur l'amputation qui porte son nom, les chirurgiens avaient l'habitude de recourir à l'amputation de la jambe pour des maladies qui ne comprenaient même pas tout le pied. « Dans le premier quart de ce siècle, au contraire, ainsi que l'écrivait M. Velpeau en 1865 (*Introduction à l'Iconographie chirurgicale* de M. B. Anger), sous le premier empire d'abord, pendant nos gigantesques guerres, sous la Restauration ensuite, à l'issue de la paix, un grand mouvement s'était opéré à l'occasion des opérations chirurgicales; les amputations partielles devinrent surtout à la mode. On ne voulait sacrifier que le moins possible de tissus ou d'organes; on érigea en loi qu'il ne fallait sacrifier que ce qui était inévitablement perdu, incapable d'être conservé. De là des opérations nouvelles, une série de resections, d'excisions, de désarticulations des doigts, du métacarpe, du carpe, des différentes parties du pied, etc.

« Une réaction s'est opérée contre cette manière de faire, et j'y ai contribué de toutes mes forces. Ne point sacrifier d'organes ou de portions d'organes susceptibles d'être conservés sans entraver ensuite les usages ou la forme du membre est fort légitime, sans doute, mais à la condition que ces opérations n'exposeront pas à y revenir plus tard, parce que la maladie tout entière n'aura pas été enlevée, ou parce que la partie conservée est plus nuisible qu'utile au malade. C'est que, en effet, conserver certaines portions du pied ou de la main qui n'ont pas une grande valeur fonctionnelle, au risque de laisser quelques traces de la maladie, expose le blessé à subir plus tard une seconde opération quelquefois plus grave que la première.

« A cette époque, il suffisait qu'une opération fût possible pour que les chirurgiens se crussent obligés de l'entreprendre; de là des tentatives quelquefois insensées, qui ont beaucoup nui à la dignité de la chirurgie. Avant tout, le diagnostic étant bien établi, c'est de l'*utilité* pour le malade bien plus que de la *possibilité* de l'opération qu'il faut s'enquérir avant d'agir. Non-seulement il importe que la maladie puisse être enlevée tout entière; mais il faut se demander encore s'il y a lieu d'espérer une guérison radicale, et si le malade peut en attendre quelque bénéfice pour son existence future ou pour les besoins de la vie. » (VELPEAU, *loco citato*.)

Nous avons déjà eu l'occasion de le dire dans l'Introduction, car c'est un des caractères généraux de notre chirurgie, c'est en tenant compte des résultats éloignés des opérations qu'ont été jugés beaucoup de procédés opératoires.

Déjà nous avons indiqué ce que l'on pense aujourd'hui de l'*amputation de Chopart*, que les chirurgiens français ont cependant perfectionnée d'une manière si complète dans le *Manuel opératoire*, et en faveur de laquelle Blandin, en particulier, avait tant accumulé d'arguments. Le renversement du talon vient trop souvent compromettre les résultats de cette amputation. C'est en vain que Blandin, H. Larrey, Velpeau, Robert, Jobert, Nélaton et plusieurs autres chirurgiens ont employé la section préalable du tendon d'Achille, ou bien encore sa section consécutive, les appareils inamovibles; que l'on a conseillé de réunir par la suture les tendons plantaires aux tendons dorsaux; que M. Sédillot a modifié le lambeau en lui donnant une forme mieux appropriée à la direction des os et fournissant au moignon un coussinet plus épais en dedans qu'en dehors. On a pu cependant réussir dans certains cas : Blandin, Malgaigne, M. Velpeau, ont cité des succès; mais, les conditions qui favorisent la réussite étant impossibles à prévoir, difficiles à obtenir et, au demeurant, assez mal déterminées, l'amputation de Chopart est bien près d'être complétement rejetée de la pratique.

Elle supprime évidemment une trop grande longueur du levier horizontal opposé par le pied à l'action des muscles de la jambe, et probablement aussi une trop grande portion du bord interne du pied.

Ce qui le prouverait, c'est que, dans les cas où elle a pu être employée, l'amputation *pré-scaphoïdienne* de M. Jobert donne de

Amputation
de
Chopart.

Amputation
pré-
scaphoïdienne.

meilleurs résultats. Cette amputation, bien étudiée en 1843 par M. Laborie, ne diffère de l'amputation de Chopart que parce que le scaphoïde est laissé dans le moignon; le bord interne du pied est par cela même prolongé.

Amputation
de
Lisfranc.

Les bons résultats de l'amputation tarso-métatarsienne, dite *amputation de Lisfranc*, en témoigneraient encore. Cette amputation, reprise et régularisée par Lisfranc et Villermé à l'époque de la ferveur des amputations partielles, en 1815, conserve en effet plus de longueur au bord interne qu'au bord externe du pied. Or la marche est régulière et sûre; cependant, d'après Malgaigne et M. Verneuil, les malades marcheraient sur le bord externe du pied; toujours est-il qu'ils marchent, et, le plus souvent, avec une chaussure ordinaire.

Ces intéressantes questions sont discutées dans les traités de médecine opératoire; elles l'ont souvent été à la Société de chirurgie, en particulier en 1853, à propos d'une lecture importante faite par M. Sédillot. M. Robert les a indiquées dans sa thèse sur les amputations partielles du pied (1843); M. Laborie avait également attiré l'attention des chirurgiens sur ce sujet, dans un mémoire inséré, en 1843, dans les *Annales de la chirurgie;* Malgaigne avait recherché, en 1844, comment la marche s'exécute après l'amputation de Chopart; enfin M. Legouest, en 1856, a consacré à ces questions une étude d'ensemble.

Amputation
sous-
astragalienne.

Mais l'on ne s'est pas borné à la constatation et à la discussion des résultats : on a imaginé de nouvelles amputations destinées à suppléer à celles qui étaient déclarées défectueuses. C'est ainsi que l'amputation *sous-astragalienne* peut remplacer l'amputation médiotarsienne; c'est l'amputation de Chopart, moins le calcanéum, qui est complétement enlevé; seule l'astragale est conservée et le membre garde une bonne partie de sa longueur. Cette amputation permet la marche avec une bottine des plus simples; le seul cas qui fasse exception est celui d'un soldat opéré devant Sébastopol, et chez lequel l'astragale, soudé au tibia dans l'extension, empêchait le moignon de poser à plat sur le sol. La désarticulation sous-astragalienne est d'ailleurs fort bénigne : sur dix-neuf cas relevés dans la dernière édition de Malgaigne, on ne compte que deux cas de mort, tous les deux observés à l'hôpital de Dolma Batsché pendant la guerre d'Orient; mais, dans la pratique civile, on n'a eu à déplorer aucun revers.

L'amputation *sous-astragalienne* a été imaginée par M. de Lignerolle, qui paraît en avoir eu le premier l'idée. Elle n'est entrée dans la pratique que depuis les travaux de Malgaigne (1846), qui le premier proposa de recouvrir les surfaces articulaires antérieures et inférieures de l'astragale avec les parties molles de la région latérale interne de la plante du pied. Dans le choix du lambeau était, en effet, l'avenir de cette amputation, qui aujourd'hui est très-perfectionnée, depuis qu'à l'exemple de M. Verneuil, qui l'a proposée, et de M. Nélaton, qui le premier l'a appliquée sur le vivant, on se sert, pour recouvrir l'astragale, d'un lambeau analogue à celui de J. Roux (de Toulon) pour la désarticulation tibio-tarsienne. Ce lambeau latéral interne et unique est formé des téguments du talon et de la plante du pied. L'histoire de cette amputation et son étude ont été très-complétement faites, en 1859, par M. Vaquez.

Malgré les insuccès de l'amputation de Chopart, nous sommes donc restés bien engagés dans la voie qu'il a contribué à ouvrir, et l'amputation de la jambe est évitée par des désarticulations du pied toutes les fois que l'état des os ou des parties molles le permet.

Pour les cas où le pied tout entier doit être sacrifié, l'amputation *tibio-tarsienne*, c'est-à-dire la désarticulation du pied, a été remise en honneur.

C'est à Baudens (1839) que l'on doit la réhabilitation en France et en Europe de l'amputation tibio-tarsienne, aujourd'hui fréquemment et fort utilement employée. Déjà nous avons eu l'occasion de dire que, si les idées de Baudens avaient été acceptées, son procé-. cédé avait été abandonné pour ceux où la peau du talon est employée pour la confection du lambeau. C'est surtout aux procédés analogues à celui de M. J. Roux (de Toulon), que l'on a généralement recours en France. Le lambeau latéral interne recouvre parfaitement les surfaces, et l'écoulement du pus est toujours assuré par le côté externe, qui est naturellement le point déclive. Quelques chirurgiens sont cependant partisans du lambeau talonnier, taillé à la manière de Syme, c'est-à-dire avec ouverture antérieure.

Amputation
sus-malléolaire.

Alors même que l'on a dû renoncer à amputer le pied seul, alors que la nécessité conduit à pratiquer l'amputation de la jambe, on a voulu encore opérer *le plus loin possible du tronc*, et l'on a remis en honneur l'amputation au-dessus des malléoles; c'est d'ailleurs le principe général auquel obéit la chirurgie actuelle, pour le membre supérieur comme pour l'inférieur.

Les amputations *au lieu d'élection* sont aujourd'hui presque généralement abandonnées. L'expérience ayant démontré que les amputations réussissent d'autant mieux qu'elles sont faites plus loin du tronc, on a pris l'habitude de scier les os aussi près de leur extrémité inférieure que le permettent les désordres, et personne n'a plus insisté sur ce précepte que Baudens (1849). La prothèse est heureusement venue en aide aux chirurgiens : car, à la jambe, en particulier, l'amputation au-dessous du point d'élection était surtout rendue difficile par l'insuffisance ou le prix élevé des moyens prothétiques.

Il faut reconnaître que la difficulté subsiste encore en partie dans l'amputation sus-malléolaire pour les ouvriers; néanmoins cette amputation a conquis les préférences de presque tous nos chirurgiens. Il y a cependant à tenir compte, au point de vue de sa bénignité relative, qui a surtout fait pencher l'opinion en sa faveur, des résultats fournis par les statistiques de M. Chenu. Elles prouveraient que, dans les cas traumatiques, l'amputation sus-malléolaire ne le céderait pas en gravité aux autres amputations de la jambe. Mais, dans les cas pathologiques, sa supériorité paraît incontestable; on ne pourrait élever de discussion que sur la proportion réelle de ses succès.

C'est à Blandin et à Lenoir, dont le procédé a eu beaucoup de partisans, que sont dus les principaux et les premiers efforts en faveur de l'amputation sus-malléolaire.

Il est encore à la jambe une autre amputation dont il faut tenir grand compte; car elle nous fait éviter la désarticulation du genou et l'amputation de la cuisse, toujours si désastreuses : c'est l'amputation dans les condyles du tibia, c'est-à-dire au-dessus du point d'élection. Nous la devons à Larrey. Depuis que les recherches de Lenoir ont démontré la fréquente communication de la synoviale de l'articulation péronéo-tibiale supérieure avec celle du genou, on conseille d'éviter autant que possible la désarticulation de cet os.

Nous pouvons donc encore une fois saisir sur le fait la manifestation des tendances conservatrices, se faisant jour alors même que la destruction est inévitable : l'abandon du lieu d'élection n'a pas eu d'autre cause.

Nous aurions encore à signaler bien des progrès de détail dans le manuel opératoire des amputations; nous avons dû nous décider à l'avance à demeurer incomplets. Sans insister plus longtemps, nous passerons donc à ce qui nous reste encore à dire de *quelques opérations particulières*.

OPÉRATIONS QUI SE PRATIQUENT SUR LES YEUX.

Les progrès accomplis en ophthalmologie, dans ces dernières années, ont été, ainsi que nous l'avons déjà indiqué, rapides et nombreux. La découverte d'Helmholtz y a surtout contribué, non-seulement en permettant d'examiner, à l'aide de sa méthode d'exploration, la surface de la rétine dans ses plus fins détails, mais encore en appelant de nouveau l'attention de quelques médecins sur les conditions dioptriques de l'œil et sur l'influence que leur trouble doit exercer sur la vision.

La thérapeutique des troubles visuels de l'œil a fait, sous cette heureuse influence, les plus utiles progrès, et, sans vouloir rappeler ici les travaux remarquables entrepris à ce sujet, nous devons, à côté d'Helmholtz, rappeler les noms de MM. Donders et Cramer.

L'examen fonctionnel de l'œil, la constatation des défauts de l'accommodation et de la réfraction, amènent si naturellement à l'application du traitement, que, souvent, le verre qui sert à l'exploration est aussi le moyen curatif. Il était donc naturel de donner quelques détails à ce sujet, lorsque nous avons parlé du diagnostic (p. 484).

La *thérapeutique chirurgicale* proprement dite, beaucoup plus avancée que ne l'était la *thérapeutique fonctionnelle*, devait faire des progrès moins éclatants. Cependant plusieurs des acquisitions dues aux opérateurs ont été consacrées; beaucoup ont été perfectionnées, et de nouvelles et utiles applications de méthodes opératoires déjà anciennes ont été proposées.

Déjà, en étudiant les applications principales de la chirurgie réparatrice, nous avons signalé les belles opérations anaplastiques imaginées pour la restauration des paupières. A propos de la méthode sous-cutanée, nous avons aussi parlé des sections musculaires pratiquées dans le but de remédier au strabisme. Nous n'aurons rien à ajouter ici à propos des opérations qui se pratiquent sur les paupières; mais nous croyons utile de revenir, en quelques mots, sur la strabotomie.

Traitement chirurgical du strabisme.

M. Bouvier disait, en 1855, dans les leçons professées à l'hôpital des Enfants : « La strabotomie est une opération qui restera, qui rendra toujours des services incontestables, et l'Académie des sciences a bien jugé en décernant, en 1842, des récompenses à

M. Stromeyer et à Dieffenbach, pour avoir, l'un, proposé, l'autre, pratiqué cette opération. »

Cette citation seule peut prouver que l'opération du strabisme n'avait pas été condamnée sans appel dans notre pays ; elle rappelle, en même temps, que ses inventeurs avaient voulu que leur découverte y fût consacrée par un jugement académique.

Cependant nous ne saurions méconnaître l'influence considérable des travaux de MM. de Graefe et Donders sur la pratique actuelle ; elle tend, d'une manière évidente, à élargir le cercle des applications de la strabotomie, qui rentre de jour en jour, d'une façon plus définitive, dans la pratique de nos chirurgiens.

Les travaux de MM. de Graefe et Donders datent de 1861 et 1862, et, dès 1863, M. Giraud-Teulon s'est donné mission de les populariser parmi nous, par ses leçons sur le strabisme et la diplopie. Sans doute, ainsi que le dit ce savant auteur, la réparation chirurgicale du strabisme ne doit être aujourd'hui remise à l'étude et réinstallée dans la pratique qu'après discussion physiologique et optique de chaque cas, sur les bases scientifiques de l'ophthalmologie nouvelle. Sans doute les travaux allemands, et en particulier la relation si bien établie par Donders entre le strabisme convergent et l'hypermétropie, rendent cette nécessité évidente. Mais le rôle des chirurgiens français n'en conserve pas moins une sérieuse importance dans cette réinstallation pratique du strabisme.

La coïncidence si fréquente de l'hypermétropie et du strabisme convergent, déjà annoncée par Böhm, mais étudiée depuis par M. Donders, n'est, d'ailleurs, qu'une circonstance très-favorable à la production du strabisme. M. Javal (1867) a démontré qu'il n'y avait pas là relation de cause à effet, ainsi que l'avait pensé M. Donders. Le strabisme convergent peut aussi se produire chez les emmétropes, et la cause déterminante est une parésie de l'accommodation.

Dans le livre important qu'il vient de publier à Paris (1867), M. le docteur Wecker, élève de de Graefe, déclare que, « de tous

les hommes qui ont exploité cette branche de la chirurgie (la strabotomie), celui qui l'a fait, sans contredit, avec le plus de mérite,
appartient aux sommités de la chirurgie française; nous voulons,
dit l'auteur, parler de feu Bonnet (de Lyon). C'est lui qui, en faisant connaître les rapports des muscles avec la capsule de Ténon,
a placé la question sur son véritable terrain..... De Graefe, ajoute
M. Wecker, a beaucoup contribué à l'application pratique des
précieuses recherches de Bonnet. »

La ténotomie graduée de de Graefe est rejetée par son disciple.
Si le dosage des effets correcteurs de la strabotomie ne peut être
établi à l'avance, il n'en reste pas moins acquis que, même dépouillée de ce perfectionnement excessif, la strabotomie rend de véritables services; elle modifie, en effet, l'action du muscle coupé par
le déplacement de son insertion oculaire.

Les indications de la ténotomie des muscles de l'œil ont été récemment étendues par M. de Graefe aux paralysies confirmées et
stationnaires, ainsi qu'aux paralysies à marche régressive. Le professeur de Berlin, dans ces deux cas, attaque la diplopie et le strabisme mobile qui l'accompagne, soit par la section de l'antagoniste
du muscle paralysé, soit par le déplacement en avant de l'extrémité tendineuse du muscle paralysé et allongé, soit enfin par la
combinaison des deux procédés.

M. Giraud-Teulon, qui a étudié dans ses leçons et dans l'ouvrage de Mackenzie la méthode de M. de Graefe, a soin de rappeler
que la ténotomie du muscle antagoniste dans les paralysies est depuis longtemps pratiquée, en France, par un de nos ophthalmologistes, le docteur Guépin (de Nantes).

Nous terminerons en rappelant que, dès longtemps (1849),
M. J. Guérin, auquel sont dus plusieurs travaux sur le strabisme,
avait, le premier, tenté de rapprocher vers la cornée le tendon d'un
muscle trop rétracté après la ténotomie. Cette opération correctrice
a été depuis pratiquée et perfectionnée par plusieurs ophthalmologistes.

La ténotomie, ne pouvant être actuellement considérée comme le seul moyen correcteur du strabisme, devait être complétée, dans ses effets, par des moyens appropriés.

C'est à ce but que concourt très-efficacement le traitement orthopédique. C'est à peu près uniquement en Allemagne et en Hollande qu'a pris naissance l'emploi raisonné des lunettes pour le traitement du strabisme. Le nom de de Graefe reste attaché à l'application des verres concaves décentrés, et ceux de MM. Donders et Krecke à celle des verres convexes et des verres prismatiques. Aux verres prismatiques, applicables seulement dans les cas de diplopie franche, un jeune savant français, M. E. Javal, a proposé (1863) de joindre l'emploi du stéréoscope. Cet instrument, ainsi que l'a démontré M. Javal, peut rendre d'excellents services, en stimulant la tendance à voir binoculairement émoussée chez la plupart des strabiques. Les exercices stéréoscopiques, utiles avant l'opération, le sont encore après, et ne contre-indiquent pas l'emploi des lunettes quand il est nécessaire. Sans développer ici les indications du traitement orthopédique, nous dirons que M. Javal en a surtout montré l'importance dans les premières périodes de la déviation. Recouvrir l'œil non dévié d'une coquille non percée, lorsqu'un enfant commence à lire, est une des conditions qui peuvent le mieux assurer contre l'établissement définitif d'un strabisme ou en favoriser la guérison.

Traitement orthopédique du strabisme.

Les *opérations* que l'on pratique *sur les voies lacrymales* ont, de tout temps, sollicité l'attention des chirurgiens. Il est inutile de rappeler ici, si ce n'est comme point de départ, les célèbres mémoires de J. L. Petit sur la fistule lacrymale (1732-1744), et l'influence qu'eut longtemps la pratique de ce chirurgien.

Dans ce siècle, la question parut de nouveau résolue par Dupuytren, qui employa, on le sait, d'une manière exclusive la canule à demeure. Mais cette méthode de traitement, peu à peu aban-

Opérations sur les voies lacrymales.

donnée, est aujourd'hui délaissée, même par les élèves du célèbre chirurgien. On a proposé l'ouverture d'une voie nouvelle aux larmes par la perforation des parois osseuses du canal, et divers autres procédés, qui ne sont pas généralement adoptés. C'est en parlant de la fistule lacrymale qu'on a dit, avec trop de raison, que la richesse des méthodes et des procédés opératoires cachait mal l'impuissance de la chirurgie. Aussi l'oblitération des voies lacrymales et leur destruction ont-elles repris faveur parmi nous.

En 1838, M. Velpeau proposait de substituer à toutes les méthodes de traitement imaginées contre la fistule lacrymale l'excision des points lacrymaux. M. Desmarres a surtout insisté sur les avantages de l'occlusion des voies naturelles. Il a préconisé et régularisé, dans son application, le procédé de Nannoni le fils, c'est-à-dire employé les caustiques pour détruire le sac lacrymal; M. Desmarres a eu recours également à divers caustiques, en particulier au chlorure de zinc. M. Magne, qui vante aussi les heureux effets de la destruction des voies lacrymales, a mis en usage le beurre d'antimoine.

Quel que soit le procédé auquel on ait recours, il est juste de remarquer que la valeur de la méthode de l'occlusion des voies naturelles est aujourd'hui bien établie. Elle ne saurait, cependant, être acceptée comme méthode générale; de notre temps, comme au xviiie siècle, du temps même des Nannoni, elle a été vivement blâmée par plusieurs chirurgiens. Mais nous croyons être dans la vérité en disant que la majorité l'accepte, au moins comme une dernière ressource.

L'ingénieuse méthode du chirurgien anglais Bowman, que M. Follin s'est attaché à bien faire connaître (1865), est souvent utilisée dans nos hôpitaux. Cette méthode n'est, en réalité, qu'un retour aux anciennes idées défendues par J. L. Petit; mais le perfectionnement du procédé opératoire, l'incision portée sur les conduits lacrymaux, la différencient suffisamment pour lui laisser une véritable originalité.

Parmi les opérations qui se pratiquent sur l'œil lui-même, celles qui ont pour but d'agir sur l'iris ou le cristallin sont surtout importantes.

Opérations qui se pratiquent sur l'iris.

Les opérations que l'on pratique sur l'iris sont désignées sous le titre d'*opérations de la pupille artificielle*. Le chirurgien a, en effet, pour but de pratiquer, aux dépens de l'iris, une ouverture artificielle propre à laisser pénétrer les rayons lumineux jusqu'au fond de l'œil. Mais, aujourd'hui, le cadre de cette opération comprend les cas où on l'emploie pour combattre les inflammations internes : elle est alors employée à titre de moyen antiphlogistique.

Chacun est aujourd'hui d'accord pour reconnaître que cette application nouvelle de la section de l'iris, que nous devons à M. de Graefe (1856-57), restera comme l'une des plus belles acquisitions de l'ophthalmologie moderne. Cette opération, rapidement propagée en Allemagne, fut bientôt étudiée en France, et l'on peut dire qu'elle y est aujourd'hui considérée comme le meilleur mode de traitement du glaucome aigu. Le long débat qui a eu lieu à ce sujet, en 1865, devant la Société de chirurgie, l'a en particulier démontré.

L'*iridectomie*, ou excision de l'iris, n'est pas le seul procédé employé pour établir une pupille artificielle; mais il est considéré, à juste titre, comme l'un des meilleurs. On conçoit que, seul, il est applicable lorsqu'on veut remédier au glaucome; mais, lorsqu'il s'agit de créer une voie nouvelle aux rayons lumineux, on peut, dans certains cas, recourir avec avantage au simple déplacement de la pupille.

Ce procédé, bien étudié par M. Guépin, sous la dénomination très-exacte de *distension permanente de la pupille*, tend à être réhabilité dans la pratique, grâce aux ingénieuses modifications dues à un ophthalmologiste anglais, M. Critchett (1859), et aux perfectionnements proposés par M. Wecker (1863); cependant l'iridectomie est généralement préférée par les chirurgiens français.

C'est à M. Desmarres que revient le mérite d'avoir beaucoup insisté sur la nécessité de fixer l'œil pendant l'opération de la pupille artificielle, afin de la rendre plus facile pour le chirurgien et moins dangereuse pour le malade. Ces préceptes ont été, de tout point, appliqués à l'opération de la cataracte.

Depuis que Daviel (1746) pratiqua à Paris, pour la première fois, l'opération de la cataracte par extraction, la méthode qui consiste à déplacer le cristallin sans l'extraire, c'est-à-dire l'abaissement, a fréquemment subi un parallèle qui, de nos jours, tend à définitivement faire triompher l'opération par extraction. Au xviiie siècle, les succès prodigieux de Daviel firent adopter l'extraction par l'Académie royale de chirurgie ; au xixe siècle, Scarpa et Dupuytren, revenant à l'abaissement, le firent prévaloir dans la pratique générale ; ce sont les ophthalmologistes allemands qui ont repris l'extraction et entraîné la plupart de nos chirurgiens.

Il n'est pas hors de propos, dans un travail de la nature de celui-ci, de faire remarquer que l'excision de l'iris, ou iridectomie, est également due à un chirurgien français, Michel Wenzel, oculiste de la maison de l'empereur Napoléon. Les deux grandes opérations dont l'ophthalmologie moderne a su tirer un si grand parti ont, par conséquent, une origine entièrement française.

L'extraction de la cataracte avait été cependant pratiquée, dès le commencement du siècle dernier, par deux célèbres chirurgiens français : Saint-Yves et Pourfour du Petit. Mais il s'agissait de cataractes tombées dans la chambre antérieure : une simple incision linéaire avait permis de les extraire. Cette section linéaire n'eut pas, nous le savons, la fortune de l'extraction à lambeau.

L'*extraction linéaire* semble cependant, de nos jours, devoir l'emporter sur l'extraction à lambeau. Depuis que M. de Graefe (1859) a combiné l'extraction linéaire à l'iridectomie, le cercle d'application de cette méthode s'est agrandi aux dépens de l'extraction à lambeau et de l'abaissement, que l'extraction linéaire modifiée est peut-être destinée à déposséder complétement. Quoi qu'il en soit, la tendance manifeste de l'ophthalmologie moderne, aussi bien à l'étranger qu'en France, est de perfectionner les méthodes d'extraction, dans le but avéré d'abandonner complétement l'abaissement.

L'ingénieuse méthode de *l'aspiration des cataractes molles*, que M. Laugier avait, dès 1847, régulièrement appliquée à Paris, est reprise depuis quelque temps, surtout en Angleterre.

La *discision*, que Conradi (de Nowheim, Hanovre), avait érigée en méthode en 1797, a été reprise dans ces dernières années en Allemagne et en Angleterre; elle l'est également en France. La propagation de cette méthode a soustrait un certain nombre de cataractes à l'extraction; mais la discision ne saurait suppléer cette grande méthode opératoire.

Les opérations qui ont pour but l'ablation totale du globe de l'œil touchent davantage à la chirurgie générale; il en est de même de celles qui s'attaquent aux tumeurs de l'orbite.

Nous ne pouvons cependant terminer ce chapitre sans rappeler le procédé de Bonnet (de Lyon) pour l'ablation du globe de l'œil. Nous ne dirons rien sur les opérations pratiquées pour les tumeurs ou les corps étrangers de l'orbite; il en est cependant de fort remarquables : ces faits ont été réunis par M. Demarquay dans son *Traité des tumeurs de l'orbite* (1860).

OPÉRATIONS QUI SE PRATIQUENT SUR L'OREILLE.

Le cathétérisme de la trompe d'Eustache, dont nous avons déjà parlé comme moyen d'exploration, est aussi devenu, pour les chirurgiens français, un moyen de traitement très-efficace contre un grand nombre de surdités. Grâce à cette opération, on a pu faire disparaître des obstructions de la trompe, produites soit par des mucosités, soit par des rétrécissements de ses parois; et, à cet effet, tantôt on a préconisé les injections de liquides simples ou médicamenteux, comme Itard, Saissy, Triquet; tantôt on a eu simplement recours à des douches gazeuses, comme Deleau, Ménière, Bonnafont; tantôt enfin on a pu instituer contre certains rétrécissements de la trompe d'Eustache le même traitement qui réussit si bien contre les rétrécissements de l'urètre, c'est-à-dire la dilatation temporaire, au moyen de fines bougies de plus en plus volumineuses, introduites à travers la trompe jusque dans la caisse. Le docteur Bonnafont (1860) a surtout contribué à établir parmi nous ce mode de traitement des rétrécissements de la trompe, et en a obtenu d'heureux résultats.

On conçoit enfin comment le cathétérisme de la trompe d'Eustache, en se vulgarisant en France, a permis de traiter directement les maladies de la caisse du tympan, puisque, à l'aide de la sonde, il est possible de faire pénétrer jusque dans l'oreille moyenne des substances médicamenteuses, soit volatiles, soit liquides.

Le mode d'extraction des corps étrangers introduits accidentellement dans le conduit auditif externe a été beaucoup simplifié. D'après des observations souvent répétées, on a reconnu le danger d'employer, pour l'extraction des corps étrangers de l'oreille, certains instruments, comme pinces, crochets, etc. susceptibles de déterminer des désordres plus graves que ceux produits par le corps étranger lui-même, et à tous ces instruments on a généralement substitué, en France, l'action d'un courant de liquide poussé avec force dans le conduit auditif externe, moyen simple, inoffensif et qui réussit le plus souvent.

Le traitement des polypes de l'oreille a été étudié avec soin par M. Bonnafont, qui a imaginé plusieurs instruments ingénieux et bien appropriés aux différents cas qui peuvent se présenter. Avec ces instruments, la cautérisation, l'excision, l'arrachement ou la ligature des polypes sont devenus plus faciles.

C'est ici le lieu d'indiquer une innovation heureuse, apportée par M. Bonnafont dans la construction des instruments destinés à manœuvrer dans le fond du conduit auditif, innovation qui consiste à fixer sur un manche unique la plupart de ses instruments.

de manière que, réunis l'un à l'autre, ils forment un angle de 75 degrés environ. Cette disposition permet au chirurgien de suivre de l'œil toutes les manœuvres, puisque la main, placée au-dessous de l'oreille, ne gêne nullement le passage de la lumière ni le rayon visuel, tandis que, avec des instruments droits, la main, placée dans la même direction, gêne constamment l'un et l'autre. M. Nélaton a employé la pâte de Canquoin pour cautériser les polypes; mais, ainsi que le fait remarquer Malgaigne, le plus difficile n'est pas de détruire le polype, mais d'empêcher sa répullulation.

La *perforation artificielle du tympan*, que Saissy, Itard, Ménière, M. Bonnafont, etc. ont successivement pratiquée d'après des procédés différents, a semblé devoir reprendre une certaine faveur; mais les chirurgiens de notre pays l'ont presque complétement abandonnée.

La *perforation de l'apophyse mastoïde*, proposée par Riolan comme moyen de remédier à la surdité, n'a pu se relever non plus de la proscription que Boyer lui avait infligée. Malgré les efforts de Dezeimeris (1838), la discussion des avantages et des inconvénients de cette opération a conduit à la réserver presque exclusivement aux cas de surdité avec carie de l'apophyse mastoïde.

OPÉRATIONS QUI SE PRATIQUENT SUR LES VOIES AÉRIENNES.

Il est une conquête de l'art médical moderne qui est aujourd'hui entrée dans la thérapeutique usuelle, grâce aux travaux et aux efforts de l'école française. C'est la trachéotomie appliquée au croup.

A la fin du xviie siècle, Verduc déclarait « lâche et peu hardi » le chirurgien qui laisserait sans secours, c'est-à-dire sans trachéotomie, un malade qui aurait eu le malheur d'introduire dans ses voies aériennes un corps étranger. Aujourd'hui, l'on peut dire qu'il est du *devoir* du médecin de faire la trachéotomie dans les cas de croup.

L'opération n'est pas nouvelle ; mais l'importante indication de son utile application dans la diphthérie laryngienne appartient à nos contemporains. « Conseillée par Stoll, qui semble ne l'avoir jamais vu pratiquer, écrit M. Trousseau dans sa *Clinique de l'Hôtel-Dieu*, cette opération fut, pour la première fois, faite avec succès en 1782 par un chirurgien de Londres, John Andrée. Ce fut sur un enfant dont Jacob Locatelli envoya l'observation à Borsieri ; vous la trouverez dans les *Institutes*. Au commencement de ce siècle, un médecin français, Caron, la préconisa de nouveau, bien qu'il ne l'eût pratiquée qu'une seule fois et sans succès. »

« A Bretonneau revient véritablement la gloire d'avoir réussi ; car le fait de John Andrée a été très-contesté. Après deux tentatives malheureuses en 1818 et 1820, l'illustre médecin de Tours fit, en 1825, un troisième essai. C'était sur la fille de l'un de ses plus intimes amis, M. le comte de Puységur, qui avait déjà perdu trois enfants enlevés par le croup ; cette fois Bretonneau eut le bonheur de sauver sa malade. Je crois être le second, ajoute M. Trousseau, qui, suivant l'exemple de mon maître, aie fait la trachéotomie dans les cas de diphthérie laryngée, et le second aussi j'eus à enregistrer une guérison. » Ce fait date de loin : M. Trousseau l'a publié en 1833 dans le *Journal des connaissances médico-chirurgicales*.

Nous avons cru devoir citer les paroles de M. Trousseau ; mais nous ne lui rendrions pas justice, si nous ne disions que c'est, en définitive, à son exemple, à son enseignement, à ses écrits, que nous devons de compter au nombre de nos plus précieuses ressources l'opération de la trachéotomie dans le croup.

Le manuel opératoire proposé par M. Trousseau est celui que les chirurgiens ont accepté. La pince à dilatation, imaginée par ce professeur, est un instrument des plus utiles. Rien de plus émotionnant, de plus périlleux, que le moment qui suit l'ouverture de la trachée par le bistouri ; grâce à la pince dilatatrice, le chirurgien peut sûrement et promptement parer à tous les incidents, et mettre le malade à même de vider sa trachée et de respirer avant d'appliquer la canule.

S'il est indispensable d'agir avec la plus grande rapidité dès que la trachée est incisée, il est bien reconnu, presque par tous les chirurgiens français, qu'il est indispensable de procéder avec la plus sage lenteur pour arriver sur la trachée. Malgré tout ce qu'ils présentent de séduisant par leur rapidité et leur ingéniosité, les procédés *expéditifs* proposés par M. Chassaignac et plus récemment par M. Maisonneuve n'ont pas été généralement acceptés; ils sont considérés, à juste raison, comme moins sûrs dans leur application, et, pour tout dire, comme pouvant être dangereux.

Les questions relatives aux soins consécutifs, au régime, à l'alimentation, ont toutes été étudiées avec le plus grand soin. Nul doute qu'on ne doive à ces patientes recherches, à ces soins si parfaitement combinés, une bonne part des succès obtenus.

M. Trousseau, en 1865, sur plus de deux cents opérations, comptait un quart de succès; les relevés de l'hôpital des Enfants donnent plus d'un cinquième de guérisons. C'est là un beau résultat, si l'on réfléchit à l'extrême gravité de la maladie et aux fâcheuses conditions qui sont faites par les traitements antérieurs aux malheureux enfants qui composent la clientèle des hôpitaux.

C'est d'ailleurs de l'hôpital des Enfants que l'impulsion, d'abord imprimée par M. Trousseau, a continué à venir. Les médecins et chirurgiens de cet hôpital, les internes qui y sont successivement attachés, conservent et propagent les précieuses traditions de la trachéotomie. Depuis sa fondation, l'hôpital Sainte-Eugénie est d'ailleurs entré dans cette même voie.

Un grand nombre de thèses, soutenues par les élèves de ces hôpitaux, ont servi à bien faire connaître les indications et les résultats de cette opération. Il faut reconnaître que l'on a publié à peu près tous les cas où l'opération a été pratiquée, qu'ils aient ou non été suivis de succès. Il est facile de se rendre compte, lorsqu'on étudie ces documents et les travaux si importants et si nombreux publiés par l'école française sur le croup, que l'utilité de la trachéotomie est établie non-seulement d'une manière absolue par un certain nombre de guérisons, mais surtout par les chiffres comparés de ses insuccès et de la mortalité du croup en général.

L'importante discussion de l'Académie de médecine sur la trachéotomie (1858) a bien montré quel est, à ce sujet, l'état de l'opinion médicale en France, et la valeur des travaux et des efforts de l'école des hôpitaux consacrés à l'enfance. Les historiens classiques des maladies de l'enfance, et en particulier Valleix, MM. Rilliet et Barthez, se sont plu à reconnaître les avantages de cette précieuse opération, que M. Millard, dans une thèse (*Thèse inaugurale*, 1858) que nous devrions longuement citer, s'il entrait dans notre plan de traiter dogmatiquement la question, considère à juste titre comme l'une des plus belles conquêtes de notre art.

OPÉRATIONS QUI SE PRATIQUENT SUR LE THORAX.

Les *opérations qui se pratiquent sur le thorax* nous ramènent à la thoracentèse, dont nous avons déjà parlé à propos de la méthode des injections iodées. En 1853, en effet, Aran et M. Boinet, en préconisant la thoracentèse, indiquaient les heureux résultats des injections iodées dans les épanchements purulents.

Thoracentèse.

Nous avons pour but, en revenant ici sur la thoracentèse, de rappeler le rôle important des médecins et des chirurgiens français. Il est permis de penser que, grâce à leurs travaux, la ponction ou l'ouverture du thorax ont pris définitivement droit de domicile dans la science et dans la pratique, et n'auront plus à subir les abandons inexplicables dont l'histoire de cette opération nous a conservé les curieux exemples.

Les livres hippocratiques établissaient que la thoracentèse est souvent le seul moyen de sauver les malades, et qu'il faut la pratiquer le plus possible dans les cas d'empyème. Dans notre siècle, l'illustre Laennec ne l'admettait qu'à titre de ressource extrême et croyait à peine à ses succès. Corvisart, Chomel et beaucoup d'autres la condamnaient. Aussi, en 1839, M. Velpeau pouvait-il écrire encore, en parlant de la thoracentèse : « On y a trop rarement recours, et il est encore à démontrer, selon moi, que l'espèce d'anathème dont les modernes l'ont frappée soit juste en tous points. » Cependant, en 1836, M. Cruveilhier avait eu l'honneur d'appeler l'attention des médecins sur la thoracentèse, en provoquant à l'Académie de médecine une discussion à l'occasion d'un rapport de MM. Sanson et Bouillaud sur un mémoire de M. Faure, médecin de l'hôpital de Strasbourg. Dans ces longs débats, les opinions contradictoires alors régnantes sur le sujet durent nécessairement se reproduire, et l'on ne put aboutir à une conclusion. Mais, s'ils n'avaient pas fixé l'opinion, les débats académiques avaient, du moins, fixé l'attention. Au concours de 1841 pour la chaire de médecine opératoire, M. Sédillot eut à traiter de l'opération de l'empyème, et fit paraître, à cette occasion, un travail important. L'auteur s'y prononce avec force contre la tendance de l'époque qui portait à négliger comme inutile et dangereuse l'opération de l'empyème. « Les malades, s'écrie-t-il, meurent dans les cas où elle est indiquée, sans qu'aucune voix accusatrice s'élève contre l'homme de l'art qui n'a pas même tenté de les sauver. »

Désormais la question ne devait plus s'arrêter. Reybard (de Lyon), qui déjà, en 1825, avait fait connaître son ingénieux procédé, publia cette même année (1841) un mémoire sur les épanchements dans la poitrine, et sur un nouveau procédé opératoire pour retirer les fluides épanchés sans laisser pénétrer l'air dans la poitrine. Ce procédé nouveau consistait dans l'emploi de la canule armée d'un sac de baudruche, instrument aussi utile que simple, et qui, cependant, avait tout d'abord passé inaperçu.

On ne saurait contester que cette heureuse invention n'ait eu une grande influence sur la renaissance de la thoracentèse, et, par conséquent, ne pas laisser à Reybard le mérite qui lui revient si légitimement. Cependant M. Velpeau est venu nous apprendre, en 1865, pendant une nouvelle discussion académique, que l'inventeur de la canule à chemise était Dupuytren. Rien de plus explicite que ce qui est consigné à cet égard, d'après ses leçons orales, dans la thèse d'un de ses élèves, M. Boyron (1814), et, cependant, personne n'avait pris garde à une invention qui pouvait faire honneur même au célèbre chirurgien de l'Hôtel-Dieu.

La cause de la thoracentèse était vivement et savamment plaidée, en 1844, par MM. Monneret et L. Fleury, dans leur *Compendium de médecine;* mais elle devait être surtout étudiée dans ses indications et vulgarisée dans la pratique par M. Trousseau. Son premier mémoire sur ce sujet fut lu à l'Académie de médecine en 1844; ses efforts incessants ont depuis contribué, comme pour la trachéotomie, à donner définitivement droit de cité à la thoracentèse.

Les discussions importantes de la Société médicale des hôpitaux en 1850 et en 1864, le rapport de M. Marotte, publié par cette savante compagnie en 1853, la nouvelle discussion de l'Académie en 1865, et un très-grand nombre de mémoires ou de thèses ont de mieux en mieux établi, d'une manière positive, les indications de cette utile opération.

Nous terminerons en disant que, dans les cas où la plaie doit être laissée ouverte, l'application des tubes à drainage de M. Chassaignac a été très-heureusement faite par ce chirurgien, et par M. Gosselin en particulier.

Nous n'ajouterons rien, pour la *paracentèse du péricarde,* à ce que nous en avons dit à propos de la méthode des injections iodées.

OPÉRATIONS QUI SE PRATIQUENT SUR L'ABDOMEN.

Le *traitement des hernies intestinales* a été remis à l'étude, dans toutes ses parties, par les chirurgiens contemporains. Ce n'est pas en imaginant des opérations nouvelles, ou même des moyens de traitement particuliers, que la chirurgie a affirmé ses progrès. L'opération de la hernie étranglée, imaginée au xvie siècle par le célèbre Franco, est restée comme l'une des plus précieuses conquêtes de la thérapeutique chirurgicale. Des découvertes anatomiques importantes, l'étude approfondie de l'anatomie pathologique, la discussion des doctrines pathologiques relatives à l'étranglement herniaire, ont permis aux opérateurs de mieux guider leur bistouri, de le diriger avec sécurité sur l'agent réel de l'étranglement, et de mieux poser les indications de l'opération.

La découverte des anneaux fibreux naturels, déjà accomplie à la fin du siècle dernier, avait eu une réelle influence sur l'opération de la hernie étranglée; la doctrine de l'étranglement par le collet du sac a surtout bien montré aux chirurgiens quel était, en définitive, l'obstacle que leur bistouri avait à lever dans la très-grande majorité des cas.

Née en France, la doctrine de l'étranglement par le collet du sac y a pris tout son développement. Nous n'avons pas à revenir ici sur son historique, déjà traité dans le chapitre de ce rapport relatif à la pathologie; mais nous devons insister sur les conséquences qu'ont eues sur le manuel opératoire les études et les discussions qui ont si vivement agité et si nettement éclairé l'histoire du siége et de la cause des étranglements herniaires.

Lorsque Malgaigne lut à l'Académie de médecine, en 1840, son célèbre mémoire sur l'examen des doctrines sur l'étranglement herniaire, il nia résolûment qu'une anse intestinale pût jamais avoir été étranglée par les anneaux fibreux.

L'enseignement de Dupuytren avait déjà fait admettre à tous les chirurgiens français que l'étranglement par le collet du sac était le plus fréquent; les recherches de M. J. Cloquet sur l'évolution du sac herniaire avaient servi à confirmer ces idées; mais personne n'avait nié l'étranglement par les anneaux fibreux.

Aujourd'hui, après tous ces célèbres débats, auxquels M. Diday dans la *Gazette médicale*, M. Laugier dans son *Bulletin chirurgical*,

M. Velpeau, M. Sédillot dans les *Annales de la chirurgie*, fournirent des faits et des arguments de nature à prouver, sans réplique, que l'étranglement pouvait être produit par les anneaux fibreux, on admet presque unanimement les propositions suivantes, déjà formulées en 1853 par M. Broca :

Dans la hernie inguinale, l'étranglement est presque toujours produit par le collet du sac, mais quelquefois aussi par l'anneau; dans ces cas, l'étude des faits permet de croire que l'étranglement est secondaire.

Dans la hernie crurale, au contraire, l'étranglement est produit le plus souvent par l'ouverture du fascia cribriforme, c'est-à-dire par un anneau fibreux que l'on peut, il est vrai, considérer comme accidentel.

Ce fait important, signalé dès 1839 par M. Velpeau, a surtout fait révolution dans la pratique chirurgicale. Avant qu'il eût été bien établi que la hernie crurale ne s'étrangle pas dans l'anneau crural, il n'existait pas un procédé qui mît à l'abri du danger de léser une artère pendant le débridement. En dedans, on avait à craindre l'anomalie de l'obturatrice, qui naît si souvent d'un tronc commun avec l'épigastrique; en dehors, c'était l'artère et la veine crurales; en haut, le cordon spermatique; si bien que M. Verpillat avait proposé de débrider en bas, sur le ligament pubien de Cooper, ressource beaucoup plus théorique que pratique. Aujourd'hui, le débridement de la hernie crurale s'opère sans danger, et tous les procédés auxquels nous venons de faire allusion n'appartiennent plus qu'à l'histoire de l'art. Le fait de l'étranglement par le fascia cribriforme avait été, il est vrai, également annoncé par Malgaigne, en 1839, dans ses leçons sur les hernies, professées au Bureau central des hôpitaux. Aussi cet éminent professeur s'attribue-t-il cette découverte. Nous devrons faire remarquer que M. Broca, que nous ne saurions mieux faire que de prendre pour juge, n'a pas hésité à donner la priorité à M. Velpeau. D'ailleurs, cette question mise à part, il faut reconnaître que c'est à M. Velpeau, à M. Malgaigne et à M. Demeaux (1843) que l'on doit la démonstration de ce fait important. Les recherches et les vérifications entreprises depuis par la plupart des chirurgiens n'ont fait que confirmer la réalité du siége de l'étranglement de la hernie crurale dans le fascia cribriforme. Les espèces anomales de hernie crurale ne font que confirmer la règle du non-étranglement dans l'anneau crural des anatomistes. Ainsi en est-il, par exemple, de la hernie à travers le ligament de Gimbernat, décrite pour la première fois en 1833, par M. Laugier.

Deux méthodes opératoires principales ont été proposées pour faire le débridement des hernies. Dans l'une on procède à l'ouverture du sac avant de débrider, dans l'autre on débride sans ouvrir le sac. La première de ces méthodes appartient à Franco, et la seconde à J. L. Petit.

Il semble que l'on ne devrait pas hésiter aujourd'hui à adopter la règle posée par Franco et à aller inciser le *trou du péritoine*. Tout au plus la méthode de J. L. Petit semblerait-elle convenable pour la hernie crurale. Cependant, en 1863, M. Colson (de Noyon) a publié, dans les *Archives de médecine,* un mémoire important dans lequel il cherche à réhabiliter, même pour la hernie inguinale, l'opération sans ouverture du sac.

Malgaigne, pour sa part, n'a pas hésité à préconiser le débridement sans ouverture du sac. Il veut, il est vrai, que l'on incise le collet directement, de dehors en dedans, jusqu'à ce qu'il soit suffisamment élargi pour que la hernie puisse être réduite. Ce conseil n'a pas été goûté par la majorité des chirurgiens, qui n'ont pas d'ailleurs adopté le procédé de Malgaigne. Malgré la rigueur avec· laquelle le célèbre chirurgien a condamné l'ancien procédé, c'est, nous devons le reconnaître, celui qui est encore le plus généralement accepté.

Dans le traitement des hernies étranglées, la question de l'opération est d'ailleurs la moindre difficulté. A quel moment convient-il d'opérer? A quels moyens convient-il de recourir avant l'opération ? Telles sont les questions, en apparence très-simples, qui n'ont pu recevoir encore une solution satisfaisante.

En démontrant que les pseudo-étranglements sont le plus souvent dus à des inflammations du sac herniaire, Malgaigne avait en quelque sorte porté la question de l'intervention chirurgicale sur un terrain nouveau. La gravité bien connue de l'opération crée au chirurgien une impérieuse obligation : celle de n'opérer que les vrais étranglements, et de confier la guérison des étranglements faux à un traitement où les moyens médicaux, et les moyens antiphlogistiques en particulier, sont surtout de mise. Mais, à côté de cas où la distinction est facile à établir, comme pour les grosses hernies inguinales et ombilicales, qui ne réclament pas habituellement l'intervention de la chirurgie active, combien n'y a-t-il pas de cas douteux ? Au lit du malade, il est souvent difficile de dire : Ceci est un étranglement; ou : Ceci est une inflammation.

Il y a, il est vrai, nous le répétons, des cas tranchés; mais, en réalité, et malgré tous les efforts de la chirurgie moderne, malgré les très-réelles et très-belles acquisitions faites dans cette partie de la pathologie, s'en réfère-t-on encore, en pratique, moins à la nature supposée de l'étranglement qu'à l'observation de la marche des accidents. On en revient, en un mot, à la distinction établie en 1768 par Goursaud entre les étranglements à marche rapide et à lente évolution. Mais on sait d'une manière bien définitive que certaines formes, certaines espèces de hernies, sont plus particulièrement exposées à l'étranglement aigu ou primitif, et que d'autres sont surtout, ou seulement, atteintes de l'étranglement lent, chronique ou secondaire.

Quoi qu'il en soit, il faut cependant opter entre les moyens d'ordre purement chirurgical, ou les moyens médicaux, pour obtenir la cessation des accidents, qui ne disparaissent d'habitude que lorsque la hernie est rentrée dans l'abdomen.

Parmi les chirurgiens contemporains, M. Gosselin s'est surtout attaché, en se servant des faits de sa pratique personnelle, à tracer des règles précises, à poser des préceptes pratiques, qui pussent amener la solution de ces difficiles questions.

Les publications de M. Gosselin sur ce sujet ont été faites à l'Académie de médecine en 1859, dans la *Gazette médicale* en 1861, dans la *Gazette des hôpitaux* en 1863, et dans les leçons professées à la Faculté de médecine en 1865, leçons publiées par M. L. Labbé.

M. Gosselin se déclare franchement partisan du traitement actif ou chirurgical. « Pour moi, dit-il, le traitement de l'étranglement herniaire est essentiellement chirurgical, et doit consister dans l'emploi immédiat du taxis lorsqu'il est possible, ou de l'opération lorsque la prudence ne permet pas le taxis. »

Pour ce professeur, le taxis pratiqué suivant des règles déterminées et toujours avec l'aide du chloroforme, dont les précieux effets pour aider à la réduction des hernies ont été pour la première fois démontrés par M. Guytton (1848); le taxis, disons-nous, est à la fois le meilleur moyen de traitement et de diagnostic. Si la hernie est de celles qui doivent rentrer après quelques jours de temporisation, elle est aussi de celles qui rentreront pendant le sommeil anesthétique et sous l'influence du taxis progressif; est-elle au contraire le siége d'un étranglement invincible qui nécessite l'opération, le taxis ne réussira pas, et son insuccès démontrera l'opportunité de l'intervention prompte et immédiate du bistouri.

Réduite à ces termes, la question est de beaucoup simplifiée, et nous devons dire que les statistiques fournies par M. Gosselin sont très-encourageantes.

Cependant le taxis forcé est resté bien en dehors de la pratique chirurgicale depuis les essais d'Amussat et de Lisfranc. A côté des succès il y a eu, en effet, des désastres. « Le taxis forcé d'Amussat, malgré ses succès, dit Malgaigne en 1861, a fini par faire peur à Lisfranc; » le taxis forcé de Lisfranc fait peur à M. Gosselin, et, en ce moment, le taxis forcé de M. Gosselin fait encore peur à l'immense majorité des chirurgiens.

Cependant le taxis forcé de M. Gosselin est loin de ressembler aux manœuvres justement répudiées qui signalèrent ses anciennes applications; il est *toujours fait avec le chloroforme*, et ses règles sont des plus précises. S'il est vrai que la majorité des chirurgiens emploient ce moyen de réduction avec plus de modération que M. Gosselin, cependant il n'en est aucun qui n'y ait recours dans une certaine mesure. Il est juste de dire cependant que la très-grande majorité n'a pas encore adopté la formule de traitement purement chirurgicale proposée par le professeur de clinique de la Faculté [1].

Nous avons longuement insisté sur la thérapeutique de l'anus contre nature en parlant de la chirurgie restauratrice. Il est des circonstances où l'ouverture artificielle d'une partie de l'intestin devient nécessaire; il nous reste à indiquer ce que la chirurgie moderne a réalisé à ce sujet.

Anus artificiel.—Les efforts persévérants d'Amussat (1839-1843), un premier succès obtenu par ce chirurgien, ont donné un moment de vogue à la création de l'anus artificiel dans la région lombaire. Cette méthode, qui porte le nom de Callisen, doit surtout aux travaux d'Amussat la valeur scientifique que quelques chirurgiens seraient encore disposés à lui accorder chez l'adulte, pour des cas exceptionnels. Tous les chirurgiens s'accordent à la repousser chez l'enfant. Les opinions de MM. Velpeau, Goyrand, Vidal (de Cassis), Rochard, Giraldès, etc. sont parfaitement concordantes.

La préférence est accordée d'une manière absolue chez l'enfant, et d'une façon à peu près générale pour l'adulte, à la méthode dite *de Littre*, qui consiste à pratiquer l'ouverture artificielle de l'intestin dans la région iliaque gauche. M. Nélaton a perfectionné le pro-

[1] Nous passons sous silence les nombreux procédés de cure radicale. Toutes ces opérations, malgré leur ingénieuse conception et le mérite des chirurgiens qui les ont proposées, ont été successivement abandonnées.

cédé opératoire en agissant de manière à éviter de porter les doigts ou des instruments dans la séreuse et à ne pas laisser aux matières intestinales la moindre chance de tomber dans le péritoine. Ce chirurgien a démontré de plus que l'on pouvait indifféremment opérer à gauche ou à droite; à droite on tombe sur le cœcum ou sur la fin de l'intestin grêle. Cependant le lieu d'élection à gauche est préféré par la majorité des chirurgiens malgré les recherches de M. Huguier, qui a voulu démontrer que, chez le nouveau-né, l'S iliaque pouvait être facilement atteinte à droite. Les recherches contradictoires de MM. Giraldès et Bourcart ont jugé la question au point de vue opératoire.

L'utilité de l'anus artificiel est généralement admise dans les cas d'imperforation congénitale très-étendue du rectum. Dans les cas d'occlusion intestinale, cette opération a trouvé un défenseur dans M. Nélaton. Plusieurs succès remarquables, dont une partie a été publiée dans le quatrième volume de son *Traité de pathologie externe*, démontrent l'utilité incontestable de cette précieuse ressource et la possibilité de la guérison spontanée de l'anus artificiel.

De véritables progrès ont encore été réalisés pour la cure de la malformation congénitale de l'anus. Entre autres vices de confor mation, l'anus peut offrir un abouchement anomal sous la verge, au scrotum, à la vulve, à la partie inférieure du vagin. Boyer af firmait l'incurabilité de ces vices de conformation et l'inutilité de toute tentative opératoire. Ce sont cependant les cas de cette nature qui ont fourni les plus nombreux et presque les plus beaux succès. C'est pour un cas compliqué d'ouverture du rectum dans le vagin qu'Amussat (1835) créa son important procédé, qui par la suite a fourni la donnée fondamentale de la méthode périnéale pour l'anus artificiel.

Nous n'avons pas besoin de dire que l'on doit avant tout tenir compte des indications fournies par le cas particulier auquel on a affaire. Mais les chirurgiens qui se sont le plus occupés du réta blissement de l'anus dans sa position normale sont unanimes pour accorder la préférence au procédé d'Amussat. Lui seul donne un bon résultat en assurant l'avenir. Il consiste essentiellement à disséquer l'ampoule rectale, à l'amener au dehors, et à fixer ses lèvres incisées au pourtour de la plaie cutanée. Ce procédé, employé par Dieffenbach, Malgaigne, Nélaton, Friedberg, est chaudement défendu par MM. Giraldès et Trélat, dans leurs récents articles des dictionnaires en voie de publication; il l'avait été devant la Société de chirurgie par Goyrand, MM. Verneuil et Trélat. Ce procédé convient d'ailleurs aux atrésies anales complètes, aux atrésies ano-rectales et ano-vaginales. Il a été employé avec succès dans ce dernier cas par MM. Nélaton et Giraldès.

Hémorroïdes.

Les *hémorroïdes*, ainsi que nous avons eu déjà l'occasion de le dire, sont exclusivement opérées aujourd'hui par la cautérisation ou l'écrasement linéaire..

Fistule à l'anus.

La *fistule à l'anus* est encore opérée le plus souvent par incision. La méthode par pincement de Gerdy et l'écraseur linéaire de M. Chassaignac ont pu être employés avec avantage dans certains cas. M. Chassaignac a proposé l'écrasement comme méthode générale, dans son *Traité de l'écrasement linéaire* et dans son récent article du *Dictionnaire encyclopédique* (1864). M. Boinet (1855) a beaucoup insisté sur l'emploi des injections de teinture d'iode, qui ne paraissent pas avoir répondu aux espérances de ce chirurgien.

Fissure à l'anus.

La *fissure à l'anus*, dont Boyer avait fait l'objet de célèbres descriptions et contre laquelle il avait proposé l'incision du sphincter, est aujourd'hui traitée par des moyens médicamenteux ou par la dilatation forcée, imaginée par Récamier.

Ainsi que l'établit M. Gosselin dans un récent article (1866), il y a des fissures tolérantes, et d'autres sont intolérantes. Les moyens médicamenteux, les pansements, suffisent pour les premières. L'usage des préparations de ratanhia, introduit dans la pratique par Bretonneau et M. Trousseau, est aujourd'hui accepté dans ces cas. La pommade de Campaignac, préconisée par M. Velpeau, et beaucoup d'autres topiques peuvent réussir. La dilatation forcée proposée par Récamier peut presque toujours permettre d'éviter l'incision, et, grâce au chloroforme, son application est devenue possible.

Le *cancer du rectum*, enfin, a été attaqué par des opérations hardies. Lisfranc avait pu, grâce à l'étude anatomo-chirurgicale de la région, proposer l'ablation de l'extrémité inférieure du rectum dans sa portion extra-péritonéale. M. Denonvilliers a simplifié et perfectionné cette opération difficile, en proposant de fendre la paroi postérieure du rectum, en prolongeant l'incision jusqu'au coccyx. La dissection, faite d'abord en arrière, donne une large ouverture à travers laquelle on peut poursuivre la séparation de la paroi antérieure. Chez la femme, M. Nélaton a proposé dans le même but de fendre la cloison recto-vaginale, y compris le périnée.

Cancer
du rectum.

OPÉRATIONS QUI SE PRATIQUENT SUR LES ORGANES GÉNITAUX ET URINAIRES.

Les opérations qui se pratiquent sur les organes génitaux et urinaires ont déjà été indiquées en partie dans les premiers paragraphes de ce chapitre : ainsi, la cautérisation du col de l'utérus, la périnéorrhaphie, les fistules vésico-vaginales, pour la femme; l'hydrocèle, les fistules urinaires et l'épispadias, chez l'homme. Nous avons encore à montrer, en terminant, que plusieurs importants progrès ont été accomplis dans cette partie de la chirurgie.

Des opérations qui se pratiquent *sur les testicules, sur le cordon, sur le scrotum, sur la verge,* nous n'avons que peu de chose à dire.

Dans la *castration,* nous voyons encore les opérateurs partagés pour la manière de lier les vaisseaux du cordon : les uns préconisent la ligature isolée des vaisseaux, bon nombre restent fidèles à la ligature en masse.

Opérations
qui se pratiquent
sur
les testicules,
sur
le cordon,
le scrotum
et
la verge.

M. Chassaignac a employé avec succès son écraseur linéaire, et cette méthode, si elle était généralement adoptée, serait destinée à uniformiser la pratique, puisqu'elle supprime toute ligature du cordon. Nous devons dire que la majorité des chirurgiens s'en tient encore à l'ancien procédé.

Pour la *varicocèle* de nombreux procédés ont été imaginés; ils ne diffèrent pas en définitive, dans leurs principes, de ceux que nous avons dits être préférés aujourd'hui dans les opérations qui portent sur les veines. Nous sommes d'autant moins disposés à insister, que les chirurgiens les plus autorisés s'accordent aujourd'hui pour démontrer à la fois la rareté de l'indication, dans ce cas, d'une opération, et sa gravité possible.

L'opération du *phimosis* par la circoncision a été perfectionnée par plusieurs chirurgiens, et en particulier par M. Ricord. Les serres fines de Vidal (de Cassis) sont généralement employées comme agent de réunion; elles rendent de véritables services, et, grâce à ces ingénieux instruments, la cicatrisation est souvent obtenue avec rapidité[1].

Pour le *paraphimosis*, nous devons à Malgaigne un très-bon procédé de réduction, qu'il a très-heureusement approprié aux cas les plus difficiles, en y joignant la section sous-cutanée des adhérences.

Enfin l'*amputation de la verge*, qui peut être pratiquée avec avantage à l'aide de l'écraseur linéaire, est le plus souvent faite à l'aide de l'instrument tranchant, de telle sorte que la muqueuse de l'urètre puisse être rattachée à la peau par des points de suture. Ce procédé, qui met à l'abri du rétrécissement de l'ouverture urétrale, est généralement adopté.

---

[1] Pour supprimer la douleur dans les opérations qui s'exécutent rapidement et qui n'intéressent que les parties superficielles, on a tenté de déterminer l'insensibilité locale. L'*anesthésie locale* a été obtenue à l'aide de l'*éther liquide* (GUÉRARD, RICHET), de l'*éther pulvérisé* (GIRALDÈS, RICHARDSON), du *sulfure de carbone* (DELCOMINÈTE, de Nancy), des mélanges réfrigérants (James ARNOTT, VELPEAU).

Les opérations *qui se pratiquent sur l'urètre et la vessie* ont, au contraire, reçu de la chirurgie moderne les plus nombreux, et nous pouvons dire les plus heureux perfectionnements. Nous sommes encore dans la vérité en attribuant à notre pays la plus large part dans les progrès accomplis dans cette branche de l'art chirurgical.

L'impulsion donnée à l'étude des maladies des voies urinaires et les progrès imprimés à leur traitement datent d'ailleurs de l'invention de la lithotritie; et cette belle découverte appartient, on le sait, à des chirurgiens français.

La nécessité d'introduire dans l'urètre et dans la vessie des instruments spéciaux pour y briser la pierre a rendu indispensable l'étude nouvelle de l'anatomie de l'urètre et de ses dépendances, et bientôt l'anatomie pathologique est venue joindre ses découvertes et ses indispensables lumières à celles que fournissait l'anatomie normale.

Des auteurs spéciaux, qui ont écrit sur la lithotritie, ont évité d'en tracer l'histoire. Nous croyons qu'à mesure que l'apaisement se fera autour des vives prétentions si naturellement soulevées par cette remarquable opération, chacun reconnaîtra, comme déjà la plupart sont disposés à le faire, que les noms de MM. Civiale, Leroy (d'Étiolles), Amussat et Heurteloup doivent surtout rester attachés à cette belle conquête chirurgicale; bien que, cependant, plusieurs tentatives antérieures puissent leur enlever la priorité de l'idée et même de l'application.

Mais il fallait, pour créer la lithotritie, un ensemble d'essais, de travaux, d'inventions et de perfectionnements; c'est en raison de ce qu'ont accompli dans ce sens les chirurgiens que nous venons de désigner, que l'on peut établir que la méthode du broiement de la pierre à travers les voies naturelles, et son introduction dans la pratique ont été le résultat de leurs persévérants efforts. Cette opération réalisait, dès le début de la période actuelle (1820-1832), l'un des *desiderata* de la chirurgie moderne; elle substituait des moyens non sanglants, une opération plus douce, plus inoffensive à une opération justement célèbre, mais inférieure à sa jeune rivale dans ses moyens et dans ses résultats. Elle devait donc être adoptée, en dépit même des premières contestations dont elle fut l'objet. Nous écrivons aujourd'hui à une époque où, depuis bien des années déjà, la lithotritie a triomphé de toutes les préventions. Elle est entrée dans la pratique de tous les chirurgiens, aussi bien à l'étranger que dans notre pays; ses indications clairement posées, son manuel opératoire perfectionné, rendent superflu tout commentaire en sa faveur.

Les avantages de la lithotritie n'étant plus douteux, on a dû naturellement chercher à étendre le cercle de ses applications.

La combinaison de la taille et de la lithotritie, c'est-à-dire de la cystotomie et du broiement des calculs pour favoriser leur extraction lorsqu'ils sont trop volumineux, est une idée fort ancienne, aujourd'hui reprise et acceptée dans la pratique chirurgicale.

M. le professeur Bouisson, qui est un de ceux qui ont insisté sur ce point de pratique, y a surtout vu l'avantage de réduire les dimensions de l'incision vésicale, et d'enlever ainsi à l'opération de la taille une partie de ses dangers.

Ce chirurgien a, d'ailleurs, en fournissant ses observations à l'appui, proposé, dans son *Tribut à la chirurgie* (1858), de faire la lithotritie, dans les cas de rétrécissement, à travers les voies accidentelles ou fistules ouvertes au périnée, ou à travers une incision de la région membraneuse, méthodiquement pratiquée. La lithotritie par les voies accidentelles a été, de la part de M. Dolbeau, l'objet de recherches et d'applications nouvelles, publiées en 1864 sous le titre de *Lithotritie périnéale*.

La lithotritie n'a cependant pas toujours remplacé la taille. Elle a, il est vrai, singulièrement réduit le nombre des cas où l'on avait recours à cette opération; mais, quoique redoutée des malades, la taille reste encore, dans bien des circonstances, la véritable méthode curative. Il est même juste de remarquer, tout en rendant hommage à la lithotritie, que cette méthode s'est surtout approprié les cas simples. En restreignant ainsi le champ où son ancienne rivale avait à se mouvoir, la lithotritie imposait à la taille l'obligation de nouveaux progrès.

En 1824, au moment où la lithotritie préoccupait déjà quelques esprits, Dupuytren, reprenant une idée déjà émise par Chaussier et par Béclard, imaginait la taille bilatérale. Ce procédé, que l'invention et le perfectionnement du lithotome double, dus au célèbre chirurgien de l'Hôtel-Dieu et à l'habile fabricant M. F. Charrière, ont beaucoup contribué à vulgariser, reste au rang des meilleurs parmi les procédés de la taille périnéale. Taille bilatérale.

La taille latéralisée de Frère Côme et la taille bilatérale sont souvent pratiquées encore; toutes deux divisent la prostate.

L'école de Montpellier, représentée par Lallemand, Serre et M. Bouisson, a de nouveau préconisé la taille médiane; mais, malgré les efforts tentés depuis 1840 par ces chirurgiens, et malgré les travaux remarquables que M. Bouisson a consacrés à la défense de ce procédé, la taille médiane n'est guère jugée avec faveur, et n'est guère pratiquée, ainsi que le dit M. Bouisson lui-même, qu'à la Clinique de Montpellier.

Deux procédés nouveaux, destinés à remplacer celui de Dupuytren, sont aujourd'hui proposés à la pratique chirurgicale.

Le premier (*taille médio-bilatérale*) est une méthode mixte, dans laquelle l'incision extérieure est faite comme dans la taille médiane, et l'incision profonde à la manière et avec l'instrument de Dupuytren. Ce chirurgien, au dire de Malgaigne, avait une fois tenté l'incision médiane adoptée depuis et vulgarisée par M. Civiale. Taille
médio-bilatérale

Le second, beaucoup plus récent, est dû à M. Nélaton, qui le désigne sous le nom de *taille prérectale* (1852). L'incision extérieure Taille
prérectale.

est transversale, comme dans le procédé Dupuytren; mais elle se rapproche davantage du rectum. La paroi antérieure de ce conduit est, d'ailleurs, prise pour guide et conduit au sommet de la prostate. Ce mode opératoire a pour avantages principaux d'éviter sûrement la lésion du bulbe et des vaisseaux, de fournir un passage plus large à travers le périnée et d'ouvrir l'urètre dans un point bien déterminé. L'incision profonde est faite avec le lithotome double.

Rétrécissements de l'urètre.

Les *rétrécissements de l'urètre* ne sont, le plus généralement, traités aujourd'hui que par la dilatation méthodique et graduelle, ou par l'incision que l'on désigne sous le nom d'*urétrotomie*. La simplification et la régularisation de la pratique dans le traitement de cette affection, si commune chez l'homme, est certainement l'un des résultats les plus nets de cette révision de l'anatomie normale et de l'anatomie pathologique que nous signalions plus haut.

La cautérisation a été, en effet, abandonnée comme méthode générale; les dilatations brusques que Mayor (de Lausanne) voulut introduire dans la pratique des chirurgiens français (1836), la dilatation plus prudente en apparence de Perrève (1847), n'ont pu soutenir l'épreuve de la clinique, et tous les chirurgiens ont jugé défavorablement des tentatives dangereuses et inutiles.

M. Voillemier (1866) a cependant présenté un nouvel et très-ingénieux instrument dilatateur de l'urètre, dont il a fait plusieurs fois un heureux usage dans sa pratique.

La dilatation permanente est également tombée dans un juste discrédit. Ce sont là des progrès véritables, et l'on ne saurait plus accuser d'incertitude la thérapeutique des rétrécissements de l'urètre. Nous ne pouvons entrer dans l'exposé des procédés de la méthode de la dilatation temporaire et graduée. Qu'il nous suffise de dire qu'elle réunit encore les suffrages de la majorité des chirurgiens; c'est la méthode générale de traitement. Mais pour tous aussi il demeure incontestable que certains rétrécissements sont incurables par cette méthode. A ceux-là chacun accorde que l'urétrotomie est applicable et réalise un progrès des plus sérieux. Souvent discutée, l'incision des rétrécissements de l'urètre prête évidemment à de faciles et graves abus, elle est bien loin d'être sans danger; mais elle a été déjà assez perfectionnée pour que ces dangers soient amoindris, et les indications qui la gouvernent sont devenues à la fois plus précises et plus sages.

L'urétrotomie se pratique de dehors en dedans ou de dedans en dehors. La première, désignée sous la dénomination d'*urétrotomie externe*, se fait avec ou sans conducteur. L'*urétrotomie externe avec conducteur*, réintroduite dans la pratique par J. Syme (d'Édimbourg) (1844), n'est généralement pas acceptée en France. Elle suppose que le rétrécissement est franchissable, ce qui le rend attaquable par la dilatation ou l'urétrotomie interne.

L'*urétrotomie externe sans conducteur* est destinée à la cure des rétrécissements infranchissables. M. Sédillot l'a réintroduite dans la pratique en 1852. Avant les travaux de ce chirurgien, elle en était complétement bannie. Cette méthode peut rendre et a rendu de véritables services; alors même que le canal ancien n'est pas retrouvé, comme dans les faits remarquables communiqués à l'Académie de médecine en 1861 par M. Bourguet (d'Aix), un canal peut être reconstruit de toutes pièces. M. Sédillot avait donc raison de penser que cette méthode, qu'il a faite sienne, serait comptée au nombre des ressources de l'art.

L'*urétrotomie interne*, qui se pratique de dedans en dehors, nécessite une instrumentation spéciale. Cette méthode, toute moderne et presque exclusivement française, a la préférence des chirurgiens de notre pays dans tous les cas où le rétrécissement est franchissable.

L'urétrotomie proprement dite a été préconisée par Reybard (de Lyon) (1833). Ses expériences et ses travaux, si justement remarqués, ont certainement contribué aux progrès de l'urétrotomie, bien que les accidents de ses profondes incisions aient, à juste raison, effrayé les chirurgiens. Reybard a eu l'incontestable mérite de bien démontrer l'insuffisance et le danger des scarifications urétrales, qui, depuis 1823, sous l'influence d'Amussat, de MM. Civiale, Ségalas, Ricord, etc. avaient été introduites dans la pratique chirurgicale.

Le chirurgien de Lyon, tout en dépassant le but, a préparé les voies à la constitution de la méthode actuelle, qui se propose de ne comprendre dans les incisions que la portion rétrécie, en respectant les portions saines du canal.

L'urétrotomie interne se pratique d'avant en arrière ou d'arrière en avant. Pour pratiquer l'urétrotomie d'avant en arrière, il est de toute nécessité qu'un conducteur, introduit dans le rétrécissement, précède l'urétrotome; pour l'urétrotomie d'arrière en avant, c'est l'urétrotome lui-même qui est, au préalable, introduit dans la coarctation. Cette seconde méthode, surtout défendue par M. Civiale, ne peut être appliquée qu'après dilatation préalable; elle possède d'incontestables avantages, qui l'ont fait conserver dans la pratique, malgré les progrès réalisés par l'urétrotomie d'avant en arrière.

Ces progrès datent du moment où M. Maisonneuve (1855) imagina de se servir d'un conducteur mobile et flexible, au lieu des conducteurs fixes et rigides employés avant lui; la bougie filiforme est actuellement adaptée à tous les urétrotomes. Ce perfectionnement important et ceux réalisés en même temps ou peu après dans les urétrotomes eux-mêmes permettent d'attaquer des rétrécissements très-étroits. M. Sédillot, qui déjà en 1855 réclamait ces perfectionnements, adopta bientôt (1857) la méthode de M. Maisonneuve, dont il modifia utilement l'instrument, et contribua à propager l'urétrotomie d'avant en arrière. Les discussions qui ont eu lieu à la Société de chirurgie depuis cette époque, et tout récemment encore (1865), montrent quelles sont à ce sujet les tendances des chirurgiens et témoignent de l'importance réelle des perfectionnements que nous venons de signaler.

Les soins consécutifs ont éveillé tout aussi vivement l'attention des praticiens : c'est sur ce point, sur l'étude raisonnée des indications, sur l'appréciation rigoureuse des dangers de l'urétrotomie, que la question est aujourd'hui portée. De l'ensemble des résultats déjà acquis il est certainement résulté une opinion plus favorable à l'urétrotomie.

Les ressources dont la chirurgie dispose contre les rétrécissements de l'urètre ont gagné en sûreté et en efficacité; divers artifices, et en particulier la bougie tortillée de Leroy (d'Étiolles), ont rendu bien rares les rétrécissements infranchissables. Leur exploration méthodique avec les bougies à boule, remise en usage par M. Ségalas, a heureusement remplacé les porte-empreintes dont on s'armait encore avant cette époque.

L'exploration endoscopique de M. Desormeaux est d'ailleurs souvent venue en aide dans les cas les plus difficiles; elle permet aussi de pratiquer directement l'urétrotomie interne. Sans insister plus longtemps, nous pensons avoir indiqué combien ont été utiles et nombreux les progrès accomplis dans cette partie de la thérapeutique chirurgicale.

Le traitement des maladies de la prostate devait également s'éclairer des connaissances exactes aujourd'hui bien acquises sur l'anatomie normale et pathologique de cette glande, du col vésical et de la portion prostatique de l'urètre.

L'exploration avec la bougie de cire molle et surtout avec la sonde à courte courbure de Leroy (d'Étiolles), ou avec la sonde coudée de M. Mercier (1841), peut, lorsqu'elle est combinée avec le toucher rectal, donner des renseignements souvent très-précis. Il est juste de dire cependant que les ingénieuses opérations proposées pour remédier aux déformations du canal de l'urètre ou du col vésical dues aux hypertrophies prostatiques n'ont pas répondu aux espérances des chirurgiens qui les ont préconisées. L'exploration méthodique perd donc beaucoup de son utilité immédiate, et comme elle n'est pas exempt de dangers, elle est réservée pour certains cas et ne saurait être pratiquée que dans des conditions bien définies.

Le cathétérisme évacuatif peut, au contraire, rendre les plus grands services lorsqu'il est facilement pratiqué; aussi devons-nous signaler comme importantes les règles posées à cet égard par Gély (de Nantes), dans son travail *sur le cathétérisme curviligne et sur l'emploi d'une nouvelle sonde* (1861).

La *rétention d'urine* peut quelquefois nécessiter la ponction de la vessie; elle se pratique d'ordinaire au-dessus du pubis (*ponction sus-pubienne*). M. Voillemier (1863) a communiqué à l'Académie de médecine un nouveau procédé de ponction vésicale (*ponction sous-pubienne*). Un trocart courbe, enfoncé sur les côtés du ligament suspenseur de l'urètre, contourne le pubis et pénètre dans la vessie. M. Voillemier avait récemment et heureusement opéré par ce procédé un malade de l'hôpital Saint-Louis.

Maladies de l'utérus et de ses annexes.

Le *traitement des maladies de l'utérus et de ses annexes* et l'étude des maladies de ces organes sont presque entièrement l'œuvre de notre siècle. Il suffit de rappeler que, parmi les causes qui ont le plus contribué à assurer dans ce sujet les progrès de la science, il faut citer l'étude mieux faite de l'anatomie pathologique, la découverte et la vulgarisation du *spéculum*, la connaissance des lois de la menstruation, l'étude de l'anatomie normale presque complétement renouvelée de nos jours, pour comprendre quelle est la part qui peut être faite à la médecine et à la chirurgie françaises.

On le sait, c'est à Récamier qu'est dû le *spéculum;* à la démonstration du rapport existant entre l'ovulation et la menstruation il faut rattacher les noms de Négrier, de Gendrin, de Coste, de Pouchet; aux études anatomiques, ceux de Jobert (de Lamballe), de Ch. Robin, de Rouget, d'Huguier, d'Hélie (de Nantes), etc. et aux recherches d'anatomie pathologique ceux d'un grand nombre de nos médecins ou chirurgiens. Ce que la gynécologie doit aux travaux français et aux travaux de l'étranger a d'ailleurs été apprécié avec toute compétence dans l'*introduction* du livre important récemment publié par M. Courty (de Montpellier) (1867). Déjà nous avons largement entamé le côté purement chirurgical, qui seul doit nous préoccuper actuellement, en particulier dans les pages consacrées à la chirurgie réparatrice. Quelques renseignements vont servir à compléter ce que nous avons à faire ressortir dans ce sujet.

Le *cathétérisme de l'utérus* avait été pratiqué dès 1828 par un auteur français, Lair; mais c'est seulement dans ces derniers temps que MM. Simpson en Angleterre, Huguier et Valleix en France, Kiwisch en Allemagne, ont fait entrer le cathétérisme utérin dans le domaine de la pratique, soit comme moyen de diagnostic, soit comme moyen de traitement. M. Huguier l'a surtout étudié, et a consigné dans un ouvrage important (1865) les résultats de ses recherches et de sa pratique. Cette opération, aujourd'hui acceptée parmi nous, est cependant limitée dans ses applications par un grand nombre de contre-indications, que ses partisans les plus décidés ont d'ailleurs pris soin de formuler.

Les *opérations destinées à redresser l'utérus dévié* ont été rejetées par les médecins et chirurgiens français; la discussion académique de 1855 a beaucoup contribué à fixer l'opinion à cet égard. Rien ne paraît plus légitime que ce juste abandon.

L'*amputation du col de l'utérus*, mise à l'ordre du jour par Lisfranc et ses élèves, était déjà bien près d'être abandonnée, ou au moins très-restreinte par Lisfranc lui-même dès 1842. Aujourd'hui, surtout, que les bons effets des cautérisations chimiques ou par le fer rouge sont bien démontrés, l'amputation du col est très-rarement pratiquée. M. Huguier (1859) l'a préconisée comme méthode curative dans les cas d'abaissement avec hypertrophie du col, état particulier que cet auteur a bien fait connaître. L'écraseur linéaire peut être appliqué avec avantage à cette resection, qui souvent se complique d'une hémorragie consécutive, difficile à arrêter. Bon nombre d'opérations ont encore été proposées contre la chute de l'utérus non hypertrophié; aucune n'a une efficacité assez bien établie pour que l'on puisse considérer qu'il y a sur ce point un progrès accompli.

L'utérus a été extirpé en totalité ou en partie. — Les extirpations totales, qui ont tenté quelques esprits entreprenants, ne sont en aucune façon justifiées. Les extirpations partielles sont, au contraire, acceptées aujourd'hui et constituent dans les cas d'inversion ancienne une des meilleures ressources de la thérapeutique pour cette grave affection. M. Courty a établi, à cet égard, l'état de la question, et conclut avec raison que la ligature est le mode de diérèse auquel il est le plus prudent de recourir. Ces opérations, longtemps repoussées parmi nous, ont été jusqu'à présent surtout pratiquées à l'étranger.

Ovariotomie. *L'extirpation des ovaires malades,* ou *ovariotomie,* était, beaucoup plus encore que l'extirpation de l'utérus anciennement inversé, l'objet d'une condamnation absolue de la part des chirurgiens français. Elle est depuis quelques années acceptée dans la pratique de notre pays, et vient d'être mise à l'ordre du jour des discussions de la Société de chirurgie par un consciencieux et important rapport lu par M. Boinet. Le travail de cet honorable chirurgien ne comprend que les ovariotomies pratiquées en France, et déjà le chiffre des opérations s'élève à 119. M. Boinet a compté 70 insuccès, mais a fait remarquer qu'on n'opère encore, dans la majorité des circonstances, que les cas désespérés. L'ovariotomie, franchement acceptée par quelques chirurgiens, est encore l'objet de préventions d'un très-grand nombre. Cependant la possibilité des succès aujourd'hui bien constatée, les résultats beaucoup plus satisfaisants obtenus dans notre pays par quelques opérateurs, et ceux que nous ont fournis les étrangers, et en particulier M. Spencer-Wells (de Londres), ont déjà ou entraîné des convictions ou vaincu

des répugnances. Nous nous bornons à signaler l'état actuel de
cette grave question, et nous sommes heureux d'avoir eu à nous
en référer pour cela aux consciencieuses recherches que nous
venons de signaler; mais il nous reste à dire sous quelles influences s'est opéré ce retour inattendu de la chirurgie française
vers une pratique que l'on a pu longtemps croire irrévocablement
vouée à l'oubli.

Le travail publié par M. Jules Worms dans la *Gazette hebdomadaire*, en 1860, doit tout d'abord être cité. Ce travail fournissait
des faits et des preuves à l'appui; la pratique des chirurgiens anglais y était exposée, et les résultats que l'auteur avait pris la peine
de contrôler méritaient d'attirer l'attention. Un voyage à Londres
entrepris par M. Nélaton dans le but d'étudier par lui-même cette
opération, les leçons faites par ce professeur dès son retour à Paris (1861), mirent définitivement l'ovariotomie à l'ordre du jour.
Nous avons déjà dit quel chiffre d'opérations, presque toutes pratiquées depuis cette époque, avait été relevé par M. Boinet. Les
publications de MM. Ollier, Labalbary, Gentilhomme, Herrera
Vegas, Courty, Kœberlé, etc. méritent d'être rappelées. M. Kœberlé s'est particulièrement voué à l'étude et à la pratique de cette
opération, et doit être compté au nombre des opérateurs les plus
heureux. Ce chirurgien ne s'en est pas tenu à l'extirpation des
ovaires malades, l'utérus a été par lui enlevé en totalité ou en
partie par la gastrotomie. Un de ses élèves, M. Caternault a fait
connaître les résutats obtenus par lui jusqu'en 1866 (*Thèse* de
Strasbourg, 1866). Cette opération, que M. Kœberlé déclare beaucoup plus grave qu'une ovariotomie, est cependant acceptée par
lui pour des cas déterminés. Nous ne cherchons pas à spécifier les indications proposées par M. Kœberlé à ce sujet; nous
avons aussi évité d'entrer dans aucune discussion à propos de l'ovariotomie elle-même : cela nous eût entraîné bien en dehors des
limites d'un travail que déjà nous avons plus étendu que nous ne
l'aurions désiré.

C'est pour la même raison que nous nous sommes décidé à ne donner qu'un exposé très-sommaire des progrès réalisés en obstétrique. Cette partie de la chirurgie, étant d'ailleurs l'objet d'études et de travaux tout spéciaux et des plus importants, eût mérité presque à elle seule les honneurs d'un rapport particulier. Réduisant son exposé à ses plus étroites limites, nous donnons dans les quelques pages suivantes ce qui a trait à la pathologie et aux opérations, dérogeant ainsi pour un instant à l'ordre adopté dans ce travail.

PROGRÈS RÉALISÉS EN OBSTÉTRIQUE.

L'art des accouchements, déjà très-avancé sur la fin du siècle dernier, s'est encore enrichi, depuis lors, d'un certain nombre de découvertes ou de perfectionnements d'une réelle importance. Pour énumérer avec ordre les progrès particulièrement réalisés dans ces trente dernières années, nous passerons successivement en revue :

1° Ceux qui sont relatifs à l'état physiologique de la grossesse et de l'accouchement ;

2° Ceux qui ont trait à l'état anomal ou pathologique de la grossesse et de l'accouchement ;

3° Ceux qui concernent le diagnostic des phénomènes physiologiques ou morbides de la grossesse et de l'accouchement ;

4° Enfin les progrès introduits dans la thérapeutique obstétricale.

État physiologique.

1° A. *Grossesse.* — La gestation, longtemps considérée comme disposant les femmes à la pléthore sanguine, est au contraire reconnue, depuis les travaux modernes sur l'hématologie, comme une cause commune des modifications qui caractérisent l'appauvrissement du sang. Les recherches de MM. Andral et Gavarret (1843), de Becquerel et Rodier (1844), de M. J. Regnauld (1847), ont, en effet, démontré l'influence de la grossesse, d'une part, sur la diminution des globules rouges, de l'albumine et du fer, et, d'autre part, sur l'augmentation absolue ou relative de l'eau, de la fibrine et de certains sels.

L'existence d'une glycosurie physiologique chez les femmes en couche, chez les nourrices et chez beaucoup de femmes enceintes n'a été constatée que depuis une dizaine d'années. La découverte de ce fait intéressant (Blot, 1856), vivement contestée par Leconte (1857 et 1859), a été cependant confirmée par les recherches de Bruecke en 1858.

L'hypertrophie du ventricule gauche du cœur (Larcher, 1857) et la production d'ostéophytes crâniens (Ducray, 1844, et Moreau, 1844) sont aussi des phénomènes assez communs dans la grossesse normale, et dont la connaissance date d'un petit nombre d'années.

Enfin les modifications anatomiques et les fonctions de la muqueuse utérine pendant la grossesse (Coste, 1842; Raciborski, 1857; Robin, 1861, etc.); l'origine, la constitution et l'évolution du corps jaune (Bischoff, 1843; Coste, 1847; Robin, 1861), sont des faits physiologiques dont la découverte appartient aux savants contemporains.

B. *Accouchement.* — Le mécanisme de l'accouchement dans les diverses présentations du fœtus, déjà bien connu dans ses phénomènes essentiels au commencement de ce siècle (Baudelocque, Lachapelle, Gardien, etc.), a été mieux étudié encore à notre époque; et, grâce aux recherches persévérantes de Naegelé (1830-1845), de M. P. Dubois (1835-1850), ainsi qu'aux publications de M. Jacquemier (1846), de Cazeaux (1858), de M. Pajot (1864) et de divers autres accoucheurs, on peut dire que cette partie de l'obstétrique touche réellement à sa perfection. La réduction du mécanisme en un type unique, quelle que soit la présentation du fœtus, est un fait important qui se déduit particulièrement des études précédentes.

La classification des présentations et des positions, extrêmement compliquée au temps de Baudelocque, modifiée diversement par chacun de ses successeurs (Lachapelle, Gardien, Capuron, Velpeau, Moreau, etc.), a été très-heureusement simplifiée par Naegelé, MM. Stoltz, P. Dubois (1840-1855). Cette simplification, entièrement justifiée par les faits, est un des résultats utiles de la connaissance plus approfondie du mécanisme de l'accouchement, connaissance dont nous venons d'indiquer la récente acquisition.

État anomal
ou pathologique. 2° A. *Grossesse.* — Quelques années après la découverte de l'albuminurie par Bright (1827), M. Rayer signala l'existence de ce symptôme chez certaines femmes enceintes. Il reconnut ainsi, le premier, la relation qui existe entre la grossesse et l'état pathologique des reins (1840). Mais ce fut l'Anglais Lever qui, en 1843, donna à l'albuminurie de la grossesse sa véritable importance en indiquant ses rapports avec l'éclampsie puerpérale. Puis, les publications de Cahen (1846), de MM. Devilliers et Regnauld (1848), de M. Blot (1849), etc. vinrent successivement confirmer et étendre les notions précédentes acquises sur ce sujet.

Les divers troubles nerveux et congestifs que l'on constate fréquemment chez les femmes enceintes étaient, depuis longtemps et presque universellement, considérés comme la conséquence d'un état de pléthore sanguine, lorsque Cazeaux, en 1856, vint modifier profondément les idées régnantes sur ce point, en établissant, d'après les découvertes faites en hématologie, que ces accidents étaient le plus souvent dus à une véritable anémie, c'est-à-dire à un appauvrissement du sang. Cette nouvelle doctrine offre une grande importance au point de vue thérapeutique, puisqu'elle a conduit les accoucheurs à substituer avantageusement dans beaucoup de cas, aux saignées et aux débilitants, l'usage des toniques et des reconstituants.

La folie des femmes enceintes et des nouvelles accouchées (Marcé, 1857), de même que les paralysies puerpérales (Simpson, d'Édimbourg, 1847; Churchill, 1860) et l'oblitération complète du col utérin pendant la grossesse (Depaul, 1860), jusqu'à ces derniers temps presque inconnues dans leur existence, sont aussi des affections que la science contemporaine a mises en lumière.

Il en est de même de diverses lésions syphilitiques du fœtus (Depaul, 1837; P. Dubois, 1850; Gubler, 1852) et de l'intoxication saturnine de la femme (C. Paul, 1861), qui souvent causent la mort de l'enfant et provoquent, d'une manière indirecte, l'avortement ou l'accouchement prématuré.

Les maladies de l'œuf ont été singulièrement élucidées par les recherches modernes. M. Velpeau le premier (1824) fit remarquer que le chorion est le point de départ de la môle hydatiforme que l'on ne considérait pas jusque-là comme un produit de conception. Les recherches micrographiques de M. Robin ont encore mieux précisé la véritable nature de la maladie; on retrouve, en effet, dans l'enveloppe des vésicules hydatiformes tous les caractères anatomiques des parois des villosités choriales. C'est encore à M. Robin (1848-1854) que nous devons l'étude d'autres lésions des villosités choriales, par exemple de leur atrophie. Les épanchements dans le placenta, l'apoplexie placentaire, ont été bien étudiés par M. Jacquemier (1839); le résumé de ces études est consigné dans son ouvrage.

L'histoire anatomique des grossesses extra-utérines doit beaucoup aux travaux presque simultanément publiés par M. Velpeau et Dezeimeris (1835).

B. *Accouchement.* — L'excès de volume des épaules et de la poitrine du fœtus, cause de dystocie peu connue autrefois, a été particulièrement signalé et étudié par M. Jacquemier, en 1857. Il en est de même de la rétention d'urine chez le fœtus indiquée par Duparcque et complétement étudiée par M. Depaul (1860).

M. Jacquemier, en 1846, a fait ressortir l'identité de nature de deux états morbides du nouveau-né, considérés jusque-là comme très-différents l'un de l'autre; nous voulons parler des états dits *apoplectique* et *syncopal*, que l'on s'accorde aujourd'hui à reconnaître comme n'étant que deux degrés de l'asphyxie.

3° L'auscultation obstétricale, pressentie en 1818 par Mayor (de Genève), découverte en 1821 par M. de Kergaradec et rapidement étudiée, avec des résultats divers, dans les années qui suivirent, a surtout été mise très-heureusement à profit depuis une trentaine d'années. Dans une excellente monographie, M. Depaul (1847) a complétement résumé les connaissances qui s'y rattachent, et a pu agrandir encore le cercle de ses applications. Grâce aux données fournies par ce nouveau mode d'investigation, le diagnostic de la grossesse simple ou composée, celui des gestations extra-utérines et celui de l'état de vie ou de mort du fœtus, sont devenus généralement beaucoup plus sûrs et plus faciles; souvent même ils acquièrent un caractère absolu de certitude. Il en est de même du diagnostic de l'état de souffrance de l'enfant pendant la grossesse, du diagnostic de son mode de présentation et surtout de celui de sa position.

L'albuminurie des femmes enceintes, dont nous avons mentionné plus haut la relation avec l'éclampsie, permet non-seulement de prévoir l'invasion de cette dernière affection, mais encore de distinguer celle-ci des convulsions qui peuvent la simuler. A ce titre, la découverte de l'albuminurie doit être considérée comme ayant fourni au diagnostic de l'éclampsie puerpérale un moyen d'investigation très-précieux et facile à utiliser.

4° En 1777, un agent excitant des contractions utérines, le seigle ergoté, à peine connu ou mal apprécié jusque-là, fut signalé d'une façon particulière aux praticiens par Desgranges (de Lyon), qui en publia la première étude vraiment scientifique. Depuis lors, malgré des appréciations contradictoires, ce remède a été reconnu très-actif et d'une efficacité non douteuse dans la grande majorité des cas qui en réclament l'emploi. Aussi, est-il permis d'avancer aujourd'hui que les auteurs contemporains, et plus spécialement les accoucheurs français, ont doté la thérapeutique de l'inertie utérine d'un agent souverain, offrant tous les caractères d'un vrai spécifique.

Les préparations opiacées, particulièrement employées par les médecins anglais et déjà reconnues efficaces contre les contractions intempestives de la matrice gravide, ont été mieux étudiées encore dans leur action et mieux appréciées dans ces derniers temps par quelques accoucheurs, en tête desquels il convient de placer P. Dubois (1835-1850). Grâce à ces derniers travaux, le laudanum administré en lavement est aujourd'hui regardé, à juste titre, comme une sorte de spécifique contre les tranchées utérines, certains avortements, etc.

Contre l'hémorragie par inertie utérine qui succède à l'accouchement, un nouveau moyen, remarquable surtout par la promptitude de son action, a été préconisé et assez généralement adopté comme ressource d'urgence. Il s'agit de la compression de l'aorte à travers la paroi abdominale, moyen provisoire, dont A. Baudelocque et Tréhan se sont disputé la découverte (1834). Déjà (p. 535) nous avons eu occasion de l'apprécier.

L'anesthésie par l'éther ou par le chloroforme est également une ressource précieuse, souvent mise à profit dans la pratique obstétricale, et dont la première étude est due à Simpson (d'Édimbourg) (1848). En France, la majorité des accoucheurs n'ont recours à l'anesthésie que pour répondre à des indications très-spécifiées et lorsqu'une opération obstétricale est jugée nécessaire.

L'accouchement prématuré artificiel est certainement l'une des opérations les plus utiles de l'art obstétrical : il sauve la vie de la mère et de l'enfant. Né en Angleterre, propagé en Allemagne, longtemps repoussé en France grâce à l'énergique résistance de Baudelocque,

il est résolûment accepté par l'école moderne, et ses indications
prennent de plus en plus d'importance. C'est de la faculté de Strasbourg qu'est parti le mouvement. En 1832, M. Burkardt soutint
une thèse remarquable sur ce sujet; enfin, en 1831, M. le professeur Stoltz pratiqua le premier en France cette opération, et eut
le bonheur de réussir. L'impulsion fournie par le savant professeur
de Strasbourg devait être définitive. En 1832, Dezeimeris prend
la défense de l'accouchement prématuré; en 1834, M. P. Dubois
recommande cette opération dans certains cas d'étroitesse pelvienne;
en 1840, il montre à l'Académie une femme heureusement opérée.
Depuis lors de nombreuses opérations ont été faites et de nombreux
travaux publiés.

Aux nombreux procédés employés jusqu'ici pour la provoca-
tion de l'accouchement avant terme, M. Tarnier (1864) vient d'en
ajouter un plus simple et d'une innocuité plus grande, en introduisant dans la pratique l'usage du dilatateur utérin. Cet ingénieux
et très-utile appareil est aujourd'hui employé par la majorité des
accoucheurs de notre pays.

Céphalotripsie.   Les voies naturelles peuvent être à ce point rétrécies que l'accouchement soit impossible. Lorsque le rétrécissement porte sur les
parties osseuses, il devient quelquefois nécessaire de pratiquer une
voie artificielle, opération césarienne, ou de mutiler le fœtus. L'école
française a inauguré à ce sujet le progrès et créé l'opération désignée sous le nom de *céphalotripsie;* elle se pratique à travers les
parties maternelles à l'aide d'un instrument particulier, le céphalotribe, dont nous devons l'heureuse invention à Baudelocque
neveu. Le céphalotribe, inventé par A. Baudelocque en 1829, était
primitivement droit, très-lourd et peu maniable. Il fut successivement pourvu d'une courbure appropriée à celle du bassin (CAZEAUX),
diminué dans sa masse, simplifié dans son mécanisme et rendu plus
puissant par la substitution d'une chaîne crénelée et de crochets
placés à l'extrémité des cuillers (DEPAUL), puis d'un volant-écrou

(BLOT) à la manivelle primitive. Ces modifications à l'instrument primitif, et celle de Cazeaux en particulier, présentent toutes une utilité incontestable.

M. le professeur Pajot (1863) a publié dans les *Archives* un mémoire sur une nouvelle méthode de céphalotripsie, sous le titre de *Céphalotripsie répétée sans traction, ou méthode pour accoucher les femmes dans les rétrécissements extrêmes du bassin.*

Des broiements multiples sont pratiqués au nombre de deux ou trois par séance, et répétés toutes les deux, trois ou quatre heures, selon l'état de la femme. Il a fallu de deux à quatre séances; deux ont suffi parfois. L'expulsion est alors abandonnée aux seules contractions utérines. Cette méthode, depuis longtemps à l'étude, compte aujourd'hui des faits très-importants, qui ne permettent pas de douter de sa valeur et de sa grande puissance.

La *décollation du fœtus* peut être nécessaire dans d'autres circonstances. Son manuel opératoire est pénible et difficile. L'instrument ingénieux de M. Jacquemier (1861) facilite singulièrement cette opération. Il n'a que le défaut de tous les instruments spéciaux, de ne pouvoir être en toutes circonstances à la disposition de l'opérateur.

M. Pajot, en 1865, a fait connaître un nouveau procédé d'embryotomie, qu'il avait déjà, à cette époque, employé cinq fois dans des cas de présentation de l'épaule compliquée de rétrécissement extrême du bassin. Il consiste à substituer à tout autre instrument de section *un fil de fouet* qui, armé d'une balle de plomb, est porté autour du cou du fœtus à l'aide du crochet mousse. La balle sert à entraîner le fil en arrière; les parties sont protégées à l'aide d'un spéculum, et des mouvements de va-et-vient imprimés à la ficelle opèrent rapidement la section.

Enfin, contre l'état de mort apparente du nouveau-né, M. Depaul a remis en honneur (1845) un moyen tombé en désuétude, qui aujourd'hui est reconnu d'une merveilleuse efficacité dans la plupart des cas; c'est l'insufflation artificielle pratiquée au moyen du tube laryngien de Chaussier, modifié par Depaul.

Tel est, dans une revue bien rapide, le tableau des principales acquisitions faites en obstétrique par la science contemporaine.

' Nous indiquerons en terminant les principaux traités d'obstétrique publiés dans notre pays.

Principaux
traités
d'obstétrique.

D'importants et célèbres ouvrages parurent dès le commencement de ce siècle; nous ne pouvons citer que les traités généraux. Les diverses éditions des œuvres de Baudelocque furent publiées de 1775 à 1822; on sait combien fut grande l'influence de son école. C'est depuis Baudelocque, en particulier, que les accoucheurs se sont attachés à bien définir les rapports de la partie qui se présente avec le pourtour du détroit supérieur, c'est-à-dire à préciser la *position du fœtus,* au lieu de s'en tenir, comme les anciens accoucheurs, à la notion de la *présentation.* Il est juste de remarquer combien la classification de Baudelocque et de plusieurs de ses successeurs avait besoin de simplification. C'est au célèbre accoucheur de Heidelberg, Naegelé, et à MM. P. Dubois et Stoltz, qui ont répandu ses idées en France, que nous devons les notions nouvelles qui ont contribué aux progrès de cette partie de l'obstétrique. Les ouvrages de Mmes Boivin (1813 à 1834) et Lachapelle (1821 à 1825) ont aussi rendu de véritables services à la pratique et à la science des accouchements. Il en est de même des traités de Gardien (1809 à 1816), de ceux de Capuron (1811 à 1821), de Dugès (1824 à 1830). Dans une période plus rapprochée, la littérature obstétricale s'est encore enrichie du savant traité de M. Velpeau, dont les deux éditions (1829 et 1834), ainsi que le *Traité d'embryologie ou d'ovologie humaine* (1833) ont si fidèlement représenté et si utilement servi la *tocologie,* selon l'expression proposée par l'auteur pour désigner la science obstétricale. Depuis cette époque les traités généraux du professeur Moreau (1841), de Chailly (1842 à 1861), de Cazeaux (1846 à 1865), de Jacquemier (1846), de P. Dubois

et Pajot (1849 à 1860) (non terminé), le *Manuel* de M. Penard
(1862), celui de MM. Salmon et Maunoury (1861), le traité de
M. Delattre (1863), l'atlas complémentaire de tous les traités d'accouchements commencé par A. Lenoir et terminé par MM. S. Tarnier et Marc Sée (1865), doivent encore être cités. Enfin, cette
année même, 1867, M. Tarnier a publié et annoté la septième
édition du livre classique de Cazeaux, et M. Joulin a publié un
traité complet d'accouchements auquel nous avons emprunté la
plupart de ces renseignements bibliographiques.

Les traductions de plusieurs traités d'obstétrique étrangers, tels
que ceux de Naegelé, dont M. A. Danyau (1840) a traduit le livre
sur les vices de conformation du bassin, et M. Schlesinger le *Traité*
d'accouchements (1853); de Burns, traduit de l'anglais, en 1855,
par M. Galliot; de Scanzoni, traduit de l'allemand par M. Picard
(1859), ont encore enrichi notre littérature obstétricale; mais elle
compte en outre un grand nombre de mémoires importants qui
constituent l'une de ses principales richesses. A côté des services de
l'enseignement écrit, nous pourrions indiquer ceux non moins grands
de l'enseignement oral; sans nous y arrêter, et pour ne parler que
des plus célèbres, nous ne faisons qu'inscrire une vérité reconnue
par tous, en rappelant ce que l'école de Paris doit à l'enseignement
si remarqué de M. P. Dubois, et l'école de Strasbourg à celui de
M. le professeur Stoltz.

TRANSFUSION DU SANG.

La transfusion du sang est l'une de ces questions que notre
siècle a vues renaître, et auxquelles a été imprimé le caractère scientifique qui le distingue. Nous en parlons à cette place, parce qu'elle
a surtout été employée pour remédier aux pertes considérables
qui peuvent compliquer l'accouchement. Ainsi, dans la statistique
fournie par M. Oré, dont les travaux persévérants ont si largement
contribué à éclairer la question, sur cinquante-six cas de transfusion
pour hémorragie, la transfusion a été pratiquée quarante-six fois

chez des femmes en couche et dix fois pour des hémorragies traumatiques. La transfusion pourrait, en effet, rendre les plus grands
services aux blessés si les perfectionnements que l'on s'efforce de
lui assurer rendaient son application facile et inoffensive.

Nous ne devons indiquer ici que l'histoire chirurgicale de la
question, qui est en même temps son histoire physiologique. Rien
de plus intéressant cependant que de suivre les péripéties presque
romanesques qui signalèrent, au xviie siècle, l'apparition dans la
pratique de la transfusion du sang.

Les travaux de Blondell (1818) ouvrent, ainsi qu'on l'a dit, la
période scientifique de cette question, et, parmi les auteurs qui ont
contribué depuis à répandre de la lumière sur ce sujet, il faut citer
MM. Prévost et Dumas, Milne-Edwards, Dieffenbach, Polli, Brown-
Sequard, Longet, Malgaigne, Nicolas, qui soutint, en 1860, une
thèse importante sur la transfusion; Oré (de Bordeaux), qui, en
1863 et en 1866, a communiqué à la Société de chirurgie ses
remarquables travaux; M. Moncoq (de Caen), qui, en 1864, a soutenu devant la faculté de Paris une très-bonne thèse sur la transfusion et imaginé un instrument fort ingénieux; enfin une thèse
intéressante de M. Goulard, soutenue en 1866, sur le même sujet.

Ainsi que le rappelait M. Broca, dans un rapport sur les travaux
de M. Oré (1863), la Société de chirurgie, par l'intermédiaire de
M. Larrey, avait, en 1850, émis le vœu que la question de la
transfusion fût pratiquement étudiée. A cette époque, M. Nélaton
avait communiqué à la savante compagnie une très-remarquable
observation de transfusion, par lui pratiquée à l'hôpital Saint-Louis,
sur une femme en couche présentant une insertion vicieuse du
placenta sur le col. Les circonstances qui avaient accompagné et
suivi la transfusion ne permettaient pas de douter de son efficacité puissante, bien que la malade eût ultérieurement succombé à
une métro-péritonite. M. Nélaton avait même imaginé, à cette occasion, un procédé d'incision de la veine qui est resté dans la pratique. Le vaisseau étant soulevé avec un fil, le chirurgien saisit sa

paroi antérieure avec une pince à disséquer et le divisa obliquement dans la moitié de son diamètre, de manière à avoir un lambeau en V; ce lambeau, relevé avec la pince, forme un petit entonnoir où la canule s'engage avec plus de sécurité.

On transfusait autrefois le sang des animaux à l'homme; Blondell avait démontré qu'on peut infuser du sang d'une espèce animale à une autre sans inconvénient. Les expériences de M. Oré ont confirmé le fait : cependant aujourd'hui on ne pratique la transfusion qu'avec du sang humain.

La plus grande difficulté est de le maintenir à l'état liquide. Il est bien démontré qu'à ce point de vue il vaut mieux refroidir le sang que le réchauffer, comme on avait été tout d'abord conduit à le faire avant toute expérience. On a voulu résoudre encore cette question du maintien à l'état liquide du sang par des moyens indirects; ainsi les propriétés dissolvantes de la soude étaient bien connues des transfuseurs. On a étudié expérimentalement, avec beaucoup de soin, l'action du sang défibriné, et les expériences de M. Oré sont assez nombreuses et assez variées pour prouver que le sang défibriné d'un animal peut, sans inconvénient, être injecté à petites doses dans les veines d'un animal de même espèce.

Mais tous ces artifices, nécessaires lorsque l'on est réduit à pratiquer la *transfusion médiate*, c'est-à-dire à recueillir tout d'abord le sang dans un appareil, puis à le faire passer, dans un second temps de l'opération, de cet appareil dans les veines du sujet à transfuser, deviennent inutiles lorsque l'on peut pratiquer la *transfusion immédiate*.

Plusieurs instruments ont été construits dans ce but, et nous devons en particulier signaler celui de M. Moncoq. A l'aide de son appareil, M. Moncoq se propose de « mettre en rapport, par un courant non interrompu, un sujet pléthorique destiné à fournir le sang et un sujet anémique destiné à le recevoir. » A la même époque, M. Oré arrivait, de son côté, en se servant d'appareils nouveaux et successivement perfectionnés, à atteindre le même but. L'hématophore de M. Moncoq, qui a la priorité, paraît d'ailleurs préférable; quoi qu'il en soit, le but semblait bien atteint.

Injecter du sang avec tous ses principes, *du sang vivant*, l'injecter d'une façon instantanée pour éviter la coagulation, à l'abri du contact de l'air pour éviter l'évaporation, par poussées successives pour le doser en quelque sorte : telles sont, en effet, les conditions d'une bonne transfusion, conditions qui avaient paru non réalisables chez l'homme, jusqu'à ce que les expériences que nous venons de citer en eussent établi la possibilité.

Cette opération paraît d'ailleurs appelée à réaliser de nouveaux perfectionnements ; le docteur Roussel (de Genève) nous montrait dernièrement un transfuseur construit d'après ces principes, avec lequel il a opéré une fois, avec succès, une jeune accouchée, en 1865. Ce transfuseur nous a paru réaliser des conditions meilleures encore que celles qui sont offertes par les appareils de MM. Moncoq et Oré.

Nous ne saurions dire quel est l'avenir de la transfusion; malgré ses incontestables perfectionnements et ses succès déjà assez nombreux, elle a encore des enthousiastes et des détracteurs, ou plutôt de très-bons esprits ne sont pas encore convaincus de la réalité de ses avantages. Mais personne ne saurait méconnaître que la voie scientifique ait été complétement parcourue, et que le côté pratique de la question soit aujourd'hui arrivé à un degré de maturité qui devra, dans un avenir prochain, permettre de juger définitivement sa valeur.

CHAPITRE V.

EXPOSÉ DES PROGRÈS ACCOMPLIS DANS LE TRAITEMENT DES BLESSÉS ET DES OPÉRÉS.

Dans le précédent chapitre, nous avons essayé d'apprécier les progrès introduits dans les méthodes et les procédés opératoires. Nous devons maintenant, pour le compléter, rendre compte des perfectionnements apportés dans les moyens de traitement.

Devant le traumatisme commence pour le chirurgien un nouveau rôle, que l'on pourrait spécialement qualifier de *médico-chirurgical*, si déjà, dans le choix de la méthode ou du procédé de l'opération, l'opérateur n'avait à tenir compte de toutes les circonstances qui peuvent influer sur ses résultats. Nous venons de montrer, en effet, que les modifications introduites dans la médecine opératoire à notre époque n'ont eu bien souvent d'autre but que de simplifier les suites de l'opération, en prévenant, en particulier, les accidents qui peuvent résulter de l'altération et de l'absorption des liquides sécrétés par ce nouvel organe que l'on appelle une *plaie*.

Les plaies accidentelles et les plaies chirurgicales présentent des différences essentielles, nous ne saurions le méconnaître; nous ne pourrons cependant, dans cet exposé général, tenir compte de tous les détails du traitement que ces différences imposent à la pratique.

Cependant les effets du traumatisme sont très-variés; aussi ne pouvions-nous avoir seulement en vue, dans ce chapitre, le traitement général et local des plaies. C'est par lui que nous commencerons; mais il nous a paru convenable de parler ensuite de ce qui est relatif au traitement de lésions, qui, comme les fractures et les luxations, n'exigent pas d'opérations proprement dites, mais un ensemble de manœuvres, d'appareils, de pansements.

Quelles sont les conditions, quels sont les soins généraux et locaux qui conviennent le mieux aux blessés et aux opérés, surtout lorsqu'ils sont réunis dans les hôpitaux ou les ambulances? Telles sont, on peut le dire, les questions le plus à l'ordre du jour de la chirurgie contemporaine. Dans les préoccupations de tous les moments, dans les travaux entrepris, dans les idées exposées, dans les discussions soulevées, la chirurgie de notre pays a droit à une large part. Nous n'avons pas à revenir sur ce qui a été dit, à ce sujet, dans le premier chapitre de ce rapport; mais peut-être nous sera-t-il encore permis de répéter que le point de départ du mouvement moderne doit être en grande partie cherché dans les études qui ont fondé en France l'histoire de l'humorisme scientifique dans ses rapports avec la chirurgie.

Une révolution des plus remarquables s'était produite dans la seconde moitié du siècle dernier, sous l'influence des travaux de l'illustre John Hunter, à qui la pratique de notre art est redevable de tant de progrès. A mesure que l'observation attentive des plaies permit de mieux connaître les phénomènes physiologiques qui accompagnent leur réparation, que l'on connut les produits les plus immédiats de ce que Hunter a appelé l'*inflammation adhésive*, que leur rôle fut compris et apprécié, la thérapeutique des plaies subit les plus profondes modifications. L'influence des secours que l'art peut fournir à la nature pour la réparation des tissus avait été exagérée jusqu'au ridicule; elle fut peu à peu renfermée dans les plus étroites limites. La polypharmacie chirurgicale fit place aux pansements simples, purement protecteurs. Les critiques de Pierre Fabre sur la doctrine de la *régénération des chairs;* les remarques de Louis sur les vertus présumées des *sarcotiques* et des *incarnatifs;* les remarquables expériences de Ténon, qui démontrèrent la fâcheuse influence des spiritueux, des balsamiques et des dessiccatifs, appliqués sur les os dénudés; l'expérience de chacun enfin, aidée des lumières nouvelles de la physiologie pathologique, eurent bientôt pro-

noncé, et les méthodes de traitement local, qui adoptèrent comme
moyens principaux les remèdes gras et humectants, ont depuis
régné sans conteste dans la pratique chirurgicale. A cette même
époque, ainsi que nous l'avons déjà dit en parlant des méthodes
qui appartiennent à la chirurgie réparatrice, Pibrac et Louis avaient
déclaré la guerre aux sutures, dont l'abus, il est vrai, marchait à
l'égal de celui des onguents. De nos jours, on a rendu aux sutures
la confiance qu'elles méritent, mais on n'est pas revenu à la croyance
des cicatrisants. Notre savant et si regrettable collègue, Follin, exprime certainement l'état des esprits sur cette question lorsqu'il
écrit, à la fin d'un excellent chapitre sur le traitement des plaies,
auquel nous aurons à faire plus d'un emprunt : « Quand on étudie
avec soin ces divers modes de traitement des plaies, on arrive
promptement à douter de l'action vraiment curative de quelques-
uns d'entre eux. Les plaies guérissent si souvent toutes seules qu'on
ne peut accorder de confiance qu'aux moyens mécaniques destinés
à provoquer une réunion immédiate ou secondaire. » Et l'auteur
termine en rappelant cette pensée de Paracelse, le fougueux novateur du XVIe siècle : « Sçaches donc que le corps humain contient
en soy son propre baulme radical....., lequel a la puissance de
guérir les playes..... Par quoi que le chirurgien se souvienne que
ce n'est pas luy qui guérit les playes, mais que c'est le propre
baulme naturel qui en est la partie mesme [1]. »

Cependant l'étude des maladies des plaies faisait de non moins
remarquables progrès. Delamotte (1771), mais surtout Pouteau
(1783), Dussaussoy (1788), et enfin Delpech (1815) étudiaient
dans tous ses points la *pourriture d'hôpital;* des moyens locaux étaient
proposés et employés avec avantage dans certains cas, mais il était
bientôt démontré que rien ne mettait plus sûrement à l'abri de
ce fléau et n'entravait mieux sa marche que les bonnes conditions
hygiéniques, et cette vérité, bien comprise, a déjà depuis longues

[1] *Grande chirurgie,* trad. Cl. Dariot, Lyon, 1593, p. 20.

années amené la disparition presque complète de cette terrible maladie des plaies. Les améliorations considérables qu'a subies l'hygiène de nos hôpitaux ont préparé et assuré ce résultat.

De semblables exemples étaient bien de nature à fixer l'attention, qui ne fut pas d'ailleurs éveillée par ce seul fait : aussi l'hygiène des blessés et des opérés devait-elle prendre une place de plus en plus grande dans l'esprit des chirurgiens, sans qu'ils songeassent encore, au moins d'une manière générale, à beaucoup modifier l'hygiène des pansements. La commission de l'Institut, qui par la plume de Bailly formulait ses opinions (1786-1788) dans des rapports restés célèbres, encore si précieux à consulter et dont l'influence sur les idées modernes est indiscutable, concluait déjà en insistant sur la nécessité d'une aération plus large, sur les dangers du renouvellement insuffisant de l'air. «Les malades, disait-on, manquent d'air dans les hôpitaux.» Rien ne peint mieux l'état des hôpitaux, n'établit avec plus de connaissance du sujet les *desiderata* de l'hygiène, que les cinq mémoires de Ténon publiés en 1788. Ces remarquables travaux avaient d'ailleurs servi à la rédaction des rapports de la commission académique avant d'être publiés à part.

Depuis lors, les conditions hospitalières ont prodigieusement changé; elles ont même progressé encore depuis la publication de l'étude sur les hôpitaux, faite par M. Husson, directeur de l'assistance publique, en 1862. Les avantages de toute sorte ont été réalisés au profit des malades, et cependant de récentes discussions, des observations soigneusement recueillies, semblent bien démontrer que le but poursuivi n'est pas encore atteint. Malgré le large cube d'air actuellement assuré aux malades dans la plupart de nos établissements hospitaliers, la question de l'aération reste encore à l'étude. Il est en effet fort difficile de placer dans les conditions requises pour une aération parfaite une agglomération d'individus malades.

Aération permanente.

L'aération *permanente* de jour et de nuit dont le Val-de-Grâce a donné le premier exemple en 1849, pendant l'épidémie cholérique, a été instituée à l'hôpital de la Pitié par M. Gosselin, dans le service de chirurgie; et, à son exemple et sur ses conseils, dans le service des femmes en couche, par M. Empis.

Les résultats que M. Gosselin a fait connaître, en particulier pendant la discussion de la Société de chirurgie sur l'hygiène des hôpitaux (1865), ceux que M. Empis vient de publier (1867), sont trop remarquables pour ne pas commander l'attention. Il suffit d'ailleurs de jeter les yeux sur les communications nombreuses et importantes faites à l'Académie de médecine et à la Société de chirurgie pendant les discussions que nous avons déjà rappelées, pour se convaincre que, dans l'esprit de tous, l'aération large et renouvelée est la première des conditions requises pour le traitement des blessés et des opérés. La discussion sur l'hygiène des Maternités, portée devant la Société de chirurgie en 1866, par M. Tarnier, dont les recherches sur les statistiques comparées de la mortalité dans les hôpitaux et dans la ville (1857) ont posé, pour la première fois, d'une façon précise, cette importante question, a donné l'occasion de démontrer par les faits la nécessité plus urgente encore d'un air pur et renouvelé, comme l'une des conditions essentielles de l'hygiène des femmes en couche.

Mais le mode suivant lequel doit être effectuée l'aération est encore un objet de discussion. La ventilation artificielle, dont les procédés ont été très-étudiés et perfectionnés, n'est cependant pas le mode qui rallie les préférences des chirurgiens. Ce qu'on appelle la *ventilation naturelle,* et dont le moyen le plus puissant est représenté par l'ouverture des fenêtres, est en principe préféré par la plupart. Mais ce mode de ventilation, peu en rapport avec les habitudes de notre population, et cependant facile à employer pendant la belle saison, est d'un usage beaucoup plus difficile pendant l'hiver. Quoi qu'il en soit, l'efficacité de la ventilation naturelle n'est plus à démontrer, elle a fait ses preuves; ce qu'il faut encore connaître, c'est sa valeur absolue. Les seules expériences rigoureuses que nous connaissions sont celles que nous signalions à l'hôpital de la Pitié; nous le répétons : elles ont été favorables.

Absence d'encombrement.

L'aération ne peut exclure aucun autre moyen hygiénique, ni suppléer à l'extrême propreté, que l'on peut considérer comme tout aussi indispensable. Elle a en particulier, comme corollaire inévitable, l'absence d'encombrement, sur lequel insistent si vivement tous ceux qui s'occupent de l'hygiène des opérés, et dès lors la nécessité des petites salles et des petits hôpitaux. Il ne saurait y avoir une aération convenable, quelque large qu'on la suppose, dans un milieu encombré, ou, même en l'absence de l'encombrement proprement dit, lorsque les malades trop nombreux sont agglomérés. Mais la nature de certaines maladies doit commander d'autres mesures qui se rattachent directement à la prophylaxie.

Isolement.

Un cubage d'air suffisant, la propreté, l'absence d'encombrement, n'agissent en effet qu'en prévenant ou en atténuant les effets inhérents à toute agglomération d'hommes sains ou malades, effets qui se traduisent, en langage médical, sous le nom d'*infection*. Ces moyens précieux ne sauraient s'opposer à la propagation ou au transport d'un *agent contagieux*. L'exemple de la pourriture d'hôpital que nous choisissions tout à l'heure nous met précisément en face d'une maladie qui, née de l'infection, peut se propager par contagion.

La contagiosité de l'érysipèle, de la fièvre puerpérale, et même de l'infection purulente, est aujourd'hui, pour un certain nombre de chirurgiens, passée à l'état de fait démontré; pour eux l'isolement des malades atteints de semblables affections deviendrait dès lors nécessaire.

On ne saurait méconnaître qu'un bien grand nombre de points sont encore à l'étude, dans tout ce qui touche au mode de propagation des maladies infectieuses, et que la contagion des maladies que nous venons de citer est loin d'être acceptée par la majorité;

mais il faut bien avouer que ce qui a été dit à cet égard est suffisant pour commander, dans toute réunion de malades, certaines
précautions, qui, pour les femmes en couche en particulier, sont
aujourd'hui en vigueur dans nos hôpitaux. Il est non moins juste
d'affirmer que ce qui peut être démontré et être vrai pour une
agglomération de blessés cesse souvent de l'être lorsque ces blessés, malades ou non, sont disséminés.

Nous n'insistons pas davantage sur les questions d'hygiène, car
elles font l'objet de rapports particuliers. Nous voulions seulement
constater la légitime importance que la chirurgie leur accorde, et
indiquer les secours qu'elle est en droit d'en attendre.

La doctrine hippocratique prescrivait une diète sévère aux bles- Alimentation.
sés et aux opérés; à de rares exceptions près, les chirurgiens se
sont laissé guider par elle jusqu'à nos jours. Lisfranc et Blandin
mettaient encore leurs opérés à une diète rigoureuse; il en était
de même des accouchées, et la crainte de la fièvre traumatique,
tout aussi peu fondée dans sa généralisation que celle de la fièvre
de lait, maintenait la pratique dans cette voie. Ce que l'on fait
aujourd'hui est tellement différent de ce qui se prescrivait encore
dans le premier tiers de ce siècle, que nous avons dû le signaler
dès notre premier chapitre.

Nous avons dit que c'est principalement sous l'influence des
observations statistiques faites par Malgaigne, sur les résultats du
traitement des blessés russes, traités comme les blessés français et
allemands dans nos hôpitaux en 1815, que ce changement radical s'est introduit dans notre pratique. La mortalité fut de beaucoup moins considérable chez les blessés russes, abondamment
nourris et recevant comme d'habitude leur ration d'eau-de-vie,
que sur les soldats français et allemands. Voici les chiffres de la
mortalité tels qu'ils ont été établis par Malgaigne :

Soldats français......................... 1 sur 7.39
Soldats prussiens...................... 1 sur 9.20

Soldats autrichiens...................... 1 sur 11.81
Soldats russes........................ 1 sur 25.93

Dans son *Traité de pathologie*, Follin a longuement insisté sur les heureux résultats de la pratique de Ph. Boyer, partisan déclaré de l'alimentation, et rappelé que dès longtemps M. Velpeau s'était élevé contre la diète rigoureuse prescrite autrefois par ses collègues.

L'alimentation des blessés et des accouchées accordée avec discernement, l'usage du vin, sont aujourd'hui choses acceptées par la plupart des chirurgiens, et l'on est disposé à attribuer à cette manière de procéder une influence réellement préservatrice.

On le voit, nous avons été successivement conduits, par l'observation scientifique des phénomènes qui accompagnent la réparation des plaies, à ne plus leur faire subir les bienfaits illusoires des médications topiques, et, par les brutales révélations de l'expérience étrangère, à laisser de côté le traitement médical adressé au malade. Aussi ne saurait-on s'étonner que de plus en plus les questions d'hygiène s'imposent aux esprits et fassent même briller le mirage, encore trompeur, de la solution des grands problèmes de la thérapeutique des plaies. En dehors de l'observance des lois de l'hygiène, il ne saurait y avoir que des succès de hasard; mais quels que soient les résultats que l'on soit en droit d'attendre de la rigoureuse application de principes actuellement bien définis, il ne saurait être douteux que la question n'y est pas renfermée tout entière.

C'est ce que les chirurgiens ont compris, et leur manière de voir à ce sujet s'est traduite par des tentatives nouvelles de traitement général et local.

Traitement général préventif — Du *traitement général préventif* nous n'avons vraiment que peu de chose à dire, car rien ne peut autoriser encore à y placer quelque espérance.

Delpech et, plus tard, Lallemand ont employé l'*émétique* à hautes doses de 40 à 80 centigrammes, dans le but d'empêcher le développement des accidents inflammatoires dans les lésions traumatiques, surtout dans les grandes contusions. On trouvera dans un travail de Frank (de Montpellier) (1834) un aperçu sur cette médication appliquée aux violentes contusions. Mais cette médication n'a pas trouvé d'imitateurs.

Il en est de même de l'*alcoolature d'aconit*, proposée par J. P. Teissier comme préventif de l'infection purulente. Il conseillait de la donner à la dose de 2 à 8 grammes dans un pot de tisane, pendant les vingt à trente jours qui suivent l'opération. L'alcoolature d'aconit a cependant la confiance d'un certain nombre de chirurgiens, mais ce médicament est habituellement employé par eux comme curatif.

C'est dans le même but qu'un chirurgien de Bordeaux, M. Labat, proposait dernièrement à la Société de chirurgie (1866) de soumettre préventivement les opérés à l'usage de l'*ergotine*.

Malgaigne a conseillé d'administrer l'*opium* à large dose (35 à 40 centigrammes) aux blessés et aux opérés qui subissent de grandes opérations. Cette médication, sans être acceptée dans la pratique générale, a cependant été recommandée, mais à moindres doses, par quelques chirurgiens. Comme moyen curatif, l'opium est d'ailleurs le remède par excellence de l'agitation et du délire.

Les essais relatifs au *traitement local préventif* se sont beaucoup multipliés depuis quelques années ; il est bien curieux de constater que, sous l'empire d'idées et de préoccupations toutes différentes, avec d'autres vues, les chirurgiens de notre époque soient disposés à revenir à quelques-unes des pratiques anciennes.

La *réunion* est acceptée aujourd'hui par tous les chirurgiens contemporains ; elle n'est plus en effet combattue dans ses principes ; chacun y a rigoureusement recours dans les opérations réparatrices ; mais, hors de là, elle n'est que très-partiellement appliquée. Les résultats ont en effet hautement parlé contre les tentatives de réunion immédiate absolue cherchée après les amputations ou les extirpations de tumeurs. On sait, ainsi que le rappelle Follin, qu'au commencement de ce siècle, le principe de la réunion immédiate n'avait point encore en France de défenseurs sérieux. Au contraire, en Angleterre, John Bell, et, en Italie, Assalini, s'en déclarèrent hautement partisans. Elle n'était guère en faveur parmi nous, lorsque Roux la rapporta en France après son voyage à Londres (1815). Depuis lors ses progrès, quoique un peu lents, ont été continus. A. Dubois l'adopta; Delpech, à Montpellier, et, à son exemple, l'école du Midi, lui donnèrent leur brillant appui, et des chirurgiens aujourd'hui nos maîtres la firent connaître dans leurs traités didactiques. Nous n'insisterons pas, car déjà nous avons parlé des moyens mécaniques propres à l'assurer; qu'il nous suffise de rappeler la rareté de sa réussite dans les plaies profondes comprenant des tissus de divers ordres; aussi ces plaies suppurent-elles nécessairement. C'est donc à ce que l'on appelle les *plaies exposées*, c'est-à-dire aux plaies sécrétantes, que la chirurgie a le plus souvent affaire.

Désinfectants On a cherché à désinfecter les plaies exposées, à modifier leurs sécrétions, à s'opposer à leur puissance absorbante; enfin, par un ensemble de moyens ingénieux et utiles, on s'est attaché à empêcher, d'une manière absolue, la stagnation des liquides sécrétés.

La note sur la désinfection et le traitement des plaies, présentée à l'Académie des sciences par M. Velpeau (1859), au nom de MM. Corne et Demeaux, a été le point de départ de nombreux essais; il est incontestable que dès lors la question des désinfectants fut remise à l'ordre du jour. MM. Corne et Demeaux proposaient un mélange de *plâtre fin en poudre* et de *coaltar* dans la proportion de 2 à 4 p. o/o. Les expériences faites à la Charité par M. Velpeau et à Alfort par M. Bouley établissaient les propriétés désinfectantes de cette substance. Dans le rapport lu à l'Institut au mois de février suivant, M. Velpeau reconnaissait de nouveau les propriétés désinfectantes de la poudre au coaltar, et montrait les difficultés de son emploi dans la thérapeutique des plaies.

Cette question a été complétement étudiée par le regrettable

O. Reveil (1863); il conclut en accordant toute préférence à la
forme liquide pour les usages thérapeutiques, et en indiquant
comme les meilleures préparations les solutions d'iode, de brome
et les hypochlorites. D'après ses recherches, les préparations coal-
tées et goudronnées peuvent rendre de grands services; mais elles
n'ont pas, comme l'iode et le brome, la propriété de détruire l'action toxique des produits morbides et de la putréfaction, ainsi que
celle des virus. Depuis on a réclamé ces vertus pour l'acide phé-
nique, et le permanganate de potasse peut encore être placé au
rang des désinfectants utilement mis entre les mains du chirurgien.

Nous devons encore à Reveil (1864) un excellent travail sur les
propriétés du *permanganate de potasse,* que M. Condy (1859) avait
proposé comme désinfectant et que M. Demarquay avait appliqué
à la thérapeutique chirurgicale. Reveil, de concert avec M. H.
Roger, l'appliqua, à l'hôpital des Enfants, à l'analyse mécanique
et chimique de l'air, et les résultats obtenus par le savant et laborieux chimiste sont de nature à encourager les recherches de cette
nature.

Aucune de ces substances n'a cependant pris son rang dans la
pratique générale, et c'est encore aux lotions iodées et chlorurées,
aux solutions de perchlorure de fer, et enfin aux alcooliques, que
les chirurgiens ont le plus généralement recours aujourd'hui.

Les injections de *teinture d'iode* dans les cavités closes devaient
nécessairement conduire à l'emploi de ce précieux moyen dans
le traitement des cavités et plaies suppurantes. Personne n'a plus
insisté que M. Boinet sur ce point de thérapeutique, qui a été l'objet d'expériences chimiques intéressantes de la part de M. Duroy
(1854). Mais les avantages que l'on peut retirer des lavages iodés,
des injections de cette même substance dans les plaies ou cavités
fistuleuses, de l'attouchement des surfaces suppurantes avec la teinture d'iode, sont aujourd'hui des faits bien démontrés et acceptés
dans la pratique.

C'est même ici le moment de rappeler que l'injection iodée a pu être appliquée avec avantage au traitement des trajets fistuleux, et rend chaque jour de grands services pour aider au recollement des tissus lorsque le décollement n'est pas symptomatique. M. Boinet a beaucoup insisté sur les avantages de ce traitement appliqué aux fistules qu'il désigne sous le nom de *laryngées externes* et au traitement des fistules à l'anus. La teinture d'iode est bien loin de permettre d'éviter l'opération dans la majorité des cas; mais, sous son influence, des guérisons ont été obtenues, et c'est un traitement palliatif souvent utile dans les cas nombreux auxquels l'opération elle-même ne saurait remédier.

Le *perchlorure de fer,* qui, nous le savons, est encore une conquête de la thérapeutique chirurgicale moderne, a été aussi utilisé avec avantage pour modifier les plaies ou leurs sécrétions. On l'a employé en solution pour lavages, ou l'on a directement touché les parties à modifier avec un pinceau imbibé de cette substance. Employé de la sorte, le perchlorure de fer rend encore de grands services à la chirurgie. Dans ses nombreuses et remarquables opérations d'ovariotomie, M. Kœberlé a beaucoup employé le perchlorure de fer, en particulier pour momifier le pédicule de la tumeur, et ce chirurgien insiste, dans plusieurs de ses observations, sur les avantages de cette pratique.

Alcooliques. On est moins disposé à s'étonner de voir les alcooliques appliqués au traitement des plaies se relever de leur déchéance, lorsque l'on s'est rendu compte du but poursuivi par les chirurgiens et des essais déjà tentés. S'il est exact de dire que l'emploi de la teinture d'iode avait, à notre époque, précédé l'usage des alcooliques dans le traitement des plaies, il n'en est pas moins vrai que ce n'est que dans ces derniers temps que l'on est sérieusement revenu à cette pratique. Les publications des docteurs Batailhé et Guillet ont d'abord contribué à attirer l'attention sur les pansements à l'alcool (1859).

Le but poursuivi est parfaitement défini : on veut prévenir, à l'aide de ce mode de pansement, les infections purulentes et putrides. Les observations les plus concluantes en faveur des pansements à l'alcool ont été faites dans le service de M. Nélaton : deux de ses internes, MM. de Gaulejac et Chédevergne, nous ont donné, dans des publications importantes, les résultats de cette pratique appliquée aux plaies récentes et anciennes (1864).

Les observations nombreuses faites par ces auteurs sur la marche des plaies traitées par l'alcool, et plus spécialement par l'alcool camphré, les résultats statistiques consignés dans leurs travaux, sont en faveur des pansements alcooliques. Sur quatre-vingt-dix-sept malades soignés à la Clinique, pour des plaies plus ou moins étendues, deux seulement avaient été atteints d'infection purulente (encore existait-il des doutes sur l'un d'eux) et cinq d'érysipèles dont la marche fut bénigne. Le Cœur (de Caen) fit connaître, la même année, les résultats déjà anciens d'une pratique à laquelle il accordait depuis longtemps confiance. M. le professeur Béhier (1865) a donné, dans le *Dictionnaire encyclopédique*, l'histoire médicale et chirurgicale de l'alcool, qu'il a tant contribué à introduire dans la thérapeutique des maladies internes. Dans une thèse soutenue à Paris en 1865, M. Marvy réclame en faveur de M. Lestocquoy la priorité de l'application de l'alcool au traitement des plaies, à notre époque. L'auteur étudie avec soin l'action de l'alcool et donne sur ses effets les meilleurs renseignements. Enfin, en 1866, M. le docteur Marc Sée a porté cette question devant la Société de chirurgie, dans un mémoire intitulé : *De l'imbibition et de son rôle en pathologie.* Les conclusions de M. Sée sont entièrement favorables à l'emploi de l'alcool, qui agirait en rendant les liquides sécrétés inoffensifs et en s'opposant à l'imbibition pathologique des tissus. Les observations présentées à cette occasion par MM. Larrey et Velpeau montrent que les pansements à l'alcool n'ont pas encore fourni toutes les preuves nécessaires pour convaincre tous les esprits; c'est une question chaque jour étudiée et qui ne saurait manquer d'être définitivement résolue.

Cautérisation.

L'espoir d'arrêter par des moyens locaux l'infection du sang a même conduit à des pratiques beaucoup plus radicales.

Bonnet (de Lyon) a proposé (1843) de cautériser toute la surface pyogénique et de la transformer en une escarre sèche. Dans ce but, ce chirurgien employait le fer rouge et le promenait dans la plaie jusqu'à ce qu'elle fût complétement desséchée.

Follin a soumis à l'expérience et à la critique les essais de Bonnet. Ce judicieux et habile chirurgien, tout en élaguant dans les observations de Bonnet celles qui ne pouvaient rigoureusement faire preuve, cite comme très-remarquable l'un de ces faits, et en donne un non moins important, tiré de sa propre pratique. La pâte au chlorure de zinc avait été employée dans ce cas. Cette méthode hardie n'a cependant pas pris sa place dans la pratique générale; on ne saurait cependant en parler sans avoir présents à l'esprit les beaux résultats que donne la cautérisation dans la pustule maligne, alors même qu'existent d'évidents symptômes d'infection générale.

M. Sédillot a proposé, dans son livre sur l'infection purulente (1849), un autre mode de cautérisation indirecte, qui aurait pour but de déterminer l'oblitération des troncs veineux qui partent de la plaie. Il pratique sur leur trajet des cautérisations actuelles, en raies, ou ponctuées. Le chirurgien de Strasbourg a donné quelques faits en faveur de ce mode de traitement, mais les objections qu'il était facile de faire sur son efficacité réelle ont empêché qu'il ne fût accepté avec confiance.

Drainage.

Le *drainage chirurgical* a été imaginé par M. Chassaignac, et c'est encore à lui que cette méthode de traitement doit sa dénomination significative. Ce chirurgien, qui depuis plusieurs années déjà avait attiré l'attention sur cette pratique, a publié le résultat de ses recherches dans un ouvrage intitulé : *Traité pratique de la suppuration et du drainage chirurgical* (1859).

Le drainage chirurgical consiste à traverser, et à maintenir traversées, des épaisseurs plus ou moins considérables de tissus par des tubes qui ne produisent et qui n'entretiennent aucune inflammation. Ces tubes sont de caoutchouc vulcanisé, et perforés de distance en distance, de façon à recevoir par ces ouvertures le liquide morbide.

Il est très-facile d'introduire ces tubes dans des cavités purulentes; cela se pratique à l'aide de ponctions faites avec un trois-quarts dont le poinçon est disposé de manière à entraîner le tube à drainage, préalablement armé d'un fil. Des ponctions pratiquées avec le bistouri et un stylet aiguillé peuvent suffire dans bien des circonstances. Les tubes perforés de M. Chassaignac permettent aussi de pratiquer des injections de lavage ou des injections médicamenteuses dans la profondeur des plaies anfractueuses; aussi rendent-ils de grands services dans les suppurations longues, profondes, difficiles à tarir.

Le drainage n'est pas chose absolument nouvelle, car de tout temps des sondes ont eté introduites dans les plaies profondes ou dans les collections purulentes; mais dans les mains de M. Chassaignac, et grâce aux perfectionnements et aux indications nouvelles qu'il a fournis, le drainage chirurgical est devenu une méthode de traitement qui a pris aujourd'hui un rang honorable dans la pratique.

M. Sédillot avait surtout insisté sur les inconvénients et les dangers de la rétention des liquides et sur la nécessité d'assurer au pus le plus libre écoulement. Nous avons dit à quel point de simplification il avait conseillé de réduire les pansements pour échapper à la fois à l'étranglement des parties molles et à la rétention des liquides. Ce chirurgien reproche au drainage d'amener la putridité par rétention lorsque les tubes sont introduits à l'aide de simples ponctions, et conseille d'en favoriser l'emploi par de larges ouvertures et des injections répétées.

D'autres moyens de traitement ont été proposés, qui ont eu pour but de s'opposer à l'inflammation, à la douleur; de favoriser la cicatrisation, sans cette préoccupation presque exclusive de parer, ainsi que ceux que nous venons de passer en revue, aux accidents d'infection.

Irrigation continue. — L'emploi de l'eau froide dans le traitement des plaies est aussi ancien que la chirurgie elle-même; cependant, il avait été assez délaissé pour que Boyer n'en ait pas fait mention. De nos jours, l'usage de ce moyen de traitement a été de nouveau remis en honneur. L'une des formes nouvelles et utiles de l'emploi de l'eau dans le traitement des plaies est l'irrigation permanente. En 1833, Aug. Bérard substitua l'irrigation à l'emploi des compresses mouillées, en raison des inconvénients de ce pansement et des difficultés qu'offrait son emploi rigoureux. Il faut, cependant, remarquer que la première publication relative à l'emploi de l'eau froide en irrigation sur les plaies est due à Rognetta, en 1835; mais déjà Josse (d'Amiens) avait employé, depuis plusieurs années, l'arrosement continu des plaies : ce que l'auteur que nous citons ne manque pas de constater. Toutefois, il attribue à Breschet l'invention de l'appareil très-simple à l'aide duquel on pratique aujourd'hui l'irrigation. Sans chercher à discuter la priorité d'Aug. Bérard sur ce point, il reste établi que c'est à la pratique, aux leçons et aux publications de ce chirurgien (1835) que ce moyen de traitement a dû son entrée dans la pratique chirurgicale.

L'irrigation continue a été réservée aux plaies contuses et compliquées des membres, et en particulier aux écrasements des extrémités, pour lesquelles elle a rendu les plus grands services.

Pansements à l'eau froide. — Les pansements à l'eau froide, pratiqués avec des linges imbibés et recouverts d'un tissu imperméable, ont, depuis longues années, pris domicile dans plusieurs hôpitaux de Londres, à l'exclusion d'autres pansements. Dans les hôpitaux de Paris, où ils reprennent quelque faveur, ils ne sont encore, cependant, qu'exceptionnelle-

ment appliqués. Les précautions minutieuses nécessaires pour empêcher que le malade ne soit mouillé, pour que l'eau se main-
tienne à une température égale, ont dû nécessairement contribuer
à empêcher de multiplier leurs applications.

L'eau chaude ou tiède a été également mise en usage; l'eau tiède
a été, par exemple, employée en irrigations; mais comme moyen ori-
ginal de l'emploi de ce topique, nous signalerons les bains permanents d'eau chaude préconisés, depuis 1839, par M. Langenbeck (de
Berlin), dans le traitement des grandes plaies et en particulier des
plaies d'amputation. Il faut, pour employer ce mode de traitement,
recourir à des appareils spéciaux. M. Valette (de Lyon) a fait aussi,
à ce sujet, des expériences publiées en 1855 par M. Pupier; d'autres essais ont été faits dans les hôpitaux de Paris; « mais de tout
cela, dit avec juste raison Follin, il n'est pas resté une méthode
applicable à tous les cas, et ces sortes de bains permanents d'eau
tiède sont à peu près complétement abandonnés en France. »

Pansements
à l'eau chaude.

On a aussi utilisé certains gaz pour faire baigner les plaies ou
certaines autres lésions, telles que la gangrène, dans une atmos-
phère médicamenteuse. Ce sont encore des méthodes qui peuvent
être considérées comme exceptionnelles. L'acide carbonique favo-
riserait la cicatrisation des plaies et serait heureusement utilisé
lorsqu'elles sont douloureuses, blafardes, à marche lente. Follin
(1856) a publié, dans les *Archives*, un travail où se trouve exposée
l'histoire des tentatives faites à diverses époques pour appliquer
le gaz acide carbonique au traitement des ulcères douloureux ou
au pansement de certaines plaies. Tous les détails nécessaires pour
appliquer ce gaz au traitement des plaies se trouvent contenus
dans une bonne thèse, soutenue par Salva en 1860. MM. Demarquay et Leconte, qui ont poursuivi, à l'aide de nombreuses expériences, l'étude de l'action des gaz sur l'économie, adressèrent,
en 1862, à l'Académie des sciences, une note qui confirmait les

Application
du gaz
acide carbonique
au
traitement
des plaies.

résultats heureux fournis par l'emploi de l'acide carbonique; ces résultats, déjà démontrés par eux pour l'organisation des plaies sous-cutanées, étaient non moins satisfaisants pour les plaies exposées. Cette question a, du reste, été exposée à nouveau par M. Demarquay dans son traité de *Pneumatologie* (1866).

Dans la note dont nous venons de parler, MM. Demarquay et Leconte indiquaient aussi les effets favorables de l'oxygène sur les plaies exposées. M. Laugier (1862) a proposé d'employer l'oxygène dans le traitement de la gangrène spontanée. Les parties malades sont plongées dans un bain d'oxygène sans cesse renouvelé. M. Laugier s'était fondé, pour établir cette thérapeutique, sur les idées émises par M. Maurice Raynaud, dans sa thèse inaugurale *sur l'asphyxie locale et la gangrène symétrique des extrémités* (1862). Reveil a proposé de substituer à l'oxygène des bains d'eau oxygénée; mais les essais tentés l'ont été surtout à l'aide de l'oxygène pur et gazeux. Malgré les faits contradictoires publiés par M. Demarquay (1863), la méthode proposée par M. Laugier a été employée à plusieurs reprises par divers médecins; ces faits, étudiés en 1866 dans la thèse de M. Foucras, sont de nature à encourager ces ingénieuses tentatives.

L'air atmosphérique lui-même a été utilisé de diverses manières. M. Guyot a fait connaître en 1840, dans son traité de l'*incubation*, les procédés qui permettent d'appliquer au traitement des plaies une température élevée et constante. Sa première publication sur ce sujet remonte à 1835. On sait que la cicatrisation est incontestablement plus facile dans les climats chauds. L'appareil de M. Guyot était destiné à permettre de réaliser localement, au seul bénéfice de la plaie, les utiles conditions ordinairement fournies par une température élevée.

Des expériences faites par l'auteur avec Breschet, des observations nombreuses d'A. Robert, et des essais de plusieurs chirurgiens, il résulte que l'incubation peut heureusement modifier les plaies suppurantes. Essayée dans le traitement de la pourriture d'hôpital, elle a donné des succès à MM. Debrou et Marjolin (1849). Cependant, comme toutes les méthodes exceptionnelles, l'incubation n'est pas restée dans la pratique; elle mérite cependant de ne pas tomber dans l'oubli.

L'idée d'appliquer la ventilation à la thérapeutique des plaies et des ulcères appartient à M. le professeur Bouisson (de Montpellier), qui a fait connaître cette nouvelle méthode de traitement en 1858.

Cette méthode repose sur l'observation des phénomènes qui accompagnent la cicatrisation, à l'air libre, de certaines plaies chez les animaux et chez l'homme; elle est parfaitement physiologique et par conséquent susceptible d'entrer définitivement dans la thérapeutique chirurgicale.

On pratique la ventilation des plaies en dirigeant sur elles un courant d'air, à l'aide d'un soufflet ou d'un moyen quelconque; l'*exsiccation* que l'on recherche peut être assez rapidement obtenue et bientôt la croûte protectrice est formée. Nous ne pouvons entrer ici dans les détails de l'application et des effets produits. Ils sont assez intéressants pour avoir provoqué l'opinion favorable de chirurgiens expérimentés. Cette méthode, sur laquelle M. Bérenger-Féraud vient d'attirer de nouveau l'attention (1866) ne peut encore être comptée au nombre de celles dont l'usage est familier à la majorité des chirurgiens. Elle ne convient pas, d'ailleurs, à toutes les plaies. Elle agit en définitive en provoquant la formation naturelle d'une sorte d'enduit protecteur, qui isole désormais la plaie ainsi protégée des contacts extérieurs et permet à la cicatrisation de s'opérer à l'abri du contact de l'air.

Ce que la ventilation produit naturellement a été cherché artificiellement à l'aide des pansements dits *par occlusion*. Les opinions des chirurgiens sont trop contradictoires à l'endroit des effets que l'on est en droit d'attendre de ce mode de pansement des plaies pour que nous ne nous contentions pas d'une simple mention; on nesaurait d'ailleurs généraliser leurs indications.

M. Chassaignac a depuis longtemps préconisé un mode de pansement par occlusion, qu'il pratique à l'aide de bandelettes de diachylon disposées en cuirasse; il l'a très-fréquemment appliqué à différentes espèces de plaies, et il attribue à ce mode de pansement une grande influence sur les résultats de sa pratique.

M. Trastour a fait connaître en 1852 la méthode de M. Chassaignac dans une étude très-complète, et dans son *Traité de la suppuration* l'auteur a exposé les résultats que lui a valus ce mode de pansement des plaies.

M. Laugier a imaginé un pansement par occlusion fort ingénieux et fort simple, principalement destiné au traitement des brûlures. Les plaies sont recouvertes de baudruche que l'on fait adhérer à l'aide d'une solution de gomme arabique; la protection fournie par cet épiderme artificiel agit remarquablement sur la douleur et rend en particulier des services dans les brûlures superficielles, quelle que soit leur étendue. Ce moyen d'occlusion peut rendre d'autres services : isolant complétement les plaies, il peut les mettre à l'abri de la contagion. Ainsi, en 1854, pendant une petite épidémie de pourriture d'hôpital observée par M. Broca dans la salle Sainte-Marthe de l'Hôtel-Dieu, ce chirurgien eut beaucoup à se louer de l'emploi préservatif de ce mode d'isolement des plaies. Ces faits ont été communiqués en 1855 à la Société de chirurgie. Il est d'ailleurs évident que ce n'est pas là un avantage propre à l'occlusion par la baudruche, et que d'autres occlusions bien faites pourraient le réaliser. M. Chassaignac a toujours insisté sur les propriétés préservatrices de ses cuirasses de diachylon.

Enfin, en 1865, M. J. Guérin faisait connaître à l'Académie de médecine une nouvelle méthode d'*occlusion pneumatique*, destinée, d'après son auteur, à placer les plaies exposées dans des conditions analogues à celles qu'offrent les plaies sous-cutanées. C'est à cette occasion qu'eut lieu la dernière discussion sur la méthode sous-cutanée.

Ce que nous venons d'exposer démontre bien que la thérapeutique des plaies sort définitivement de l'uniformité longtemps acceptée. Cependant le pansement que l'on peut encore appeler classique, composé, comme on le sait, d'un linge fenêtré enduit de cérat, de charpie, de compresses et de bandes, est encore celui auquel notre chirurgie a le plus ordinairement recours. Les enduits gras ne sauraient, en effet, être abandonnés dans la pratique; mais les inconvénients du cérat, si souvent signalés et si généralement reconnus, amènent à de nouveaux essais.

Un corps gras nouvellement introduit dans la thérapeutique, la *glycérine*, a paru tout d'abord devoir réunir tous les avantages des enduits gras sans avoir aucun de leurs inconvénients. La glycérine est aujourd'hui trop fréquemment utilisée, pour que les services que rend cette substance puissent être méconnus; son apparition dans la thérapeutique chirurgicale n'a cependant décidé qu'un très-petit nombre de chirurgiens à l'employer à l'exclusion du cérat.

Avant d'être utilisée en France, la glycérine avait été employée comme topique par quelques médecins anglais, qui s'en étaient servis pour le traitement des maladies des oreilles et des yeux. Elle avait même été utilisée pour le traitement de plaies de mauvaise nature.

En France, ce sont surtout les travaux de M. Cap (1854) qui ont appelé l'attention sur cette substance. Parmi les chirurgiens, aucun n'a employé la glycérine avec plus d'ardeur que ne l'a fait M. Demarquay. Ce chirurgien, qui a consigné les résultats de ses expériences et de ses observations dans un ouvrage publié en 1863, avait, dès le mois d'octobre 1855, communiqué à l'Académie de médecine les bons résultats par lui obtenus à l'aide de la glycérine, dans le service de M. Denonvilliers, qu'il suppléait alors à l'hôpital Saint-Louis.

M. Denonvilliers exposa bientôt à la Société de chirurgie (novembre 1855) les résultats qu'il avait lui-même retirés des pansements à la glycérine; il insista surtout sur la facilité de son emploi, la propreté des pansements et les bons effets obtenus par lui dans le traitement des plaies exposées, sans rien préjuger de ce que l'on pouvait attendre de la glycérine dans les maladies des plaies.

Une discussion importante, qui suivit cette communication, montra en effet que, dans l'esprit des membres de la Société, l'action médicatrice de la glycérine inspirait de nombreux doutes, tandis que ses avantages comme topique étaient généralement constatés dans les essais nombreux alors tentés dans les hôpitaux.

Cette discussion fournit à M. H. Larrey l'occasion de rappeler que l'introduction du linge fenêtré dans le pansement simple était dû à Larrey père, qui en fit l'application dès 1799 aux blessés de l'armée du Rhin, dans le même temps qu'il organisait les ambulances volantes. M. Denonvilliers rappela de son côté que Dupuytren en avait établi l'usage dans nos hôpitaux, tandis que Roux maintenait l'usage, aujourd'hui bien délaissé, du plumasseau de charpie, enduit d'un topique gras ou médicamenteux.

Serait-il possible de démontrer, dès aujourd'hui, que les blessés et les opérés ont bénéficié des efforts tentés pour améliorer le traitement qui leur est applicable? En comparant les résultats fournis par les hôpitaux de Paris pendant la période comprise entre 1850 et 1861 avec les résultats fournis par Malgaigne pour les années 1836 à 1841, M. U. Trélat a trouvé que la moyenne de la mortalité s'était abaissée de près d'un cinquième pour les amputations réunies de cuisse, de jambe et de bras. L'amélioration obtenue est d'autant moins contestable que la comparaison porte sur des faits bien comparables et sur un assez grand nombre de chiffres.

Mais il serait fort embarrassant d'établir à quelle influence, en particulier, doivent être attribués ces résultats plus favorables?

Il y a dans la comparaison des chiffres fournis par Malgaigne et M. Trélat un élément qui rend encore plus difficile un jugement motivé dans ce sens, c'est l'introduction de l'anesthésie dans la pratique de la chirurgie et la généralisation de son usage. L'anesthésie a, en effet, réclamé une part dans l'amélioration obtenue. Les statistiques fournies à cet égard par Simpson en particulier, et, parmi nous, par Roux et M. Bouisson, seraient de nature à faire accepter la réalité de ce nouveau bienfait de la méthode anesthésique; mais il en est d'autres qui sont contradictoires. Cette question, comme toutes celles qui ont trait à l'anesthésie, a été discutée avec le plus grand soin par M. Perrin. « Que conclure d'opinions si divergentes? dit, en terminant sa discussion, l'auteur que nous citons. Ces travaux contradictoires dans leurs résultats, bien que s'appliquant au même objet et basés sur le même procédé scientifique, témoignent une fois de plus du peu de confiance que doivent inspirer les statistiques partielles, incomplètes et gouvernées par quelques influences passagères. Une seule échappe autant que possible à ces causes d'erreur : c'est celle de M. Simpson; aussi nous paraît-elle mériter une sérieuse attention; si elle ne permet pas de juger définitivement l'influence des anesthésiques sur l'état des opérés et le résultat des opérations, elle autorise à croire qu'elle est favorable, et que le seul bienfait de l'éthérisation n'est pas d'avoir aboli la douleur et ajouté à la sécurité de l'acte chirurgical. »

Cette conclusion réservée est, en effet, seule possible; car il est difficile de dégager l'influence particulière d'un agent quelconque de l'ensemble des conditions meilleures si rapidement et presque simultanément faites à nos malades. Dans l'esprit de la majorité, à vrai dire, la question d'hygiène domine de beaucoup toutes les autres; on ne saurait, en effet, trop demander à l'hygiène; elle est d'ailleurs, en toutes choses, trop à l'ordre du jour de tous les esprits éclairés pour qu'on ne soit pas assuré d'un progrès incessant; mais on ne saurait méconnaître que tout le progrès n'est pas là, et c'est ce dont témoignent les tendances nouvelles qui gouvernent la thérapeutique chirurgicale des plaies, tendances dont nous venons de signaler les principales applications pratiques.

Traitement des fractures.

Le traitement des fractures a, de tout temps, provoqué l'invention d'appareils nombreux; nous ne pouvons songer même à les énumérer; ce serait, d'ailleurs, faire l'exposition d'une série d'efforts plus ou moins ingénieux, plutôt que de véritables découvertes. Nous en tenant encore ici aux généralités, nous indiquerons seulement les moyens de traitement nouveaux et les indications principales aujourd'hui acceptées pour le traitement de cette espèce de traumatisme.

Position du membre.

On sait qu'il faut arriver au xviiie siècle pour voir substituer aux principes de l'extension appliquée au traitement des fractures du membre inférieur celui de la demi-flexion des membres.

La doctrine nouvelle qui porte, à juste titre, le nom de Percival Pott, quoique J. L. Petit l'eût déjà indiquée, établissant tout d'abord que des muscles seuls vient toute la difficulté de la réduction, et que la résistance des muscles dépend de la position du membre qui les met en état de tension, concluait logiquement en disant qu'il faut placer le membre de manière que les muscles soient relâchés et opposent le moins de résistance possible, et que cette position est la demi-flexion.

La méthode de Pott fut bientôt adoptée en Angleterre. Lassus, Sabatier et quelques autres chirurgiens français en acceptèrent les principes; mais l'école de Desault, dont les opinions étaient fort opposées, en empêcha le développement, et l'autorité de Desault fut même assez grande pour les faire rejeter. Plus près de nous (1839), les expériences de Bonnet furent encore dirigées contre elle; mais Malgaigne s'en constitua le défenseur, remit cette question à l'étude, et publia, en 1845, le résultat de ses recherches et de ses nouvelles expériences. Dupuytren, qui avait, d'ailleurs, abandonné les appareils de Desault et de son école, préconisait déjà les appareils de Pott et de ses élèves.

On peut dire aujourd'hui qu'on ne suit plus en France la méthode exclusive de réduire les fractures en mettant le membre blessé dans l'extension, et en le maintenant dans cette position pendant le traitement. « On a reconnu, écrivent les auteurs du *Compendium,* qu'en mettant le membre blessé dans la position la plus favorable au relâchement de ses muscles on rend leur action presque nulle, et l'on n'a pas besoin, pour opérer la réduction, d'employer des forces considérables, ni de faire sur les parties malades des tractions douloureuses, qui, en augmentant les contractions musculaires, rendent la réduction plus difficile et peuvent être suivies d'accidents fâcheux. »

La force que peuvent déployer les aides, la manière dont il faut les utiliser, les points du membre sur lequel il convient de tirer, ont été expérimentalement étudiés par Malgaigne. Le moment où l'on doit tenter la réduction est encore, à notre époque, jugé d'une manière différente. D'un côté, Boyer et Larrey, partisans en général de la réduction immédiate, s'accordent toutefois à reconnaître deux contre-indications capitales, savoir : lorsque les muscles irrités sont le siége de contractions spasmodiques, et lorsque le gonflement, la tension, la douleur, annoncent une inflammation considérable. Au contraire, pour M. Velpeau, ni l'inflammation ni le spasme ne doivent faire apporter aucun délai ; loin de là, il professe que la réduction immédiate en est le plus prompt et le plus sûr remède. Malgaigne se range d'une manière absolue à l'opinion de Boyer et de Larrey, qui est aussi celle de la plupart des chirurgiens.

Les anesthésiques peuvent venir en aide à la réduction ; mais ils ne sont qu'exceptionnellement employés.

Des opérations ont été proposées pour la favoriser dans les cas difficiles; nous ne voulons parler ni de la resection, ni de l'extraction d'esquilles déjà indiquée à propos des resections, mais de sections sous-cutanées portant sur les tendons ou les muscles.

M. Laugier a proposé la section des chairs interposées entre les fragments, par la méthode sous-cutanée. L'observation qu'il a fait connaître (1839) n'a pas eu d'heureux résultats. En 1840, M. P. Meynier et, après lui, M. Laugier ont divisé le tendon d'Achille par la méthode sous-cutanée, pour des fractures de jambe. A. Bérard a fait trois fois la même opération pour des fractures de la malléole externe et, une autre fois, il a coupé successivement le tendon d'Achille et les tendons péroniers latéraux. « M. Meynier, dit Malgaigne, qui rapporte ces faits, ne nous a pas dit ce qu'est devenu son malade; des cinq autres, trois sont morts, et, pour les deux guéris, il faudrait savoir s'ils marchaient avec autant de force et de facilité qu'auparavant. » Cette opération, que Malgaigne n'admet qu'à titre de ressource extrême, n'a pu être encore assez souvent répétée, en raison même de ses rares indications, pour pouvoir être définitivement jugée.

 La généralisation, dans la pratique, des appareils inamovibles, comme moyen de maintenir les fractures après les avoir réduites, constitue le fait le plus saillant à noter sur ce point du traitement des fractures.

« Larrey, dit M. Bouvier dans un rapport lu à la Société de chirurgie, le 29 avril 1857, peut être, à bon droit, considéré comme le créateur de cette méthode de traitement, quel que soit l'usage partiel et incomplet qu'on en ait fait avant lui. » C'est, en effet, à ce chirurgien que l'on doit d'avoir répandu l'usage de l'appareil permanent. Larrey employait l'albumine comme matière solidifiante et y ajoutait de l'eau-de-vie camphrée et de l'eau blanche. La thèse de M. H. Larrey (1832) sur le traitement des fractures

par l'appareil inamovible contient, à ce sujet, tous les renseignements désirables.

De nos jours, en 1834, Seutin a substitué l'amidon à l'albumine; M. Velpeau, en 1837, la dextrine à l'amidon; M. Laugier, en
1838, le papier aux compresses; M. Richet, en 1855, a proposé les
appareils de stuc, et le plâtre a été mis en usage de différentes manières pour la confection des appareils inamovibles; enfin on a cherché en particulier, à l'aide de certains vernis, à rendre ces appareils
imperméables. Bonnet (de Lyon) a conseillé d'ajouter à l'appareil
amidonné, dont il faisait si fréquemment usage, des attelles de fil
de fer recuit, qui lui donnent immédiatement une solidité définitive, et permettent de mieux adapter encore l'appareil inamovible
à la forme et à la direction du membre.

Nous ne pouvons, d'ailleurs, insister sur les détails de préparation
et de construction et sur les perfectionnements de ces appareils;
leur utilité est aujourd'hui démontrée. Nous avons, en particulier,
indiqué de quel secours ils sont dans la thérapeutique des maladies
articulaires. Les envisageant actuellement surtout au point de vue
des fractures, pour lesquelles ils ont été imaginés, nous avons encore à fournir quelques renseignements généraux sur leur histoire
et leurs principales indications.

Personne n'a plus insisté que Seutin sur les avantages des appareils inamovibles; son ouvrage sur le bandage amidonné, qui a paru
en 1850, résume à ce sujet l'ensemble de sa doctrine. Au nombre
des modifications introduites par le célèbre chirurgien belge dans
l'emploi des appareils inamovibles, il faut citer surtout l'incision
longitudinale qu'il y pratique, de manière à les rendre bivalves, à
pouvoir les resserrer ou les élargir aisément et à visiter le membre,
au besoin, sans enlever tout l'appareil. C'est ce que l'on a appelé
l'*amovibilité*, et c'est de cette modification qu'est née la méthode
amovo-inamovible, pour laquelle les chirurgiens belges ont gardé une
si remarquable prédilection. Le rapport déjà cité de M. Bouvier
constatait que ce moyen, si précieux aux yeux de l'auteur et de bon

nombre de ses compatriotes, l'incision de l'appareil, était à peine entré dans la pratique des chirurgiens de Paris. Tel est encore aujourd'hui l'état de la question, bien que plusieurs d'entre eux aient adopté l'incision de l'appareil. M. Laugier, par exemple, l'a toujours recommandée pour son appareil; mais parmi nous la valeur de ce procédé n'a jamais acquis l'importance que lui accordent nos voisins.

La méthode inamovible pure est surtout employée dans notre pays; mais elle ne constitue pas le traitement le plus généralement employé pour les fractures.

Auguste Bérard, l'un des premiers, a eu le mérite de se servir de l'appareil inamovible et d'en généraliser l'emploi. Son mémoire sur le *traitement des fractures par l'appareil inamovible* fut publié en 1833 dans les *Archives*. M. Velpeau, bien convaincu de l'importance de la méthode inamovible n'a cessé d'en perfectionner et d'en recommander l'emploi. La dextrine, qui se solidifie plus vite que l'amidon et donne un moule beaucoup plus dur, est encore une des substances les plus employées pour la confection des appareils inamovibles. Aussi est-il vrai de dire que MM. Seutin et Velpeau, en perfectionnant l'appareil inamovible et en multipliant ses applications, ont puissamment contribué à en vulgariser l'emploi et à faire définitivement entrer la méthode inamovible dans la pratique de la chirurgie. Les essais de perfectionnement auxquels se livrent encore les chirurgiens suffiraient pour témoigner de l'importance qu'ils lui accordent.

Dans les fractures, on a cependant limité les indications primitivement posées. Personne aujourd'hui n'est tenté de faire marcher, à l'abri d'un appareil inamovible, un malade atteint de fracture du membre inférieur, avant une consolidation complète.

Larrey, qui recouvrait tout le membre, y compris la plaie, dans le cas de fracture compliquée, d'un appareil inamovible, qu'il laissait quelquefois en place jusqu'à la guérison, a trouvé en cette occasion peu d'imitateurs. M. Legouest, après avoir discuté cette question au point de vue de la chirurgie d'armée, conclut en disant « que les bandages inamovibles ne sont utiles dans les fractures par coup de feu qu'au même titre que dans les fractures compliquées, c'est-à-dire pour maintenir une fracture voisine de la guérison ou qui tarde à se consolider, et que leur application est dangereuse sur des blessés qui doivent être transportés. »

Larrey et M. Velpeau avaient conseillé d'appliquer immédiatement l'appareil pour toute la durée de la fracture; mais la règle de pratique qui conseille de n'appliquer ces appareils que quand toute crainte de gonflement ou d'inflammation a cessé a prévalu; enfin, dans les fractures compliquées de plaies, on a généralement abandonné l'appareil inamovible, au moins pour les premières périodes.

Quoi qu'il en soit, dans beaucoup de fractures simples ces appareils peuvent être appliqués de très-bonne heure; ils sont utilement employés dans toutes, après les premières périodes; comme ils assurent l'immobilité absolue, ils ont souvent déterminé la consolidation compromise par des appareils moins parfaits. Mais ce sont peut-être là leurs moindres services, quand on les compare à ceux que, chaque jour, ils peuvent rendre dans les maladies des articulations.

Nous ne terminerons pas sans indiquer les bons résultats que la chirurgie sait actuellement retirer de l'usage de substances qui, comme la gutta-percha, peuvent aisément se mouler sur les membres et fournir de bons appareils de contention, suffisamment solides lorsqu'ils sont refroidis. Morel-Lavallée a fort utilement tiré parti de la gutta-percha pour le traitement toujours si difficile des fractures du maxillaire inférieur (1855). Ce mode d'immobilisation eut bientôt conquis les préférences des chirurgiens. Pour un tout autre genre de lésion, le pied bot, M. Giraldès avait aussi eu recours avec avantage aux moules de gutta-percha, avec lesquels on établit aisément un appareil inamovible.

A côté des appareils inamovibles, nous devons signaler, comme rendant les plus grands services pour la contention des membres, les gouttières de fil de fer galvanisé. On avait, depuis Ambroise Paré, employé des gouttières de métal; mais ces lourds appareils sont bien inférieurs aux gouttières de fil de fer. L'idée en appartient à Mathias Mayor (de Lausanne) (1838), et ce n'est pas une des moins heureuses qu'il ait introduites dans la pratique de la chirurgie. Bonnet (de Lyon) s'est spécialement appliqué à perfectionner ces appareils, et il a doté la chirurgie d'un système complet de gouttières capables d'assurer l'immobilité pour toutes les articulations. Parmi toutes ces gouttières construites par Bonnet, il n'en est pas qui rende de plus grands services que celle qui est destinée à la hanche; elle embrasse le bassin, le tronc et les deux membres inférieurs, qu'elle tend à ramener à une bonne direction. A l'aide d'une moufle, le malade qui y est placé peut se soulever et satisfaire à toutes les exigences de la propreté, sans qu'aucun mouvement se passe dans l'articulation malade. Les gouttières de fil de fer ont pris place dans les caissons d'ambulance.

Au nombre des services rendus par les appareils inamovibles, il faut compter, avec le maintien exact des fragments, la réduction le plus souvent assurée des déplacements suivant la direction ou l'épaisseur. Mais, lorsque les fragments chevauchent fortement, il faut bien revenir aux anciennes méthodes d'extension permanente. Le spasme musculaire les rend trop souvent insuffisantes pour qu'elles n'aient pas perdu beaucoup de leur crédit dans l'esprit des chirurgiens modernes; aussi vaut-il quelquefois mieux se résoudre à un raccourcissement que l'on ne saurait conjurer. Mais un fragment peut menacer la peau ou faire saillie. Malgaigne propose dans ces cas d'agir directement sur le fragment rebelle. C'est pour parer à ces éventualités, qui ne sont pas rares dans les fractures de la jambe, que ce chirurgien a imaginé son fameux appareil métallique à pointe, dont il a donné la description en 1843. Malgré des succès incontestables et l'innocuité réelle de ce moyen dans les cas publiés, il n'est pas au nombre de ceux que la chirurgie adopte facilement. On ne saurait cependant ne pas compter sur cette nouvelle ressource pour certains cas. M. Laugier se sert, dans le même but et avec succès, de l'appareil connu sous le nom de *compresseur de J. L. Petit;* on peut, à l'aide de cet appareil, agir sur le fragment par l'intermédiaire d'une attelle suffisamment garnie. Enfin la mobilité latérale est telle dans certaines fractures qu'on a dû revenir à la ligature des fragments osseux, et même à leur suture. Baudens a employé le premier de ces moyens pour une fracture compliquée de la mâchoire inférieure, et, en 1838, Flaubert (de Rouen) appliqua la suture des os, déjà tentée dans les resections, à une fracture compliquée de l'humérus.

Le traitement de la convalescence des fractures a surtout été étudié par Malgaigne, qui a montré tous les dangers des *roideurs articulaires* qui succèdent à l'application trop prolongée des appareils ou à une mauvaise position du membre. Malgaigne a surtout exposé le traitement de cette lésion dans ses *Leçons d'orthopédie;* elle a été aussi étudiée par Bonnet (de Lyon). Déjà nous avons eu occasion de dire quelles étaient, sur ce sujet, les différences de vues de ces deux auteurs. Les préceptes posés à propos du traitement consécutif des fractures sont entièrement applicables aux luxations.

Traitement de la convalescence.

Contrairement à ce que nous avons fait à propos des fractures, nous devons tout d'abord insister sur les belles et nombreuses applications de la méthode anesthésique au traitement des luxations.

Traitement des luxations. Anesthésiques.

« La méthode anesthésique dit M. M. Perrin, laissa loin derrière elle toutes ces tentatives isolées (distraction morale, surprise, etc.), le plus souvent infructueuses, en mettant à la disposition de l'opérateur un agent capable d'anéantir la douleur, de provoquer et d'entretenir la paralysie du système musculaire. Elle fut accueillie comme la réalisation d'un grand progrès dans la thérapeutique des luxations. M. Parkmann paraît avoir eu, le premier, la pensée de recourir un jour à l'éther pour remettre en place les os luxés. Il parvint, de cette façon, à traiter avec succès une luxation scapulo-humérale; mais, ainsi qu'en témoignent plusieurs auteurs, et en particulier M. Bouisson, c'est à M. H. Larrey que revient l'honneur d'avoir, le premier, conseillé l'emploi de l'anesthésie dans le traitement méthodique des luxations. Dès les premiers jours de février 1847, MM. Jobert et Velpeau n'eurent qu'à s'en louer, l'un pour une luxation de l'épaule et l'autre pour une luxation de la hanche. Bientôt après MM. Malgaigne, Robert, Ébrard, Bourguet (d'Aix) et presque tous les chirurgiens constatèrent par eux-mêmes l'heureuse influence du sommeil anesthésique, et M. Bouchacourt (de Lyon) dans un mémoire spécial, en fit valoir les nombreux avantages pour le traitement des luxations les plus difficiles. »

Dans les luxations récentes non compliquées, l'anesthésie a tellement changé les conditions de la réduction, que le plus grand nombre des procédés jusqu'alors décrits et laborieusement appliqués n'ont plus eu qu'une importance secondaire dans la pratique. Dans les luxations anciennes, l'emploi du chloroforme n'a pas changé les conditions de résistance due alors à des adhérences, à des rétractions fibreuses.

Méthode
du refoulement. L'anesthésie devait rendre de très-utiles services dans les luxations compliquées de fractures. M. Richet, en 1855, a présenté sur ce sujet à la Société de chirurgie un important mémoire qui peut être considéré comme ayant ouvert la voie dans cette nouvelle application des anesthésiques. Après avoir rappelé les idées et les quelques faits antérieurs au travail de M. Richet, le rapporteur, M. Gosselin, concluait, en effet, en reconnaissant que la question était désormais nettement élucidée. M. Richet avait pu réduire par des pressions directes la tête humérale luxée et séparée de sa diaphyse par une fracture complète. Il proposait de désigner cette méthode sous le titre de *méthode du refoulement.*

Malgaigne, dont nous avons déjà signalé les célèbres travaux sur les luxations, s'est surtout attaché, dans l'étude du traitement, à bien mettre en lumière la connaissance précise des obstacles à vaincre et l'évaluation expérimentale des forces employées.

L'annihilation possible de la résistance musculaire devait rendre facile, dans bien des cas, l'application de ces *méthodes de douceur*, sur lesquelles il a insisté avec prédilection et qu'il a le mérite d'avoir le premier étudiées dans leur ensemble. Il a montré, par de nombreux exemples, l'importance de ces manœuvres dans lesquelles la force est remplacée par de légères et délicates manœuvres. Parmi les exemples qu'il cite, nous relèverons le nouveau procédé de réduction de la luxation de la mâchoire inférieure, consistant dans l'abaissement du menton, recommandé au malade pour dégager les apophyses coronoïdes, puis dans la pression directe exercée sur ces apophyses. Cette méthode appartient, on le sait, à M. Nélaton, qui ne l'a cependant pas employée le premier, mais qui l'a tirée de l'oubli et a donné la raison anatomique de cette manœuvre et l'explication de son succès. La réduction des luxations de la hanche est une des plus heureuses applications des méthodes de douceur. Dans les luxations ilio-pubiennes, en même temps qu'on presse sur la tête luxée, on cherche à fléchir la tête sur le bassin, on combine encore le dégagement et la pression; dans les luxations du fémur en arrière, la flexion de la cuisse sur le bassin écarte les muscles, dégage les os, et, dans certains cas, ramène la tête au lieu précis de la déchirure capsulaire, éludant ainsi l'obstacle dû aux ligaments. En 1835, Després père proposait, le sujet étant simplement couché sur le dos, après avoir fléchi la cuisse sur le bassin, de lui imprimer un mouvement de rotation en dehors et de terminer en la ramenant légèrement en bas et en dedans. Ce procédé, qui procède essentiellement avec douceur, a donné de nombreux succès. Les méthodes de douceur peuvent certainement échouer; mais il est toujours temps, alors, de recourir aux *méthodes de force*.

Il importe essentiellement alors de savoir quel est le degré de force que l'on va mettre en usage. On est surpris de voir que Boyer croyait encore que la force des aides est plus uniforme que celle des machines. Malgaigne, à l'aide d'expériences précises, montra les oscillations de la force musculaire, qui peut, sous l'influence d'une brusque saccade, faire monter l'aiguille du dynamomètre à 60, 80, 90 kilogrammes et doubler d'un seul coup la traction primitive. De plus, la force musculaire ne saurait se maintenir au même degré. Il était facile, dans ces conditions, de démontrer la supériorité des machines, et d'ailleurs l'addition du *dynamomètre*, recommandée depuis 1832 par Malgaigne, offrait de nouvelles garanties. Ce chirurgien étudiait aussi à quelles doses pouvait être employée la force selon la résistance des sujets. Sur ce point, des données approximatives constituaient déjà un véritable progrès. Cette question a été également étudiée par M. Sédillot. Ce qui résulte des observations faites avec le dynamomètre indique des degrés de force dont on est tout d'abord tenté de s'effrayer; il est de règle, dans tous les cas, à partir de 100 kilogrammes, de ne s'élever que très-graduellement.

Les tractions servent à établir l'extension. L'école française avait admis sans preuve suffisante, au xviiie siècle, que plus les forces extensives sont appliquées loin de la luxation plus leur succès est assuré, et qu'il n'est jamais plus probable que quand on les fait agir à l'extrémité du membre affecté. Quand on n'a besoin que d'une faible traction, il est assez indifférent de l'exercer sur l'os luxé ou sur les points les plus éloignés du membre; mais dès que la résistance augmente, il faut fixer les moyens de préhension sur les os luxés eux-mêmes, soit pour l'extension, soit pour la contre-extension. Ce précepte important a encore été établi par Malgaigne.

La position à donner au membre pendant la traction a aussi son importance, malgré l'anesthésie; sur ce point encore les idées de Pott, que nous avons exposées à propos des fractures, ont généralement prévalu.

Malgré ces ressources nouvelles et puissantes, certaines luxations récentes peuvent être irréductibles, et cette irréductibilité devient, dans les luxations anciennes, une règle qu'il convient de respecter après une certaine période. On a cependant voulu triompher, et l'on a eu pour cela recours aux sections des tendons, des muscles, et même des ligaments, que l'on propose maintenant de couper par les procédés de la méthode sous-cutanée.

Dans les luxations récentes ces tentatives sont bien définitivement repoussées; on hésite même à les appliquer aujourd'hui pour la luxation du pouce, que son irréductibilité habituelle a rendue célèbre. Dans les luxations anciennes il faut craindre de justifier le pronostic d'A. Cooper, et de ne rendre au malade, après une opération périlleuse, qu'un membre aussi débile qu'auparavant. Il est des cas où le but de l'opération étant bien défini, elle peut être acceptée. Ainsi nous avons indiqué la pratique de Bonnet à propos du redressement brusque des coxalgies anciennes; mais il s'agit ici de ramener le membre à une direction normale. En dehors de ces cas bien déterminés, les opérations tentées ne sont pas faites pour justifier cette pratique. Les observations d'Astley Cooper, qui a été jusqu'à dire que, dans les luxations anciennes, le membre est aussi utile luxé que réduit; les observations non moins nombreuses et non moins catégoriques de M. Velpeau, faites dans le même sens, étaient bien de nature à faire rejeter ces tentatives un peu désespérées. L'utilité des mouvements méthodiquement exécutés à l'aide de machines appropriées est du reste bien démontrée, et nous pourrions rapporter à ce sujet les exemples réunis dans les *Leçons d'orthopédie* de Malgaigne.

Nous n'avons pas à revenir sur les indications du traitement des luxations compliquées, qui peuvent faire poser la question de l'amputation ou de la resection. Déjà, dans le chapitre précédent, nous avons cherché à montrer quelles étaient sur ce sujet les idées qui gouvernent la pratique. Nous le répétons en terminant, ce chapitre ne saurait être considéré comme donnant l'exposé de la thérapeutique chirurgicale; il n'est, à ce point de vue, que l'appendice du précédent; il est destiné à le compléter.

Nous répéterons aussi que ce n'est qu'à regret que nous avons dû nous pénétrer de l'impossibilité de donner place, dans ce rapport, aux descriptions, ou même à toutes les indications des appareils mécaniques. Ils ont cependant, pour plusieurs points, scientifiquement contribué aux progrès de notre art. C'est ainsi, par exemple, que la *prothèse musculaire physiologique*, que M. Duchenne (de Boulogne) a fait connaître par ses publications sur l'orthopédie physiologique de la main (1853) et dans son livre *sur l'électrisation localisée*, supplée autant que possible à l'action individuelle ou volontaire des muscles paralysés ou atrophiés, en rétablissant ou en secondant les mouvements naturels; qu'elle peut prévenir et combattre les déformations des articulations, en équilibrant les forces toniques qui président aux rapports normaux de leurs surfaces.

Alors que la thérapeutique est impuissante, qu'une infirmité ne peut être que palliée, qu'une perte partielle a été infligée à l'une des régions du corps ou à l'un de nos organes, les efforts n'ont pas manqué pour assurer mécaniquement la conservation ou la réparation. Sur ce point encore, nous avons la confiance d'être dans la vérité en disant que la chirurgie française n'a point manqué à sa tâche.

FIN.

ADDENDA ET CORRIGENDA.

Au lieu de *flegmons,* lisez *phlegmons,* page 13, ligne 12.

Au lieu de *nouss emble,* lisez *nous semble,* page 16, sixième avant-dernière ligne.

Au lieu de *de Pécot d'Amussat,* lisez *de Pécot, d'Amussat,* page 21, ligne 8.

Au lieu de *épithéliona,* lisez *épithélioma,* page 108, huitième avant-dernière ligne.

Au lieu de *hygrona aigu,* lisez *hygroma aigu,* page 162, ligne 3.

Au lieu de *péroiste,* lisez *périoste,* page 222, ligne 17.

Au lieu de *molaire,* lisez *malaire,* page 282, ligne 19.

Au lieu de *radiocarpienne,* lisez *radio-carpienne,* page 286, deuxième avant-dernière ligne.

Au lieu de *conjonctivité,* lisez *conjonctivite,* page 333.

Au lieu de *périrénaux,* lisez *péri-rénaux,* page 390.

Au lieu de *crebriformis,* lisez *cribriformis,* page 393, ligne 13; page 399, lignes 4, 7 et 24; page 403, lignes 2 et 18.

Au lieu de *minction,* lisez *miction,* page 417, ligne 10.

Au lieu de *polype de l'urètre,* lisez *polypes de l'urètre,* page 422.

TABLE DES MATIÈRES.